LEHRBUCH

DER

DARSTELLENDEN GEOMETRIE

VON

DR. KARL ROHN
O. PROFESSOR DER MATHEMATIK
AN DER UNIVERSITÄT LEIPZIG

UND

DR. ERWIN PAPPERITZ
O. PROFESSOR DER MATHEMATIK
AN DER BERGAKADEMIE FREIBERG

IN DREI BÄNDEN

ERSTER BAND

ORTHOGONALPROJEKTION
VIELFLACHE, PERSPEKTIVITÄT EBENER FIGUREN, KURVEN, ZYLINDER, KUGEL, KEGEL, ROTATIONS- UND SCHRAUBENFLÄCHEN

MIT 351 FIGUREN IM TEXT

VIERTE, ERWEITERTE AUFLAGE

NEUDRUCK

WALTER DE GRUYTER & CO.
VORMALS G. J. GÖSCHEN'SCHE VERLAGSHANDLUNG
J. GUTTENTAG, VERLAGSBUCHHANDLUNG · GEORG REIMER · KARL J. TRÜBNER · VEIT & COMP.
BERLIN W 10 UND LEIPZIG
1932

Archiv-Nr. 120232

Rodardruck von C. G. Röder A.-G., Leipzig

Vorwort zur ersten Auflage.

Für die Studierenden der exakten Wissenschaften liegt die Notwendigkeit vor, sich eine geläufige Raumanschauung zu erwerben. Ohne diese ist ein tieferes Eindringen in die einzelnen Naturwissenschaften und technischen Fächer unmöglich. Die praktische Erfahrung hat aber gelehrt, daß genaue Raumvorstellungen schwer zu erlernen sind. Das einzige Mittel hierzu bietet die bildliche Wiedergabe räumlicher Objekte nach mathematischer Methode, also die darstellende Geometrie. Durch sie und nur allmählich unter Behandlung zahlreicher Beispiele wird der Studierende dahin gebracht, sich in den Fragen, welche die räumlichen Formen betreffen, mit Sicherheit zurecht zu finden. Die darstellende Geometrie hat die Methoden zur Abbildung aller der geometrischen Gebilde zu entwickeln, die als Formelemente an den praktisch vorkommenden komplizierteren Objekten wiederkehren. Bei der Auswahl und Anordnung des Stoffes ist aber vor allem als Ziel die Entwickelung der Raumanschauung ins Auge zu fassen. Von diesem Gesichtspunkt aus erscheint es zweckmäßig, auch bei den ebenen Figuren zur Erklärung ihrer Eigenschaften und ihrer Abhängigkeit voneinander die sich im Raume vollziehende Projektion zu benutzen und die letztere überhaupt, wo es nur angeht, in den Vordergrund zu stellen. Dies gilt beispielsweise von der Erklärung der Kollinearverwandtschaften ebener Figuren und von der Theorie der Kegelschnitte; bei den letzteren ist die Entstehung aus der Zentralprojektion des Kreises als Ausgangspunkt geeigneter, als die Erzeugungsweise durch projektive Büschel und Reihen, die der mehr formalen Methode der Geometrie der Lage entspricht.

Das vorliegende Buch soll nach der Meinung der Verfasser vornehmlich dem Zwecke dienen, durch die Lösung der Darstellungsprobleme dem Leser die klare Erfassung geometrischer Fragen und die Bildung präziser Raumvorstellungen zu vermitteln. Es setzt nur die einfachsten geometrischen Kenntnisse voraus, schreitet systematisch vom Leichten zum Schwereren fort und bezieht viele solche stereometrische Aufgaben in den Lehrbereich ein, die zur Erreichung des oben bezeichneten Zieles geeignet erscheinen. Hierdurch dürfte es besonders den Bedürfnissen des Studierenden Rechnung tragen. Dem mit dem Stoff vertrauten Leser wird neben dem Bekannten gewiß manches Neue, manche Vereinfachung von Konstruktionen und Beweisen entgegentreten.

Der Wunsch, die Ergebnisse der darstellenden Geometrie durchweg auf die Projektionsmethoden begründet zu sehen, mag das Erscheinen dieses Buches rechtfertigen. Möge es sich im dargelegten Sinne als nutzbringend erweisen!

Im August 1893.

Karl Rohn. Erwin Papperitz.

Vorwort zur dritten und vierten Auflage.

Bevor wir eine Neubearbeitung des seit längerer Zeit vergriffenen zweiten Bandes vornehmen konnten, hatte sich die Veranstaltung einer dritten Auflage des ersten Bandes unseres Lehrbuches notwendig gemacht. Wir haben uns bei diesem Anlaß entschlossen, den ganzen Stoff neu anzuordnen und ihn statt auf zwei auf drei Bände zu verteilen.

Maßgebend für die neue Einteilung war die gebotene Rücksichtnahme auf die Bedürfnisse der Studierenden. Unser oberstes Ziel war und ist die methodische Schulung der geometrischen Vorstellungskraft, deren kein Studierender exakter Wissenschaften entraten kann. Und als das einzig und allein geeignete Mittel zur Erreichung dieses Zieles betrachten wir das intensive Studium der darstellenden Geometrie. Man muß indessen klar und scharf unterscheiden zwischen den Bedürfnissen, welche die Studierenden der technischen Wissenschaften und die der Mathematik haben. Die Studierenden der technischen Hochschulen, die künftigen Ingenieure, brauchen die

Theorie in geringerem Umfang, dafür aber um so mehr Einübung der graphischen Methoden, denn die exakte Zeichnung ist die „Sprache der Ingenieure". Sie sollen das Greifbare in der Geometrie beherrschen und verwerten lernen. Anders bei den Studierenden der reinen Mathematik; für diese bildet die beschreibende Geometrie gewissermaßen nur ein Durchgangsstadium, das sie von der grobsinnlichen Auffassung der Raumformen zu einer verfeinerten begrifflichen Erkenntnis ihrer Gesetze hinführt. Auch sie sollen die Anwendbarkeit ihrer Wissenschaft kennen und nicht vernachlässigen; sie sollen aber andererseits in theoretischer Beziehung weiter vorwärts schreiten und selbst komplizierte räumliche Gebilde erforschen lernen, wenn auch die hier zu gewinnenden Kenntnisse nicht immer eine unmittelbare Anwendung auf andere Wissenszweige zulassen; denn die darstellende Geometrie bezweckt für den Mathematiker in erster Linie die Schulung der Raumvorstellung.

Im übrigen war unser Bestreben darauf gerichtet, die Darlegung der Methoden, die Konstruktionen und die Beweise so einfach wie möglich zu gestalten. Die Anwendungsbeispiele, die Literaturnachweise und historischen Anmerkungen sind vermehrt worden.

Der erste Band behandelt vorbereitend die notwendigen Grundlagen der darstellenden Geometrie, d. h. die Kollinearverwandtschaften der ebenen Figuren (Ähnlichkeit, Affinität und Perspektivität), sowie unter tunlichster Beschränkung auf das Notwendige die konstruktive Theorie der Kegelschnitte und die Hauptsätze über die ebenen Kurven, Raumkurven und Flächen. Im wesentlichen aber ist dieser Teil der Methode der orthogonalen Projektion, also dem Grund- und Aufrißverfahren, und seiner Anwendung auf ebenflächige Gebilde, Kugel, Zylinder, Kegel, Rotationsflächen, zyklische Kurven, Schraubenlinien und Schraubenflächen gewidmet. Die Schattenkonstruktionen sind allenthalben berücksichtigt. Dieser Band umfaßt sonach diejenigen Teile der darstellenden Geometrie, die nicht nur jeder Mathematiker, sondern auch jeder Ingenieur unbedingt kennen muß.

Der zweite Band enthält die Axonometrie, die freie und angewandte Perspektive, sowie die Beleuchtungslehre. Wie wichtig die axonometrischen Darstellungsverfahren für Ingenieure sind, denen sie die beste Methode des Skizzierens liefern, und welche Bedeutung die Kenntnis der Perspektive für Architekten und bildende Künstler besitzt, braucht hier nicht besonders hervorgehoben zu werden.

Der dritte Band ergänzt die beiden ersten durch die Weiterführung der Theorie und ihre Anwendung auf allerlei dem Techniker ferner liegende geometrische Fragen, um so die Raumanschauung noch zu vertiefen. Er bringt — immer in konstruktiver, der projektiven Geometrie angepaßter Behandlungsweise — die allgemeine Theorie der Kurven und Flächen zweiten Grades, vieler Raumkurven und Flächen höherer Art (darunter vorzugsweise der Regelflächen), sowie die Hauptsätze über die Krümmung der Flächen.

Die drei Bände sind in der neuen Bearbeitung gleichzeitig erschienen. Um die Neubearbeitung auch äußerlich als ein einheitliches Ganzes zu kennzeichnen, ist sie durchgängig als dritte Auflage bezeichnet worden, obgleich nur diejenigen Teile, die früher im ersten Bande vereinigt waren, tatsächlich eine dritte Auflage darstellen.

Zur vierten Auflage des ersten Bandes sei nur bemerkt, daß die stereographische Projektion ausführlicher behandelt wurde und daß in einem Anhang Erwägungen über die Einfachheit und Genauigkeit graphischer Konstruktionen beigefügt sind, die für einen jeden, der möglichst genaue Zeichnungen auszuführen hat, von Wert sein dürften.

Wir hoffen durch die vorgenommene Umarbeitung die Brauchbarkeit unseres Lehrbuches erhöht zu haben. Möge es wiederum freundliche Aufnahme bei den Fachgenossen finden und den Lernenden zum Nutzen dienen!

Im August 1912.

Karl Rohn. Erwin Papperitz.

Inhalt.

Seite

Zweites Kapitel. Darstellung der Punkte, Geraden und Ebenen in Grund- und Aufriß. Bestimmung der einfachen Beziehungen dieser Grundgebilde zueinander.

Das Grund- und Aufrißverfahren.

Darstellung der Grundgebilde: Punkt, Gerade, Ebene in verschiedenen Lagen.

Punkte, Gerade und Ebenen in vereinigter Lage. Verbindungs- und Schnittelemente. Parallelismus.

Gerade und Ebenen in rechtwinkliger Stellung. Abstände und Winkel. Die Umlegung in eine Tafel und die Drehung um die Parallele zu einer Tafel.

Seite

Perspektive in der Ebene.

Perspektive Grundgebilde.

Harmonische Grundgebilde. Vierseit und Viereck.

Metrische Beziehungen zwischen perspektiven Grundgebilden.

Seite

Kugel, Zylinder, Kegel; ihre ebenen Schnitte und Abwickelungen.

Durchdringung von Kugel-, Zylinder- und Kegelflächen.

Die stereographische Projektion.

Schlagschatten auf Kegel- und Zylinderflächen.

Beispiele für Anwendungen.

Seite

Achtes Kapitel. Rotationsflächen.

Allgemeines. Eigen- und Schlagschatten, ihr gegenseitiges Verhalten.

Allgemeine Rotationsflächen, Schnitte, Durchdringung, Eigen- und Schlagschatten.

Die Ringfläche.

Das Rotationshyperboloid und seine Anwendung.

Die Rotationsflächen 2. Grades.

Seite

Anwendungen aus der Theorie der Zahnräder.

Zehntes Kapitel. Schraubenflächen.

Allgemeines über Schraubenflächen.

Allgemeines über Regelschraubenflächen.

Die abwickelbare Schraubenfläche.

Windschiefe Regelschraubenfläche.

Zyklische Schraubenflächen.

Schrauben.

Anwendungsbeispiel.

Anhang.

Einfachheit und Genauigkeit graphischer Konstruktionen.

EINLEITUNG.

Alle Zweige der Geometrie haben die Untersuchung gesetzmäßig entstandener Raumgebilde (ebener und räumlicher Figuren) zum Gegenstande. Während aber die Geometrie der Lage und die analytische Geometrie das hierdurch bezeichnete Ziel auf rein theoretischem Wege zu erreichen suchen, beschäftigt sich die darstellende Geometrie, wie schon ihr Name besagt, mit der praktischen Durchführung des Prozesses der Darstellung oder Konstruktion der Figuren, die für die vorgenannten beiden Disziplinen an sich nebensächlich ist und mit steigender Entwickelung des Anschauungsvermögens mehr und mehr entbehrlich wird. Die darstellende Geometrie ist eine angewandte mathematische Disziplin: sie dient den Bedürfnissen der Praxis in verschiedenen Zweigen der technischen Wissenschaften und der Kunst. Zugleich aber bildet sie für den Mathematiker und Techniker das wirksamste Mittel, um das Vermögen der räumlichen Anschauung, dessen sie bei der Behandlung räumlicher geometrischer Fragen allenthalben bedürfen, bis zu möglichst hohem Grade zu entwickeln.

Der Zweck der darstellenden Geometrie ist die Bestimmung der Raumgebilde nach Gestalt, Größe und Lage durch die Konstruktion. Sie bedient sich dabei in der Hauptsache ebener Bilder derselben, indem sie zeigt, wie man mittels geeigneter Methoden einerseits von den irgendwie definierten räumlichen Objekten ihre Bilder gewinnen, andererseits wie man von diesen ausgehend auf die Eigenschaften der dargestellten Gebilde zurückschließen kann. In dieser letzteren Beziehung dient sie also dazu, geometrische Eigenschaften räumlicher und ebener Gebilde aufzufinden und zu beweisen.

Außer auf die Strenge und Einfachheit des mathematischen Gedankenganges hat die darstellende Geometrie bei der Ausbildung ihrer Methoden auch auf die Erreichung größtmöglicher Genauigkeit für die praktische Ausführung der Konstruktionen Bedacht zu nehmen. Unter den verschiedenen möglichen Methoden, die zur gesetzmäßigen Abbildung der Raumfiguren führen, wählt sie demgemäß nur eine kleine Anzahl, als für ihre Zwecke geeignet, aus. Diese beziehen sich sämtlich auf die Konstruktion der ebenen Bilder durch Projektion.

Die **Methode des Projizierens** ist aus den Vorgängen beim Sehen der Gegenstände abstrahiert. Die **Zentralprojektion** entsteht, wenn man aus einem gegebenen Projektionszentrum (Augpunkt) durch die Punkte des Objektes projizierende Strahlen (Sehstrahlen) zieht und diese mit einer Ebene, der Bildebene, schneidet. Statt des Projektionszentrums kann auch eine feste Richtung für die projizierenden Strahlen gegeben werden, so daß sie gegen die Bildebene gleiche Neigung erhalten, insbesondere zu ihr rechtwinklig werden; hierbei ergibt sich die **schiefe** oder speziell die **orthogonale Parallelprojektion**. Diese Methoden empfehlen sich vor anderen durch die Bildlichkeit der Darstellungen, d. h. dadurch, daß die Gesichtseindrücke, die wir von letzteren haben, in allem Wesentlichen mit denen übereinstimmen, wie sie die dargestellten Objekte selbst hervorrufen würden. Hiermit ist der weitere Vorteil verknüpft, daß bei ihrer Zugrundelegung die Entwickelung der geometrischen Beziehungen an den räumlichen Objekten sich am durchsichtigsten gestaltet.

Mit Rücksicht auf die Anwendungen sucht man die Anschaulichkeit der Darstellungen räumlicher Objekte dadurch zu erhöhen, daß man ihnen die **Wiedergabe der Beleuchtungsverhältnisse** für eine geeignet angenommene Lichtquelle, namentlich die **Eigen- und Schlagschatten** in genauer Konstruktion hinzufügt. Die Lichtquelle wird entweder durch einen leuchtenden Punkt im Endlichen vertreten, oder man nimmt sie in unendlicher Ferne an, so daß die Lichtstrahlen parallel werden. Die **Theorie der Schattenkonstruktionen** ist in der Projektionslehre enthalten; die **Theorie der Beleuchtung gesetzmäßig gestalteter Oberflächen** schließt sich eng an die erstere an, bedarf aber besonderer Auseinandersetzungen.

In letzter Linie kommen für die darstellende Geometrie Methoden in Betracht, welche auf die **Konstruktion räumlicher Abbilder oder Modelle** der Raumfiguren abzielen. Hierbei bedarf die Konstruktion von Modellen, insoweit sie mit den gegebenen Objekten kongruent oder (bei verändertem Maßstabe) in allen Teilen ähnlich sind, ihrer unmittelbaren Faßlichkeit wegen, keiner näheren Erläuterung. Daneben kommt die sogenannte Reliefperspektive gelegentlich zur Anwendung. Ihre Theorie läßt sich als eine Verallgemeinerung der Projektionsmethode an deren Darlegung ohne Schwierigkeit anfügen.

Die darstellende Geometrie bedarf zu ihrer Entwickelung keiner anderen theoretischen Voraussetzungen als der **Begriffe und Lehr-**

sätze der elementaren Planimetrie und Stereometrie. Diese bezeichnen daher auch das Maß der mathematischen Vorkenntnisse, die zum Verständnisse dieses Lehrbuches erforderlich sind und auf die Bezug genommen wird, ohne Erklärungen oder Beweise hinzuzufügen. An die Elemente der Raumlehre anknüpfend bildet die darstellende Geometrie selbständig die Lehre von den Projektionen aus. Das Verfahren des Projizierens aber, das in erster Linie benutzt wird, um die Darstellung gegebener Raumfiguren zu gewinnen, soll gleichzeitig dazu dienen, Eigenschaften derselben zu erkennen und zu beweisen. Auch sollen die Projektionsmethoden auf höhere stereometrische Fragen angewandt und diese durch Konstruktion gelöst werden. Dann erst wird dem Zwecke der mathematischen Schulung der Anschauung genügend Rechnung getragen; denn jede konstruktive Lösung besteht in einer methodisch geordneten Folge von Operationen, deren geometrische Bedeutungen, im Gegensatz zu denen der rechnenden Operationen, einzeln anschaulich erfaßt, in ihrer Gesamtheit aber bei der graphischen Ausführung überblickt werden können.

Durch ihre Methode wird unsere Wissenschaft naturgemäß auch zur Untersuchung solcher Eigenschaften der Figuren geführt, die sich bei den durch Projektion gewonnenen Bildern wiederfinden. Diese durch Projektion unzerstörbaren oder projektiven Eigenschaften der Raumgebilde sind es, die in allgemeinster Weise aufgefaßt die Grundlagen der Geometrie der Lage ausmachen. Bei letzterer fällt die Rücksicht auf Darstellbarkeit fort; sie operiert lediglich mit Begriffen. Die darstellende Geometrie aber bereitet die Bildung dieser Begriffe vor, indem sie alle geometrischen Gesetze untersucht, die durch den wirklichen Vorgang der Projektion direkt begründet werden.

Steht also die darstellende Geometrie zur Geometrie der Lage in näherer Beziehung als zur analytischen Geometrie, da diese die Gebilde und ihre Eigenschaften durch Gleichungen zwischen Maßzahlen bestimmt, so kann sie doch auf den Gebrauch von Maßrelationen nicht völlig verzichten, weil die Bestimmung der Größenverhältnisse, ebensogut wie die der Lagebeziehungen, in ihrer Aufgabe liegt. Aber sie verwendet nur die einfachsten Formen derselben, wobei an die Stelle der Rechnung mit analytischen Größen sogleich die Konstruktion treten kann.

Irgend eine Aufgabe der darstellenden Geometrie ist als gelöst zu betrachten, wenn sie zurückgeführt ist auf solche Elementaroperationen, die man ohne weiteres mit bekannten Hilfsmitteln durchführen kann. Unter jenen Elementaroperationen aber sind lediglich die folgenden, die sich sämtlich auf eine ebene Zeichnungsfläche beziehen, zu verstehen:

das Ziehen gerader Linien durch gegebene Punkte; insbesondere das Ziehen gerader Linien, die zu einer gegebenen Geraden parallel sind, oder auf ihr rechtwinklig stehen;

das Schlagen von Kreisen um ein gegebenes Zentrum und mit gegebenem Radius.

Bezüglich des Entwickelungsganges mag folgendes im voraus bemerkt werden. Mit dem Einfachsten wird begonnen; so geht bei der Darstellung räumlicher Objekte die orthogonale der schiefen Parallel- und der Zentralprojektion voraus. Zuerst werden durch diese Projektionen ebene Figuren abgebildet. Vereinigt man dann Bild und Originalebene in geeigneter Weise, so ergeben sich mittelbar geometrische Abhängigkeiten, die zwischen Figuren ein und derselben Ebene stattfinden; sie werden Kollinearverwandtschaften oder Kollineationen genannt, weil dabei geraden Linien stets wieder Geraden entsprechen. Bei paralleler Lage von Bild- und Originalebene liefert die schiefe Parallelprojektion kongruente Figuren, die Zentralprojektion aber ähnliche Figuren bei ähnlicher Lage. Ist dagegen die Bildebene beliebig gegen die Originalebene gelegen, so erhält man eine Verwandtschaft ebener Figuren, die bei Parallelprojektion als Affinität bei affiner Lage und bei Zentralprojektion als zentrische Kollineation ebener Systeme oder gewöhnlich als Perspektivität bezeichnet wird.

Gerade deshalb, weil die genannten Verwandtschaften ebener Gebilde aus Projektionen im Raume entstanden gedacht werden können, haben sie für die darstellende Geometrie eine prinzipielle Wichtigkeit; die bei der Darstellung räumlicher Objekte auftretenden Probleme führen immer wieder auf sie zurück. Es erschien daher zweckmäßig, sie an geeigneter Stelle ausführlich zu behandeln. Wir beginnen also die Darlegung der Methoden der Parallelprojektion mit einem Kapitel über Ähnlichkeit und Affinität bei ebenen Figuren. Dementsprechend würde ein Kapitel über Perspektivität ebener Figuren vor der Behandlung der Perspektive räumlicher Figuren seinen natürlichen Platz finden. Wir ziehen es aber vor, ein solches bereits an einer früheren Stelle einzuschalten und später darauf zurück zu verweisen, weil für gewisse Gebilde schon an und für sich die Gesetze der Perspektivität in Betracht kommen, namentlich für Pyramiden und Kegel und ihre ebenen Schnitte.

Bei der Entwickelung der Projektionsmethoden für beliebige (nicht ebene) Objekte wird jedesmal mit der Darstellung der einfachen Grundgebilde: Punkt, Gerade, Ebene und der Lösung der aus ihren möglichen Beziehungen sich ergebenden Fundamentalaufgaben begonnen, um daran die Darstellung und Untersuchung der komplizierteren Gebilde in angemessener Ordnung anzuschließen.

Schließlich mögen noch einige Bemerkungen über die hauptsächlichsten, zum Teil am gehörigen Orte noch näher zu erläuternden Bezeichnungen und Abkürzungen Platz greifen. Wir werden durchgängig:

Punkte mit großen lateinischen Buchstaben: $A, B, \ldots P, \ldots,$
Gerade mit kleinen lateinischen Buchstaben: $a, b, \ldots g, \ldots,$
Ebenen mit großen griechischen Buchstaben: $\mathsf{A}, \mathsf{B}, \ldots \mathsf{E}, \ldots,$
Winkel mit kleinen griechischen Buchstaben: $\alpha, \beta, \ldots \varphi, \ldots,$

bezeichnen, und zwar verwenden wir meist die ersten Buchstaben des betreffenden Alphabets für gegebene oder bekannte Elemente, für variable oder unbekannte aber die später folgenden Buchstaben.

Als Zeichen der Verbindung mehrerer Elemente durch ein neues Grundgebilde, welches sie zusammengenommen bestimmen, dient die bloße Nebeneinanderstellung der sie bezeichnenden Buchstaben. Es bedeutet also:

$g = AB$ die gerade Verbindungslinie der Punkte A und B,
$\mathsf{E} = ABC$ die Verbindungsebene der drei Punkte A, B, C,
$\Delta = Ab$ die Verbindungsebene des Punktes A und der Geraden b,
$\Gamma = ab$ die Verbindungsebene der sich schneidenden Geraden a und b.

Zur Bezeichnung der Schnittelemente wählen wir das zwischen die betreffenden Buchstaben einzufügende Symbol $\times$. Hiernach bedeutet:

$P = g \times h$ den Schnittpunkt der in einer Ebene liegenden Geraden g und h.
$Q = g \times \mathsf{E}$ den Schnittpunkt der Geraden g und der Ebene E,
$g = \mathsf{E} \times \Delta$ die Schnittlinie der Ebenen E und Δ.

Wie gebräuchlich, legen wir parallelen Geraden einen unendlich fernen Schnittpunkt (Richtungspunkt, Richtung), parallelen Ebenen eine unendlich ferne Schnittlinie (Stellungsgerade, Stellung) bei.

Diese Bezeichnungen werden miteinander nach Bedürfnis kombiniert; z. B. würde $AB \times PQR$ den Schnittpunkt der Verbindungslinie der Punkte A, B mit der Verbindungsebene der Punkte P, Q, R darstellen, usf.

Als Dreieckszeichen dient $\triangle$, als Winkelzeichen $\angle$, so daß

$\triangle ABC$ das Dreieck mit den Ecken A, B, C,

$\alpha = \angle ABC$ den Winkel, welchen die Schenkel BA und BC am Scheitel B einschließen,

$\beta = \angle ab$ den Winkel der Geraden a und b,

$\gamma = \angle a\mathsf{E}$ den Neigungswinkel der Geraden a gegen die Ebene E,

$\varphi = \angle \mathsf{E}\Delta$ den Winkel der Ebenen E und Δ

bezeichnet.

R ist das Symbol für den rechten Winkel oder 90°, $2R$ für den gestreckten Winkel usf.

Neben den bereits üblichen Abkürzungen $\parallel$, $\#$, $\perp$, $\sim$, $\cong$ für parallel, parallel und gleich, senkrecht, ähnlich und kongruent, führen wir noch ein neues Symbol für den senkrechten Abstand ein; es soll nämlich $(P \dashv g)$ die Entfernung des Punktes P von der Geraden g, $(P \dashv \mathsf{E})$ die des Punktes P von der Ebene E repräsentieren.

Übrigens wird für die geometrischen Beziehungen keineswegs ausschließlich die symbolische Schreibweise angewendet werden. Dieselbe soll nur bei Beweisen die Übersicht erleichtern und bei der unvermeidlichen Wiederholung geläufiger Operationen die Möglichkeit der Kürzung gewähren.

Im besonderen sind folgende feststehende Bezeichnungen zu nennen:

Π_1, Π_2 für die beiden rechtwinkligen Projektionsebenen bei orthogonaler Projektion, x für ihre Schnittlinie oder Achse.

P', P'' für die Projektionen eines Punktes P,

g', g'' für die Projektionen einer Geraden g,

G_1, G_2 für die Spurpunkte einer Geraden g,

e_1, e_2 für die Spurlinien einer Ebene E.

Schiefe Parallelprojektionen werden durch Anhängung des unteren Index s, zentralperspektive Bilder durch die des Index c bezeichnet. Die Umlegung einer ebenen Figur in eine andere Ebene um die zu beiden gehörige Spurlinie charakterisieren wir durch den unteren oder oberen Index o, Elemente, die durch Drehung um irgendeine Gerade eine neue Lage erhalten haben, ebenso durch den Index $\triangle$, endlich Schatten durch den unteren oder oberen Index $_*$ oder *.

Ziffern auf halber Höhe, z. B. [1], verweisen auf die Literaturnachweise am Ende des Bandes.

ERSTES KAPITEL.

Ähnlichkeit und Affinität ebener Figuren.

1. Bevor wir die allgemeinen Gesetze der orthogonalen Parallelprojektion entwickeln und sie auf räumliche Gebilde anwenden, betrachten wir die ebenen Gebilde für sich. Hierbei beschränken wir uns nicht auf die orthogonale Parallelprojektion, sondern behandeln zuerst — gewissermaßen als Vorstufe — die einfachste Form der Zentralprojektion, bei welcher Original- und Bildebene parallel liegen, hierauf aber sogleich die schiefe Parallelprojektion. Aus diesen beiden im Raume zu vollziehenden Projektionsarten werden die Ähnlichkeit und die Affinität zwischen Figuren einer Ebene abgeleitet; ihre Kombination ergibt eine allgemeinere Verwandtschaft, die Affinität im weiteren Sinne, die uns jedoch hier nicht beschäftigen soll.[1])

Ähnlichkeit ebener Figuren.

2. Es sei eine Ebene E im Raume gegeben. Zu ihr parallel werde eine zweite Ebene E_1 und außerhalb beider ein Punkt O nach Willkür festgelegt. Zieht man durch alle Punkte einer in E gelegenen Figur von dem Zentrum O ausgehende, projizierende Strahlen, ebenso durch alle Geraden dieser Figur projizierende Ebenen, so liefern diese Strahlen und Ebenen in ihrem Schnitt mit der Ebene E_1 als Bildebene eine zweite Figur, deren Punkte und Geraden denen der gegebenen Figur eindeutig entsprechen. Beispielsweise geht (Fig. 1) aus dem Dreieck ABC in E ein Dreieck $A_1B_1C_1$ in E_1 als

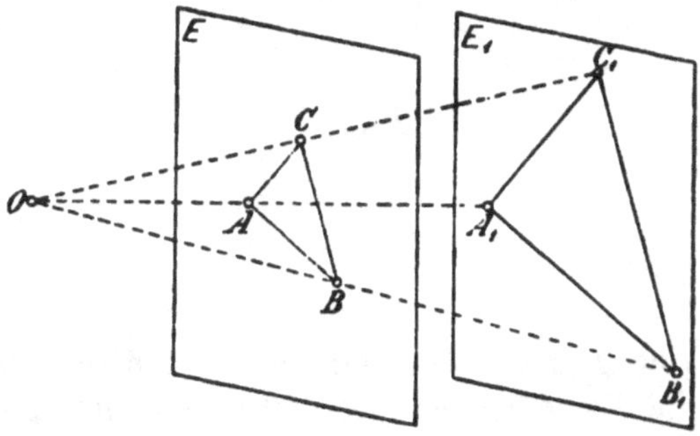

Fig. 1.

Bild hervor. Die Beziehung, in welcher die einander entsprechenden Figuren stehen, heißt Ähnlichkeit bei ähnlicher Lage und besitzt folgende Eigenschaften:

α) Entsprechende Gerade sind parallel; also:

β) Parallelen Geraden g und h entsprechen parallele Gerade g_1 und h_1 und einem Winkel φ ein ihm gleicher Winkel φ_1.

γ) Das Verhältnis irgend zweier entsprechenden Strecken AB und $A_1 B_1$ ist konstant $= e : e_1$, wenn $e = (O \dashv \mathsf{E})$, $e_1 = (O \dashv \mathsf{E}_1)$ gesetzt wird.

Offenbar ist:

$$AB : A_1 B_1 = OA : OA_1 = e : e_1$$

und folglich auch:

$$AB : A_1 B_1 = BC : B_1 C_1 \text{ usf.}$$

Ist für irgend zwei ebene Figuren eine der beiden letzten Eigenschaften und folglich auch die andere erfüllt, so sind sie nur als ähnlich zu bezeichnen. Kommt aber die erste Eigenschaft hinzu, so befinden sie sich in ähnlicher Lage. In der Tat braucht man nur zwei einander entsprechende parallele Strecken AB und $A_1 B_1$ zu kennen, um das Ähnlichkeitszentrum $O = AA_1 \times BB_1$ zu finden. Hieraus folgt weiter, daß je zwei ähnliche Figuren auf unendlich viele Arten in ähnliche Lage gebracht werden können.

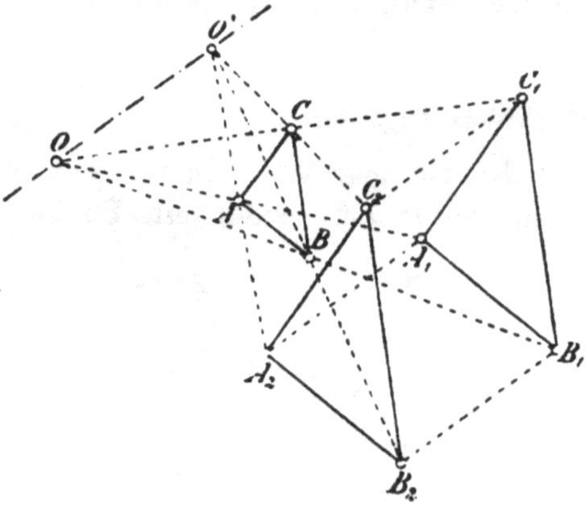

Fig. 2.

3. Die ähnlichen Figuren bleiben in ähnlicher Lage, wenn die Bildebene E_1 sich selbst parallel verschoben wird. An Stelle von O tritt dabei ein neues Zentrum O'. Die Strecke OO', d. i. die Verschiebung des Zentrums, ist mit derjenigen der Bildebene parallel und gleichgerichtet oder ihr entgegengesetzt, je nachdem O und E_1 auf derselben oder auf verschiedenen Seiten von E liegen; der Größe nach ist sie durch die Relation:

$$OO' = a \cdot \frac{e}{e_1 - e}$$

bestimmt, wobei a die Größe der Verschiebung der Punkte von E_1 bezeichnet. Geht nämlich (Fig. 2) A_1, das Bild eines beliebigen Punktes A, bei der im Raume vollführten Parallelverschiebung von E_1 in A_2 über, so schneidet die Gerade $A_2 A$ die durch O gezogene Parallele zu $A_1 A_2$ in einem Punkte O', welcher durch die obigen Angaben bestimmt ist; dies gilt für jedes Paar entsprechender Punkte. — Insbesondere bleibt der Charakter unserer Abbildung erhalten, wenn E_1 durch eine geeignete Parallelverschiebung mit E selbst zur Deckung gebracht wird. Diese Operation, bei der ein bestimmter Punkt von E_1 in einen beliebigen Punkt von E verschoben wird, liefert **ähnliche** und **ähnlich liegende Gebilde** in einer **Ebene**. In die Ebene E fällt auch das Zentrum O' und die projizierenden Strahlen. Die drei oben genannten Eigenschaften bleiben für die so erhaltene ähnliche Beziehung in der Ebene unverändert bestehen. Sie ist eindeutig bestimmt durch Angabe des Zentrums und zweier einander entsprechender Punkte, oder durch ein Paar paralleler entsprechender Strecken.

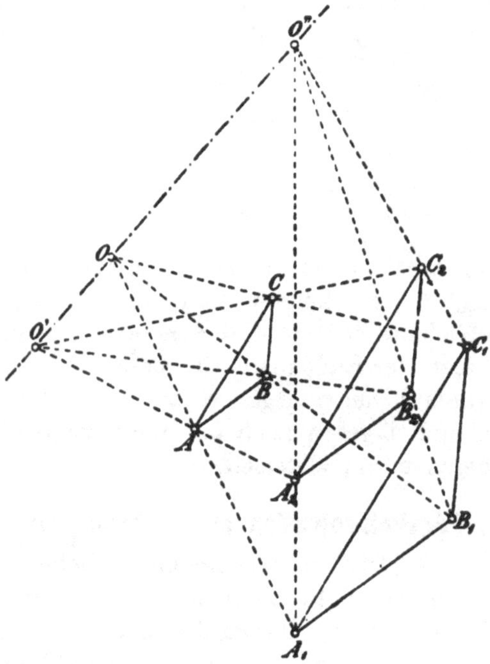

Fig. 3.

4. Der vorige Satz ist ein Spezialfall des folgenden: **Sind im Raume zwei Figuren zu einer dritten ähnlich und ähnlich gelegen, so sind sie es auch zueinander. Das neue Ähnlichkeitszentrum liegt mit den beiden gegebenen in gerader Linie.** Sind nämlich A, B und A_1, B_1 (Fig. 3) entsprechende Punkte zweier ähnlicher und ähnlich gelegener Figuren, sowie O das zugehörige Ähnlichkeitszentrum, gilt ferner dasselbe von A, B, A_2, B_2 und O', so liegen $A_1 A_2$ und $B_1 B_2$ in einer Ebene, weil $A_1 B_1 \parallel A B \parallel A_2 B_2$ ist. Weiter liegt der Strahl $A_1 A_2$ in der Ebene $A O O'$ und schneidet $O O'$ in einem Punkte O''. In demselben Punkte wird $O O'$ von $B_1 B_2$ geschnitten; denn $B_1 B_2$ und $O O'$ müssen sich in einem Punkte schneiden, da sie in einer Ebene liegen; das muß aber der Schnittpunkt von $O O'$ mit der Ebene $A_1 B_1 A_2 B_2$, also O'' sein. O'' ist das neue Ähnlichkeitszentrum. Der Satz gilt auch für Figuren in einerlei Ebene.

5. Von den Folgerungen, die man unmittelbar aus diesen Betrachtungen ziehen kann, mag als beachtenswert hervorgehoben werden, daß jede zu einem Kreise ähnliche Figur wiederum ein Kreis ist, und daß je zwei Kreise einer Ebene in doppelter Weise als in ähnlicher Lage befindlich angesehen werden können. Läßt man nämlich die Mittelpunkte M und M_1 (Fig. 4) und je zwei parallele und gleich oder entgegengesetzt gerichtete Radien einander entsprechen, so ergeben sich auf $M M_1$ zwei Ähnlichkeitszentren O und O (ein äußeres und ein inneres), für welche die Verhältnisgleichung $O M : O M_1 = r : r_1 = O' M : O' M_1$ besteht. Die Verbindungslinien der Endpunkte von parallelen, gleichgerichteten Radien gehen durch O, von entgegengesetzt gerichteten Radien aber durch O'. Durch O und O' gehen auch die gemeinsamen Tangenten der beiden Kreise, deren es im allgemeinen vier gibt.

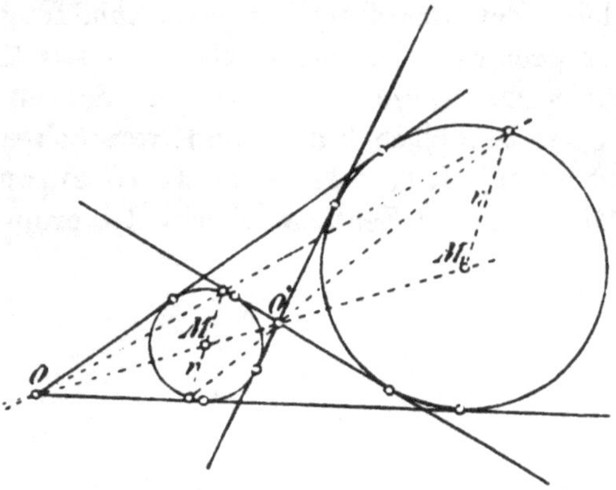

Fig. 4.

Parallelprojektion einer ebenen Figur auf eine andere Ebene.

6. Die zu projizierenden Gebilde seien in der Ebene E gelegen; als Bildebene nehmen wir irgend eine zweite Ebene E_1 an. Werden durch die Punkte und Geraden einer in der Ebene E befindlichen Figur in einer festgewählten Richtung projizierende Strahlen resp. Ebenen gezogen und mit E_1 geschnitten, so entsteht eine zweite Figur, die mit ihren Punkten und Geraden der vorgelegten eindeutig entspricht. Das Dreieck $A_1 B_1 C_1$ in E_1 geht z. B. auf diese Weise aus dem Dreieck $A B C$ in E hervor (Fig. 5). Das benutzte Verfahren wird im allgemeinen als schiefe, im besonderen, wenn die Projektionsrichtung zur Bildebene E_1 senkrecht steht, als orthogonale oder normale Parallelprojektion bezeichnet. Die geometrische Abhängigkeit zwischen den entsprechenden Figuren heißt **Affinität bei affiner Lage**; die projizierenden Strahlen werden **Affinitätsstrahlen**, ihre Richtung **Affinitätsrichtung**, die Schnittlinie $a = \mathsf{E} \times \mathsf{E}_1$ wird **Affinitätsachse** genannt.

7. Aus der Definition ergeben sich die **Eigenschaften affiner und affin gelegener ebener Figuren.**

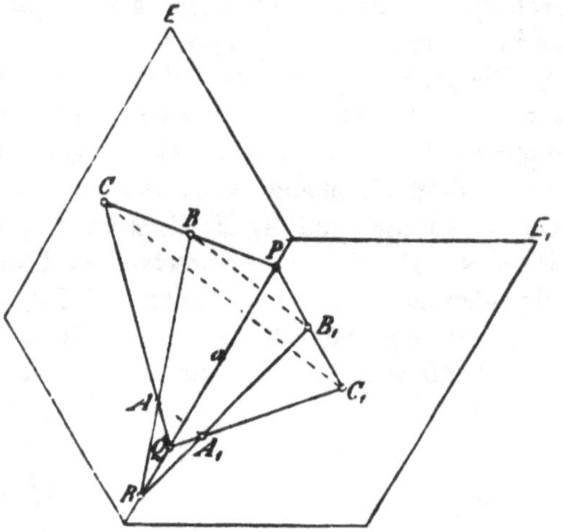

Fig. 5.

α) **Jeder Punkt der Affinitätsachse a entspricht sich selbst; entsprechende Gerade g und g_1 schneiden sich auf a, und insbesondere ist $g_1 \parallel a$, wenn $g \parallel a$ angenommen wird.**

β) **Parallelen Geraden g und h entsprechen parallele Gerade g_1 und h_1.**

γ) **Einem Winkel φ entspricht im allgemeinen ein von ihm verschiedener Winkel φ_1. Es existiert aber an je zwei affinen Punkten P und P_1 ein Paar entsprechender rechtwinkliger Strahlen.**

δ) **Das Verhältnis je zweier Strecken auf der nämlichen oder auf parallelen Geraden ist dem ihrer Bilder gleich.**

Die unter γ) angeführten entsprechenden rechten Winkel erkennt man aus folgender Konstruktion. Man lege durch die Mitte der Strecke PP_1 eine zu ihr rechtwinklige Ebene A und um deren Achsenschnittpunkt $M = a \times \mathsf{A}$ eine Kugelfläche, welche P und also auch P_1 enthält. Schneidet diese die Achse a in X und Y, so sind $\angle XPY$ und $\angle XP_1Y$ einander entsprechende und, weil sie über dem Durchmesser XY stehen, zugleich rechte Winkel.

Liegen die in δ) erwähnten Strecken auf der nämlichen Geraden g, also ihre Bilder auf der affinen Geraden g_1, so werden die gegebenen und ihre Bildstrecken auf den Schenkeln des $\angle gg_1$ durch Parallelen ausgeschnitten, woraus der eine Teil des Satzes unmittelbar folgt. Der allgemeinere Fall zweier paralleler Strecken AB und CD wird auf den vorigen zurückgeführt, indem man (Fig. 6) AB um die Strecke $BE = CD$ verlängert. Dem Parallelogramm $BCDE$ entspricht nach β) ein affines Parallelogramm $B_1C_1D_1E_1$, wobei $B_1E_1 = C_1D_1$ die Verlängerung von A_1B_1 bildet.

Umgekehrt sind zwei ebene Figuren affin und affin gelegen, wenn ihre Punkte und Geraden einander so entsprechen, daß die unter α), β) und δ) aufgeführten Eigenschaften erfüllt sind. Aus α) und β) folgt δ), ebenso kann man aus α) und δ) die Eigenschaft β) folgern. Denn sind A, B, C (siehe Fig. 5) irgend drei Punkte der einen, A_1, B_1, C_1 die entsprechenden Punkte der anderen Figur, so schneiden nach α) die Geraden BC, CA, AB ihre Bilder in Punkten P, Q, R der Schnittlinie $a = ABC \times A_1B_1C_1$. Da ferner nach δ): $RA : AB = RA_1 : A_1B_1$ sein soll, so ist $AA_1 \parallel BB_1$ usf.

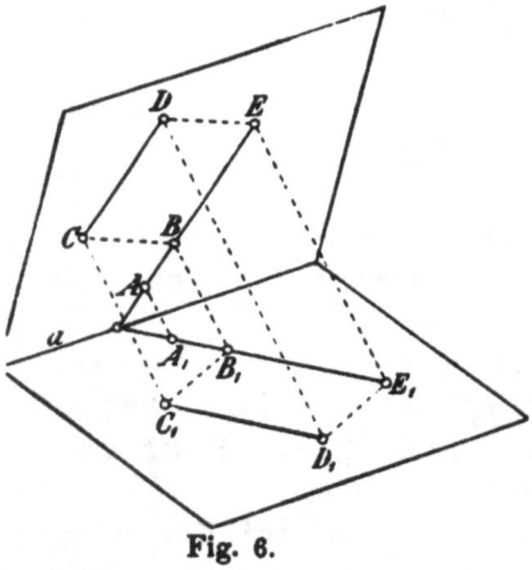

Fig. 6.

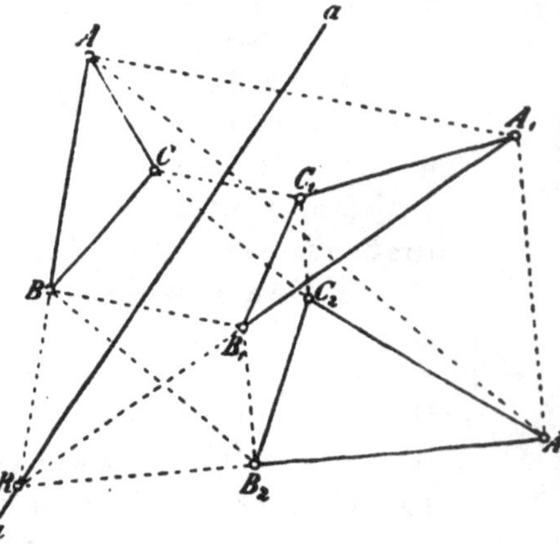

Fig. 7.

8. Es seien $\mathfrak{F}$, $\mathfrak{F}_1$ und $\mathfrak{F}_2$ drei Figuren, deren Ebenen E, E_1 und E_2 sich in einer Geraden a schneiden; ferner gehe $\mathfrak{F}_2$ aus $\mathfrak{F}$ und $\mathfrak{F}_1$ aus $\mathfrak{F}_2$ durch eine Parallelprojektion hervor. Dann ist auch $\mathfrak{F}_1$ eine Parallelprojektion von $\mathfrak{F}$, d. h. es besteht der Satz: **Sind in bezug auf eine und dieselbe Achse zwei ebene Figuren zu einer dritten affin und affin gelegen, so sind sie es auch zueinander.** Es genügt, den Beweis des Satzes für irgend zwei Punkte und ihre beiderlei Bilder zu führen. Den Punkten A, B in $\mathfrak{F}$ mögen A_2, B_2 in $\mathfrak{F}_2$ und diesen A_1, B_1 in $\mathfrak{F}_1$ entsprechen (Fig. 7). Die Geraden AB, A_1B_1, A_2B_2 schneiden sich in einem Punkte R auf a. Da aber zugleich $AA_2 \parallel BB_2$ und $A_1A_2 \parallel B_1B_2$ ist, so sind die Dreiecke AA_1A_2 und BB_1B_2 ähnlich und ähnlich gelegen (aus dem Ähnlichkeitszentrum R), folglich ist $AA_1 \parallel BB_1$ usf.

9. Wenn man die bisherigen Annahmen spezialisiert, indem man die Ebene E_1 als mit E zusammenfallend betrachtet, so gelangt man zu einer indirekten Definition affiner und affin gelegener Figuren $\mathfrak{F}$ und $\mathfrak{F}_1$ in einer Ebene, nämlich durch Vermittelung zweier nacheinander angewandter beliebiger Parallelprojektionen, welche zuerst $\mathfrak{F}$ in $\mathfrak{F}_2$ und dann $\mathfrak{F}_2$ in $\mathfrak{F}_1$ überführen. In der Folge wird die direkte Abhängigkeit zwischen $\mathfrak{F}$ und $\mathfrak{F}_1$ ohne Zuhilfenahme räumlicher Konstruktion untersucht. Der obige Satz läßt aber bereits erkennen, daß die Bedeutung der Affinitätsachse a als der Linie sich selbst entsprechender Punkte erhalten bleibt, sowie daß die Strahlen $A A_1$, $B B_1$, usw., die jetzt gleichfalls der Ebene E angehören, parallel sind; dagegen kann das Bild eines Punktes nicht mehr als Spur seines projizierenden Strahles in der Bildebene erklärt werden. Die Parallelprojektion in der Ebene bedarf also besonderer Erklärung, da die im Raume anwendbaren Operationen beim Übergang zu Gebilden einer Ebene aufhören einen bestimmten Sinn zu haben.

10. Wird eine ebene Figur um eine in ihrer Ebene enthaltene Achse gedreht, so beschreiben die Punkte der Figur Kreisbogen, deren Sehnen parallel sind. Mithin folgt aus obigem Satze als Korollar: Zwei affine und affin gelegene ebene Figuren bleiben in affiner Lage, wenn eine von ihnen um die Affinitätsachse beliebig gedreht wird. Insbesondere kann hiernach für die betrachteten Figuren auf doppelte Art die affine Lage in einer Ebene herbeigeführt werden, indem man die Bildebene durch Drehung nach der einen oder der anderen Seite mit der Originalebene zur Deckung bringt. Dreht man umgekehrt von zwei in einer Ebene affin gelegenen Figuren die eine beliebig um die Achse aus der Ebene heraus, so wird sie in der neuen Lage eine Parallelprojektion der anderen darstellen.

Affine und affin gelegene Figuren einer Ebene.

11. Zufolge der im vorigen Abschnitt enthaltenen indirekten Definition müssen zwei Figuren $\mathfrak{F}$ und $\mathfrak{F}_1$ derselben Ebene, wenn zwischen ihnen Affinität bei affiner Lage bestehen soll, folgende Eigenschaften aufweisen:

α) Jeder Punkt der Affinitätsachse entspricht sich selbst.

β) Den Punkten einer Geraden entsprechen wieder Punkte einer Geraden.

γ) Die Verbindungslinien entsprechender Punkte sind parallel.

Die hier aufgeführten Eigenschaften genügen, um zu einer Figur ihr affines und affin gelegenes Bild zu konstruieren, wenn die Affinitätsachse a und ein Paar entsprechender Punkte P und P_1 gegeben sind. In der Tat kann zu jedem gegebenen Punkte Q der entsprechende Q_1 bestimmt werden, indem man (Fig. 8) $S = PQ \times a$ sucht und SP_1 mit der durch Q gelegten Parallelen zu PP_1 in Q_1 schneidet. Das Bild einer Geraden g ergibt sich, indem man zu einem ihrer Punkte Q den Bildpunkt Q_1 zeichnet und diesen mit $T = g \times a$ verbindet.

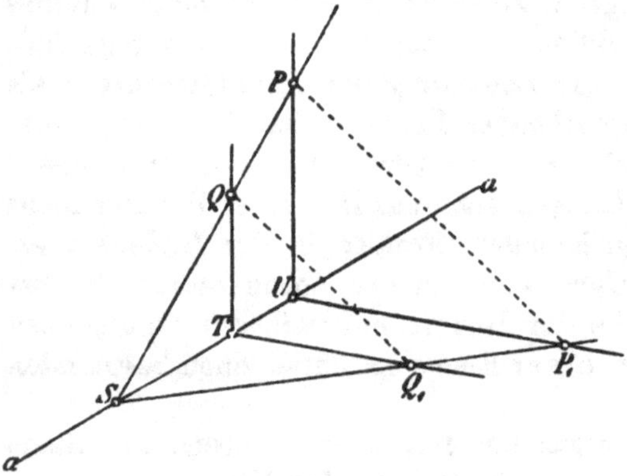

Fig. 8.

Die Figur läßt auch erkennen, daß parallelen Geraden PU und QT der einen Figur parallele Bilder P_1U und Q_1T in der anderen entsprechen. Um das Bild g_1 von $g = QT$ zu erhalten, kann man deshalb $PU \| g$ zeichnen, dann P_1U und $g_1 \| P_1U$ durch den Punkt $g \times a = T$ ziehen.

Finden die unter α), β) und γ) aufgezählten Beziehungen zwischen zwei Figuren $\mathfrak{F}$ und $\mathfrak{F}_1$ statt, so wird $\mathfrak{F}_1$ durch eine beliebige Drehung um die Affinitätsachse a in eine räumliche Lage $\mathfrak{F}_2$ übergeführt, bei welcher sie eine Parallelprojektion von $\mathfrak{F}$ darstellt. Sind A, B zwei beliebige Punkte von $\mathfrak{F}$, A_1, B_1 resp. A_2, B_2 die entsprechenden Punkte von $\mathfrak{F}_1$ resp. $\mathfrak{F}_2$, so ist nur zu zeigen, daß $BB_2 \| AA_2$ ist. Aber es ist einerseits $AA_1 \| BB_1$ und anderseits $A_1A_2 \| B_1B_2$, als Sehnen der von A_1 und B_1 bei der Drehung beschriebenen Bogen. Es schneiden sich ferner AB und A_1B_1 in einem Punkt R der Achse a, durch diesen geht dann auch A_2B_2; denn A_1B_1 und A_2B_2 liegen in einer Ebene, da $A_1A_2 \| B_1B_2$ ist. Somit ist auch $AA_2 \| BB_2$, da sie aus der Ebene RAA_2 durch die parallelen Ebenen AA_1A_2 und BB_1B_2 ausgeschnitten werden.

Eine Folge hiervon sind die Sätze:

δ) Parallelen Geraden entsprechen in der affinen Figur wieder parallele Gerade.

ε) Parallele Strecken verhalten sich wie ihre affinen Bilder.

12. Die Konstruktion der entsprechenden rechten Winkel an zwei affinen Punkten P und P_1 erfolgt (Fig. 9) mit Hilfe eines Kreises durch P und P_1, dessen Zentrum M der Affinitätsachse a angehört. Schneidet dieser a in den Punkten X und Y, so sind $\angle XPY$ und $\angle XP_1Y$ die gesuchten rechten Winkel. Ist P_1' der in bezug auf a zu P_1 symmetrische Punkt, so ist $\angle P_1PY = \angle P_1'PY$, weil die Bogen P_1Y und $P_1'Y$ gleich sind; der Strahl PY halbiert den $\angle P_1PP_1'$, der Strahl PX den Nebenwinkel. Diese Bemerkung kann zur Konstruktion der Rechtwinkelstrahlen dienen, falls etwa M außerhalb der Zeichnungsfläche liegt. — Symmetrisch zu PX (oder PY) gelegenen Punkten, z. B. Q und R, entsprechen symmetrisch zu P_1X (oder P_1Y) gelegene Punkte Q_1 und R_1.

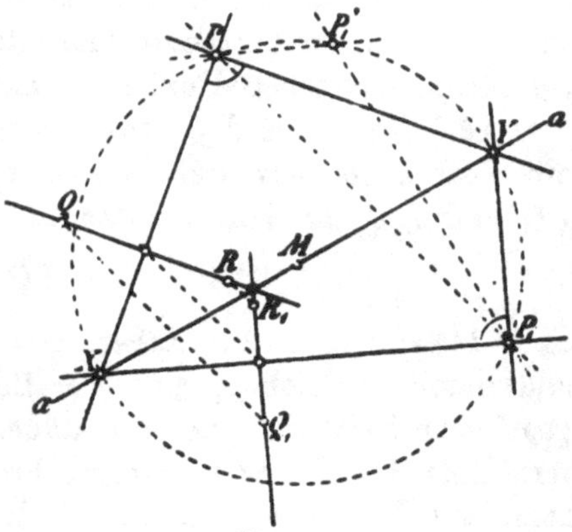

Fig. 9.

13. Es gibt auch an P und P_1 **entsprechende, gleiche Winkel von jeder gegebenen Größe** φ, die man in folgender Weise konstruiert. Wir gehen von dem Fall aus, wo P und P_1 auf derselben Seite der Affinitätsachse liegen (Fig. 10). Sei Q die Mitte von PP_1 und $QR \perp PP_1$, während R auf a liegt. Dann ist ein Kreis k durch P und P_1, also mit dem Zentrum M auf QR, so zu bestimmen, daß $\angle XPY = \angle XP_1Y = \varphi$ und somit $\angle MXY = R - \varphi$ wird ($\angle XMY = 2\varphi$), wenn X und Y die Achsenschnittpunkte von k sind. Zieht man aus einem beliebig auf QR angenommenen Punkte M' den Strahl $M'X'$ unter dem Winkel $R - \varphi$ gegen a und beschreibt um M' einen Kreis k' durch X',

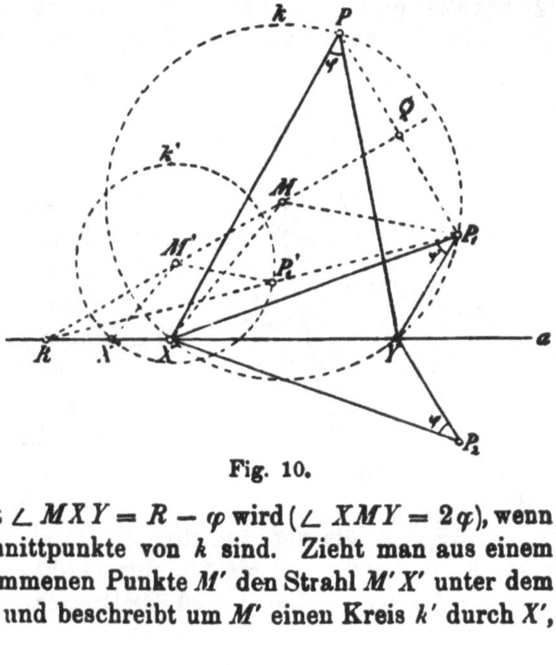

Fig. 10.

so ist R das Ähnlichkeitszentrum für die Kreise k und k'. Man findet daher M, indem man RP_1 mit k' in P_1' schneidet und $P_1M \| P_1'M'$ zieht. Da RP_1 den Kreis k' in zwei Punkten schneidet, so gibt es zwei Lösungen; in der Figur ist jedoch nur eine gezeichnet. Werden die gegebenen affinen Punkte durch die Achse voneinander getrennt, wie P und P_2, so betrachte man statt des letzteren den symmetrisch zur Achse gelegenen Punkt P_1; dann ist $\angle XP_2Y = \angle XP_1Y$.

14. Sind g und g_1 zwei bestimmte affine Gerade, so existiert ein Wert λ der Art, daß je zwei auf ihnen liegende affine Strecken PQ und P_1Q_1 in dem konstanten Verhältnis

$$\lambda = PQ : P_1Q_1$$

nach 11, *s*) zueinander stehen, das sich auch nicht ändert, wenn g und damit zugleich g_1 eine Parallelverschiebung erfährt. Zu jeder gegebenen Richtung und der affinen gehört also ein festes Streckenverhältnis λ. Dagegen entsprechen verschiedenen Richtungen verschiedene Werte λ; dabei sind die Richtungen, welche durch die Schenkel der entsprechenden rechten Winkel gegeben sind, vor allen übrigen ausgezeichnet. Dreht sich eine Gerade g (mithin zugleich die affine g_1) um einen ihrer Punkte, so nimmt das ihrer Richtung zugehörige Streckenverhältnis λ in jedem der von den affinen Rechtwinkelstrahlen gebildeten Quadranten entweder beständig zu oder beständig ab, erreicht für symmetrische Lagen zu jenen Strahlen gleiche Werte und auf denselben ein Maximum resp. Minimum.

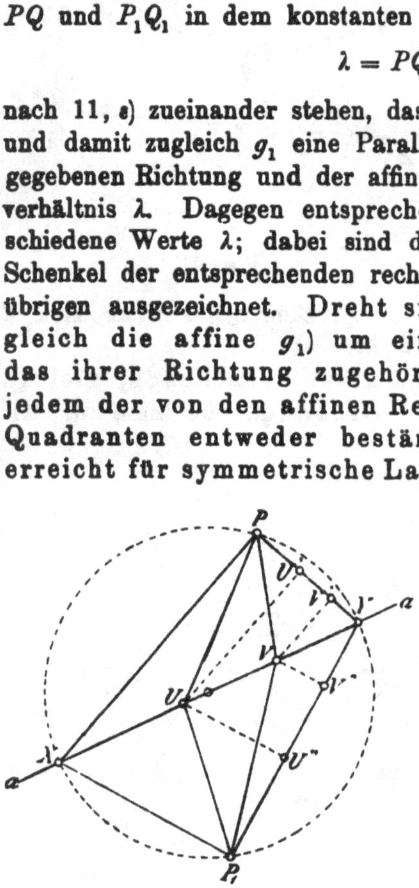

Fig. 11.

Es seien, um dies zu beweisen, $\angle XPY$ und $\angle XP_1Y$ affine rechte Winkel (Fig. 11), ferner U und V irgend zwei aufeinander folgende Lagen eines von X nach Y auf der Affinitätsachse fortschreitenden Punktes. Wir wählen nun die Strecke XY als Maßeinheit, setzen $XU = k$, $XV = l$, $UY = m$, $VY = n$ und bezeichnen mit x, u, v, y resp. x_1, u_1, v_1, y_1 die von Punkten X, U, V, Y, einerseits und von P resp. P_1 anderseits begrenzten affinen Strecken. Sind nun PUU', PVV', P_1UU'', P_1VV'' rechtwinklige Dreiecke, so folgen die Relationen:

$$u^2 = m^2x^2 + k^2y^2, \qquad v^2 = n^2x^2 + l^2y^2,$$
$$u_1^{\,2} = m^2x_1^{\,2} + k^2y_1^{\,2}, \qquad v_1^{\,2} = n^2x_1^{\,2} + l^2y_1^{\,2};$$

denn es ist: $UY:XY = m$, $U'P:Y'P = UX:YX = k$, usf.

Es ist jetzt zu zeigen, daß unter der Voraussetzung:

$$\left(\frac{x}{x_1}\right)^2 > \left(\frac{y}{y_1}\right)^2$$

die Beziehung:

$$\left(\frac{u}{u_1}\right)^2 > \left(\frac{v}{v_1}\right)^2$$

besteht. Letzterer geben wir die neue Form:

$$(m^2x^2 + k^2y^2)(n^2x_1^{\,2} + l^2y_1^{\,2}) - (n^2x^2 + l^2y^2)(m^2x_1^{\,2} + k^2y_1^{\,2}) > 0,$$

und diese reduziert sich auf die Ungleichung:

$$(l^2m^2 - k^2n^2)(x^2y_1^{\,2} - x_1^{\,2}y^2) > 0,$$

welche mit der Voraussetzung zusammenfällt, da $(l^2m^2 - k^2n^2)$ positiv ist.

Die Ellipse als affine Kurve zum Kreise und ihre Konstruktion.

15. Jede zu einem Kreise affine und affin gelegene Kurve heißt Ellipse; so ist jede Parallelprojektion des Kreises eine Ellipse. Dem Mittelpunkt M des Kreises k (Fig. 12) entspricht der Mittelpunkt M_1 der zum Kreise affinen Ellipse k_1. Jedem Kreisdurchmesser entspricht ein Durchmesser der Ellipse, der von ihrem Mittelpunkt M_1 halbiert wird. Zwei schiefwinklige Durchmesser P_1P_1', Q_1Q_1' der Ellipse heißen konjugiert, wenn sie zu zwei rechtwinkligen Kreisdurchmessern PP', QQ' affin sind. Von zwei konjugierten Durchmessern einer Ellipse halbiert jeder die

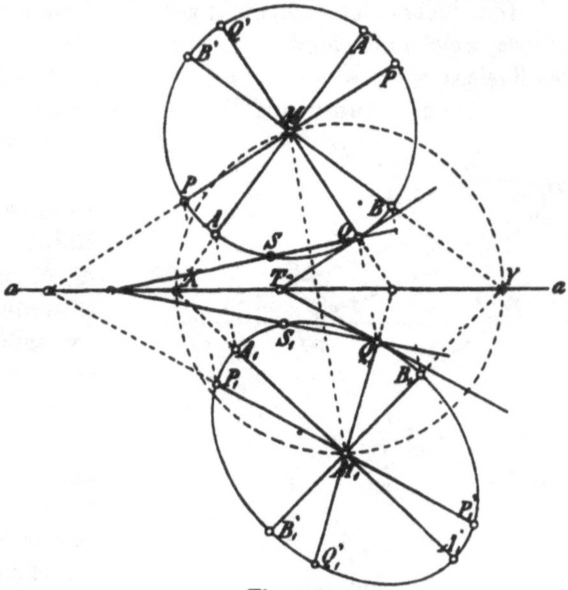

Fig. 12.

zum andern parallelen Sehnen und geht durch die Berührungspunkte der zum andern parallelen Tangenten. Denn das gleiche ist bei den rechtwinkligen Durchmessern des affinen Kreises der Fall.

Dabei ist allerdings die zu einer Kreistangente affine Gerade als Ellipsentangente bezeichnet. Die Berechtigung hierzu erhellt aus der folgenden Überlegung. Wie jede Gerade g mit dem Kreise k zwei getrennte, zwei vereinte oder keinen Schnittpunkt gemein hat, so hat auch jede Gerade g_1 mit der Ellipse k_1 wegen der Affinität zwei getrennte, zwei vereinte, oder keinen Schnittpunkt gemein. Eine Kreistangente QT hat mit seiner Peripherie nur einen Punkt gemein und liegt ganz außerhalb derselben; das gleiche tritt für die affine Gerade Q_1T' in bezug auf die Ellipse ein, und deshalb legen wir ihr die Bezeichnung einer Ellipsentangente bei (zum Unterschiede von den Sehnen). Man kann auch die Tangenten in Q resp. Q_1 aus den Sehnen QS resp. Q_1S_1 durch Drehung um Q resp. Q_1 hervorgehen lassen, wobei S_1 in demselben Moment mit Q_1 zusammenfällt, wo dies S mit Q tut. Hier geht der Berührungspunkt der Tangente aus der Vereinigung zweier Schnittpunkte hervor.

Die zueinander rechtwinkligen Durchmesser A_1A_1' und B_1B_1' der Ellipse, welche gleichfalls rechtwinkligen Durchmessern AA' und BB' des Kreises entsprechen, heißen Achsen, ihre Endpunkte Scheitel. Die Achsen teilen die Ellipse in symmetrische Quadranten, denn sie halbieren die zu ihnen senkrechten Sehnen. Durchläuft ein Punkt P_1 die Ellipse, so nimmt die Strecke M_1P_1 in jedem Quadranten entweder beständig zu, oder beständig ab und erreicht auf den Achsen ein Maximum oder Minimum (nach 14).

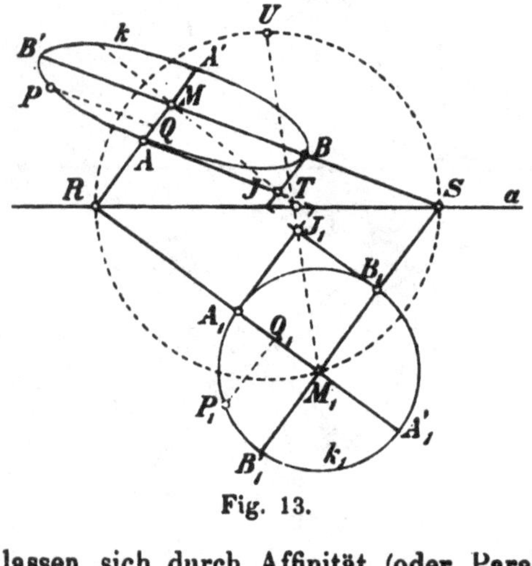

Fig. 13.

Aus der gegebenen Definition ergeben sich Konstruktionen für Punkte, Tangenten, Achsen und konjugierte Durchmesser der Ellipse.

16. Aus einem Kreise lassen sich durch Affinität (oder Parallelprojektion) unendlich viele Ellipsen ableiten, indem man noch die Affinitätsachse und den Mittelpunkt der Ellipse beliebig wählen kann. Umgekehrt kann jede Ellipse auf unendlich viele Weisen als affines Bild eines Kreises erhalten werden, indem auch hier die Wahl der Affinitätsachse noch völlig frei steht. Hierüber belehrt uns der Satz: **Eine Ellipse k ist durch zwei konjugierte Durchmesser AA' und BB' völlig bestimmt.** Es sei P ein beliebiger Punkt der Ellipse k, Q ein Punkt auf AA' und $PQ \parallel BB'$; ferner setzen wir zur Abkürzung $MA = a$, $MB = b$, $MQ = x$ und $QP = y$ (Fig. 13). Ein zur Ellipse affiner und affin gelegener Kreis sei k_1; die zu A, A', B, B', M, P, Q affinen Punkte seien A_1, A_1', B_1, B_1', M_1, P_1, Q_1, während wir $M_1A_1 = M_1B_1 = r_1$, $M_1Q_1 = x_1$ und $Q_1P_1 = y_1$ setzen. Mag nun die affine Beziehung zwischen Ellipse und Kreis beschaffen sein, wie sie wolle, immer gelten die Relationen:

$$\frac{x}{a} = \frac{x_1}{r_1}, \quad \frac{y}{b} = \frac{y_1}{r_1}.$$

Nun besteht für jeden Punkt des Kreises die Gleichung; $x_1^2 + y_1^2 = r_1^2$, **also besteht für jeden Punkt der Ellipse die Gleichung:**

$$\frac{x^2}{a^2} + \frac{y^2}{b^2} = 1.$$

Dabei bedeuten x und y die Längen der beiden zu den konjugierten Durchmessern parallelen Strecken, die einerseits von dem beliebigen Ellipsenpunkt und andererseits von diesen Durchmessern begrenzt werden. Durch Länge und Lage der konjugierten Durchmesser AA' und BB' ist hiernach die Gesamtheit der Ellipsenpunkte bestimmt.

17. **Wir wollen jetzt zu der Ellipse k mit den konjugierten Durchmessern AA' und BB' den affin gelegenen Kreis k_1 konstruieren, wenn die Affinitätsachse a beliebig gegeben ist.** Die Tangenten in A und B mögen sich in J schneiden ($JA \parallel BB'$, $JB \parallel AA'$), dann muß dem Parallelogramm $MAJB$ in der affinen Figur ein Quadrat $M_1A_1J_1B_1$ entsprechen (Fig. 13). Schneiden also die Geraden MA, MB und MJ die Affinitätsachse a in R, S und T, so ist M_1 derart zu bestimmen, daß $\angle RM_1S = 90^0$ und $\angle RM_1T = \angle TM_1S = 45^0$ wird. Zu dem Ende zeichne man über RS als Durchmesser einen Hilfskreis und wähle auf ihm den Punkt U in der Mitte des Halbkreisbogens RS; dann schneidet UT den Hilfskreis in dem gesuchten Punkt M_1 ($\angle RM_1T = \angle TM_1S = 45^0$ als Peripheriewinkel über den Viertelkreisbogen RU und US). In der Tat entspricht jetzt dem Parallelogramm $MAJB$ in der affinen Figur ein Quadrat $M_1A_1J_1B_1$, wobei M_1 der zu M affine Punkt ist, und zu dem Kreise k_1 mit dem Mittelpunkt M_1 und dem Radius $M_1A_1 = M_1B_1$ ist die Ellipse k mit den konjugierten Halbmessern MA und MB affin ($JA \times J_1A_1$ und $JB \times J_1B_1$ auf a).

18. Will man eine Ellipse k aus zwei konjugierten Durchmessern konstruieren, so kann man einen zu ihr affinen und affin gelegenen Kreis k_1 zeichnen und dann rückwärts zu einzelnen Punkten des Kreises die affinen Punkte der Ellipse suchen. Wie wir soeben sahen, ist dabei die Wahl der Affinitätsachse a noch freigestellt. Um die Konstruktion möglichst einfach zu gestalten, empfehlen sich besonders die folgenden beiden Verfahren.

Erstes Verfahren. Es seien (Fig. 14) O der Mittelpunkt, AA' und BB' die gegebenen konjugierten Durchmesser einer Ellipse k. Der über AA' als Durchmesser beschriebene Kreis k_1 ist dann zu k affin und AA' ist die Affinitätsachse. Dem Punkt B von k entspricht der affine Punkt B_1 von k_1, wo $OB_1 \perp OA$ ist, und BB_1 ist ein Affinitätsstrahl. — Zu einem Punkte P_1 von k_1 ergibt sich der affine Ellipsenpunkt P, indem man $P_1Q \perp AA'$ zieht und die Parallele zu OB aus Q mit der Parallelen zu BB_1 aus P_1 in P schneidet. — Trifft die Kreistangente in P_1 die Affinitätsachse in T, so ist PT die Ellipsentangente in P. — Sollen aus einem Punkte R die Tangenten an die Ellipse gezogen werden, so suche man den affinen Punkt R_1 und die Berührungspunkte X_1 und Y_1 der von ihm an den Kreis k_1 gelegten Tangenten; dann sind die zu ihnen affinen Punkte X und Y die Berührungspunkte der gesuchten Ellipsentangenten. — Die Richtungen der Achsen der Ellipse und der zugehörigen rechtwinkligen Durchmesser des Kreises ergeben sich aus der Konstruktion entsprechender rechter Winkel an den affinen Punkten B und B_1, die Scheitel der Ellipse aus den Endpunkten der genannten Kreisdurchmesser.

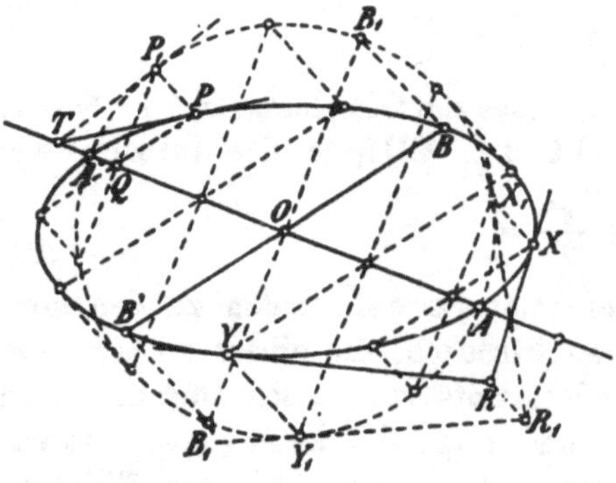

Fig. 14.

19. Zweites Verfahren. Man ziehe durch den Endpunkt B des einen Durchmessers eine Parallele a zum konjugierten AA', die zugleich Ellipsentangente sein wird (Fig. 15). Ein Kreis k_1 vom Radius $O_1A_1 = OA$, welcher a ebenfalls in B berührt, ist dann zur Ellipse k affin gelegen. Dabei ist a die Affinitätsachse, O und O_1

sind affine Punkte, und den beiden zu a parallelen und senkrechten Kreisdurchmessern A_1A_1' und BB_1' entsprechen die konjugierten Durchmesser AA' und BB' der gesuchten Ellipse. Die Konstruktion einzelner Ellipsenpunkte ist analog dem Vorigen. Die Achsen findet man hier direkt aus der Bestimmung der entsprechenden rechten Winkel $\angle XOY$ und $\angle XO_1Y$ an den Mittelpunkten, hierauf aus den Endpunkten C_1 und D_1 der rechtwinkligen Kreisdurchmesser die Ellipsenscheitel C und D, usf.

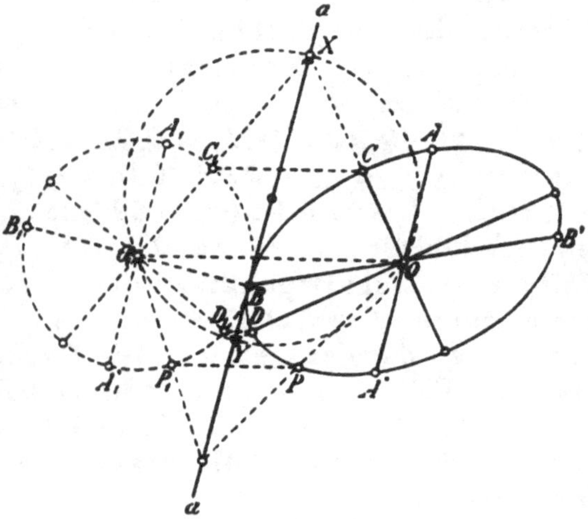

Fig. 15.

20. Konstruktion der Ellipse aus den Achsen. Es seien $OA = a$ und $OB = b$ (Fig. 16a) die gegebenen Halbachsen einer Ellipse k. Man schlage um O zwei Kreise k_1 und k_2 resp. vom Radius a und b. Jeder von ihnen kann als zur gesuchten Ellipse affin gelegen gelten. Bei der Affinität zwischen k_1 und k ist OA die Achse und B_1 und B sind entsprechende Punkte ($B_1B \perp OA$); bei der Affinität zwischen k_2 und k ist OB die Achse und A_2 und A sind entsprechende Punkte. — Zu einem Punkte P_1 auf k_1 ergibt sich der affine Ellipsenpunkt P auf k, indem man $P_1S \perp OA$ zieht, mittels der Beziehung

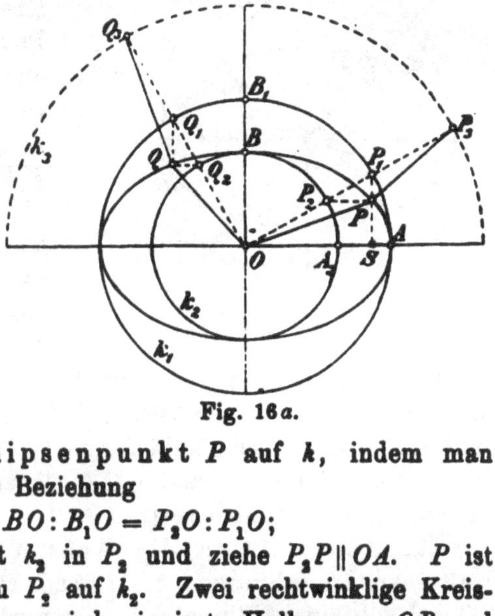

Fig. 16a.

$$PS : P_1S = BO : B_1O = P_2O : P_1O;$$

man schneide also P_1O mit k_2 in P_2 und ziehe $P_2P \parallel OA$. P ist zugleich der affine Punkt zu P_2 auf k_2. Zwei rechtwinklige Kreisradien OP_1 und OQ_1 liefern zwei konjugierte Halbmesser OP und

OQ der Ellipse. Die Tangenten in P und Q sind zu OQ und OP resp. parallel.

Zieht man um O einen Kreis k_3 mit dem Radius $(a + b)$ und schneidet dieser die Strahlen OP_1 und OQ_1 in P_3 und Q_3 resp., so sind PP_3 und QQ_3 **Ellipsennormalen**, d. h. sie stehen in P und Q auf den bezüglichen Tangenten senkrecht. Denn es ist $\triangle P_1PP_2 \cong \triangle Q_2QQ_1$, $(P_1P_2 = Q_1Q_2$, $\angle QQ_1Q_2 = \angle PP_2P_1$, usw.); ferner ist $\triangle Q_3QQ_1 \cong \triangle OPP_2$ $(Q_3Q_1 = OP_2$, $QQ_1 = PP_2$, $\angle Q_3Q_1Q = \angle OP_2P)$. Demnach ist $Q_3Q = OP$ und $Q_3Q \perp OP$ (da $Q_3O \perp OP_1$ ist). **Jeder Strahl durch O liefert einen Punkt P der Ellipse als Schnittpunkt zweier Geraden, von denen die erste durch P_2 parallel zu OA und die zweite durch P_1 parallel zu OB gezogen ist. Die Gerade PP_3 ist eine Normale der Ellipse und gleich dem zu OP konjugierten Halbmesser OQ. Die Punkte P_2, P_1 und P_3 auf dem durch O gezogenen Strahl haben die bezüglichen Abstände b, a und** $(a + b)$ von O.

21. Das eingeschlagene Verfahren ergibt auch die Lösung der Aufgabe: **Zu einem nur der Richtung nach gegebenen Halbmesser der Ellipse den Endpunkt und den konjugierten Halbmesser zu finden.** Ein in der gegebenen Richtung aus O gezogener Strahl schneide die Kreise k_1 und k_2 resp. in den Punkten U und V (Fig. 16 *b*); aus diesen konstruiere man wie vorher den Punkt W der Ellipse. Zieht man ferner durch U und V Parallelen zu OA und OB, die sich in X schneiden mögen, und legt man die Affinität zwischen k_1 und der Ellipse k zugrunde, so entspricht dem Punkt U der Punkt W, der Geraden UX die Gerade WV, dem Punkte X der Punkt V und folglich dem Strahl OX der Strahl OV. Insbesondere entspricht dem Punkte P_1 von k_1 der Punkt P von k $(P_1P \parallel OB$, $P_2P \parallel OA)$, und der zu OX rechtwinklige Strahl OQ_2O_1 liefert den Endpunkt Q des zu OP konjugierten Halbmessers OQ.

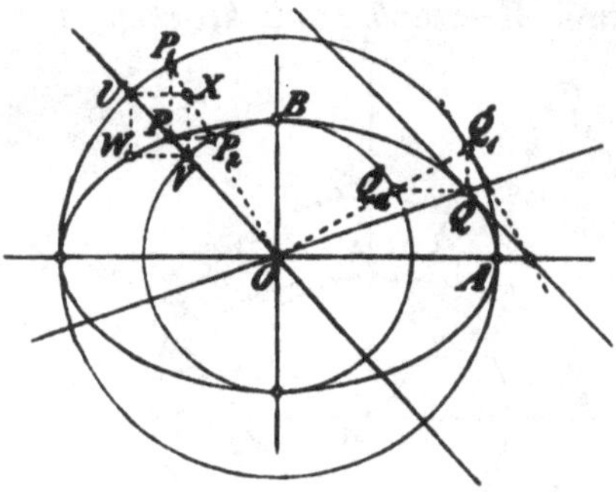

Fig. 16 *b*.

22. **Konstruktion der Achsen einer Ellipse aus konjugierten Durchmessern.** Irgend zwei konjugierte Halbmesser OC und OD einer Ellipse (Fig. 17 a) werden aus rechtwinkligen Halbmessern OC_1, OD_1 resp. OC_2, OD_2 des um- und eingeschriebenen Kreises (vom Radius a und b) erhalten, indem man CC_1 und DD_1 parallel zur Halbachse OB und CC_2 und DD_2 parallel zur Halbachse OA zieht. Wird das rechtwinklige Dreieck DD_1D_2 um das Zentrum O durch den $\angle D_1OC_1 = R$ gedreht, so erhält es die Lage EC_1C_2, in der seine Katheten wiederum den Achsen parallel liegen. Nun ist $M = EC \times C_1C_2$ der Mittelpunkt des Rechteckes CC_1EC_2, also $MC = MC_1 = MC_2 = ME$. Deshalb schneidet EC die Achsen OA und OB resp. in A' und B', so daß: $MO = MA' = MB'$ wird, d. h. ein um M mit dem Radius MO beschriebener Kreis schneidet die Gerade CE in Punkten A' und B' der Achsen. Überdies folgt.

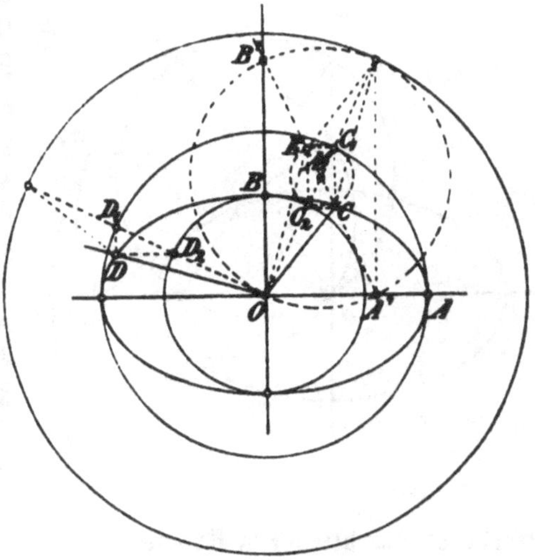

Fig. 17a.

$$OC_1 = EA' = CB' = a,$$
$$OC_2 = CA' = EB' = b.$$

Sind umgekehrt OC und OD als konjugierte Halbmesser gegeben, so ergibt sich folgende **einfache Konstruktion der Achsen.** Man ziehe $OE \perp$ und $= OD$, halbiere EC in M und schneide CE mit einem Kreise vom Radius MO in A' und B'. Dann sind OA' und OB' die Achsen der Lage nach und $A'E = B'C$ resp. $A'C = B'E$ die bezüglichen Längen der Halbachsen.

23. Läßt man C die Ellipse durchlaufen, so geschieht dies auch mit dem Endpunkt D des zu OC konjugierten Halbmessers OD. Man erhält dann durch die vorige Konstruktion andere und andere Punkte A' und B' auf den Achsen; immer aber ist $B'C = a$, $A'C = b$, also die Strecke $A'B'$ von der konstanten Länge $(a + b)$. Hieraus folgt der Satz: **Gleitet eine Strecke $A'B'$ mit ihren Endpunkten auf zwei rechtwinkligen Geraden, so beschreibt ein Punkt C, der sie in die Teile a und b zerlegt, eine Ellipse mit den Halbachsen a und b.** Dieser Satz kann bequem zur Konstruktion von Ellipsenpunkten verwendet werden.

Rollt (Fig. 17b) der Kreis mit dem Mittelpunkt M und dem Radius MJ auf der Innenseite des Kreises mit dem Mittelpunkt O und dem Radius OJ ohne Gleiten, so bewegt sich jeder Punkt des kleineren Kreises auf einem Durchmesser des größeren. Ist nämlich K ein auf dem kleineren Kreise liegender fest mit ihm verbundener Punkt und gelangt er beim Rollen in die Lage K_1, so müssen die Kreisbogen JK und JK_1 gleich sein und daher auch $\angle JOK = \angle JOK_1$, d. h. K und K_1 liegen auf einem Strahl durch O. Gelangt in gleicher Weise der Punkt A' des kleineren Kreises beim Rollen in die Lage A_1', so sind die Bogen KA' und K_1A_1' einander gleich, daher auch $\angle KOA' = \angle K_1OA_1'$, d. h. A' und A_1' liegen auf einem Strahl durch O. Ebenso liegen B' und B_1' auf einem Strahl durch O. Daraus geht hervor, daß beim Rollen des kleineren Kreises auf dem größeren die Strecke $A'B'$ mit ihren Endpunkten auf den festen Geraden OA' und OB' gleitet. Beim Rollen beschreibt somit jeder in der Ebene des kleineren Kreises liegender und mit ihm fest verbundener Punkt P eine Ellipse. Liegt P auf dem Durchmesser $A'B'$, so fallen die Achsen der Ellipse mit OA' und OB' zusammen und ihre Halbachsen sind gleich PA' resp. PB'.

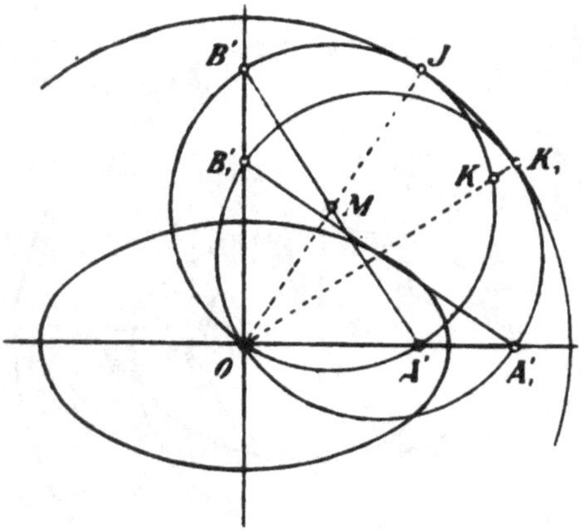

Fig. 17b.

Zieht man in Fig. 17a durch C eine Parallele zu OC_1 und schneidet diese die Achsen OA und OB in A'' und B'', so ist $OA'' = EC_1$, $OB'' = EC_2$, $CA'' = b$, $CB'' = a$, $B''A'' = C_2C_1 = (a - b)$. Hieraus folgt der weitere Satz: Gleitet eine Strecke $A''B''$ mit ihren Endpunkten auf zwei rechtwinkligen Geraden, so beschreibt ein Punkt C auf ihrer Verlängerung, dessen Abstände von ihren Endpunkten gleich a und b sind, eine Ellipse mit den Halbachsen a und b. Jede Ellipse kann also in doppelter Weise durch Bewegung erzeugt werden, indem man entweder eine Strecke von der Länge $(a + b)$ oder eine von der Länge $(a - b)$ mit ihren Endpunkten auf den Achsen der Ellipse gleiten läßt. Im ersten Falle ist es ein Punkt der Strecke selbst, im letzteren ein Punkt auf ihrer Verlängerung, der die Ellipse erzeugt.

24. Konstruktion der Ellipse k aus fünf gegebenen Punkten A, B, C, D, E derselben. Wählen wir die Gerade $AB = a$ zur Affinitätsachse, so muß nach 17 ein zur Ellipse k affiner Kreis k_1 existieren, falls es möglich sein soll, durch die fünf beliebig gegebenen Punkte eine Ellipse zu legen. Bezeichnen wir nun (Fig. 18) mit C_1, D_1, E_1 die affinen Punkte zu C, D, E, so

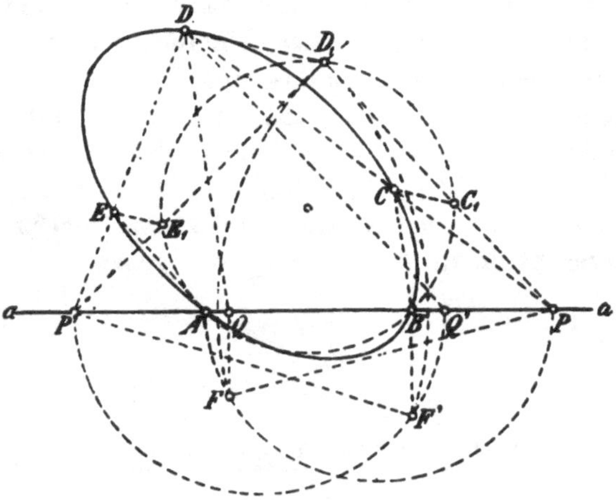

Fig. 18.

müssen die Punkte $P' = DE \times D_1 E_1$ und $P = DC \times D_1 C_1$ auf a liegen, ferner $DD_1 \| EE_1 \| CC_1$ sein, und endlich müssen die fünf Punkte A, B, C_1, D_1, E_1 einem Kreise k_1 angehören. Das liefert die Relationen:

$$P'D : P'E = P'D_1 : P'E_1 \quad \text{und} \quad P'A . P'B = P'D_1 . P'E_1,$$

ferner:

$$PD : PC = PD_1 : PC_1 \quad \text{und} \quad PA . PB = PD_1 . PC_1 .$$

Aus den ersteren folgt:

$$(P'D_1)^2 = \frac{P'A . P'B . P'D}{P'E}$$

und aus den letzteren:

$$(PD_1)^2 = \frac{PA \cdot PB \cdot PD}{PC} .$$

Da auf der rechten Seite dieser Gleichungen nur bekannte Punkte vorkommen, so lassen sich die Werte $P'D_1$ und PD_1 wie folgt konstruieren. Man bestimme Q' auf a so, daß $DQ' \| EA$ wird, dann ist: $P'Q' = P'A \cdot P'D : P'E$. Damit geht die erste Gleichung in $(P'D_1)^2 = P'Q' \cdot P'B$ über, d. h. $P'D_1$ ist gleich der Kathete $P'F'$ eines rechtwinkligen Dreieckes mit der Hypotenuse $P'Q'$, dessen Höhe in B errichtet ist. Ebenso bestimme man Q auf a so, daß

$DQ \parallel CB$ wird; dann ist PD_1 gleich der Kathete PF eines rechtwinkligen Dreieckes mit der Hypotenuse PA, dessen Höhe in Q errichtet ist. Damit ist aber D_1 als Schnittpunkt zweier Kreise gefunden. Legt man jetzt einen Kreis k_1 durch A, B und D_1, so schneidet er D_1P' und D_1P noch in den Punkten E_1 und C_1, und es ist gemäß unserer Konstruktion $EE_1 \parallel DD_1 \parallel CC_1$. Der Kreis k_1 ist demnach wirklich zu der gesuchten Ellipse affin, und man konstruiert ihre Punkte vermöge dieser Affinität, wobei a die Achse und D und D_1 entsprechende Punkte sind.

Man erkennt aus der Figur, daß nicht immer fünf willkürlich gegebene Punkte auf einer Ellipse liegen, da die Kreise mit den Mittelpunkten P' resp. P und den Radien $P'F'$ resp. PF sich nicht immer schneiden. Die vollständige Erklärung hierfür wird sich erst an späterer Stelle im fünften Kapitel ergeben.

ZWEITES KAPITEL.

Darstellung der Punkte, Geraden und Ebenen in Grund- und Aufriß. Bestimmung der einfachen Beziehungen dieser Grundgebilde zueinander.

Das Grund- und Aufrißverfahren.

25. Werden durch alle Punkte einer räumlichen Figur senkrecht zu einer gegebenen Ebene Π_1 projizierende Strahlen gezogen, so erzeugen deren Schnitt- oder Spurpunkte in Π_1 ein ebenes Bild der Raumfigur, welches als eine orthogonale Projektion bezeichnet wird. Jeder Punkt P des Raumes hat einen bestimmten Punkt P' in Π_1 zu seiner Orthogonalprojektion; dagegen bildet der Punkt P' gleichzeitig die Projektion aller Punkte der in ihm auf Π_1 errichteten Normalen. Ein Raumpunkt P ist somit durch seine Projektion P' noch nicht bestimmt, vielmehr gehört hierzu ein weiteres Bestimmungsstück, etwa die Strecke PP', d. h. der senkrechte Abstand des Punktes P von der Projektionsebene Π_1. Dabei ist diesem Abstand zur Unterscheidung der beiden Richtungen, nach denen er von P' aus aufgetragen werden kann, ein bestimmtes Vorzeichen beizulegen.

Auf die zuletzt angeführte Bestimmungsweise kommt seinem Wesen nach das gebräuchlichste Darstellungsverfahren[2]) zurück, das unter Voraussetzung zweier zueinander rechtwinkliger Projektionsebenen Π_1 und Π_2 jeden Punkt durch seine beiden Orthogonalprojektionen P' und P'' auf Π_1 und Π_2 bestimmt.

26. Um die Vorstellung zu fixieren, nimmt man die erste Projektionsebene Π_1 horizontal, mithin die zweite Projektionsebene Π_2 vertikal an und bezeichnet P' als Grundriß, erste oder Horizontalprojektion, P'' als Aufriß, zweite oder Vertikalprojektion. Ferner nennt man Π_1 die Grundriß- oder Horizontalebene, Π_2 die Aufriß- oder Vertikalebene und $x = \Pi_1 \times \Pi_2$ die Achse der Projektion. Von den Ebenen Π_1 und Π_2 werden natürlich nur begrenzte Teile als Projektionstafeln tatsächlich benutzt; sie sind aber an sich als unbegrenzt vorzustellen. Der ganze Raum wird durch die Projektionsebenen in vier Fächer oder Quadranten, jede Projektionsebene durch die Achse in zwei Halbebenen zerlegt. Zur Orientierung dienen Benennungen, die, ebenso wie die schon angeführten, für einen auf der Grundrißebene stehenden und der Aufrißebene zugewandten Beschauer zutreffen. Man sagt nämlich von einem Punkte, er liege über, auf oder unter der Grundrißebene und zugleich vor, auf oder hinter der Aufrißebene. Die auf den projizierenden Strahlen gemessenen Strecken

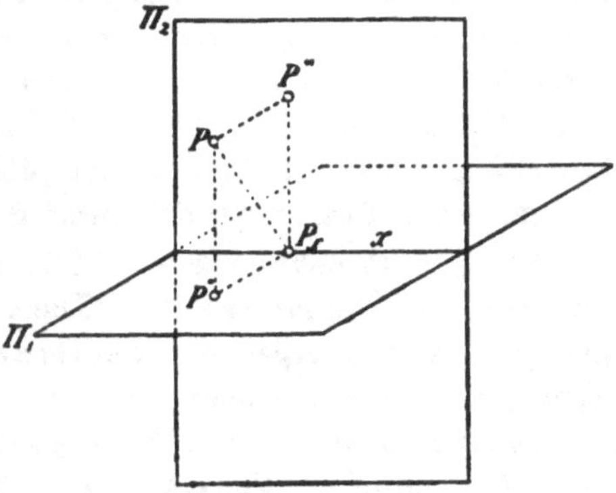

Fig. 19.

$$PP' = (P \dashv \Pi_1). \quad PP'' = (P \dashv \Pi_2)$$

heißen erster und zweiter Tafelabstand des Punktes P; für beide wird das Vorzeichen in dem vorderen oberen Fache positiv angenommen; es wechselt beim Durchgang von P durch die betreffende Projektionsebene. Die Ebene $PP'P''$ der beiden projizierenden Strahlen steht zu beiden Projektionsebenen und folglich auch zur Achse x senkrecht. Ist also (Fig. 19) $P_x = PP'P'' \times x$, so sind PP_x, $P'P_x$ und $P''P_x$ senkrecht zu x und $PP'P_xP''$ ist ein Rechteck.

27. Hieraus erkennt man:

α) Die von den beiden Projektionen eines Punktes (und von diesem selbst) auf die Achse gefällten Lote haben denselben Fußpunkt P_x.

β) Der erste (zweite) Tafelabstand eines Punktes stimmt nach Größe und Vorzeichen mit dem Abstande seiner zweiten (ersten) Projektion von der Achse überein. Liegt insbesondere der Punkt P auf einer Projektionsebene, so fällt die bezügliche Projektion mit ihm zusammen, die andere auf die Achse. Ein Punkt der Achse endlich liegt mit seinen beiden Projektionen vereinigt.

Aus den beiden in Π_1 und Π_2 verzeichneten Projektionen eines Punktes, welche die Bedingung *α*) erfüllen müssen, sonst aber beliebig angenommen werden können, wird dieser selbst nach *β*) eindeutig bestimmt, und zwar am einfachsten als Schnittpunkt der in P' auf Π_1 und in P'' auf Π_2 errichteten Senkrechten. — Aus der Darstellung eines Punktes ergibt sich aber die der Geraden und Ebenen, sowie überhaupt der zusammengesetzten Raumgebilde.

28. Die Projektion einer Linie wird als Gesamtheit der Projektionen ihrer Punkte erhalten. Die ersten Projektionen aller Punkte einer Geraden g ergeben deren Grundriß, erste oder Horizontalprojektion g', ebenso die zweiten Projektionen den Aufriß, die zweite oder Vertikalprojektion g''. Die projizierenden Strahlen sämtlicher Punkte von g bilden resp. eine erste oder zweite projizierende Ebene. Die Projektionen der Geraden sind also die Schnittlinien (Spuren) ihrer projizierenden Ebenen in Π_1 und Π_2, mithin selbst gerade Linien. Eine Ausnahme tritt nur für den besonderen Fall ein, daß die Gerade g zu einer Projektionsebene senkrecht ist; es existiert dann keine zugehörige projizierende Ebene mehr; die betreffende Projektion wird ein Punkt, während die andere Projektion eine zur Achse senkrechte Gerade bildet.

29. Nach Annahme einer Geraden g ist ihre Orthogonalprojektion g' auf die Ebene Π_1 als Spur der projizierenden Ebene bestimmt; dagegen ist g durch eine Projektion noch nicht bestimmt. Die beiden Projektionen g' und g'' auf Π_1 und Π_2, die wir willkürlich annehmen dürfen, definieren jedoch eine Raumgerade g, und zwar ist sie die Schnittlinie der beiden durch g' resp. g'' senkrecht zu Π_1 resp. Π_2 gelegten Ebenen. Ausgenommen hiervon ist der Fall, wo eine der projizierenden Ebenen auf der Achse senkrecht steht; dann fällt die andere projizierende Ebene mit ihr zusammen, und die Projektionen g' und g'' stehen in dem nämlichen Punkt der Achse auf dieser senkrecht. Ist demnach g' zur Achse normal, so ist auch g'' in dem gleichen Punkt zur Achse normal; zur vollständigen Bestimmung der Raumgeraden g sind hier noch weitere Angaben erforderlich.

30. Die Darstellung einer Geraden g kann immer auf die zweier auf ihr liegender Punkte P und Q zurückgeführt werden, durch deren Projektionen dann die der Geraden g hindurchgehen, also $g' = P'Q'$, $g'' = P''Q''$. Unter allen Punkten einer Geraden haben aber ihre Schnittpunkte mit den Projektionsebenen, nämlich $G_1 = g \times \Pi_1$ und $G_2 = g \times \Pi_2$, eine besondere Bedeutung. Sie heißen **erster** und

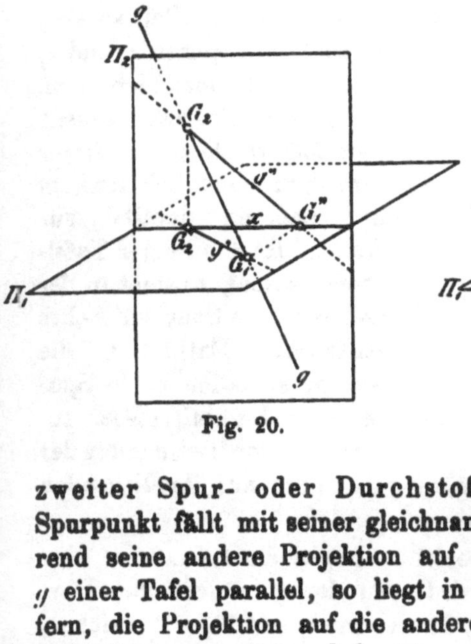

Fig. 20.

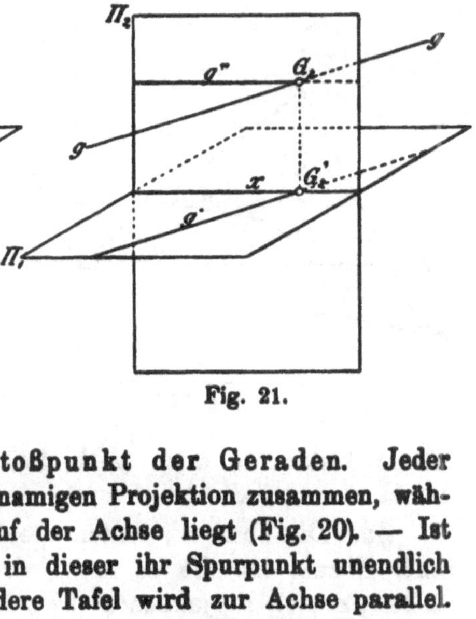

Fig. 21.

zweiter Spur- oder Durchstoßpunkt der Geraden. Jeder Spurpunkt fällt mit seiner gleichnamigen Projektion zusammen, während seine andere Projektion auf der Achse liegt (Fig. 20). — Ist g einer Tafel parallel, so liegt in dieser ihr Spurpunkt unendlich fern, die Projektion auf die andere Tafel wird zur Achse parallel. Z. B. folgt aus $g \parallel \Pi_1$, daß $g' \parallel g$ und $g'' \parallel x$ ist (Fig. 21). Ist g zur Achse parallel, so sind es auch g' und g''; G_1 und G_2 liegen dann beide unendlich fern.

Sind umgekehrt die Projektionen g' und g'' der Geraden g gegeben, so findet man ihre Spurpunkte aus der Bemerkung, daß der Aufriß von G_1 mit dem Punkt $g'' \times x$ und der Grundriß von G_2 mit dem Punkt $g' \times x$ identisch ist.

31. Die Projektion einer (unbegrenzten) Ebene E überdeckt im allgemeinen die betreffende Projektionsebene in ihrer ganzen

Ausdehnung und eignet sich daher nicht zur Bestimmung von E. Ausgenommen ist der Fall, wo E auf der Projektionsebene senkrecht steht; die Orthogonalprojektion der Ebene reduziert sich dann auf eine Gerade und genügt zu ihrer Bestimmung. Im allgemeinen Falle dagegen kann zur Darstellung der Ebene entweder die Angabe dreier Punkte oder zweier Geraden derselben durch ihre Grund- und Aufrisse dienen. Am gebräuchlichsten ist es, die Ebene E durch die beiden Geraden

$$e_1 = \mathsf{E} \times \Pi_1 \text{ und } e_2 = \mathsf{E} \times \Pi_2$$

darzustellen, die man als ihre erste oder Horizontalspur und ihre zweite oder Vertikalspur bezeichnet (Fig. 22). Die Spuren treffen sich im Achsenschnittpunkte $E_x = \mathsf{E} \times x$ und bestimmen E direkt als Verbindungsebene $e_1 e_2$. Ist E zur Achse parallel, so sind es auch ihre Spuren e_1 und e_2 und E_x ist unendlich fern. Ist E einer Projektionsebene parallel, so liegt in dieser ihre Spur unendlich fern, in der anderen parallel zur Achse. Ist E zu einer Tafelebene normal, so steht in der anderen ihre Spur zur Achse senkrecht. Enthält E die Achse, so fallen beide Spuren e_1 und e_2 mit dieser zusammen; zur Bestimmung der Ebene bedarf es dann noch der Angabe eines auf ihr liegenden Punktes außerhalb der Achse.

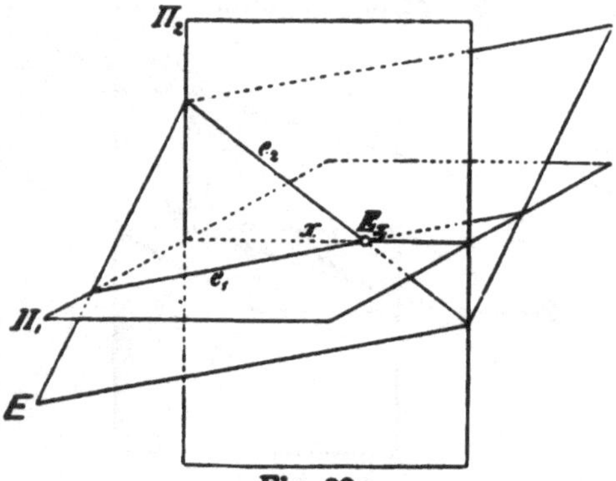

Fig. 22.

32. Die oben erwähnten speziellen Lagen einer Geraden oder einer Ebene, für die es nötig wird, von der gebräuchlichen Darstellung mittels Projektionen, bzw. Spuren in Π_1 und Π_2 abzuweichen, weil diese zur Bestimmung nicht genügen, können als Beispiele dafür angeführt werden, daß es unter Umständen sich empfiehlt, eine dritte Projektionsebene Π_3 einzuführen. Man legt dieselbe zumeist gegen Π_1 und Π_2, also auch gegen die x-Achse senkrecht und bezeichnet sie als Seitenrißebene (Kreuzriß). Die Geraden $y = \Pi_1 \times \Pi_3$ und $z = \Pi_2 \times \Pi_3$ bezeichnen wir auch als horizontale und vertikale Nebenachse. Der Punkt $O = \Pi_1 \times \Pi_2 \times \Pi_3$, in dem sich die drei Achsen rechtwinklig schneiden, heißt Ursprung. Von O aus werden auf jeder Achse die Strecken nach der einen Seite positiv, nach der anderen negativ gerechnet und zwar auf x nach rechts, auf y nach vorn, auf z nach oben in positivem Sinn.

33. Zu den bisherigen Darstellungselementen eines jeden Grundgebildes kommt nach Einführung von Π_3 noch je ein drittes Element neu hinzu: für den Punkt P die dritte Projektion oder der Seitenriß P''', sowie der dritte Abstand PP''' (welcher auf der rechten Seite von Π_3 positiv gerechnet wird), für eine Gerade g

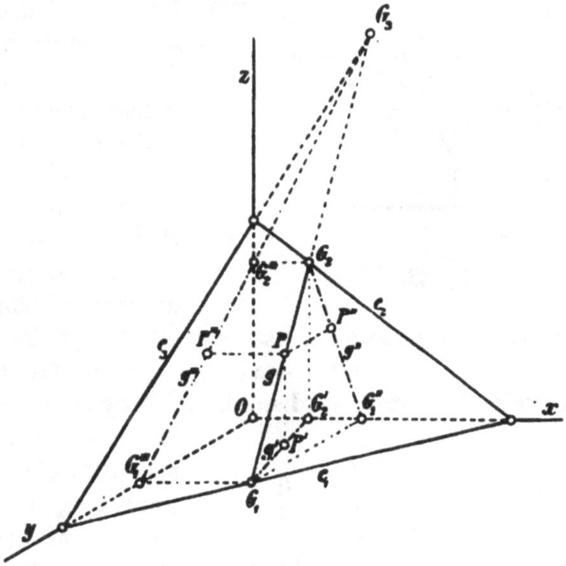

Fig. 23.

der Seitenriß g''' und der dritte Spurpunkt $G_3 = g \times \Pi_3$, für eine Ebene E endlich die dritte Spurlinie $e_3 = \mathsf{E} \times \Pi_3$ (Fig. 23).

34. Die drei Ebenen Π_1, Π_2, Π_3 teilen den Raum in acht räumliche Ecken, sie selbst werden durch die Achsen x, y, z in je vier ebene Felder zerlegt. Zur Unterscheidung der möglichen Lagen eines Punktes hinsichtlich der acht Ecken dienen die Vorzeichen der drei Tafelabstände. Die Maßzahlen dieser Abstände bilden die rechtwinkligen Punktkoordinaten in der analytischen Geometrie des Raumes.

35. Es ist unmittelbar ersichtlich, daß in diesem Dreitafelsystem die Darstellung einer Geraden durch ihre Projektionen oder die einer Ebene durch ihre Spuren auch in den oben erwähnten Spezialfällen keine Unbestimmtheit mehr übrig läßt. Eine zur

Achse x senkrecht gerichtete, schneidende oder nicht schneidende (windschiefe) Gerade g, die durch ihre ersten beiden Projektionen g' und g'' nicht bestimmbar ist, wird durch eine derselben in Verbindung mit der dritten (zu ihr selbst parallelen) Projektion g''' völlig bestimmt (Fig. 24). Eine die Achse x enthaltende Ebene E wird durch diese in Verbindung mit der dritten (durch den Ursprung gehenden) Spur e_3 bestimmt (Fig. 25).

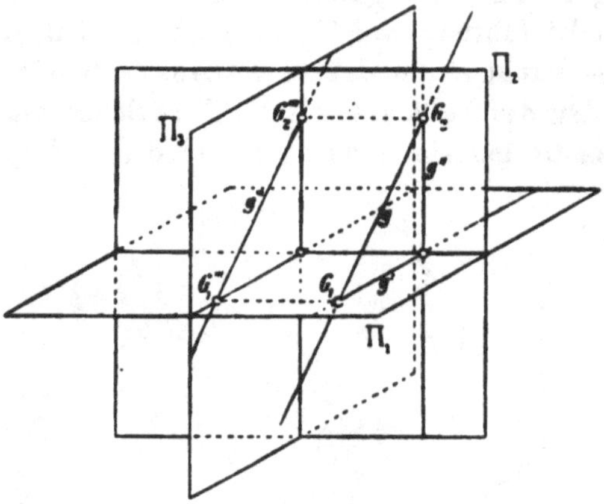

Fig. 24.

36. Im übrigen ist die Einführung einer dritten Projektionsebene (welche zudem den jeweiligen Bedingungen der Aufgabe entsprechend noch in anderer Weise gewählt werden kann) als eine der H i l f s m e t h o d e n zu betrachten, die wir in der Folge noch weiter zu entwickeln haben werden. Den H a u p t b e s t a n d t e i l der M e t h o d e d e r O r t h o g o n a l p r o j e k t i o n bildet die Benutzung des rechtwinkligen Z w e i t a f e l s y s t e m s oder das G r u n d - und A u f r i ß v e r f a h r e n.

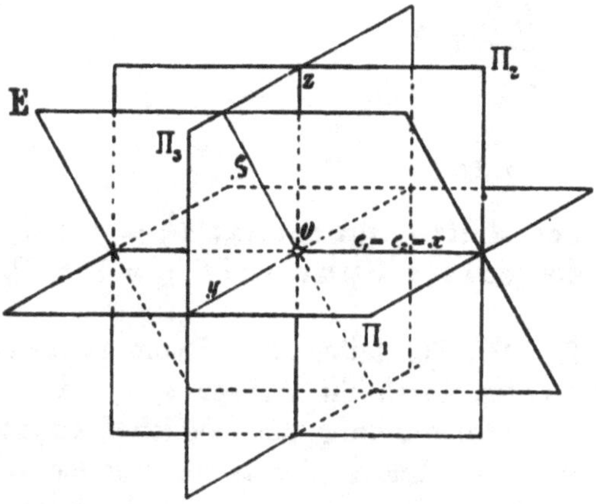

Fig. 25.

37. Die in der Horizontal- und Vertikalebene konstruierten Projektionen einer Raumfigur sollen jetzt in e i n e r u n d d e r s e l b e n Z e i c h n u n g s e b e n e zur Darstellung gebracht werden. Zu diesem Zwecke wählt man etwa die Aufrißebene als Zeichnungsebene und denkt sich nach Ausführung der Projektionen die Horizontalebene durch Drehung um die Achse x mit der ersteren derart vereinigt, daß der vordere Teil der Grundrißebene (den wir als $+\Pi_1$ bezeichnen wollen) in den unteren Teil der Aufrißebene ($-\Pi_2$) zu liegen kommt; folglich fällt zugleich der hintere Teil der Grundrißebene ($-\Pi_1$) mit dem oberen Teil der Aufrißebene ($+\Pi_2$) zusammen (Fig. 26).

Soll eine Seitenrißebene Π_3 zur Verwendung kommen, so denkt man sich auch diese mit Π_2 vereinigt, und zwar durch eine Drehung um die Achse *z*, indem man die vordere Halbebene Π_3 mit der linken Halbebene Π_2 zur Deckung bringt. In Fig. 27a und 27b sind diejenigen Quadranten der drei Projektionsebenen, welche den oben, vorn und rechts gelegenen Raumoktanten begrenzen (in dem also alle drei Tafelabstände eines Punktes *P* positiv sind) vor und nach ihrer Umlegung in die Bildebene dargestellt.

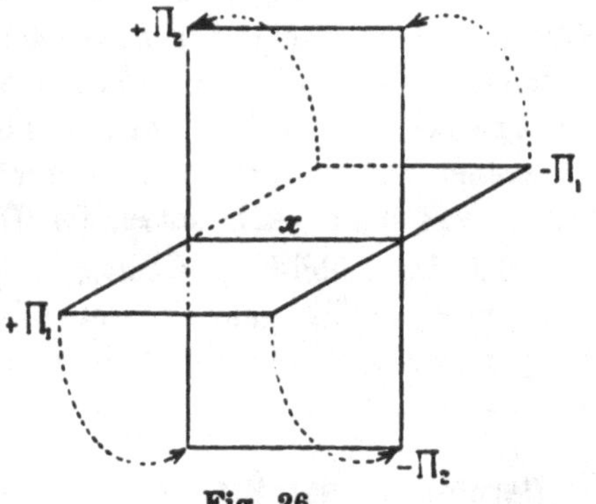

Fig. 26.

Durch die getroffenen (an sich willkürlichen) Festsetzungen über die Anordnung der verschiedenen Projektionen einer Figur in der Zeichnungsebene ist umgekehrt der Übergang von diesen zu ihrer Konstruktion im Raume eindeutig festgelegt.

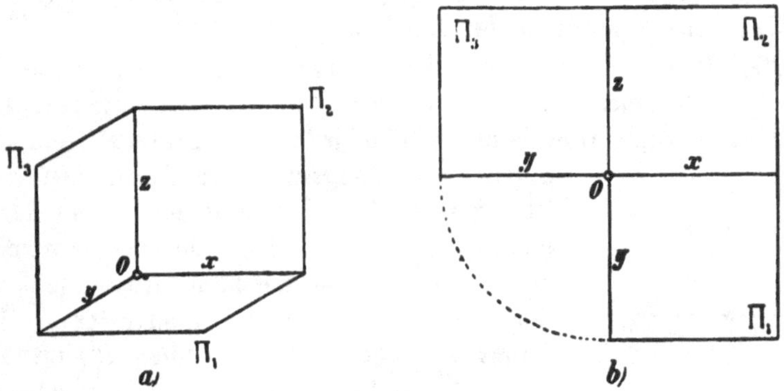

Fig. 27.

38. Zur leichteren Orientierung in den Figuren dient außer der Bezeichnung ihrer Punkte, Linien und Flächen durch Buchstaben die folgende R e g e l f ü r d a s Z e i c h n e n d e r L i n i e n. In jeder Figur sind h a u p t s ä c h l i c h e und n e b e n s ä c h l i c h e L i n i e n zu unterscheiden; zu den ersteren gehören die bei der Problemstellung g e g e b e n e n und g e s u c h t e n Linien, sowie die Achse der Projektion, zu den letzteren die nur Konstruktionszwecken dienenden

Hilfslinien. Die Projektion einer jeden hauptsächlichen Linie wird voll ausgezogen, soweit letztere selbst im vorderen, oberen Raumquadranten liegt und sichtbar ist; andernfalls wird sie punktiert. Nebenlinien werden — ob sichtbar oder unsichtbar — gestrichelt oder strichpunktiert. Für die Beurteilung der Sichtbarkeit ist zu bemerken, daß alle vorkommenden Flächen, ebenso wie die Projektionstafeln als undurchsichtig gelten, daß ferner die Sehrichtung den projizierenden Strahlen in ihrer ursprünglichen Lage folgt, und zwar für Π_1 von oben nach unten, für Π_2 von vorn nach hinten.

Bei der Abbildung allseitig begrenzter Objekte denkt man sich diese zweckmäßig ganz in dem oberen, vorderen Raumquadranten gelegen, wodurch die Darstellung an Übersichtlichkeit gewinnt.

Darstellung der Grundgebilde: Punkt, Gerade, Ebene in verschiedenen Lagen.

Wir nehmen die oben geforderte Umlegung der einen Projektionsebene in die andere als vollzogen an und betrachten alle möglichen Lagen von Punkten, Geraden und Ebenen gegen das ursprüngliche System und die entsprechende Anordnung ihrer Projektionen resp. Spuren in der Zeichnungsebene.

39. Der Punkt. Die Projektionen P' und P'' eines Punktes P liegen in einer zur Achse senkrechten Geraden (Fig. 28). Umgekehrt bilden je zwei Punkte P' und P'', deren Verbindungslinie zur Achse senkrecht ist, die beiden Projektionen eines Raumpunktes P. Aus einer derselben wird P mittels seines senkrechten Abstandes von der betreffenden Tafel konstruiert. Der Punkt P liegt senkrecht über P' im Abstand $PP' = P''P_x$, und vor P'' im Abstand $PP'' = P'P_x$.

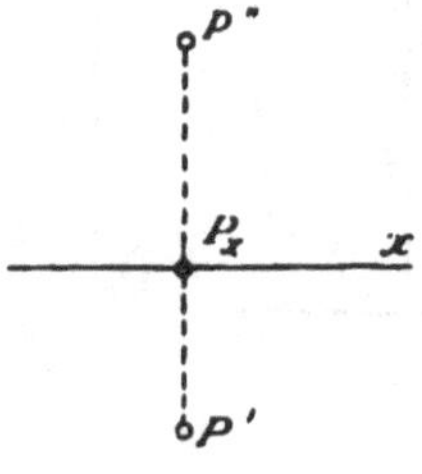

Fig. 28.

P liegt über, auf oder unter Π_1, je nachdem P'' oberhalb, auf oder unterhalb der Achse liegt, und befindet sich zugleich vor, auf oder hinter Π_2, je nachdem P' unterhalb, auf oder oberhalb der Achse liegt. Die so unterschiedenen Lagen eines Punktes sind in Fig. 29 dargestellt. Die Punkte P_1, P_3, P_7, P_9 gehören resp. dem oben vorn, unten vorn, oben hinten, unten hinten liegenden Raumquadranten, die Punkte P_2, P_4, P_6, P_8, resp. der Halbebene $+\Pi_1$, $+\Pi_2$, $-\Pi_2$, $-\Pi_1$, endlich P_5 der Achse x an.

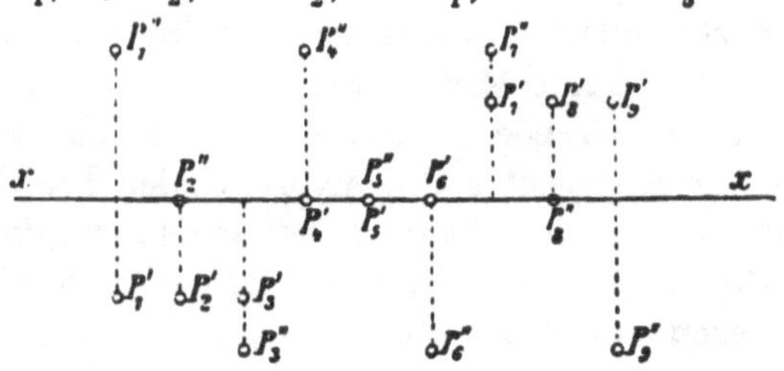

Fig. 29.

40. Aus den beiden ersten Projektionen P' und P'' eines Punktes P leitet man die dritte P''' mit Hilfe der Fußpunkte P_y und P_z der von P''' auf die Nebenachsen y und z gefällten Perpendikel ab (Fig. 30). Mit Rücksicht auf den in jeder Achse festgesetzten Sinn der von O ausgehenden Strecken stimmen OP_z und OP_y nach Größe und Vorzeichen mit dem ersten und zweiten Tafelabstand des Punktes P, d. h. mit $P_x P''$ und $P_x P'$ überein. OP_x ist der dritte Tafelabstand.

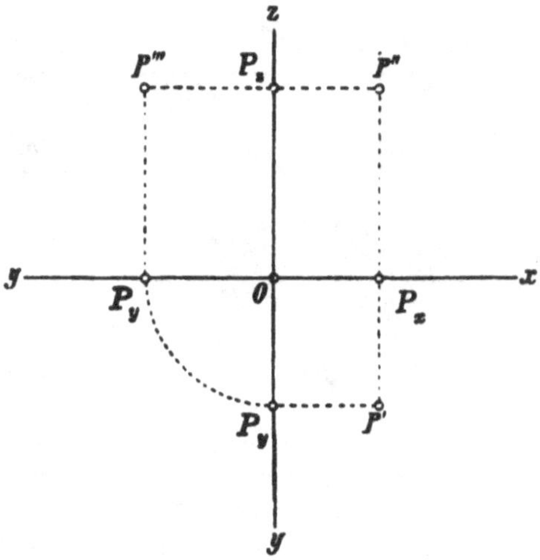

Fig. 30.

41. Den geometrischen Ort aller Punkte des Raumes, die von beiden Projektionsebenen gleiche Abstände haben, bilden zwei die Achse enthaltende Ebenen, welche die von den Tafeln gebildeten rechten Winkel halbieren und deshalb **Halbierungsebenen** heißen. Die beiderlei Projektionen der Punkte in der ersten Halbierungsebene H_1, welche durch den oben vorn und den unten hinten liegenden Raumquadranten geht, liegen nach Vereinigung der Tafeln symmetrisch zur Achse, die Projektionen der Punkte in der zweiten Halbierungsebene H_2 fallen zusammen.

42. Die Gerade. Die Projektionen g' und g'' einer Geraden g sind zwei gerade Linien, deren Punkte paarweise als die beiden Projektionen eines Raumpunktes zusammengehören und auf zur Achse senkrechten Geraden liegen. Hieraus folgt: Falls eine der Projektionen zur Achse rechtwinklig steht (also g in einer Normalebene zu x liegt), fallen beide Projektionen in die nämliche Gerade. Steht die Gerade auf einer Projektionsebene senkrecht, so ist die eine Projektion ein Punkt und die andere eine Senkrechte zur x-Achse durch diesen Punkt. Umgekehrt können je zwei (getrennte oder zusammenfallende) Gerade g' und g'', sofern nur keine von ihnen auf der Achse senkrecht steht, als die beiden Projektionen einer bestimmten Geraden g des Raumes betrachtet werden, die man nach dem Früheren als Schnitt der durch g' und g'' gelegten projizierenden Ebenen erhalten kann.

43. Jeder der beiden Spurpunkte von g fällt mit seiner gleichnamigen Projektion zusammen, während die

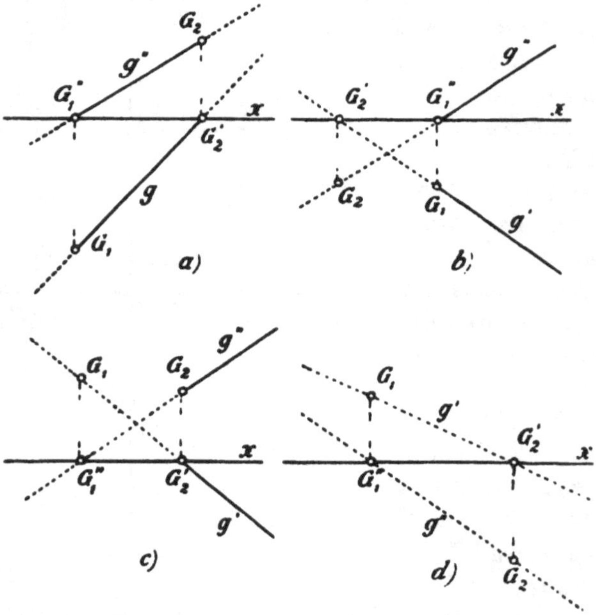

Fig. 31.

ungleichnamige auf der Achse liegt. Demnach findet man G_1 auf g', indem man auf der Achse in ihrem Schnittpunkt mit g'' eine Normale errichtet; analog findet sich G_2. Umgekehrt sind durch die Spuren G_1 und G_2 die Fußpunkte G_1'' und G_2' der von ihnen auf die Achsen gefällten Lote und die Projektionen von g als die Verbindungslinien $g' = G_1 G_2'$ und $g'' = G_2 G_1''$ bestimmt. Die von den Spurpunkten begrenzte Strecke $G_1 G_2$ der Geraden g kann in jedem der von den Tafeln gebildeten Raumquadranten liegen. Diese vier Lagen der Geraden sind in den Figuren 31 a, b, c, d dargestellt.

Ist in einer der Tafeln die Projektion von g der Achse parallel, so liegt in der anderen der Spurpunkt unendlich fern, folglich ist g selbst letzterer parallel. Mit g' und g'' wird zugleich g der Achse parallel. Die Darstellung solcher Spezialfälle durch Figuren ist dem Leser überlassen.

Besonders mag der Satz hervorgehoben werden: Ist eine Gerade zu einer Projektionsebene parallel bez. senkrecht, so ist ihre Projektion auf die andere zur Achse parallel bez. senkrecht.

Liegen g' und g'' symmetrisch zur Achse, so ist dies auch für die beiden Projektionen eines jeden Punktes der Geraden g der Fall; letztere fällt daher in die erste Halbierungsebene H_1. Fallen g' und g'', mithin Grundriß und Aufriß eines jeden Punktes von g aufeinander, so gehört g der zweiten Halbierungsebene H_2 an.

44. Eine senkrecht zur Achse gezogene Gerade tritt nur als Projektion einer rechtwinklig zu x gerichteten Geraden g auf; ihre andere Projektion ist entweder ein Punkt (Spurpunkt) oder beide Projektionen fallen zusammen ($g' = g''$). Durch die Annahme, daß g' und g'' in eine gegebene Vertikale fallen, wird aber lediglich die g enthaltende Normalebene zur Achse fixiert; es bleibt also noch die Lage von g in dieser Ebene zu bestimmen. Hierzu kann die zu g parallele Seitenprojektion g''' dienen, deren Verzeichnung gemäß der früher für die Umlegung der Seitenrißebene Π_3 in die Zeichnungsebene gegebenen Vorschrift erfolgt. Die Spurpunkte G_1 und G_2 findet man auf $g' = g''$, wenn man in den Schnittpunkten von g''' mit den Nebenachsen y und z Normale zu diesen errichtet (Fig. 32). — Bei direkter Angabe von G_1 und G_2 wird der Seitenriß g''' im allgemeinen entbehrlich; nur wenn G_1 und G_2 in einen Punkt der Achse zusammenfallen, also g diese selbst schneidet, ist g''' unumgänglich. — Steht g auf der Grundrißebene senkrecht ($g \parallel z$), so ist der Spurpunkt G_1 zugleich ihre erste Projektion, während g'' und g''' zu z parallel sind. Analoges gilt für die Geraden senkrecht zur Aufriß- oder Seitenrißebene. — Mit Hilfe des Seitenrisses g''' wird die Aufgabe gelöst: von einer als Verbindungslinie zweier Punkte P und Q gegebenen Geraden g die Spuren zu kon-

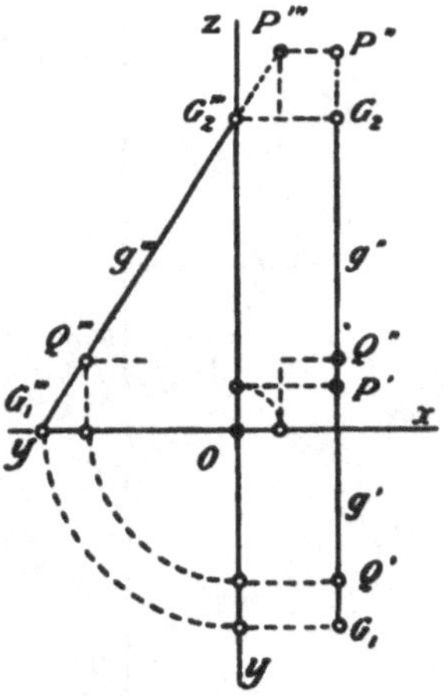

Fig. 32.

struieren, wenn die Projektionen P', P'', Q', Q'' in einer Senkrechten zur Achse x liegen. Man sucht zuerst P''' und Q''', sodann zieht man den Seitenriß $g''' = P'''Q'''$ und findet mit seiner Hilfe G_1 und G_2 (Fig. 32).

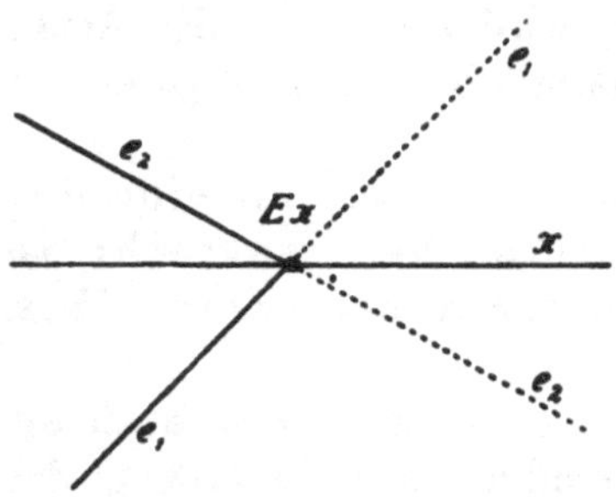

Fig. 33.

45. Die Ebene. Die Spuren e_1 und e_2 einer Ebene E sind zwei Gerade, die sich in einem Punkte E_x der Achse schneiden. Ist E der Achse parallel, so sind es auch e_1 und e_2. Umgekehrt dürfen je zwei sich auf der Achse schneidende oder zu ihr parallele Gerade e_1 und e_2 als Spuren einer Ebene angenommen werden. Schneiden sich die Spuren in einem erreichbaren Punkte der Achse

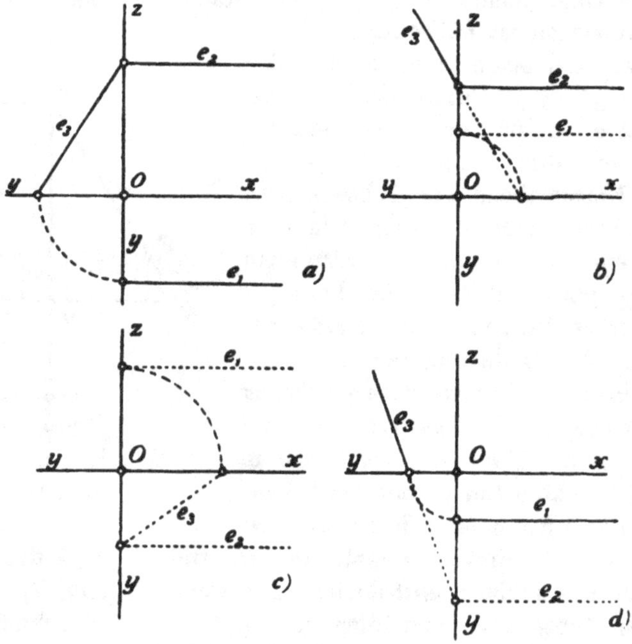

Fig. 34.

(Fig. 33), so bilden sie in der Ebene E selbst vier Winkelfelder, deren Punkte je einem Quadranten des Raumes angehören. Ist e_1 zur Achse senkrecht, so ist E zu Π_2 normal; ist dagegen e_2 rechtwinklig zur Achse, so steht E zu Π_1 senkrecht; findet beides gleichzeitig statt, so ist E normal zur Achse. In diesen drei Fällen sind in E selbst die Spuren zueinander rechtwinklig. Sind beide Spuren zur Achse parallel, so gilt dies auch von E und umgekehrt. E zerfällt dann durch e_1 und e_2 in drei, je in einem Raumquadranten verlaufende Parallelstreifen; der vierte Quadrant enthält überhaupt keinen Punkt von E. Die Figuren 34a, b, c, d entsprechen den hierbei möglichen Fällen. Um die Lage von E deutlicher zu machen, ist jedesmal außer e_1 und e_2 in der umgelegten Seitenrißebene die dritte Spur e_3 mitgezeichnet. — Ist E zu einer Projektionsebene parallel, so ist ihre Spur in dieser unendlich fern und in der anderen parallel zur Achse.

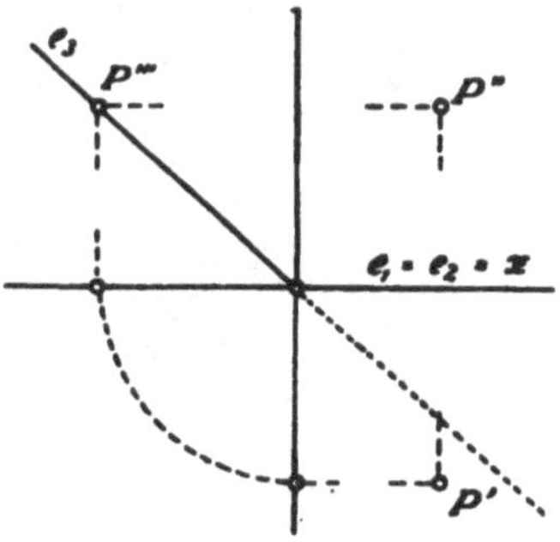

Fig. 35.

Es gilt hiernach der Satz: **Ist eine Ebene zu einer Projektionsebene parallel bez. senkrecht, so ist ihre Spur in der andern zur Achse parallel bez. senkrecht.**

Fallen die beiden ersten Spuren e_1 und e_2 in die Achse zusammen, so ist die Angabe der dritten Spur e_3 (die den Ursprung enthält) zur Bestimmung von E erforderlich. Da e_3 in diesem Falle nicht nur die dritte Spur, sondern zugleich die dritte Projektion von E darstellt, so verbindet dieselbe die dritte Projektion eines beliebig auf E gegebenen Punktes P mit dem Ursprung O, also $e_3 = OP'''$ (Fig. 35).

Punkte, Gerade und Ebenen in vereinigter Lage. Verbindungs- und Schnittelemente. Parallelismus.

46. Aus der Entwickelung der Darstellungsmethode für Punkte, Gerade und Ebenen folgen eine Reihe allgemeiner Sätze.

Die Projektionen eines Punktes P liegen auf den gleichnamigen Projektionen jeder durch ihn gehenden Geraden g.

Die Spurlinien einer Ebene E enthalten die gleichnamigen Spurpunkte jeder auf ihr liegenden Geraden g.

47. Schneiden sich zwei Gerade g und h, so sind die Projektionen P' und P'' des Schnittpunktes P die Schnittpunkte $g' \times h'$ und $g'' \times h''$ der gleichnamigen Projektionen der Geraden, folglich ist ihre Verbindungslinie zur Achse senkrecht (Fig. 36 und 38). — **Sind zwei Gerade parallel, so sind ihre gleichnamigen projizierenden Ebenen und**

folglich ihre gleichnamigen Projektionen parallel (Fig. 37). Im besonderen können sich zwei gleichnamige Projektionen paralleler Geraden auf Punkte reduzieren.

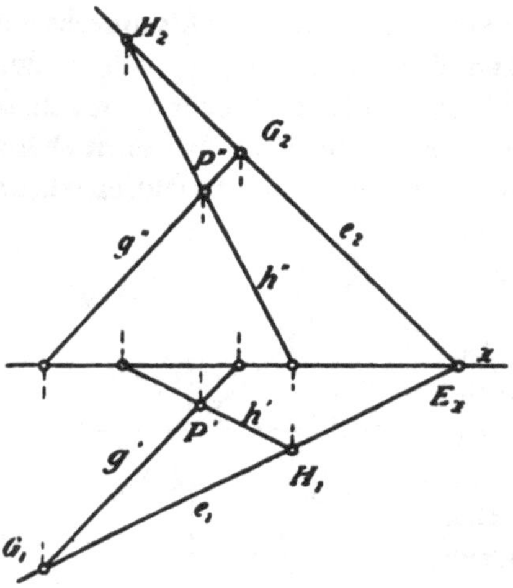

Fig. 36.

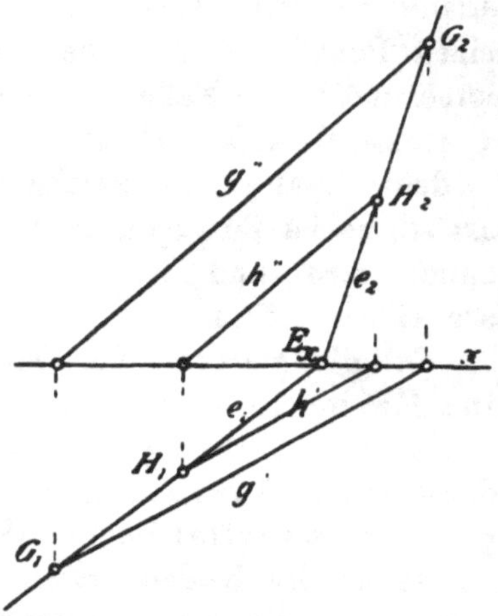

Fig. 37.

Liegen zwei Gerade g und h in einer Ebene E, so sind ihre Spuren e_1 und e_2 die Verbindungslinien $G_1 H_1$ und $G_2 H_2$ der gleichnamigen Spurpunkte der Geraden, und diese müssen sich daher in einem Punkte E_x der Achse schneiden (Fig. 36 und 37), oder ihr beide parallel sein (Fig. 38).

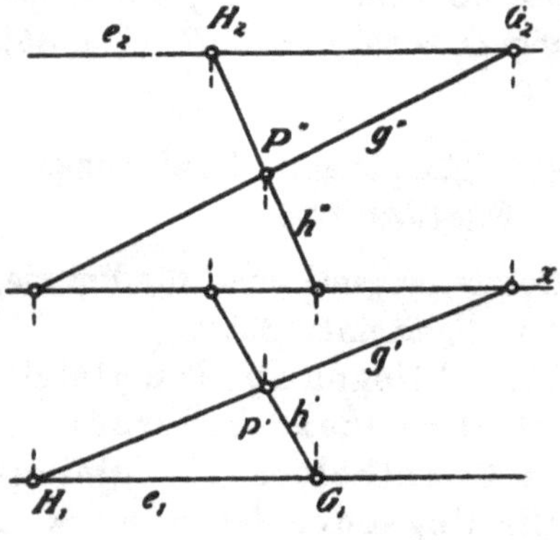

Fig. 38.

Aus der Umkehrung der letzten Sätze folgt:

48. Liegen die Schnittpunkte der gleichnamigen Projektionen zweier Geraden auf einer Senkrechten zur Achse, so schneiden sich die Geraden; sind die gleichnamigen Projektionen parallel, so sind es auch die Geraden selbst. Zwei Gerade, deren Projektionen keine dieser beiden Voraussetzungen erfüllen, sind windschief (haben keinen Punkt gemein).

Schneiden sich die Verbindungslinien der gleichnamigen Spurpunkte zweier Geraden in einem Punkte der Achse, oder sind sie beide zur Achse parallel, so liegen die Geraden in einer Ebene. Zwei Gerade, deren Spurpunkte keiner dieser beiden Bedingungen genügen, sind windschief (haben keine Verbindungsebene).

Die beiden letzten Kriterien sind einander äquivalent, insofern je zwei sich schneidende oder parallele Gerade eine Ebene bestimmen, resp. je zwei in einer Ebene liegende Gerade einen erreichbaren oder unendlich fernen Punkt gemeinsam haben.

49. Es gibt einige besondere Lagen der beiden betrachteten Geraden gegen das Tafelsystem, bei denen die Voraussetzungen des einen oder anderen der Sätze in 48 für die ersten und zweiten Projektionen oder Spurpunkte an sich erfüllt sind, ohne daß daraus die Existenz eines Schnittpunktes und einer Verbindungsebene geschlossen, bez. diese selbst nach einem der vorausgehenden Sätze direkt gezeichnet werden könnten. Hierzu kommt, daß gegebenenfalles die Schnitt- und Spurpunkte zum Teil außerhalb der Zeichnungsfläche fallen können, so daß keines der beiden Kriterien in 48 direkt anwendbar ist. In allen diesen Fällen bedarf es geeigneter Hilfskonstruktionen.

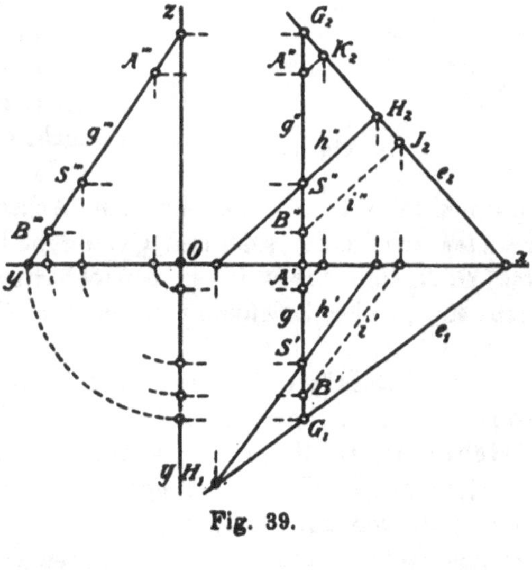

Fig. 39.

50. Liegt eine der Geraden, etwa g, in einer Normalebene N zur Achse, so wird sie von der anderen h getroffen, wenn der Schnittpunkt $S = h \times \mathsf{N}$ auf g, also S''' auf g''' liegt (Fig. 39); oder mit Hilfe zweier Parallelen k und i zu h durch die Endpunkte A und B von g, wenn H_1 auf $J_1 K_1$ und H_2 auf $J_2 K_2$ liegt; andernfalls sind g und h windschief. Ist der Schnittpunkt auf der Achse x nicht erreichbar, so wird man den Seitenriß zu Hilfe nehmen. — Liegen beide Gerade in derselben Normalebene zur Achse, so schneiden sie sich oder sind parallel, je nachdem dies bei ihren dritten Projektionen g''' und h''' der Fall ist. — Schneidet g die Achse in G, so verbinde man einen beliebigen Punkt P auf g mit einem Punkte Q auf h durch eine Gerade i und suche ihre Spurpunkte, sowie die Spurlinien der Ebene $\mathsf{E} = h\,i$. Fällt der Achsenschnittpunkt $E_x = e_1 \times e_2$ der letzteren mit G zusammen, so geht sie zugleich durch g (Fig. 40); andernfalls gibt es keine gemeinsame Ebene durch g und h. — Eine die beiden gegebenen Geraden g und h schneidende Hilfsgerade i wird auch in dem Falle benutzt, wenn g und h die Achse in getrennten Punkten schneiden. Sollen beide in einer Ebene E liegen, so muß auch i die Achse treffen; ihre Seitenspur e_3 deckt sich dann mit den zusammenfallenden Seitenrissen g''' und h'''.

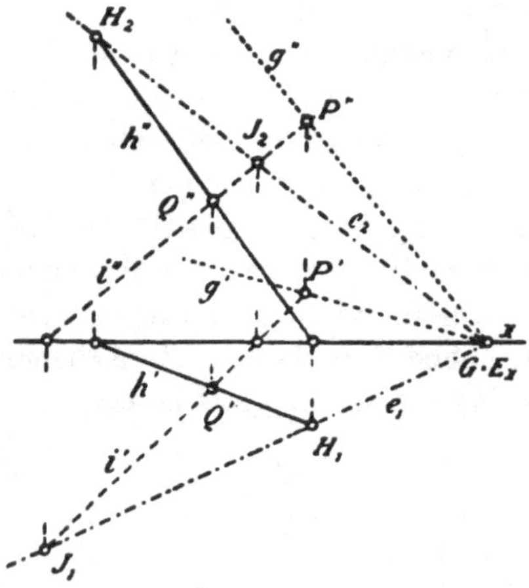

Fig. 40.

Im Interesse der Genauigkeit der Zeichnung werden die hier besprochenen Konstruktionen auch öfters verwendet, wo es theoretisch nicht nötig wäre. Ist z. B. die Gerade h beliebig, liegen aber die Spurpunkte von g nahe bei der Achse, so können die beiden Geraden windschief sein und gleichwohl können die Geraden $G_1 H_1$ und $G_2 H_2$ die Achse in so benachbarten Punkten schneiden, daß man sie in der Zeichnung nicht mit Sicherheit als getrennt bestimmen kann.

51. Parallele Ebenen haben in jeder Tafel parallele Spurlinien. Umgekehrt folgt aus dem Parallelismus der gleichnamigen Spuren zweier Ebenen, daß diese selbst parallel sind. Hierbei genügt es im allgemeinen, die ersten und zweiten Spuren zu betrachten; nur wenn diese sämtlich zur Achse parallel laufen, sind noch die Spuren in irgend einer Hilfsebene, z. B. der Seitenrißebene, als unter sich parallel festzustellen.

52. Die in einer Ebene E parallel zur ersten oder zweiten Tafel und folglich auch parallel zu den gleichnamigen Spuren gezogenen Geraden heißen erste oder zweite *Hauptlinien* (*Streichlinien*) von E. Die eine Projektion einer Hauptlinie ist parallel zur gleichnamigen Spur (und zu ihr selbst), die andere zur Achse. Die Hauptlinien vertreten oft bei Konstruktionen die Spuren; letztere sind Hauptlinien von spezieller Lage.

53. Wie zu einer Projektion eines auf gegebener Geraden g gelegenen Punktes die andere Projektion, oder zu einer Spur einer durch g gehenden Ebene E die andere Spur gefunden wird, ist aus dem Vorhergehenden unmittelbar zu entnehmen. Die Aufgaben: Aus *einer* Projektion eines Punktes P und den beiden Spuren einer ihn enthaltenden Ebene E die *andere* Projektion, sowie aus *einer* Spur von E und beiden Projektionen des auf ihr liegenden Punktes P die *andere* Spur zu finden, werden auf folgende Art gelöst. Man ziehe (Fig. 41) durch P' eine Gerade h' parallel zu e_1;

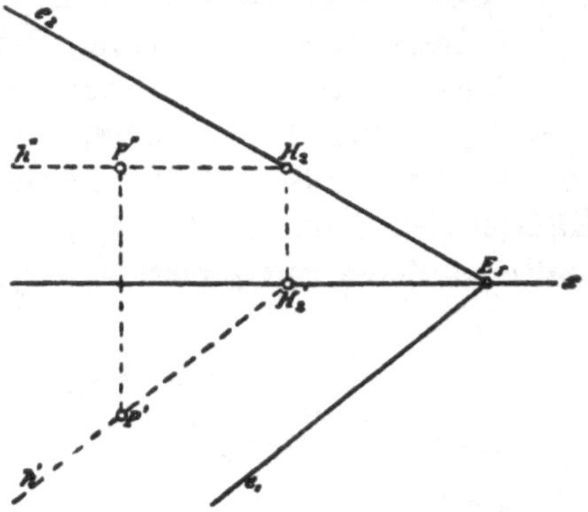

Fig. 41.

diese stellt den Grundriß einer ersten Hauptlinie von E dar, deren Aufriß h'' parallel zur Achse durch den Spurpunkt H_2 auf e_2 geht ($H_2' = h' \times x$, $H_2' H_2 \perp x$); P'' liegt dann auf h''. — Im anderen Falle sei neben P' und P'' die Spur e_1 gegeben. Man lege auch hier eine erste Hauptlinie h durch P, ziehe also h' durch P' parallel zu e_1 und h'' durch P'' parallel zu x; dann liegt H_2 senkrecht über $h' \times x$ und die gesuchte Spur e_2 verbindet H_2 und E_x. — Statt der Hauptlinie h kann man in beiden Fällen auch eine beliebige in E durch P gezogene Gerade benutzen. Zieht man z. B. i' durch P' parallel x, so ist $J_1 = i' \times e_1$ der erste Spurpunkt einer in E liegenden Geraden i. Der zu J_1 gehörige Aufriß liegt auf der Achse, durch diesen zieht man i'' und zwar im ersten Falle parallel zu e_2 und im zweiten durch P'', woraus sich dann entweder P'' oder e_2 ergibt.

Auf Grund der angeführten Sätze können eine Reihe von **Fundamentalaufgaben** gelöst werden, die sich darauf beziehen: Punkte, Gerade und Ebenen durch ihre Projektionen resp. Spuren darzustellen, wenn dieselben ursprünglich auf andere Weise definiert sind.

54. Die Verbindungslinie g zweier Punkte P und Q. Sind P und Q endliche Punkte, so hat man nur $g' = P'Q'$ und $g'' = P''Q''$ zu ziehen. — Liegt einer der Punkte, etwa Q, unendlich fern, d. h. bildet er die Richtung einer gegebenen Geraden q, so lautet die Aufgabe: Eine Gerade g parallel zu einer Geraden q

durch einen Punkt P zu legen. Hier zieht man g' parallel zu q' durch P' und g'' parallel q'' durch P''.

55. Die Verbindungsebene E zweier sich schneidender oder paralleler Geraden g und h. Aus den Projektionen von g und h findet man zuerst deren Spurpunkte G_1, G_2, H_1, H_2, hierauf die Spuren der Verbindungsebene $E = gh$ als $e_1 = G_1 H_1$ und $e_2 = G_2 H_2$ (Fig. 36, 37 u. 38). — Liegen die Spurpunkte teilweise oder sämtlich außerhalb der Zeichnungsfläche, so benutzt man zwei Hilfsgeraden i und k (Fig. 42), die g und h gleichzeitig schneiden, bestimmt deren Spurpunkte J_1, J_2, K_1, K_2 und erhält hierauf die

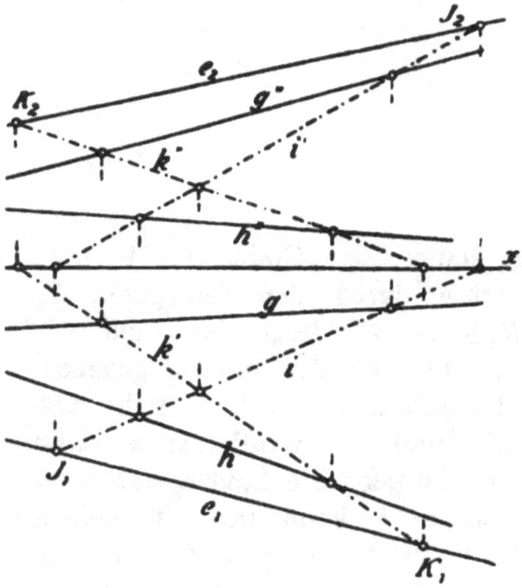

Fig. 42.

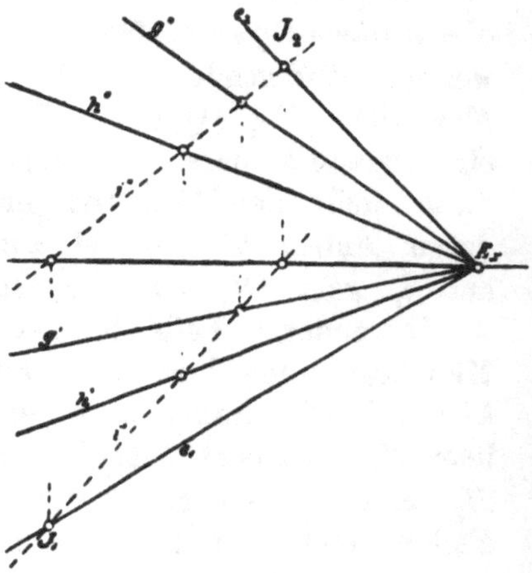

Fig. 43.

Spuren der Verbindungsebene $E = gh = ik$ als $e_1 = J_1 K_1$ und $e_2 = J_2 K_2$. Eventuell genügt schon eine Hilfsgerade i. — Ähnlich kann man verfahren, wenn sich die gegebenen Geraden auf der Achse in E_x schneiden. Man zieht eine beide Gerade schneidende Hilfsgerade i in beiden Projektionen und verbindet ihre Spurpunkte J_1 und J_2 mit E_x (Fig. 43). Diese Verbindungslinien stellen die Spuren e_1 und e_2 der Verbindungsebene $E = gh$ dar. Auf dieselbe Weise kommt man zum Ziele, wenn E_x unendlich fern liegt, also g und h beide zur Achse parallel laufen.

56. Wird die Verbindungsebene E eines Punktes P und einer Geraden k gesucht, so wähle man auf k einen Hilfspunkt Q nach Willkür, ziehe die Gerade $i = PQ$ in beiden Projektionen und bestimme wie oben $E = ik$. Insbesondere kann man die Hilfsgerade i durch P zu k parallel annehmen. — Ist k eine unendlich ferne Gerade, d. h. die Stellung einer Ebene K, so ist die Aufgabe: Durch einen Punkt P eine Parallelebene E zu K zu legen. Die Spuren und also auch die Hauptlinien von E sind parallel zu den Spuren von K. Zieht man also l' parallel zu k_1 durch P' und l'' parallel zu x durch P'', so ist l eine erste Hauptlinie von E (Fig. 44). Durch ihren zweiten Spurpunkt L_2 geht dann e_2 parallel zu k_2 und durch $E_x = e_2 \times x$ geht e_1 parallel k_1.

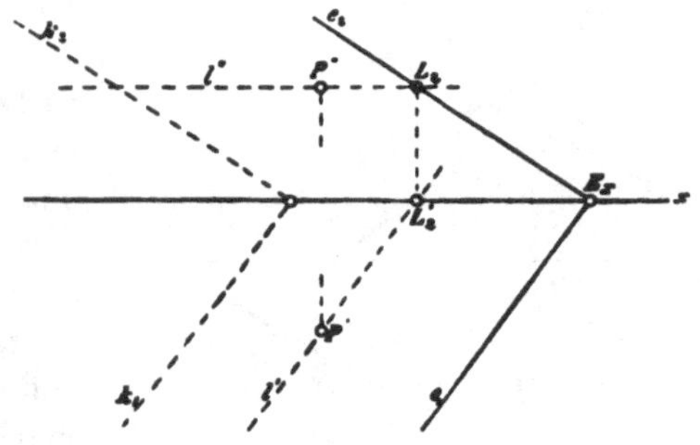

Fig. 44.

57. Ist die **Verbindungsebene** E **dreier Punkte** A, B, C durch deren Projektionen $A', B', C', A'', B'', C''$ gegeben (Fig. 45), so sind zugleich die Projektionen der drei auf E liegenden Geraden $a = BC$, $b = CA$, $c = AB$ bekannt. Man kann ihre Spurpunkte aufsuchen und erhält die Spuren e_1 und e_2 der gesuchten Ebene wiederum als deren Verbindungslinien ($e_1 = A_1 B_1 C_1$, $e_2 = A_2 B_2 C_2$).

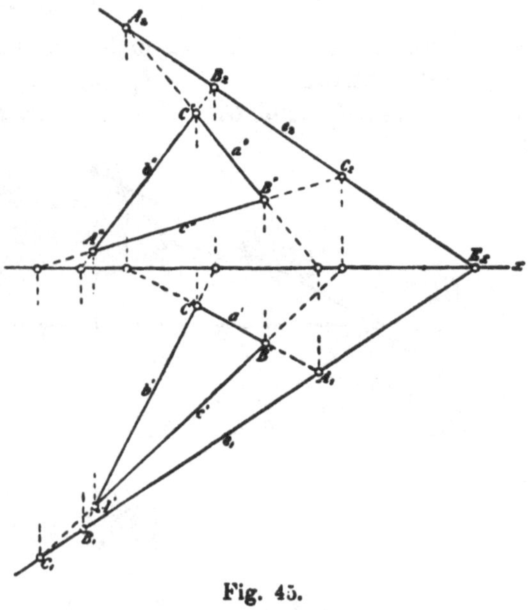

Fig. 45.

Die **Parallelebene** E **zu einer Geraden** g **durch eine Gerade** h **zu legen** erscheint als ein spezieller Fall der voranstehenden Aufgabe, indem einer der drei Punkte ins Unendliche rückt. Man ziehe durch einen beliebigen Punkt P auf h eine Parallele i zu g, wobei man der Einfachheit halber i' mit g' zusammenfallen lassen kann ($g' \times h' = P'$, P'' auf h'', $i'' \parallel g''$ durch P''). Die Spuren der Ebene E verbinden alsdann die gleichnamigen Spurpunkte der Geraden h und i; man hat also $e_1 = J_1H_1$ und $e_2 = J_2H_2$ (Fig. 46).

Einen weiteren Spezialfall bildet die Aufgabe: Durch einen Punkt P eine Ebene E parallel zu zwei gegebenen Geraden g und h zu legen. Zieht man durch P' die Parallelen i' und k' resp. zu g' und h', ebenso durch P'' die Parallelen i'' und k'' resp. zu g'' und h'', so sind i und k zwei Gerade durch P und resp. zu g und h parallel, welche die gesuchte Ebene E bestimmen. Ihre Spuren sind $e_1 = J_1K_1$ und $e_2 = J_2K_2$ (Fig. 47).

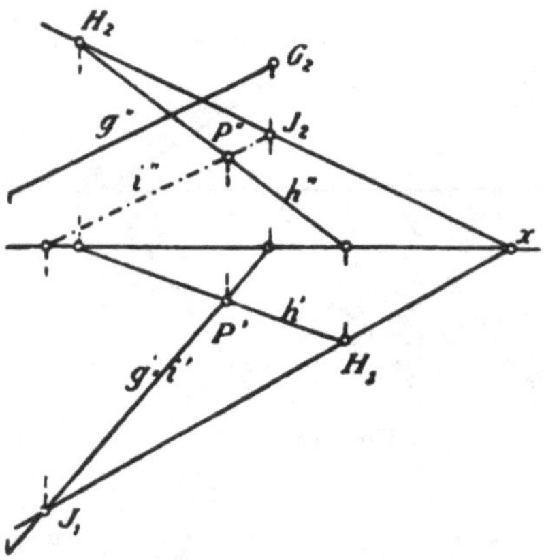

Fig. 46.

58. Die Schnittlinie g zweier Ebenen A und B. Man findet die Spurpunkte von g als Schnittpunkte der gleichnamigen Spurlinien der gegebenen Ebenen (Fig. 48a), nämlich $G_1 = a_1 \times b_1$, $G_2 = a_2 \times b_2$, weiter durch Lote auf die Achse G_1'' und G_2', schließlich die Projektionen der Schnitt-

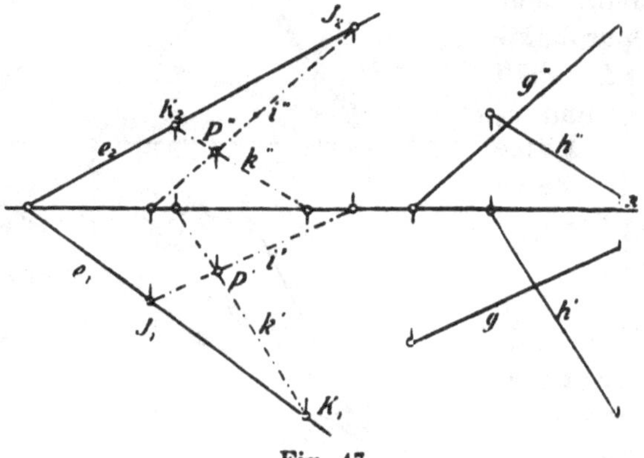

Fig. 47.

linie $g' = G_1G_2'$ und $g'' = G_1''G_2$. — Sind zwei gleichnamige Spuren der Ebenen, etwa a_1 und b_1, parallel, so ist auch die Schnittlinie g zu ihnen parallel (Fig. 48b); daher ist g'' parallel zur Achse durch $G_2 = a_2 \times b_2$ und g' parallel zu a_1 durch G_2' zu ziehen. — Sind beide Ebenen, also auch ihre Spuren, sowie die Schnittlinie g zur Achse parallel, so schneide man sie mit einer beliebigen Hilfsebene E, die man etwa senkrecht zum Grundriß annehmen kann. Von den Schnittlinien $h = A \times E$ und $i = B \times E$ fallen die ersten Projektionen mit e_1 zusammen (Fig. 48c); aus den zweiten

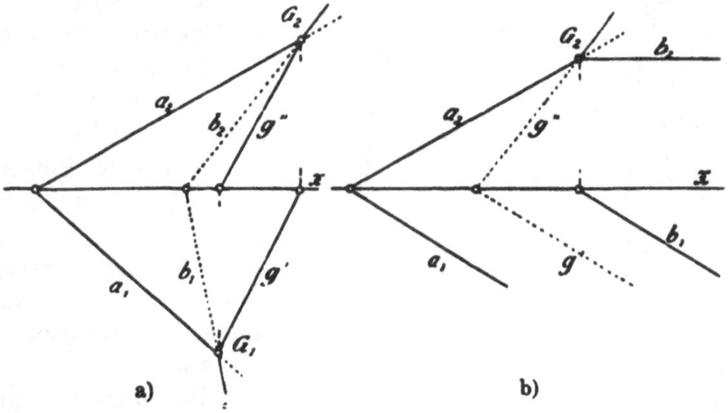

a) b)

Projektionen ergibt sich der Aufriß ihres Schnittpunktes $S = h \times i$ und aus ihm der Grundriß auf e_1. Die Projektionen g' und g'' der gesuchten Schnittgeraden sind nun durch S' resp. S'' parallel zur Achse zu ziehen.

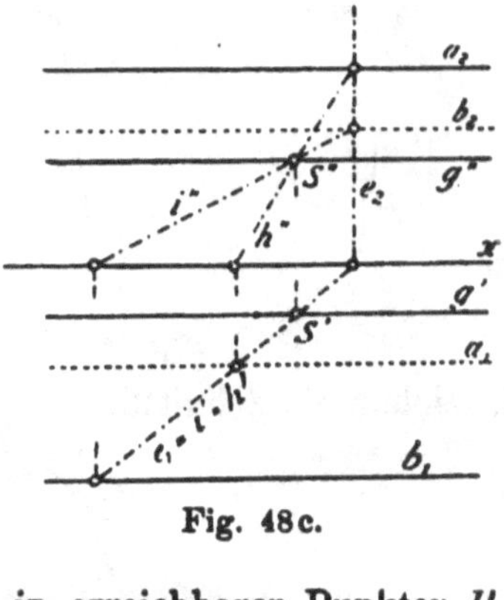

Fig. 48c.

59. Liegen die Spurpunkte $G_1 = a_1 \times b_1$ und $G_2 = a_2 \times b_2$ der Schnittlinie $g = A \times B$ außerhalb der Zeichnungsfläche (Fig. 49), so lege man eine Hilfsebene Γ parallel zu einer der gegebenen Ebenen, etwa zu B, so daß ihre Spuren c_1 und c_2 diejenigen von A in erreichbaren Punkten H_1 und H_2 schneiden. Dann zeichne man die Schnittlinie $h = A \times \Gamma$ in Grund- und Aufriß suche und auf der Achse die Punkte G_2' und G_1'', durch welche die Projektionen g' und g'' resp. zu h' und h'' parallel zu ziehen sind. Zur Konstruktion von G_2' und G_1'' dient aber die Bemerkung, daß $A, C, H_1, H_1'', H_2, H_2'$ und $A, B, G_1, G_1'', G_2, G_2'$ entsprechende Punkte zweier ähnlicher und ähnlich liegender Figuren sind, folglich A ihr Ähnlichkeitszentrum ist. Zieht man daher durch A einen beliebigen Strahl r, welcher b_2 und c_2 in B' und C' schneiden mag, so sind $B' G_1''$ und $B' G_2'$ resp. zu $C' H_1''$ und $C' H_2'$ parallel und demgemäß G_2' und G_1'' bestimmbar.

60. Schneiden sich die gegebenen Ebenen A und B in einem Punkte A der Achse (Fig. 50), so benutzt man am einfachsten eine senkrecht zum Grundriß (oder Aufriß) gestellte Hilfsebene Γ. Zuerst sucht man ihre Schnittlinien h und i mit A und B ($h' = i' = c_1$), dann ist $S = h \times i$ ein Punkt der Schnittgeraden g. Demnach verbindet g'' den Punkt A mit $S'' = h'' \times i''$ und g' den Punkt A mit S' (S' auf c_1).

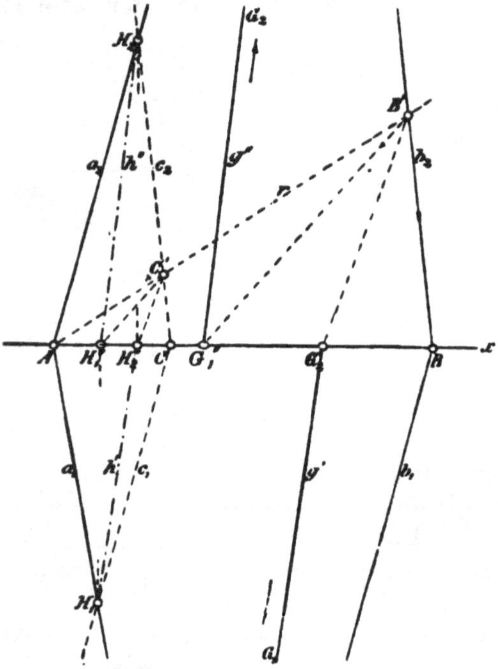

Fig. 49.

Aus dem Folgenden (62) ergibt sich eine einfache Konstruktion der Schnittlinie g zweier Ebenen A und B, wenn diese je durch ein Dreieck oder — was wesentlich auf dasselbe hinauskommt — durch je zwei Gerade gegeben sind.

61. Der Schnittpunkt P einer Ebene E und einer Geraden k. Um $P = \mathsf{E} \times k$ zu bestimmen, lege man eine beliebige Hilfsebene K durch k, zeichne die Schnittlinie $i = \mathsf{K} \times \mathsf{E}$, dann ist $P = k \times i$. Insbesondere

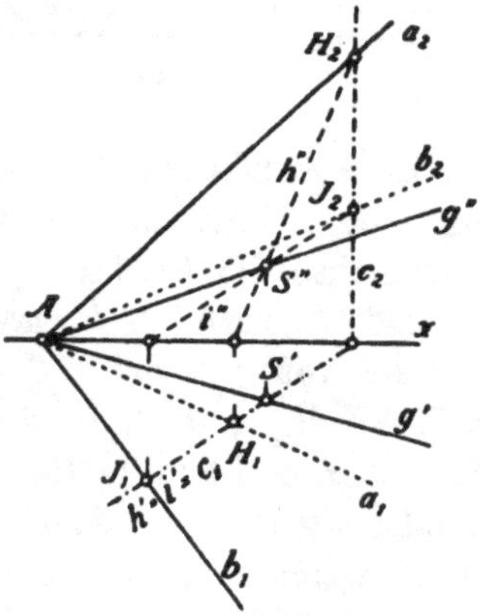

Fig. 50.

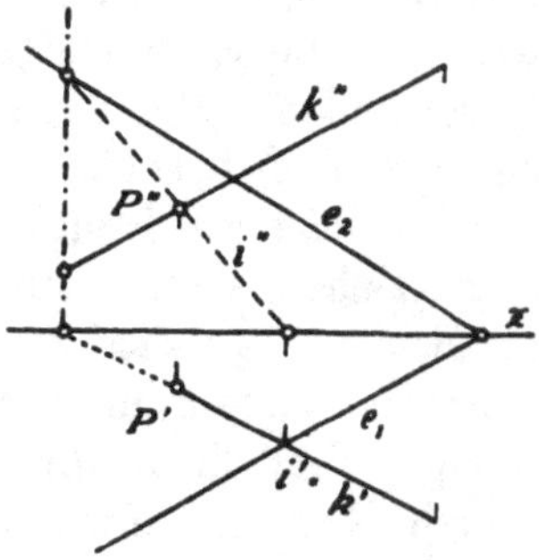

Fig. 51.

kann man die Ebene K senkrecht zum Grundriß wählen, so daß ihre erste Spur mit k' zusammenfällt und ihre zweite Spur senkrecht zur Achse wird (Fig. 51); dann ist $P'' = i'' \times k''$ und P' liegt senkrecht darunter auf $k' = i'$.

Ist die Ebene E durch ein Dreieck ABC mit den Seiten $AB = c$, $BC = a$, $CA = b$ gegeben, so denke man sich wiederum durch k eine vertikale Hilfsebene gelegt, welche die Dreiecksebene in einer Geraden i schneidet; diese trifft dann die Gerade k in dem gesuchten Punkte $P = k \times i$ (Fig. 52). Die Gerade i, deren Grundriß i' sich mit k' deckt, mag die Seiten a und b in Q und R schneiden, also $Q' = a' \times i'$ und $R' = b' \times i'$, ferner Q'' auf a'' und R'' auf b''. Hiermit ist $i'' = Q''R''$ und auch $P'' = i'' \times k''$ gefunden, der zugehörige Grundriß P' liegt senkrecht darunter auf k'. — Die gleiche Konstruktion führt auch zum Ziel, wenn die Ebene E durch zwei parallele Gerade bestimmt ist.

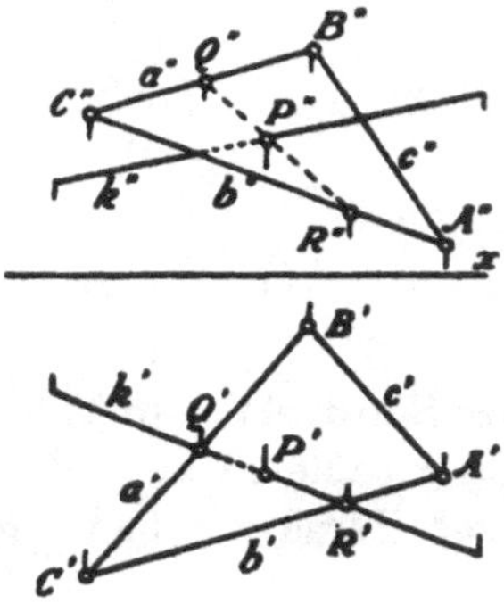

Fig. 52.

62. Auf Grund des soeben erklärten Verfahrens wird auch die Schnittlinie g der Ebenen zweier gegebener Dreiecke ABC und DEF gefunden. Man suche nämlich ganz wie vorher die Schnittpunkte P und Q der Seiten $d = EF$ des zweiten und $a = BC$ des ersten Dreiecks mit der Fläche des ersten resp. zweiten Dreiecks, dann ist $g'' = P''Q''$ und $g' = P'Q'$ (Fig. 53). — Zur Darstellung des Schnittpunktes dreier Ebenen, $P = \mathsf{A} \times \mathsf{B} \times \Gamma$, konstruiere man zuerst die Schnittlinien $g = \mathsf{A} \times \mathsf{B}$ und $h = \mathsf{B} \times \Gamma$ zweier Ebenenpaare und aus diesen den gemeinsamen Punkt $P = g \times h$ nach einer der angeführten Methoden.

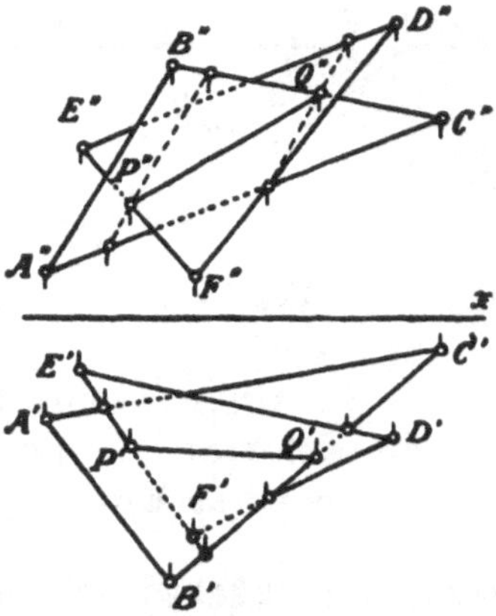

Fig. 53.

63. Für die Schnittpunkte S und T einer Geraden g mit den beiden Halbierungsebenen H_1 und H_2 mag beiläufig eine einfache Konstruktion angegeben werden, die sich aus den besonderen Eigenschaften der letzteren ergibt (vergl. 41). Der Grundriß S' und Aufriß S'' liegen auf g' bez. g'' symmetrisch zur Achse (Fig. 54); hieraus folgt, daß sie der durch $M = G_1G_2 \times x$ gezogenen Normalen zur Achse angehören, was zu ihrer Konstruktion dient.

In der Tat hat man: $S''M : G_2 G_2' = G_1''M : G_1'' G_2' = G_1 S' : G_1 G_2 = MS' : G_2 G_2'$, d. h. $S''M = MS'$. Die beiden Projektionen T' und T'' von T liegen im Schnittpunkte $g' \times g''$ vereinigt.

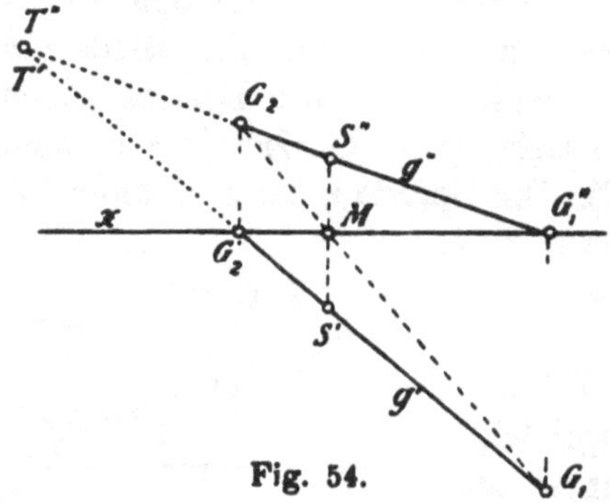

Fig. 54.

64. Durch einen Punkt P die gemeinsame Sekante s zweier Geraden g und h zu ziehen. Man konstruiere die Ebene $\mathsf{E} = Pg$, schneide sie mit h in R, dann ist PR die gesuchte Sekante, die auch g in einem Punkte Q schneidet, da sie mit g in der gemeinsamen Ebene E liegt. Bei Ausführung der Konstruktion (Fig. 55) zeichne man zuerst in beiden Projektionen die Parallele i zu g durch P und betrachte E als durch die parallelen Geraden g und i gegeben, so daß der Schnittpunkt $R = h \times gi$ nach 61 konstruiert werden kann. — Ist P ein unendlich ferner Punkt, d. h. ist die Richtung der gemeinsamen Sekante s von g und h gegeben, so ziehe man in dieser Richtung durch irgend einen Punkt von g eine Gerade i und schneide wiederum die Ebene $\mathsf{E} = gi$ mit h in R. Die durch R gezogene Parallele zu i ist die fragliche gemeinsame Sekante.

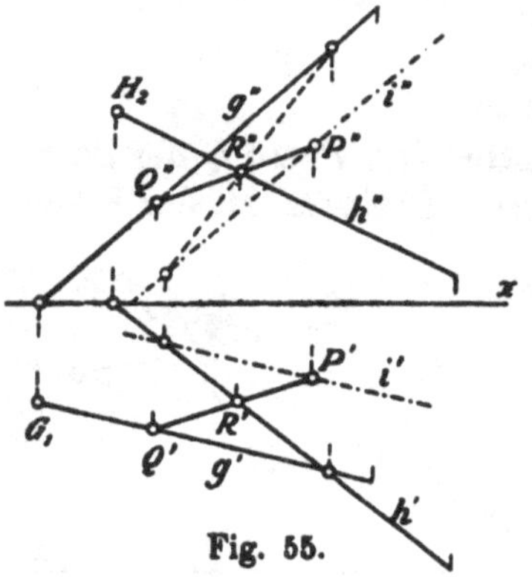

Fig. 55.

65. Auf Grund der vorangehenden Entwickelungen kann leicht entschieden werden, ob drei Punkte in einer Geraden oder vier Punkte in einer Ebene liegen, ob drei Ebenen durch eine Gerade oder vier Ebenen durch einen Punkt gehen, ob eine Gerade zu einer Ebene parallel liegt und dergleichen mehr.

Gerade und Ebenen in rechtwinkliger Stellung. Abstände und Winkel. Die Umlegung in eine Tafel und die Drehung um die Parallele zu einer Tafel.

66. Die Grundlage unserer nächsten Entwicklungen bildet folgender Satz:

Ist ein Schenkel eines rechten Winkels zu einer Tafel parallel, so ist auch seine orthogonale Projektion auf dieselbe ein rechter Winkel. Sind nämlich g und h die Schenkel, und ist $g \parallel \Pi_1$ und l das Lot aus dem Scheitel des Winkels auf Π_1, so ist $g \perp l$; da zugleich $g \perp h$, so ist auch $g \perp hl$ und ebenso $g' \perp hl$, da $g' \parallel g$ ist. Wenn aber g' auf der Ebene hl senkrecht steht, ist sie zu jeder in der Ebene liegenden Geraden rechtwinklig, also auch zu der Geraden $h' = hl \times \Pi_1$. — Offenbar kann der Satz in der allgemeineren Form ausgesprochen werden. Zwei normal zueinander gerichtete (windschiefe oder sich schneidende) Gerade g und h haben zueinander rechtwinklige Projektionen, wenn eine von ihnen zu der betreffenden Projektionsebene parallel ist.

67. Hieraus folgt weiter: Steht eine Gerade g auf einer Ebene E senkrecht, so sind ihre Projektionen zu den gleichnamigen Spuren der Ebene rechtwinklig. Es ist nämlich g, wie zu allen Geraden der Ebene E, so insbesondere zu ihren Spuren e_1 und e_2 normal, also nach dem vorigen Satze $g' \perp e_1$ und $g'' \perp e_2$.

68. Die in einer Ebene E rechtwinklig zu ihren ersten (zweiten) Hauptlinien gezogenen Geraden werden als erste (zweite) *Falllinien* bezeichnet, insofern sie unter allen Geraden von E die größte Neigung (oder den stärksten Fall) gegen die bezügliche Tafel haben. Die eine Projektion einer Falllinie steht senkrecht auf der gleichnamigen Ebenenspur, was unmittelbar aus dem Satze in 66 folgt.

Dies vorausgeschickt, können wir zur Besprechung der in der Überschrift dieses Abschnittes bezeichneten Fundamentalaufgaben und der zu ihrer Lösung erforderlichen besonderen Methoden übergehen.

69. Das aus einem Punkte P auf eine Ebene E gefällte Lot l wird nach 67 gefunden, indem man seine Projektionen l' und l'' resp. durch P' und P'' und senkrecht zu e_1 und e_2 zieht. Sein Fußpunkt Q ergibt sich als Schnittpunkt $l \times$ E nach dem früher (61) entwickelten Verfahren (Fig. 56). Ein anderer Weg zur Darstellung, auf dem man zugleich die Länge des Lotes oder Abstandes ($P \dashv$ E) erhält, findet sich in 75.

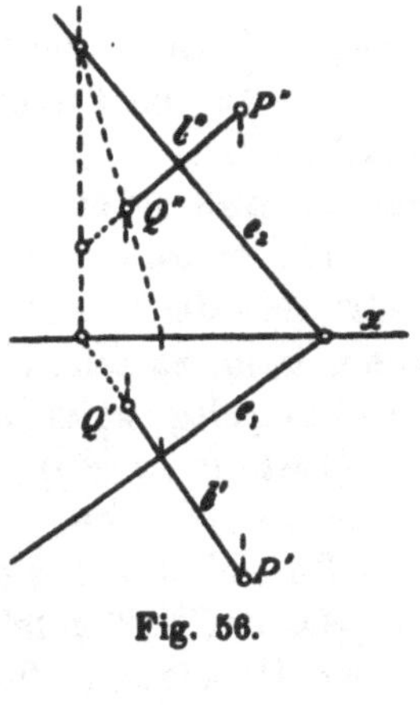

Fig. 56.

70. Die Normalebene N zu einer Geraden g durch einen Punkt P. Die Spurlinien n_1 und n_2 der gesuchten Ebene müssen rechtwinklig zu g' und g'' liegen. Legt man also durch P eine erste Hauptlinie h unserer Ebene, so ist h' durch P' senkrecht zu g' und h'' durch P'' parallel zur Achse zu ziehen. Durch den Spurpunkt H_2 von h geht dann die Spur e_2 und durch $e_2 \times x$ die Spur e_1 ($e_2 \perp g''$, $e_1 \perp g'$) (Fig. 57).

71. Die wahre Länge einer durch ihre Projektionen gegebenen Strecke. Eine Strecke AB bildet mit ihrer ersten Projektion $A'B'$ und den projizierenden Geraden ihrer Endpunkte ein ebenes, bei A' und B' rechtwinkliges Viereck $A'ABB'$. Dieses

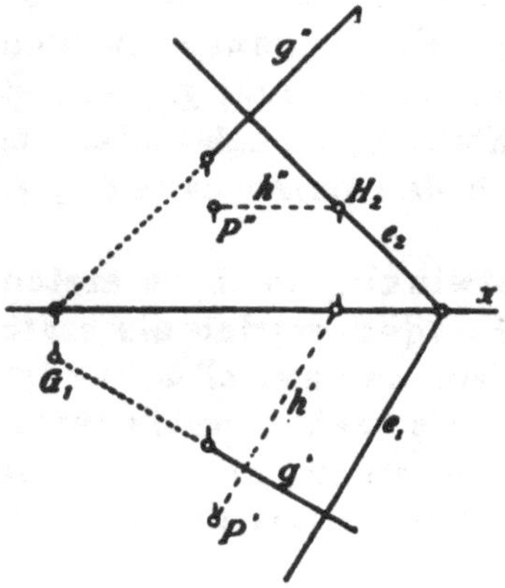

Fig. 57.

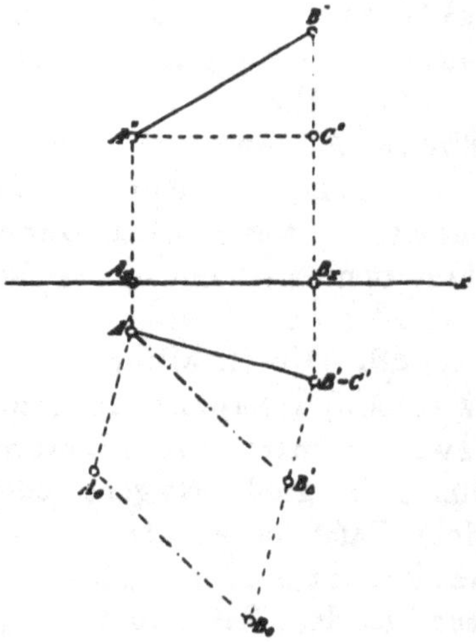

Fig. 58.

Trapez kann in der Grundrißebene verzeichnet werden, indem man (Fig. 58) in den Endpunkten von $A'B'$ die Normalen $A'A_0$ und $B'B_0$ errichtet und resp. gleich den ersten Tafelabständen der Punkte A und B, also gleich $A''A_x$ resp. $B''B_x$ macht. Die vierte Seite A_0B_0 gibt die wahre Länge der Strecke AB an. — Das Trapez $A'A_0B_0B'$ stellt eine der beiden Lagen dar, die das Trapez $A'ABB'$ annehmen kann, wenn es durch Drehung um die Grundlinie $A'B'$ in die erste Tafel umgelegt wird. Das geschilderte Verfahren bezeichnet man daher als **Umlegung der Strecke in eine Tafel um ihre bezügliche Projektion.**

72. Wird von einem Endpunkte A der vorgelegten Strecke ein Lot AC auf BB' gefällt, so entsteht das rechtwinklige Dreieck ABC, dessen Hypotenuse die zu bestimmende Strecke ist und dessen Katheten resp. parallel und normal zum Grundriß sind (Fig. 58) ($C' = B'$, $A''C'' \parallel x$). Die Kathete AC erscheint im Grundriß $A'C'$ und die

Kathete BC im Aufriß $B''C''$ in wahrer Größe. Trägt man daher an den Grundriß $A'C'$ die Strecke $C'B_{\triangle}' = C''B''$ unter rechtem Winkel an, so gibt $A'B_{\triangle}'$ die Streckenlänge an. Das Dreieck $A'B_{\triangle}'C'$ stellt den Grundriß des durch Drehung um seine horizontale Kathete AC in horizontale Lage gebrachten Dreiecks ABC dar. Unser Verfahren ist also anzusehen als eine Drehung der Strecke bis zum Parallelismus mit einer Tafel, und zwar um eine Gerade, die durch einen Endpunkt der Strecke zu ihrer bez. Projektion parallel läuft.

73. Endlich kann man auch noch folgende dritte Methode in Anwendung bringen. Man trage (Fig. 59) an die Strecke $B''C''$ im Aufriß als andere Kathete des rechtwinkligen Dreiecks ABC die Strecke $C''A_{\triangle}'' = B'A'$ horizontal an und ziehe die Hypotenuse $A_{\triangle}''B''$, welche die gesuchte Strecke darstellt. Das Dreieck $A_{\triangle}''B''C''$ kann als Aufriß des um seine vertikale Kathete BC zur Aufrißebene parallel gedrehten Dreiecks ABC angesehen werden. Bei dieser Drehung behalten die Punkte B und C ihre Lagen bei, während der Punkt A einen Kreisbogen $AA_{\triangle}$ in horizontaler Ebene beschreibt. Der Grundriß $A_{\triangle}'A'$ dieses Bogens ist also ein kongruenter Bogen und sein Aufriß $A_{\triangle}''A''$ eine Parallele zur Achse. Nach der Drehung muß die Strecke zu Π_2 parallel sein, also $B'A_{\triangle}' \parallel x$. Dieses dritte Verfahren führt daher eine Drehung der Strecke bis zum Parallelismus mit einer Tafel aus, und zwar um das aus einem Endpunkt auf die andere Tafel gefällte Lot. — Bei jedem der drei Verfahren zur Streckenbestimmung hat man die Wahl, ob man vom Grund- oder Aufriß, ferner ob man vom einen oder anderen Endpunkt ausgehen, endlich ob man die Drehung im einen oder anderen Sinne vornehmen will.

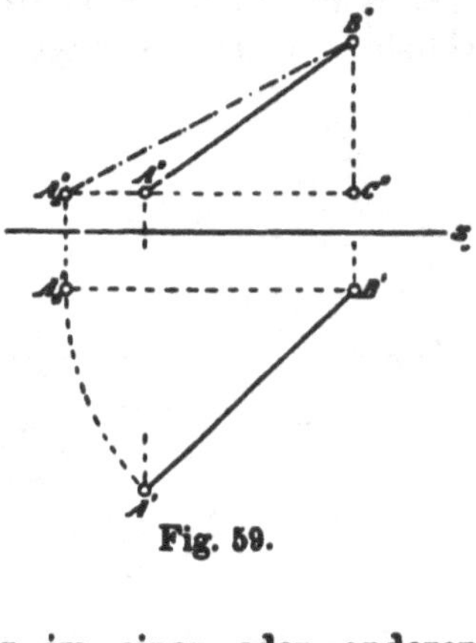

Fig. 59.

74. Die Teilung einer durch ihre Projektion gegebenen Strecke AB nach vorgeschriebenem Verhältnis erfolgt auf Grund des Satzes, daß sich parallele Strecken, also insbesondere die Teilstrecken einer Geraden, wie ihre Projektionen verhalten (vergl. 7 δ). Man teilt demnach die Projektionen $A'B'$ und $A''B''$ in dem verlangten Verhältnis. Handelt es sich darum, auf AB eine Teilstrecke AC von gegebener Länge aufzutragen, so müssen nach einer der in 71—73 gegebenen Methoden die wahre Größe von AB gezeichnet, auf ihr die Strecke AC aufgetragen und durch Zurückdrehung die Projektionen gefunden werden.

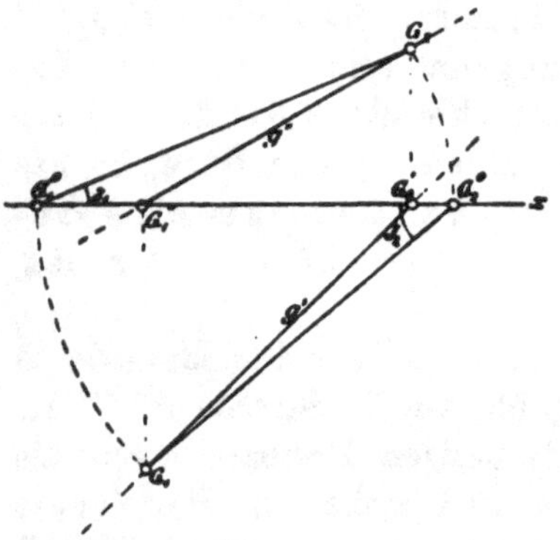

Fig. 60.

75. Die Neigungswinkel γ_1 und γ_2 einer Geraden g gegen die Tafeln. Unter dem Neigungswinkel einer Geraden gegen eine Ebene versteht man den spitzen Winkel, den sie mit ihrer senkrechten Projektion auf die Ebene einschließt. Man erhält den Winkel $\gamma_1 = \angle\, G_2 G_1 G_2'$ durch Umlegung der Winkelebene um ihre zweite Spur $G_2 G_2'$ in die zweite Tafel. Hierbei beschreibt der Scheitel G_1 in der Grundrißebene einen Kreisbogen $G_1 G_1^0$ um G_2', der auf der Achse endigt, und es ist $\gamma_1 = \angle\, G_2 G_1^0 G_2'$. Analog findet man den Winkel $\gamma_2 = \angle\, G_1 G_2 G_1''$ durch Umlegen in die erste Tafel als $\angle\, G_1 G_2^0 G_1''$ (Fig. 60). — Unter allen Winkeln, die eine Gerade mit den Geraden einer Ebene einschließt, ist ihr Neigungswinkel gegen dieselbe am kleinsten. Für jede Lage von g ist daher $\gamma_2 \leqq \angle\, G_1 G_2 G_2'$; da andererseits $\angle\, G_1 G_2 G_2' = \angle\, G_1^0 G_2 G_2' = R - \gamma_1$ ist, so folgt für die Summe der Tafelneigungen einer Geraden die Relation: $\gamma_1 + \gamma_2 \leqq R$.

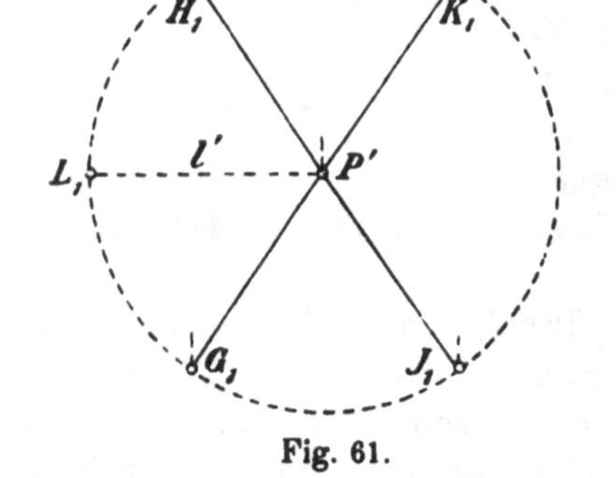

Fig. 61.

76. Durch einen Punkt P eine Gerade g mit den Neigungswinkeln γ_1 und γ_2 gegen die Tafeln zu legen. Man ziehe zunächst durch P eine Gerade l parallel zur Aufrißebene mit dem Neigungswinkel γ_1 gegen die Grundrißebene. Ist L_1 ihr erster Spurpunkt, so ist also $P'L_1 \parallel x$ und $\angle\, P'' L_1'' P_x = \gamma_1$ (Fig 61). Dreht man nun l um die Vertikale PP', so behält sie ihren Neigungswinkel γ_1 gegen Π_1 bei, während ihr Spurpunkt L_1 einen Kreisbogen c in Π_1

um P' beschreibt. Insbesondere kann l durch eine solche Drehung in die Lage der gesuchten Geraden g übergeführt werden; deren Spurpunkt G_1 muß also auf dem genannten Kreise c liegen. Hierbei ist er so zu bestimmen, daß der Aufriß von PG_1 die Länge $P''G_1'' = PG_1 . \cos\gamma_2 = PL_1 . \cos\gamma_2 = P''L_1'' . \cos\gamma_2$ erhält. Man zeichne demgemäß über $P''L_1''$ als Hypotenuse ein rechtwinkliges Dreieck, dessen Kathete $P''Q$ mit l'' den Winkel γ_2 einschließt, und schlage um P'' mit dem Radius $P''Q$ einen Kreisbogen, so schneidet dieser die Achse in G_1''; denn dann ist $P''G_1'' = P''Q = P''L_1'' . \cos\gamma_2$, wie verlangt. Der Spurpunkt G_1 liegt auf c senkrecht unter G_1''. Es gibt offenbar vier Lösungen unserer Aufgabe, nämlich die Geraden g, h, i und k, deren Spurpunkte G_1, H_1, J_1 und K_1 auf dem Kreise c liegen und die Endpunkte zweier in bezug auf l' symmetrischer Durchmesser bilden. Eine andere Methode ist in 78 enthalten.

77. Die Neigungswinkel ε_1 und ε_2 einer Ebene E gegen die Tafeln. Unter dem Neigungswinkel einer Ebene gegen eine der Tafeln wird der Neigungswinkel von irgend einer gleichnamigen Falllinie der Ebene verstanden. Er wird bestimmt, indem man ihn entweder (wie in 75) in die ungleichnamige Tafel oder um den einen Schenkel in die gleichnamige Tafel umlegt. Um ε_1 zu finden, ziehen wir (Fig. 62) F_1F_2' normal zu e_1 als Grundriß einer ersten Falllinie mit den Spurpunkten F_1 und F_2 und zeichnen nach dem früheren Verfahren $\varepsilon_1 = \angle F_2F_1F_2' = \angle F_2F_1{}^0F_2'$. Um ε_2 zu bestimmen, ziehen wir G_2G_1'' normal zu e_2 als Aufriß einer zweiten Falllinie mit den Spurpunkten G_1 und G_2 und legen das Dreieck $G_1G_2G_1''$ um seine Kathete G_2G_1'' in die Aufrißebene als Dreieck $G_1{}^0G_2G_1''$ um, wodurch $\varepsilon_2 = \angle G_1{}^0G_2G_1''$ erhalten wird ($G_1''G_1 = G_1''G_1{}^0$, $G_1''G_1{}^0 \perp G_1''G_2$). — Daß unter allen Geraden einer Ebene die Falllinien gegen die zugehörige Tafel den größten Neigungswinkel haben, ist schon oben (68) erwähnt worden. Erwägt man, daß der Neigungswinkel einer Ebene durch den gleichnamigen Neigungswinkel der Ebenennormale zu einem Rechten ergänzt wird, so folgt aus 75 für die Summe der Tafelneigungen einer Ebene die Beziehung: $\varepsilon_1 + \varepsilon_2 \geqq R$.

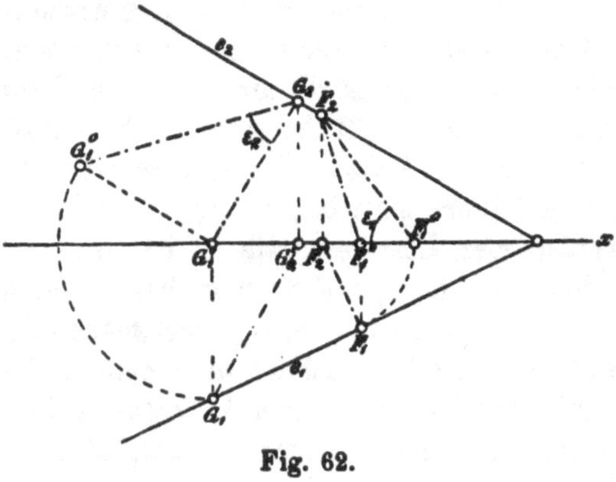

Fig. 62.

78. Eine Ebene E mit den Neigungswinkeln ε_1 und ε_2 durch einen gegebenen Punkt P zu legen. Durch einen Punkt A der Achse denken wir uns eine Gerade AB von beliebig gewählter Länge senkrecht zu E gezogen; sie besitzt die Neigungswinkel $\gamma_1 = R - \varepsilon_1$ und $\gamma_2 = R - \varepsilon_2$. Nun ziehen wir durch A senkrecht zur Achse zwei Gerade p und q, von denen die erste der Grundriß-, die zweite der Aufrißebene angehört (Fig. 63).

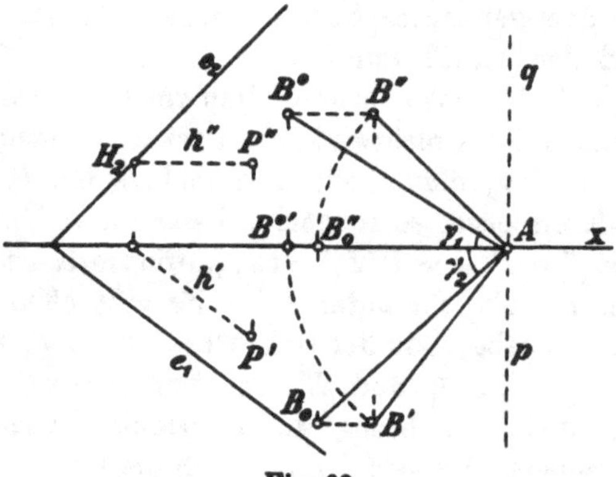

Fig. 63.

Legen wir jetzt AB um p als Strecke AB_0 in die Ebene Π_1 nieder und ebenso um q als Strecke AB^0 in die Ebene Π_2, so schließen AB_0 und AB^0 mit der Achse die Winkel γ_2 resp. γ_1 ein ($AB^0 = AB_0$). Beim Rückwärtsdrehen von AB_0 um p in die Raumlage AB beschreiben B_0 und sein Aufriß kongruente Kreisbogen und sein Grundriß eine Parallele zur Achse. Ganz ebenso beschreiben beim Rückwärtsdrehen von AB^0 um q in die Raumlage AB der Punkt B^0 und sein Grundriß kongruente Kreisbogen und sein Aufriß eine Parallele zur Achse. So ergeben sich B' und B'' als Schnittpunkte von je einem Kreisbogen und einer Parallelen zur Achse. (Es gibt wieder vier Lösungen wie in 76, die zu der in der Figur gezeichneten Lösung symmetrisch in bezug auf die Tafelebenen sind.)

Die Spuren e_1 und e_2 der gesuchten Ebene sind senkrecht zu AB' und AB''. Zeichnet man eine in E liegende erste Hauptlinie h durch P und ihren Spurpunkt H_2 ($h'' \parallel x$ durch P'', $h' \perp AB'$ durch P'), so ist nur noch e_2 durch H_2 normal zu AB'' und e_1 durch $e_2 \times x$ normal zu AB' zu ziehen.

79. Der senkrechte Abstand eines Punktes P von einer Ebene E kann nach 69 in Verbindung mit 71 bestimmt werden. Ebenso einfach ist folgender Weg Ist $l = PQ$ das gesuchte Lot, so lege man durch dasselbe eine Ebene N senkrecht zu Π_2 (Fig. 64). Dann ist ihre Spur $n_2 = l''$ normal zu e_2 und ihre Spur n_1 normal zur Achse (n_2 durch P'', $n_1 \times n_2 = N$ auf x). Diese Ebene N steht auf e_2 senkrecht und schneidet E in einer Falllinie $F_2 F_1$ ($F_2 = n_2 \times e_2$ und $F_1 = n_1 \times e_1$), die ebenfalls zu dem gesuchten Lot rechtwinklig ist. Legt man also N um die Spur n_2

in Π_2 um, so gelangt die Falllinie in die Lage $F_1{}^0 F_2$ und P in die Lage P^0 ($NF_1{}^0 \perp n_2$ und $= NF_1$, $P^0 P'' \perp n_2$ und $= P' P_x$). Jetzt ziehe man die Gerade $l^0 \perp F_1{}^0 F_2$, die auf der letzteren den Punkt Q^0 und auf n_2 den Spurpunkt L_2 ausschneidet. Aus der Umlegung Q^0 des Fußpunktes Q findet man rückwärts Q'' auf l'' durch eine zu n_2 normale Gerade $Q^0 Q''$ und hieraus Q'. $P^0 Q^0$ ist die wahre Länge des Abstandes.

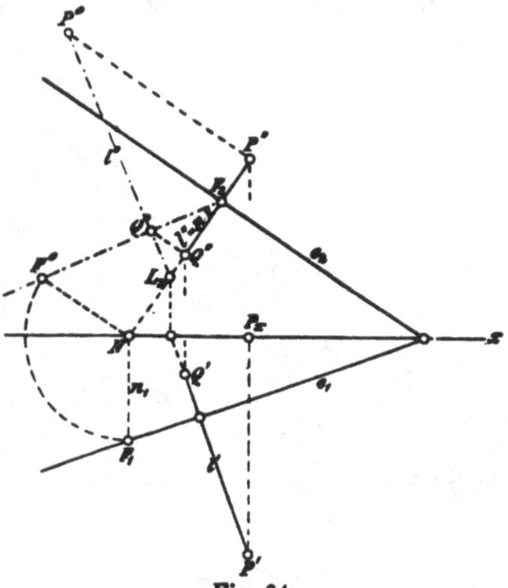
Fig. 64.

80. Bestimmung der wahren Gestalt einer ebenen Figur durch Umlegung in eine der Tafeln. Eine ebene Figur und ihre Projektion auf eine Tafel sind affin und in affiner Lage und bleiben es auch, wenn die erstere um die bezügliche Spur ihrer Ebene (d. i. um ihre Affinitätsachse) in die Tafel umgelegt wird (vergl. 10). Durch Benutzung dieses Umstandes werden die zur Umlegung nötigen Operationen vereinfacht. Es sei beispielsweise ein Dreieck ABC durch die Spuren e_1 und e_2 seiner Ebene E und seinen Aufriß $A'' B'' C''$ gegeben, woraus sich der Grundriß in bekannter Weise ergibt (Fig. 65). Zur Ermittelung seiner wahren Gestalt lege man das Dreieck um e_2 in die Aufrißebene um. Man denke sich in E durch den Punkt A eine Falllinie f gezogen ($f \perp e_2$, $f'' \perp e_2$). Diese lege man, um zunächst ihre Länge zwischen den Spurpunkten F_1 und F_2 zu finden, wie in voriger Nummer um f'' seitwärts in die Aufrißebene nieder als $f_0 = F_2 F_{10}$; sodann lege man sie um e_2 in Π_2 um als $f^0 = F_2 F_1{}^0$. Hieraus ergibt sich die Umlegung $e_1{}^0 = E_x F_1{}^0$ von e_1. Die Umlegung $A^0 B^0 C^0$ des Dreiecks ABC aber kann als die affine Figur zu $A'' B'' C''$ gezeichnet werden, da man außer der Affinitätsachse e_2 zwei einander entsprechende Punkte $F_1{}^0$ und F_1'' kennt (vergl. 11); die Affinitätsstrahlen sind normal zu e_2. So ist $B^0 B'' \perp e_2$ und die Parallelen durch B'' und B^0 resp. zu x und $e_1{}^0$ treffen sich in einem Punkte von e_2; denn bei unserer Affinität entsprechen sich die Achse x als Aufriß der Spur e_1 und ihre

Umlegung e_1^0. Ferner schneiden sich $B'' C''$ und $B^0 C^0$ auf e_2 und treffen x resp. e_1^0 in entsprechenden Punkten usf. — Man kann die Umlegung eines jeden Punktes auch mittels seines Abstandes von der Drehachse e_2 konstruieren, indem man den Umstand benutzt, daß sich dieser Abstand zu seiner Projektion jedesmal wie $F_{10} F_2$ zu $F_1'' F_2$ verhält. So schneidet eine Parallele zu e_2 durch B'' auf f_0 die wahre Länge des Abstandes $(B \dashv e_2)$ ab.

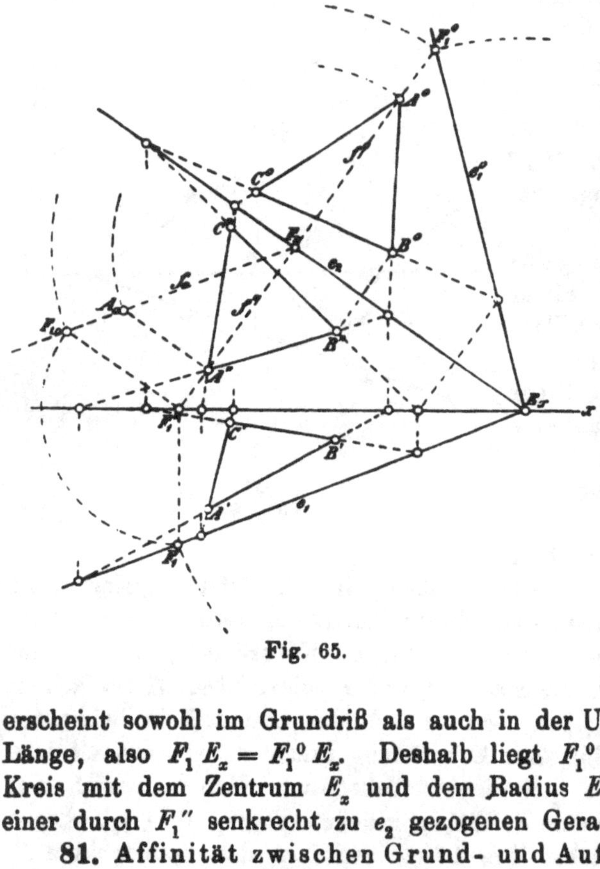

Fig. 65.

Die oben ausgeführte Umlegung der Falllinie f' und ihres Spurpunktes F_1 um e_2 nach f^0 und F_1^0 in die Aufrißebene läßt sich durch folgende Überlegung noch einfacher gestalten. Der Abstand des Punktes F_1 von E_x erscheint sowohl im Grundriß als auch in der Umlegung in wahrer Länge, also $F_1 E_x = F_1^0 E_x$. Deshalb liegt F_1^0 sowohl auf einem Kreis mit dem Zentrum E_x und dem Radius $E_x F_1$, als auch auf einer durch F_1'' senkrecht zu e_2 gezogenen Geraden.

81. Affinität zwischen Grund- und Aufriß einer ebenen Figur. Die beiden Projektionen einer ebenen Figur sind affin und befinden sich nach der Umlegung der einen Tafel in die andere in affiner Lage. In der Tat sind die Verbindungslinien entsprechender Punkte parallel, nämlich senkrecht zur Achse; sie bilden die Affinitätsstrahlen; anderseits fallen Grund- und Aufriß der Geraden, in welcher die Ebene E der betrachteten Figur von der zweiten Halbierungsebene H_2 geschnitten wird, in eine Gerade a (Fig. 66) zusammen; dies ist die Affinitätsachse. Die Gerade a geht durch den Achsenschnittpunkt E_x von E; einen zweiten Punkt auf ihr liefert der Durchschnitt D der beiden Projektionen von irgend einer in E gezogenen Geraden (vergl. 64). — Hiernach kann die Affinität benutzt werden, um von einer in gegebener Ebene liegenden Figur aus einer Projektion die andere abzuleiten (wie dies in unserer Figur für das Dreieck ABC ausgeführt ist.

82. Der Winkel α zweier durch ihre Projektionen gegebenen Geraden g und h. Man kann annehmen, daß beide

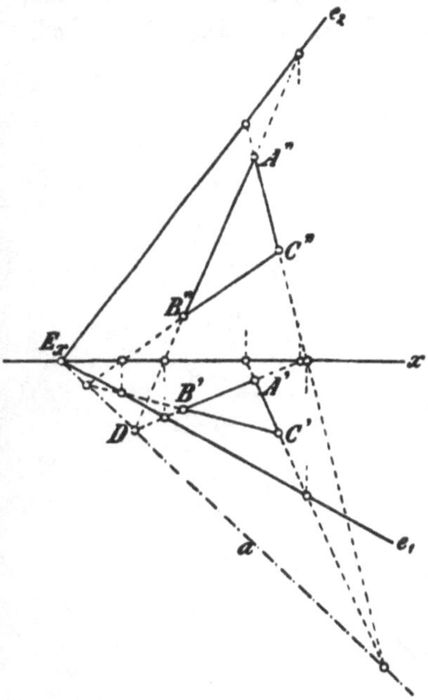

Fig. 66.

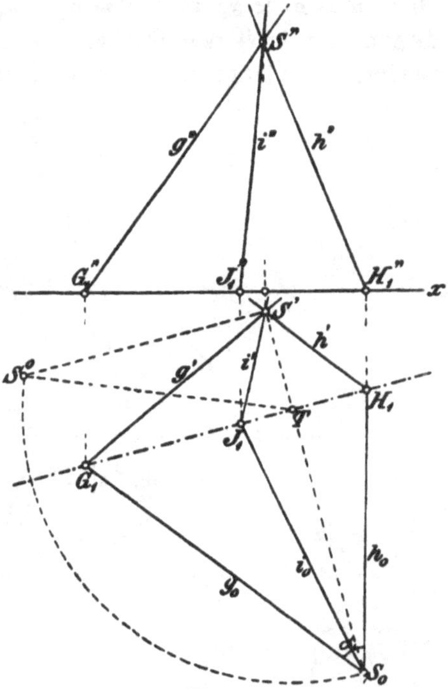

Fig. 67.

Gerade sich in einem Punkte S schneiden (indem man nötigenfalls die eine durch eine Parallele ersetzt). Den Scheitel S lege man um die Verbindungslinie der Spurpunkte der Schenkel in eine Tafel um, z. B. durch Drehung um $G_1 H_1$ (Fig. 67). Der niedergelegte Punkt S_0 findet sich auf der aus S' zur Drehachse gezogenen Normalen $S' T$, und seine Entfernung $S_0 T$ von dieser ist nach früherem gleich $S^0 T$, wo $S^0 S' T$ das um die Kathete $S' T$ in den Grundriß umgelegte Dreieck $S S' T$ bedeutet $(S^0 S' = (S'' \dashv x))$. Dann ist $\alpha = \angle\, G_1 S_0 H_1$.

Die Halbierung des Winkels α kann nun nach seiner Darstellung in wahrer Größe gefunden werden. Die umgelegte Halbierungslinie i_0 schneidet auf der Drehachse den ersten Spurpunkt J_1 aus, woraus sich dann i' und i'' ergeben.

83. Um den Winkel ε zweier durch ihre Spuren gegebenen Ebenen A und B zu finden, zeichnen wir zunächst ihre Schnittlinie g mit ihren Spurpunkten $G_1 = a_1 \times b_1$ und $G_2 = a_2 \times b_2$ (Fig. 68). Eine Normalebene N zu g schneidet A und B in den Schenkeln und g in dem Scheitel S des gesuchten Winkels ε. Die zweite Spur n_2 von N ist senkrecht zu g'', und wir ziehen sie etwa durch G_1''; dann sind $R = n_2 \times a_2$ und $T = n_2 \times b_2$ die Spurpunkte der Schenkel. Legen wir jetzt den Winkel $\varepsilon = \angle RST$ um n_2 in die Aufrißebene nieder, so gelangt sein Scheitel S in eine bestimmte Lage S_0 auf g'',

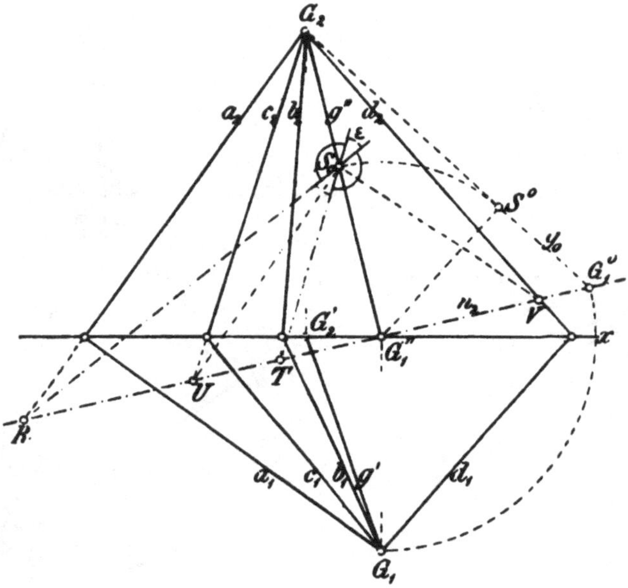

Fig. 68.

denn S_0S'' muß senkrecht zur Drehachse n_2 sein. Dabei ist $G_1''S$ das von G_1'' auf g gefällte Lot und $G_1''S_0$ ist seine wahre Länge. Diese finden wir, indem wir g um g'' in die Aufrißebene als g^0 umlegen und von G_1'' das Lot $G_1''S^0$ auf g^0 fällen ($G_1''G_1^0 = G_1''G_1$, G_1^0 auf $n_2 \perp g''$). Schließlich ist $\angle RS_0T$ der gesuchte Winkel oder dessen Nebenwinkel.

Um die zu A und B gehörigen Winkelhalbierungsebenen Γ und Δ zu bestimmen, schneide man n_2 mit den beiden Geraden, die den umgelegten Winkel ε und seinen Nebenwinkel halbieren, in den Punkten U und V; es sind dies die zweiten Spurpunkte der Winkelhalbierenden von ε und seinem Nebenwinkel. Da die gesuchten Ebenen je eine dieser Geraden enthalten müssen, so ist $c_2 = G_2U$

und $d_2 = G_2 V$, während c_1 und d_1 aus G_1 nach ihren Schnittpunkten mit der Achse zu ziehen sind.

Der Winkel zweier Ebenen ist dem von ihren Normalen eingeschlossenen gleich. Man kann daher von einem beliebigen Punkte die Lote auf diese Ebenen fällen und deren Winkel nach 82 bestimmen.

84. Der Neigungswinkel α einer Geraden g gegen eine Ebene E ergänzt den Winkel zwischen g und der Ebenennormale zu einem Rechten. Man fälle daher aus irgend einem Punkte S von g auf E ein Lot n und bestimme die wahre Größe des Winkels $\beta = \angle gn$ nach dem in 82 dargelegten Verfahren (Fig. 69). Zu diesem Zweck lege man etwa S um die Verbindungslinie $G_2 N_2$ der zweiten Spurpunkte von g und n in die zweite Tafel um. Mit β ist auch der Winkel $\alpha = R - \beta$ bekannt.

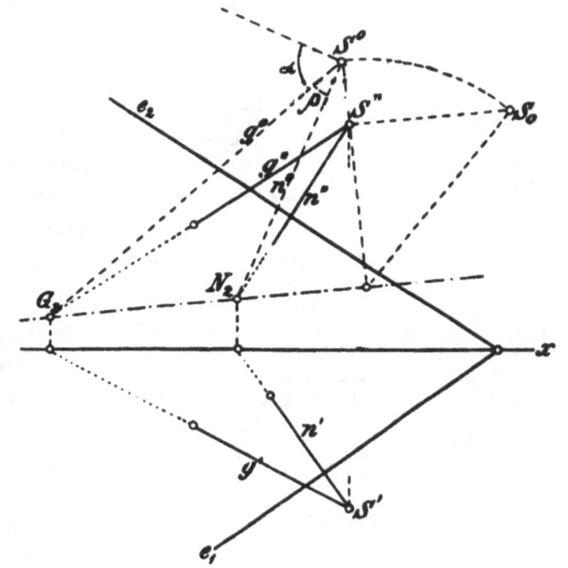

Fig. 69.

85. Die Bestimmung der wahren Gestalt eines in beiden Projektionen gegebenen Dreiecks ABC durch Paralleldrehung seiner Ebene zu einer Tafel. Man schneide die Dreiecksebene mit einer zur Aufrißtafel parallelen Hilfsebene Π in der Hauptlinie $a = DE$, die als Achse der Drehung dienen soll. Die Paralleldrehung zu Π_2 kann man dann als Umlegung um a in die Ebene Π auffassen. Der Aufriß des gedrehten Dreiecks $A_\Delta B_\Delta C_\Delta$ wird seine wahre Gestalt zeigen, der Grundriß in die Gerade a' fallen (Fig. 70). Der Eckpunkt A beschreibt einen Kreisbogen, dessen Ebene auf a normal steht und dessen Aufriß folglich in die zu a'' senkrechte Gerade $A''G''$ fällt. Der Radius dieses Bogens ist das von A auf a gefällte Lot AG und bildet die Hypotenuse des rechtwinkligen Dreiecks mit den Katheten $AF = (A \dashv \Pi)$ und $FG = (F \dashv a)$; erstere erscheint mit ihrer wahren Länge im Grundriß $A'F'$, letztere im Aufriß $F''G''$ ($A'F' \perp a'$, $F''G'' \perp a''$, $F'' = A''$). Dieses rechtwinklige Dreieck AFG sowie die Bahnkurve $AA_\triangle$ des Punktes A zeichnen wir, um FG in die Hilfsebene Π umgelegt, im Aufriß als Dreieck $A_0''F''G''$ und Kreisbogen $A_0''A_\triangle''$. Da man nun $A_\triangle''$ kennt, kann die weitere Konstruktion mit Benutzung der Affinität erfolgen; a'' ist die Affinitätsachse und $A_\triangle''$ und A'' sind ein Paar entsprechender affiner Punkte ($A''B'' \times A_\triangle''B_\triangle''$ auf a'', $B''B_\triangle'' \perp a''$).

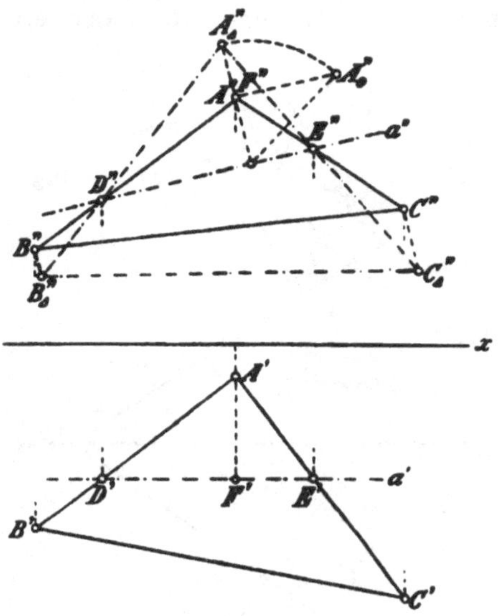

Fig. 70.

Nach dem auseinandergesetzten Verfahren kann die wahre Gestalt jeder durch ihre Projektionen gegebenen ebenen Figur ermittelt werden.

86. Der senkrechte Abstand eines Punktes P von einer Geraden g. P und g seien durch ihre Projektionen gegeben. Ein erster Weg zur Ermittelung des Abstandes $PQ = (P \dashv g)$ ist folgender. Man bestimme mittels zweier Hauptlinien h_1 und h_2 die Normalebene N zu g, welche den Punkt P enthält, indem man als Projektionen von h_1 und h_2 durch P' resp. P'' je eine Parallele zur Achse und eine Normale zur gleichnamigen Projektion von g zieht (Fig. 71). Hierauf schneide man N mit g nach dem in 61 erklärten Verfahren in Q und bestimme die wahre Länge von $PQ = (P \dashv g)$ nach der in 73 angeführten Methode als $P_\triangle'Q'$.

Wir geben eine zweite Lösung der vorigen Aufgabe an, welche auf der in 85 entwickelten Methode beruht. P und g liegen in einer Ebene, die wir um eine Achse a parallel zum Aufriß drehen. Als Drehachse a diene die zweite Hauptlinie durch $P(a' \parallel x)$, welche die Gerade g im Punkte A trifft (Fig. 72). Um dieselbe werde die Gerade g und mit ihr das von P auf sie gefällte Lot PQ gedreht, bis sie zum Aufriß parallel werden. Die gedrehte Gerade $g_\triangle$ und das gedrehte Lot $PQ_\triangle$ erscheinen im Aufriß zueinander rechtwinklig und letzteres in wahrer Länge. Die Drehung selbst wird an einem auf g beliebig gewählten Punkte B (genau wie in 85) vorgenommen, hierauf $g_\triangle'' = A''B_\triangle''$ und senkrecht dazu $P''Q_\triangle''$ gezogen.

Q'' findet man durch Zurückdrehen in die ursprüngliche Lage, wobei der von Q beschriebene Kreisbogen sich als Senkrechte zu a''

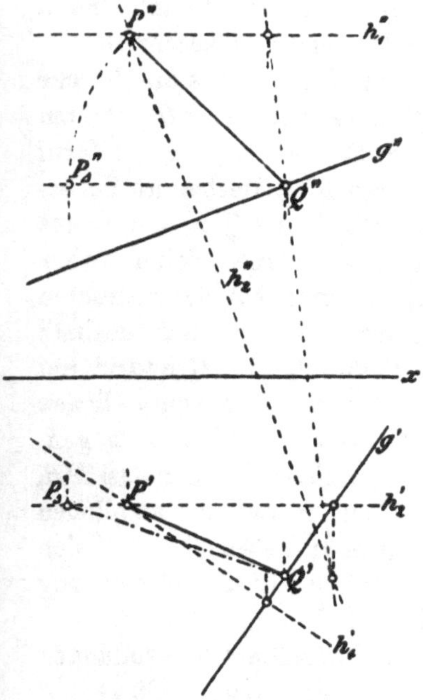

Fig. 71.

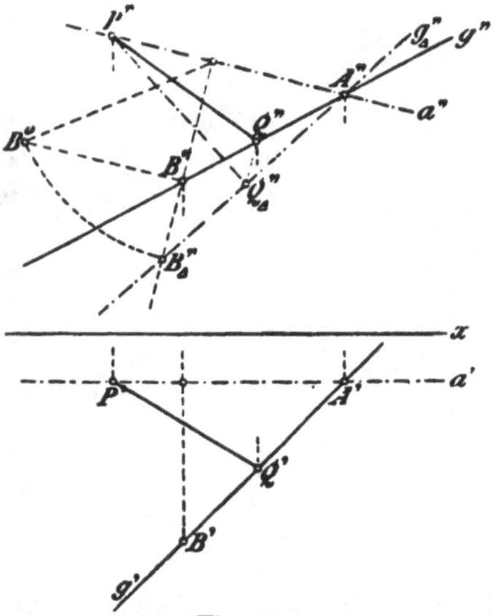

Fig. 72.

projiziert. Aus dem Aufriß ergibt sich der Grundriß Q' und die beiden Projektionen von PQ.

87. Das in 79 angegebene Verfahren, um Lote auf eine durch ihre Spurlinien gegebene Ebene zu fällen, läßt sich umgekehrt anwenden, um auf ihr die Normale in einem ihrer Punkte zu errichten. Wir führen gegenwärtig eine Modifikation desselben an, die *zur Errichtung einer Normalen von gegebener Länge l auf einer Dreiecksebene in vorgeschriebenem Punkte P* dient. Man denke sich durch P parallel zur Aufrißebene eine Hilfsebene Π gelegt und zeichne die Hauptlinie h, die sie aus der Dreiecksebene ABC ausschneidet (Fig. 73). Ferner denke man sich zu h eine Normalebene N durch P, die ABC in einer Falllinie f schneidet; es wird dann $f'' \perp h''$ sein. Die gesuchte Normale liegt in N und steht auf f senkrecht. Man drehe also die Ebene N um ihre in Π liegende Hilfsspur n, bis sie mit Π zur Deckung kommt; dabei ist zu beachten, daß der Grundriß n' dieser Hilfsspur mit h', der Aufriß n'' mit f'' zusammenfällt. Man erhält zuerst durch Drehung eines Punktes der Falllinie, etwa F

auf AB, die Lage von $F_\triangle''$ und von $f_\triangle''$ $(F'F_\triangle'' = (F' \dashv n'))$, sodann den Aufriß der gedachten Normalen $l_\triangle''(\perp f_\triangle'')$, dem die Länge $l = P''Q_\triangle''$ zu erteilen ist. Beim Zurückdrehen um n beschreibt der Aufriß des Endpunktes die Strecke $Q_\triangle''Q''$; senkrecht unter Q'' und um dieselbe Strecke von n' entfernt findet man Q'. Hierbei ist zu erwägen, daß F und Q in der Ebene N auf verschiedenen Seiten von n liegen, wie man aus der gedrehten Ebene erkennt, und daß deshalb auch F' und Q' im Grundriß auf verschiedenen Seiten von n' liegen müssen. — Die zu PQ entgegengesetzt gerichtete Normale sei PR, R liegt mit F auf der nämlichen Seite von n und ebenso müssen sich ihre Grundrisse R' und F' in bezug auf n' verhalten.

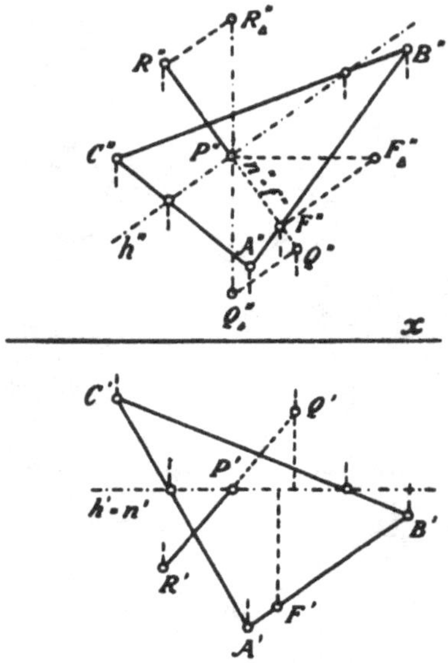

Fig. 73.

88. Für spätere Anwendungen ist die Lösung der Aufgabe von Wichtigkeit: **einen Punkt P um eine Tafelparallele a durch einen gegebenen Winkel ω zu drehen.** Durch die Achse a, die man etwa zur Aufrißtafel parallel nehmen mag, lege man eine vertikale Hilfsebene Π und durch P eine Ebene N normal zu a, welche die Bahnlinie dieses Punktes enthält. N schneidet in Π die Hilfsspur n aus ($n'' \perp a''$, $n' = a'$) (Fig. 74). Eine Seitenansicht, die man durch Umlegen von N in Π gewinnt, zeigt die Bahnlinie in ihrer wahren Gestalt, nämlich als den um $Q'' = n'' \times a''$ durch die Seitenansicht P^0 von P beschriebenen Kreisbogen. Trägt man daher an $Q''P^0$ im vorgeschriebenen Drehungssinne den Winkel $\omega = \angle P^0Q''P_\triangle^0$ an, so ist $P_\triangle^0$ die Seitenansicht des gedrehten Punktes. Hieraus ergibt sich der Aufriß $P_\triangle''$, wenn $P_\triangle^0P_\triangle''$ normal zu n'' gezogen, und der Grundriß $P_\triangle'$, wenn sein Abstand von a' derselben

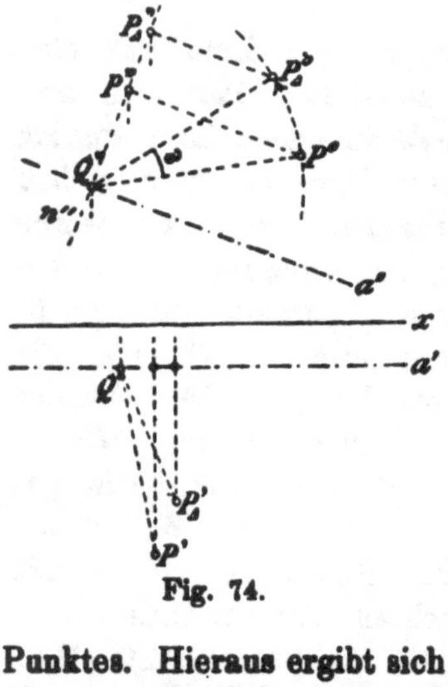

Fig. 74.

Strecke gleichgemacht wird. Diese letzten Operationen entsprechen dem Wiederaufrichten der umgelegten Ebene N.

89. **Der kürzeste Abstand zweier windschiefen Geraden** ist diejenige Strecke, die auf beiden senkrecht steht. Es werde durch die eine Gerade g eine Parallelebene E zur anderen h gelegt, dann h auf E senkrecht projiziert und g mit dieser Projektion im Punkte P geschnitten. Errichtet man schließlich in P die Normale auf E, so trifft sie h in einem Punkte Q, und PQ ist der gesuchte Abstand. In der Tat, alle Punkte von h haben von E einerlei senkrechten Abstand $d = PQ$, folglich kann kein Punkt von h um weniger als die Strecke d von g entfernt sein.

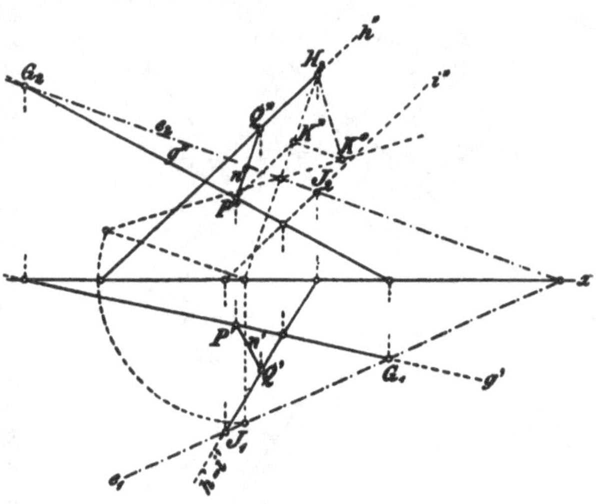

Fig. 75.

Aus dieser Überlegung ergibt sich folgende Konstruktion (Fig. 75). Man ziehe durch einen Punkt von g die Gerade i parallel zu h etwa so, daß i' mit h' zusammenfällt, und zeichne die Spurlinien e_1 und e_2 der Ebene E $= gi$. Aus einem auf h beliebig angenommenen Punkte — in der Figur ist der Spurpunkt H_2 benutzt — fälle man sodann das Lot auf E nach dem in 79 gegebenen Verfahren. Man lege nämlich durch H_2 eine Ebene senkrecht zu e_2, die E in einer Falllinie schneidet; wird diese um ihre zweite Projektion umgelegt und fällt man von H_2 das Lot H_2K^0 auf sie, so besitzt dasselbe die Länge des kürzesten Abstandes d. Hieraus folgt dann auch der Aufriß H_2K'' und damit der Aufriß $P''Q''$ des gesuchten gemeinsamen Lotes, das mit jenem parallel und gleichlang ist ($K''P'' \parallel h''$, P'' auf g'', $P''Q'' \perp e_2$). Aus P'' und Q'' ergeben sich die Grundrisse P' und Q' auf g' und h'; zugleich ist zu beachten, daß $P'Q'$ zur ersten Spur e_1 normal sein muß.

90. Die gemeinsame Normale zweier zu einer Tafel, etwa zu Π_2, parallelen Geraden liegt zu dieser senkrecht; ihr Aufriß reduziert sich demgemäß auf den Schnittpunkt der zweiten Projektionen, während ihr Grundriß direkt den kürzesten Abstand angibt. Wir erhalten daher eine zweite Lösung unserer Aufgabe, wenn wir durch Drehung den Parallelismus der Geraden g und h zur Aufrißtafel herbeiführen. — Man ziehe, wie oben, durch den Punkt G von g die Parallele i zu h (Fig. 76) und hierauf eine in der Ebene gi liegende, zur Aufrißtafel parallele Drehachse a. Um diese sind die gegebenen Geraden zu drehen, bis g und i und folglich auch h zu Π_2 parallel werden. Die gedrehten Elemente bezeichne der Index $_\triangle$, die erforderlichen Seitenrisse (vergl. 88) der obere Index ^{0}. Zunächst wird G in die Lage $G_\triangle$ gedreht $\left(G^0 G'' \parallel a'' \perp G_\triangle'' G'',\ G^0 G'' = (G' \dashv a')\right)$; man erhält so $G_\triangle''$, $g_\triangle''$ und $i_\triangle''$. Der Seitenriß $G^0 G_\triangle''$ der Bahnlinie von G ergibt den Drehwinkel ω. Hierauf drehen wir einen Punkt von h, am einfachsten den vertikal über der Drehachse a gelegenen Punkt H, um den gleichen Winkel ω und in gleichem Sinne. Im zugehörigen Seitenriß geht H'' in die Lage $H_\triangle{}^0$ über, wobei der beschriebene Bogen wieder zum Winkel ω gehört. In der Figur ist der letztere Seitenriß durch eine Umlegung im umgekehrten Sinne hergestellt, so daß die zu den Winkeln ω gehörigen Bogen entgegengesetzten Drehsinn haben; das bietet den Vorteil, daß die Schenkel der Winkel ω parallel werden. Die Strecke $H_\triangle{}^0 H_\triangle''$ gibt die kürzeste Entfernung d an. Ferner ergibt sich $h_\triangle''$ durch $H_\triangle''$ und parallel zu $i_\triangle''$, sowie der Aufriß $N = g_\triangle'' \times h_\triangle''$ der gemeinsamen Normalen n nach der Drehung. Beim Zurückdrehen bewegt sich der Aufriß eines jeden Punktes

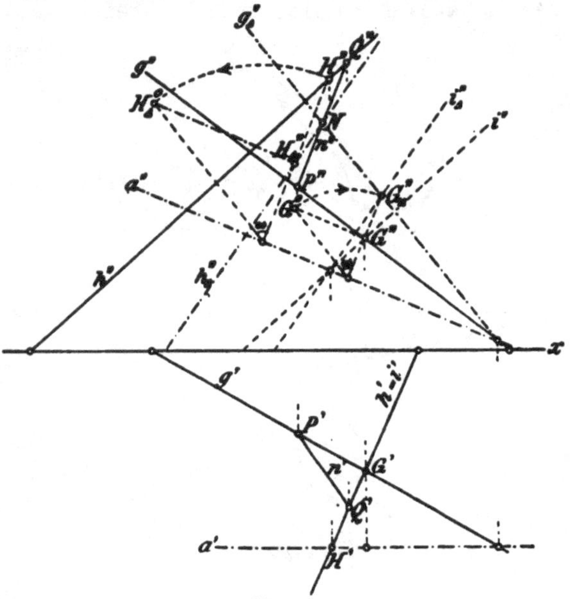

Fig. 76.

von n auf der durch N gelegten Senkrechten zu a''; folglich findet man auf ihr $n'' = P'' Q''$ und hieraus $n' = P' Q'$.

91. Wir führen noch eine dritte Lösung desselben Problems an, um dadurch die Bedeutung verschiedener Methoden hervortreten zu

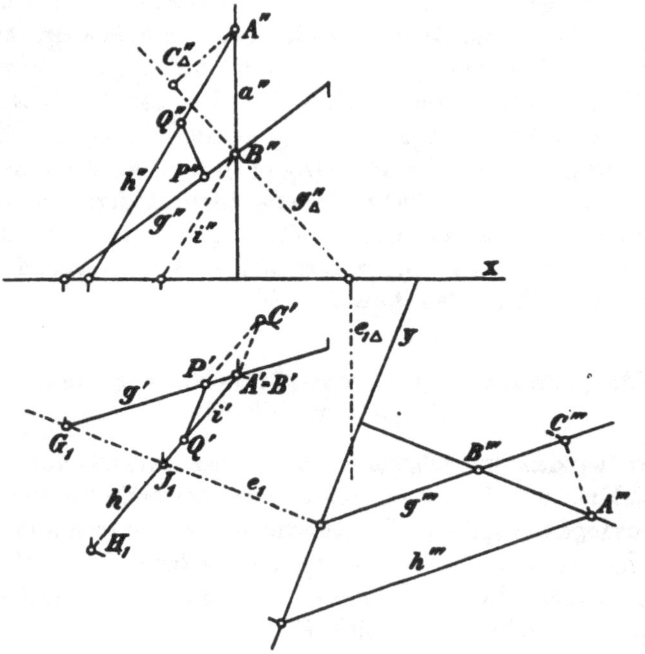

Fig. 77.

lassen. Wiederum ziehen wir durch einen Punkt von g eine Parallele i zu h, etwa so, daß $i' = h'$ wird, und zeichnen dann die Spur $e_1 = J_1 G_1$ der Ebene $\mathsf{E} = ig$. Hierauf wählen wir eine Ebene Π_3 senkrecht zu e_1, die wir als Seitenrißebene benutzen und um ihre Spur y in die Grundrißebene niederlegen (Fig. 77). Im Seitenriß konstruieren wir nun $g''' = i'''$ und $h''' \parallel i'''$ und fällen von einem Punkte A von h das Lot AC auf E. Dieses Lot ist gleich der Länge des gesuchten kürzesten Abstandes d und erscheint im Seitenriß $A''' C'''$ in wahrer Größe und normal zu g''', während sein Grundriß $A' C'$ zu e_1 senkrecht ist. In der Figur fällt A' mit $B' = g' \times h'$ zusammen ($B = g \times i$). Zuletzt verschieben wir $A' C'$ parallel mit sich selbst in der Richtung von h', bis der eine Endpunkt auf g' gelangt, indes der andere auf h' bleibt. Die so erhaltene Strecke $P' Q'$ stellt den Grundriß des gesuchten kürzesten Abstandes von g und h dar, woraus der Aufriß unmittelbar folgt. Der hier verwendete

Seitenriß läßt sich entbehren, wenn man die Figur einer gewissen Drehung unterwirft. Man drehe nämlich g und h um die vertikale Achse a, welche die Geraden in B und A resp. schneidet, deren Grundriß also $A' = B' = g' \times h'$ ist, und zwar richte man die Drehung so ein, daß die gedrehte Ebene $\mathsf{E} = gi$ senkrecht zu Π_2, d. h. ihre Spur $e_{1\triangle}$ senkrecht zur Achse x wird. Dann verbindet der Aufriß $g_\triangle''$ der gedrehten Geraden $g_\triangle$ den Punkt B'' mit $e_{1\triangle} \times x$, und das von A auf die gedrehte Ebene E gefällte Lot hat den Aufriß $A''C_\triangle''$ und erscheint in wahrer Länge, da $AC_\triangle$ parallel zu Π_2 ist. Aus dem gleichen Grunde ist $(C_\triangle'' \dashv a'') = (C_\triangle \dashv a)$; weil aber $C_\triangle$ seinen Abstand von a bei der Rückwärtsdrehung nicht ändert, hat man $C'A'$ senkrecht zu e_1 zu ziehen und $= (C_\triangle'' \dashv a'')$ zu machen. Jetzt verschiebt man wieder $A'C'$ wie vorher und erhält zunächst den Grundriß $P'Q'$ und sodann den Aufriß $P''Q''$.

Lösung verschiedener stereometrischer Aufgaben durch Projektionsmethoden.

Wir wenden im folgenden die bisher entwickelten Methoden der Projektion auf eine Reihe einfacher stereometrischer Probleme an, deren Lösungen in späteren Untersuchungen von Nutzen sein wird. Zu diesem Zwecke aber bedarf es der Feststellung einiger Vorbegriffe.

92. Dreht sich eine Gerade g um eine sie schneidende feste Achse a, so beschreibt sie eine Fläche, die man als Rotationskegel oder geraden Kreiskegel bezeichnet. Der Schnittpunkt $S = g \times a$ heißt die Spitze, die Linie a die Achse des Kegels, die auf ihm liegenden Geraden seine Erzeugenden oder Mantellinien (Kanten). Die vollständige Fläche besteht aus zwei in der Spitze zusammenhängenden Teilen oder Mänteln, die man auch durch die Benennung als Kegel und Gegenkegel unterscheidet. Jede zur Achse a senkrechte Ebene schneidet den Kegel in einem Kreise. Eine durch die Spitze gelegte Ebene hat mit dem Kegel zwei Mantellinien, eine oder keine Mantellinie gemein, je nachdem ihre Spurlinie in irgend einer Normalebene zur Achse den bezüglichen Spurkreis des Kegels in zwei Punkten schneidet, in einem Punkte berührt oder gar nicht trifft. Eine Ebene, die mit dem Kegel nur eine Erzeugende gemein hat, heißt Berührungs- oder Tangentialebene und die fragliche Erzeugende ihre Berührungslinie. Ist k der Spurkreis des Kegels in einer beliebigen Normalebene zur Achse a (siehe die schiefe Ansicht in Fig. 78), M sein Mittelpunkt und T sein Berührungspunkt mit der Spurlinie t der

Ebene T, die den Kegel längs der Erzeugenden $g = ST$ berührt, so ist sowohl MT als auch $a = MS$ zu t rechtwinklig. Folglich ist die Ebene MST, welche die Achse a mit der Berührungslinie g verbindet, zu t und zur Tangentialebene T normal. Ein aus einem Achsenpunkt auf g gefälltes Lot, wie MN oder PQ, liegt in MST und steht daher auf der Tangentialebene T senkrecht. Umgekehrt liegt der Fußpunkt eines jeden aus einem Achsenpunkt auf die Tangentialebene T gefällten Lotes auf ihrer Berührungslinie g.

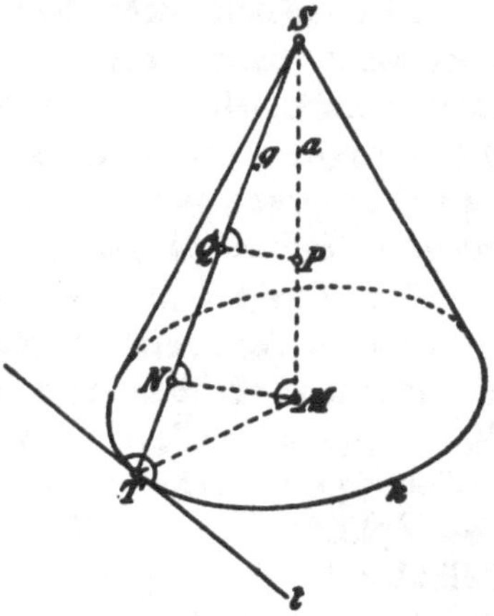

Fig. 78.

93. Ein vollständiger Rotationskegel wird von einer um seine Spitze beschriebenen Kugel in zwei gleich großen Kreisen geschnitten. Zwei Rotationskegel mit gemeinsamer Spitze haben im allgemeinen vier Erzeugende gemein. Denn eine um die gemeinsame Spitze beschriebene Kugel schneidet aus jedem der beiden Kegel ein Paar Kreise aus und jeder Kreis des einen Paares schneidet jeden Kreis des anderen Paares in zwei Punkten (als Kreise auf der nämlichen Kugelfläche). Es entstehen so acht Schnittpunkte, die sich paarweise diametral gegenüberliegen und vier gemeinsame Erzeugende liefern. Diese vier Geraden können paarweise in je eine Berührungslinie der Kegel zusammenrücken, bez. in Wegfall kommen.

94. Denkt man sich durch die Spitze S eines Rotationskegels $\mathfrak{K}$ zu jeder Berührungsebene T eine Normale g_1 gezogen, so erzeugen diese einen zweiten um dieselbe Achse a beschriebenen (koaxialen) Rotationskegel $\mathfrak{K}_1$, den sogenannten Polarkegel. Legt man umgekehrt in der Mantellinie g_1 an den Polarkegel die Tangentialebene T_1 und zieht durch die Spitze S eine Normale g zu ihr, so ist g eine Mantellinie des ursprünglichen Kegels und T die zugehörige Tangentialebene. Ist nämlich g die Berührungslinie von T, so ist die Ebene ga normal zu T, folglich enthält die Ebene ga auch die Gerade g_1 (als Normale von T), und zwar sind g und g_1 rechtwinklig. Die Ebene T_1 steht aber auf der Ebene $g a g_1$ senkrecht und die auf ihr errichtete Normale fällt demnach mit g zusammen. Die Beziehung zwischen einem Kegel und seinem Polarkegel ist umkehrbar, die Erzeugenden eines jeden sind die Normalen zu den Tangentialebenen des anderen.

Den gemeinsamen Erzeugenden zweier Rotationskegel mit gemeinsamer Spitze entsprechen die gemeinsamen Tangentialebenen ihrer Polarkegel. Hieraus folgt: zwei Rotationskegel mit gemeinsamer Spitze haben im allgemeinen vier gemeinsame Berührungsebenen. Im besonderen kann ihre Zahl sich vermindern, indem sie paarweise zusammenrücken oder ganz fortfallen.

95. Dreht sich eine Gerade g um eine zu ihr parallele feste Achse a, so beschreibt sie einen Rotationszylinder oder geraden Kreiszylinder, den man auch als Rotationskegel mit unendlich ferner Spitze auffassen kann. Die auf ihm liegenden Geraden heißen wieder Erzeugende oder Mantellinien und a die Achse des Zylinders. Alle Ebenen normal zur Achse schneiden den Zylinder in gleich großen Kreisen. Eine Parallelebene zur Achse des Zylinders schneidet ihn entweder in zwei Mantellinien, oder berührt ihn längs einer Mantellinie, oder hat keine mit ihm gemein. Eine gegen die Achse geneigte Ebene schneidet den Zylinder in einer Kurve, die zu dem Kreise des Normalschnittes affin ist, also in einer Ellipse. Zwei Rotationszylinder mit parallelen Achsen haben entweder zwei getrennte, oder zwei vereinte, oder keine Erzeugende gemein.

96. Es mag daran erinnert werden, daß, ebenso wie die Punkte einer Kugel, auch ihre Tangenten und Tangentialebenen, da sie normal zu den Radien nach ihren Berührungspunkten stehen, einerlei Abstand vom Zentrum haben.

Analog haben die Punkte, Tangenten und Tangentialebenen eines Rotationszylinders einerlei senkrechten Abstand von seiner Achse. Denn jede Tangentialebene steht senkrecht auf der Ebene, die durch ihre Berührungslinie und die Achse gelegt wird; ihr Abstand von der Achse ist also gleich dem der Mantellinien von der Achse. Jede Tangente des Zylinders liegt in einer Tangentialebene, ihr Berührungspunkt auf deren Berührungslinie; der kürzeste Abstand einer Tangente von der Achse ist also gleich dem der sie enthaltenden Tangentialebene von der Achse, sein Endpunkt auf der Tangente ist ihr Berührungspunkt.

Der geometrische Ort aller Geraden, die man durch einen Punkt S unter gegebenem Neigungswinkel γ gegen eine Ebene E, mithin unter dem Winkel $(R - \gamma)$ gegen das von S auf E gefällte Lot a ziehen kann, ist der durch Rotation des Winkels $(R - \gamma)$ um seinen Schenkel a erzeugte Kegel mit seiner Spitze S. Der vom

Kegel auf E ausgeschnittene Kreis mag als der zur Spitze S und zum Winkel γ gehörige Neigungskreis jener Ebene bezeichnet werden; sein Zentrum ist der Fußpunkt des von S auf E gefällten Lotes, er enthält die Spurpunkte der oben definierten Geraden. — Den in Rede stehenden Kegel müssen andererseits alle durch S unter dem Neigungswinkel γ gegen E (oder dem Winkel $(R-\gamma)$ gegen a) gelegten Ebenen berühren, weil der Neigungswinkel einer Tangentialebene des Kegels gegen seine Achse mit dem ihrer Berührungslinie identisch ist. Die Spurlinien der fraglichen Ebenen in E berühren sonach den Neigungskreis.

97. Gerade von gegebener Tafelneigung in gegebener Ebene. Es sollen die Geraden durch einen Punkt P in der Ebene E dargestellt werden, welche mit Π_1 den Winkel γ_1 bilden. Damit die Aufgabe Lösungen habe, darf γ_1 nicht größer als die erste Tafelneigung von E sein; ist dies der Fall, so genügen ihr zwei Gerade g und h. Sie erscheinen als Schnittlinien der Ebene E mit einem Rotationskegel, dessen Spitze P, dessen Achse PP' ist und dessen Mantellinien mit ihr den Winkel $(R-\gamma_1)$ einschließen (Fig. 79).

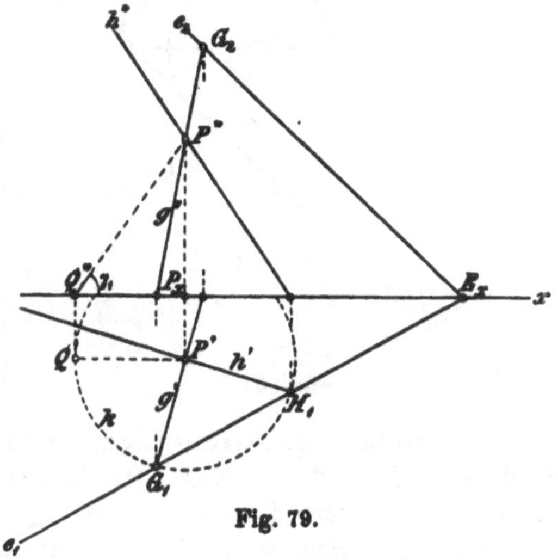

Fig. 79.

Wir zeichnen zunächst die zu Π_2 parallele Mantellinie PQ des Kegels, deren Aufriß $P''Q''$ die Achse x unter dem Winkel γ_1 in Q'' schneidet. Dann geht sein in Π_1 liegender Spurkreis k durch Q und hat den Punkt P' zum Zentrum; er schneidet e_1 in den Spurpunkten G_1 und H_1 der gesuchten Geraden. — Berührt e_1 den Neigungskreis k, so fallen g und h in eine Falllinie von E zusammen.

98. Ebenen von gegebener Tafelneigung durch eine gegebene Gerade. Durch eine Gerade g mögen die Ebenen gelegt werden, die mit Π_1 den Winkel ε_1 einschließen, was nur möglich ist, wenn ε_1 nicht kleiner als die erste Tafelneigung von g ist. Man wähle auf g irgend einen Punkt (Fig. 80), etwa den zweiten Spurpunkt G_2, als Spitze eines Kegels und das von ihm auf Π_1 gefällte Lot G_2G_2' als seine Achse. Seine in der Aufrißebene liegende Mantellinie schneidet x unter dem Winkel ε_1. Dann geht der Spurkreis k des Kegels durch den (auf x liegenden) Spurpunkt der verzeichneten Mantellinie und G_2' ist sein Zentrum. (Ist der auf g gewählte Punkt beliebig, so zeichne man die zu Π_2 parallele Mantellinie, deren Aufriß mit x den Winkel ε_1 bildet). Die von G_1 an k gelegten Tangenten d_1 und e_1 sind die ersten Spurlinien der gesuchten Ebenen, deren zweite Spuren durch G_2 gehen. In der Tat berühren diese Ebenen den genannten Kegel, besitzen also die gleiche Tafelneigung ε_1 gegen Π_1 wie seine Mantellinien.

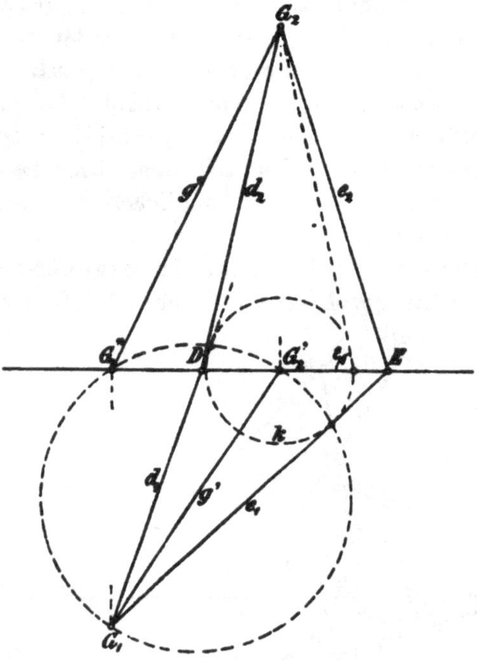

Fig. 80.

99. Die Schnittlinien zweier Rotationskegel mit gemeinsamer Spitze. Sind a und b die Achsen der beiden Kegel, die sich in der gemeinsamen Spitze S schneiden, so lege man sie mit ihrer Ebene um die zugehörige erste Spurlinie in die Grundrißebene nieder. Dann bestimme man für diese Lage der Achsen die gesuchten Schnittlinien und führe schließlich die der vorher genannten Niederlegung entgegengesetzte Bewegung aus (nach 82 u. 88). Dadurch gelangen die Achsen a und b wieder in ihre ursprüngliche Lage und zugleich nehmen die gefundenen Schnittlinien eine Lage ein, in der sie die Lösung der ursprünglich gestellten Aufgabe darstellen. Wir behandeln hier nur den Fall, wo die Achsen a und b in Π_1 liegen (Fig. 81), so daß Π_1 die Kegel $\mathfrak{K}$ und $\mathfrak{L}$ in je zwei Erzeugenden, K_1K_3, K_2K_4 und L_1L_3, L_2L_4 schneidet. Eine um den Punkt S als Zentrum beschriebene Kugel, die Π_1 in einem Kreise c schneidet, hat mit den Kegeln je zwei Kreise gemein, deren Ebenen resp. zu a und b normal sind. Diese Kreise projizieren sich deshalb als gerade Linien K_1K_2 und K_3K_4, resp. L_1L_2 und L_3L_4, und die

Schnittpunkte A', B', C', D' der letzteren sind die Projektionen von je zwei symmetrisch zu Π_1 liegenden Schnittpunkten A_1, A_2, B_1, B_2, C_1, C_2, D_1, D_2 der ersteren. Den Abstand des einzelnen Schnittpunktes von der Grundrißebene (nach oben oder unten) entnimmt man aus der Umlegung eines der beiden ihn enthaltenden Kreise um seinen in Π_1 liegenden Durchmesser. Daraus ergibt sich dann sofort der Aufriß des fraglichen Punktes ($A_0A' = A_1'' \dashv x$) usw., sowie die Aufrisse $A_1''C_2''$, $A_2''C_1''$, $B_1''D_2''$, $B_2''D_1''$ der gesuchten Schnittlinien und ihre paarweise sich deckenden Grundrisse $A'C'$ und $B'D'$. — Je nachdem die vier Ecken des Parallelogramms $A'B'C'D'$ alle vier innerhalb oder außerhalb, oder teils inner-, teils außerhalb liegen, besitzen die beiden Kegel vier, keine oder zwei gemeinsame Erzeugenden. Fallen zwei gegenüberliegende Ecken auf den Kreis c, so berühren sich die Kegel in einer in Π_1 gelegenen Mantellinie.

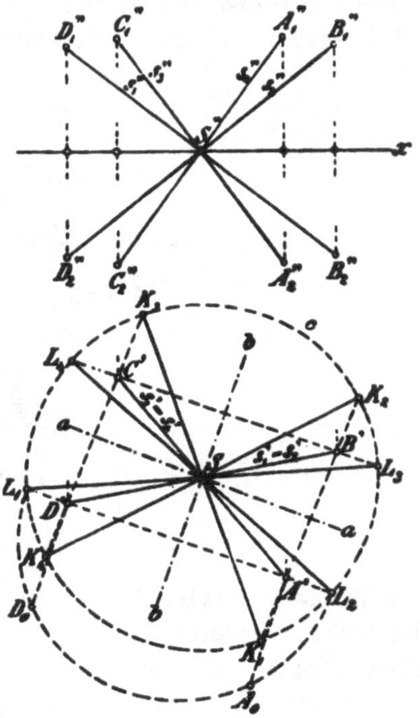

Fig. 81.

100. Die gemeinsamen Tangentialebenen zweier Rotationskegel mit gemeinsamer Spitze. Wir nehmen wiederum die Kegelachsen a und b in Π_1 an; als Erzeugende der Kegel $\mathfrak{K}$ und $\mathfrak{L}$ seien SK_1, SK_2 und SL_1, SL_2 in Π_1 gegeben (Fig. 82). Es genügt, die Konstruktion für eine der vier im allgemeinen möglichen gemeinsamen Berührungsebenen der Kegel $\mathfrak{K}$ und $\mathfrak{L}$ durchzuführen, da sich die übrigen ganz ebenso zeichnen lassen.

Wir wählen auf a und b willkürlich zwei Punkte A und B, etwa die Schnittpunkte mit der Achse x, und denken uns aus ihnen auf die gesuchte Berührungsebene T die Lote AC und BD gefällt, deren Fußpunkte C und D auf den Berührungslinien liegen (vergl. 92). Die Verbindungslinie CD, die mit den parallelen Loten in einer Ebene liegt, trifft die Achse x in einem Punkte O. Durch O geht auch die um x in Π_1 umgesetzte Gerade C_0D_0, die man in folgender Weise bestimmt. Alle von A auf die Mantellinien des Kegels $\mathfrak{K}$

gefällten Lote sind gleich, also $AK_1 = AC = AC_0$ ($AK_1 \perp SK_1$), und da $AC \perp CO$ ist, ist auch $AC_0 \perp C_0O$. Ganz ebenso findet man $BL_1 = BD = BD_0$ und $BD_0 \perp OD_0$, so daß die Gerade OC_0D_0 die beiden Kreise berührt, welche um die Punkte A resp. B mit den Radien AK_1 resp. BL_1 beschrieben sind. Demnach ist O ein Ähnlichkeits-

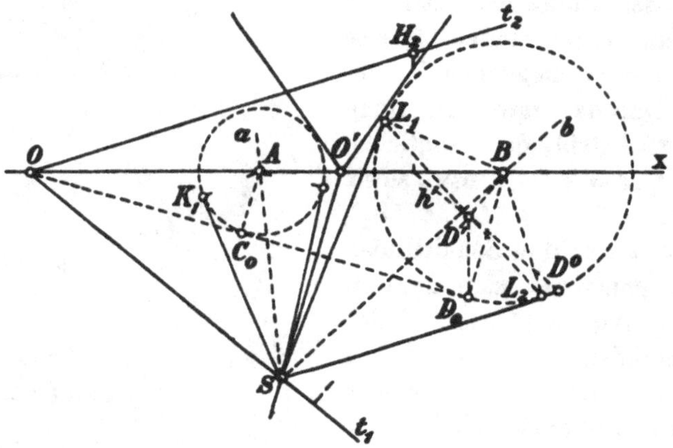

Fig. 82.

punkt dieser beiden Kreise (vergl. 5) und $OS = t_1$ die erste Spurlinie der gesuchten Ebene T. Die Fußpunkte aller aus B auf die Mantellinien des Kegels $\mathfrak{L}$ gefällten Lote liegen auf einem Kreise, dessen Projektion mit seinem in Π_1 liegenden Durchmesser L_1L_2 zusammenfällt. Auf diesem findet man daher auch den zu D gehörigen Grundriß D' ($D_0D' \perp x$, $BD' \perp t_1$) und durch Umlegen des rechtwinkligen Dreiecks $DD'B$ um eine Kathete $D'B$ den Tafelabstand $DD' = D^0D'$ des Punktes D ($D^0D' \parallel t_1$, D^0 auf dem Kreis). Die Hauptlinie h ($\parallel t_1$) durch D hat den gleichen Tafelabstand, also liegt ihr zweiter Spurpunkt H_2 senkrecht über $h' \times x$ im Abstand D^0D'. Damit ist die zweite Spur $t_2 = OH_2$ von T gefunden.

Symmetrisch zu T in bezug auf Π_1 liegt eine zweite gemeinsame Tangentialebene; ihre erste Spur ist wieder t_1, während ihre zweite Spur mit x den gleichen Winkel bildet wie t_2. Ist O' der andere Ähnlichkeitspunkt der beiden um A und B beschriebenen Kreise, so ist $O'S$ die gemeinsame erste Spur zweier weiterer Tangentialebenen, die wiederum zu Π_1 symmetrisch sind. Ihre zweiten Spuren sind in der Figur eingetragen, jedoch ohne Konstruktion.

Die gegebenen Kegel haben nur dann vier verschiedene Tangentialebenen gemein, wenn die Linien OS und $O'S$ beide außerhalb derselben liegen. Umschließen die Kegelflächen eine dieser Linien oder beide, so kommen zwei resp. vier gemeinsame Tangentialebenen in Wegfall. Den Übergang bilden die Fälle, wo die gegebenen Kegel einander längs einer Mantellinie berühren, die dann in Π_1 liegen muß.

Es mag noch erwähnt werden, daß die Bestimmung der gemeinsamen Tangentialebenen zweier Rotationskegel mit derselben Spitze auch auf die der gemeinsamen Erzeugenden ihrer Polarkegel zurückgeführt werden kann (vergl. 94).

101. Das in 99 gegebene Verfahren läßt sich, natürlich mit gewissen Abkürzungen, auf die schon in 76 behandelte Aufgabe anwenden: die Geraden durch einen gegebenen Punkt P mit den Neigungswinkeln γ_1 und γ_2 gegen die Tafeln zu ziehen. Die zum gegebenen Punkt P und den gegebenen Winkeln γ_1 und γ_2 in Π_1 und Π_2 gehörigen Neigungskreise k_1 und k_2 bestimmen zwei Rotationskegel mit der Spitze P, deren gemeinsame Erzeugende die Lösungen des Problems bilden. Die Achsen PP' und PP'' dieser Kegel liegen in einer zur Projektionsachse x senkrechten Ebene Π_3, die als Seitenrißebene zu benutzen ist. Damit nimmt die Aufgabe, was die Darstellung der dritten Projektionen der gesuchten Geraden betrifft, dieselbe Form wie in 99 für die ersten Projektionen an Zur Auffindung der ersten und zweiten Projektionen dient hier die Bemerkung, daß die bezüglichen Spurpunkte auf den Neigungskreisen k_1 und k_2 liegen.

102. Die in 78 erledigte Aufgabe: durch einen Punkt P die Ebenen mit den gegebenen Tafelneigungen ε_1 und ε_2 zu legen, kann auch nach der in 100 dargelegten Methode behandelt werden. Diese Ebenen müssen die beiden Kegel gleichzeitig berühren, welche durch den Punkt P als Spitze und die zu ihr und zu den Winkeln ε_1 und ε_2 in Π_1 und Π_2 gehörigen Neigungskreise k_1 und k_2 bestimmt sind. Man benutze wiederum die durch P gelegte Seitenrißebene Π_3 Hat man in ihr, wie in 100 für Π_1, die paarweise zusammenfallenden dritten Ebenenspuren gefunden, so hat man aus ihren Schnittpunkten mit den Nebenachsen y und z nur noch die Tangenten an die Kreise k_1 und k_2 zu legen; diese sind die ersten und zweiten Spuren der gesuchten Ebenen. — Man kann die Aufgabe auch auf die in 99 gelöste zurückführen, indem man zuerst die Geraden durch P konstruiert, welche die Tafelneigungen $(R - \varepsilon_1)$ und $(R - \varepsilon_2)$ haben, und zu ihnen die Normalebenen durch P legt.

103. Um die Geraden darzustellen, welche zwei gegebene windschiefe Gerade k und i unter gegebenen

Winkeln α und β schneiden, suche man zuerst die Richtungen derselben auf die folgende Art. Man ziehe durch einen beliebigen Punkt S auf k eine Parallele l zu i. Die Schnittlinien der Kegel $\mathfrak{K}$ und $\mathfrak{L}$, die durch Rotation des Winkels α um den Schenkel k und des Winkels β um den Schenkel l erzeugt werden, wenn die Scheitel dieser Winkel in S vereinigt liegen, geben die fraglichen Richtungen an. Man lege daher k und l in Π_1 um die Spur ihrer Ebene nieder (oder drehe sie zu Π_1 parallel), wende zur Bestimmung der gemeinsamen Mantellinien der mitgedrehten Kegel das Verfahren in 99 an und drehe hierauf zurück. Schließlich lege man durch k und i parallel zu einer der gefundenen Richtungen zwei Ebenen, die sich dann in einer der gesuchten gemeinsamen Sekanten von k und i schneiden.

104. In ähnlicher Weise erhält man die Ebenen durch einen gegebenen Punkt P, die mit zwei gegebenen Geraden k und i gegebene Neigungswinkel α und β einschließen. Auch diese Aufgabe hat, wie die vorangehenden, im allgemeinen vier Lösungen. Ist wiederum l eine Parallele zu i, welche k schneidet, und sind $\mathfrak{K}$ und $\mathfrak{L}$ die wie vorher bestimmten Kegel, so geben ihre gemeinsamen Tangentialebenen die Stellungen an, welche die unserer Aufgabe genügenden Ebenen haben. Letztere sind also durch P parallel zu jenen zu ziehen. Statt aber die fraglichen Berührungsebenen nach 100 zu bestimmen, empfiehlt es sich hier, die Polarkegel von $\mathfrak{K}$ und $\mathfrak{L}$ miteinander zu schneiden und zu ihren gemeinsamen Erzeugenden durch P die Normalebenen zu legen. Man gelangt so kürzer zum Ziele.

105. Es sei die Aufgabe gestellt: in einer gegebenen Ebene E eine Gerade zu ziehen, die von zwei festen Punkten P und Q des Raumes vorgeschriebene Abstände p und q hat. Man denke sich um P und Q resp. mit den Radien p und q je eine Kugel beschrieben. Die gesuchten Geraden sind dann die in E liegenden gemeinsamen Tangenten beider Kugeln, oder — was dasselbe besagt — sie sind die gemeinsamen Tangenten der beiden Kreise m und n, welche E aus jenen Kugeln ausschneidet. Man erkennt hieraus, daß die Aufgabe keine Lösung besitzen kann, falls eine der beiden Kugeln die Ebene E nicht schneidet, daß sie aber — abgesehen von diesem Falle — keine, vier oder zwei Lösungen besitzt, je nachdem einer der beiden Kreise den anderen einschließt, oder beide sich gegenseitig ausschließen oder sich schneiden. Man führt die Konstruktion am besten mit Hilfe einer Seitenrißebene Π_3 durch, die normal zur ersten Spur e_1 von E ist (Fig. 83). Man zeichne die Seitenrisse P''' und Q''', sowie die Seitenrißspur e_3; letztere erhält man mittels einer Hauptlinie h ($h' \parallel e_1$), durch deren Spurpunkt H_3 sie geht $((H_3 \dashv y) = (H_3 \dashv x))$. Nun fälle man von P und Q auf E die Lote PM und QN, und schlage um ihre Fußpunkte M und N resp. die Kreise m und n. Um die Durchmesser dieser Kreise zu bestimmen, lege man durch P und Q Ebenen parallel zu Π_3; sie schneiden die bezw. Kugeln in größten Kreisen und die Ebene E in Falllinien; auf diesen werden durch die letztgenannten Kreise die obengenannten Durchmesser AB und CD ausgeschnitten. Alle diese Dinge stellen sich in Π_3 in wahrer Größe dar. Die gemeinsamen Tangenten von m und n findet man, indem man zunächst in der um e_1 in den Grundriß niedergelegten Ebene E die gemeinsamen Tangenten an m_0 und n_0 zeichnet. Man suche M_0, A_0 und B_0 auf der umgelegten Falllinie, deren Verlängerung durch P' geht, und ebenso N_0, C_0 und D_0 auf der umgelegten Falllinie, deren Verlängerung durch Q' geht. Dann kann man m_0 und n_0 und ihre gemeinsamen Tangenten, von denen g_0 in der Figur eine ist, unmittelbar zeichnen. Daraus ergibt sich g' als Verbindungslinie des Spurpunktes $G_1 = g_0 \times e_1$ mit dem zu $J_0 = g_0 \times h_0$ gehörigen Grundriß J' und hieraus sofort g''.

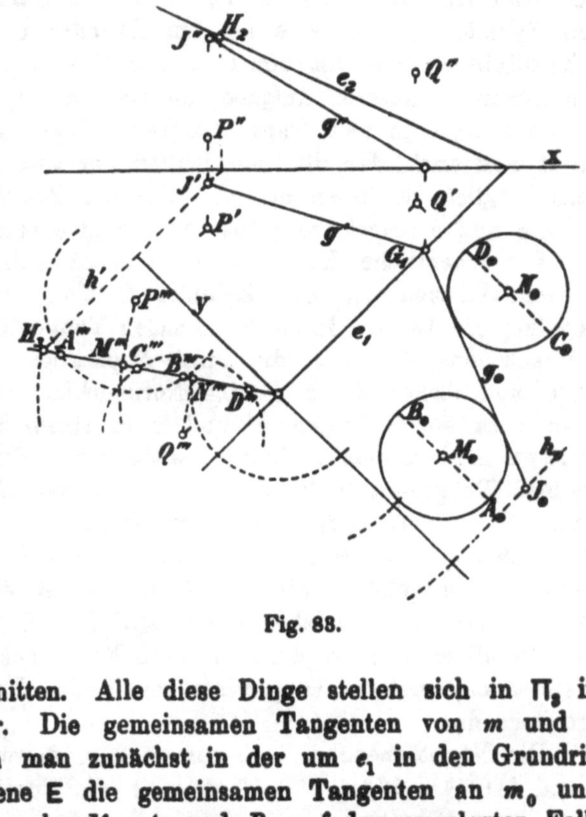

Fig. 83.

106. Durch einen Punkt P die Geraden zu legen, die in bezug auf zwei gegebene Gerade a und b die vorgeschriebenen kürzesten Abstände p und q besitzen. Alle Geraden, die in bezug auf a den kürzesten Abstand p aufweisen, berühren nach 96 einen Rotationszylinder $\mathfrak{K}$ mit der Achse a, dessen Normalschnitt ein Kreis vom Radius p ist. Ganz ebenso müssen die gesuchten Geraden einen Rotationszylinder $\mathfrak{L}$ mit der Achse b berühren, dessen Normalschnitt ein Kreis vom Radius q ist. Man lege demgemäß durch P zwei Tangentialebenen, eine an den Zylinder $\mathfrak{K}$ und eine an den Zylinder $\mathfrak{L}$; ihre gemeinsame Schnittlinie ist eine von den gesuchten Geraden. Es gibt offenbar vier Lösungen unserer Aufgabe, da man von P aus sowohl an $\mathfrak{K}$, als auch an $\mathfrak{L}$ je zwei Tangentialebenen legen kann. Hieraus erkennt man auch, daß die Konstruktion nur dann, aber auch immer dann möglich ist, wenn die Abstände des Punktes P von den Geraden a und b respektive größer als p und q sind.

Die eigentliche Konstruktion gestaltet sich, wie folgt. Alle Tangentialebenen an den Zylinder $\mathfrak{K}$ sind zu seiner Achse a parallel; die beiden durch P gehenden Tangentialebenen enthalten demnach eine Gerade c, die durch P parallel zu a gezogen wird. Legt man ferner durch P eine Normalebene zu a, so schneidet diese a in einem Punkte M und $\mathfrak{K}$ in einem Kreise m mit dem Zentrum M und dem Radius p. Jede der beiden aus P an m gezogenen Tangenten bestimmt mit c zusammen eine der gemeinten Tangentialebenen an $\mathfrak{K}$. Legt man ebenso durch P eine Normalebene zu b, welche b in N und den Zylinder $\mathfrak{L}$ in einem Kreise n schneidet, so gehören die aus P an den Kreis n gelegten Tangenten zwei Tangentialebenen des Zylinders $\mathfrak{L}$ an, die außerdem eine Parallele d zu b durch P enthalten. Die Schnittlinien der letzteren und ersteren Tangentialebenen stellen die Lösungen unseres Problems dar.

Die Normalebene zu a bestimmt man durch zwei Hauptlinien g und h ($g' \| x$, $h'' \| x$, $g'' \perp a''$, $h' \perp a'$), die durch P gezogen sind, sucht ihren Schnittpunkt M mit a und dreht sie um g parallel zur Aufrißebene nach 85. Gelangt hierbei M nach $M_\triangle$, so schlage man um diesen Punkt mit dem Radius p den Kreis $m_\triangle$ und lege aus P zwei Tangenten $t_\triangle$ und $u_\triangle$ an ihn; durch Zurückdrehen gewinnt man die Tangenten t und u. Man kann dazu die Affinität benutzen, für welche g'' die Achse ist und $M_\triangle$ und M'' ein Paar entsprechender Punkte sind; t'' und u'' stellen die zu $t_\triangle$ und $u_\triangle$ affinen Geraden dar. Ihre Grundrisse ergeben sich ebenfalls nach 85. In gleicher Weise konstruiere man v'', w'' und v', w' als die Projektionen der aus P an den Kreis n gelegten Tangenten. Zuletzt schneide man die Ebenen ct und cu mit den Ebenen dv und dw, was die vier Lösungen liefert.

107. Ein Dreieck ABC, dessen erste Projektion gegeben ist, soll so bestimmt werden, daß seine zweite Projektion einem gegebenen Dreieck $A_1B_1C_1$ ähnlich wird. Die Aufgabe läßt die Lage des Dreiecks ABC insofern unbestimmt, als eine Parallelverschiebung desselben in der Richtung senkrecht zu Π_1 belanglos ist. Man darf daher den ersten Tafelabstand eines Eckpunktes, etwa A, willkürlich fixieren, indem man A'' auf der durch A' senkrecht zur Achse x gezogenen Geraden irgendwie wählt.

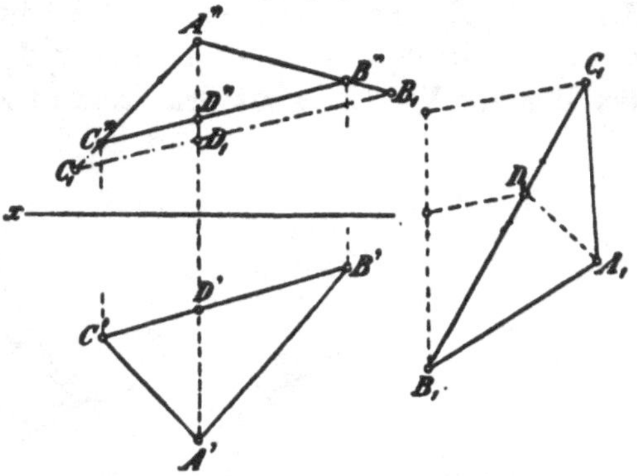

Fig. 84.

Diese Gerade teile $B'C'$ im Punkte D' (Fig. 84), die entsprechende Strecke $B''C''$ im Punkte D''; dann muß $B''D'':D''C'' = B'D':D'C'$ sein. Entspricht ferner im Dreieck $A_1B_1C_1$ dem Punkte D'' der Punkt D_1, so hat man wegen der vorausgesetzten Ähnlichkeit: $B_1D_1:D_1C_1 = B''D'':D''C''$. Man teile daher die Seite B_1C_1 durch den Punkt D_1 im Verhältnis $B'D':D'C'$, zeichne sodann $\triangle A_1B_1C_1$ in solcher Lage, daß A_1 sich mit A'' deckt, D_1 auf $A'A''$ und die Punkte B' und B_1 auf dieselbe Seite von $A'A''$ zu liegen kommen. Zuletzt schneide man die Geraden $A''B_1$ und $A''C_1$ mit den Vertikalen durch B' und C' in B'' und C'', womit der Aufriß $A''B''C''$ des gesuchten Dreiecks gefunden ist.

108. Ein Dreieck, dessen zweite Projektion $A''B''C''$ gegeben ist, soll so bestimmt werden, daß es einem gegebenen Dreieck $A_2B_2C_2$ ähnlich wird. Auch diese Aufgabe ist in derselben Weise wie die vorige unbestimmt, indem eine Parallelverschiebung des Dreiecks in der zu Π_2 senkrechten Richtung ohne Belang ist. Wir denken uns zunächst, daß ein unserer Aufgabe genügendes Dreieck ABC gefunden und durch Umlegung um die zweite Spur e_2 seiner Ebene in seiner wahren Gestalt als $\triangle A^0B^0C^0$ dargestellt sei (Fig. 85). Dann kann man durch C eine Haupt- und eine Falllinie ziehen, welche die Dreiecksseite AB in zwei Punkten Y und X schneiden werden. Im Aufriß und in der Umlegung ergeben sich so zwei rechtwinklige Dreiecke $X''C''Y''$ und $X^0C^0Y^0$, deren Katheten $C''Y''$ und C^0Y^0 gleich lang und parallel sind und deren Katheten $X''C''$ und X^0C^0 auf der nämlichen Geraden liegen. Zugleich besteht die Relation $X^0 A^0 : A^0 B^0 : B^0 Y^0 = X'' A'' : A'' B'' : B'' Y''$. Schneidet man also die Seiten $C^0 X^0$, $C^0 A^0$, $C^0 B^0$, $C^0 Y^0$ mit einer Parallelen zu $A^0 B^0$ bezüglich in den Punkten X_1, A_1, B_1, Y_1 und richtet es dabei so ein, daß $A_1 B_1 = A'' B''$ wird, so wird zugleich $X_1 A_1 = X'' A''$ und $B_1 Y_1 = B'' Y''$. Jetzt kann man das Dreieck $X_1 C^0 Y_1$ samt den Punkten A_1 und B_1 auf seiner Hypo-

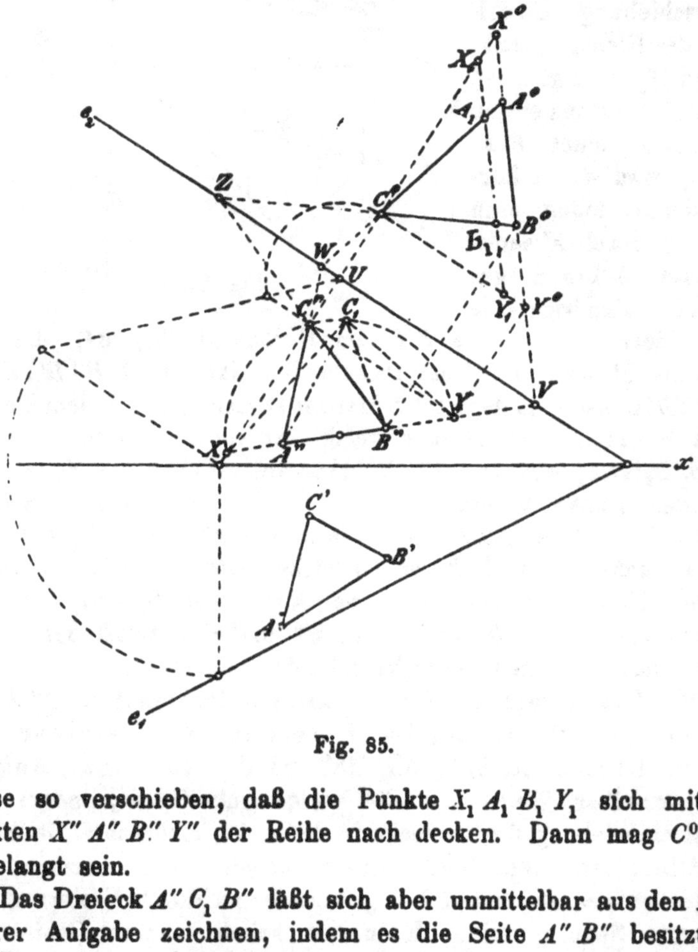

Fig. 85.

tenuse so verschieben, daß die Punkte $X_1 A_1 B_1 Y_1$ sich mit den Punkten $X'' A'' B'' Y''$ der Reihe nach decken. Dann mag C^0 nach C_1 gelangt sein.

Das Dreieck $A'' C_1 B''$ läßt sich aber unmittelbar aus den Daten unserer Aufgabe zeichnen, indem es die Seite $A'' B''$ besitzt und dem Dreieck $A_2 C_2 B_2$ ähnlich ist. Die Punkte X'' und Y'' findet man dann dadurch, daß $\angle X'' C'' Y'' = \angle X'' C_1 Y'' = R$ ist; ein Kreis durch C'' und C_1, dessen Zentrum auf $A'' B''$ liegt, schneidet sie aus. Nun ist $X'' C'' Y''$ die Projektion eines rechtwinkligen Dreiecks, dessen Katheten auf einer Haupt- und einer Falllinie liegen und dessen Umlegung zu $\triangle X'' C_1 Y''$ ähnlich ist. Dabei ist zu beachten, daß die Kathete $X''C''$ dieser Falllinie angehört, wenn $X''C'' < X''C_1$ ist. Man bringe demnach das letztgenannte Dreieck in eine solche Lage $X_1 C^0 Y_1$, daß seine Kathete $X_1 C^0$ auf der Verlängerung von $X''C''$ liegt, wobei seine Kathete $C^0 Y_1$ zu $C''Y''$ parallel wird. Jetzt trage man $C^0 Y^0 = C''Y''$ auf $C^0 Y_1$ auf und ziehe $Y^0 X^0 \parallel Y_1 X_1$, so ist $\triangle X^0 C^0 Y^0$ die Umlegung und $\triangle X''C''Y''$ die Projektion eines rechtwinkligen Dreiecks XCY. Ist E die Ebene dieses Dreiecks, so ist ihre Spur e_2 parallel zu $C''Y''$ und geht durch den Punkt $V = X^0 Y^0 \times X''Y''$. Ist $U = e_2 \times C^0 C''$, so ist die Tafelneigung von E so zu bemessen, daß $C''U$ die orthogonale Projektion von $CU = C^0 U$ wird; bildet man also aus $C^0 U$ und $C''U$ als Hypotenuse und Kathete ein rechtwinkliges Dreieck, so schließen sie den Winkel der Tafelneigung ein. Bestimmt man noch A_1 und B_1 auf $X_1 Y_1$, indem man $X_1 A_1 = X''A''$ und $Y_1 B_1 = Y''B''$ macht, und schneidet die Geraden $C^0 A_1$ und $C^0 B_1$ mit $X^0 Y^0$ in A^0 uud B^0, so sind A^0 und B^0 die Umlegungen der Punkte A und B, deren Aufrisse A'' und B'' sind. Denn nach der Konstruktion gilt die Relation: $X''A'' : A''B'' : B''Y'' = X^0 A^0 : A^0 B^0 : B^0 Y^0$, damit werden aber $A''A^0$ und $B''B^0$ zu e_2 senkrecht, w. z. b. w. Somit ist die Umlegung $A^0 B^0 C^0$ des gesuchten Dreiecks gefunden; in der Figur ist dann noch eine x-Achse angenommen und der Grundriß, sowie die Spur e_1 aus Aufriß und Umlegung konstruiert.

109. Die schiefe Parallelprojektion eines gegebenen Kreises vom Radius r auf eine Ebene Π_1 soll so bestimmt werden, daß sein Bild eine Ellipse von gegebenen Halbachsen a und b wird. Der Kreis k werde um die Spur e_1 seiner Ebene in Π_1 niedergelegt. Seine Umlegung k_0 (Fig. 86 b) und sein Bild, die Ellipse k_1, müssen sich in bezug auf e_1 als Achse in affiner Lage befinden; mithin muß dem zu e_1 parallelen Kreisdurchmesser $C_0 D_0$ ein ihm gleicher und paralleler Ellipsendurchmesser $C_1 D_1$ entsprechen. Damit aber eine Ellipse mit den Halbachsen a und b einen Durchmesser von der Länge $2r$ habe, muß $a \geqq r \geqq b$ sein. Diese Bedingung entscheidet über die Lösbarkeit unseres Problems; ist sie erfüllt, so gibt es im allgemeinen zwei Ellipsendurchmesser der geforderten Art symmetrisch zu den Achsen.

Sind $M_1 A_1$ und $M_1 B_1$ die Halbachsen der Ellipse k_1 und schneiden sie die Spur e_1 in X und Y, so entsprechen ihnen beim affinen Kreis k_0 zwei rechtwinklige Halbmesser $M_0 A_0$ und $M_0 B_0$, welche die Spur e_1 ebenfalls in X und Y schneiden (vergl. 19). In dieser affinen Beziehung zwischen k_1 und k_0 entspricht dem $\triangle A_1 M_1 B_1$ das $\triangle A_0 M_0 B_0$. Nun bleiben zwei Figuren $\mathfrak{F}_0$ und $\mathfrak{F}_1$

in affiner Lage, wenn man die eine in der Richtung der Affinitätsstrahlen gegen die andere verschiebt. Sind nämlich h_0 und h_1 zwei zur Affinitätsachse e_1 parallele, sich entsprechende Gerade, so sind je zwei auf ihnen liegende, entsprechende Strecken einander gleich. Führt man also die gemeinte Verschiebung von $\mathfrak{F}_0$ aus, so daß h_0 und h_1 sich decken, so fallen auf h_1 je zwei entsprechende Punkte zusammen, d. h. diese Gerade bildet nach der Verschiebung die Affinitätsachse, während die Affinitätsrichtung ersichtlich die frühere bleibt. Insbesondere bleiben die Dreiecke $A_1M_1B_1$ und $A_0M_0B_0$ in affiner Lage, wenn man das letztere um die Strecke M_0M_1 verschiebt; dann deckt sich C_0D_0 mit C_1D_1 und diese Gerade wird für die neue Lage der Dreiecke zur Affinitätsachse.

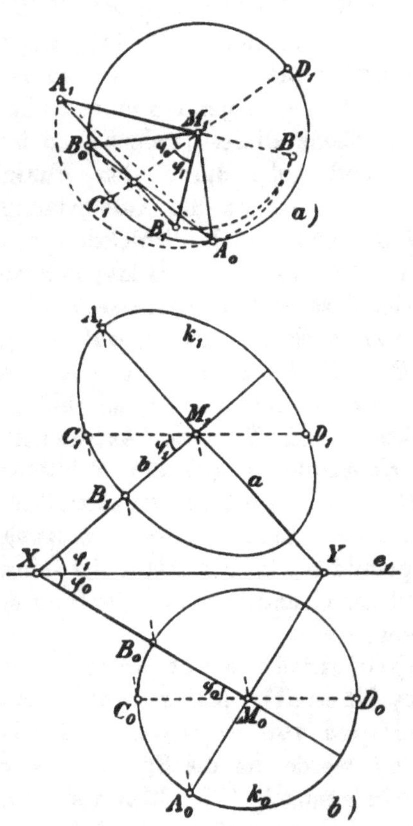

Fig. 86.

Es gilt hiernach zwei der Größe nach bekannte rechtwinklige Dreiecke $A_1M_1B_1$ (mit den Katheden a und b) und $A_0M_0B_0$ (mit den Katheten r) in eine solche affine Lage zu bringen, daß M_0 und M_1 sich decken (Fig. 86a). Dazu ist nur nötig, daß $B_0B_1 \| A_0A_1$ wird, die Affinitätsachse verbindet dann M_1 mit dem Punkt $A_0B_0 \times A_1B_1$. Lassen wir also $\triangle M_1B_0B_1$ eine Drehung von 90^0 um M_1 ausführen, so gelangt B_0 nach A_0 und B_1 nach B' auf M_1A_1, zugleich ist $\angle B'A_0A_1 = R$. Das liefert folgende Konstruktion. Man trage $M_1B_1 = M_1B'$ an M_1A_1 an, beschreibe über $B'A_1$ einen Halbkreis und schlage um M_1 mit dem Radius r einen Kreis. Beide Kreise schneiden sich in dem gesuchten Punkt A_0, während $M_1B_0 = r$ senkrecht zu M_1A_0 zu ziehen ist. Nun zeichne man noch die Affinitätsachse C_1D_1 ein, die M_1 mit $A_0B_0 \times A_1B_1$ verbindet. Wie aber in Fig. 86a M_1B_0 und M_1B_1 mit M_1C_1 die Winkel φ_0 resp. φ_1 einschließen, so müssen in Figur 86b M_0B_0 und M_1B_1 mit e_1 die nämlichen Winkel φ_0 und φ_1 bilden. Man ziehe also M_0X unter dem Winkel φ_0 gegen e_1 und M_0Y senkrecht dazu, ferner ziehe man M_1X unter dem Winkel φ_1 gegen e_1 und M_1Y dazu senkrecht; so erhält man den Mittelpunkt M_1 der gesuchten Ellipse und auf M_1X und M_1Y ihre Scheitel A_1 und B_1 ($M_0M_1 \parallel A_0A_1 \parallel B_0B_1$). Damit ist unsere Aufgabe gelöst. — Wird der Kreis k_0 in seine ursprüngliche Lage aufgedreht, so bleibt er durch Parallelprojektion auf die Ellipse bezogen.

DRITTES KAPITEL.

Ebenflächige Gebilde, Körper.

Die körperliche Ecke; das Dreikant.

110. An einem ebenflächigen Gebilde[3]) unterscheidet man Seitenflächen, Kanten und Ecken. Die Kanten sind in zweifacher Weise angeordnet; einerseits bilden sie ebene Vielecke, anderseits körperliche Ecken.

Eine körperliche n-kantige Ecke oder kürzer ein n-Kant wird gebildet von n Strahlen und n Ebenen, die von einem Punkte ausgehen. Dieser Punkt heißt der Scheitel, jene Strahlen die Kanten und die zwischen ihnen liegenden Winkel die Seiten (Seitenflächen) der körperlichen Ecke. Jede Seite wird von zwei Kanten begrenzt und kann daher auch als Kantenwinkel bezeichnet werden, in jeder Kante stoßen zwei Seiten aneinander und bilden die Flächenwinkel oder kurz die Winkel des n-Kants.

Zwei n-Kante, die alle Seiten und alle Winkel entsprechend gleich haben, sind entweder kongruent oder symmetrisch. Dies erkennt man unmittelbar, wenn man die beiden n-Kante in eine solche gegenseitige Lage bringt, daß zwei aufeinanderfolgende Kanten des einen mit den entsprechenden des anderen zusammenfallen, wobei dann beide n-Kante sich entweder ganz decken oder sich in symmetrischer Lage in bezug auf die gemeinsame Seitenfläche als Symmetrieebene befinden. Verlängert man die Kanten eines n-Kants über den Scheitel hinaus, so erhält man ein neues n-Kant, dessen Seiten die Scheitelwinkel der Seiten des ersteren sind; beide n-Kante sind symmetrisch.

111. Ein n-Kant, bei dem jeder Flächenwinkel $< 2R$ ist, heißt konkav. Bei einem konkaven n-Kant ist die Summe der Seiten $< 4R$, vorausgesetzt, daß sich die Seitenflächen nicht durchkreuzen. Schneidet man nämlich das n-Kant mit einer Ebene, die alle Kanten trifft, so entsteht ein Körper, den man als n-seitige Pyramide bezeichnet; derselbe wird begrenzt von einem n-Eck, der Basisfläche, und n Dreiecken, den Seitenflächen (vergl. Fig. 87). Nennt man die Ecken der Basisfläche 1, 2, ... n und die nach ihnen laufenden Kanten $k_1, k_2, \ldots k_n$, so kann man die Kantenwinkel durch $\angle k_1 k_2$, $\angle k_2 k_3 \ldots\ldots \angle k_n k_1$, die Flächenwinkel durch $\angle k_1$, $\angle k_2, \ldots\ldots \angle k_n$ bezeichnen. Bedenkt man, daß die Winkelsumme in jedem der n Seitendreiecke $2R$ beträgt, so folgt:

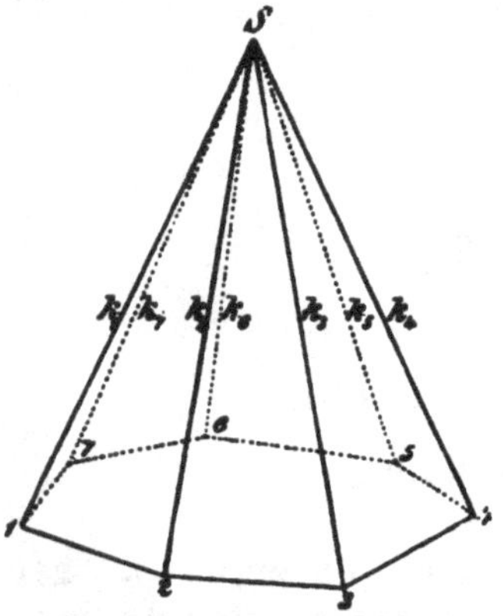

Fig. 87.

$$\angle k_1 k_2 + \angle k_2 k_3 + \ldots\ldots + \angle k_n k_1 = 2nR - \angle S12 - \angle S21 - \angle S23 - \angle S32 - \ldots - \angle Sn1 - \angle S1n.$$

Nun ist der Punkt 2 Scheitel eines Dreikants mit den Kanten 21, 23, 2S und da in jedem Dreikant die Summe zweier Seiten größer als die dritte ist, hat man:

$$\angle S21 + \angle S23 > \angle 123.$$

Indem man die analogen Resultate für die Ecken 3, 4, ..., n, 1 benutzt, geht die frühere Gleichung in die Ungleichung über:

$$\angle k_1 k_2 + \angle k_2 k_3 + \ldots\ldots + k_n k_1 < 2nR - \angle 123 - \angle 234 - \ldots\ldots$$

oder, da die Winkelsumme im n-Eck $(2n - 4)R$ beträgt, in:

$$\angle k_1 k_2 + \angle k_2 k_3 + \ldots\ldots + \angle k_n k_1 < 4R.$$

Fällt man von einem Punkte im Innern eines n-Kants der Reihe nach Lote auf seine Seitenflächen, so bestimmen die aufeinanderfolgenden Lote die Seitenflächen eines neuen n-Kants, des Polar-n-kants. Daraus folgt sofort, daß auch die Kanten des ursprünglichen n-Kants auf den bezüglichen Seitenflächen seines Polar-n-kants senkrecht stehen; und es ist weiter ersichtlich, daß die Kantenwinkel eines jeden von ihnen die Supplemente der entsprechenden Flächenwinkel des anderen sind. Dabei sind solche Kanten und Seiten als entsprechend aufgefaßt, die aufeinander senkrecht stehen.

Die Summe der Winkel (Flächenwinkel) eines konkaven n-Kants ist $> (2n - 4)R$. Denn für das zugehörige Polar-n-kant, das ebenfalls konkav ist, ist nach dem vorangehenden Satze die

Summe der Seiten $< 4R$, also die Summe der zugehörigen Supplementwinkel $> (2n-4)R$; diese sind aber jenen Flächenwinkeln gleich.

112. Wie in der Ebene die Konstruktion der n-Ecke auf die der Dreiecke zurückgeführt wird, so wird im Raume die Konstruktion der n-Kante auf die der Dreikante reduziert. Wir werden uns deshalb weiterhin ausführlicher mit den **Dreikanten** zu beschäftigen haben. In einem Dreikant sind alle Winkel und alle Seiten $< 2R$. Seine Kanten sollen durchweg mit a, b, c, die gegenüberliegenden Seiten mit $\mathsf{A}, \mathsf{B}, \Gamma$ bezeichnet werden, so daß $\mathsf{A} = bc$, $\mathsf{B} = ca$, $\Gamma = ab$ und $a = \mathsf{B} \times \Gamma$, $b = \Gamma \times \mathsf{A}$, $c = \mathsf{A} \times \mathsf{B}$ ist.

$\mathsf{A}, \mathsf{B}, \Gamma$ bedeuten dann zugleich die Kantenwinkel und a, b, c die Flächenwinkel des Dreikants. Nach den vorausgeschickten Untersuchungen haben wir die Ungleichungen:

$$0 < \mathsf{A} + \mathsf{B} + \Gamma < 4R$$
$$\text{und } 2R < a + b + c < 6R.$$

Hierzu kommen noch die Ungleichungen:

$$\mathsf{A} + \mathsf{B} > \Gamma, \quad \mathsf{B} + \Gamma > \mathsf{A}, \quad \Gamma + \mathsf{A} > \mathsf{B},$$

welche besagen, daß die Summe zweier Seiten größer als die dritte ist. Es ist hier nicht nötig, diese letzteren Ungleichungen zu beweisen, da sie bei der folgenden Konstruktion des Dreikants aus seinen drei Seiten sofort als richtig erkannt werden. Mit Hilfe des Polardreikants folgern wir aus den letzten Ungleichungen noch die weiteren:

$$a + b < 2R + c, \quad b + c < 2R + a, \quad c + a < 2R + b.$$

Von den sechs Bestimmungsstücken (drei Seiten und drei Winkeln) eines Dreikants genügt es **irgend drei** zu kennen, um das zugehörige Dreikant konstruktiv zu bestimmen. Soll die Konstruktion nicht unmöglich werden, so dürfen die gegebenen Stücke den angeführten Ungleichungen nicht widersprechen. Es ergeben sich nun die folgenden 6 Aufgaben:

Ein Dreikant zu konstruieren

1. aus: $\mathsf{A}, \mathsf{B}, \Gamma$ — seinen drei Seiten,
2. aus: $\mathsf{A}, \mathsf{B}, c$ — zwei Seiten und dem eingeschlossenen Winkel,
3. aus: $\mathsf{A}, \mathsf{B}, a$ — zwei Seiten und dem einer von ihnen gegenüberliegenden Winkel,
4. aus: A, b, c — einer Seite und den beiden anliegenden Winkeln,
5. aus: A, a, b — einer Seite, einem anliegenden und einem gegenüberliegenden Winkel,
6. aus: a, b, c — seinen drei Winkeln.

Diese Aufgaben können unter Benutzung des Polardreikants paarweise aufeinander zurückgeführt werden. Die Aufgaben 3. und 5. lassen, wie wir später sehen werden, eventuell zwei Lösungen zu, alle anderen jedoch stets nur eine Lösung, abgesehen davon, daß es zu jeder Lösung eine symmetrische gibt.

113. Konstruktion des Dreikants aus seinen drei Seiten A, B, Γ. Wir denken uns das Dreikant mit der Seitenfläche Γ in der Zeichenebene liegend, trennen es längs der Kante c auf und legen die Seiten $A = bc$ und $B = ac$ um die bezüglichen Kanten b und a in die Zeichenebene nieder, so daß die gegebenen Seiten am Scheitel S nebeneinander zu liegen kommen (vergl. Fig. 88).

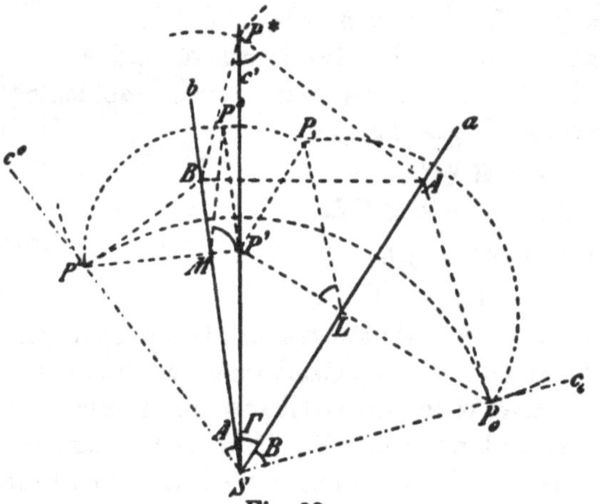

Fig. 88.

Gehen wir von dieser Lage aus, so gewinnen wir das Dreikant, indem wir die Seiten A und B um die Kanten b und a zurückdrehen, bis die Kanten c_0 und c^0 in c zusammenfallen. Dann fällt auch P_0 mit P^0 in P zusammen, wenn wir $SP_0 = SP^0$ wählen. Bei dieser Drehung beschreibt P_0 einen Kreisbogen um a als Achse, d. h. die Projektion dieses Punktes bewegt sich auf einer Senkrechten zu a; ebenso bewegt sich bei der Drehung von P^0 um b seine Projektion auf einer Senkrechten zu b. Der Schnittpunkt P' dieser Senkrechten ist die Projektion des Raumpunktes P, also $c' = SP'$ die Projektion der Kante c. Legt man die Ebenen jener Kreisbogen P_0P und P^0P in die Zeichenebene um, so erhält man die Kreisbogen $P_0P_\triangle$ und $P^0P^\triangle$, wobei $P'P_\triangle \perp P'P_0$ und $P'P^\triangle \perp P'P^0$ ist. Zugleich gibt $P'P_\triangle = P'P^\triangle = P'P$ die Höhe des Punktes P über der Zeichenebene an, und ferner ist: $\angle P'MP^\triangle = \angle b$ und $\angle P'LP_\triangle = \angle a$. Um noch $\angle c$ zu erhalten, errichte man in P auf der Kante c eine senkrechte Ebene, die die Kanten a und b in A und B schneidet, dann ist $\angle APB = \angle c$. Hiernach stehen PA und PB auf c senkrecht, also ist $P^0B \perp c^0$ und $P_0A \perp c_0$, und $AB \perp c'$ als Spur einer zu c senkrechten Ebene. Legt man das Dreieck APB um seine Seite AB in die Zeichenebene um, so kommt P^* — die umgelegte Ecke —

auf c' zu liegen, und es ist $P^{*}A = P_0 A$, $P^{*}B = P^0 B$ und $\angle AP^{*}B = \angle c$.

Natürlich gibt es zwei Dreikante, die symmetrisch in bezug auf die Zeichenebene liegen. Die ganze Aufgabe stimmt in ihrem Wesen mit der in 99 behandelten überein. Auch erkennt man leicht, daß es nur dann eine Lösung gibt, wenn $\mathsf{A} + \mathsf{B} > \Gamma$ ist, was zwei analoge Relationen nach sich zieht.

114. Konstruktion des Dreikants aus zwei Seiten A, B und dem eingeschlossenen Winkel c (Fig. 89). Man lege die Seiten nebeneinander in die Zeichenebene und drehe dann die eine A um die Kante c, bis sie mit B den gegebenen Winkel c einschließt. Ein Punkt P_0 auf b_0 beschreibt hierbei wieder einen Kreisbogen um c als Achse und seine Projektion eine Senkrechte zu c.

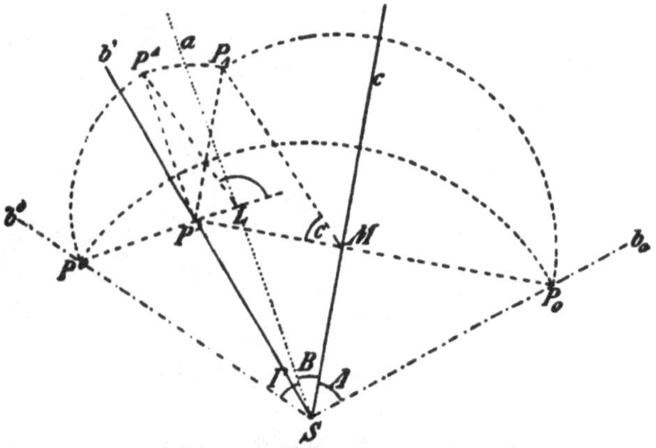

Fig. 89.

Durch Umlegen des Kreisbogens in die Zeichenebene ergibt sich der Bogen $P_0 P_\Delta$, dessen Zentriwinkel $= 2R - c$ ist. Lotet man von P_Δ auf $P_0 M$, so erhält man P' und damit b'. Dreht man die Seite $ba = \Gamma$ um die Kante a, so beschreibt die Projektion von P eine Senkrechte zu a, und es gelangt P nach P^0, wobei $SP_0 = SP^0$ ist. Auch kann man $LP^0 = LP^\Delta$ aus dem rechtwinkligen Dreieck $P^\Delta P'L$, dessen Katheten $P^\Delta P' = P_\Delta P'$ und $P'L$ man kennt, bestimmen. Hiermit ist Γ und $a = \angle P^\Delta L P'$ gefunden; der dritte Winkel des Dreikants bestimmt sich wie vorher.

115. Konstruktion des Dreikants aus einer Seite A und den beiden anliegenden Winkeln b **und** c. Die Seite A lege man in die Zeichenebene und durch ihre Kanten b resp. c lege man Ebenen, die mit ihr den Winkel b resp. c einschließen; die Schnittlinie dieser Ebenen ist die gesuchte Kante a. Um a zu konstruieren, ziehe man in den Ebenen $ab = \Gamma$ und $ac = \mathsf{B}$ Hauptlinien, die in einer Parallelebene zur Zeichenebene liegen. In Fig. 90 sind $Q'P'$ und $R'P'$ die Projektionen solcher Hauptlinien, wenn $Q_\triangle Q' = R_\triangle R'$ ist. Denn offenbar ist R' die Projektion eines Punktes R der Ebene ac = B, dessen Abstand von der Tafelebene gleich $R_\triangle R'$ ist; analoges gilt für Q'. Der Schnittpunkt P unserer Hauptlinien ergibt die Kante $a = SP$. Durch Umlegen der Seiten ac und ab in die Zeichenebene erhält man B und Γ in wahrer

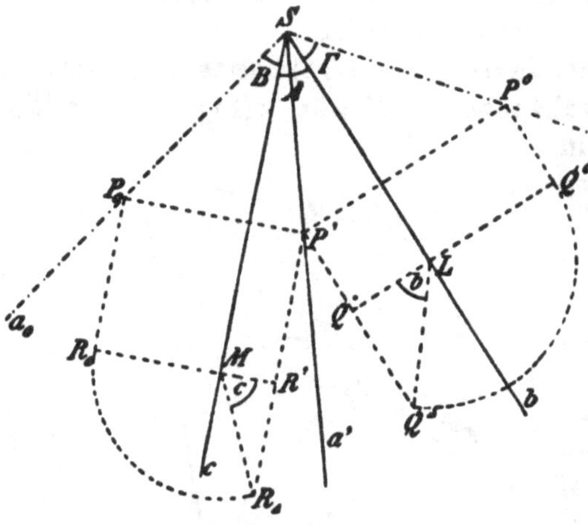

Fig. 90.

Größe. Die entsprechende Konstruktion ist nach den bereits behandelten Aufgaben 113 und 114 leicht zu verstehen.

116. Konstruktion des Dreikants aus zwei Seiten A, B und dem der Seite A gegenüberliegenden Winkel a.

1. Lösung (Fig. 91). Wir breiten die beiden Seiten A und B nebeneinander in die Zeichenebene aus, die wir mit der gesuchten Seite Γ zusammenfallen lassen. Nun drehen wir die Seite B um die Kante a, bis sie mit der Tafelebene den Winkel a einschließt. Indem wir dabei genau wie in 114 vorgehen, gewinnen wir P' und damit c' und erkennen, daß P den Tafelabstand $PP' = P_\angle P'$ besitzt. Das von P auf die gesuchte Kante b gefällte Lot PM hat die Länge $P_0 M_{00}$, woraus sich das Lot $P'M$ als Kathete eines Dreiecks mit der Hypotenuse $P_\triangle M_\triangle = P_0 M_{00}$ und der Kathete $P_\angle P'$ ergibt. Man braucht also nur um P' einen Kreis mit dem Radius $P'M_\triangle$ zu ziehen, die gesuchte Kante b muß dann diesen Kreis berühren. Damit ist Γ $= \angle\, ab$ und $b = \angle\, P_\triangle M_\triangle P'$ gefunden. Zur Kontrolle dient: $SM = SM_{00}$.

Ist, wie im vorliegenden Beispiel, A < B — folglich $P_0 M_{00} < P_0 L$ und $P_\triangle M_\triangle < P_\triangle L$ —, so schneidet der Kreis um P' die

Kante a nicht, und es gibt zwei ganz verschiedene Dreikante ($a\,b\,c$ und $a\,b_1\,c$), oder gar keines, wenn $P_0 M_{00} < P_\triangle P'$ ist. Ist dagegen $\mathsf{A} > \mathsf{B}$, so schneidet der Kreis um P' die Kante a, und es gibt immer ein Dreikant, solange $\mathsf{A} < \mathsf{B} + \Gamma$.

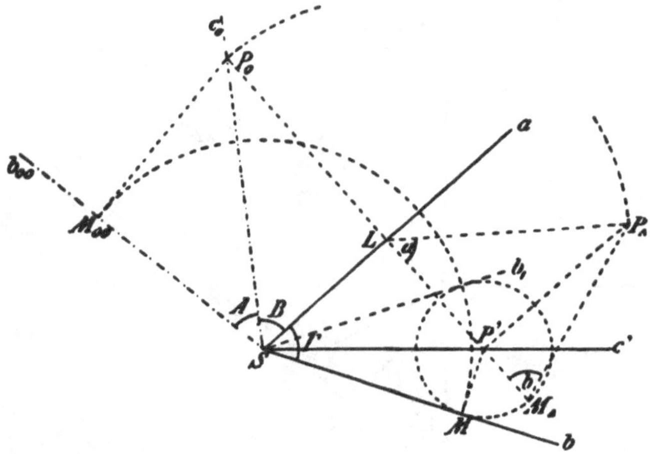

Fig. 91.

117. 2. Lösung (Fig. 92). Wir lassen jetzt die Seite B mit der Zeichenebene zusammenfallen. Durch die Kante a legen wir eine Ebene Γ mit dem Neigungswinkel a und um die Kante c als Achse einen Rotationskegel, indem wir die Seite $\mathsf{A} = c\,b_0$ um ihre Kante c sich drehen lassen. Die gesuchte Kante b muß dann gleichzeitig auf jener Ebene Γ und diesem Kegel liegen. Um die Schnittlinie der Ebene und des Kegels zu finden, benutzen wir eine zu c senkrechte Hilfsebene, die wir um ihre Spur in die Zeichenebene niederlegen. Unser Kegel weist in der niedergelegten Hilfsebene als Spur den Kreis mit dem Mittelpunkt L und dem Radius LB_0 auf und unsere Ebene Γ die Spur AP''. Fällt man nämlich das Lot PM auf a, so ist PM eine Falllinie der Ebene Γ; ihre wahre Länge ergibt sich als Hypotenuse des rechtwinkligen Dreiecks $P_\triangle MP'$, das bei M den $\angle a$ aufweist. Dadurch gewinnt man den Abstand $P''P' = P_\triangle P'$. Spurkreis und Spurlinie AP'' schneiden sich in B'', dem Spurpunkt der gesuchten Kante b in der Hilfsebene, woraus sich sofort b' ergibt. Ferner ist $c = \angle B''LA$, während man die wahre Größe der Seite $ab = \Gamma$ durch Umlegen derselben um die Kante a erhält. In der Figur ist zu diesem Zwecke zunächst P nach P^0 umgelegt, hierdurch AP^0 und auf dieser Geraden B^0 bestimmt. Zur Kontrolle dient die Gleichheit von SB_0 und SB^0. Eine zweite Lösung liefert der Punkt B_1'', doch ist die weitere Durchführung derselben unterlassen, um die Figur nicht zu sehr zu komplizieren.

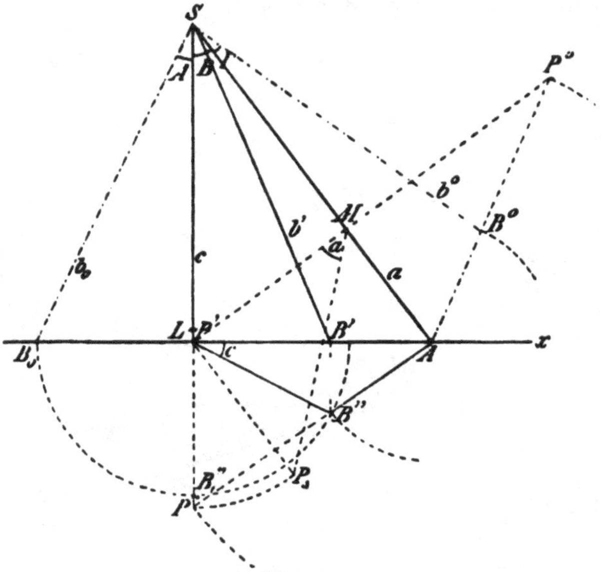

Fig. 92.

118. Konstruktion des Dreikants aus einer Seite B, einem anliegenden Winkel *a* und dem gegenüberliegenden Winkel *b* (Fig. 93).

Lassen wir die Zeichenebene mit der gesuchten Seite Γ zusammenfallen und denken wir uns B in dieselbe niedergelegt. Alsdann drehen wir B um die Kante *a*, bis sie mit der Tafel den Winkel *a* einschließt; ganz wie früher erhalten wir so P' und c' und $P'P_\triangle$ als Tafelabstand des Punktes P. Durch $c = SP$ ist nun eine Ebene zu legen, die mit der Tafel den Winkel *b* bildet. Die Spuren aller Ebenen durch P mit der Tafelneigung $= b$ berühren nach 96 einen Kreis mit dem Mittelpunkt P'. Sein Radius ist eine Kathete des rechtwinkligen Dreiecks $P_\triangle P' M_\triangle$, dessen andere Kathete gleich dem Tafelabstand PP' ist und dem Winkel *b* gegenüberliegt.

Die Spur der gesuchten Seite A ist also die von S an unseren Kreis gelegte Tangente *b*. Die Tangente b_1 liefert in unserer Zeichnung ein Dreikant mit dem Winkel $2R - a$, dagegen liefert die Verlängerung von b_1 über S hinaus, nämlich b_2, mit *a* und *c* ein Dreikant, das die gegebenen drei Stücke B, *a*, *b* besitzt. Es kann, ganz wie in der vorhergehenden Nummer, zwei oder keine oder eine Lösung geben, je nachdem S außerhalb, innerhalb oder auf dem Kreise um P' liegt. Mit b ist die Seite $ab = \Gamma$ gefunden, während sich die wahre Größe von A durch Niederlegen in die Tafel ergibt. ($MP^0 = M_\triangle P_\triangle$. Kontrolle: $SP_0 = SP^0$.)

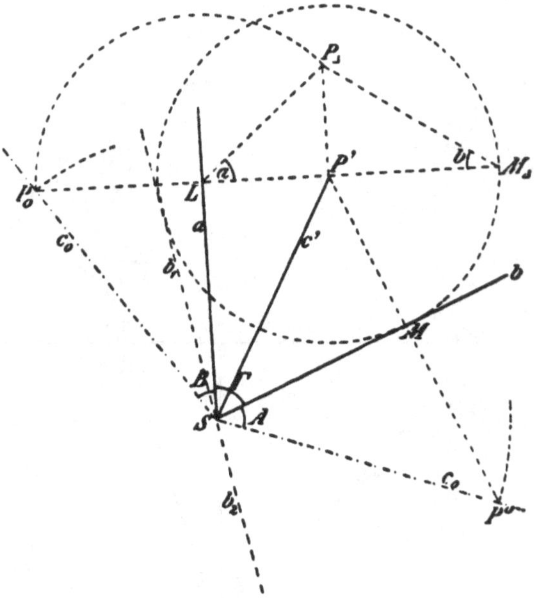

Fig. 93.

119. Konstruktion des Dreikants aus seinen drei Winkeln a, b, c. 1. Lösung (Fig. 94). Wir legen eine Seite, etwa A, in die Grundrißebene, und wählen die Aufrißebene senkrecht zur Kante c, so daß die Ebene der Seite B die Kante c zur ersten und die Gerade, die mit der x-Achse den Winkel c einschließt, zur zweiten Spur hat. Die gesuchte Seite Γ muß dann mit den Ebenen A resp. B die Winkel b resp. a einschließen und kann noch durch einen beliebigen Punkt, etwa den Punkt P in Π_2, gelegt werden. Da Γ mit A den Winkel b bildet, so muß sie den Kegel berühren, der durch Rotation von PQ um die Achse PP' entsteht ($\angle PQP' = b$). Ganz ebenso muß Γ den Kegel berühren, der durch Rotation von PR um die Achse PF entsteht ($\angle PRF = a$, $PF \perp CF$). Es sind also die gemeinsamen Tangentialebenen der beiden Kegel mit den Achsen PP' und PF zu bestimmen, und wir verfahren dabei wie in 100. Wir denken uns nämlich aus P' und F auf die gesuchte Tangentialebene die beiden Lote gefällt. Die Verbindungslinie ihrer Fußpunkte ist eine gemeinsame Tangente t beider Kegel, ihr Schnittpunkt H mit $P'F$ ist ihr zweiter Spurpunkt und folglich PH die zweite Spurlinie der gesuchten Seite Γ. Um H wirklich zu konstruieren, suchen wir die um $P'F$ niedergelegte Tangente t_0, deren Abstände von P' und F gleich sind den Abständen dieser Punkte von den Geraden PQ und PR respektive. Die Kante b, d. h. die erste Spur der Seite Γ, findet man nun als Tangente aus B an den ersten Spurkreis des Kegels, der durch Rotation von PQ um die Achse PP' gebildet wurde; die Kante $a = SA$ legt man noch

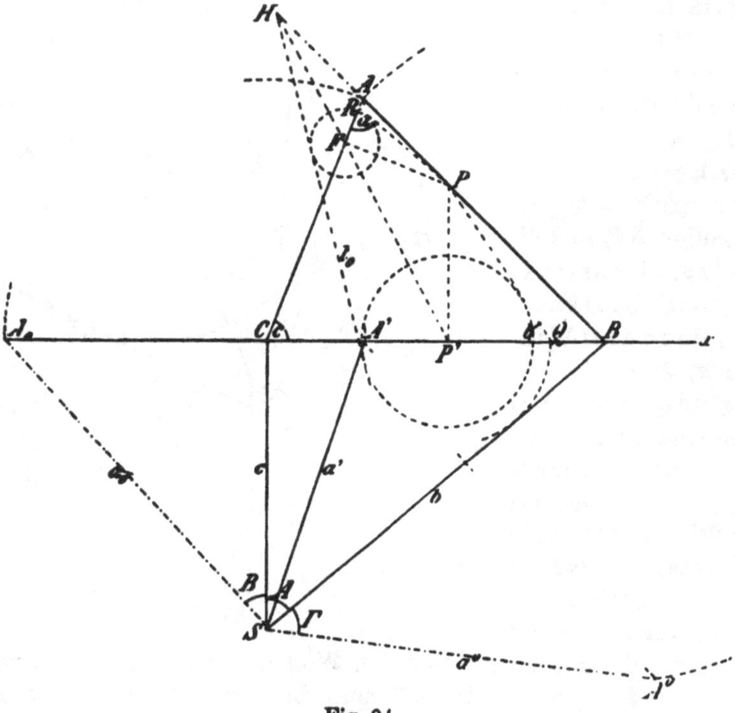

Fig. 94.

um c resp. b nieder und erhält so die wahre Größe der Seiten B und Γ.

120. 2. Lösung (Fig. 95). Man zeichne zunächst ein Dreikant mit den drei Seiten: $A_1 = 2R - a$, $B_1 = 2R - b$, $\Gamma_1 = 2R - c$, indem man ganz wie in 113 zu Werke geht. Dann wähle man auf den Kanten a_1, b_1, c_1 desselben die Punkte L, M, N respektive und errichte in ihnen Ebenen senkrecht zu den bezüglichen Kanten. Bei geeigneter Wahl von L, M, N liegt der Schnittpunkt S dieser Ebenen im Innern des Dreikantes $a_1\ b_1\ c_1$; die Ebenen schneiden sich dann in den Kanten des Polardreikantes mit dem Scheitel S, das die vorgeschriebenen Winkel a, b, c besitzt. In der Figur ist die Spur AB der in N auf c_1 normalen Ebene wie früher bestimmt. Die Spuren der in L auf a_1 und in M auf b_1 normalen Ebenen sind LK und MK; sie schneiden aus den Seiten B_1 resp. Γ_1 die Geraden LH resp. MJ aus, die in den umgelegten Seiten zu LH_0 und MJ^0 werden. Das gesuchte Dreikant hat den Scheitel S und die

Kanten SJ, SH, SK, die auf den Seiten A_1, B_1, Γ_1 respektive senkrecht stehen. Die Seitenflächen unseres Dreikants sind $HSJN$, $JSKM$ und $KSHL$, deren wahre Größe wir durch Umlegen in die Zeichenebene finden. So erhält man $KS_\triangle J_\triangle M$, indem man $S_\triangle K$ und $J_\triangle J' \perp KM$ zieht, $J_\triangle M = J^0 M$ macht und $S_\triangle J_\triangle$ durch den Spurpunkt von JS, d. h. durch $AB \times J'S'$ zieht; ganz ebenso findet man $KS_\triangle H_\triangle L$ ($\angle MJ_\triangle S_\triangle = R$, $\angle LH_\triangle S_\triangle = R$, $KS_\triangle = KS_\triangle$). Von dem

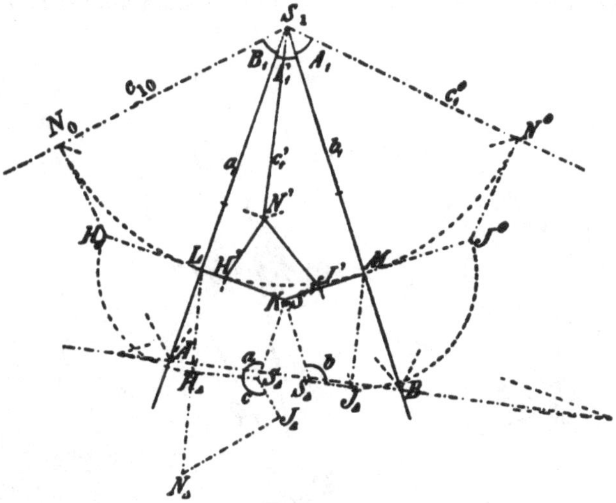

Fig. 95.

Viereck $SJNH$ kennt man die wahre Länge aller Seiten und die Winkel $\angle SJN = R$ und $\angle SHN = R$ und kann also die wahre Größe $S_\triangle J_\triangle N_\triangle H_\triangle$ zeichnen ($J_\triangle N_\triangle = J^0 N^0$, $H_\triangle N_\triangle = H_0 N_0$, $J_\triangle S_\triangle = J_\triangle S_\triangle$). Damit ist dann $a = \angle H_\triangle S_\triangle K$, $b = \angle J_\triangle S_\triangle K$ und $c = \angle J_\triangle S_\triangle H_\triangle$ gefunden.

121. Wird ein Dreikant von einer konzentrischen Kugelfläche geschnitten, so entsteht ein sphärisches Dreieck. Seine Ecken liegen auf den Kanten a, b, c. Seine Seiten (als Bogen größter Kreise auf der Kugel durch ihre Zentriwinkel bestimmt) entsprechen den Seiten A, B, Γ des Dreikants und seine Winkel stimmen mit den Winkeln a, b, c desselben resp. überein.

Die gegebenen Dreikantskonstruktionen bilden daher das Äquivalent für die Berechnungen der sphärischen Trigonometrie, und aus unseren Figuren müssen sich die Formeln der letzteren ablesen lassen.

In Fig. 96, die auf dieselbe Art wie Fig. 88 in 113 entsteht, ziehe man $MQ \perp a$ und die Verlängerung von $P_\triangle P'$ bis R auf MQ.

Ferner wähle man der Einfachheit halber den Kugelradius als Längeneinheit und setze dementsprechend: $SP_0 = SP^0 = 1$. Dann ist $MP^0 = \sin \mathsf{A}$, $LP_0 = \sin \mathsf{B}$ und $P'P^\triangle = \sin \mathsf{A} \sin b$, $P'P_\triangle = \sin \mathsf{B} . \sin a$. Die sofort erkennbare Gleichheit der beiden letzten Strecken gibt: $\sin \mathsf{A} \sin b = \sin \mathsf{B} \sin a$, oder allgemein die Formel:

$$\alpha) \qquad \sin \mathsf{A} : \sin \mathsf{B} : \sin \Gamma = \sin a : \sin b : \sin c.$$

Sodann ist $SM = \cos \mathsf{A}$, $SL = \cos \mathsf{B}$, $SQ = \cos \mathsf{A} \cos \Gamma$, $MQ = \cos \mathsf{A} \sin \Gamma$, $MP' = \sin \mathsf{A} \cos b$, $RP' = MP' . \sin \Gamma = \sin \mathsf{A} \sin \Gamma \cos b$, $MR =$

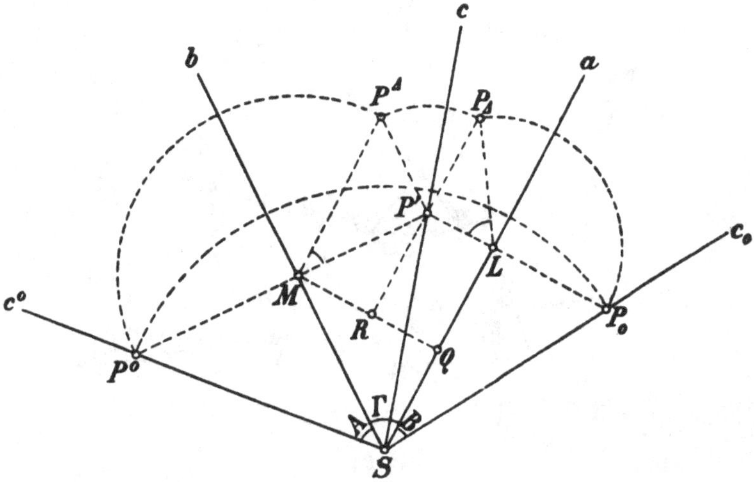

Fig. 96.

$MP' . \cos \Gamma = \sin \mathsf{A} \cos \Gamma \cos b$, $P'L = LP_\triangle . \cos a = \sin \mathsf{B} \cos a$. Aus der Relation: $SL = SQ + RP'$ folgt daher:

$$\beta) \qquad \cos \mathsf{B} = \cos \mathsf{A} \cos \Gamma + \sin \mathsf{A} \sin \Gamma \cos b.$$

Aus der Beziehung: $MQ = MR + P'L$ folgt zunächst:

$$\cos \mathsf{A} \sin \Gamma = \sin \mathsf{A} \cos \Gamma \cos b + \sin \mathsf{B} \cos a;$$

dividiert man die Gleichung mit $\sin \mathsf{A}$ und setzt dann (nach α) statt $\sin \mathsf{B} : \sin \mathsf{A}$ das Verhältnis $\sin b : \sin a$ ein, so findet man:

$$\gamma) \qquad \operatorname{cotg} \mathsf{A} \sin \Gamma = \cos \Gamma \cos b + \operatorname{cotg} a \sin b.$$

Aus β) und γ) kann man gleichbedeutende Formeln entwickeln, indem man die Symbole der Seiten A, B, Γ, zugleich aber die Symbole a, b, c der ihnen gegenüberliegenden Winkel miteinander vertauscht. Bedenkt man noch, daß die abgeleiteten Gleichungen auch für das „Polardreieck" gelten müssen, das den Kugelschnitt eines „Polardreikantes" bildet und dessen Seiten und Winkel sich mit den Winkeln und Seiten unseres Dreikantes je zu $2R$ ergänzen, sowie daß die Sinus supplementärer Winkel (Bogen) gleich, ihre Kosinus aber entgegengesetzt gleich sind, so findet man z. B. aus β) die Gleichung:

$$\delta) \qquad \cos b = -\cos a \cos c + \sin a \sin c \cos \mathsf{B}.$$

Die angeführten Gleichungen bilden die Grundlage der sphärischen Trigonometrie; aus ihnen läßt sich der ganze Formelapparat derselben entwickeln, worauf indessen hier nicht näher eingegangen werden soll [4]).

122. Nachdem wir Dreikante aus Seiten und Winkeln konstruiert haben, könnten wir solche auch aus anderen Bestimmungsstücken konstruieren. Hierbei wird es jedoch öfters geboten sein, die Formeln der sphärischen Trigonometrie zu benutzen, um zu solchen Bestimmungsstücken zu gelangen, die ein einfaches Zeichnen ermöglichen. Für drei beliebig ausgewählte Bestimmungsstücke läßt sich die Konstruktion nicht immer durchführen. Die Aufgabe wird dann konstruktiv unlösbar, wenn sie, analytisch formuliert, von Gleichungen höheren Grades abhängt. Um hier ein konstruierbares Beispiel zu geben, soll ein Dreikant aus einer Seite A dem gegenüberliegenden Winkel a und dem Neigungswinkel α der Kante a gegen die Seite A gezeichnet werden.

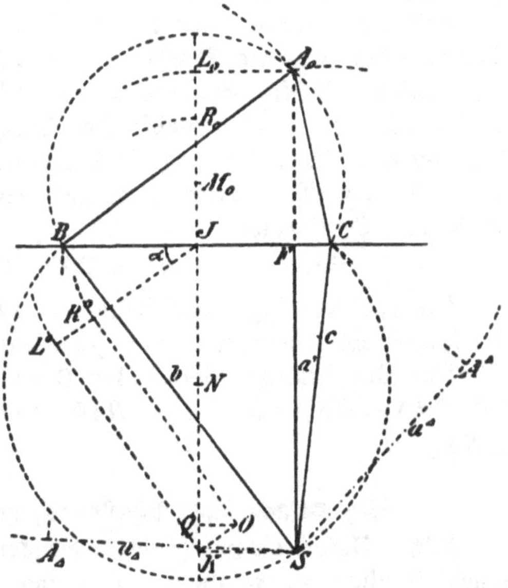

Fig. 97.

Wir errichten in einem Punkte A der Kante a eine zu ihr senkrechte Ebene E, die die Kanten b und c resp. in B und C schneidet (Fig. 97). Verschiebt man A auf a, so verschiebt sich auch B auf b und C auf c, so daß durch geeignete Wahl von A die Linie BC eine vorgeschriebene Länge erhält. Läßt man nun A mit der Zeichenebene zusammenfallen, nimmt in dieser BC beliebig an und legt die Ebene E um ihre Spur BC um, so muß man zwei Dreiecke CBS und CBA_0 mit folgenden Eigenschaften erhalten. $\angle BSC = \mathsf{A}$ und $\angle BA_0C = a$; die Lote aus A_0 und S auf BC treffen diese Linie in dem gleichen Punkte F, und außerdem ist $\angle FSA = \alpha$. Man konstruiere also über BC als Sehne zwei Kreise, von denen der erstere den Winkel A, der letztere den Winkel a als Peripheriewinkel faßt. Dann sind S und A_0 auf diesen Kreisen so zu bestimmen, daß $A_0 S \perp BC$ und $A_0 F : SF = \sin \alpha$ ist. Sind nun JL_0 und JK den gesuchten Strecken FA_0 resp. FS gleich, so ist:

$$M_0 A_0^2 = M_0 L_0^2 + L_0 A_0^2 = M_0 J^2 + JC^2$$
$$\text{und } NS^2 = NK^2 + KS^2 = NJ^2 + JC^2,$$

also durch Subtraktion:

$$M_0 L_0^2 - M_0 J^2 = NK^2 - NJ^2,$$

oder indem man die Differenz der Quadrate zerlegt:

$$L_0 J . L_0 R_0 = KJ . KQ,$$

wobei $L_0 R_0 = M_0 L_0 - M_0 J$ und $KQ = NK - NJ$ ist.

Berücksichtigt man noch die Relation $L_0 J : KJ = \sin \alpha$, so folgt schließlich:

$$\sin \alpha = L_0 J : KJ = KQ : L_0 R_0.$$

$M_0 R_0 = M_0 J$ und $NQ = NJ$ sind bekannt; es gilt also nur noch JL_0 und JK mit Hilfe der letzten Gleichung zu finden. Trägt man aber im Punkte J die Strecke $JR^0 = JR_0$ so an, daß $\angle R^0 JB = \alpha$ ist, zieht in R^0 eine Senkrechte zu JR^0 und in Q eine Senkrechte zu JQ, die sich in O schneiden, so liegt K auf einer zu JR^0 durch O gezogenen Parallelen und L^0 auf einem von K auf JR^0 gefällten Lote. In der Tat ergibt sich aus der Ähnlichkeit der Dreiecke $L^0 JK$ und QKO sofort:

$$\sin \alpha = L_0 J : JK = QK : KO = QK : L_0 R_0.$$

Hiermit ist $FA_0 = JL^0$ bekannt und die Kanten des gesuchten Dreikantes können unmittelbar gezeichnet werden.

Für das Umlegen der Seiten B und Γ genügt es zu bemerken, daß $CA^\Delta = CA_0$ und $CA^\Delta \perp SA^\Delta$, sowie $BA_\Delta = BA_0$ und $BA_\Delta \perp SA_\Delta$ ist.

Allgemeines über Vielflache; reguläre Vielflache.

123. Unter einem Vielflach oder Polyëder ist ein räumliches Gebilde zu verstehen, das von ebenen Vielecken begrenzt wird und überall geschlossen ist, also ein ebenflächiger Körper. Jene ebenen Vielecke heißen die Seitenflächen oder kurz Seiten, ihre Seitenlinien die Kanten des Vielflachs. In jeder Kante stoßen zwei Seitenflächen aneinander. Die Eckpunkte jener ebenen Vielecke sind zugleich die Ecken des Vielflachs, in denen also mindestens drei Kanten — und ebenso viele Seitenflächen — zusammenstoßen. Zwei Vielflache, die in den bezüglichen Seitenflächen einerseits und in den bezüglichen körperlichen Ecken anderseits übereinstimmen, sind kongruent resp. symmetrisch.

Zwischen der Anzahl der Ecken, der Anzahl der Seitenflächen und der Anzahl der Kanten eines Vielflachs besteht eine Beziehung (Eulerscher Satz). Sie lautet: Bei jedem Vielflach ist die Zahl der Seiten vermehrt um die Zahl der Ecken gleich der Zahl der Kanten vermehrt um 2.

Zum Beweise gehen wir von einem Vielflach mit F Flächen, E Ecken und K Kanten aus, nehmen von demselben eine Seitenfläche nach der anderen weg, bis zuletzt nur noch eine einzige Fläche übrig bleibt, und sehen zu, welche Veränderungen hierbei die Zahl: $F+E-K$ erfährt. Bei Beseitigung der ersten Fläche reduziert sich diese Zahl um eine Einheit. Es entsteht nämlich dadurch ein offenes Vielflach, das einen freien Rand besitzt; die Zahl der Flächen hat sich dabei um 1 vermindert, die der Kanten und Ecken jedoch nicht. Freilich gehören diese teilweise dem Rande des offenen Vielflachs an. Bei Beseitigung jeder weiteren Fläche reduziert sich jene Zahl nicht mehr. Denn beim Abtrennen einer Seitenfläche, die n aufeinanderfolgende Kanten des freien Randes enthält, vermindert sich F um 1, K um n und E $(n-1)$. Nach der Ausführung von $(F-1)$ Operationen wird also die obige Zahl sich nur um 1 vermindert haben, so daß sie dann gleich $F+E-K-1$ ist. Es ist aber jetzt nur noch ein Seitenpolygon vom ganzen Vielflach übrig, so daß die Zahl der Ecken nun gleich der Zahl der Kanten ist, mithin muß

$$F+E-K-1=1\,, \quad \text{oder:} \quad F+E=K+2 \text{ sein.}$$

Bei dieser Beweisführung wurde vorausgesetzt, daß jedesmal die Seitenfläche, die man abtrennt, an den freien Rand grenzt, aber nur mit einer Anzahl aufeinanderfolgender Kanten. Würde dagegen eine Seitenfläche entfernt, die an zwei getrennten Stellen — mit Kanten, die nicht aufeinanderfolgen — an den Rand des offenen Vielflachs grenzt, so würden zwei getrennte Ränder entstehen. Das kann vermieden werden, wenn nicht zuletzt alle Seitenflächen an zwei Stellen an den freien Rand angrenzen; dann gilt der obige Satz nicht mehr, vielmehr müssen Modifikationen angebracht werden, auf die jedoch hier nicht eingegangen werden soll. Läßt sich auf einem Vielflach keine geschlossene Folge von Kanten angeben, ohne daß das Vielflach in zwei getrennte Teile zerfällt wenn man es längs dieser Kantenfolge aufschneidet, so sind die oben geschilderten Operationen immer möglich und der Satz ist gültig.

124. Legen wir uns jetzt die Frage vor: wie viele Bestimmungsstücke (Konstanten) besitzt ein Vielflach? Offenbar ist ein Vielflach durch die Wahl seiner Eckpunkte völlig bestimmt. Die Lage eines Raumpunktes hängt aber von der Wahl dreier Konstanten ab — etwa seiner Abstände von drei festen Ebenen. Die Annahme sämtlicher Eckpunkte ergibt demnach $3E$ Konstanten. An dieser Konstantenzahl sind indes noch zwei Korrektionen anzubringen. Erstens ist durch die Annahme der Eckpunkte im Raume nicht nur die Gestalt des Vielflachs an sich, sondern auch seine räumliche Lage fixiert. Die Bestimmung der räumlichen Lage eines Gegenstandes erfordert aber 6 Konstanten. Denn einen Punkt desselben kann man an eine bestimmte Stelle im Raume bringen, das bedingt 3 Konstanten, einer Achse durch jenen Punkt kann man eine bestimmte Richtung geben, das bedingt zwei weitere Konstanten, und um jene Achse kann man den Gegenstand noch drehen, was noch eine Konstante erheischt. Die Zahl 6 ist also von der ursprünglich gefundenen Zahl zu subtrahieren. Zweitens können nicht alle Eckpunkte ganz beliebig angenommen werden, wenn die Seitenflächen nicht lauter Dreiecke sind. Ist z. B. eine Seite des Vielflachs ein Viereck, so können nur drei Ecken desselben beliebig im Raume angenommen werden, die vierte muß dann in der Ebene der drei ersten liegen. Jedes Viereck, das dem Vielflach angehört, vermindert also die Zahl der Konstanten um 1. Ebenso vermindert jedes Fünfeck die Zahl der Konstanten um 2, da die vierte und die fünfte Ecke in der Ebene der drei ersten liegen müssen, usw.

Die Gesamtzahl aller Seitenflächen hatten wir F genannt, und wir wollen nun mit F_3, F_4, F_5, ... die Anzahl der dreieckigen, viereckigen, fünfeckigen .... Seiten bezeichnen, so daß: $F = F_3 + F_4 + F_5 + \ldots$ ist.

Die Zahl der willkürlichen Konstanten eines Vielflachs ist nun:

$$3E - F_4 - 2F_5 - 3F_6 - \ldots - 6.$$

Mit Berücksichtigung der Relation: $E + F = K + 2$ wird sie:

$$3K - 3F - F_4 - 2F_5 - 3F_6 - \ldots,$$

$$\text{oder: } 3K - [3F_3 + 4F_4 + 5F_5 + 6F_6 + \ldots].$$

Der Klammerausdruck ist aber $= 2K$, da jede dreieckige Fläche drei, jede viereckige vier Kanten liefert usf., wobei dann jede Kante zweimal gezählt ist. Wir erkennen also: **Jedes Vielflach enthält ebenso viele willkürliche Konstanten als Kanten.**

Daraus folgt, daß, wenn die Kanten eines Vielflachs sowie ihre

Verteilung in die Seitenflächen gegeben sind, im allgemeinen nur eine endliche Zahl entsprechender Vielflache existieren kann.

125. Aus dem Eulerschen Satze können wir eine Reihe weiterer Schlüsse ziehen, wenn wir bestimmte Voraussetzungen über die Art der Seitenflächen und der Ecken eines Vielflachs machen. Nehmen wir an, daß alle Seitenflächen des Vielflachs Dreiecke und alle Ecken Dreikante sind, so ergibt sich das Vierflach mit 4 Ecken. Sind die Flächen Dreiecke, aber die Ecken vierkantig, so erhält man das Achtflach mit 6 Ecken; sind endlich die Flächen Dreiecke, aber die Ecken fünfkantig, so entsteht das Zwanzigflach mit 12 Ecken. Für alle diese Fälle ist nämlich $K = \frac{3F}{2}$, also $F = 2E - 4$, und ferner $K = \frac{nE}{2}$, wo $n = 3$, resp. 4, resp. 5 zu nehmen ist. Vielflache, deren Seitenflächen Dreiecke sind, können nicht lauter sechskantige und mehrkantige Ecken aufweisen, wie sich direkt aus dem Eulerschen Satze ergibt.

Nehmen wir nun an, ein Vielflach besitze lauter viereckige Seitenflächen, so daß $K = 2F$ und $E = F + 2$ ist, und seine Ecken seien Dreikante, dann ist es ein Sechsflach mit 8 Ecken. Wollte man voraussetzen, alle Ecken seien Vierkante, Fünfkante usw., so würde der Eulersche Satz wieder zu einem Widerspruch führen.

Ein Vielflach kann auch lauter fünfeckige Seitenflächen besitzen; sind dann alle Ecken Dreikante, so hat man es mit dem Zwölfflach mit 20 Ecken zu tun.

126. Es mag hier noch darauf hingewiesen werden, daß nicht alle Annahmen über die Zahlen der Ecken und Flächen, die dem Eulerschen Satze genügen, auch wirklich einem Vielflache entsprechen. Einige Beispiele mögen dieses erläutern. Gehen wir von dem Falle aus, daß alle Seitenflächen Dreiecke sind, so folgt aus dem Eulerschen Satze die Zahl der Ecken: $E = \frac{F}{2} + 2$. Bezeichnen wir die Zahl der Dreiecke, Vierecke usw. wie vorher mit F_3, F_4 usw. und analog die Zahl der Dreikante, Vierkante usw. mit E_3, E_4 usw., so ergeben sich folgende Fälle.

Ist $F_3 = 4$, also $E = 4$, so findet man ein Vielflach mit $E_3 = 4$.
Ist $F_3 = 6$, also $E = 5$, so findet man ein Vielflach mit $E_3 = 2, E_4 = 3$.
Ist $F_3 = 8$, also $E = 6$, so findet man ein Vielflach mit $E_3 = E_4 = E_5 = 2$ und eins mit: $E_4 = 6$.

Dagegen kann weder ein Vielflach mit: $E_3 = E_5 = 1$, $E_4 = 4$ noch ein solches mit: $E_3 = E_5 = 3$ existieren, wie man sich leicht überzeugt, obgleich diese Zahlen den weiter oben angeführten Relationen genügen.

Ist $F_3 = 10$, also $E = 7$, so gibt es Vielflache mit: $E_3 = E_5 = 3$, $E_6 = 1$, oder mit: $E_3 = E_6 = 2$, $E_4 = 3$, oder mit $E_3 = E_4 = E_5 = 2$, $E_6 = 1$, oder mit: $E_3 = 1$, $E_4 = E_5 = 3$, oder mit: $E_4 = 5$, $E_5 = 2$. Andere Vielflache kann es dagegen hier nicht geben, so z. B. existiert ein Vielflach mit $E_3 = 2$, $E_4 = 1$, $E_5 = 4$ nicht, obgleich die angeführten Relationen diese Möglichkeit zulassen. Diese Beispiele mögen zur Beleuchtung des Gesagten genügen.

127. Über die Konstruktion von Vielflachen ist im allgemeinen wenig zu sagen. Man hat besonders auf die Gruppierung der Kanten in den Seitenflächen und an den körperlichen Ecken zu achten; das Zeichnen der Kanten basiert im wesentlichen auf Dreieckskonstruktionen und auf der Affinität zwischen beiden Projektionen einer Seitenfläche, sowie auf der Konstruktion von Dreikanten. Ein Vielflach aus den Längen seiner Kanten und ihrer Anordnung zu zeichnen müßte nach 124 möglich sein, doch gibt es in den einfachsten Fällen bereits eine so große Anzahl von Lösungen (die, analytisch aufgefaßt, durch Bestimmung der Wurzeln von einer Reihe quadratischer und höherer Gleichungen gefunden werden müssen), daß die Konstruktion mit Zirkel und Lineal nicht zu bewältigen ist.

Bei der Projektion eines Vielflachs haben wir einen sichtbaren und einen unsichtbaren Teil zu unterscheiden. Jeder projizierende Strahl, der das Vielflach durchschneidet, enthält einen sichtbaren und einen oder mehrere unsichtbare Punkte seiner Oberfläche; der sichtbare Punkt ist derjenige, der am weitesten von der Projektionsebene absteht, die anderen Punkte sind verdeckt. Es gibt auf dem Vielflach ein Polygon (oder mehrere), in dessen Punkten die projizierenden Strahlen das Vielflach nur streifen; dieses Polygon wird als der wahre Umriß und seine Projektion als der scheinbare Umriß bezeichnet. Der wahre Umriß trennt offenbar im allgemeinen den sichtbaren Teil der Oberfläche von dem unsichtbaren; es kann indessen vorkommen, daß er selbst teilweise unsichtbar ist, womit auch die beiderseits anliegenden Seitenflächen unsichtbar werden. In allen Fällen wird das erwähnte Kriterium ausreichen, um zu entscheiden, ob eine Kante sichtbar ist oder nicht. Am besten wählt man dazu projizierende Strahlen, die zwei Kanten des Vielflachs treffen, also durch einen Schnittpunkt ihrer Projektionen gehen; aus der anderen Projektion kann man dann unmittelbar ersehen, welcher der beiden Punkte der Projektionsebene näher liegt und somit verdeckt wird. Die unsichtbaren Kanten eines Vielflachs sind in den Zeichnungen punktiert.

128. Ein **Vielflach**, das nur reguläre, unter sich kongruente Seitenpolygone und ebenso reguläre, unter sich kongruente Ecken besitzt, heißt **regulär**. Nach 125 gibt es folgende reguläre Vielflache: das Vierflach (Tetraëder), Achtflach (Oktaëder) und Zwanzigflach (Ikosaëder), die von Dreiecken begrenzt werden, das Sechsflach (Würfel, Hexaëder), das von Quadraten und das Zwölfflach (Dodekaëder), das von Fünfecken gebildet wird.

Die Konstruktion der regulären Vielflache. Wir können hier vom Vierflach und vom Würfel absehen, da ihre Konstruktion ohne weiteres einleuchtet. Beim regulären Achtflach stoßen in den Ecken je vier gleiche Kanten zusammen, die ein reguläres Vierkant bilden und deren Endpunkte deshalb ein Quadrat bestimmen. Hieraus erkennt man, daß die 12 Kanten des Achtflachs drei Quadrate bilden, deren Ebenen aufeinander senkrecht stehen. Der Schnittpunkt dieser Ebenen ist der Mittelpunkt des regulären Achtflachs; ihre Schnittlinien sind die drei Diagonalen oder

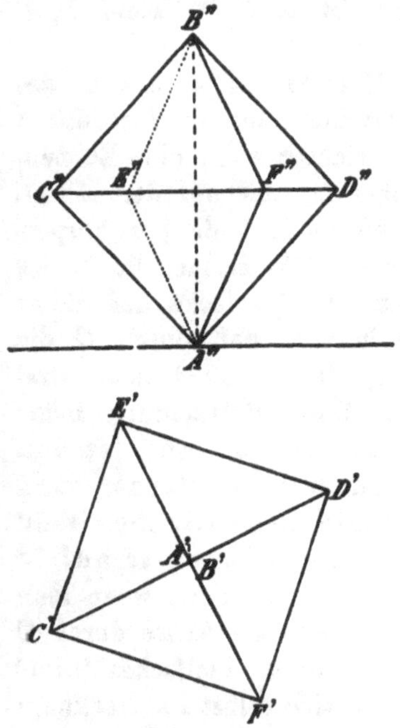

Fig. 98.

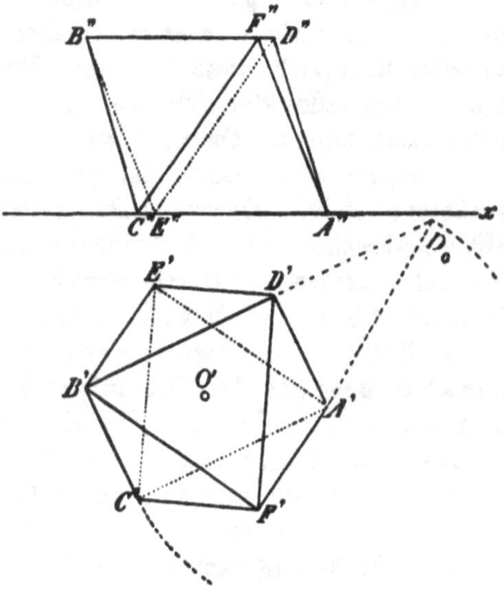

Fig. 99.

Achsen desselben und tragen die 6 Ecken; sie sind zugleich die Diagonalen der genannten Quadrate.

Um das Achtflach darzustellen, stellen wir etwa eine Achse senkrecht zur Horizontalebene; sie projiziert sich dann im Aufriß in wahrer Länge, während die beiden anderen Achsen im Grundriß in wahrer Länge erscheinen. Der Grundriß wird demnach ein Quadrat mit seinen beiden Diagonalen, im Aufriß liegen die Punkte C'', D'', E'', F'' auf einer Parallelen zur x-Achse, da das Quadrat $CEDF$ zum Grundriß parallel ist (Fig. 98).

Wir geben noch eine zweite Darstellung des Achtflachs, indem wir eine Seitenfläche in die Grundrißebene legen, etwa $\triangle ACE$ (Fig. 99). Der Mittelpunkt O des Achtflachs liegt senkrecht über der Mitte jeder Seitenfläche, also fällt O' mit dem Mittelpunkt von $\triangle A'C'E'$ zusammen. Verlängert man OA, OC und OE um sich selbst über O hinaus, so erhält man die Achsen AB, CD und EF, so daß O' die Projektionen $A'B'$, $C'D'$ und $E'F'$ halbiert, wodurch sich der Grundriß bestimmt. Im Aufriß fällt $A''C''E''$ auf die x-Achse und $B''D''F''$ wird parallel zu ihr; es ist also nur noch der Abstand dieser beiden Parallelen zu finden. Hierzu können wir etwa die Seite AD benutzen, von der wir die Projektion $A'D'$ und die wahre Länge $= A'C'$ kennen. Jener Abstand ist $= D_0D'$, wenn $D_0A' = A'C'$ ist.

129. Konstruktion des Zwölfflachs. Die Ecken des Zwölfflachs sind reguläre Dreikante; errichtet man in den Mitten dreier, in einer Ecke zusammenlaufenden Kanten senkrechte Ebenen, so schneiden sich diese in einem Punkte O, der auf der Mittelsenkrechten jedes der drei regulären Fünfecke liegt, die jene körperliche Ecke bilden. Durch O geht demnach jede Ebene, die in der Mitte irgend einer Kante der genannten drei Fünfecke auf dieser senkrecht steht. Daraus geht weiter hervor, daß durch O die Mittelsenkrechte jeder Seitenfläche geht, die an zwei jener drei Fünfecke angrenzt. Durch Fortsetzung dieser Betrachtung folgt: O liegt über den Mitten aller Seitenflächen und ist von allen Ecken des Zwölfflachs gleich weit entfernt; man nennt O deshalb den Mittelpunkt. Die Seitenflächen sind paarweise parallel und die Ecken liegen paarweise auf 10 Achsen durch O. Man überzeugt sich hiervon leicht, wenn man das Zwölfflach um eine zu einer Fläche senkrechte Achse durch O dreht, und zwar um einen Winkel, der $\frac{4}{5}R$ (oder ein Vielfaches davon) beträgt. Es kommt dann das Zwölfflach mit sich selbst zur Deckung; die Fläche senkrecht zur Drehachse geht in sich selbst, von den fünf angrenzenden Flächen geht jede in die nächste über. Gleiches gilt von den fünf Flächen, die an jene anstoßen, so daß die letzte Fläche bei der Drehung in sich übergehen, also auf der Drehachse senkrecht stehen muß.

Bei der Darstellung mag eine Fläche in den Grundriß fallen, eine zweite ist dann hierzu parallel und erscheint in der Projektion wie diese als reguläres, aber um 2 R gedrehtes Fünfeck. Die der ersteren anliegenden 5 Flächen werden sich dann im Grundriß als kongruente Fünfecke projizieren, ebenso die 5 Flächen, die an die zweitgenannte angrenzen (Fig. 100).

Die Horizontalprojektionen der 20 Eckpunkte kommen auf zwei konzentrische Kreise zu liegen. Das Basisfünfeck sei $ABCDE$, ein angrenzendes $ABHGF$. Um seine Projektion zu erhalten, denke man sich dasselbe um AB gedreht, bis es mit dem Basisfünfeck zusammenfällt und $H_0 G_0 F_0$ in CDE zu liegen kommen. BH und ebenso BH' schließt mit BA und BC gleiche Winkel ein, sonach ist H' bestimmt, da $H_0 H' \perp AB$; hiermit sind alle Ecken im Grundriß gefunden. Als Kontrolle dient der Umstand, daß sich $G_0 H_0 = DC$ und $G'H'$ auf der Verlängerung von

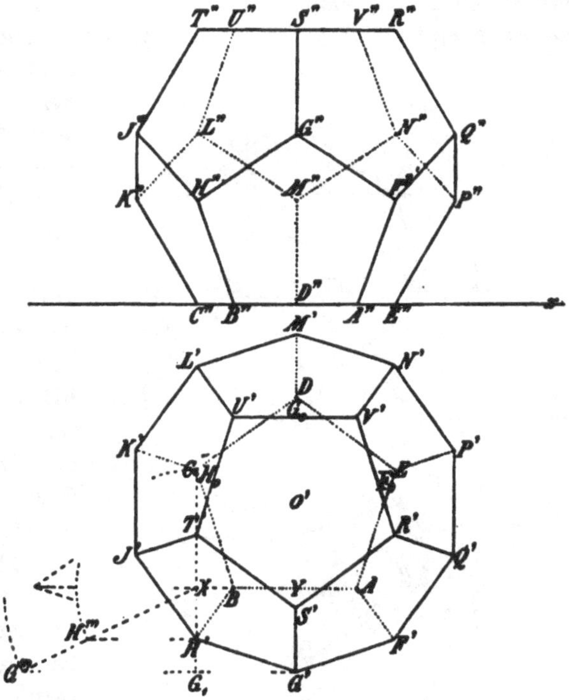

Fig. 100.

AB schneiden müssen. Im Aufriß liegen die Ecken zu je 5 auf vier Parallelen zur x-Achse, deren Abstände man durch Bestimmung der Abstände HH' und GG' gewinnt. Zu ihrer Ermittelung wähle man eine Hilfsebene $\Pi_3 \perp AB$ und zeichne in ihr eine Seitenansicht des Fünfecks $ABHGF$, das hier als Gerade erscheint ($XH''' = XH_0$, $XG''' = YG_0$), wo dann $H'''H'$ und $G'''G_1$ die gesuchten Abstände sind ($H'''H' \parallel G'''G' \parallel BA$). Selbstverständlich ist von den 4 Parallelen die zweite ebensoweit entfernt von der ersten, wie die dritte von der vierten.

Zur Konstruktion können auch die folgenden Beziehungen verwendet werden. Es sei r_1 der Radius des Kreises $ABCDES'T' \ldots$

und r_2 der des Kreises durch $F'G'H'J'K'$ ....; ferner sei s die Seite und d die Diagonale des Fünfecks $ABCDE$. Dann ist $r_1 : r_2 = V'R' : N'Q' = s : d$; ferner $M'N' = r_1$ und $R'N' = r_2$, da $R'N' \parallel P'Q' \parallel O'M'$ und $M'N' \parallel O'R'$; endlich $R'F' = r_1$ da $R'F'S'O'$ ein Parallelogramm ist. Daraus folgt noch $ER' = r_2 - r_1$ und wegen $P'Q' : ER' = r_2 : r_1$ folgt weiter: $r_2 : r_1 = r_1 : r_2 - r_1$ oder: $d : s = s : d - s$, wie ja bekannt. Offenbar ist $L'N' \perp N'R'$, da ferner die Diagonale $LN \parallel \Pi_1$, so stehen die Diagonalen LN und NR aufeinander senkrecht. Gleiches gilt für je zwei Diagonalen, die in der nämlichen relativen Lage sich befinden, so ist $NR \perp RF$. Aber es ist die Ebene $NRF \perp \Pi_1$ und Π_2, demnach ist NR ebenso gegen Π_1 (resp. Π_2) geneigt wie RF gegen Π_2 (resp. Π_1) und wegen $NR = RF = d$ ergibt sich: $R''F'' = R'N' = r_2$ und $R''N'' = R'F' = r_1$.

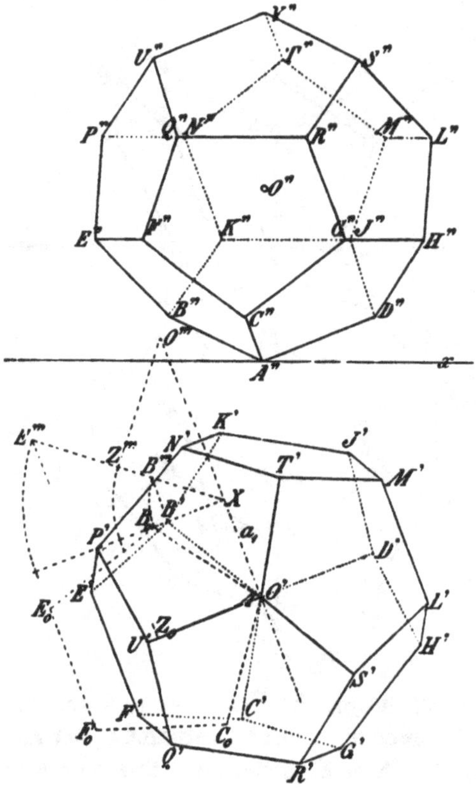

Fig. 101.

Aus dem Gesagten geht auch hervor, daß die 8 Eckpunkte $NRFELTHC$ die Ecken eines Würfels bilden. Im ganzen gibt es fünf solcher Würfel, und zwar ist jede Ecke des Zwölfflachs an zwei Würfeln beteiligt.

130. Wir wollen das Zwölfflach noch in einer zweiten Lage zeichnen, wobei eine Achse, etwa AV, vertikal gestellt sein mag (Fig. 101). Die drei von A ausgehenden Kanten, etwa AB, AC, AD, haben gleiche Neigung unter sich und gleiche Neigung gegen die Horizontalebene, sie projizieren sich also als gleiche Strecken, deren Neigungswinkel $\frac{4}{5}R$ betragen. Die erste Spurlinie der Ebene ABC ist $a_1 \perp AD'$, und die in dieser Ebene gelegene Seitenfläche $ABEFC$ erhält durch Umlegen um a_1 in die Grundrißebene die Lage $AB_0E_0F_0C_0$, wo $E_0F_0 \parallel a_1$. Da $B'B_0 \perp a_1$, so kann man B' und ebenso C', D' angeben. Benutzt man eine Hilfsebene $\Pi_3 \perp a_1$ im Punkte X, so erhält man in ihr als Seitenansicht des Fünfecks $ABEFC$ die Gerade $XB'''E'''$, wo $XB''' = XB_0$ und XE''' gleich dem Lot von X auf E_0F_0 ist ($B'''B' \parallel a_1$). $E'F'$ ist dann parallel zu a_1 und gleich E_0F_0 und geht verlängert durch E'.

Ganz in gleicher Weise finden sich die ersten Projektionen der Eckpunkte G, H, J, K; die 10 übrigen Eckpunkte liegen diesen diametral gegenüber und sind dadurch direkt gegeben, somit ist der Grundriß des Zwölfflachs bestimmt. Zur Kontrolle dient, daß sich $B'E'$ und B_0E_0 auf a_1 schneiden müssen. Um den Aufriß zu zeichnen, suchen wir zuerst noch den Seitenriß O''' von O. O liegt aber senkrecht über dem Mittelpunkt Z des Fünfecks $ABEFC$, also ist $O'''Z''' \perp XZ'''$ und $XZ''' = AZ_0$. Da man nun Grundriß und Seitenriß von B, E und O kennt, kann man unmittelbar ihre Aufrisse finden und hieraus, wie leicht zu erkennen, die Aufrisse sämtlicher Ecken und so den Aufriß des Zwölfflachs selbst.

Auch hier mögen wieder die Beziehungen zwichen den einzelnen Strecken erwähnt werden. Wenn wir, wie vorher, mit s und d Seite und Diagonale des Fünfecks bezeichnen, so ist $d : s = s : d - s = G'D' : C'A = G'S' : H'L'$, denn die Projektionen paralleler Strecken verhalten sich wie die Strecken selbst. Nun ist: $D'S' = C'A$, also $s : d = D'S' : G'D'$ sowie $s : d - s = C'A : G'S'$, und durch Einfügen in die obige Relation kommt: $d : s : d - s = C'A : G'S' : H'L'$. Nimmt man $C'A$ an, so kann man hiernach die anderen Strecken finden.

Die Diagonalen MD und DG liegen wieder in einer Vertikalebene und stehen aufeinander senkrecht (vergl. 141), folglich ist $M'' \dashv x) - (D'' \dashv x) = D'G'$ und $(G'' \dashv x) - (D'' \dashv x) = M'D'$. Die Kanten AC und HL sind zu jenen Diagonalen parallel, also ist auch: $(C'' \dashv x) = H'L'$ und $(L'' \dashv x) - (H'' \dashv x) = AC'$.

131. Konstruktion des Zwanzigflachs. Beim Zwanzigflach stoßen in jeder Ecke fünf Kanten zusammen, die ein reguläres Fünfkant und deren Endpunkte ein reguläres Fünfeck bilden. Je zwei aufeinanderfolgende Seiten des Fünfecks sind zwei Kanten des Zwanzigflachs, die nicht der nämlichen Seitenfläche angehören. Umgekehrt bilden je zwei von einer Ecke ausgehende Kanten, die nicht der gleichen Seitenfläche angehören, zwei Seiten eines regulären Fünfecks, dessen andere Seiten ebenfalls Kanten des Zwanzigflachs sind. Ganz ähnlich wie beim Zwölfflach zeigt man auch hier, daß die Eckpunkte paarweise auf sechs Achsen liegen, die durch einen Punkt, den Mittelpunkt, gehen, daß dieser Mittelpunkt senkrecht über der Mitte jeder Seitenfläche liegt und daß diese paarweise parallel sind.

Wählt man bei der Darstellung eine Achse etwa AQ senkrecht zum Grundriß, so bilden die Endpunkte der Kanten, die von A ausstrahlen, ein horizontales Fünfeck, ebenso die der von Q ausstrahlenden Kanten. Die Eckpunkte beider Fünfecke liegen sich diametral gegenüber, wonach sich der Grundriß sofort ergibt (Fig. 102). Um den Aufriß zu zeichnen, braucht man nur noch die Abstände der beiden horizontalen Fünfecke von der Grundrißebene zu kennen. Sind nun die Kanten aus A der Reihe nach AB, AC, AD, AE, AF, und ist a_1 die erste Spur der Fläche ABC, so ist $a_1 \perp AE'$. Durch Umlegen von $\triangle ABC$ um a_1 erhält man das gleichseitige Dreieck AB_0C_0. In einer Hilfsebene $\Pi_3 \perp a_1$ im Punkte X sucht man den Seitenriß B''' von B ($XB_0 = XB'''$) und den Seitenriß Z''' von dem Mittelpunkte Z des $\triangle ABC (AZ_0 = XZ''')$. Da der Mittelpunkt O des Zwanzigflachs senkrecht über der Mitte Z des $\triangle ABC$ liegt, so ist $Z''' O''' \perp XB'''$. Aus Grund- und Seitenriß von B und O findet man aber die Aufrisse dieser beiden Punkte und damit die Aufrisse aller 12 Eckpunkte. Man hätte bei der Konstruktion auch das ebene reguläre Fünfeck mit den Seiten AB und AD, dessen erste Spurlinie auf AC' senkrecht steht, benutzen können, dann wäre die Konstruktion von O überflüssig geworden.

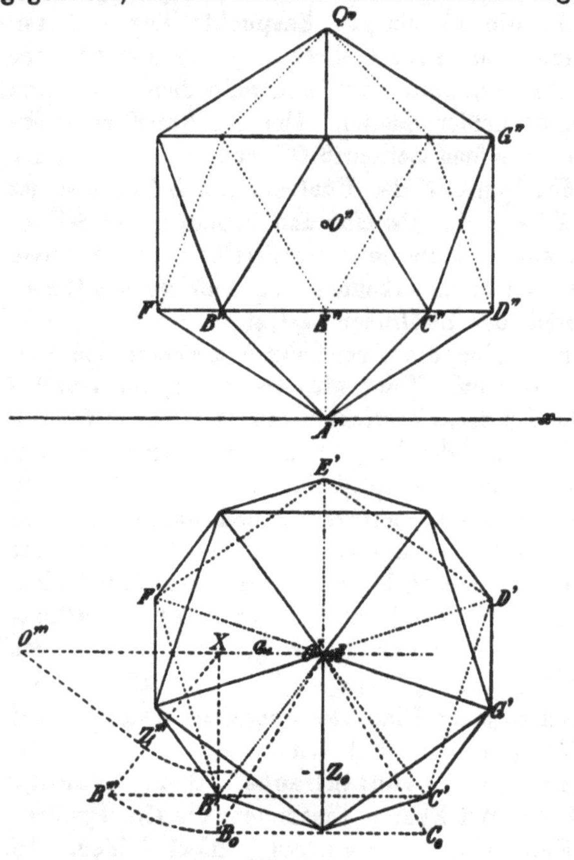

Fig. 102.

Die Höhe der Ecken über der Horizontalebene bestimmen sich auch durch folgende Betrachtung. Es ist $AD' \perp B'F'$ und folglich auch $AD \perp BF$, da BF horizontal; analog ist $AE \perp DG$, da diese Kanten in der gleichen gegenseitigen Lage sich befinden wie jene. Man folgert daraus (wie in 129), daß $A''E'' = D'G'$ und $D''G'' = AE'$.

132. Legt man bei der Darstellung eine Seitenfläche des Zwanzigflachs etwa $\triangle ABC$ in die Grundrißebene hinein, und sind

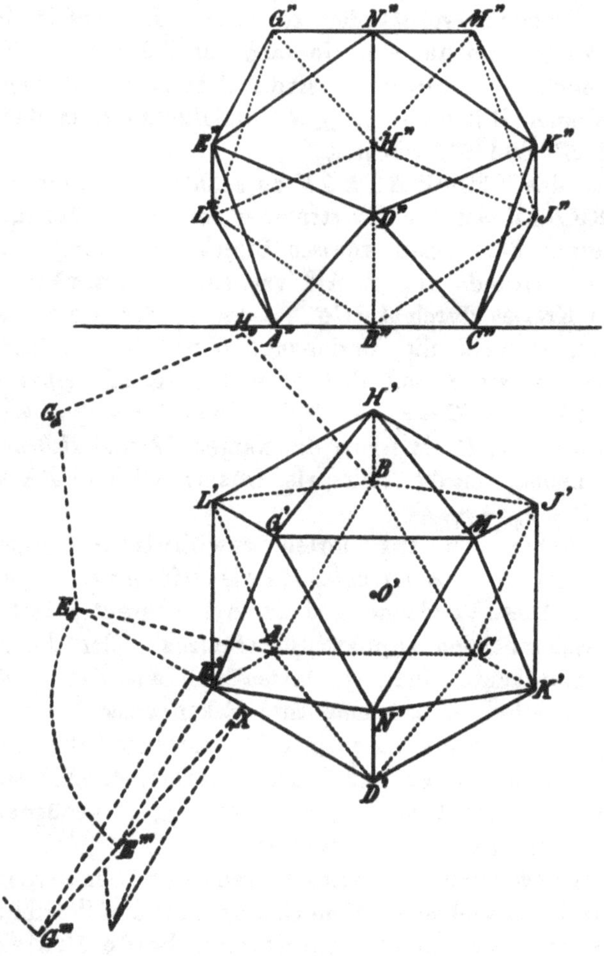

Fig. 103.

die Kanten aus A der Reihe nach AB, AC, AD, AE, AL, so läßt sich die räumliche Lage von AD, AE, AL in folgender Weise bestimmen (Fig. 103). Die Kanten AB, AC, AE bilden ein Dreikant, für das $\angle BAC = \frac{2}{3}R$ und $\angle CAE = \angle BAE = \frac{6}{5}R$ ist, da ja nach Früherem

BA und EA zwei Seiten eines regulären Fünfecks sind. Man zeichnet zunächst das um AB umgelegte Kantenfünfeck $BAE_0G_0H_0$ und dreht es um AB zurück, so daß E auf die Halbierungslinie des $\angle BAC$ zu liegen kommt; durch Affinität findet man auch G' und H' ($H'B = EA$, $G_0E_0 \times G'E'$ auf AB). Beachtet man noch, daß die Ecken paarweise diametral einander gegenüberliegen, so kann man den Grundriß vollständig zeichnen. Im Aufriß liegen die 12 Ecken zu je drei auf vier Geraden parallel zur x-Achse, deren Abstände noch zu konstruieren sind. Dies geschieht wieder durch Benutzung einer Hilfsebene $\Pi_3 \perp AB$ im Punkte X, in der man die Seitenrisse E''' und G''' zeichnet.

Anstatt das Fünfeck $BAEGH$ zu benutzen, hätte man auch das Fünfeck $BADKJ$ bei der Konstruktion verwerten können.

Wiederum kann man gewisse Streckenbeziehungen zur Konstruktion von Grund- und Aufriß verwenden. Ist nämlich r_1 der Radius des Kreises durch $ABCG'$ ... und r_2 der des Kreises durch $D'E'H'J'$ ..., so geht die Beziehung: $O'B : O'H' = BC : H'K'$ über in: $r_1 : r_2 = s : d$, wo s und d Seite und Diagonale eines regulären Fünfecks sind. Da $M'C = r_1$ und $M'C : H'B = d : s = r_2 : r_1 = r_1 : r_2 - r_1$, folgt: $H'B = r_2 - r_1$ H, da ferner die Kanten JK und HB aufeinander senkrecht stehen, ergibt sich wie früher: $H''B'' = J'K' = r_2$ und $J''K'' = H'B = r_2 - r_1$.

133. Außer den angeführten gewöhnlichen regelmäßigen Vielflachen gibt es noch verschiedene sternförmige regelmäßige Vielflache. Diese Vielflache sind dadurch charakterisiert, daß entweder die Seitenflächen reguläre Sternfünfecke oder die Ecken reguläre Sternfünfkante sind; sie lassen sich aus den gewöhnlichen Vielflachen ableiten, indem man ihre Ecken entweder wie die des Zwölf- oder wie die des Zwanzigflachs anordnet, aber in anderer Reihenfolge durch Kanten und Flächen verbindet. Sie sollen hier nicht weiter untersucht werden, vielmehr mag es genügen, auf die bezügliche Spezialliteratur hinzuweisen[5]).

134. Es mögen hier noch einige Fragen besprochen werden, die sich auf die einfachsten Vielflache, nämlich Tetraëder und Würfel beziehen.

Von einem Tetraëder kennt man beide Projektionen, jedoch nur der *Form*, nicht der *Lage* und *Größe* nach; dasselbe sei zu zeichnen. Die gesuchten Projektionen nennen wir wie gewöhnlich $A'B'C'D'$ und $A''B''C''D''$; die gegebenen Figuren seien $A_1B_1C_1D_1$ und $A_2B_2C_2D_2$, und zwar setzen wir voraus, daß: $A_2B_2C_2D_2 \sim A''B''C''D''$ und $A_1B_1C_1D_1 \cong A'B'C'D'$ (Fig. 104). In der Tat können wir den Grundriß des Tetraëders auch der Größe nach wählen, also kongruent zu $A_1B_1C_1D_1$ annehmen; damit ist dann auch die Größe des gesuchten Tetraëders fixiert. $A'B'C'D'$ und $A''B''C''D''$ sind nun dadurch als orthogonale Projektionen des nämlichen Tetraëders charakterisiert, daß die Linien $A'A''$, $B'B''$, $C'C''$, $D'D''$ senkrecht zu einer Geraden, nämlich der x-Achse, stehen, also untereinander parallel sind. In dem Schnittpunkte der Geraden $A''B''$ und $C''D''$ fallen die Aufrisse $F'' = G''$ zweier Punkte zusammen, deren Grundrisse F' und G' resp. auf $A'B'$ und $C'D'$ liegen; dabei ist: $A'F' : F'B' = A''F'' : F''B''$ und $C'G' : G'D' = C''G'' : G''D''$.

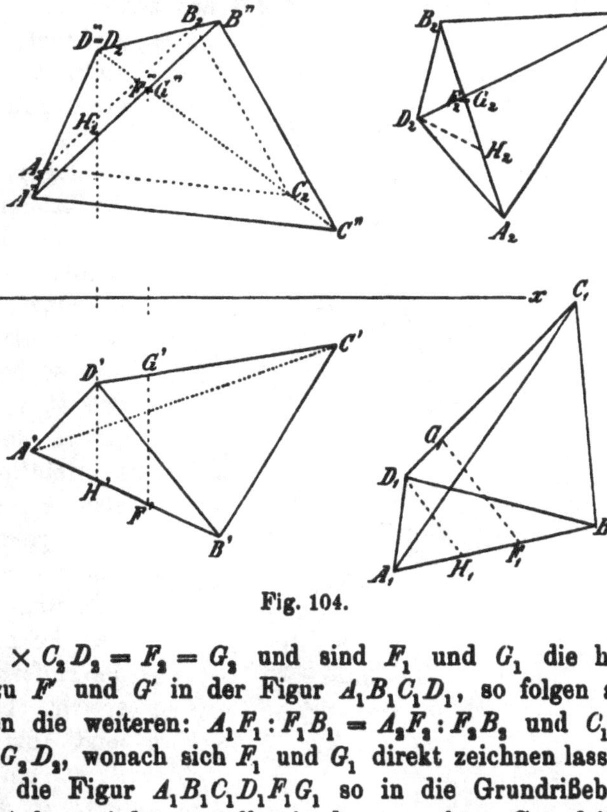

Fig. 104.

Ist $A_2B_2 \times C_2D_2 = F_2 = G_2$ und sind F_1 und G_1 die homologen Punkte zu F' und G' in der Figur $A_1B_1C_1D_1$, so folgen aus jenen Relationen die weiteren: $A_1F_1 : F_1B_1 = A_2F_2 : F_2B_2$ und $C_1G_1 : G_1D_1 = C_2G_2 : G_2D_2$, wonach sich F_1 und G_1 direkt zeichnen lassen. Legt man nun die Figur $A_1B_1C_1D_1F_1G_1$ so in die Grundrißebene, daß $F_1G_1 \perp x$-Achse wird, so stellt sie den gesuchten Grundriß unseres Tetraëders dar. Um den Aufriß zu finden, ziehe man durch D' eine Parallele zu $F'G'$, die $A'B'$ in H' schneiden mag und bestimme H_2 auf A_2B_2 gemäß der Relation: $A_2H_2 : H_2B_2 = A'H' : H'B'$. Nun gebe man der Figur $A_2B_2C_2D_2F_2H_2$ eine solche Lage, daß D_2H_2 in die Verlängerung von $D'H'$ fällt, dann ist der gesuchte Aufriß zu dieser Figur ähnlich und ähnlich gelegen. Man hat nur $D'' = D_2$

zu wählen und auf den Geraden $D_2 A_2$, $D_2 B_2$ und $D_2 C_2$ die Punkte $A''B''$ und C'' beziehentlich so zu bestimmen, daß $A'A''$, $B'B''$, $C'C''$ senkrecht zur x-Achse werden.

135. Einen Würfel von gegebener Kantenlänge zu zeichnen, wenn man die Richtungen der ersten Projektionen seiner Kanten kennt.

Sei A eine Ecke und seien AB, AC, AD die drei von dieser Ecke ausgehenden Kanten des Würfels, so mögen A und die Richtungen b', c', d', auf denen die Punkte B', C', D' gelegen sind, gegeben sein (Fig. 105). Da nun die Kante AB auf der Seitenfläche ACD senkrecht steht, so steht b' auf der ersten Spurlinie von ACD senkrecht. Analoges gilt für die beiden anderen Kanten. Das Spurendreieck $B_1 C_1 D_1$ in einer horizontalen Hilfsebene ist also so beschaffen, daß b', c', d' seine Höhen sind; dabei kann ein Spurpunkt, etwa B_1, noch beliebig gewählt werden, was einem bestimmten Abstand der Ecke A von der Hilfsebene entspricht. Legt man jetzt die Ebene $B_1 A C_1$ um die Spur $B_1 C_1$ in die Hilfsebene um, so erhält

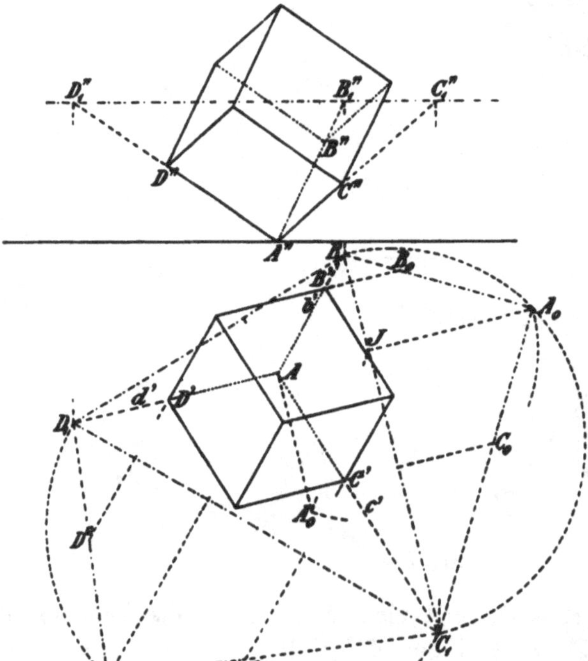

Fig. 105.

man $B_1 A_0 C_1$, wo $A A_0 \perp B_1 C_1$ und $B_1 A_0 \perp C_1 A_0$; ganz ebenso findet man $C_1 A^0 D_1$ durch Umlegen der Ebene $C_1 A D_1$. Auf $A_0 B_1$, $A_0 C_1$ resp. $A^0 C_1$ und $A^0 D_1$ trägt man die Kantenlänge des Würfels gleich $A_0 B_0 = A_0 C_0 = A^0 C^0 = A^0 D^0$ auf und gewinnt dann durch Zurückdrehen der umgelegten Ebenen B', C', D' und damit die erste Projektion des Würfels. Um den Aufriß des Würfels zu zeichnen, hat man noch die Abstände der Ecken A, B, C, D von der Hilfsebene zu bestimmen, was in bekannter Weise geschieht; so ergibt sich z. B. der Abstand AA_0 des Punktes A von der Hilfsebene als Kathete eines rechtwinkligen Dreiecks, dessen Hypotenuse $= A_0 J$ und dessen andere Kathete $= AJ$ ist.

136. Einen Würfel zu zeichnen, wenn man die Längen der ersten Projektionen seiner Kanten kennt.

Eine Ecke des Würfels, etwa A, verlegen wir in die Horizontalebene; sind dann B, C und D die benachbarten Ecken und B' C', D' ihre Projektionen, so ist:

$$AB'^2 + BB'^2 = AC'^2 + CC'^2 = AD'^2 + DD'^2 = k^2,$$

wo k die Länge der Kanten des Würfels bedeutet. Nun läßt sich aber auch leicht zeigen, daß:

$$BB'^2 + CC'^2 + DD'^2 = k^2$$

ist. Errichtet man nämlich in A eine Vertikale, macht sie $= k$ und fällt von ihrem Endpunkte Lote auf die Kanten AB, AC, AD, so werden auf ihnen Strecken abgeschnitten, welche resp. gleich BB', CC', DD' sind. Diese in A zusammenstoßenden Strecken bestimmen ein rechtwinkliges Parallelepipedon, dessen Diagonale eben jene Vertikale k ist. Für ein solches Parallelepipedon gilt aber der Satz, daß die Summe der Quadrate dreier zueinander rechtwinkliger Kanten gleich dem Quadrate der Diagonale ist.

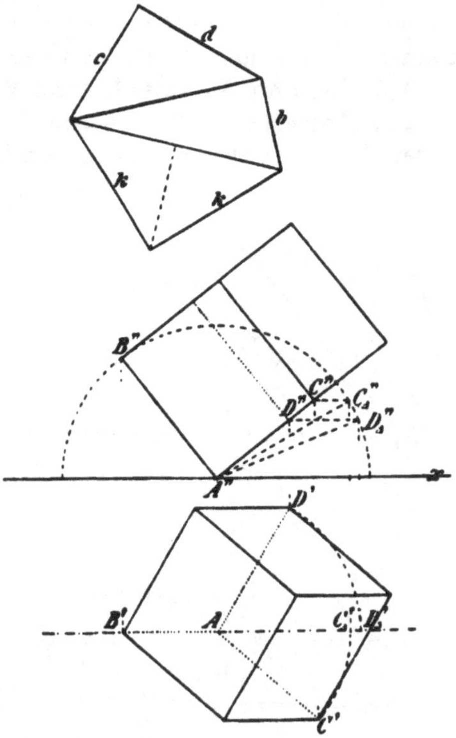

Fig. 106.

Aus jenen Relationen folgt nun die weitere:

$$AB'^2 + AC'^2 + AD'^2 = 2\,k^2,$$

die unmittelbar eine Konstruktion der Kantenlänge k ermöglicht, wie dies Fig. 106 zeigt (wobei $AB' = b$, $AC' = c$, $AD' = d$). Hiermit kennt man auch sofort die Neigungswinkel, die die Kanten AB, AC, AD mit der Horizontalebene einschließen. Nimmt man nun eine

Aufrißebene zu Hilfe, die einer Kante, etwa AB, parallel ist und dreht die beiden anderen Kanten AC und AD um eine in A vertikale Achse, bis sie zur Aufrißebene parallel werden, so erhält man $AB' = b$, $AC_{\triangle}' = c$, $AD_{\triangle}' = d$, $A''B'' = A''C_{\triangle}'' = A''D_{\triangle}'' = k$. Dreht man jetzt die beiden Kanten AC und AD wieder zurück, bis sie ihre richtige räumliche Lage eingenommen haben, d. h. bis sie beide auf AB senkrecht stehen, so erhält man die gewünschten Projektionen $A''C''$, $A''D''$ (wo $C_{\triangle}''C'' \parallel D_{\triangle}''D'' \parallel x$-Achse, $A''C'' \perp A''B''$, $A''D'' \perp A''B''$) und AC', AD' (wo $AC' = AC_{\triangle}'$, $AD' = AD_{\triangle}'$). Die weiteren Kanten des Würfels lassen sich dann unmittelbar in ihren Projektionen zeichnen.

137. Einem Vierflach eine Kugel umzuschreiben.

Der Einfachheit halber mögen drei Ecken des Vierflachs $ABCD$ in der Horizontalebene gelegen sein (Fig. 107). Dann gehört der Kreis durch die Ecken ABC der Kugel an und ihr Mittelpunkt M liegt senkrecht über dem Mittelpunkt M' dieses Kreises. Wählt man nun J auf diesem Kreise so, daß $D'J \parallel x$-Achse, so ist DJ eine zur Aufrißebene parallele Sehne der Kugel. Nun geht jede in der Mitte einer Kugelsehne zu ihr senkrechte Ebene durch den Kugelmittelpunkt. Die Mittelebene der Sehne DJ projiziert sich aber im Aufriß als eine Gerade, die auf $D''J''$ in der Mitte senkrecht steht, auf der sich also M'' befinden muß. Wählt man endlich auf dem Kreise durch ABC einen Punkt K so, daß $M'K \parallel x$-Achse, so ist MK ein Kugelradius, dessen wahre Größe gleich $M''K''$ ist, wonach sich die Kugelprojektionen direkt zeichnen lassen.

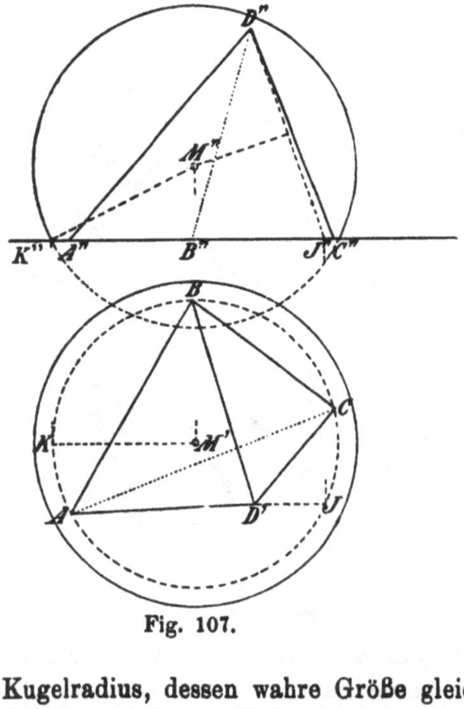

Fig. 107.

138. Einem Vierflach eine Kugel einzubeschreiben.

Der Kugelmittelpunkt muß von den vier Flächen des Körpers gleichen Abstand besitzen. Sind nun A, B, C, D wieder die vier Ecken und konstruiert man drei Ebenen, die die Flächenwinkel längs der Kanten AB, BC, CA halbieren, so hat ihr Schnittpunkt offenbar gleichen Abstand von den vier Seitenflächen, ist also der gesuchte Kugelmittelpunkt. Durch ihn gehen natürlich auch die Halbierungsebenen der Winkel an den anderen Kanten. Je nachdem man nun bei jenen Kanten die Innen- oder die Außenwinkel halbiert, erhält man acht verschiedene Lagen und demnach acht einbeschriebene Kugeln, die freilich die Flächen nicht alle von innen, sondern teilweise von außen berühren. Halbiert man überall die Innenwinkel, so liegt die einbeschriebene Kugel im Innern des Vierflachs.

Um diese Kugel zu finden, setzen wir wieder voraus, daß die Ecken ABC in der Grundrißebene liegen, dann können wir uns zur Konstruktion der Halbierungsebenen in den Kanten AB, BC, CA der folgenden Methode bedienen (Fig. 108). Die Halbierungsebene durch

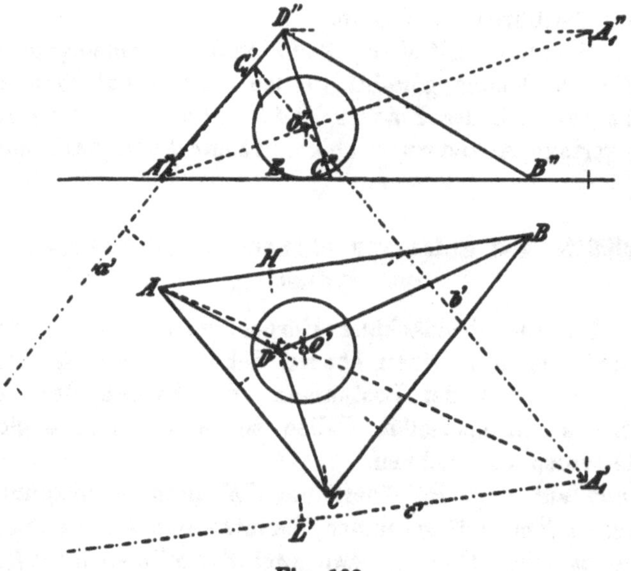

Fig. 108.

die Kante AB schließt mit der Seite ABD und der Grundrißebene gleiche Winkel ein, also auch mit jeder anderen Horizontalebene. Legt man demnach durch die Ecke D eine horizontale Hilfsebene, so wird dieselbe von jener Halbierungsebene in einer Hilfsspur c geschnitten ($c \parallel AB$), und es muß D von c und AB gleichen Abstand besitzen, d. h. es muß $DH = DL$ sein, denn $\triangle DHL$ ist gleichschenklig wegen der Gleichheit der Winkel bei H und L. Nun bestimmt sich DH als Hypotenuse eines rechtwinkligen Dreiecks mit den Katheten $D'H$ und $D''E$; man hat also nur $D'L' = DL = DH$

auf die Verlängerung von HD' aufzutragen, um L' und damit c' zu finden. Analog verfährt man, um die Projektionen a' und b' der Hilfsspuren a und b dei den Halbierungsebenen durch die Kanten BC und CA zu gewinnen. Bezeichnen wir jetzt das Dreieck der drei Hilfsspuren mit $A_1 B_1 C_1$, so sind AA_1, BB_1, CC_1 die gegenseitigen Schnittlinien unserer Halbierungsebenen und ihr gemeinsamer Punkt O ist der gesuchte Kugelmittelpunkt ($O' = AA_1' \times BB_1' \times CC_1'$ und O'' auf $A''A_1''$). Der Kugelradius ist gleich dem Abstande des Punktes O'' von der x-Achse.

Für die Halbierungsebene des Außenwinkels an der Kante AB gilt wiederum die Beziehung, daß der Abstand ihrer Hilfsspur von D gleich DH ist, nur ist dieser Abstand in entgegengesetzter Richtung wie vorher aufzutragen. Hieraus folgt sofort die Konstruktion der anderen berührenden Kugeln.

Die horizontale Hilfsebene kann auch in beliebigem Abstand von der Grundrißebene gewählt werden. Dann hat man zunächst das Hilfsspurdreieck der Flächen DAB, DBC, DCA zu zeichnen, was eine geringe Abänderung obiger Konstruktion nach sich zieht.

Ebene Schnitte und Netze von Vielflachen, insbesondere Prismen und Pyramiden.

139. Ist ein ebenflächiger Körper durch seine Projektionen gegeben und soll man einen ebenen Schnitt durch ihn legen, so geht man meist von der Bestimmung der Ecken des Schnittpolygons aus; in speziellen Fällen ist es möglich, sogleich die Seiten desselben zu zeichnen.

Um nun auf einer Polyëderkante JK ihren Schnittpunkt S mit der gegebenen Ebene E zu finden, benutzt man am besten zwei in E gelegene parallele Gerade, etwa zwei Hauptlinien $a \| b \| \Pi_1$. Man denke sich (Fig. 109) durch JK eine vertikale Hilfsebene, die a und b in P und Q resp. schneiden mag, dann ist: $J''K'' \times P''Q'' = S''$. Auf diese Weise findet man alle Ecken des Schnittpolygons. Von den Polyëderkanten sind natürlich nur die zu benutzen, die unverlängert die Ebene E wirklich treffen.

Um die wahre Gestalt der Seitenflächen und der Schnittfläche des Körpers zu bestimmen, muß man ihre Ebenen zu einer Tafel parallel drehen (85) oder in die Tafel umlegen (80). Hierbei genügt es, die Endlage einer Ecke des betreffenden Polygons durch die Drehung zu bestimmen; die übrigen ergeben sich aus der Affinität, die zwischen seiner Projektion und Umlegung besteht. — Legt man alle Seitenflächen eines Polyëders in einer Ebene nebeneinander, so daß jede mit der vorhergehenden eine Kante gemein hat, so erhält man ein Netz des Vielflachs.

Statt der Polyëderkanten kann man zuweilen direkt die Polyëderflächen mit der Ebene E schneiden und erhält so die Seiten des Schnittpolygons. Die weiteren Beispiele zeigen die Anwendung dieses Verfahrens auf Prismen und Pyramiden.

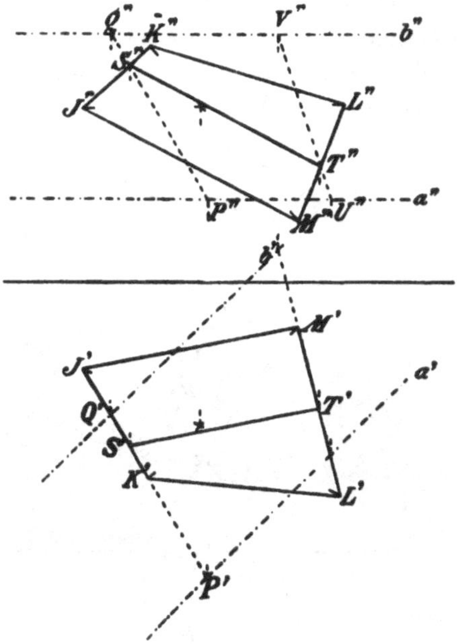

Fig. 109.

140. Eine prismatische Fläche wird von einer Geraden beschrieben, die an einem ebenen (offenen oder geschlossenen) Polygon so hingleitet, daß sie beständig die gleiche Richtung beibehält. Das Polygon heißt Leitlinie, die bewegliche Gerade wird im allgemeinen Erzeugende, im besonderen, wenn sie durch eine Ecke des Polygons geht, Kante genannt. Zwei parallele Ebenen schneiden die prismatische Fläche in kongruenten Polygonen; der von ihnen begrenzte Körper heißt Prisma. Jene Polygone heißen Grundfläche oder Basis und Endfläche des Prismas, die übrigen Flächen (Parallelogramme) seine Seitenflächen. Stehen die Kanten senkrecht auf der Basis, so ist das Prisma gerade, sonst heißt es schief. Der Abstand zwischen der Grund- und Endfläche heißt die Höhe.

Eine pyramidale Fläche entsteht, wenn eine Gerade an einem ebenen Polygon so hingleitet, daß sie dabei beständig durch einen festen Punkt geht. Das Polygon heißt wieder Leitlinie, die bewegliche Gerade wieder Kante oder Erzeugende, je nachdem sie durch eine Ecke des Polygons verläuft oder nicht; den festen Punkt nennt man Spitze oder Scheitel. Parallele Ebenen schneiden die Fläche in ähnlichen und ähnlich gelegenen Polygonen resp. Polygonstücken. Die pyramidale Fläche besteht aus zwei symmetrischen sich im Scheitel gegenüberstehenden Flächenteilen. Eine Ebene schneidet eine solche Fläche in einem Polygon oder in mehreren Polygonstücken, je nachdem eine Parallelebene durch den Scheitel nur diesen selbst oder mehrere Erzeugende enthält.

Der von einer Ebene und einer pyramidalen Fläche begrenzte Körper heißt **Pyramide.** Erstere wird **Grundfläche**, die übrigen Flächen (Dreiecke) werden **Seitenflächen** genannt. Unter der Höhe der Pyramide versteht man das von der Spitze auf die Basisfläche gefällte Lot.

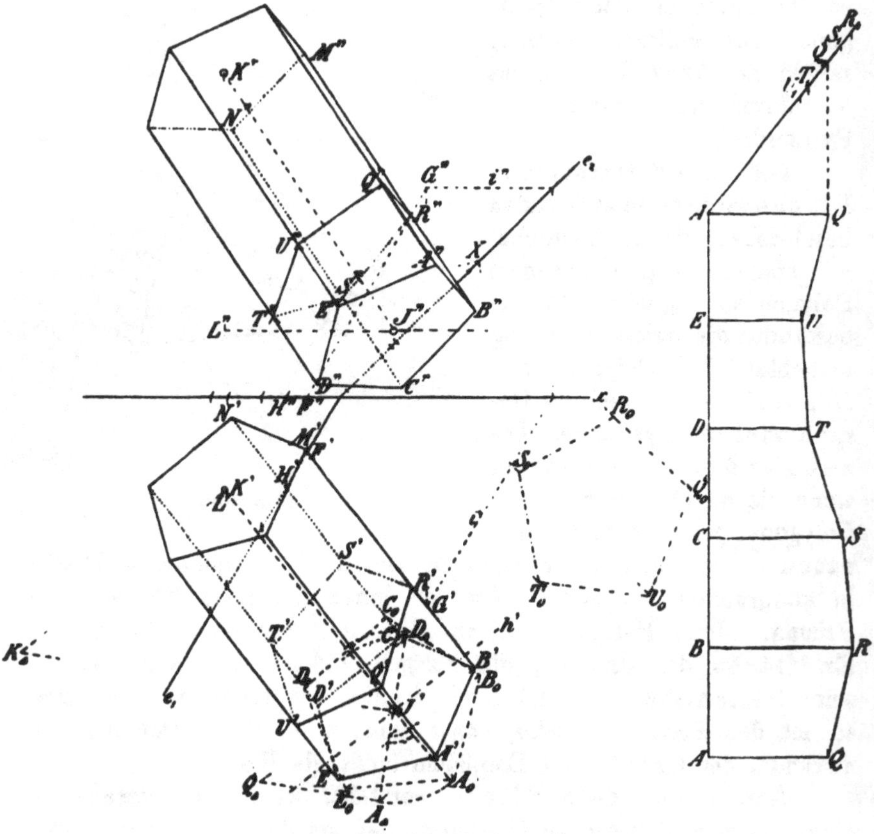

Fig. 110.

141. Ein reguläres Prisma, dessen Basis und Achse gegeben ist, zu zeichnen, sowie einen ebenen Schnitt desselben und das Netz des einen Teiles anzugeben (Fig. 110).

Bei einem regulären Prisma ist die Grundfläche ein reguläres Polygon und die Kanten stehen auf ihr senkrecht; die Verbindungslinie der Mittelpunkte der Grund- und Endfläche heißt seine **Achse**, sie ist offenbar zu den Kanten parallel. Sei JK die Achse und

$A_0 B_0 C_0 D_0 E_0$ das um die Hauptlinie h zu Π_1 parallel gedrehte reguläre Basispolygon, so benutze man eine vertikale Hilfsebene durch JK und drehe sie parallel Π_1 um die Hauptlinie JL. Die mit der Hilfsebene gedrehte Achse des Prismas ist dann $J'K_\triangle$; die Projektion von $A_0 B_0 C_0 D_0 E_0$ auf die Hilfsebene fällt mit $J'K'$, diejenige von $ABCDE$ mit $A_\triangle D_\triangle$ zusammen, wo $A_\triangle D_\triangle \perp J'K_\triangle$ und $J'A_\triangle = (A_0 \dashv h')$. Aus der Hilfsprojektion des Basispolygons ergeben sich aber sofort sein Grund- und Aufriß ($A_\triangle A' \| h'$ und $A_0 A' \perp h'$ usw. $A_\triangle A' = (A'' \dashv J''L'')$ usw.). Hieraus lassen sich die Projektionen des Prismas leicht vervollständigen.

Ist die Schnittebene E durch ihre Spuren e_1, e_2 gegeben, so zeichne man zunächst in ihr eine Hauptlinie i. Die Vertikalebene durch die Kante BM schneide E in der Geraden FG; R'' ist also der Aufriß der auf BM gelegenen Ecke des Schnittpolygons. Hiernach lassen sich die Projektionen dieses Polygons $QRSTU$ angeben; denn es ist $H''S'' \| F''G''$ und $H' = e_1 \times C'N'$ usw. Um seine wahre Größe $Q_0 R_0 S_0 T_0 U_0$ zu finden, legen wir es um die Spur e_2 in Π_2 um; dabei ist $Q_0 Q'' \perp e_2$ und $Q_0 X$ ist die Hypotenuse eines Dreiecks mit den Katheten $Q''X$ und $(Q' \dashv x)$. Zur Bestimmung der übrigen Punkte kann man auch die Affinität von $Q''R''S''T''U''$ und $Q_0 R_0 S_0 T_0 U_0$ benutzen.

Um das Netz des einen Stückes des Prismas mit der Grundfläche $ABCDE$ und der Endfläche $QRSTU$ zu zeichnen, braucht man nur zu bedenken, daß die Seitenflächen Trapeze sind, deren Seiten man kennt. Im Trapez $ABRQ$ ist $AB = A_0 B_0$, $QR = Q_0 R_0$, $AQ = A_\triangle Q_\triangle$ und $\angle ABR = \angle BAQ = R$; ferner ist: $AQ : BR : CS : DT : EU = A''Q'' : B''R'' : C''S'' : D''T'' : E''U''$. In der Figur ist $AQ_1 = 2A''Q''$ und $Q_1 Q \| AE$ gewählt; ist dann ebenso $AR_1 = 2A''R''$, usw., so muß auch $R_1 R \| AE$ sein, usw. Es mag noch erwähnt werden, daß auch die Fünfecke $ABCDE$ und $QRSTU$ affin sind, die Affinitätsachse ist die Schnittlinie ihrer beiden Ebenen, auch die Projektionen sind infolgedessen affin.

142. Von einem schiefen Prisma soll das Netz entwickelt werden (Fig. 111). Seine Grundfläche $ABCD$ mag in der Horizontalebene liegen und die Projektionen der Kante AK mögen gegeben sein, dann lassen sich die Projektionen des Prismas direkt zeichnen. Um das Netz zu bestimmen, verfährt man am besten so, daß man einen Schnitt senkrecht zu den Kanten ausführt und dessen wahre Größe sucht. Dazu benutze man eine zu den Kanten parallele Vertikalebene als Seitenrißebene Π_3 und zeichne den Seitenriß des Prismas. Die Ebene des Normalschnittes hat die Spuren $e_1 \perp A'K'$, $e_2 \perp A''K''$, $e_3 \perp A'''K'''$ und der Seitenriß des Schnittpolygons fällt mit e_3 zusammen, woraus sich auch seine anderen Projektionen ergeben. Um die wahre Größe von $LMNO$ zu finden, legt man dieses Viereck um e_1 in Π_1 nieder, was mit Hilfe des

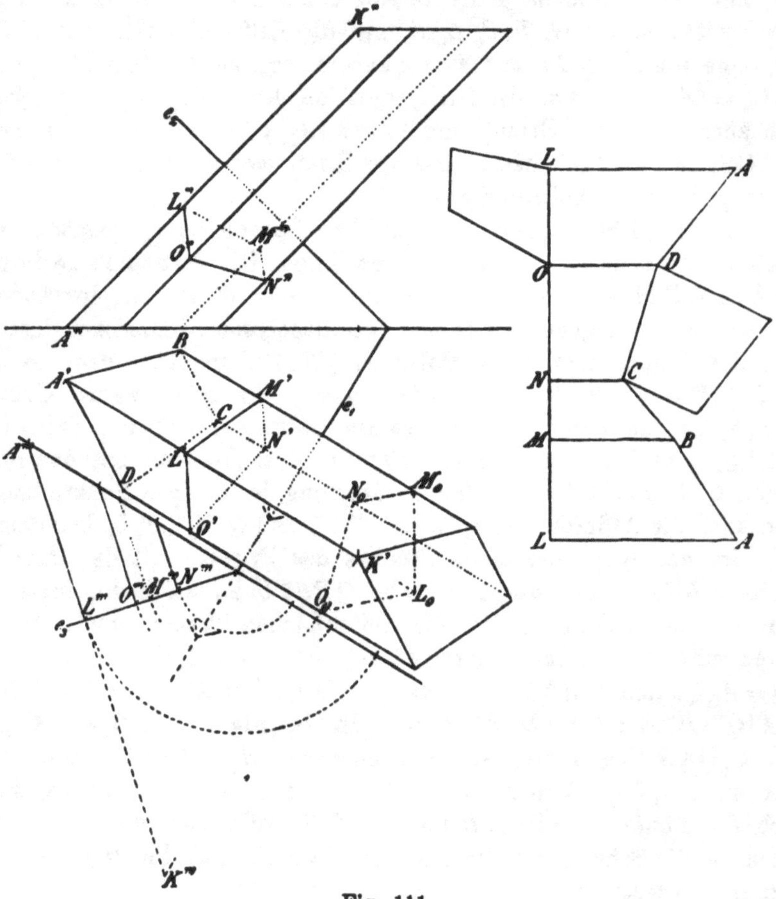

Fig. 111.

Seitenrisses in bekannter Weise geschieht. Die Vierecke $ABCD$, $L'M'N'O'$, und $L_0M_0N_0O_0$ sind affin, e_1 ist für alle drei die gemeinsame Affinitätsachse.

Schneidet man die prismatische Fläche längs einer Kante auf und breitet sie in eine Ebene aus, so werden alle Kanten parallel und die Seiten des Normalschnittes bilden Stücke einer dazu senkrechten Geraden. Hiernach kann man das Netz zeichnen, indem man die Teilstücke der Kanten aus dem Seitenriß direkt entnehmen kann. In der Figur ist nur das Netz des einen Stückes des Prismas entworfen.

Handelt es sich nur um das Netz, so kann man die Projektionen des Normalschnittes fortlassen, da alsdann die Konstruktion

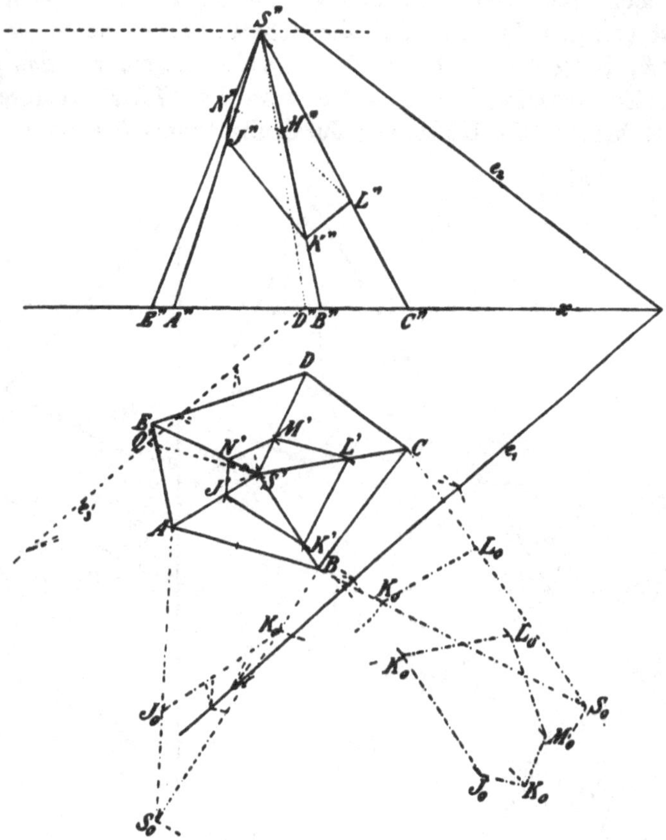

Fig. 112.

seiner wahren Gestalt $L_0 M_0 N_0 O_0$ genügt. Wollte man einen schiefen Schnitt zeichnen, so könnte man die nämliche Seitenrißebene Π_3 benutzen. Sind d_1, d_2, d_3 die Spuren der Schnittebene, so projiziere man das Prisma und sein Schnittpolygon in der Richtung von d_1 auf Π_3, dann fällt der Seitenriß des Polygons mit d_3 zusammen und man verfährt im übrigen ganz wie vorher.

143. Eine beliebige Pyramide mit einer Ebene zu schneiden und ihr Netz zu entwickeln (Fig. 112). Wir wollen annehmen, daß die Basisebene $ABCDE$ der Pyramide mit der Horizontalebene zusammenfällt; aus der Lage dieses Polygons und der der Spitze gehen die Projektionen der Pyramide hervor. Sind e_1 und

e_2 die Spuren der Schnittebene E, so kann man zunächst $J = AS \times E$ in der bekannten Weise finden. Das Schnittpolygon $JKLMN$ bestimmt sich dann dadurch, daß es mit $ABCDE$ in perspektiver Lage ist (vergl. 165), d. h. daß die Schnittpunkte homologer Seiten $AB \times JK$, $BC \times KL$, $CD \times LM$, ... auf e_1 liegen, wie das ja klar ist. Die Konstruktion läßt sich besser in der Weise ausführen, daß man eine horizontale Hilfsebene durch die Spitze S benutzt. E be-

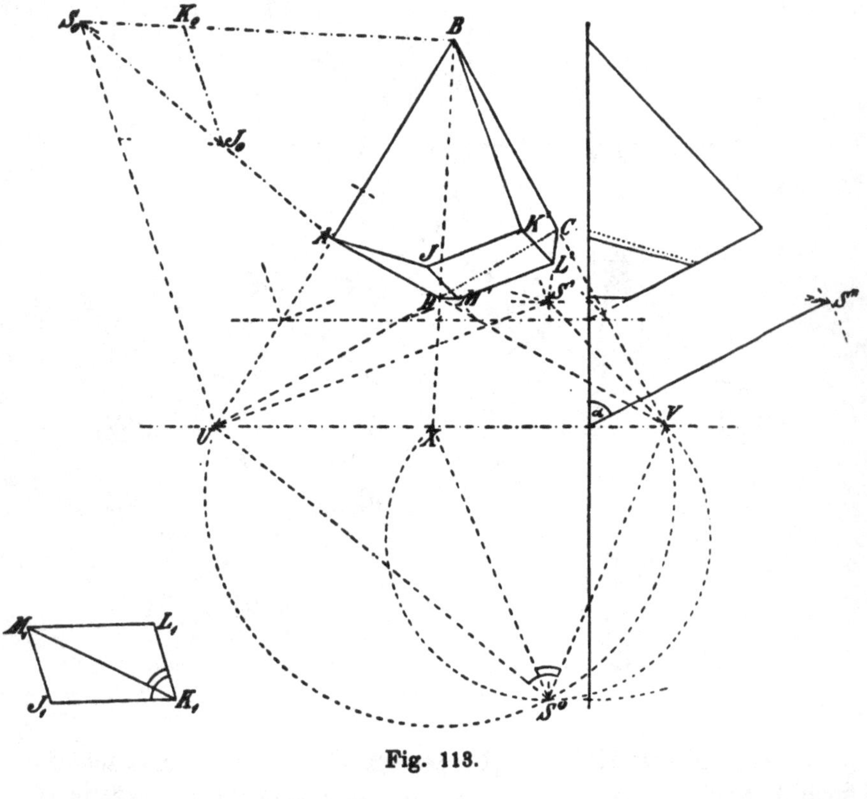

Fig. 113.

sitzt dann die Hilfsspur $e_3 \| e_1$ und die Seitenfläche SAB die Hilfsspur $SQ \| AB$, ferner ist $J'K'$ die Verbindungslinie des Punktes $e_1 \times AB$ mit $e_3' \times S'Q'$; analog konstruiert man $K'L'$ usw. Endlich könnte man bei der Konstruktion wieder eine Hilfsebene $\perp e_1$ wählen und würde dann wie bei den vorausgehenden Aufgaben verfahren. Um das Netz zu zeichnen, legt man die Schnittflächen um ihre Basislinien nieder, also SAB um AB, SBC um BC, usw.; so entsteht S_0AB und J_0K_0 und es ist $J'K' \times J_0K_0 = AB \times e_1$ usw. Das Polygon $JKLMN$ legt man um die Spur e_1 in Π_1 nieder.

144. Den Stumpf einer vierseitigen Pyramide zu zeichnen, wenn man das Basisviereck, sowie den Neigungswinkel α der Schnittfläche gegen die Basis kennt, und die Schnittfläche ein gegebenes Parallelogramm ist.

Um eine vierseitige Pyramide mit dem Scheitel S und dem Grundviereck $ABCD$ in einem Parallelogramm $JKLM$ zu schneiden, muß man die Schnittebene parallel den Geraden $SU = SAB \times SCD$ und $SV = SBC \times SDA$ wählen (Fig. 113). Der Schnittpunkt von JK (in SAB) und LM (in SCD) muß nämlich auf SU liegen, und da $JK \parallel LM$, so folgt weiter $JK \parallel SU \parallel LM$. Die Seiten des Parallelogramms $JKLM$ sind paarweise den Geraden SU und SV parallel. Die Diagonalen JL und KM des Parallelogramms müssen in den Ebenen SAC resp. SBD gelegen sein, also muß $JL \parallel SY$ und $KM \parallel SX$ sein, wo $SY = SAC \times SUV$ und $SX = SBD \times SUV$ ist. Hiernach läßt sich nun die Konstruktion leicht durchführen. Mit $ABCD$ ist auch U, V, X und Y bekannt. Denken wir uns die Ebene SUV um UV in Π_1 umgelegt, so bestimmt sich S^0 dadurch, daß $\angle US^0V = \angle J_1K_1L_1$ und $\angle VS^0X = \angle L_1K_1M_1$ ist; S^0 erscheint also als Schnittpunkt zweier Kreise, die über den Sehnen UV und VX resp. beschrieben sind und die bezüglichen Winkel als Peripheriewinkel über diesen Sehnen fassen. Mit Hilfe einer Aufrißebene $\Pi_2 \perp UV$ drehen wir jetzt S^0UV um UV, bis dieses Dreieck mit Π_1 den gegebenen Winkel α einschließt, dann ist $S\,(S', S'')$ die Spitze einer Pyramide, von der der gesuchte Pyramidenstumpf ein Teil ist. In der Tat schneidet jede zu SUV parallele Ebene aus dieser Pyramide ein Parallelogramm, das zu dem gegebenen $J_1K_1L_1M_1$ ähnlich ist. Legt man nun noch die Seitenfläche SAB um AB in Π_1 um, so bestimmt sich J_0K_0 in ihr dadurch, daß $J_0K_0 = J_1K_1$ und $J_0K_0 \parallel S_0U$ ist; dadurch ergibt sich dann sofort $J'K'$ und somit das Parallelogramm und die Spur der Schnittfläche in der Basisebene.

Die Aufgabe: eine abgestumpfte vierseitige Pyramide zu zeichnen, wenn die Vierecke in der Grund- und in der Schnittfläche, sowie der Neigungswinkel α dieser beiden Flächen bekannt sind, läßt sich ähnlich behandeln, doch ist hierbei auf die Darlegungen des folgenden Kapitels zu verweisen. Man bringt nämlich beide Vierecke auf der nämlichen Ebene in perspektive Lage und dreht dann die Ebene des einen Vierecks um die Achse der Perspektivität, bis sie mit der anderen Ebene den Winkel α einschließt; schließlich hat man nur noch die entsprechenden Ecken der beiden Vierecke zu verbinden.

Durchdringung zweier Vielflache.

145. Zwei Vielflache schneiden sich — falls sie überhaupt ineinander eindringen — in einem oder mehreren räumlichen Vielecken, deren Eckpunkte auf den Kanten der Vielflache liegen und in deren Seiten sich die Flächen beider durchschneiden. Die Seite eines Durchdringungspolygons verbindet entweder zwei Kanten des nämlichen Vielflachs oder eine Kante des einen Vielflachs mit einer des anderen. Im ersteren Falle müssen beide Kanten der nämlichen Seitenfläche angehören und die nämliche Fläche durchstoßen, im zweiten Falle muß jede der beiden Kanten eine Fläche durchstoßen, die von der anderen begrenzt wird. Besteht die ganze Durchdringungsfigur aus einem einzigen Polygon, so sagt man, daß die Vielflache ineinander eindringen, oder daß das eine ein Stück aus dem anderen ausschneide; bildet sie dagegen mehrere Polygone, so sagt man, das eine Vielflach durchdringe das andere.

Eine Seite der Durchdringungsfigur ist sichtbar, sobald sie in zwei sichtbaren Flächen gelegen ist, wenn man jedes Vielflach für sich allein betrachtet; in allen anderen Fällen ist sie unsichtbar. Eine Seite ist demnach stets unsichtbar, wenn einer ihrer Endpunkte auf einer unsichtbaren Kante eines Vielflachs liegt: sie kann aber auch unsichtbar sein, wenn sie zwei sichtbare Kanten verbindet, die dann entweder dem gleichen Vielflach angehören müssen, oder von denen eine auf dem scheinbaren Umriß liegen muß.

Um die Durchdringungsfigur zu konstruieren, kann man die Seiten des einen Vielflachs mit denen des anderen zum Schnitt bringen; man erhält so die Seiten dieser Figur, deren Ecken sich auf den unverlängerten Kanten der Vielflache befinden müssen (Flächenverfahren). Man kann aber auch die unverlängerten Kanten jedes der beiden Vielflache mit den Seiten des anderen schneiden, wodurch sich die Ecken der Durchdringungsfigur ergeben. Es sind dann diese Ecken in solcher Folge zu verbinden, daß je zwei aufeinanderfolgende Ecken in der nämlichen Seitenfläche eines jeden Vielflachs liegen (Kantenverfahren). Das letztere wird gewöhnlich angewendet.

146. Die Durchdringung eines Würfels mit einem Tetraëder zu zeichnen (Fig. 114). Eine Diagonale des Würfels soll auf Π_1 senkrecht stehen. Um ihn in dieser Lage zu zeichnen, gehen wir von einer speziellen Lage aus, wobei die Würfelseite

$A B_0 C_0 D_0$ in Π_1 liegt, und drehen den Würfel um die Gerade a ($a \perp A C_0$), bis seine Diagonale $A C_1$ zu Π_1 senkrecht wird. Hierzu benutzen wir, wie bekannt, eine zu a senkrechte Hilfsebene als

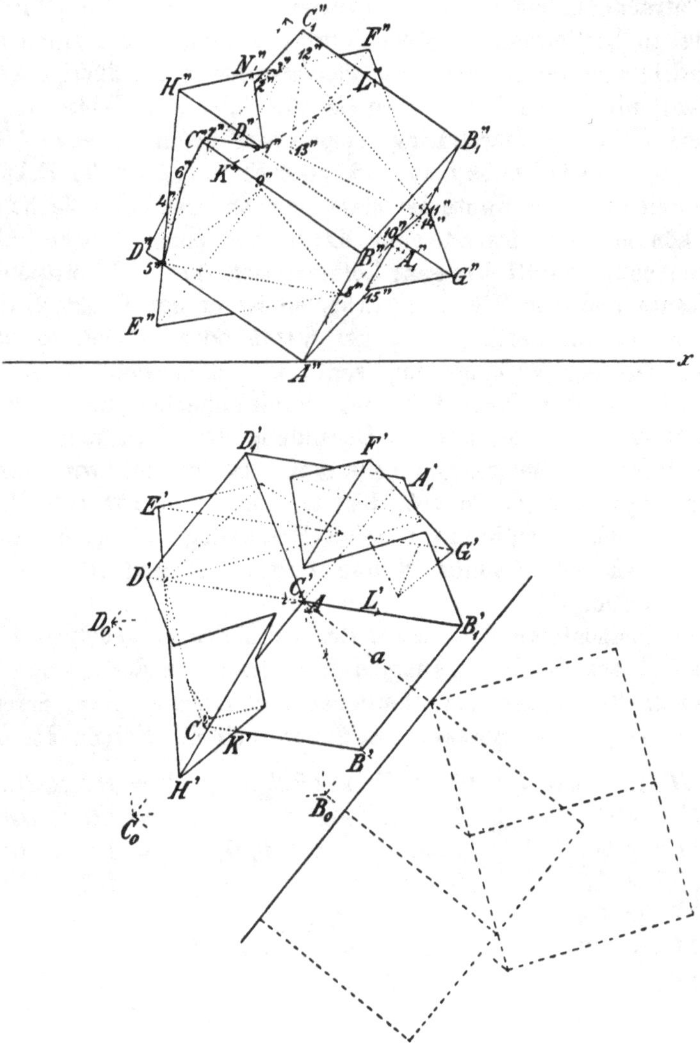

Fig. 114.

Seitenriß; daraus ergeben sich Grund- und Aufriß des Würfels. Das Tetraëder mag durch seine Projektionen gegeben sein. Wir wenden das Kantenverfahren an. Die erste projizierende Ebene durch $G H$ schneidet die Würfelseite $B B_1 C_1 C$ in der Geraden $K L$, und es ist $G''H'' \times K''L'' = 1''$ ein Eckpunkt des Durchdringungspolygons. Die Kante GH durchdringt ferner die Seite AA_1B_1B im Punkte 10. Ganz in gleicher Weise sind auf den übrigen Kanten des Tetraëders, sowie auf denjenigen des Würfels die Durchstoßpunkte zu bestimmen. Natürlich werden nicht alle Kanten an der Durchdringung teilnehmen; um sich also keine überflüssige Mühe zu machen, wird man am besten in der folgenden Weise vorgehen. Ist eine Ecke des Durchdringungspolygons gefunden, etwa $1 = GH \times BB_1C_1C$, so ist seine Seite $1, 2 = GHF \times BB_1C_1C$; der Eckpunkt 2 muß somit auf einer Kante der einen oder anderen Seitenfläche liegen. Wir können nun irgend eine Kante der einen Fläche mit der anderen zum Schnitt bringen; befindet sich dieser Schnittpunkt auf der Kante und der Fläche selbst, so ist er der Punkt 2, liegt er dagegen auf der Verlängerung der Kante oder Fläche, so befindet er sich auf der Verlängerung von 1, 2. Gleichwohl ist hierdurch die Richtung der Seite 1, 2 und damit offenbar auch der Eckpunkt 2 gefunden, der auf der Berandung der einen und im Innern der anderen Fläche gelegen sein muß. So würden wir, wenn wir in der Figur die Kante CC_1 benutzt hätten, direkt den Punkt 2 gewonnen haben, während wir bei Benutzung der Kante HF zunächst ihren Schnittpunkt N und damit $1, N$ und so auch 2 erhalten würden.

Die Reihenfolge der Ecken des Durchdringungspolygons ergibt sich sofort aus der Bemerkung, daß zwei aufeinanderfolgende Ecken bei beiden Vielflachen der nämlichen Seitenfläche, resp. deren Berandung, angehören müssen. So finden sich die Folgen der Ecken:

$1 = GH \times BB_1C_1C$	$10 = GH \times ABB_1A_1$	$5 = HE \times DA$
$2 = GHF \times C_1C$	$11 = GHF \times B_1A_1$	$8 = EG \times DAA_1D_1$
$3 = HF \times CC_1D_1D$	$12 = HF \times A_1B_1C_1D_1$	$9 = EF \times DAA_1D_1$
$4 = HFE \times CD$	$13 = FE \times A_1B_1C_1D_1$	$5 = HE \times DA$
$5 = HE \times DA$	$14 = FEG \times A_1B_1$	
$6 = HEG \times CD$	$15 = EG \times A_1B_1BA$	
$7 = HEG \times CC_1$	$10 = GH \times A_1B_1BA$	
$1 = HG \times BB_1C_1C$		

Im Punkte 5 treffen sich zufällig zwei Kanten, und es laufen von ihm vier Durchdringungslinien aus. Was die Sichtbarkeit der einzelnen Linien anlangt, so genügt das, was in voriger Nummer im allgemeinen darüber gesagt worden ist. Es folgt daraus, daß die sichtbaren Teile der Durchdringungsfigur immer von den Umrissen der beiden Vielflache begrenzt werden. Von einer Ecke dieser

Figur, die auf dem sichtbaren Teil des Umrisses liegt, geht stets eine sichtbare und eine unsichtbare Seite aus.

147. Die Durchdringung eines Prismas und einer Pyramide, die auf der Horizontalebene aufstehen (Fig. 115).

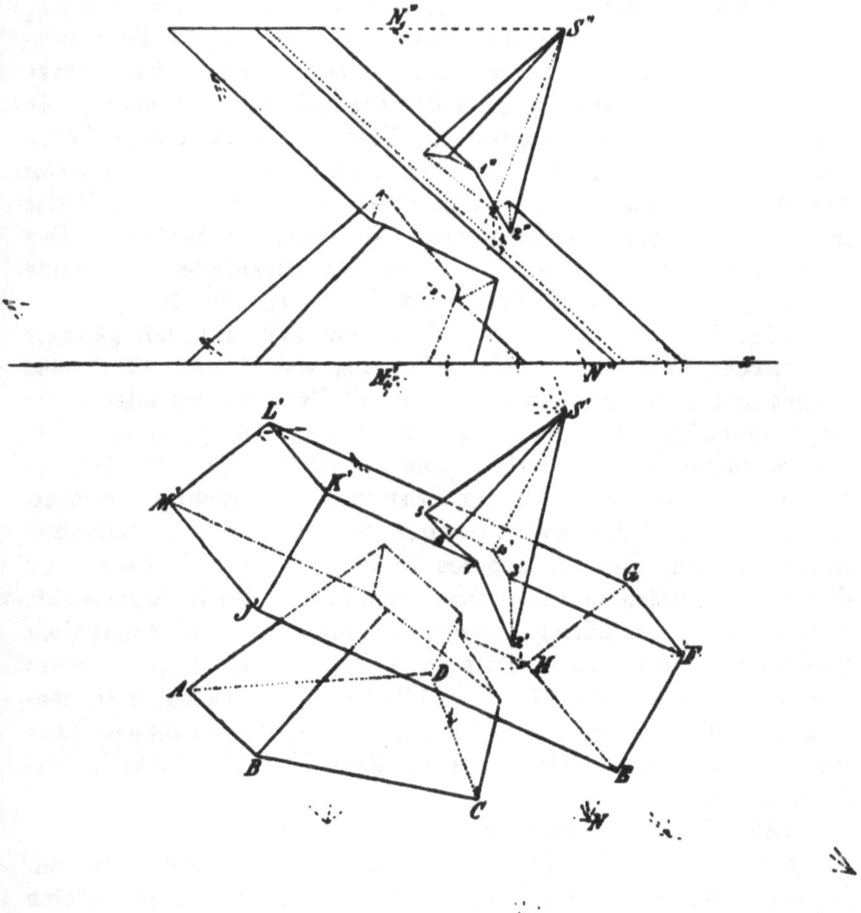

Fig. 115.

Hier läßt sich am leichtesten das Flächenverfahren durchführen, indem man außer Π_1 noch eine horizontale Hilfsebene Π_3 durch die Spitze der Pyramide verwendet. Jede Seitenfläche der Pyramide besitzt in Π_3 eine zu ihrer ersten Spur parallele Hilfsspur durch S, während die paarweise parallelen Spuren der Seitenflächen des Prismas zwei kongruente Vierecke bilden. Mit Hilfe dieser Spurlinien findet man die ersten und die Hilfsspurpunkte der Seiten der Durchdringungsfigur. In der Figur ist die obere Endfläche des Prismas bereits so gewählt, daß sie durch S hindurchgeht; liegt dieser Fall nicht vor, so muß erst das zu $EFGH$ kongruente Schnittpolygon gezeichnet werden. Die Seitenflächen SBC und $EFKJ$ schneiden sich in der Geraden NN_1, wo $N = BC \times EF$, $N_1 = JK \times SN_1$ und $SN_1 \parallel BC$ ist; diese Gerade nimmt nur insoweit an der Durchdringungsfigur teil, als sie zugleich im Innern der beiden Vielecke SBC und $EFKJ$ liegt, d. h. in der Erstreckung von 1 nach 2. In 2 setzt sich dann die Seite 2,3 an, die ebenfalls der Fläche $EFKJ$ angehören muß und von der (der erstgenannten Pyramidenseite benachbarten) Seite CDS ausgeschnitten wird. In gleicher Weise läßt sich die ganze Durchdringung im Grundriß zeichnen. Den Aufriß erhält man entweder durch direktes Hinaufloten der Punkte 1′, 2′, 3′, ... oder durch Hinaufloten der Spurpunkte N, N_1'. ..

148. Das hier geschilderte Verfahren läßt sich mit geringer Abänderung auch bei der Durchdringung von Prisma mit Prisma, Prisma mit Pyramide und Pyramide mit Pyramide bei allgemeiner Lage anwenden. Im ersten Fall wähle man zwei parallele Hilfsebenen senkrecht zum Aufriß (oder Grundriß), die sonst beliebig sein können; sie schneiden die Prismen in kongruenten Vielecken, deren parallele Seiten als Hilfsspuren der Prismenflächen betrachtet werden können. Zwei Hilfsspuren in der nämlichen Hilfsebene und die entsprechenden in der anderen liefern die beiden Hilfsspurpunkte einer Seite des Durchdringungspolygons, das im Grundriß unmittelbar gezeichnet werden kann. Tritt an Stelle eines gegebenen Prismas eine Pyramide, so schneiden die Hilfsebenen nicht kongruente, sondern ähnliche Vielecke aus. Gewöhnlich wird man in diesem Falle eine Hilfsebene durch die Spitze der Pyramide legen. Analog verfährt man bei zwei Pyramiden.

149. Die Durchdringung zweier Pyramiden in allgemeiner Lage (Fig. 116). Das Kantenverfahren läßt sich hier in besonderer Weise abändern, wie es sich später noch in anderen Fällen vorteilhaft erweisen wird. Verbindet man die Spitzen beider Pyramiden durch eine Gerade a und legt durch dieselbe eine beliebige Ebene, so schneidet sie jede der beiden Mantelflächen in zwei oder mehr erzeugenden Geraden, deren gegenseitige Schnittpunkte auf der Durchdringungsfigur gelegen sind. Wählt man die Ebene durch a speziell so, daß sie eine Pyramidenkante enthält, so ergeben sich auf dieser zwei oder mehr Ecken der Durchdringungsfigur. Sind nun A und B die Basisebenen der beiden Pyramiden, ist s ihre Schnittlinie und sind P und Q die Spurpunkte von a in den Ebenen

A und B, so schneidet eine beliebige Ebene E durch a aus den Ebenen A und B Gerade aus, die durch P resp. Q verlaufen und sich auf s treffen; umgekehrt bestimmen zwei derartige Gerade eine Ebene durch a. Wir suchen demgemäß zunächst auf der Verbindungslinie

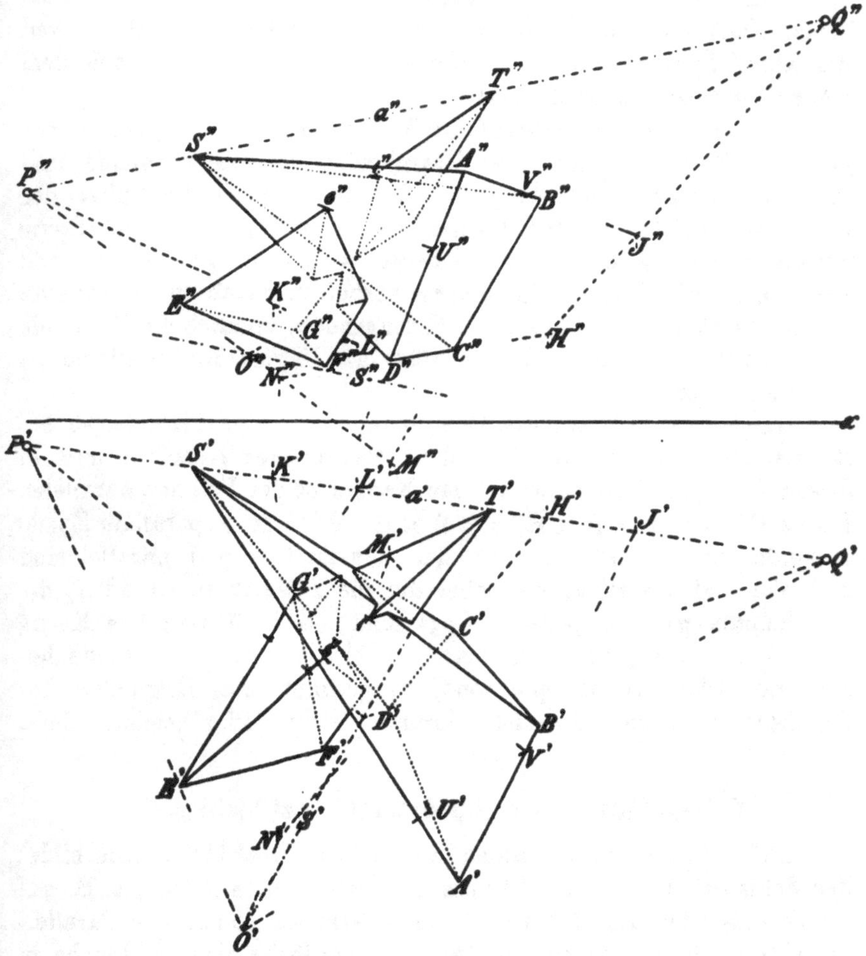

Fig. 116.

a der Spitzen S und T die Punkte $P = a \times$ A und $Q = a \times$ B, und zwar ist $P' = a'' \times K''L''$ und $Q'' = a'' \times H''J''$. Sodann bestimmen wir s, indem wir irgend zwei Strahlen in A mit der Ebene B des Vierecks $ABCD$ zum Schnitt bringen; so liefert die Gerade PE in A den Punkt O von s ($M'' = P''E'' \times B''C''$, $N'' = P''E'' \times C''D''$, M' auf $B'C'$, N' auf $C'D'$, $O' = P'E' \times M'N'$). Nach Auffindung von s verbinden wir P mit einem der Punkte E, F, G, etwa mit E, suchen den Punkt $O = PE \times s$ auf und verbinden ihn mit Q; diese Linie schneidet das Viereck $ABCD$ in den Punkten U, V; die Kante TE durchdringt demnach die andere Pyramide in den Punkten $1 = TE \times SV$ und $6 = TE \times SU$. Ganz analog verfahren wir mit sämtlichen Kanten aus S sowohl wie aus T und erhalten so alle Ecken der Durchdringungsfigur; die Reihenfolge derselben ist nach dem früher Gesagten leicht anzugeben.

150. Das soeben geschilderte Verfahren läßt sich ganz in der gleichen Weise anwenden bei Durchdringung von Pyramide und Prisma. Zunächst legt man eine Gerade a durch die Spitze der Pyramide parallel zu den Kanten des Prismas, sucht ihre Spurpunkte P und Q in den Basisebenen A und B und die Gerade $s = \mathsf{A} \times \mathsf{B}$ auf. Dann ist genau wie vorher zu verfahren, indem jede Ebene durch a beide Flächen in Erzeugenden, nämlich die Pyramide in Geraden durch den Scheitel und das Prisma in Parallelen zu den Kanten schneidet.

Handelt es sich um die Durchdringung zweier Prismen, so bestimme man die Schnittlinie s ihrer Basisebenen A und B und in diesen die Spurlinien einer zu den Kanten beider Prismen parallelen Ebene E, etwa $u = \mathsf{A} \times \mathsf{E}$, $v = \mathsf{B} \times \mathsf{E}$. Jede zu E parallele Ebene schneidet aus A und B Spuren aus, die zu u resp. v parallel sind und sich auf s treffen; sie schneidet die Prismen in Geraden, die den Kanten parallel laufen. Legt man die zu E parallele Ebene durch eine Kante, d. h. legt man ihre eine Spurlinie durch die bezügliche Ecke des Basispolygons, so gewinnt man Eckpunkte der Durchdringungsfigur, die sich hiernach leicht völlig zeichnen läßt.

Schlagschatten und Eigenschatten bei Vielflachen.

151. Unter der Annahme paralleler Lichtstrahlen bildet der Schlagschatten eines Körpers auf irgend eine Ebene, z. B. auf die Grund- oder Aufrißebene, nichts anderes als eine schiefe Parallelprojektion. Ganz ebenso nun wie die Oberfläche eines Vielflachs in bezug auf eine bestimmte Projektionsrichtung in einen sichtbaren und einen unsichtbaren Teil zerfällt, die längs des Umrisses aneinander grenzen, zerfällt die Oberfläche desselben in einen beleuchteten und einen im Eigenschatten liegenden Teil, die längs eines Polygons, des Lichtgrenzpolygons oder kurz der Lichtgrenze aneinanderstoßen. Alle Kanten, in denen der Lichtstrahl den Körper bloß streift, ohne in ihn einzudringen, gehören der Lichtgrenze an; alle Punkte, in denen der verlängerte Lichtstrahl in den Körper eindringt, liegen auf seinem beleuchteten Teile; die Punkte dagegen, in denen der verlängerte Lichtstrahl aus dem Körper heraustritt, befinden sich im Eigenschatten. Wird ein Lichtstrahl, bevor er auf den Körper trifft, durch dazwischenliegende Gegenstände aufgehalten, so liegt die betreffende Stelle des Körpers im Schlagschatten. Von den Durchstoßpunkten eines

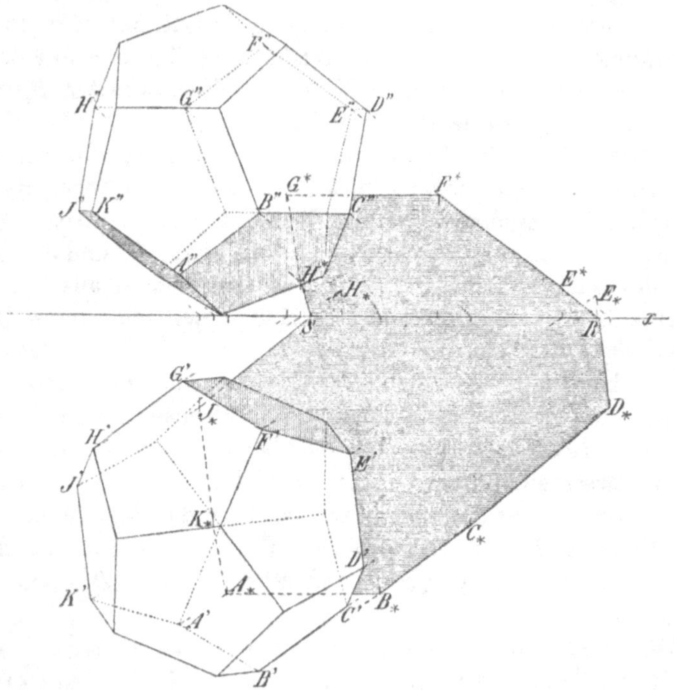

Fig. 117.

Lichtstrahles mit einem oder mehreren Körpern ist der erste im Lichte, der zweite, vierte, ... im Eigenschatten, der dritte, fünfte, ... im Schlagschatten. Die Schlagschattengrenze auf einer Projektionsebene wird gebildet von dem Schatten des Lichtgrenzpolygons. Der Schlagschatten auf einen Körper kann teilweise von dem Lichtgrenzpolygon begrenzt werden.

152. Den Schlagschatten eines Zwölfflachs auf die Projektionsebenen, sowie seinen Eigenschatten zu bestimmen (Fig. 117). Wir nehmen an, daß seine Projektionen nach der früheren Darlegung gefunden und die des Lichtstrahles l' und l''

gegeben sind. Die Schatten eines Eckpunktes auf die Grund- und Aufrißebene sind die Spurpunkte des durch ihn gelegten Lichtstrahles, so z. B. bilden E_* und E^* Grund- und Aufrißschatten von E. Läßt man alle Kanten Schatten werfen, so wird die Grenze des Schlagschattens von denjenigen Linien gebildet, die alle übrigen einschließen. Es ist indes nicht nötig, den Schatten aller Kanten zu bestimmen. Zunächst findet man mehrere Eckpunkte, die dem Lichtgrenzpolygon angehören, indem man auf dem scheinbaren Umriß der ersten Projektion diejenigen Punkte aufsucht, in denen eine Parallele zu l' diesen Umriß streift, ohne ihn zu schneiden. In der Figur sind dies die Punkte B' und G'; ihre Schatten B_* und G^* müssen notwendigerweise auf dem Randpolygon des Schlagschattens gelegen sein. Denn der Lichtstrahl aus B kann das Vielflach nicht schneiden, da ja sonst seine Projektionen die Projektionen des Vielflachs schneiden müßten, was im Grundriß nicht eintritt. Ebenso bestimmen sich mittels des Aufrisses die Punkte D_* und J_* als Eckpunkte des Schlagschattenpolygons. Von den Kanten aus B gehören zwei dem Lichtgrenzpolygon an, es sind diejenigen, deren Schlagschatten den Schatten der dritten in ihren Winkel einschließen. Hiernach können die beiden Seiten des Grenzpolygons aus B bestimmt werden und ganz analog alle übrigen Seiten desselben. Auch wenn von einer Ecke des Vielflachs mehr als drei Kanten ausgehen, lassen sich in der angegebenen Weise die Seiten des Grenzpolygons finden. Der Schlagschatten wird an der x-Achse gebrochen in den Punkten R und S, indem die Kanten DE und HJ die gebrochenen Schattenlinien D_*RE^* und H^*SJ_* liefern ($D_*E_* \times x = R$, $H_*J_* \times x = S$).

153. Den Schlagschatten einer dreiseitigen abgestumpften Pyramide auf ein Achtflach zu entwickeln (Fig. 118). Sind Pyramide und Achtflach gezeichnet, so bestimme man zunächst den Schlagschatten beider auf die Horizontalebene, ganz abgesehen davon, ob er wirklich zustande kommen kann oder nicht. Außerdem zeichne man noch den Schlagschatten derjenigen Flächen des Achtflachs, die Schlagschatten von dem Pyramidenstumpf empfangen. In der Figur sind dieses die Flächen KHN, KLN, LMN und HMN, die in N zusammenstoßen. Da der Schatten BF_* von BF den Schatten HM_*N_* in S_* und R_* durchschneidet, so muß der Schatten von BF auf die Seitenfläche HNM fallen und wird dort zu S^*R^*, wobei S^*S_* und R^*R_* parallel zu der ersten Projektion des Lichtstrahles sind. Ebenso findet man den Schatten von FE auf die Fläche LMN; hier muß man F_*E_* verlängern, bis sie zwei Seiten des Dreiecks $L_*M_*N_*$ in U_* und V_* schneidet, dann ist U^*V^* der Schatten dieser Geraden auf die Fläche LMN und E^*F^* derjenige von EF auf diese Fläche ($E^*E_* \parallel l' \parallel F^*F_*$). Die gleiche Konstruktion läßt sich überall durchführen. Es kommt diese Konstruktion stets auf die Aufgabe hinaus, den Schatten einer Geraden a auf eine Gerade b zu finden. Man bestimme zunächst

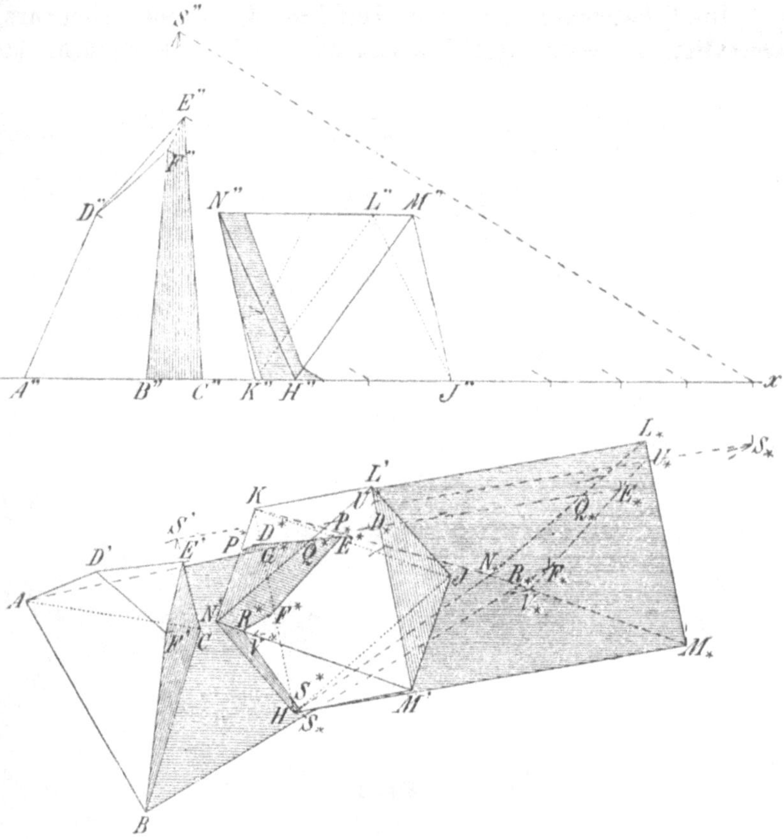

Fig. 118.

die Schatten a_*, b_* beider Geraden auf den Grundriß und lege durch ihren Schnittpunkt S_* eine Parallele zu l, die die eine Gerade im Schatten werfenden, die andere im Schatten empfangenden Punkte schneidet. In der Zeichnung zieht man natürlich durch S_* eine Parallele zu l'; sie schneidet die Horizontalprojektion der genannten Punkte aus a' und b' aus. Das Gesagte wird zur Konstruktion völlig genügen; es mag nur noch bemerkt werden, daß die Punkte $P^* D^* Q^* E^* F^* R^* S^*$ Horizontalprojektionen sind, ihre Bezeichnungen also einen Strich erhalten müßten, was jedoch der Einfachheit halber unterblieben ist.

Beispiele für angewandte Schattenkonstruktion.

Die Schattenbestimmung im Verfahren der orthogonalen Parallelprojektion mag noch durch ihre Anwendung auf einige einfache, durch-

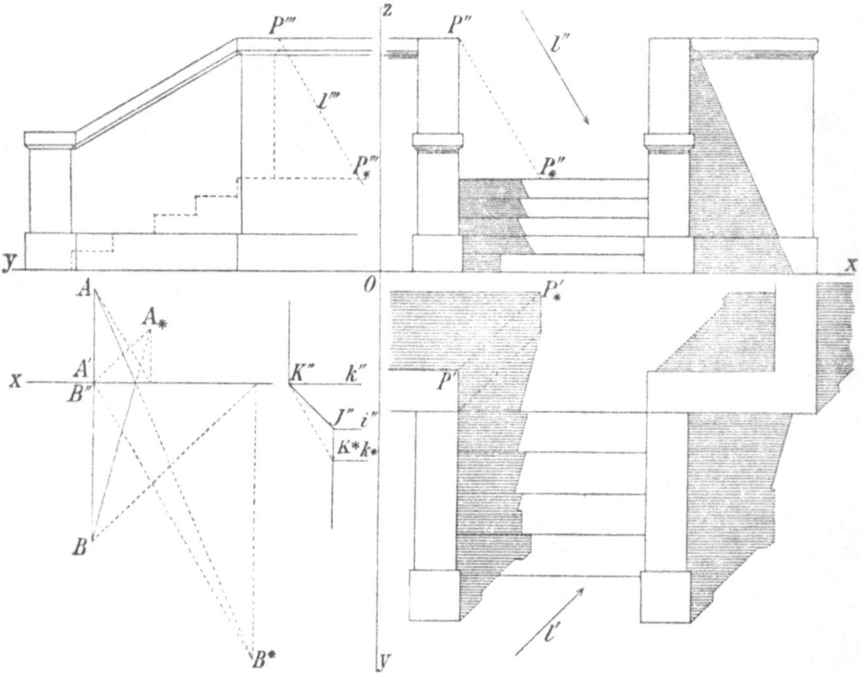

Fig. 119.

weg ebenflächig begrenzte, architektonische Objekte erläutert werden. Wir stellen diese jedesmal im Grundriß, Aufriß und Seitenriß (resp. Profilschnitt) dar und geben den Tafeln Π_1, Π_2, Π_3 die meist gebräuchliche Lage zum Gegenstande.

154. In Fig. 119 ist eine Freitreppe dargestellt, die zwischen steinernen Wangen mit fünf Stufen zu einem mit Brüstung versehenen Podest hinaufführt.

Die Richtung l der parallel einfallenden Lichtstrahlen ist im Grund- und Aufriß durch l' und l'' gegeben ($\angle l'x = 45^0$). Es handele sich um die Zeichnung der Schatten des Objektes auf dem Boden und auf seinen eigenen Flächen. Die Ausführung gestaltet sich sehr einfach, weil die einen sichtbaren Schlagschatten empfangenden Flächen entweder zu Π_1 oder zu Π_2 parallel sind. In der einen Hilfsfigur (links unten) ist eine zu den schrägen Oberkanten der Treppenwangen parallele Strecke $w = AB$ so gezeichnet, daß B ihr erster, A ihr zweiter Spurpunkt ist und folglich A' mit B'' auf der x-Achse zusammenfällt. Hieraus findet man sofort A_* und B^* und damit den Grundrißschatten $w_* = A_*B$, sowie den Aufrißschatten $w^* = AB^*$ der Linie w.

Von den Schatten auf horizontalen Flächen sind die der vertikalen Kanten parallel zu l', die der schrägen parallel zu w_*, die der horizontalen parallel zu diesen selbst. Auf den sichtbaren vertikalen Flächen sind die Schatten von solchen Kanten, die entweder normal zu Π_2, oder parallel zu w, oder parallel zu Π_2 laufen, resp. mit l'', oder w^*, oder mit den Kanten selbst gleichgerichtet.

Man beginnt nun bei einem geeigneten Eckpunkte, z. B. dem Punkte P, und bestimmt in Grund- und Aufriß seinen Schlagschatten auf die wagerechte Fläche des Podestes (P_*', P_*''). Hiervon ausgehend kann man unter abwechselnder Benutzung der Grund- und Aufrißelemente die Grenzen der Schlagschatten leicht bestimmen. Zugleich ergeben sich mannigfache Kontrollen für die Richtigkeit der Zeichnung. So kann man z. B. auch von dem Bodenschatten einer der vordersten vertikalen Kanten ausgehen, usf.

Die Deckplatten der vorgelagerten Ecksteine und der Brüstung sind unten abgeschrägt; die betreffenden Flächen sind sämtlich unter 45° gegen Π_1 geneigt. Ein Teil des so entstehenden Simses ist in der zweiten Hilfsfigur vergrößert dargestellt (Aufriß). Der Eckpunkt K der horizontalen Kante k wirft (weil $\angle l'x = 45°$ ist) seinen Schatten K^* auf die von J abwärts gehende vertikale Kante ($K''K^* \| l''$). Die schräge Fläche zwischen k und i liegt im Eigenschatten, die vertikale Fläche zwischen i und k^* im Schlagschatten.

155. In Fig. 120 ist ein Fenster gezeichnet. Die oben schwach geneigte Sohlbank ist mit wenig vortretenden Konsolen versehen. Die Leibungen zeigen ebenso wie der Fenstersturz nach innen abgeschrägte Flächen, die sogen. Schmiegen. Der Sturz ist durch ein einfaches Gesims verdacht. Das Fenstergewände tritt ein wenig aus der Wandfläche hervor.

Die Lichtrichtung l ist durch l' und l'' gegeben ($\angle l'x = 45°$ $\angle l''x = 60°$). Die schrägen Flächen des Gesimses liegen im Eigenschatten, auf den vertikalen Flächen liegen horizontale Streifen im

Schlagschatten. Man geht zu ihrer Bestimmung etwa von einem Punkte K aus und sucht wie im vorigen Beispiele K^* auf der vertikalen Kante der Leibung ($K''K^* \parallel l''$). Um den Schlagschatten des Gesimses, der Sohlbank und der Konsole auf der Wandfläche

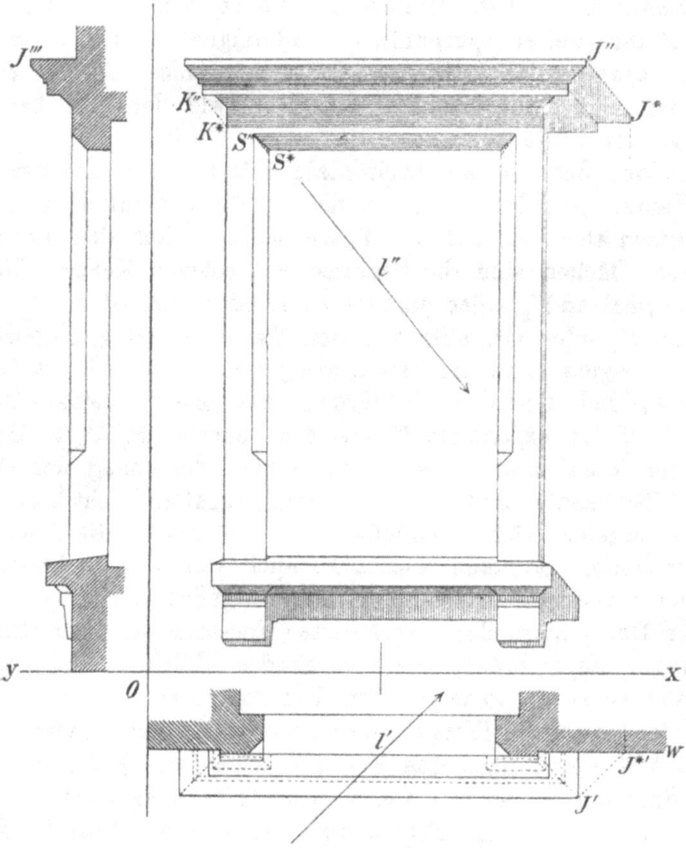

Fig. 120.

zu finden, die im Grundriß durch die Linie w vertreten ist, bestimmt man von einzelnen Eckpunkten die Schatten, z. B. von J, indem man $J''J^* \parallel l''$, $J'J^{*\prime} \parallel l'$ zieht ($J^{*\prime}$ auf w, $J^{*\prime}J^* \perp x$) und beachtet, daß die Schatten der vertikalen Kanten wiederum vertikal, die der horizontalen Kanten aber entweder parallel zu x oder l'' sind. Die Schmiege am Sturz liegt im Eigenschatten, auf den beiden Schmiegenflächen der Leibungen entstehen oben zwei kleine drei-

eckige Schlagschatten. Nach diesen Andeutungen ist es leicht, die Schattenkonstruktion in allen Einzelheiten durchzuführen.

156. Als letztes Beispiel mag die Bestimmung des Schattens dienen, den ein Schornstein auf eine geneigte Dachfläche wirft (Fig. 121).

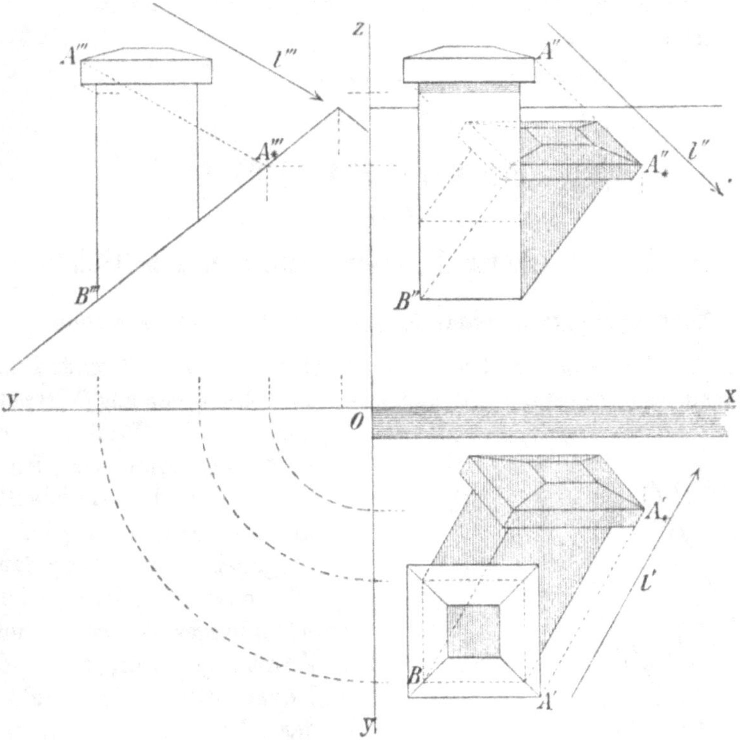

Fig. 121.

Die Richtung der Lichtstrahlen l ist hier so gewählt, daß $\angle\, l'x = 60^\circ$, $\angle\, l''x = 45^\circ$ und folglich $\angle\, l'''x = 30^\circ$ ist. Man benutzt zweckmäßig den Seitenriß (was auch schon bei den vorhergehenden Beispielen geschehen konnte). Den Schatten A_* eines Eckpunktes A am Essenkopf findet man dann, indem man durch A', A'', A''' Gerade resp. parallel zu l', l'', l''' zieht, und zwar letztere bis zu A_*''' auf der Seitenspur der Dachfläche. Dann ist $A_*''' A_*'' \parallel x$ und $A_*'' A_*' \perp x$. Liegt der betrachtete Eckpunkt auf einer vertikalen Kante, deren Durchstoßpunkt mit der Dachfläche gezeichnet ist, so findet man durch dieses Verfahren zugleich die Richtung, welche die Schatten der Vertikalen auf die Dachfläche im Aufriß zeigen;

im Grundriß sind sie parallel zu l'. Man beachte noch, daß die Schatten horizontaler Kanten im Aufriß teils zu x, teils zu l'' parallel liegen; im Grundriß sind sie teils parallel zu x, teils haben sie eine schiefe Richtung, die sich aus dem Vorigen ergibt. — Die hintere Dachfläche liegt vollständig im Eigenschatten. Auch wirft die Deckplatte des Schornsteins auf seine Seitenflächen einen Streifen von Schlagschatten.

VIERTES KAPITEL.

Perspektivität ebener Figuren. Harmonische Gebilde.

Zentralprojektion einer Ebene auf eine andere Ebene.

157. Es seien im Raume zwei Ebenen E und Π und außerhalb beider ein Punkt O willkürlich festgelegt. Zieht man aus O Strahlen durch alle Punkte einer in E angenommenen Figur, so schneiden diese die Ebene Π in einer zweiten Figur, die der gegebenen eindeutig Punkt für Punkt entspricht. Dieses Abbildungsverfahren heißt Zentralprojektion oder Perspektive, der Punkt O das Projektionszentrum oder Zentrum der Perspektive, die Schnittlinie e_1 der Originalebene E mit der Bildebene Π die Projektionsachse oder Achse der Perspektive.[6]) Die einander entsprechenden Figuren werden kurz als perspektiv bezeichnet; man sagt, daß sie sich in perspektiver (zentraler) Lage befinden. Offenbar entspricht jedem Punkt P (Fig. 122) der Originalebene ein Punkt P_1 der Bildebene, jeder Geraden g eine Gerade g_1 und umgekehrt. Ferner entspricht jeder Punkt der Projektionsachse e_1 sich selbst, und je

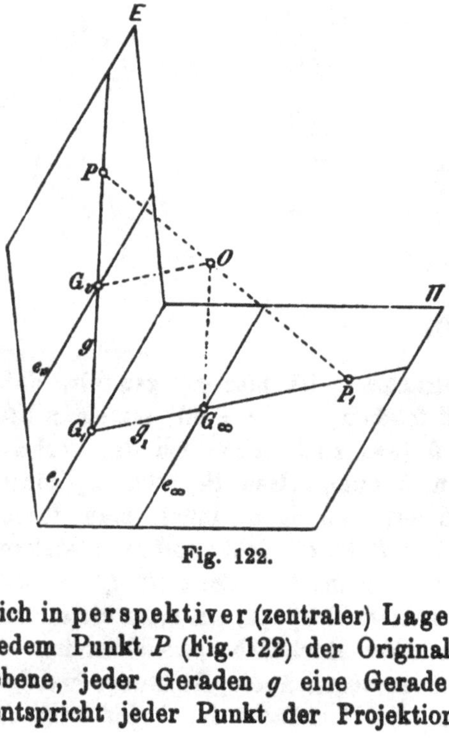

Fig. 122.

zwei entsprechende Gerade schneiden sich auf der Achse ($g \times g_1$ auf e_1) oder sind ihr im besonderen beide parallel.

158. Die Zentralprojektion einer Ebene auf eine zweite umfaßt als spezielle Fälle die Affinität und Ähnlichkeit ebener Figuren. Die perspektive Lage geht über in die ähnliche, wenn die Bildebene zur Originalebene parallel wird, was zur Folge hat, daß die Projektionsachse ins Unendliche rückt; sie geht über in die affine Lage, wenn die projizierenden Strahlen parallel werden, also das Projektionszentrum ins Unendliche fällt. Macht man beide Annahmen gleichzeitig, so ergeben sich kongruente Figuren; solche stellen sich auch bei affiner Lage ein, wenn die projizierenden Strahlen zu einer der beiden Ebenen normal sind, welche die Winkel zwischen Original- und Bildebene halbieren. Affine, ähnliche und kongruente Figuren sind somit als spezielle Fälle perspektiver Figuren anzusehen, wenn sie sich in affiner oder ähnlicher Lage befinden.

159. Die durch O parallel zu E und Π gelegten Ebenen mögen Π und E in den Geraden e_∞ und e_v (beide parallel zur Achse e_1) schneiden (Fig. 122). Bewegt sich in E ein Punkt P auf der Geraden g nach der einen oder anderen Seite ins Unendliche, so dreht sich der projizierende Strahl OP in der Ebene Og um O im entsprechenden Sinne und nähert sich beide Male der nämlichen Grenzlage OG_∞, die durch O parallel zu g gezogen ist. Der Spurpunkt G_∞ dieser Geraden in Π liegt auf e_∞; er kann als das Bild des auf g ins Unendliche fliehenden Punktes aufgefaßt werden und heißt darum der zu g gehörige Fluchtpunkt. Offenbar gehört er ebenso als Fluchtpunkt zu allen Geraden, die mit g parallel laufen; denn flieht ein Punkt auf einer solchen Parallelen ins Unendliche, so strebt der zugehörige projizierende Strahl stets der gleichen Grenzlage OG_∞ zu. Der Gesamtheit aller unendlich fernen Punkte der Ebene E entspricht in Π die eine bestimmte Gerade e_∞, die Fluchtlinie der Ebene E. — Umgekehrt verschwindet das Bild des Schnittpunktes G_v der Geraden g mit e_v, d. h. es liegt auf g_1 unendlich fern; G_v heißt darum der Verschwindungspunkt von g. Die Gerade e_v selbst, deren Bild ins Unendliche fällt, heißt die Verschwindungslinie der Ebene E. — Allen zu g parallelen Geraden der Ebene E entsprechen in Π alle Gerade durch den Punkt G_∞ der Fluchtlinie e_∞, und allen Geraden der Ebene E durch den Punkt G_v der Verschwindungslinie e_v entsprechen in Π die Parallelen zu g_1. Die Punkte $O\,G_v\,G_1\,G_\infty$ liegen in einer Ebene und bilden die Ecken eines Parallelogramms.

160. Das angegebene Verhalten der unendlich fernen Punkte einer Geraden oder einer Ebene gegenüber der Zentralprojektion, nämlich der Umstand, daß sie nur in einem einzigen Punkt oder einer einzigen Geraden abgebildet werden, begründet die Ausdrucksweise, nach welcher einer Geraden nur ein unendlich ferner Punkt (Richtung) zugeschrieben wird, den sie mit allen parallelen Geraden gemein hat, und einer Ebene nur eine unendlich ferne Gerade (Stellung), die ihr mit allen Parallelebenen gemeinsam ist. Erst auf Grund dieser Erklärung dürfen wir das umkehrbar eindeutige Entsprechen zwischen den Punkten und Geraden der Originalebene und den Punkten und Geraden der Bildebene als ein ausnahmslos geltendes Grundgesetz der Zentralprojektion betrachten. — Im Verfolg dieser perspektiven Betrachtungsweise hat man eine Gerade als geschlossene Linie aufzufassen, weil ein Punkt, der sie beschreibt, sich demselben unendlich fernen Punkte nähert, gleichviel in welchem Sinne er sich bewegt.

161. Für die Zentralprojektion von E auf Π kann, wenn die Lage dieser Ebenen zueinander fixiert ist die Angabe des Projektionszentrums O offenbar durch die zweier entsprechender Punktepaare A, B und A_1, B_1 ersetzt werden, deren Verbindungslinien AB und A_1B_1 sich auf der Achse $e_1 = \mathsf{E} \times \Pi$ schneiden. Es liegen dann AA_1 und BB_1 in einer Ebene und bestimmen O als ihren Schnittpunkt.

162. Gehen die Ebenen dreier Figuren $\mathfrak{F}, \mathfrak{F}_1, \mathfrak{F}_2$ durch eine und dieselbe Achse e_1 und sind zwei derselben $\mathfrak{F}$ und $\mathfrak{F}_1$ zur dritten $\mathfrak{F}_2$ perspektiv, so sind sie es auch untereinander. Die drei Zentren liegen in gerader Linie. — Die Perspektivitätszentren, O_2 für $\mathfrak{F}_2$ und $\mathfrak{F}$ sowie O_1 für $\mathfrak{F}_2$ und $\mathfrak{F}_1$, denke man sich mittels eines Punktepaares A_2, B_2 und der ihm entsprechenden Paare A, B und A_1, B_1 bestimmt (Fig. 123). Dann ist zu zeigen: erstens daß die Geraden AA_1 und BB_1 einen Schnittpunkt O bestimmen, zweitens daß auch die Gerade CC_1 durch O geht, wenn dem beliebigen Punkte C_2 von $\mathfrak{F}_2$ die Punkte C_1 von $\mathfrak{F}_1$ und C von $\mathfrak{F}$ entsprechen. Nun gehen durch den Schnittpunkt von A_2B_2 mit e_1 auch die Geraden AB und A_1B_1, und somit liegen auch AA_1 und BB_1 in einer Ebene und schneiden sich in einem Punkte O. Ganz ebenso gehen AC und A_1C_1 durch den Schnittpunkt von A_2C_2 mit e_1; es müssen sich also auch AA_1 und CC_1 schneiden, und in gleicher Weise schließt man, daß BB_1 und CC_1 einen Schnittpunkt haben. Da die drei Geraden AA_1, BB_1, CC_1

sich paarweise schneiden, so müssen sie entweder in der nämlichen Ebene liegen oder sich in einem Punkte schneiden. Das erstere ist ausgeschlossen, sonst müßten die Dreiecke ABC und $A_1B_1C_1$, also auch $\mathfrak{F}$ und $\mathfrak{F}_1$ in einer Ebene liegen, folglich geht CC_1 durch $O = AA_1 \times BB_1$. Das Zentrum O liegt auf AA_1, ebenso O_1 auf A_1A_2 und O_2 auf A_2A, folglich liegen alle drei Zentren auf der Ebene AA_1A_2, desgleichen auf der zweiten Ebene BB_1B_2, also in

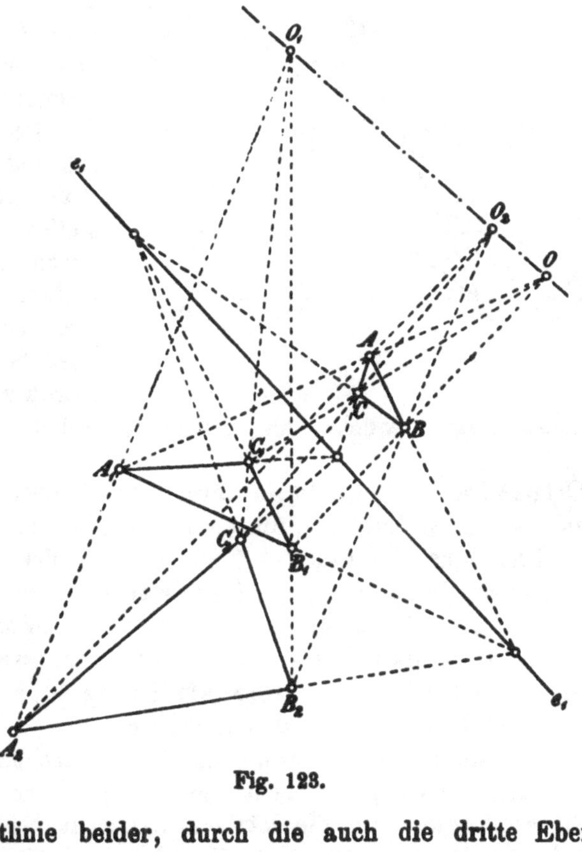

Fig. 123.

der Schnittlinie beider, durch die auch die dritte Ebene CC_1C_2 gehen muß.

163. Als einen wichtigen Spezialfall des soeben bewiesenen Satzes heben wir folgenden hervor: **Zwei perspektiv gelegene ebene Figuren bleiben in perspektiver Lage, wenn man die eine derselben um die Achse der Perspektive beliebig dreht.** Die zu drehende Figur liegt nämlich zu der gedrehten affin (vergl. 10), d. h. perspektiv mit unendlich fernem Zentrum. Durch letzteres geht auch die Verbindungslinie des alten und neuen Perspektivitätszentrums; sie ist somit parallel zur Sehne des Kreisbogens, den irgend ein Punkt der beweglichen Figur beschrieben hat. Wir wollen die Sache noch etwas genauer verfolgen und etwa die Originalebene E einer Drehung unterwerfen. Um die Lageveränderung des Perspektivitätszentrums besser zu überblicken, legen wir die Zeichenebene normal zur Achse e_1 durch das Zentrum O. Die beiden perspektiven Ebenen E und Π, die Achse e_1, Verschwindungslinie e_v, Fluchtlinie e_∞ u. s. f. stellen wir dann durch ihre senkrechten Projektionen auf die Zeichenebene dar und setzen an diese die gleichen Buchstaben, welche die Elemente selbst bezeichnen (Fig. 124).

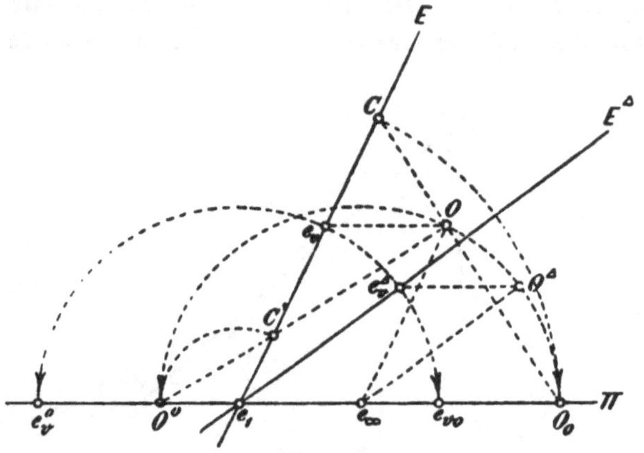

Fig. 124.

Die Originalebene E werde in ihrer neuen, durch Drehung um e_1 erhaltenen Lage mit E△, ihre Verschwindungslinie mit $e_v^{\triangle}$ bezeichnet. Das neue Zentrum $O^{\triangle}$ liegt dann in der Schnittlinie der beiden Ebenen, die durch e_∞ und $e_v^{\triangle}$ respektive zu E△ und Π parallel gelegt werden können, und überdies wiederum in der Zeichenebene. Hieraus folgt, daß das Zentrum eine Drehung um die Fluchtlinie e_∞ erleidet von gleichem Sinne und gleichem Drehwinkel wie E selbst um die Achse e_1.

164. Wird die Originalebene durch die Drehung mit der Bildebene zur Deckung gebracht, so gelangt auch das Perspektivitätszentrum O in die letztere und zwar, je nach dem Sinne der Drehung, entweder nach O_0 oder nach O^0 (Fig. 124). Dabei erhält die Verschwindungslinie e_v entweder die Lage e_{v0} oder e_v^0. Im ersteren Falle schließen in der Bildebene Zentrum und Achse der Perspektive die Flucht- und Verschwindungslinie zwischen sich ein; im letzteren werden sie von diesen eingeschlossen. Jedesmal aber bleibt der senkrechte Abstand des Zentrums von der Fluchtlinie dem der Verschwindungslinie von der Achse gleich. Derjenige Punkt C in der Originalebene E, der nachmals mit dem Zentrum O_0 zur Deckung kommt, liegt auf dem Strahle OO_0 (aus $e_\infty O = e_\infty O_0$ folgt $e_1 C = e_1 O_0$); im neuen Zentrum fallen daher zwei entsprechende Punkte der Ebenen E und Π zusammen, was — von den Punkten der Achse abgesehen — für kein weiteres Paar entsprechender Punkte eintritt. Analoges gilt bei umgekehrtem Drehsinn für C' und O^0.

165. Hier ist noch der Ort darauf hinzuweisen, daß bei einer Pyramide jedes ebene Schnittpolygon zum Basispolygon perspektiv liegt; die Spitze der Pyramide ist das Zentrum, ihre Kanten sind die projizierenden Strahlen und die Schnittlinie von Basis- und Schnittebene ist die Achse dieser perspektiven Beziehung. Aus dem vorher Gesagten geht auch hervor, daß die Projektion des Schnittpolygons auf die Basisebene mit dem Basispolygon perspektiv liegt, und zwar bildet die Projektion der Spitze das zugehörige Zentrum. Auch bei der Umlegung des Schnittpolygons um die Spur seiner Ebene in die Basisebene bleibt die perspektive Beziehung zwischen diesem und dem Basispolygon bestehen. Ihr Zentrum erhält man, wenn man durch die Spitze der Pyramide zur Schnittebene eine Parallelebene zieht und diese um ihre Spur in die Basisebene umlegt; dabei gelangt die Spitze in die Lage des neuen Zentrums. Alle diese Dinge sind nach dem Vorausgehenden unmittelbar klar.

Perspektive in der Ebene.

166. Nach 164 sind wir mittelbar zu dem Begriffe perspektiver Figuren derselben Ebene, also zur Perspektive (Zentralprojektion) in der Ebene gelangt, die noch genauerer Erörterung bedarf.

Es sollen jetzt in einer Ebene zweierlei Figuren betrachtet werden, die wir als Original und Bild unterscheiden, und die einander Punkt für Punkt nach folgenden Gesetzen entsprechen:

α) Die Verbindungslinien entsprechender Punkte gehen durch einen festen Punkt O, das Zentrum.

β) Drei Punkten in gerader Linie entsprechen drei Punkte in gerader Linie.

γ) Jeder Punkt einer festen Geraden e_1, der Achse, entspricht sich selbst.

Hieraus folgt sofort:

δ) Entsprechende Strahlen schneiden sich auf der Achse e_1; jeder Strahl durch das Zentrum O entspricht sich selbst, und mithin gilt das gleiche vom Zentrum selbst.

Eine solche Verwandtschaft zwischen zweierlei Figuren wird als Zentralkollineation oder Perspektive in der Ebene bezeichnet. Indem wir zeigen, daß zwei zentrisch-kollineare oder perspektive Figuren einer Ebene durch Drehung der einen Figur um die Achse der Perspektive in eine räumliche Lage übergeführt werden, bei der die eine als Zentralprojektion der andern erscheint, wird erwiesen, daß die vorstehenden Gesetze zwischen zwei Figuren einer Ebene die nämliche geometrische Beziehung feststellen, wie sie zwischen Original- und Bildfigur besteht, deren Ebenen nach 164 zur Deckung gebracht sind.

167. Nun seien $\mathfrak{F}$ und $\mathfrak{F}_1$ perspektive Figuren einer Ebene und O das zugehörige Zentrum. Ferner möge $\mathfrak{F}_0$ aus $\mathfrak{F}$ durch Drehung um die Achse e_1 der Perspektive hervorgegangen sein. A_1, B_1, C_1, D_1 seien beliebige Punkte der Figur $\mathfrak{F}_1$, A, B, C, D die entsprechenden Punkte von $\mathfrak{F}$, und A_0, B_0, C_0, D_0 die bezüglichen Punkte der gedrehten Figur $\mathfrak{F}_0$. Da sich $A_1 B_1$ und AB auf e_1 schneiden und mithin auch $A_1 B_1$ und $A_0 B_0$, so liegen diese Punkte in einer Ebene; in gleicher Weise liegen $B_1 C_1$ und $B_0 C_0$ in einer zweiten und $C_1 A_1$ und $C_0 A_0$ in einer dritten Ebene. Diese drei Ebenen schneiden sich in einem Punkte O_0, in dem sich auch die drei Strahlen $A_1 A_0$, $B_1 B_0$ und $C_1 C_0$ treffen. Ist jetzt D_1 ein beliebiger Punkt von $\mathfrak{F}_1$, so ziehen wir $D_1 A_1$ und $D_1 B_1$; sodann verbinden wir $D_1 A_1 \times e_1$ mit A und $D_1 B_1 \times e_1$ mit B; beide Gerade schneiden sich im Punkte D von $\mathfrak{F}$, woraus man durch Drehung D_0 erhält. Wiederum liegen die vier Punkte $A_1 B_1 A_0 B_0$, resp. $B_1 D_1 B_0 D_0$ resp. $A_1 D_1 A_0 D_0$ je in einer Ebene, und die drei Strahlen $A_1 A_0$, $B_1 B_0$ und $D_1 D_0$ laufen durch einen Punkt. Da aber $A_1 A_0 \times B_1 B_0 = O_0$ ist, geht auch $D_1 D_0$ durch diesen Punkt hindurch, d. h. der beliebige Punkt D_1 von $\mathfrak{F}_1$ liegt mit dem entsprechenden Punkte D_0 von $\mathfrak{F}_0$ auf einem Strahle durch O_0. Beide Figuren $\mathfrak{F}_1$ und $\mathfrak{F}_0$ sind somit perspektiv aus dem Punkte O_0.

168. Wir hatten in 164 gesehen, wie man aus zwei perspektiv gelegenen Figuren, die sich in verschiedenen Ebenen befinden, durch Drehung zwei zentrisch-kollineare oder perspektive Figuren einer Ebene erhalten kann. Dieser Übergang gestattet auch die Eigenschaften zentrisch-kollinearer oder perspektiver Figuren einer Ebene abzuleiten. Es müssen sich diese Eigenschaften jedoch auch aus der Definition der Zentralkollineation ergeben, und dieser Gedanke soll noch mit wenigen Worten etwas näher ausgeführt werden (Fig. 125).

Zunächst ist klar, daß das Zentrum O, die Achse e_1 und ein Paar entsprechender Punkte A und A_1, die auf einem Strahle durch O liegen, die perspektive Beziehung in der Ebene völlig bestimmen. Zu einem beliebigen Punkte B erhält man ja das zugehörige Bild B_1, indem man $AB = g$ mit e_1 in G_1 schneidet und die Gerade $G_1 A_1 = g_1$ zieht, auf welcher der Strahl OB dann den Bildpunkt B_1 ausschneidet. Zieht man durch O einen Strahl parallel zu g, so schneidet er die Bildgerade g_1 im Fluchtpunkt G_∞, dem Bilde des unendlich fernen Punktes von g. Zieht man durch O einen Strahl parallel zu g_1, so schneidet er auf g den Verschwindungspunkt G_v aus, dem ein unendlich fernes Bild zugehört. Mit andern Worten: Das Bild einer Geraden g geht durch ihren Achsenschnittpunkt G_1 und ist zur Verbindungslinie $G_v O$ ihres Verschwindungspunktes mit dem Zentrum parallel. Ebenso geht das Original zu einer Geraden g_1 durch ihren Achsenschnittpunkt G_1 und ist zur Verbindungslinie $G_\infty O$ ihres Fluchtpunktes mit dem Zentrum parallel.

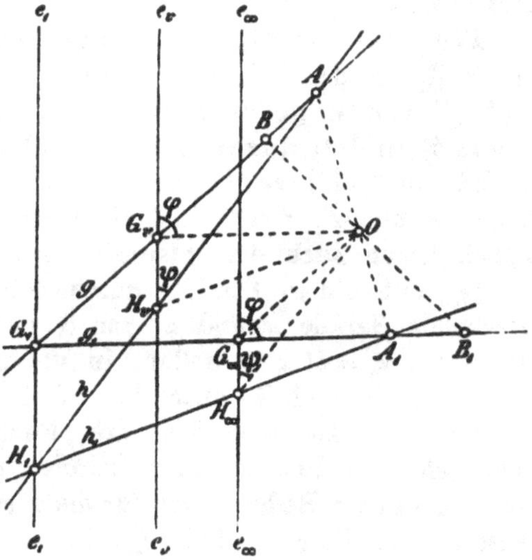

Fig. 125.

169. Ferner ergibt sich, daß die Fluchtpunkte auf allen Bildgeraden durch eine Gerade e_∞ ausgeschnitten werden, die zur Achse e_1 parallel ist. Ebenso schneidet eine zur Achse parallele Gerade e_v auf allen Originalgeraden die Verschwindungspunkte aus. Die Gerade e_∞ heißt wieder Fluchtlinie und ist das Bild der unendlich fernen Geraden des Originalsystems, während der unendlich fernen Geraden im Bildsystem die Gerade e_v als Verschwindungslinie entspricht. Zum Beweise wähle man noch ein Paar entsprechender Geraden h und h_1 (Fig. 125), die sich in einem Punkte H_1 der Achse e_1 schneiden, und suche wie vorher den Verschwindungspunkt H_v und den Fluchtpunkt H_∞ ($OH_\infty \parallel h$, $OH_v \parallel h_1$). Dann sind die Dreiecke AG_1A_1 und AG_vO ähnlich; also: $G_1A : G_vA = A_1A : OA$; ebenso kommt: $H_1A : H_vA = A_1A : OA$; demnach müssen $G_1H_1 = e_1$

und $G_v H_v = e_v$ parallel sein, da sie auf g und h proportionale Stücke abschneiden. In gleicher Weise erschließt man den Parallelismus von e_∞ und e_1.

Die Verschwindungslinie e_v und die Fluchtlinie e_∞ werden auch als die Gegenachsen von Original und Bild bezeichnet; ebenso spricht man von Gegenpunkten G_v und G_∞ einer Geraden und ihres Bildes.

170. Ist die Figur $\mathfrak{F}$ in der Ebene E perspektiv zu der Figur $\mathfrak{F}_1$ in der Ebene Π aus dem Zentrum O, dann sind auch $\mathfrak{F}'$ und $\mathfrak{F}_1$ perspektiv aus dem Zentrum O', wenn $\mathfrak{F}'$ und O' aus $\mathfrak{F}$ und O durch die nämliche Parallelprojektion auf die Ebene Π hervorgegangen sind. Denn zwei entsprechende Punkte P und P_1 von $\mathfrak{F}$ und $\mathfrak{F}_1$ liegen auf einem Strahl durch O, folglich liegen auch die entsprechenden Punkte P' und P_1 von $\mathfrak{F}'$ und $\mathfrak{F}_1$ auf einem Strahle durch O'. Ferner gehen zwei entsprechende Gerade g und g_1 von $\mathfrak{F}$ und $\mathfrak{F}_1$, die sich ja in einem Punkt von $e_1 = \Pi \times \mathsf{E}$ treffen, in die entsprechenden Geraden g' und g_1 von $\mathfrak{F}'$ und $\mathfrak{F}_1$ über, die sich in dem nämlichen Punkt von e_1 schneiden. Da außerdem drei Punkte in gerader Linie sich wieder als drei Punkte einer Geraden projizieren, so sind die in 166 aufgezählten Bedingungen für die ebene Perspektive erfüllt. Die Achse e_1 und die Fluchtlinie e_∞, die in Π liegen, spielen die gleiche Rolle für die Perspektive zwischen $\mathfrak{F}'$ und $\mathfrak{F}_1$ in der Ebene Π; während die zugehörige Verschwindungslinie offenbar die Parallelprojektion der ursprünglichen ist.

Insbesondere kann die in 164 besprochene Umlegung der Ebene E in die Ebene Π um die Achse e_1 und die gleichzeitige Umlegung von O um die Fluchtlinie e_∞ durch eine Parallelprojektion ersetzt werden. Denn alle Punkte von $\mathfrak{F}$ beschreiben bei der Umlegung Kreisbogen, die zu gleichen Zentriwinkeln gehören; ebenso ist es mit dem Punkt O, so daß die zu den Winkeln gehörigen Sehnen alle zueinander parallel werden; also $O O_0 \parallel P P_0 \parallel Q Q_0 \parallel R R_0 \ldots$, wenn $P, Q, R \ldots$ irgendwelche Punkte von $\mathfrak{F}$ und $P_0, Q_0, R_0 \ldots$ die gedrehten Punkte sind.

171. Es mag noch erwähnt werden, daß die Perspektive in der Ebene auch durch Angabe des Zentrums, der Achse und einer Gegenachse bestimmt ist. Denn durch Annahme einer Gegenachse wird jedem auf ihr liegenden Punkt der unendlich ferne Punkt des Strahles zugeordnet, der vom Zentrum nach dem Punkt der Gegenachse gezogen ist.

Wichtig für das Folgende sind die beiden unmittelbar aus

der Fig. 125 zu entnehmenden Beziehungen: Das Bild einer Geraden schneidet die Fluchtlinie unter dem gleichen Winkel φ, wie der Strahl aus dem Zentrum nach dem Verschwindungspunkt die Verschwindungslinie, und anderseits: Eine Gerade schneidet die Verschwindungslinie unter dem gleichen Winkel ψ, wie der Strahl aus dem Zentrum nach dem Fluchtpunkt die Fluchtlinie. Ferner sei hier nochmals der Satz in 164 hervorgehoben: Der Abstand des Zentrums von der Fluchtlinie ist gleich dem Abstand der Verschwindungslinie von der Achse.

Perspektive Grundgebilde.

Wir erklären zunächst einige öfter wiederkehrende Benennungen.

172. Faßt man eine Gerade als ein aus Punkten bestehendes Gebilde auf, so legt man ihm den Namen Punktreihe bei und nennt die Gerade den Träger der Punktreihe. Von Geraden, die in einer Ebene liegen und durch einen Punkt derselben gehen, sagt man, daß sie einen Strahlbüschel bilden; der gemeinsame Punkt heißt der Scheitel und die Ebene der Träger desselben. Ähnlich sagt man von Ebenen, die eine gemeinsame Gerade enthalten, daß sie einen Ebenenbüschel bilden, und nennt diese Gerade seine Achse. — Die Punktreihe, der Strahlbüschel und der Ebenenbüschel sind die einfachsten Grundgebilde, die man aus Punkten, Geraden oder Ebenen als Elementen zusammensetzen kann. In ihnen ist das einzelne Element jedesmal durch eine einzige Bedingung bestimmbar (vergl. 210), weshalb sie auch als einförmige Grundgebilde bezeichnet werden.

173. Eine Punktreihe wird aus einem außerhalb gelegenen Punkte durch einen Strahlbüschel projiziert, ebenso ein Strahlbüschel durch einen Ebenenbüschel. Umgekehrt wird jeder Ebenenbüschel von einer nicht in ihm enthaltenen Ebene in einem Strahlbüschel und von einer Geraden in einer Punktreihe geschnitten. Zwei Punktreihen bezeichnen wir als perspektiv, wenn sie Schnitte des nämlichen Strahlbüschels sind. Ebenso heißen zwei Strahlbüschel perspektiv, wenn sie Schnitte desselben Ebenenbüschels sind, oder was auf dasselbe hinauskommt, wenn sie eine und dieselbe Punktreihe aus zwei verschiedenen Zentren projizieren. Endlich werden zwei Ebenenbüschel perspektiv genannt, wenn sie einen und denselben Strahlbüschel aus verschiedenen Zentren projizieren. Auch von einer Punktreihe und einem Strahlbüschel, oder von einer Punktreihe und einem Ebenenbüschel, oder einem Strahl- und einem Ebenenbüschel sagt man, daß sie perspektiv seien, wenn die Elemente des einen Gebildes auf den entsprechenden Elementen des andern liegen.

Es gilt jetzt eine Reihe von Sätzen abzuleiten, die sich auf die erwähnten einfachen Grundgebilde beziehen und für die Projektionslehre von grundlegender Bedeutung sind. Wir dürfen uns dabei größtenteils auf die Betrachtung von Punktreihen beschränken, da die Übertragung der betreffenden Sätze auf Strahl- und Ebenenbüschel keiner Schwierigkeit unterliegt.

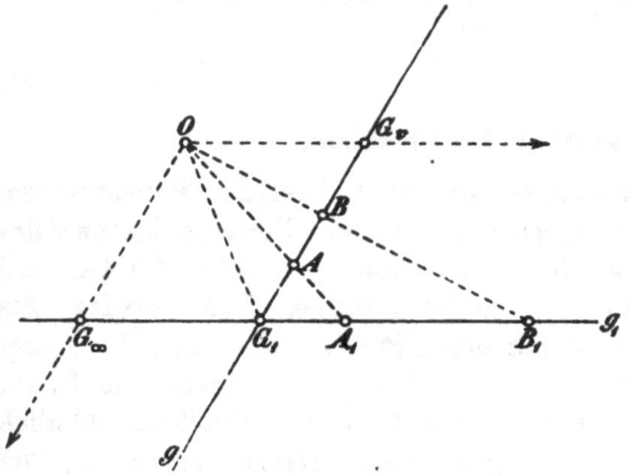

Fig. 126.

174. Wir gehen aus von zwei durch Zentralprojektion Punkt für Punkt aufeinander bezogenen Geraden g und g_1 (Fig. 126). Auf ihnen ist der Schnittpunkt beider G_1 als der sich selbst entsprechende Punkt ausgezeichnet, ferner auf g_1 der Fluchtpunkt G_∞, das Bild des unendlich fernen Punktes von g, sowie auf g der Verschwindungspunkt G_v, der dem unendlich fernen Punkt von g_1 entspricht. Dreht man eine der beiden Geraden, etwa g_1, beliebig um den Punkt G_1, so bleiben die Punktreihen nach dem Früheren (163) perspektiv. Das Zentrum O darf daher beliebig auf einer um G_v mit dem Radius $= G_1 G_\infty$ beschriebenen Kugel angenommen werden, worauf sich die Lage von $g_1 \parallel O G_v$ ergibt.

Wann lassen sich nun zwei Punktreihen g und g_1 in perspektive Lage bringen. Hier entsteht die Frage, zu wieviel Punkten der einen können die entsprechenden Punkte der anderen willkürlich gewählt werden. Hierüber geben die nächsten Sätze weiteren Aufschluß.

175. Eine Gerade g_1 kann zu einer anderen g stets in solche Lage gebracht werden, daß drei gegebene Punkte A, B, C der letzteren mit drei beliebig gegebenen Punkten A_1, B_1, C_1 der ersteren perspektiv sind. Vereinigt man z. B. zwei entsprechende Punkte C und C_1 durch geeignete Verschiebung der Geraden in einem Punkte G_1, so bestimmen die Verbindungslinien

AA_1 und BB_1 der übrigen das Projektionszentrum O als ihren Schnittpunkt. Dies Beispiel gibt indes nicht die allgemeinste Art der Herstellung der im Satz geforderten Lage. Vielmehr kann man noch die Lage des Zentrums O gegen eine der Geraden, etwa g, willkürlich fixieren. Dann kann man der Geraden g_1 stets eine solche Lage geben, daß ihre Punkte A_1, B_1, C_1 sich auf den entsprechenden Strahlen OA, OB, OC befinden. Es gilt nämlich der Satz: Eine Punktreihe und ein Strahlbüschel lassen sich stets in solche Lage bringen, daß drei gegebene Strahlen a, b, c des Büschels durch drei beliebig gegebene Punkte A, B, C der Reihe gehen. Um diese Lage herzustellen, lege man zunächst die Reihe A, B, C derart auf den Strahl a, daß C mit dem Scheitel des Büschels zusammenfällt, bestimme dann B_1 auf b, indem man $BB_1 \parallel c$ macht, und ziehe die Gerade AB_1, die c in C_1 schneidet (Fig. 127). Nun ist $C_1A : B_1A = CA : BA$; legt man also zu AB_1C_1 eine Parallele, welche die Strahlen a, b, c in A', B', C' respektive schneidet, so hat man: $CA : BA = C'A' : B'A'$. Sorgt man noch dafür, daß $C'A' = CA$ wird, indem man $AK = AC$ macht und $KC' \parallel a$ zieht, so wird auch $B'A' = BA$; die Reihen A, B, C und A', B', C' sind somit kongruent, und es kann die erstere mit der letzteren zur Deckung gebracht werden.

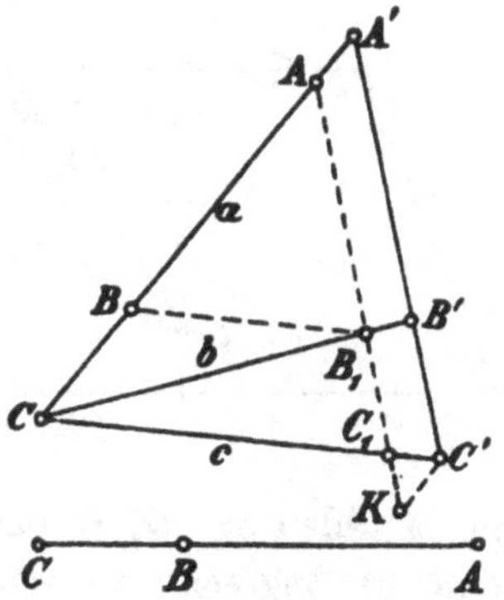

Fig. 127.

176. Wie wir sahen, brauchen drei Punkte einer Geraden keinerlei Bedingung zu erfüllen, damit man sie mit drei gegebenen Punkten einer anderen Geraden in perspektive Lage bringen kann, wobei sogar das Projektionszentrum beliebig wählbar bleibt. Dagegen müssen vier Punkte auf g_1 eine gewisse besondere Lage haben, damit sie zu vier gegebenen Punkten von g perspektiv gelegt werden können. Dies erhellt aus folgendem Satze: Liegen die vier Punkte A, B, C, D der Geraden g perspektiv zu den vier Punkten A_1, B_1, C_1, D_1 der Geraden g_1 vom Zentrum O_1 aus, so kann man die Lage von g_1 stets derart ändern, daß ihre Punkte A_1, B_1, C_1, D_1 zu A, B, C, D von einem beliebig gegebenen Zentrum O_2 aus perspektiv liegen.

177. Die Punktreihen A, B, C, D und A_1, B_1, C_1, D_1 auf g und g_1 seien ursprünglich durch Zentralprojektion aus dem Zentrum O_1 aufeinander bezogen (Fig. 128). Es werde nun im Raume beliebig ein neues Zentrum O_2 gegeben und die in der Ebene $E_1 = O_1 g$ liegende Figur auf die Ebene $E_2 = O_2 g$ in der Richtung $O_1 O_2$ projiziert. Dann ist die Gerade g_2 die Projektion von g_1 und ihre Schnittpunkte A_2, B_2, C_2, D_2 mit den Strahlen aus O_2 sind die Projektionen der Punkte A_1, B_1, C_1, D_1. Zugleich gilt die Relation: $A_1 B_1 : B_1 C_1 : C_1 D_1 = A_2 B_2 : B_2 C_2 : C_2 D_2 = A'B' : B'C' : C'D'$, wenn g' parallel zu g_2 gezogen wird und die Strahlen aus O_2 in den Punkten A', B', C', D' schneidet. Richtet man es zugleich so ein, daß $A'B' = A_1 B_1$ wird, so wird auch $B'C' = B_1 C_1$ und $C'D' = C_1 D_1$. Man kann also die Punktreihe A_1, B_1, C_1, D_1 mit der kongruenten Reihe A', B', C', D' zur Deckung bringen und dann liegt sie aus dem Zentrum O_2 perspektiv zur Reihe A, B, C, D.

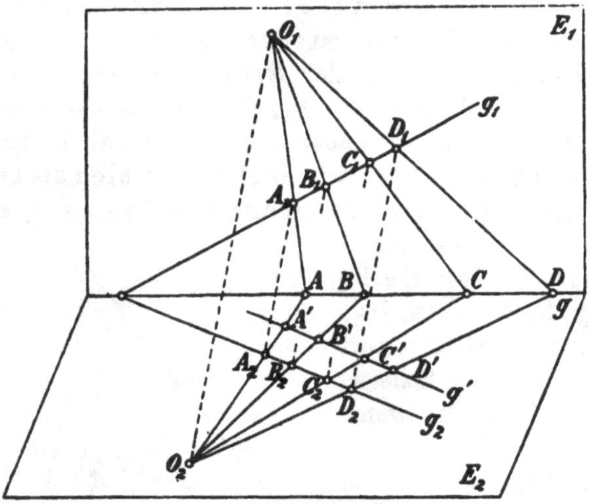

Fig. 128.

178. Diese neue perspektive Lage wird aber nach 175 schon durch die Wahl der drei Punkte A_1, B_1, C_1 bestimmt; demnach ist D_1 nicht mehr willkürlich, hängt vielmehr von der Lage des Punktes D ab. Um D_1 zu konstruieren, bringt man die Reihe A_1, B_1, C_1 auf irgend eine Weise in perspektive Lage mit der Reihe A, B, C, dann liegt D_1 mit D auf einem Strahl durch das Zentrum.

Am einfachsten kann das durch eine Verschiebung geschehen, die A_1 mit A zur Deckung bringt; dann ist $O = BB_1 \times CC_1$ das zugehörige Zentrum. Zwei Punktreihen liegen perspektiv, wenn sie zwei Punkte entsprechend gemein haben.

Ferner folgt der Satz: Zwei Gerade g und g_1 lassen sich nicht derart in perspektive Lage bringen, daß vier gegebenen Punkten der ersten Reihe vier beliebig gegebene Punkte der zweiten entsprechen.

179. Aus dem Vorhergehenden wollen wir noch folgende spezielle Folgerung ziehen. Liegen die Punkte A, B, C einer Geraden

g perspektiv mit den Punkten A_1, B_1, C_1 einer Geraden g_1 aus einem Punkte O, und bestimmt man auf jeder Geraden den Gegenpunkt, also G_v auf g und G_∞ auf g_1 ($OG_v \| g_1$ und $OG_\infty \| g$), so bleiben G_v und G_∞ die Gegenpunkte bei jeder Lage von g und g_1, in der die Punkte A, B, C mit A_1, B_1, C_1 perspektiv sind.

180. Es ergeben sich auch die weiteren Sätze:

Sind zwei Punktreihen zu einer dritten perspektiv, so können sie zueinander in Perspektive gesetzt werden, indem man sie aus einem und demselben Zentrum zur dritten Punktreihe perspektiv legt. Wenn zwei Punktreihen einerseits in perspektive Lage und andererseits drei Punkte der einen mit den entsprechenden der andern zur Deckung gebracht werden können, so sind sie kongruent. Denn in dieser letzteren Lage sind sie von jedem Punkte aus perspektiv, so daß je zwei entsprechende Punkte beider Reihen sich decken müssen.

181. Den Sätzen über die perspektive Lage von Punktreihen in 175—180 stehen analoge Sätze gegenüber, die sich auf Strahlbüschel beziehen.

Zwei Strahlbüschel S und S_1 können stets in solche Lage gebracht werden, daß drei gegebene Strahlen a, b, c des einen mit drei beliebig gewählten Strahlen a_1, b_1, c_1 des andern perspektiv liegen, d. h. sich auf einer Geraden — der Perspektivitätsachse — schneiden. Die Lage der Perspektivitätsachse gegen einen der Büschel kann dabei willkürlich angenommen werden. Schneidet nämlich diese Achse die Strahlen a, b, c resp. in A, B, C, so kann man den Büschel S_1 so verschieben, daß seine Strahlen a_1, b_1, c_1 resp. durch A, B, C hindurchgehen. Zu diesem Zweck schneide man den ursprünglichen Büschel S_1 in einer Reihe A', B', C', die zu A, B, C kongruent ist (vergl. 175) und gebe ihm darauf eine solche Lage, daß A', B', C' mit A, B, C resp. zur Deckung gelangen.

Die einfachste Lösung — freilich nicht die allgemeine — ergibt sich, wenn man zwei entsprechende Strahlen a und a_1 zusammenfallen läßt; die Schnittpunkte $b \times b_1$ und $c \times c_1$ der andern Strahlenpaare ergeben dann die Perspektivitätsachse als ihre Verbindungslinie. Zwei Strahlbüschel liegen perspektiv, wenn sie zwei Strahlen entsprechend gemein haben.

182. Liegen die vier Strahlen a, b, c, d des Büschels S perspektiv zu den vier Strahlen a_1, b_1, c_1, d_1 des Büschels S_1 in bezug auf die Achse e_1, so kann man die Lage des Büschels S_1 stets derart ändern, daß sich seine Strahlen mit den entsprechenden des Büschels S auf einer beliebig gegebenen Achse e_2 schneiden. Seien A, B, C, D die Punkte der Achse e_1, durch welche die bezüglichen Strahlen a, b, c, d des ersten Büschels und auch die entsprechenden Strahlen a_1, b_1, c_1, d_1 des zweiten hindurchgehen (Fig. 129). Ferner möge e_2 die Strahlen des ersten Büschels in den Punkten A_2, B_2, C_2, D_2 resp. schneiden. Dann gibt es nach 177 eine Gerade e', welche die Strahlen a_1, b_1, c_1, d_1 in einer zur Reihe A_2, B_2, C_2, D_2 kongruenten Reihe A', B', C', D' schneidet (vgl. auch 185). Nun verschiebe man den Büschel S_1 nach S_2 so, daß die auf seinen Strahlen liegenden Punkte A', B', C', D' mit der Reihe A_2, B_2, C_2, D_2 zur Deckung gelangen.

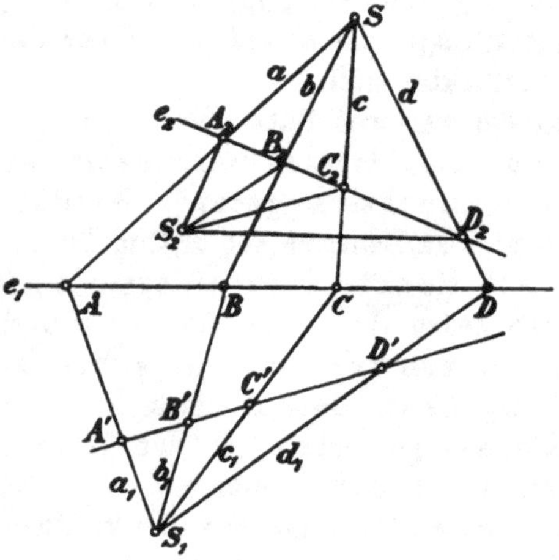

Fig. 129.

183. In zwei perspektiven Strahlbüscheln S und S_1 gibt es zwei einander entsprechende Paare rechtwinkliger Strahlen. Sie werden (vergl. 12) gefunden, indem man durch die Scheitel S und S_1 einen Kreis mit dem Mittelpunkt auf der Perspektivitätsachse legt. Schneidet dieser die Achse in X und Y, so sind

$$SX = x,\ SY = y \text{ und}$$
$$S_1X = x_1,\ S_1Y = y_1$$

die gesuchten Rechtwinkelpaare (Fig. 130).

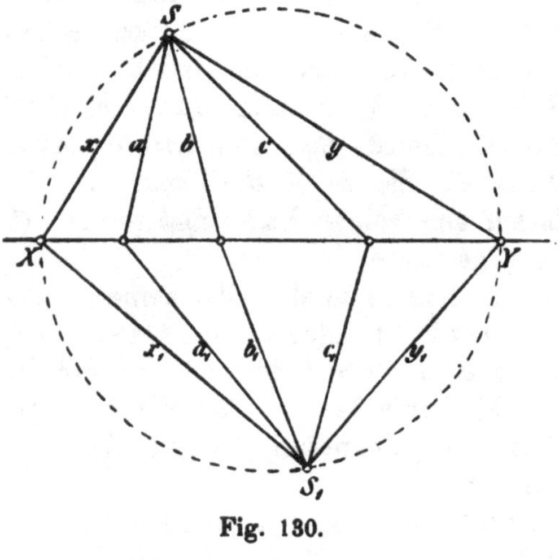

Fig. 130.

Aus dem vorigen Satz folgt weiter: Hat man in zwei perspektiven Strahlbüscheln die entsprechenden Rechtwinkelpaare bestimmt und bringt die Büschel in irgend eine andere perspektive Lage, so entsprechen sich die Schenkel der Rechtwinkelpaare auch in der neuen Lage.

184. Wir haben ferner den Satz: Sind zwei Strahlbüschel zu einem dritten perspektiv, so können sie zueinander in Perspektive gesetzt werden, indem man sie in bezug auf eine und dieselbe Achse zum dritten Strahlbüschel perspektiv legt. Und weiter: Wenn zwei Strahlbüschel einerseits in perspektive Lage und andererseits drei Strahlen des einen mit den entsprechenden des andern zur Deckung gebracht werden können, so sind sie kongruent.

185. An diese allgemeinen Sätze wollen wir noch einige besondere Bemerkungen anknüpfen, die weiterhin ihre Verwendung finden sollen. Schon in 177 haben wir gesehen, wie man perspektive Strahlbüschel in kongruenten Punktreihen schneiden kann. So sind in Fig. 128 die Punktreihen $A_1 B_1 C_1 D_1$ auf g_1 und $A'B'C'D'$ auf g' kongruent. Aus dieser Figur erkennt man auch, daß zwei Strahlen durch O_1 und O_2, die zu g_1 und g_2 resp. parallel laufen, sich auf g schneiden und somit entsprechende Strahlen der Büschel O_1 und O_2 sind. Die Konstruktion kongruenter Schnitte aus perspektiven Büscheln folgt hieraus und ist in Figur 131 dargestellt. Der Büschel S wird von g in der Reihe $ABCD$ geschnitten. Nun ziehe man im Büschel S den Strahl h parallel g und hierauf den entsprechenden Strahl h_1 im Büschel S_1. Die zu h_1 parallele Gerade g' schneidet dann den zweiten Büschel in der Punktreihe $A'B'C'D'$, die zu der ersteren kongruent ist, falls man die Wahl von g' derart trifft, daß $A'D' = AD$ wird. Die Richtigkeit des Gesagten erhellt auch schon daraus, daß in kongruenten Punktreihen die unendlich fernen Punkte einander wechselseitig entsprechen. Es muß also in den Strahlbüscheln S und S_1 entsprechende Strahlen h und h_1 geben, die zu den Trägern g und g' der kongruenten Schnitte parallel sind.

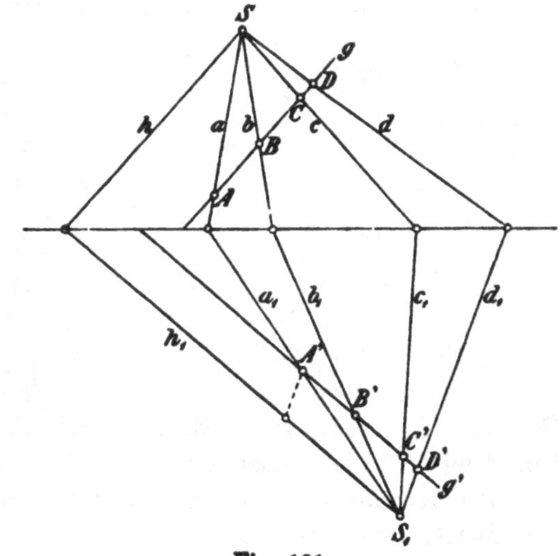

Fig. 131.

186. Von zwei perspektiven Strahlbüscheln kann jedes als orthogonale Projektion des andern dargestellt werden. Da man insbesondere drei beliebige Strahlen a, b, c eines Büschels mit drei beliebigen Strahlen a_1, b_1, c_1 eines zweiten in perspektive Lage bringen kann, ist zu zeigen, daß sowohl die ersteren als orthogonale Projektion der letzteren, als auch die letzteren als orthogonale Projektion der ersteren erhalten werden können. Um dies einzusehen, konstruieren wir zunächst in den Büscheln S und S_1 die Schenkel der entsprechenden rechten Winkel xy und x_1y_1 (Fig. 132), die sich in X und Y auf der Perspektivitätsachse e schneiden mögen. Nun ziehen wir zu y eine beliebige Parallele q, welche die Strahlen x und a in X' und A' schneidet, und zu y_1 eine Parallele q_1, die x_1 und a_1 in X'' und A'' trifft, doch so, daß $X''A'' = X'A'$ wird. Dann liefern die Büschel S und S_1 auf q und q_1 resp. kongruente Punktreihen, und wir können den Büschel S_1 samt der Reihe q_1 derart verschieben, daß $X''A''$ mit $X'A'$ zusammenfällt. Ist $\angle x_1a_1 > \angle xa$, so ist $X'S > X''S_1$, folglich läßt sich die Ebene des Büschels S derart um q drehen, daß die orthogonale Projektion von S mit $S_1{}^0$, der neuen Lage von S_1, zusammenfällt. Damit wird zugleich der Büschel mit dem Scheitel $S_1{}^0$ die orthogonale Projektion des Büschels mit dem Scheitel S.

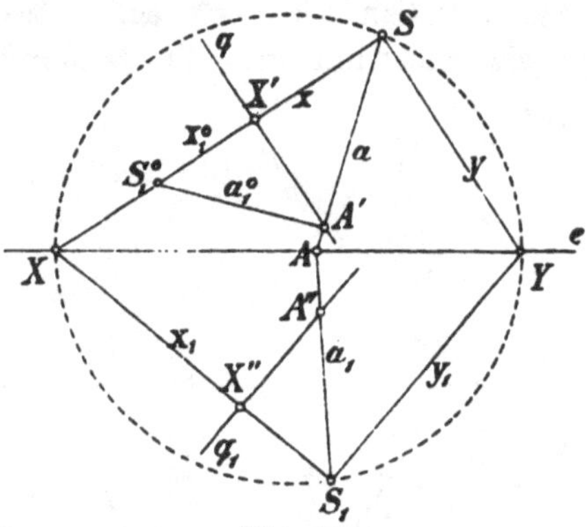

Fig. 132.

Schneiden wir dagegen die Büschel S und S_1 durch Parallele zu x und x_1 in kongruenten Reihen und bedenken, daß $\angle y_1a_1 < \angle ya$ ist, so erkennen wir, daß nach geeigneter Verschiebung und Drehung der Büschel S als orthogonale Projektion des Büschels S_1 erscheint.

187. Die seitherigen Betrachtungen können schließlich auch ausgedehnt werden auf die perspektive Lage von Ebenenbüscheln. Wir erwähnen die bezüglichen Ergebnisse hier der Vollständigkeit halber, obwohl wir uns für konstruktive Zwecke nur derjenigen Sätze zu bedienen brauchen, die sich auf Punktreihen und Strahlbüschel beziehen.

Zwei Ebenenbüschel mit den Achsen s und s_1 können stets in solche Lage gebracht werden, daß drei gegebene Ebenen Α, Β, Γ des einen mit drei beliebig gewählten

Ebenen des anderen perspektiv liegen, d. h. so, daß deren Schnittlinien einen Strahlbüschel bilden, dessen Träger als Perspektivitätsebene bezeichnet werden mag. Die Lage der Perspektivitätsebene gegen einen der beiden Büschel kann willkürlich angenommen werden. Schneidet nämlich diese Ebene die Ebenen A, B, Γ in dem Strahlbüschel *abc*, so hat man, um die perspektive Lage der Ebenenbüschel s und s_1 herzustellen, die Ebenen A_1, B_1, Γ_1 in einem kongruenten Strahlbüschel zu schneiden und darauf dem Ebenenbüschel s_1 eine solche Lage zu geben, daß die kongruenten Strahlbüschel sich decken. Um aber den Ebenenbüschel A_1, B_1, Γ_1 in einem zu *abc* kongruenten Strahlbüschel $a'b'c'$ zu schneiden, so schneide man ihn zuerst normal zu seiner Achse s_1 in dem Büschel $a_1b_1c_1$ und stelle letzteren nach 186 als Orthogonalprojektion von $a'b'c'$ dar. (Vergl. die schiefe Ansicht in Fig. 133.)

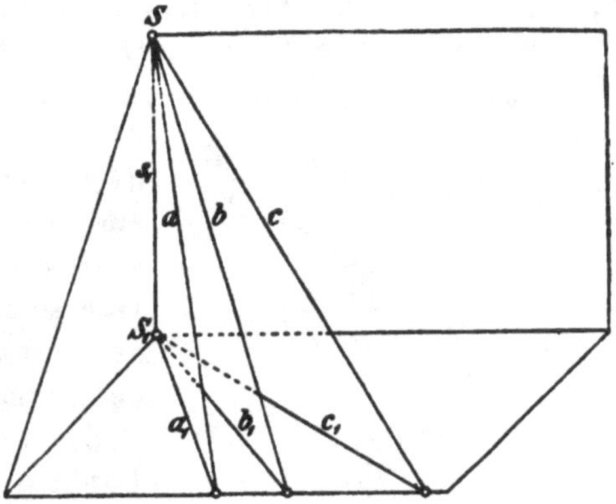

Fig. 133.

188. Liegen vier Ebenen A, B, Γ, Δ eines Büschels s perspektiv zu den vier Ebenen A_1, B_1, Γ_1, Δ_1 eines anderen Büschels s_1 in bezug auf die Perspektivitätsebene E_1, so kann man die Lage des Büschels s_1 stets derart ändern, daß seine Ebenen die entsprechenden Ebenen des Büschels s in Geraden einer beliebig gegebenen Ebene E_2 schneiden. Es folgt das unmittelbar aus der vorhergehenden Nummer.

In zwei perspektiven Ebenenbüscheln gibt es zwei einander entsprechende Paare rechtwinkliger Ebenen. Sie entsprechen einander für jede mögliche perspektive Lage der beiden Büschel. Man findet sie mit Hilfe der entsprechenden rechten Winkel in den beiden Strahlbüscheln, die von zwei zu den Achen s bez. s_1 senkrechten Ebenen aus den Ebenenbüscheln ausgeschnitten werden.

Sind zwei Ebenenbüschel zu einem dritten perspektiv, so können sie zueinander in Perspektive gesetzt werden, indem man sie in bezug auf eine und dieselbe Ebene zum dritten Ebenenbüschel perspektiv legt. Wenn zwei Ebenenbüschel einerseits perspektiv gelegt und andererseits drei Ebenen des einen mit den entsprechenden des andern zur Deckung gebracht werden können, so sind sie kongruent.

189. Zwei einförmige Grundgebilde (Punktreihen, Strahl- und Ebenenbüschel) nennt man *projektiv*, wenn sie in perspektive Lage gebracht werden können. So kann eine Punktreihe sowohl zu einer zweiten, als auch zu einem Strahl- oder Ebenenbüschel projektiv sein, usf. Aus den Sätzen in 180, 184 und 188 folgt aber sofort der allgemeine Satz: Ist ein einförmiges Grundgebilde (Punktreihe, Strahl- oder Ebenenbüschel) zu einem zweiten projektiv und dieses wiederum zu einem dritten, das dritte zu einem vierten usf., so ist auch das erste Gebilde zu dem letzten projektiv, d. h. die beiden können in perspektive Lage zueinander gebracht werden.

190. Sind die vier Punkte $ABCD$ einer Reihe zu den vier Punkten $A_1 B_1 C_1 D_1$ einer anderen projektiv, so sind diese Punkte $A_1 B_1 C_1 D_1$ auch zu den Punkten $BADC$ oder $CDAB$ oder $DCBA$ projektiv. Bringen wir etwa die beiden Träger der Reihen in eine solche relative Lage zueinander, daß C mit D_1 zusammenfällt (Fig. 134), dann werden die Strahlen $A_1 A$, $A_1 B$ $A_1 C$, $A_1 D$ die Gerade DC_1 in vier Punkten $A' B' C_1 D$ schneiden, die zu $ABCD$ perspektiv sind. Ebenso wird diese Gerade von den Strahlen AA_1, AB_1, AC_1, AD_1 in vier Punkten $A' B'' C_1 D$ geschnitten, die zu $A_1 B_1 C_1 D_1$ perspektiv sind. Da aber $ABCD$ und $A_1 B_1 C_1 D_1$ projektiv sind, so gilt Gleiches für $A' B' C_1 D$ und $A' B'' C_1 D$; deshalb muß nach 180 B' mit B'' identisch sein. Von dem Zentrum $B' = B''$ liegen nun die Punkte $BADC$ der Reihe nach perspektiv zu den Punkten $A_1 B_1 C_1 D_1$, beide Reihen sind also auch projektiv. Ganz ebenso gestaltet sich der Beweis für die beiden andern oben genannten Reihenfolgen $CDAB$ und $DCBA$.

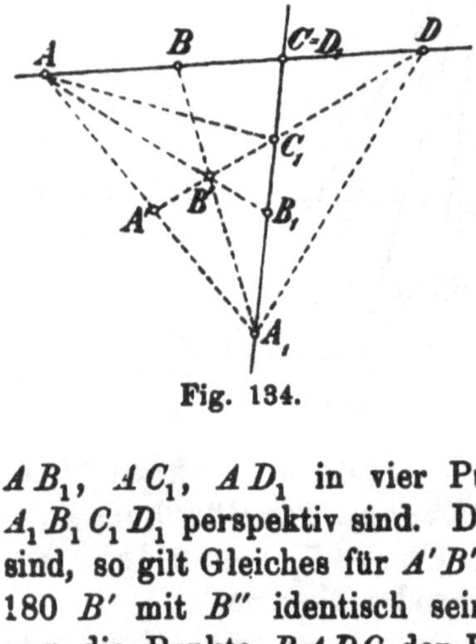

Fig. 134.

Im speziellen können die Reihen $ABCD$ und $A_1 B_1 C_1 D_1$ kongruent sein. Dann folgt, daß die vier Reihen $ABCD$, $BADC$ $CDAB$ und $DCBA$ untereinander projektiv sind, also in perspektive Lage gebracht werden können.

191. Wir wenden uns jetzt wieder der Zentralprojektion ebener Figuren zu, von der wir ausgegangen waren, um mit den gewonnenen Hilfsmitteln folgenden Satz zu beweisen.

Je zwei ebene Vierecke $ABCD$ und $A_1 B_1 C_1 D_1$ können in perspektive Lage gebracht werden. — Wir weisen zunächst nach, daß dies in einer Ebene möglich ist. Wird dann das eine Viereck um die Perspektivitätsachse gedreht, so ergeben sich perspektive Lagen der Vierecke im Raume.

Es seien $M = g \times h$ und $M_1 = g_1 \times h_1$ die Schnittpunkte zweier entsprechender Gegenseitenpaare $g = AB$, $h = CD$ und $g_1 = A_1 B_1$, $h_1 = C_1 D_1$, die zusammen alle acht Ecken enthalten (Fig. 135). Denken wir uns eines der Vierecke, etwa $ABCD$ fest, so ist dem andern eine solche Lage zu erteilen, daß die Punktreihen ABM und $A_1 B_1 M_1$, sowie die Punktreihen CDM und $C_1 D_1 M_1$ aus einem Zentrum O perspektiv liegen. Legen wir diese Reihen zunächst einzeln irgendwie perspektiv, so können wir ihre Gegenpunkte bestimmen, nämlich G_v auf g, G_∞ auf g_1, H_v auf h, H_∞ auf h_1. Hieraus ergeben sich die Gegenachsen $e_v = G_v H_v$ und $e_\infty = G_\infty H_\infty$ der beiden perspektiven Figuren.

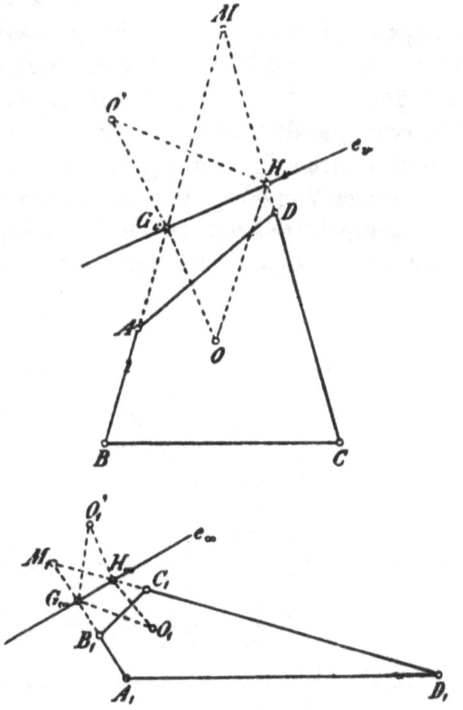

Fig. 135.

Nach 171 müssen ferner die Beziehungen bestehen:

$$\angle O G_v H_v = \angle g_1 e_\infty, \qquad \angle O G_\infty H_\infty = \angle g e_v,$$
$$\angle O H_v G_v = \angle h_1 e_\infty, \qquad \angle O H_\infty G_\infty = \angle h e_v.$$

192. Jetzt drehen wir das zweite Viereck, bis e_∞ zu e_v parallel wird, dann muß sich die gewünschte perspektive Lage der beiden Vierecke durch eine bloße Parallelverschiebung des zweiten bewirken lassen. Wir ziehen nun einerseits in dem festen Viereck durch G_v und H_v respektive die Parallelen zu den Seiten g_1 und h_1 des gedrehten Vierecks und andererseits in dem gedrehten Viereck durch G_∞ und H_∞ respektive die Parallelen zu den Seiten g und h des festen Vierecks. Dann werden sich die ersteren in einem Punkte O'

und die letzteren in einem Punkte O_1' schneiden, und eine Parallelverschiebung des zweiten Vierecks, bei der O_1' mit O' zusammenfällt, bringt die beiden Vierecke in perspektive Lage. Eine andere perspektive Lage der Vierecke ergibt sich, wenn wir das zweite Viereck nachträglich um $O' = O_1'$ um 180° drehen.

Man kann jedoch auch zuerst das zweite Viereck um e_∞ umklappen und dann eine Drehung desselben vornehmen, so daß $e_\infty \parallel e_v$ wird. In diesem Falle schneiden sich die durch G_v und H_v gezogenen Geraden, welche zu den Seiten g_1 und h_1 des so gelegenen zweiten Vierecks parallel sind, im Punkte O und ebenso die Parallelen zu g und h durch G_∞ und H_∞ im Punkte O_1. Eine Parallelverschiebung des zweiten Vierecks, wobei O_1 mit O zusammenfällt, bewirkt wiederum eine perspektive Lage beider Vierecke, und eine weitere perspektive Lage ergibt sich noch, wenn man das zweite Viereck nachträglich um $O = O_1$ um 180° dreht. Es sind also vier verschiedene perspektive Lagen in der Ebene möglich.

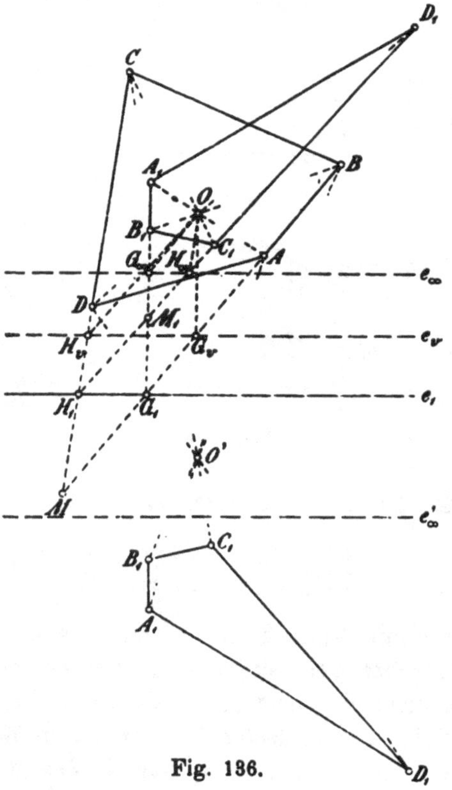

Fig. 136.

In der Figur 136 ist eine der zuletzt erwähnten perspektiven Lagen dargestellt, wobei O_1 mit O vereinigt liegt. Sind $G_1 = g \times g_1$ und $H_1 = h \times h_1$ die Schnittpunkte der sich entsprechenden Seiten, so sind die Vierecke $OH_\infty M_1 G_\infty$ und $MH_v OG_v$ ähnlich, da ihre homologen Seiten und die homologen Diagonalen $H_\infty G_\infty$ und $H_v G_v$ parallel laufen. Demnach sind auch ihre Diagonalen OM_1 und OM parallel, d. h. M, M_1 und O liegen auf einer Geraden. Nun sind auch die Vierecke $OH_\infty M_1 G_\infty$ und $MH_1 M_1 G_1$ ähnlich, da ihre homologen Seiten und die homologen Diagonalen OM_1 und MM_1 parallel laufen, folglich ist auch $H_1 G_1 \parallel H_\infty G_\infty$. — Jetzt liegen drei Punkte von g, nämlich M, G_v und der unendlich ferne

Punkt, perspektiv vom Zentrum O aus zu den entsprechenden Punkten auf g_1, nämlich zu M_1, dem unendlich fernen Punkt und G_∞. Mithin liegen je zwei entsprechende Punkte von g und g_1 auf einem Strahle durch O; insbesondere gehen AA_1 und BB_1 durch O. Ganz ebenso zeigt sich, daß CC_1 und DD_1 durch O gehen; die Vierecke $ABCD$ und $A_1B_1C_1D_1$ befinden sich also in perspektiver Lage.

193. In Fig. 136 ist noch eine andere perspektive Lage angegeben; sie geht aus der vorigen hervor, wenn man das Viereck $A_1B_1C_1D_1$ um die Perspektivitätsachse e_1 umklappt; hierbei ist O' das Zentrum. Die Fig. 137 bringt die beiden noch fehlenden perspektiven Lagen; sie ergeben sich aus den Lagen in Fig. 136, wenn

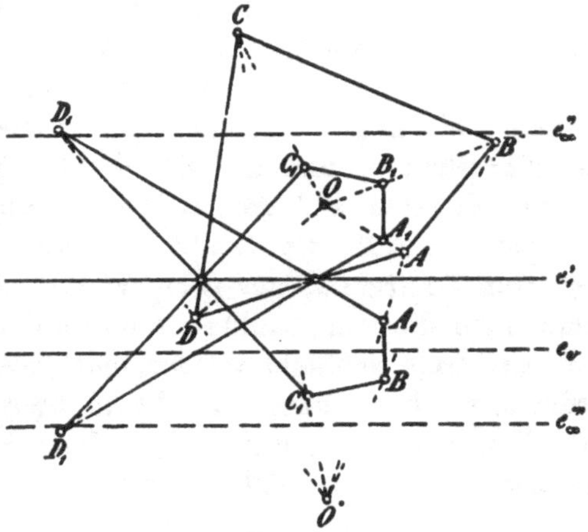

Fig. 137.

man das eine Viereck $A_1B_1C_1D_1$ um O und das andere Viereck $A_1B_1C_1D_1$ um O' um 180° dreht. Im Raume sind nur zwei verschiedene Arten perspektiver Lagen der beiden Vierecke möglich. Sie werden erhalten, wenn man in Fig. 136 das Viereck $A_1B_1C_1D_1$ um die Achse e_1, oder wenn man es in Fig. 137 um die Achse e'_1 aufdreht.

Harmonische Grundgebilde. Vierseit und Viereck.

194. Die einfachste Figur in der Ebene ist — vom Dreieck abgesehen — das Vierseit. Das **vollständige Vierseit** wird von vier Geraden a, b, c, d einer Ebene gebildet, deren sechs Schnittpunkte seine Ecken heißen. Diese gruppieren sich paarweise als Gegenecken, nämlich: $a \times b = E$ und $c \times d = F$,

$a \times c = G$ und $b \times d = H$, $a \times d = K$ und $b \times c = J$, so daß durch jedes Paar alle vier Seiten gehen. Die Verbindungslinien je zweier Gegenecken werden **Diagonalen** genannt und bilden das **Diagonaldreiseit** (Fig. 138).

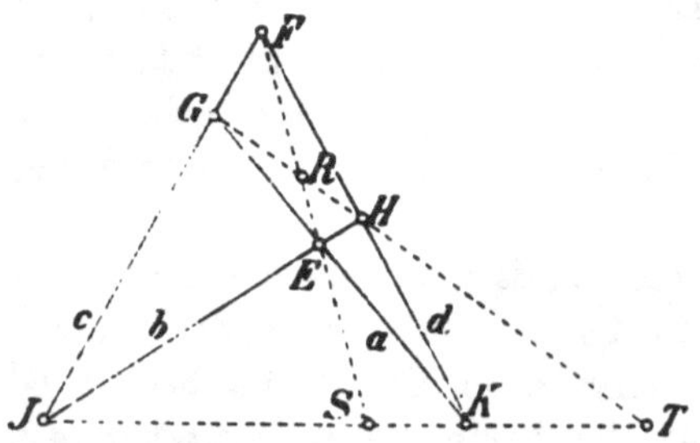

Fig. 138.

Die Ecken eines Vierseits und seines Diagonaldreiseits weisen eine charakteristische Lage zueinander auf, die sich bei jedem Vierseit wiederfindet. Daraus folgt denn auch, daß diese charakteristische Lage durch irgend welche Parallel- oder Zentralprojektion nicht zerstört werden kann, da eine solche ein Vierseit immer wieder in ein Vierseit verwandelt.

195. Betrachten wir zwei Diagonalen eines Vierseits, so trägt jede von ihnen vier Punkte, und die vier Punkte auf der einen liegen zu den vier Punkten auf der andern in doppelter Weise perspektiv. So sind $GHRT$ vom Zentrum F aus perspektiv zu $JKST$, dagegen vom Zentrum E aus perspektiv zu $KJST$. Nach 180 können somit auch die vier Punkte $JKST$ zu den vier Punkten $KJST$ in perspektive Lage gebracht werden, oder wie wir uns nach 189 kürzer ausdrücken: die Punkte $JKST$ sind **projektiv** zu den Punkten $KJST$. Von vier Punkten $JKST$, welche diese besondere Eigenschaft besitzen, sagen wir, daß sie sich in **harmonischer Lage** befinden.

Wir sprechen also die Definition aus: **Auf jeder Diagonale eines Vierseits liegen die beiden Ecken und die Schnittpunkte mit den beiden andern Diagonalen harmonisch.**

196. Es läßt sich auch leicht die Umkehrung zeigen, daß vier Punkte $JKST$ einer Geraden stets zwei Gegenecken und zwei Diagonalschnittpunkte eines Vierseits bilden können, falls $JKST$ zu $KJST$ projektiv ist. Zum Beweise ziehe man durch T eine beliebige Gerade und projiziere aus einem beliebigen Zentrum F jene Punkte auf diese Gerade, so daß $GHRT$ zu $JKST$ perspektiv liegen (Fig. 138). Wenn nun aber $JKST$ und $KJST$ projektiv sind, so sind nach 189 auch $GHRT$ und $KJST$ projektiv, und da in T zwei entsprechende Punkte zusammenfallen, so sind nach 178 die zweimal vier Punkte sogar perspektiv, d. h. GK, JH und RS schneiden sich in einem Punkte E. Damit ist aber die erwähnte Umkehrung bewiesen.

197. Aus diesen Betrachtungen geht zugleich hervor, daß durch drei von den vier harmonischen Punkten der vierte mitbestimmt ist. Denn sind JKT gegeben, so kann man wie vorher eine Gerade durch T und einen Punkt F beliebig annehmen, dann ergeben sich G, H und $E = JH \times GK$, und damit auch $S = JK \times EF$.

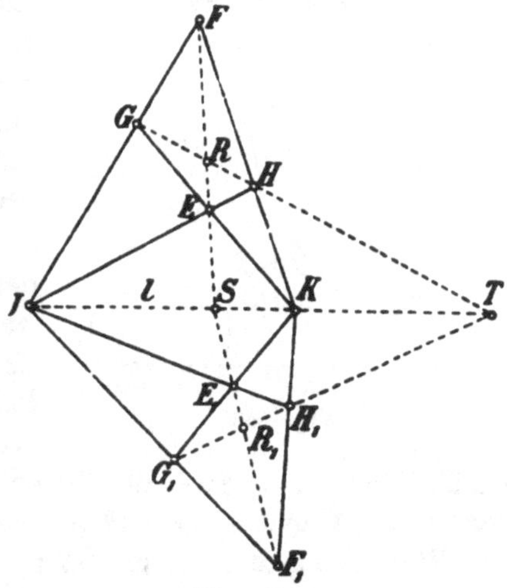

Fig. 139.

Führen wir dieselbe Konstruktion zweimal aus, wie das in Fig. 139 geschehen ist, so gelangen wir von den Punkten JKT der Geraden l ausgehend immer zu dem nämlichen Punkte S, der sich in harmonischer Lage mit jenen drei Punkten befindet. Das gibt den Satz: Alle Vierseite, welche eine Diagonale und auf ihr zwei Eckpunkte und einen Diagonalschnittpunkt gemein haben, haben auch noch den andern Diagonalschnittpunkt auf ihr gemeinsam.

Man kann die Richtigkeit dieses Satzes auch leicht direkt erkennen, wenn man in Fig. 139 von den beiden Vierseiten mit der gemeinsamen Diagonalen l und den gemeinsamen Punkten JK und T das eine um l aufdreht. Dann sind die beiden Vierseite in perspektiver Lage im Raume. Denn zunächst gilt dies von den Dreiecken FGH und $F_1G_1H_1$, deren entsprechende Seiten sich auf l schneiden; durch das zugehörige Zentrum O — als Schnittpunkt der Ebenen FKF_1, FJF_1 und GTG_1 — gehen die Geraden FF_1, GG_1 und HH_1. Auch die Ebenen GKG_1 und HJH_1 enthalten den Punkt O, und folglich geht auch ihre Schnittlinie EE_1 durch O. Die Geraden EE_1 und FF_1 liegen also in einer Ebene; diese schneidet l in einem Punkte S, durch den die beiden Geraden EF und E_1F_1 hindurchgehen.

198. Nach dem Vorhergehenden könnte es scheinen, daß von vier harmonischen Punkten zwei eine andere Rolle spielen als die beiden übrigen, insofern zwei davon, etwa J und K, zwei Ecken eines Vierseits, die beiden andern aber, etwa S und T, zwei Diagonalschnittpunkte desselben bilden. Dem ist jedoch nicht so, was daraus folgt, daß man auch Vierseite konstruieren kann, die S und T zu Ecken, dagegen J und K zu Diagonalschnittpunkten haben. Geht man nämlich von dem früheren Vierseit aus (Fig. 140) und zieht SG und SH, so liegen die Punkte $P = SH \times GK$, $Q = SG \times JH$ und T in gerader Linie. Denn die Punkte $JKST$ sind perspektiv zu den Punkten $GHRT$, und folglich sind die Strahlen EJ, EK, ES, ET nach 189 projektiv zu den Strahlen SG, SH, SR, ST. Die zweimal vier Strahlen sind aber sogar in perspektiver Lage, da die entsprechenden Strahlen ES und SR sich decken (vergl. 181); sonach liegen die Schnittpunkte entsprechender Strahlen, nämlich Q, P und T, auf einer Geraden. Jetzt bilden die Geraden THG, TPQ, SPH, SQG die Seiten eines Vierseits, dessen Diagonalen sich in E, K und J schneiden, womit unsere Behauptung erwiesen ist. Wir erkennen also den Satz: Vier Punkte in harmonischer Lage gruppieren sich in zwei Paare derart, daß jedes Paar die Ecken eines Vierseits bilden kann, welches das andere Paar zu Diagonalschnittpunkten hat.

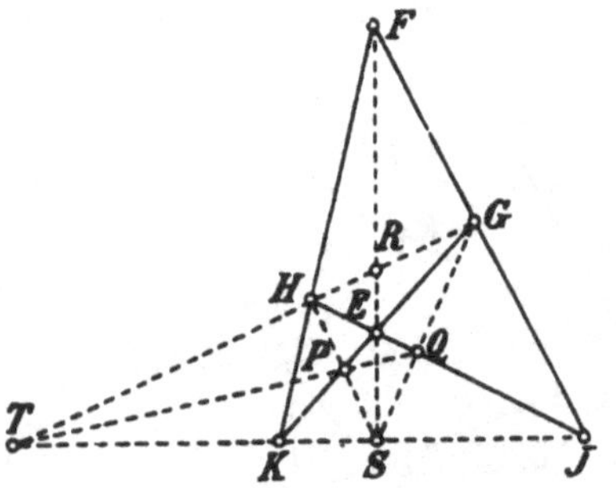

Fig. 140.

Wenn man von vier Punkten $ABCD$ nur aussagt, daß sie harmonisch liegen, so ist damit noch in keiner Weise festgelegt, wie sie sich in Paare gruppieren. Will man dieser Gruppierung Ausdruck verleihen, so sagt man: Das Punktepaar AB, oder die Strecke AB, wird durch das Punktepaar CD harmonisch geteilt. Dann wird nach den obigen Untersuchungen zugleich die Strecke CD durch die Punkte AB harmonisch geteilt.

199. Wir haben in 190 gesehen, daß vier beliebige Punkte einer Geraden in folgenden vier verschiedenen Anordnungen $ABCD$, $BADC$, $CDAB$, $DCBA$ zu einander projektiv sind. Liegen die vier Punkte im besonderen harmonisch, und werden etwa die Punkte AB durch CD harmonisch getrennt, so sind nach 195 auch die Punkte $BACD$ und $ABCD$ projektiv. Auch hier gibt es wieder vier zueinander projektive Anordnungen $BACD$, $ABDC$, $CDBA$, $DCAB$, so daß also bei vier harmonischen Punkten im ganzen acht zueinander projektive Reihenfolgen existieren. Man erhält alle acht Anordnungen, wenn man sowohl die beiden Punktepaare, die sich gegenseitig harmonisch trennen, als auch die Punkte jedes Paares unter sich vertauscht.

200. Vier Strahlen aus einem Punkte und ebenso vier Ebenen durch eine Achse heißen harmonisch, wenn sie von einer Geraden in vier harmonischen Punkten geschnitten werden. Offenbar gibt es auch für solche vier Strahlen und für solche vier Ebenen acht Reihenfolgen, die untereinander projektiv sind.

Hiernach gilt auch der Satz: In jeder Ecke eines Vierseits liegen die beiden Seiten harmonisch zu der Diagonale und dem Strahl nach dem Schnittpunkt der beiden andern Diagonalen.

201. Zweimal vier harmonische Punkte (Strahlen, Ebenen) sind stets projektiv, d. h. sie können in perspektive Lage gebracht werden. Werden die Punkte AB durch CD und die Punkte $A_1 B_1$ durch $C_1 D_1$ harmonisch getrennt, so sind durch die Wahl der Punkte ABC einerseits und $A_1 B_1 C_1$ andererseits die Punkte D und D_1 mitbestimmt. Man bringe nun $A_1 B_1 C_1$ zu ABC in perspektive Lage, indem man C_1 mit C vereinigt (Fig. 141), und verbinde dann A und B mit jedem der beiden Punkte A_1 und B_1. Diese vier Geraden bilden ein Vierseit, von dem AB und $A_1 B_1$ zwei Diagonalen sind, während die dritte Diagonale JK auf ihnen die vierten harmonischen Punkte D resp. D_1 ausschneidet. Aus der Figur ist aber zu ersehen, daß $ABCD$ und $A_1 B_1 C_1 D_1$ vom Zentrum K aus perspektiv liegen. Es ist nach früherem selbstverständlich, daß es acht verschiedene Reihenfolgen der Punkte $A_1 B_1 C_1 D_1$ gibt, deren jede zu $ABCD$ projektiv ist.

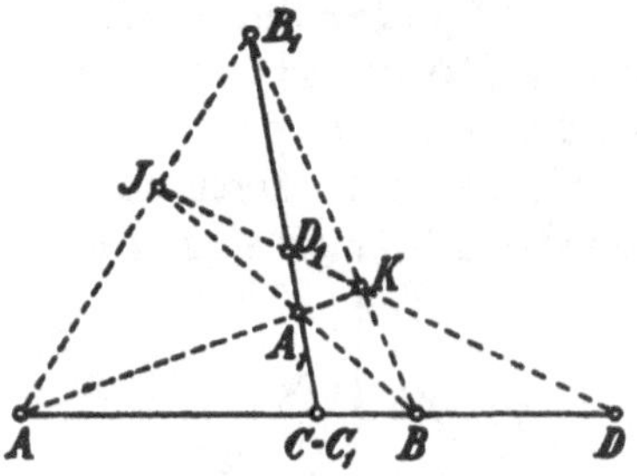

Fig. 141.

Hiermit ist auch die Aufgabe gelöst, einen Punkt D zu finden, der mit C zusammen die Strecke AB harmonisch teilt. Man zieht nämlich eine beliebige Gerade durch C und nimmt auf ihr zwei beliebige Punkte A_1 und B_1 an (Fig. 141). Die vier Geraden AA_1, AB_1, BA_1, BB_1 bilden ein Vierseit mit den Diagonalen AB und $A_1 B_1$, dessen dritte Diagonale JK den Punkt D ausschneidet.

202. Das vollständige Viereck wird von vier Punkten $ABCD$ einer Ebene gebildet, deren sechs Verbindungslinien seine Seiten heißen. Diese ordnen sich paarweise als Gegenseiten an, nämlich AB und CD, AC und BD, AD und BC, so daß jedes Paar alle vier Ecken enthält. Die

Schnittpunkte je zweier Gegenseiten heißen **Diagonalpunkte** und bilden das Diagonaldreieck LMN (Fig. 142).

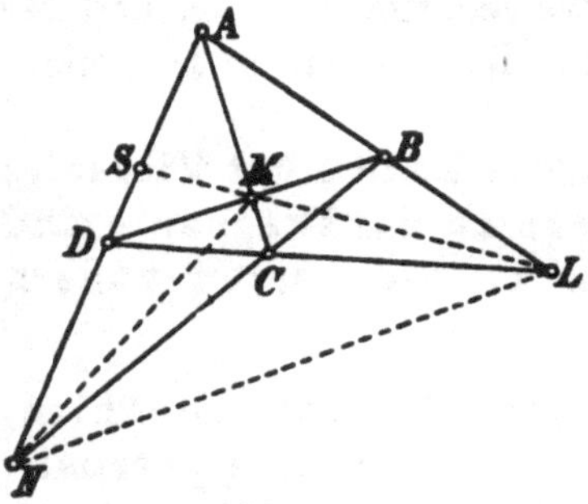

Fig. 142.

203. In jedem Diagonalpunkt werden die Seiten des vollständigen Vierecks durch die Seiten seines Diagonaldreiecks harmonisch getrennt. So liegen im Punkte M der Fig. 142 die Vierecksseiten MA und MB zu den Seiten ML und MN des Diagonaldreiecks harmonisch. Die vier Geraden BL, BM, CL, CM bilden nämlich ein Vierseit, und nach 200 liegen seine Seiten MB, MA harmonisch zu seiner Diagonale ML und dem Strahl nach dem Schnittpunkt N der Diagonalen AD und BC.

Auf jeder Seite eines Vierecks werden die Ecken durch einen Diagonalpunkt und den Schnittpunkt mit der Verbindungslinie der beiden andern Diagonalpunkte harmonisch geteilt. Denn in dem von den Geraden BL, BM, CL, CM gebildeten Vierseit sind A und D Gegenecken, S und N aber Diagonalschnittpunkte; somit werden A und D durch N und S nach 195 harmonisch geteilt.

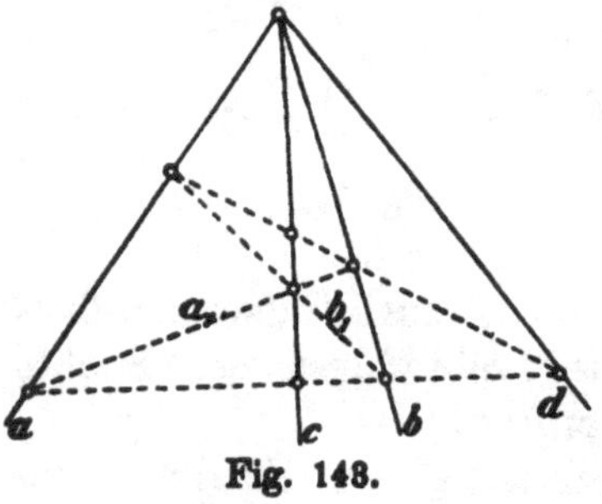

Fig. 143.

Um den Strahl d zu finden, der mit einem Strahle c zusammen den Winkel ab harmonisch teilt, wähle man auf c einen beliebigen Punkt und ziehe durch ihn zwei beliebige Gerade a_1 und b_1 (Fig. 143). Die vier Schnittpunkte $a \times a_1$, $a \times b_1$, $b \times a_1$, $b \times b_1$ bilden ein Viereck mit den Diagonalpunkten $a \times b$ und $a_1 \times b_1$, durch dessen dritten Diagonalpunkt der Strahl d zu ziehen ist.

Aus der geschilderten Konstruktion folgt zugleich, daß von den beiden Strahlen, die den Winkel ab harmonisch teilen, der eine im Winkel ab, der andere aber außerhalb liegt. Ganz ebenso zeigt die frühere Konstruktion, daß von zwei Punkten, welche die Strecke AB harmonisch teilen, der eine auf der Strecke, der andere aber außerhalb liegen muß.

204. Wir wollen jetzt unsere Aufmerksamkeit noch kurz einigen besonderen Vierseiten und Vierecken zuwenden. Projizieren wir ein

Vierseit derart auf eine andere Ebene, daß das Bild einer Diagonale ins Unendliche fällt, so erhalten wir ein Parallelogramm. Auf einer Diagonale des Parallelogramms liegen dann die Eckpunkte mit dem Mittelpunkt und dem unendlich fernen Punkt harmonisch. Jede Strecke wird also von ihrem Mittelpunkt und dem unendlich fernen Punkt harmonisch geteilt.

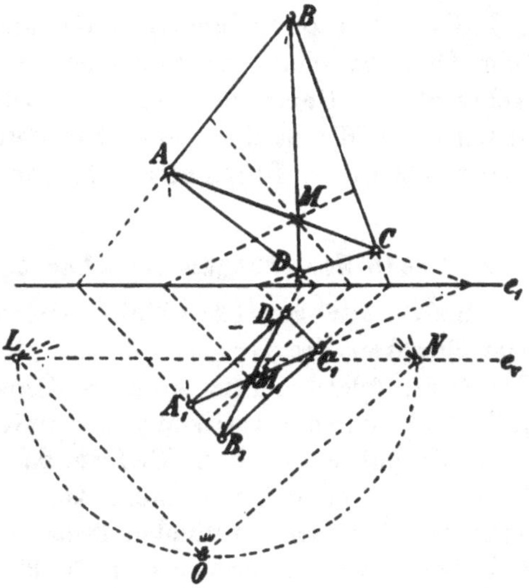

Fig. 144.

Durch perspektive Abbildung können wir auch ein beliebiges Viereck $ABCD$ in ein Rechteck $A_1B_1C_1D_1$ verwandeln (Fig. 144). Dazu brauchen wir nur die Verbindungslinie zweier Diagonalpunkte L und N zur Verschwindungslinie e_v zu machen und das Zentrum O so zu wählen, daß $ON \perp OL$ wird, während die Achse e_1 zu e_v beliebig parallel gezogen werden kann. Da aber im Punkte M die Geraden AC und BD mit ML und MN harmonisch liegen, so sind in M_1 die Diagonalen des Rechtecks harmonisch zu den beiden Geraden, die den Seiten des Rechtecks parallel laufen. Jeder Winkel wird also von seiner Halbierungslinie und der Halbierungslinie seines Nebenwinkels harmonisch geteilt und umgekehrt. Oder auch: Stehen von vier harmonischen Strahlen die Strahlen des einen Paares senkrecht aufeinander, so halbieren sie Winkel und Nebenwinkel der beiden andern.

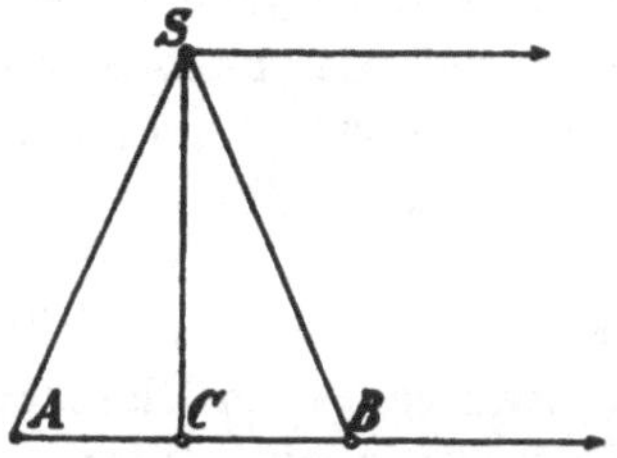

Fig. 145.

Die Richtigkeit dieser Sätze erkennt man auch, wenn man vier spezielle harmonische Punkte zugrunde legt, von denen der eine unendlich fern ist (Fig. 145). Projiziert man diese aus einem Punkte S, so daß $SC \perp AB$ ist, dann stehen zwei der vier harmonischen Strahlen durch S aufeinander senkrecht, während die beiden andern SA und SB mit SC gleiche Winkel einschließen.

205. Will man ein beliebiges Viereck $ABCD$ in ein Quadrat $A_1B_1C_1D_1$ durch Perspektive abbilden, so hat man in Fig. 144 das Zentrum O so zu wählen, daß nicht nur $OL \perp ON$ wird, sondern auch die beiden Strahlen, die O mit den Punkten $U = e_v \times AC$ und $V = e_v \times BD$ verbinden, aufeinander senkrecht stehen. Denn beim Quadrat schneiden sich auch die Diagonalen A_1C_1 und B_1D_1 rechtwinklig. Demnach wird O als Schnittpunkt zweier Kreise erhalten, von denen der eine über dem Durchmesser LN und der andere über dem Durchmesser UV beschrieben ist.

Metrische Beziehungen zwischen perspektiven Grundgebilden.

206. Für zwei ähnliche ebene Figuren gilt das Gesetz: Alle Strecken des Originals haben zu ihren Bildern das nämliche Verhältnis (gleichviel in welcher Richtung sie gezogen sind). Für affine Figuren ergab sich: Alle unter sich parallele Strecken des Originals haben zu ihren Bildern das gleiche Verhältnis (aber dies ändert sich von einer Richtung zur andern). In beiden Fällen besteht zwischen den Abständen dreier Punkte A, B, C einer Geraden und denen der entsprechenden Punkte A_1, B_1, C_1 der Bildgeraden die Verhältnisgleichung:

$$AC:BC = A_1C_1:B_1C_1 .$$

Es erhebt sich jetzt die Frage nach einem analogen Gesetze für perspektive Figuren.

207. Zwischen drei Punkten A, B, C einer Geraden und den entsprechenden Punkten A_1, B_1, C_1 der dazu perspektiven Bildgeraden kann keine Streckenrelation bestehen; denn wir haben gesehen, daß letztere noch willkürlich angenommen werden dürfen, wenn erstere gegeben sind. Dagegen zeigt der in 178 bewiesene Satz, daß vier Punkte einer Geraden g_1 eine Streckenrelation erfüllen müssen, wenn es möglich sein soll, sie mit vier gegebenen Punkten einer andern Geraden g in Perspektive zu setzen. Hier sind aber nicht mehr, wie bei affinen Figuren, die Streckenverhältnisse selbst auf der Original- und Bildgeraden gleich; vielmehr werden erst die Quotienten zweier Streckenverhältnisse auf beiden Geraden einander gleich, und ein derartiger Quotient wird Doppelverhältnis genannt. — Obgleich nun in der darstellenden Geometrie auf die Bestimmung von Doppelverhältniswerten im allgemeinen nicht Bezug genommen wird, so soll doch hier der Begriff des Doppelverhältnisses entwickelt und seine Bedeutung für perspektive Figuren erklärt werden. Dies kann indes nicht geschehen, ohne einige allgemeine Bemerkungen über die Messung von Strecken und Winkeln vorauszuschicken.[7])

208. Eine Strecke ist durch ihre Endpunkte A und B eindeutig bestimmt, wenn zugleich die Richtung gegeben ist, in der sie durchlaufen werden soll. Ist dies die Richtung von A nach B, so bezeichnen wir die Strecke durch AB, dagegen durch BA im entgegengesetzten Falle. Wir setzen ferner für jede Gerade eine positive Richtung fest (welche ist gleichgültig), d. h. wir stellen alle in der einen Richtung durchlaufenen Strecken als positiv in Rechnung, die in der umgekehrten Richtung durchlaufenen Strecken aber als negativ. Hiernach besteht für zwei beliebige Punkte A und B die Gleichung:

$$AB + BA = 0, \quad \text{oder} \quad BA = -AB;$$

ebenso besteht für drei beliebig auf einer Geraden gelegene Punkte A, B, C die Gleichung:

$$AB + BC + CA = 0, \quad \text{oder} \quad AB = AC + CB,$$

und ähnliche Gleichungen gelten für mehr Punkte.

209. Der von zwei Geraden a und b (in einer Ebene) eingeschlossene Winkel ist eindeutig bestimmt, wenn angegeben wird, nach welcher Richtung vom Scheitel O aus die Schenkel gehen und in welchem Drehsinne der Winkel beschrieben werden soll. Bezeichnen wir mit a nicht bloß die Gerade, sondern drücken durch dieses Zeichen zugleich eine bestimmte Richtung aus, die als positive Durchlaufungsrichtung genommen wird, und machen wir die gleiche Festsetzung für b, so gibt es zwischen den vom Scheitel O in positiver Richtung ausgehenden Schenkeln a und b zwei verschiedene Winkel, die sich zu $4\,R$ ergänzen. Wir setzen ferner für jede Ebene willkürlich einen positiven Drehsinn fest, d. h. wir rechnen die in dem einen Sinn beschriebenen Winkel positiv, die in dem entgegengesetzten Sinn beschriebenen negativ. Durch $\angle ab$ bezeichnen wir den Winkel, den die Gerade a in positivem Drehsinn beschreiben muß, um in die Lage b zu gelangen, so zwar, daß die positiven Durchlaufungsrichtungen beider Geraden übereinstimmen. Es ist dann:

$$\angle ab + \angle ba = 4R \quad \text{und} \quad \angle ab + \angle ba' = 2R,$$

wenn a' mit a zusammenfällt, aber eine entgegengesetzte positive Durchlaufungsrichtung zeigt.

Wenn wir verabreden, daß ganze Umdrehungen außer acht bleiben, also Winkel, die sich um ganze Vielfache von $4\,R$ unterscheiden, als gleich angesehen werden sollen, so haben wir die Gleichung:

$$\angle ab + \angle ba = 0 \quad \text{oder} \quad \angle ba = -\angle ab$$

Ebenso besteht für drei beliebige Gerade a, b, c einer Ebene die Gleichung:

$$\angle ab + \angle bc + \angle ca = 0, \text{ oder } \angle ab = \angle ac - \angle bc.$$

Ähnliche Gleichungen gibt es für mehr Gerade. Wie man leicht erkennt, ist es gleichgültig, ob die betrachteten Geraden durch den nämlichen Punkt gehen oder nicht. Auch bedarf es keiner weiteren Erläuterung, wie die gegebenen Erklärungen auf die Bestimmung der Winkel windschiefer Geraden oder der Neigungswinkel gegebener Ebenen auszudehnen sind.

Wird ein Winkel durch seinen Scheitel O und zwei auf den Schenkeln gelegene Punkte A und B bestimmt, so bezeichnen wir ihn durch $\angle AOB$, wenn er von einem Strahle beschrieben wird, der aus der Lage OA mit positivem Drehsinn in die Lage OB übergeht. Dann ergibt sich, ähnlich wie vorher:

$$\angle AOB + \angle BOA = 0, \text{ oder } \angle BOA = -\angle AOB,$$

$$\angle AOB + \angle BOC + \angle COA = 0, \text{ oder } \angle AOB = \angle AOC - \angle BOC,$$

usf., wobei die Punkte $O, A, B, C \ldots$ beliebig in der Ebene verteilt sein können.

210. In einer Punktreihe ist nach Festlegung zweier Grundpunkte A und B jeder dritte Punkt C durch das Verhältnis

$$\varkappa = \frac{CA}{CB}$$

seiner Abstände von den Grundpunkten bestimmt (wobei vorausgesetzt wird, daß $\varkappa$ auch dem Vorzeichen nach bekannt sei). $\varkappa$ ist ersichtlich ein reiner Zahlenwert; jedem solchen Wert gehört ein Punkt der Reihe AB zu. Durchläuft das Abstandsverhältnis $\varkappa$ stetig alle positiven Werte von $+\infty$ bis $+1$ und von $+1$ bis 0, dann alle negativen Werte von 0 bis -1 und von -1 bis $-\infty$, so beschreibt dementsprechend der Punkt C die Punktreihe in der Richtung der Strecke AB, nämlich vom Punkte B aus bis ins Unendliche, auf der andern Seite aus dem Unendlichen kommend bis A, dann von A bis zur Mitte M der Strecke AB und endlich von hier bis wieder zu B (Fig. 146).

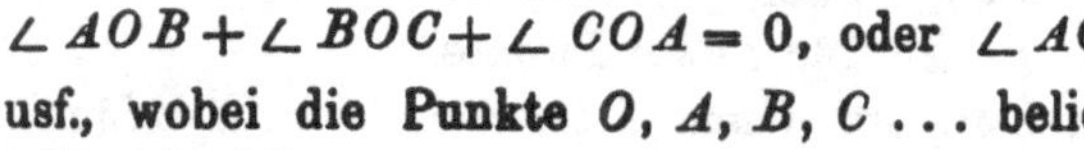

Fig. 146.

211. In einem Strahlbüschel ist nach Angabe zweier Grundstrahlen a und b (und willkürlicher Festsetzung ihrer positiven Richtungen) jeder dritte Strahl c durch das Verhältnis der senkrechten Abstände irgend eines seiner Punkte von den Strahlen a

und b bestimmt. Dieses Verhältnis stimmt überein mit dem Sinusverhältnis:

$$\varkappa = \frac{\sin ca}{\sin cb}$$

seiner Winkel mit den Grundstrahlen, die wir kurz durch Nebeneinanderschreiben der Zeichen der betreffenden Schenkel bezeichnen. Dabei bleibt freilich die Durchlaufungsrichtung von c willkürlich; mag man diese aber wählen, wie man will, immer wird das Sinusverhältnis $\varkappa$ negativ sein, wenn c in dem von den positiven Richtungen der Grundstrahlen a und b gebildeten Winkel liegt; im andern Falle wird $\varkappa$ positiv. Speziell nimmt $\varkappa$ die Werte 0, ∞, -1 und $+1$ an, wenn die Gerade c mit a, b, m oder n zusammenfällt, wo m den Winkel ab und n seinen Nebenwinkel halbiert (Fig. 147). Analoges gilt von der Bestimmung der Ebenen eines Büschels durch ein Sinusverhältnis.

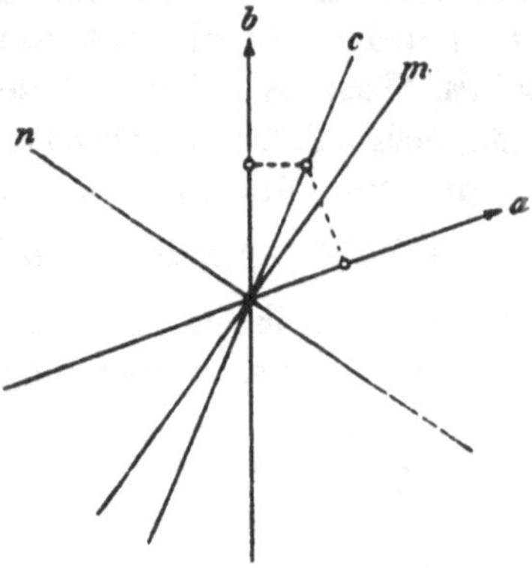

Fig. 147.

212. Vier Punkte A, B, C, D einer Geraden bestimmen ein Doppelverhältnis; es ist dies der Quotient der beiden Abstandsverhältnisse, welche der dritte und vierte Punkt in bezug auf die ersten beiden ergeben, und hat somit den Wert

$$\frac{CA}{CB} : \frac{DA}{DB},$$

der gewöhnlich kurz durch das Symbol $(ABCD)$ bezeichnet wird.

Vier Strahlen a, b, c, d (Ebenen A, B, Γ, Δ) eines Büschels haben als Doppelverhältnis den Quotienten der beiden Sinusverhältnisse, welche der dritte und vierte Strahl (Ebene) in bezug auf die ersten beiden ergeben. Dasselbe hat somit den Wert

$$\frac{\sin ca}{\sin cb} : \frac{\sin da}{\sin db} = (a\,b\,c\,d),$$

wo die rechte Seite der Gleichung wieder ein Symbol für den Wert der linken ist.

213. Ändert man die Reihenfolge der vier Punkte $ABCD$, so ändert sich im allgemeinen auch der Wert ihres Doppelverhältnisses, indem die beiden darin auftretenden Abstandsverhältnisse andere und andere werden. Bei gewissen Vertauschungen der vier Punkte bleibt jedoch der Wert ungeändert. Man hat nämlich:

$$\frac{CA}{CB}:\frac{DA}{DB}=\frac{DB}{DA}:\frac{CB}{CA}=\frac{AC}{AD}:\frac{BC}{BD}=\frac{BD}{BC}:\frac{AD}{AC}$$

oder $(ABCD)=(BADC)=(CDAB)=(DCBA)$, (vergl. 190).

Teilt man also die vier Punkte irgendwie in zwei Paare und vertauscht man in der ursprünglichen Reihenfolge die beiden Punkte eines jeden Paares miteinander, so behält das Doppelverhältnis seinen Wert bei. Den 24 möglichen Anordnungen der vier Punkte entsprechen daher nicht ebenso viele, sondern nur **sechs verschiedene Doppelverhältniswerte**. So zeigen die Anordnungen

$$ABCD,\ ABDC,\ ACBD,\ ACDB,\ ADBC,\ ADCB,$$

oder die mit ihnen äquivalenten, lauter verschiedene Werte.

Die gleichen Betrachtungen lassen sich für die Doppelverhältniswerte von vier Strahlen oder vier Ebenen eines Büschels wiederholen.

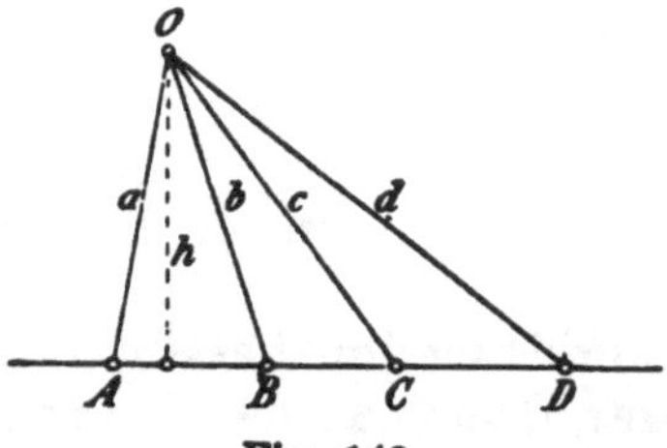

Fig. 148.

214. Vier Strahlen eines Büschels haben das gleiche Doppelverhältnis wie die vier Punkte, die eine beliebige Gerade auf ihnen ausschneidet. Die Gerade g mag die Strahlen a, b, c, d in den Punkten A, B, C, D schneiden, und es sei h das vom Scheitel O des Büschels auf g gefällte Lot (Fig. 148). Der doppelte Flächeninhalt des Dreiecks CAO läßt sich dann in der doppelten Form ausdrücken:

$$h.CA=CO.AO.\sin ca.$$

Ebenso gelten die Relationen:

$$h.CB=CO.BO.\sin cb$$
$$h.DA=DO.AO.\sin da$$
$$h.DB=DO.BO.\sin db$$

und daraus folgt:

$$\frac{CA}{CB}:\frac{DA}{DB}=\frac{\sin ca}{\sin cb}:\frac{\sin da}{\sin db}.$$

215. In zwei projektiven Punktreihen (Strahlbüscheln) haben vier beliebige Punkte der einen Reihe (Strahlen des einen Büschels) das gleiche Doppelverhältnis wie die entsprechenden Punkte der andern Reihe (Strahlen des andern Büschels). Bringt man nämlich beide Reihen in perspektive Lage, so erscheinen sie als Schnitte eines und desselben Strahlbüschels. Nach dem voraufgehenden Satze haben dann zweimal vier Punkte, die sich in beiden Reihen entsprechen, das gleiche Doppelverhältnis wie die vier Strahlen, welche sie ausschneiden. Bringt man zwei projektive Strahlbüschel in perspektive Lage, so schneiden sich ihre entsprechenden Strahlen in den Punkten einer Geraden. Je zweimal vier Strahlen, die sich in beiden Büscheln entsprechen, haben das gleiche Doppelverhältnis wie die vier Punkte der Geraden, in denen sie sich schneiden.

216. Es gilt auch ganz allgemein der Satz: In zwei projektiven einförmigen Grundgebilden (Punktreihen, Strahlbüschel, Ebenenbüschel) weisen je vier Elemente des einen Gebildes das gleiche Doppelverhältnis auf wie die entsprechenden des andern. Für Punktreihen und Strahlbüschel ist der Beweis schon geführt; und er gilt offenbar in seiner ganzen Allgemeinheit, sobald gezeigt wird, daß vier Ebenen Α, Β, Γ, Δ eines Büschels das gleiche Doppelverhältnis besitzen wie die vier Geraden a, b, c, d, die eine beliebige Ebene, oder wie die vier Punkte A, B, C, D, die eine beliebige Gerade aus ihnen ausschneidet. Legt man aber zur Achse des Ebenenbüschels einen Normalschnitt, so ist das Doppelverhältnis der von ihm ausgeschnittenen Strahlen a', b', c', d' gleich demjenigen der vier Ebenen, da ja je zwei dieser Strahlen den Winkel der bezüglichen Ebenen messen ($\angle a'b' = \angle \mathrm{AB}$, usf.) Ferner sind auch die Doppelverhältnisse $(a\,b\,c\,d)$ und $(a'\,b'\,c'\,d')$ gleich, da beide Strahlbüschel perspektiv sind; somit kommt: $(a\,b\,c\,d) = (\mathrm{AB}\Gamma\Delta)$. Daß auch die vier Punkte $ABCD$ das gleiche Doppelverhältnis besitzen, erkennt man, wenn man von einem Punkt auf der Achse des Ebenenbüschels vier Strahlen nach ihnen zieht. Denn diese vier Strahlen haben sowohl mit den vier Punkten der Reihe, als mit den vier Ebenen des Büschels das gleiche Doppelverhältnis. Damit ist unser Satz bewiesen.

217. Vom letzten Satze gibt es auch eine Umkehrung, die in gleicher Allgemeinheit gilt. Es genügt indessen den speziellen Satz zu beweisen: Damit vier Punkte A, B, C, D und vier Strahlen a, b, c, d in perspektive Lage gebracht werden können, ist notwendig und hinreichend, daß ihre entsprechenden Doppelverhältnisse gleich sind. Aus diesem Satz folgt dann unmittelbar, daß man auch zweimal vier Punkte zweier Reihen, oder zweimal vier Strahlen zweier Büschel, bei gleichem Doppelverhältnis in perspektive Lage bringen kann. Zum Beweise unseres Satzes verschieben wir den Träger der Punkte A,

B, C, D so, daß A, B und C resp. auf a, b und c zu liegen kommen (175); dann ist zu zeigen, daß auch d durch den Punkt D geht. Schnitte nun d den Träger der Punktreihe bei seiner neuen Lage im Punkte D', so wäre:

$$(ABCD) = (abcd) = (ABCD'),$$

woraus

$$DA:DB = D'A:D'B, \text{ oder } (DA - DB):DB = (D'A - D'B):D'B$$

folgt, und da das erste und dritte Glied der Proportion gleich BA sind, muß auch $DB = D'B$ sein, d. h. D' muß mit D zusammenfallen.

218. Teilen die Punkte C, D das Punktepaar A, B harmonisch, so sind ihre Abstandsverhältnisse in bezug auf dieses Paar entgegengesetzt gleich und das Doppelverhältnis der vier Punkte hat den Wert -1. Nach 195 sind die Punkte A, B, C, D projektiv zu den Punkten B, A, C, D; sie haben also das gleiche Doppelverhältnis, und es ist:

$$\frac{CA}{CB}:\frac{DA}{DB} = \frac{CB}{CA}:\frac{DB}{DA}.$$

Die rechte Seite der Gleichung ist der reziproke Wert der linken, folglich muß das Doppelverhältnis den Wert ± 1 aufweisen. Der Wert $+1$ ist aber ausgeschlossen, sonst müßte C mit D zusammenfallen. Damit ist unsere Behauptung erwiesen, daß $(ABCD) = -1$, oder $\frac{CA}{CB} = -\frac{DA}{DB}$ ist.

Auch für die harmonische Lage von vier Strahlen a, b, c, d gilt die Relation: $(abcd) = -1$. Halbieren die Strahlen c und d im besonderen den Winkel und Nebenwinkel der Strahlen a und b, so sind ihre Sinusverhältnisse in bezug auf die letzteren gleich der negativen und positiven Einheit, sie liegen also harmonisch (vergl. 204). Halbiert der Punkt C die Strecke AB und fällt der Punkt D ins Unendliche, so werden ihre Abstandsverhältnisse ebenfalls gleich der negativen und positiven Einheit, d. h. die vier Punkte liegen harmonisch (vergl. 204).

Daß unter den vier Punkten A, B, C, D, ohne ihre harmonische Beziehung zu zerstören, die in 199 angegebenen Vertauschungen stattfinden können, drückt sich in der Gleichheit der acht Doppelverhältnisse aus:

$$(ABCD) = (BACD) = (ABDC) = (BADC) = (CDAB) = (DCAB) =$$
$$= (CDBA) = (DCBA) = -1.$$

Involutorische Grundgebilde.

219. Zwei projektive Punktreihen auf dem nämlichen Träger befinden sich in involutorischer Lage, wenn jedem Punkt des Trägers, mag man ihn zur ersten oder zweiten Reihe rechnen, der nämliche Punkt in der andern Reihe entspricht. Sind $ABCDE$ .... und $A_1B_1C_1D_1E_1$ .... solche Reihen, so entspricht also dem Punkte A der ersten Reihe der Punkt A_1 der zweiten, aber auch zugleich dem Punkte A der zweiten Reihe der Punkt A_1 in der ersten. Und in gleicher Weise findet überhaupt zwischen den Punkten des gemeinsamen Trägers ein vertauschbares (doppeltes) Entsprechen statt. Dabei werden also die Punkte des Trägers in Paare AA_1, BB_1, CC_1, DD_1, EE_1, ... geordnet, und die Punkte eines jeden Paares entsprechen sich, einerlei welchen von beiden man als zur ersten und welchen als zur zweiten Reihe gehörig ansieht. In Rücksicht auf diesen Umstand sagt man: Die Punktepaare AA_1, BB_1, CC_1, DD_1, ... sind involutorisch, oder sie bilden eine Involution.[8])

220. Daß man zwei projektive Punktreihen stets in involutorische Lage bringen kann, werden wir weiterhin sehen. Zunächst stellen wir den Satz auf: Zwei projektive Punktreihen auf dem nämlichen Träger sind involutorisch, sobald es ein Paar getrennter (nicht zusammenfallender) Punkte gibt, die sich vertauschbar entsprechen. Sind nämlich $A, A_1, B, C, D, \ldots$ und $A_1, A, B_1, C_1, D_1, \ldots$ entsprechende Punkte der projektiven Reihen und entspricht dem Punkte B_1 der ersten Reihe in der zweiten der Punkt B', so sind die vier Punkte A, A_1, B, B_1 projektiv zu den vier Punkten A_1, A, B_1, B' und nach 190 auch zu den vier Punkten A, A_1, B', B_1. Nun fallen aber drei Punkte der Reihe A, A_1, B, B_1 mit den entsprechenden der projektiven Reihe A, A_1, B', B_1 zusammen, folglich müssen nach 180 auch B' und B sich decken. Demnach findet auch zwischen den Punkten B und B_1 der gegebenen Reihen ein vertauschbares Entsprechen statt; damit ist aber unser Satz bewiesen.

Insbesondere entspricht dem unendlich fernen Punkt des Trägers, mag man ihn als Punkt der ersten oder zweiten Reihe nehmen, der nämliche Punkt in der andern Reihe. Die Gegenpunkte der beiden projektiven Reihen decken sich also bei involutorischer Lage. Dieser Punkt heißt der Mittelpunkt der Involution, er bildet mit dem unendlich fernen Punkt zusammen ein Punktepaar derselben.

221. Zwei beliebige projektive Punktreihen kann man in involutorische Lage bringen, indem man die eine so verschiebt, daß ihre Träger und ihre Gegenpunkte sich decken. Denn dann bildet dieser Punkt mit dem unendlich fernen Punkt ein Paar sich vertauschbar entsprechender Punkte beider Reihen; deshalb muß nach dem Satz der vorangehenden Nummer das Entsprechen der Punkte beider Reihen immer ein vertauschbares sein, und die Reihen liegen involutorisch.

222. Liegen zwei projektive Punktreihen auf der nämlichen Geraden, so hat man bezüglich ihrer Anordnung zwei verschiedene Fälle zu unterscheiden. Wir lassen einen Punkt der ersten Reihe den Träger in einer bestimmten Richtung durchlaufen. Dann wird der entsprechende Punkt der zweiten Reihe den Träger entweder ebenfalls in der gleichen Richtung wie der erste Punkt durchlaufen oder in der dazu entgegengesetzten Richtung. Im ersten Falle nennt man die projektiven Punktreihen auf dem nämlichen Träger gleichlaufend, im zweiten Falle entgegenlaufend.

Sind zwei involutorische Punktreihen gleichlaufend, und bilden A, A_1 irgend ein Paar entsprechender Punkte, dann entspricht jedem Punkt auf der Strecke AA_1 ein Punkt außerhalb; sind sie aber entgegenlaufend, dann entspricht jedem Punkt auf der Strecke AA_1 wieder ein solcher Punkt und jedem Punkt außerhalb wieder ein Punkt außerhalb.

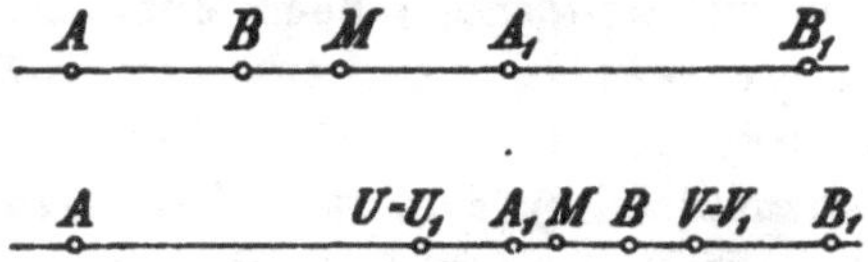

Fig. 149a u. b.

Denn bewegt sich im ersten Falle (Fig. 149a) ein Punkt der ersten (oder zweiten) Reihe von A nach A_1, so bewegt sich der entsprechende Punkt von A_1 ins Unendliche und auf der andern Seite aus dem Unendlichen zurückkommend nach A; es liegen also niemals beide Punkte gleichzeitig auf der Strecke AA_1. Bewegt sich aber im zweiten Fall (Fig. 149b) ein Punkt der ersten (oder zweiten) Reihe von A nach A_1, so bewegt sich der entsprechende Punkt von A_1 in entgegengesetzter Richtung nach A; es liegen also beide Punkte gleichzeitig auf der Strecke AA_1 oder gleichzeitig außerhalb derselben. Wenden wir dieses Resultat auf den Mittelpunkt und den entsprechenden unendlich fernen Punkt der Reihen an, so folgt der Satz: Bei gleichlaufenden involutorischen Punktreihen wird jedes Paar entsprechender Punkte durch den Mittelpunkt der Involution getrennt, bei entgegenlaufenden Reihen geschieht dies nicht. In Fig. 149 ist der Mittelpunkt mit M bezeichnet.

223. Entgegenlaufende involutorische Reihen besitzen zwei sich selbst entsprechende Punkte oder Doppelpunkte der Involution; diese liegen zu jedem Punktepaar der Involution harmonisch. Gleichlaufende involutorische Reihen besitzen solche Doppelpunkte nicht.

Nach dem Vorhergehenden ist das letztere selbstverständlich. Bei entgegenlaufenden Reihen muß ein Punkt, der sich von A nach A_1 bewegt, einmal seinem entsprechenden, der sich von A_1 nach A bewegt, auf dieser Strecke begegnen, das liefert den einen Doppelpunkt $U = U_1$ (Fig. 149b.) Bewegt sich aber der erstere Punkt von A durchs Unendliche nach A_1, so bewegt sich der letztere von A_1 durchs Unendliche nach A, und wiederum muß eine Begegnung stattfinden, aber dieses Mal außerhalb der Strecke AA_1, das liefert den andern Doppelpunkt $V = V_1$. Den Punkten A, A_1, U, V der einen Reihe entsprechen die Punkte A_1, A, U, V der andern; da aber die Punkte A, A_1, U, V zu den Punkten A_1, A, U, V projektiv sind, so liegen sie nach 195 harmonisch. Der Mittelpunkt bildet mit dem unendlich fernen Punkt des Trägers zusammen ein Punktepaar der Involution. Dieses Paar liegt ebenfalls zu den Doppelpunkten harmonisch; folglich halbiert der Mittelpunkt einer Involution die Entfernung ihrer beiden Doppelpunkte.

224. Kennt man von einer Involution zwei Paare entsprechender Punkte AA_1 und BB_1, so ist die Involution bestimmt und man kann zu jedem weiteren Punkt den entsprechenden konstruieren. Sei etwa C ein beliebiger Punkt der Involution und C_1 der entsprechende, dann müssen diese beiden Punkte nur die Bedingung erfüllen, daß die vier Punkte A, B, C, C_1 projektiv zu den vier Punkten A_1, B_1, C_1, C sind. Es besteht ja alsdann ein vertauschbares Entsprechen zwischen C, C_1 und somit nach 220 auch zwischen A, A_1, sowie zwischen B, B_1.

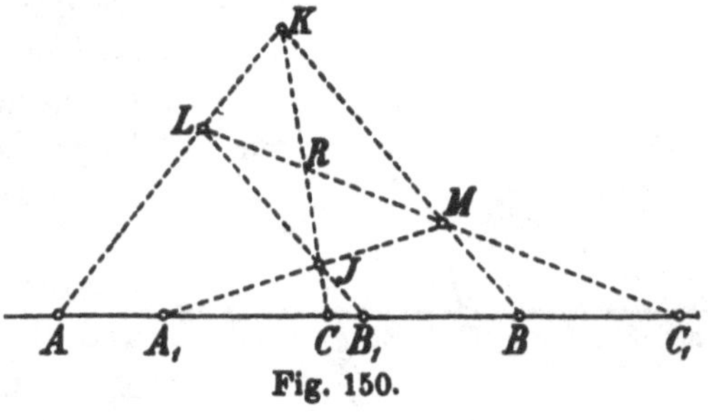

Fig. 150.

Zur Konstruktion ziehe man durch C eine beliebige Gerade und wähle auf ihr zwei beliebige Punkte J und K (Fig. 150). Darauf verbinde man K mit A und B, sowie J mit A_1 und B_1; dann schneidet die Gerade, die durch $L = KA \times JB_1$ und $M = KB \times JA_1$ geht, auf dem Träger den Punkt C_1 aus. Es sind nämlich die Punkte A, B, C, C_1 vom Zentrum K aus perspektiv zu den Punkten L, M, R, C_1; diese sind wiederum vom Zentrum J aus perspektiv zu den Punkten B_1, A_1, C, C_1 und die letzteren sind nach 190 projektiv zu den Punkten A_1, B_1, C_1, C. Damit sind aber auch die erstgenannten Punkte zu den letztgenannten projektiv, was unsern Satz beweist.

Aus unserer Figur folgt zugleich ein weiterer Satz. $JMKL$ sind die Eckpunkte eines vollständigen Vierecks, dessen drei Paar Gegenseiten die Punktepaare AA_1, BB_1 und CC_1 der Involution ausschneiden. **Jede Gerade schneidet die drei Paar Gegenseiten eines vollständigen Vierecks in drei Punktepaaren einer Involution.**

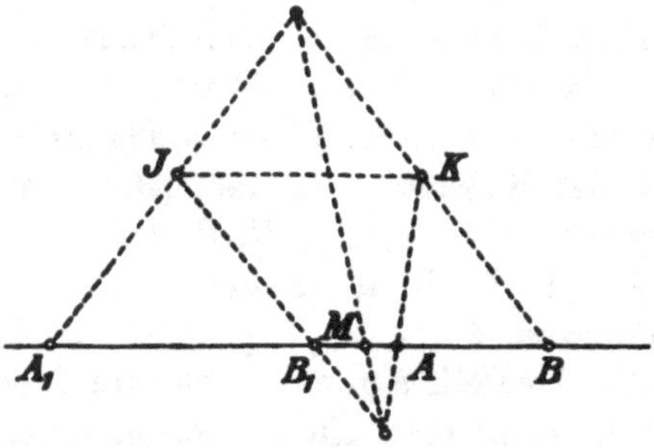

Fig. 151.

Will man speziell den **Mittelpunkt der Involution** finden, so ziehe man eine Gerade parallel zu ihrem Träger, wähle auf dieser zwei Punkte J und K und verbinde den ersteren mit A_1 und B_1, den letzteren mit A und B. Dann geht die Verbindungslinie von $A_1J \times BK$ mit $B_1J \times AK$ durch den gesuchten Mittelpunkt M (Fig. 151).

225. Nach 221 gelangen zwei projektive Punktreihen dadurch in involutorische Lage, daß man sie so aufeinander legt, daß ihre Träger und ihre Gegenpunkte sich decken. Man kann sich nun leicht davon überzeugen, daß in der neuen Lage das Entsprechen der Punkte **vertauschbar** ist. Sind g und g_1 die Träger zweier Punktreihen in perspektiver Lage; dann seien G_v und G_∞ ihre Gegenpunkte, A und A_1 irgend zwei entsprechende Punkte und O das Zentrum der Perspektive (Fig. 152).

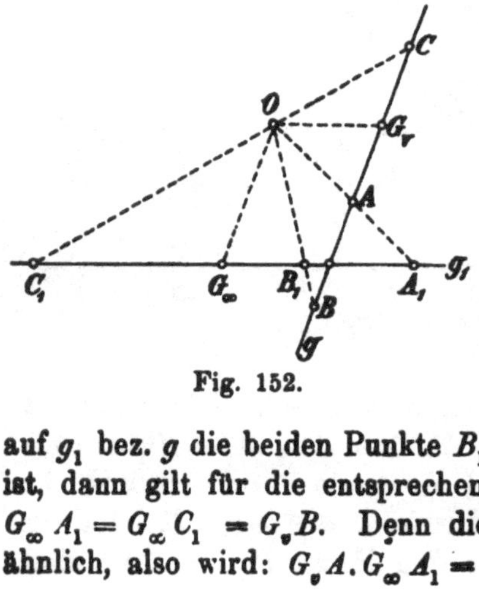

Fig. 152.

Bestimmt man jetzt auf g_1 bez. g die beiden Punkte B_1 und C so, daß $G_vA = G_vC = G_\infty B_1$ ist, dann gilt für die entsprechenden Punkte B und C_1 die Relation: $G_\infty A_1 = G_\infty C_1 = G_vB$. Denn die Dreiecke AG_vO und $OG_\infty A_1$ sind ähnlich, also wird: $G_vA . G_\infty A_1 = OG_v . OG_\infty$. Ebenso sind die Dreiecke BG_vO und $OG_\infty B_1$ ähnlich, und es folgt: $G_vB.G_\infty B_1 = OG_v.OG_\infty$. Die rechten Seiten dieser Gleichungen sind identisch und somit folgt aus $G_\infty B_1 = G_vA$ die Gleichheit der Strecken $G_vB = G_\infty A_1$. In gleicher Weise ergibt sich auch $G_vB = G_\infty C_1$.

Bringt man nun die Träger g und g_1 und zugleich G_v mit G_∞ zur Deckung, so kann das in doppelter Weise geschehen. Im einen Fall deckt sich A mit B_1 und B mit A_1; die Punkte $A = B_1$ und $B = A_1$ entsprechen sich dann vertauschbar. Im andern Fall deckt sich B mit C_1 und C mit B_1; hierbei entsprechen sich also die Punkte $B = C_1$ und $C = B_1$ vertauschbar. Da der Punkt A der Reihe g beliebig gewählt wurde, so erkennt man die Richtigkeit der obigen Behauptung.

226. Zum Schluß mag noch einer metrischen Beziehung bei den involutorischen Reihen gedacht werden. Zu den Punkten A, B, M, ∞ sind die Punkte A_1, B_1, ∞, M projektiv; wobei M der Mittelpunkt der Involution und ∞ ihr unendlich ferner Punkt ist. Aus der Gleichheit der Doppelverhältnisse $(ABM\infty)$ und $(A_1B_1\infty M)$ ergibt sich $\frac{MA}{MB} = 1 : \frac{MA_1}{MB_1}$, denn $\frac{\infty A}{\infty B} = 1$. Daraus folgt weiter: $MA.MA_1 = MB.MB_1$. Da aber AA_1 und BB_1 ganz willkürliche Punktepaare der Involution sind, so gilt der Satz: Das Produkt der Abstände je zweier entsprechender Punkte einer Involution von ihrem Mittelpunkt ist konstant. Hat dieses Produkt einen positiven Wert $+c$, so bestimmen sich die Doppelpunkte $U = U_1$ und $V = V_1$ durch die Relation: $(MU)^2 = (MV)^2 = +c$, während für den negativen Wert $-c$ eine solche Gleichung nicht existieren kann.

227. Die obigen Definitionen und Sätze lassen sich mit Leichtigkeit auf die übrigen einförmigen Grundgebilde ausdehnen. Ebenso wie für Punktreihen auf derselben Geraden gelten sie auch für Strahlbüschel mit demselben Scheitel und in derselben Ebene und für Ebenenbüschel mit derselben Achse. Man erhält z. B. zwei involutorische Strahlbüschel oder eine Involution von Strahlen, wenn man zwei involutorisch liegende Punktreihen aus einem außerhalb gelegenen Zentrum projiziert, und analog erhält man eine Involution von Ebenen durch Projektion einer Strahleninvolution aus einem Punkte. Umgekehrt ergibt jeder ebene Schnitt einer Ebeneninvolution eine solche von Strahlen und jeder geradlinige Schnitt einer Strahleninvolution eine solche von Punkten. Es mag hier genügen, das Wichtigste bezüglich der involutorischen Strahlbüschel hervorzuheben.

228. Zwei Projektive Strahlbüschel mit gemeinsamem

Scheitel liegen involutorisch, wenn zwischen ihren Strahlen ein vertauschbares Entsprechen stattfindet. Besteht zwischen einem Paare getrennter Strahlen ein vertauschbares Entsprechen so ist das Entsprechen auch für die übrigen Strahlen vertauschbar; sie bilden die Strahlenpaare einer Involution. Zwei involutorische Strahlenbüschel sind entweder gleichlaufend oder entgegenlaufend, je nachdem entsprechende Strahlen sich in gleichem oder entgegengesetztem Sinne drehen. Im letzteren Falle gibt es zwei sich selbst entsprechende oder Doppelstrahlen; sie liegen zu jedem Strahlenpaar der Involution harmonisch. Diese Resultate folgen unmittelbar aus den Sätzen über Punktinvolutionen.

229. Zwei Paare entsprechender Strahlen einer Involution bestimmen diese vollständig, und man kann zu jedem weiteren Strahl derselben den entsprechenden konstruieren. Sind etwa aa_1 und bb_1 zwei Strahlenpaare der Involution und soll zu c der entsprechende Strahl c_1 gesucht werden, so wähle man auf c einen beliebigen Punkt C und ziehe durch ihn zwei beliebige Strahlen (Fig. 153). Der eine von ihnen mag a in A und b in B der andere mag a_1 in A_1 und b_1 in B_1 schneiden; dann liegt der Schnittpunkt $C_1 = A_1B \times AB_1$ auf einem Strahle c_1, der mit c ein Strahlenpaar der Involution bildet. Zum Beweise bezeichne man noch $P = c_1 \times AB$ und $Q = c_1 \times A_1B_1$,

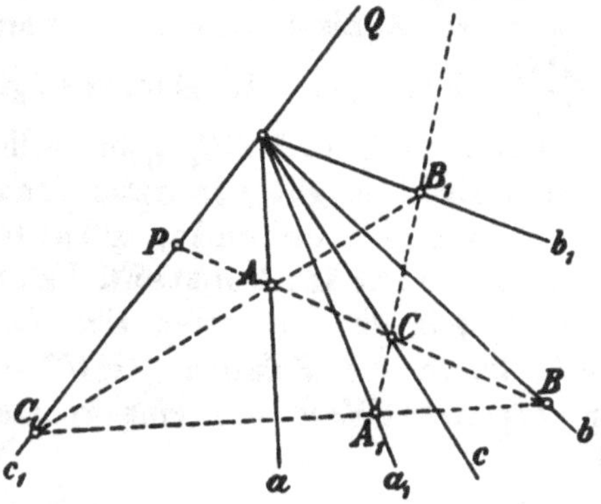

Fig. 153.

so ist: $(abcc_1) = (ABCP)$ als Schnitt des Büschels, ferner $(ABCP) = (B_1A_1CQ)$, da beide Reihen aus dem Zentrum C_1 perspektiv liegen. Weiter ist $(B_1A_1CQ) = (b_1a_1cc_1)$ und endlich $(b_1a_1cc_1) = (a_1b_1c_1c)$ nach 190; also wird auch $(abcc_1) = (a_1b_1c_1c)$, d. h. die Strahlen c und c_1 entsprechen sich vertauschbar und die Strahlenpaare aa_1, bb_1, cc_1 gehören einer Involution an. Diese Konstruktion liefert noch den Satz: Verbindet man die drei Paar Gegenecken eines vollständigen Vierseits mit einem beliebigen Punkt seiner Ebene, so erhält man drei Strahlenpaare einer Involution.

230. In jeder Strahleninvolution existiert ein Paar entsprechender Strahlen, die aufeinander senkrecht stehen. Für entgegenlaufende Strahlbüschel ist dieser Satz selbstverständlich, für gleichlaufende erschließt man ihn wie folgt. Sind a und a_1 zwei entsprechende Strahlen, so bestimmen sie zwei Nebenwinkel, von denen der eine spitz und der andere stumpf ist. Dreht man nun einen Strahl aus der Lage a durch den spitzen Winkel in die Lage a_1, so dreht sich der entsprechende Strahl aus der Lage a_1 durch den stumpfen Winkel in die Lage a. Bei dieser Bewegung geht demnach der eine von den entsprechenden Strahlen eingeschlossene Winkel aus einem spitzen in einen stumpfen über, er muß also bei diesem Übergang einmal ein Rechter werden. Das rechtwinklige Strahlenpaar einer Involution halbiert die Winkel seiner Doppelstrahlen, falls es solche gibt; denn sie liegen zu denselben harmonisch (228 u. 204).

Für das rechtwinklige Strahlenpaar xx_1 einer Involution besteht eine einfache metrische Beziehung. Besitzt die Involution die beiden Strahlenpaare aa_1 und bb_1, so haben wir gleiche Doppelverhältnisse $(abxx_1) = (a_1 b_1 x_1 x)$, oder:

$$\frac{\sin xa}{\sin xb} : \frac{\sin x_1 a}{\sin x_1 b} = \frac{\sin x_1 a_1}{\sin x_1 b_1} : \frac{\sin x a_1}{\sin x b_1}.$$

Da aber $\angle xa + \angle ax_1 = R$ ist, so ist: $\sin x_1 a = \cos xa$, und ähnliche Relationen gelten für die andern Strahlen. Dadurch geht unsere Gleichung über in:

$$\tan xa : \tan xb = \tan xb_1 : \tan xa_1,$$

oder:

$$\tan xa . \tan xa_1 = \tan xb . \tan xb_1 = \text{const},$$

da ja die beiden Strahlenpaare aa_1 und bb_1 völlig beliebig aus der Involution gewählt sind. Dieses Resultat führt zu dem Satz: Je zwei entsprechende Strahlen einer Involution schließen mit einem der beiden sich entsprechenden rechtwinkligen Strahlen zwei Winkel ein, für die das Produkt ihrer trigonometrischen Tangenten konstant ist.

231. Läßt man in zwei Strahlbüscheln mit gemeinsamem Scheitel je zwei zueinander senkrechte Strahlen sich entsprechen, so sind sie involutorisch. Denn die beiden Büschel sind kongruent, also auch projektiv und ihre Strahlen entsprechen einander vertauschbar. Es gibt eine spezielle Involution, deren entsprechende Strahlen aufeinander senkrecht stehen; wir bezeichnen sie kurz als Involution rechter Winkel.

Offenbar tritt dieser Spezialfall ein, sobald die Involution zwei Paare entsprechender rechtwinkliger Strahlen xx_1 und aa_1 besitzt. Die obige Gleichung wird hier: $\tan xa . \tan xa_1 = 1$, folglich ist auch $\tan xb . \tan xb_1 = 1$ und das Strahlenpaar bb_1 ist rechtwinklig.

232. Wir beweisen hier noch zwei Sätze, die bei Konstruktionen zweckmäßig Verwendung finden. Zwei Strahlbüschel mit den Scheiteln P und P_1, in denen je zwei entsprechende Strahlen zueinander senkrecht sind, werden von einer beliebigen zu PP_1 normalen Geraden g in involutorischen Punktreihen geschnitten. Ihre Doppelpunkte liegen — falls es solche gibt — auf dem Kreis über dem Durchmesser PP_1.

Die beiden Strahlbüschel sind kongruent, sie schneiden also g in projektiven Punktreihen, wobei den Punkten $A, B, M = g \times PP_1$ und dem unendlich fernen Punkt die Punkte A_1, B_1, der unendlich ferne Punkt und M entsprechen ($PA \perp P_1A_1$, $PB \perp P_1B_1$) (Fig. 154). Dadurch ist aber die Involution bedingt und M ist ihr Mittelpunkt, während der Kreis ihre Doppelpunkte U und V ausschneidet; denn PU und P_1U, ebenso PV und P_1V sind entsprechende Strahlen. Aus der Ähnlichkeit der Dreiecke PMA und A_1MP_1, sowie PMB und B_1MP_1 folgt auch wieder die Relation:

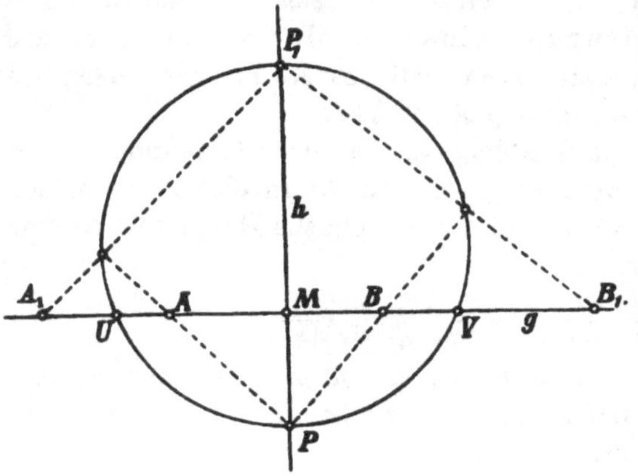

Fig. 154.

$$MP.MP_1 = MA.MA_1 = MB.MB_1 = (MU)^2 = (MV)^2.$$

233. Kennt man also den Mittelpunkt M und ein Punktepaar AA_1 einer Involution, so kann man mit Hilfe unseres Satzes ihre Doppelpunkte und zu jedem Punkt seinen entsprechenden konstruieren. Man errichte in M auf g eine Normale, ziehe durch A einen beliebigen Strahl und durch A_1 einen dazu senkrechten; diese bestimmen auf der Normalen den Durchmesser PP_1 eines Kreises, der durch die Doppelpunkte U, V der Involution hindurchgeht. Der entsprechende Punkt zu einem beliebigen Punkt B der Involution wird von dem zu PB senkrechten Strahl durch P_1 ausgeschnitten.

Offenbar schneiden zwei Strahlbüschel mit den Scheiteln A und A_1, deren entsprechende Strahlen zueinander senkrecht sind, auch auf $PP_1 = h$ eine Punktinvolution aus; PP_1 ist ein Punktepaar von ihr und M ihr Mittelpunkt. Die nämliche Punktinvolution auf h erhält man auch durch zwei Strahlbüschel mit den Scheiteln B und B_1, deren entsprechende Strahlen aufeinander senkrecht stehen, denn diese besitzt wieder das Punktepaar PP_1 und den Mittelpunkt M. Jede der Geraden g und h trägt also eine Punktinvolution; die Involution auf g besitzt Doppelpunkte, die auf h jedoch keine. Eine beliebige Gerade schneidet g und h in zwei Punkten; ihnen entsprechen in den bez. Involutionen Punkte, deren Verbindungslinie zu jener Geraden senkrecht ist.

Ist von einer Punktinvolution der Mittelpunkt M und ein Punktepaar AA_1 bekannt, so kann man ihre Doppelpunkte U und V auch gemäß der Relation: $MA . MA_1 = (MU)^2 = (MV)^2$ konstruieren. Man beschreibe über MA einen Halbkreis und schneide ihn mit dem in A_1 errichteten Lot in J, dann ist $MU = MV = MJ$ (Fig. 155).

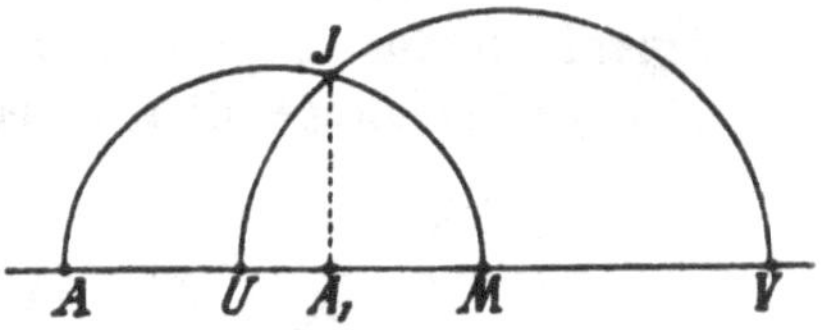

Fig. 155.

234. Legt man durch den Scheitel einer Strahleninvolution einen beliebigen Kreis, so schneidet er die Strahlenpaare in Punktepaaren, deren Verbindungslinien durch den nämlichen Punkt gehen und umgekehrt. Sind aa_1, bb_1 und cc_1 drei Strahlenpaare der Involution und AA_1, BB_1, CC_1 ihre Schnittpunkte mit dem Kreis (Fig. 156), so ist $(abcc_1) = (a_1b_1c_1c)$ und nach 190 auch $= (b_1a_1cc_1)$. Nun ist aber der Büschel $abcc_1$ kongruent zu dem Büschel B_1A, B_1B, B_1C, B_1C_1; denn je zwei Strahlen des einen Büschels und die entsprechenden des andern schließen gleiche Winkel ein (als Peripheriewinkel über dem nämlichen Kreisbogen). Ebenso sind die Büschel $b_1a_1cc_1$ und AB_1, AA_1, AC, AC_1 kongruent; aus der Projektivität der Büschel $abcc_1$ und $b_1a_1cc_1$ folgt aber die Projektivität der zu ihnen kongruenten Büschel. Die letzteren sind zugleich perspektiv, da die entsprechenden Strahlen B_1A und AB_1 sich decken. Somit liegen die Punkte $B_1B \times AA_1$, $B_1C \times AC = C$ und $B_1C_1 \times AC_1 = C_1$ in gerader Linie; die drei Geraden AA_1, BB_1 und CC_1 schneiden sich also in dem nämlichen Punkt O. Damit

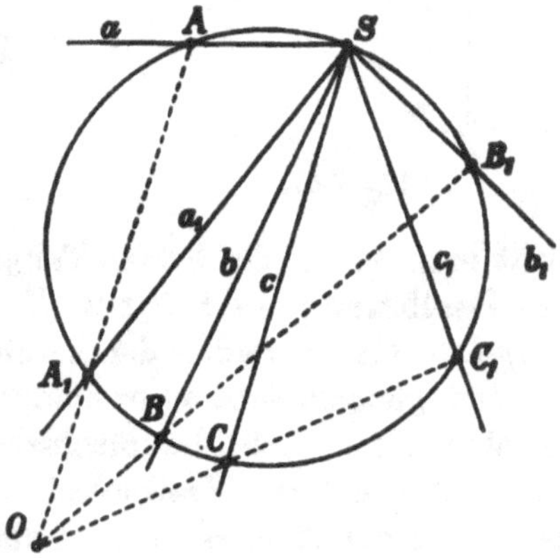

Fig. 156.

ist der Beweis unseres Satzes erbracht; denn die Strahlenpaare aa_1 und bb_1 bestimmen die Involution völlig, sie bestimmen zugleich den Punkt O; ein beliebiges weiteres Strahlenpaar cc_1 schneidet den Kreis, wie soeben gezeigt wurde, in zwei Punkten, die auf einem Strahl durch O liegen.

235. Hiernach läßt sich das rechtwinklige Strahlenpaar xx_1 einer Involution leicht finden. Es schneidet den Kreis in zwei Punkten X und X_1, die auf einem Durchmesser liegen, und dieser muß durch den Punkt O gehen. Man beschreibt also einen Kreis durch S, zieht die Linien AA_1 und BB_1 und legt durch ihren Schnittpunkt O den Durchmesser; durch seine Endpunkte X und X_1 geht das rechtwinklige Strahlenpaar xx_1 der Involution (Fig. 157).

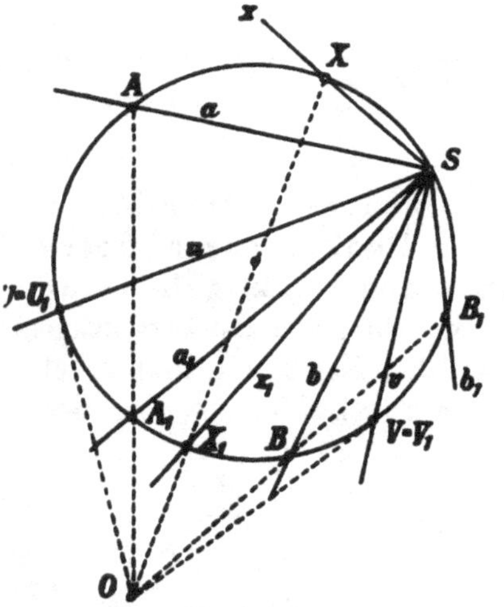

Fig. 157.

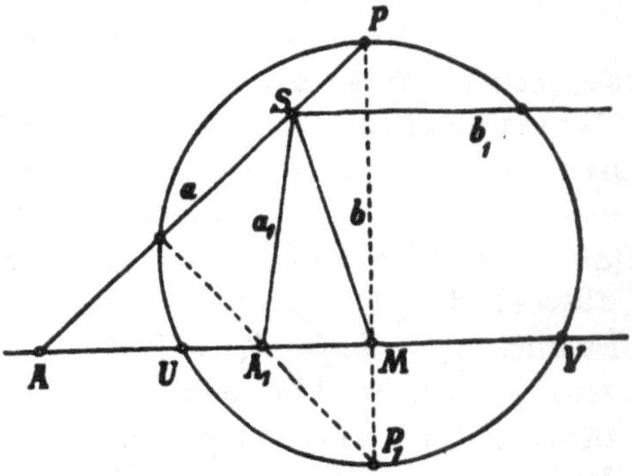

Fig. 158.

Zieht man von O die beiden Tangenten an den Kreis und verbindet ihre Berührungspunkte U und V mit S, so stellen diese Linien die Doppelstrahlen u und v der Involution dar.

Bei gleichlaufenden involutorischen Strahlbüscheln werden die Strahlen aa_1 durch die Strahlen bb_1 getrennt, folglich auch die Punkte AA_1 auf dem Kreis durch die Punkte BB_1, so daß der Punkt O ins Innere des Kreises fällt. Dann existieren keine Doppelstrahlen.

Die Doppelstrahlen einer Strahleninvolution mit den Strahlenpaaren aa_1 und bb_1 kann man auch in folgender Weise konstruieren. Eine Parallele zu b_1 schneidet die Strahleninvolution in einer Punktinvolution, deren Mittelpunkt M auf b und deren Punktepaar AA_1 auf den Strahlen a und a_1 liegt (Fig. 158). Nun suche man die

Doppelpunkte U und V der Punktinvolution nach 233 ($MP \perp AA_1$, P auf a, $A_1P_1 \perp a$, U und V auf dem Kreis mit dem Durchmesser PP_1); dann sind SU und SV die verlangten Doppelstrahlen. Die Halbierungslinien der von ihnen bestimmten Winkel bilden das rechtwinklige Strahlenpaar.

236. Jede Punktinvolution ohne Doppelpunkte kann durch eine Involution rechter Winkel projiziert werden. Sind nämlich AA_1 und BB_1 zwei Punktepaare von ihr, so wird das eine Paar durch das andere getrennt; demnach schneiden sich die beiden Kreise mit den Durchmessern AA_1 und BB_1 in zwei Punkten S und T. Jeder dieser beiden Punkte ist Scheitel einer Involution rechter Winkel, welche die gegebenen Punktinvolution ausschneiden, da sie ja die Punktpaare AA_1 und BB_1 liefern und diese die Punktinvolution völlig bestimmen (Fig. 159).

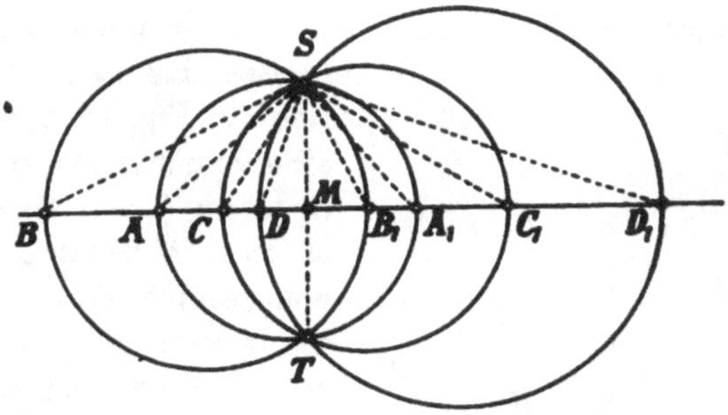

Fig. 159.

FÜNFTES KAPITEL.

Die Kegelschnitte als Kreisprojektionen.

Perspektivität zweier Kreise im Raum und in der Ebene. Pol und Polare beim Kreise.

237. Alle Strahlen, die durch einen festen Punkt S des Raumes nach den Punkten eines festen Kreises k gezogen werden können, liegen auf einer Fläche, die man als schiefen Kreiskegel bezeichnet. Der Punkt S heißt die Spitze oder der Scheitel, k der Grundkreis oder Basiskreis, jene Strahlen heißen die Erzeugenden oder Mantellinien des Kegels. Die vollständige Fläche besteht aus zwei Mänteln (Kegel und Gegenkegel), die in der Spitze zusammenstoßen; die Mantellinien des Gegenkegels sind die Verlängerungen von denen des Kegels über den Scheitel hinaus. Jede Ebene durch die Spitze des Kegels schneidet ihn entweder gar nicht (abgesehen von der Spitze), oder sie schneidet ihn in zwei getrennten Mantellinien, oder sie hat zwei zusammenfallende Mantellinien mit ihm gemein, d. h. sie berührt ihn längs derselben und heißt Tangentialebene.

Man ziehe nun von der Spitze S einen Strahl nach dem Mittelpunkt M des Kreises k und fälle ferner auf die Ebene des Grundkreises das Lot SN (vergl. die schiefe Ansicht in Fig. 160), so bestimmen diese Linien eine Symmetrieebene $\mathsf{A} = SMN$ des Kegels, d. h. zu jeder Mantellinie des Kegels gibt es eine in bezug auf A symmetrische. Trifft erstere den Grundkreis in P, so trifft ihn die letztere in P', wenn P und P' symmetrisch zum Durchmesser MN liegen. Beide Mantellinien liegen in einer zu A senkrechten Ebene und besitzen gleiche Neigungswinkel gegen A. — Fallen die Linien SM und SN zusammen, so geht der schiefe Kreiskegel in einen geraden oder Rotationskegel über, und alle durch SM gelegten Ebenen sind Symmetrieebenen. — Rückt die Spitze ins Unendliche, so verwandelt sich der Kegel in einen schiefen Kreiszylinder, dessen Mantellinien untereinander parallel sind.

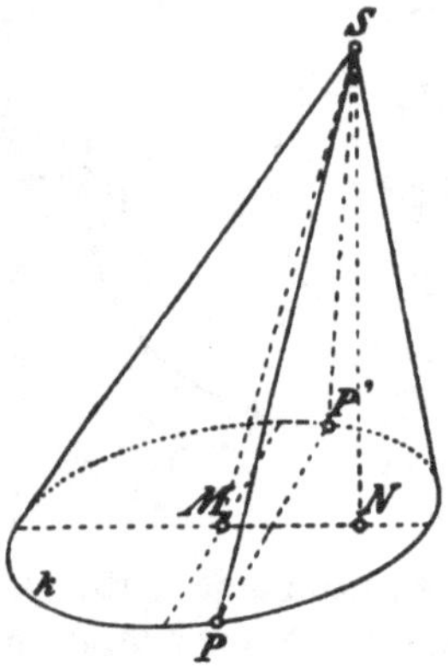

Fig. 160.

238. Alle Parallelebenen zur Grundkreisebene schneiden den schiefen Kreiskegel in Kurven, die mit k ähnlich sind, also wiederum in Kreisen. Ebenso schneidet jedes System paralleler Ebenen aus dem Kegel ähnliche Kurven aus. Dagegen stehen zwei beliebige Schnitte in perspektiver Beziehung. Insbesondere kann jeder ebene Schnitt des schiefen Kreiskegels als perspektives Bild seines Grundkreises angesehen werden, wobei die Kegelspitze das Zentrum und die Spur der Schnittebene in der Basisebene die Achse der Perspektive abgibt; zugleich stellt die Spur einer zur Schnittebene parallelen Ebene durch die Spitze die Verschwindungslinie dar (159). Umgekehrt kann man das perspektive Bild eines Kreises immer als Schnitt eines schiefen Kreiskegels erhalten; denn im Falle einer ebenen Perspektive hat man das Bild nur um die Perspektivitätsachse aus der Ebene herauszudrehen, um zu einer räumlichen Perspektive und so zu einem schiefen Kreiskegel mit Schnittkurve zu gelangen. Die perspektiven Bilder des Kreises werden deshalb als Kegelschnitte bezeichnet.

239. Es soll nun gezeigt werden, daß es bei jedem schiefen Kreiskegel außer den Schnitten parallel zur Basisebene noch ein zweites System von Kreisschnitten gibt. Es gilt nämlich der Satz: Jede Kugelfläche, die den Grundkreis eines schiefen Kreiskegels enthält, schneidet ihn noch in einem zweiten Kreis. Die vorher erwähnte Symmetrieebene A durch die Spitze S des Kegels mag seinen Grundkreis k in den Punkten A und B, also die Kegelfläche in den Mantellinien SA und SB schneiden. Die Ebene A enthält den Mittelpunkt der Kugelfläche; in ihr liegt ein Kugelkreis m, der durch A und B geht und die Mantellinien SA und SB noch in zwei weiteren Punkten A_1 und B_1 schneidet. Machen wir diese Ebene zur Projektionsebene (Fig. 161), so fällt die Projektion des Grundkreises k mit AB zusammen; zugleich stellt A_1B_1 die Projektion eines Kugelkreises k_1 dar, dessen Ebene auf der Projektionsebene A senkrecht steht. Dieser Kugelkreis k_1 liegt zugleich auf der Kegelfläche. Ist nämlich P ein Punkt von k_1 und P' seine auf A_1B_1 liegende Projektion, so ziehe man durch PP' eine Ebene parallel zur Ebene des Grundkreises; sie schneidet den Kegel in einem Kreise k_2, dessen Projektion k_2' sich mit seinem Durchmesser A_2B_2 in der Ebene A deckt. Nun liegen die Punkte A_1, B_1, A_2, B_2 auf einem Kreise l; denn die spitzen Winkel bei A und B_1 sind einander gleich (da im Kreisviereck ABB_1A_1 die Gegenwinkel sich zu $2R$ ergänzen), also sind auch die spitzen Winkel bei A_2 und B_1 einander gleich und $A_1A_2B_1B_2$ ist ein Kreisviereck. Eine Kugel aber, die den Kreis l enthält und seinen Mittelpunkt zum Zentrum hat, enthält auch die Kreise k_1 und k_2; diese schneiden sich also in zwei Punkten P und Q ($P' = Q'$). Sonach liegt der beliebige Punkt P von k_1 auf dem Kreise k_2, der seinerseits der Kegelfläche angehört; das beweist unsern Satz.

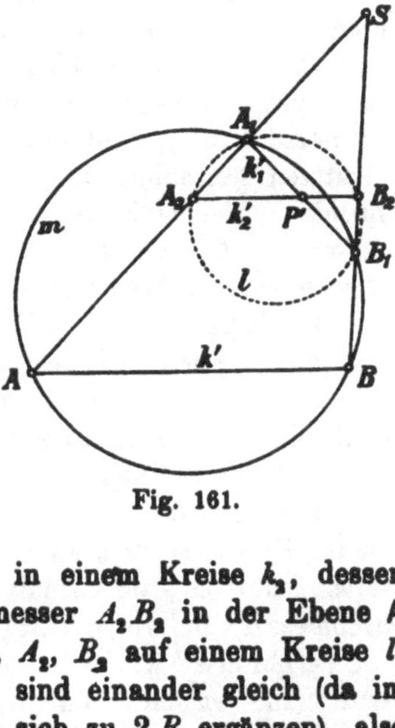

Fig. 161.

Zu jedem der beiden Kreise k und k_1 gibt es auf dem Kegel ein System von Parallelkreisen, d. h. Kreisen in parallelen Ebenen. Legt man durch einen Kreis des einen Systems alle möglichen

Kugelflächen, so schneiden sie den Kegel in Kreisen des andern Systems. Zwei Kreise eines Kegels nennt man Wechselschnitte, wenn ihre Ebenen nicht parallel sind. Wir haben also den Satz: Schneidet eine Kugel einen Kegel in einem Kreis, so schneidet sie ihn außerdem noch in einem zweiten Kreis (Wechselschnitt).

240. Auch die Umkehrung des Satzes gilt: Durch je zwei Wechselschnitte eines Kegels — Kreisschnitte mit nicht parallelen Ebenen — läßt sich eine Kugel legen. Sind nämlich k und k_1 nicht parallele Kreisschnitte einer Kegelfläche (Fig. 161), so bestimme man auf ihr zum Kreise k einen Parallelkreis k_2 derart, daß er den Kreis k_1 schneidet. Seine Schnittpunkte P, Q liegen symmetrisch zu A, und sein Durchmesser in A sei A_2B_2. Die Kreise k_1 und k_2 mit den gemeinsamen Punkten P und Q gehören aber einer Kugel an. Ihre Mittelpunkte befinden sich nämlich in A und ebenso die in diesen auf den Kreisebenen errichteten Normalen, die sich im Mittelpunkt der gemeinten Kugel schneiden. Demnach liegen A_1, B_1, A_2, B_2 auf einem Kreis l und folglich A, B, A_1, B_1 auf einem Kreis m, und die Kugel, die letzteren zum größten Kreis hat, enthält die beiden Kreise k und k_1.

241. Eine andere Umkehrung unseres Satzes läßt sich in der Form aussprechen: Liegen zwei Kreise auf einer Kugel, so befinden sie sich auch in perspektiver Lage und zwar auf zweifache Weise. Sind k und k_1 die beiden Kreise und ist e die Schnittlinie ihrer Ebenen, so ziehe man durch den Kugelmittelpunkt eine zu e normale Ebene A. Diese schneidet die Kugel in einem größten Kreise m und steht auf den Ebenen der beiden Kreise k und k_1 senkrecht; sie enthält also deren Mittelpunkte und je einen Durchmesser, die wir mit AB resp. A_1B_1 bezeichnen (Fig. 161 stellt diese Verhältnisse wieder in orthogonaler Projektion auf die Ebene A dar). Nun betrachte man den Punkt $S = AA_1 \times BB_1$ als Spitze einer Kegelfläche, die den Kreis k zum Grundkreis hat. Da die Kugel durch den Grundkreis k des Kegels geht, schneidet sie ihn nach 239 noch in einem zweiten Kreis, dessen Ebene senkrecht zu A und dessen in A liegender Durchmesser A_1B_1 ist.

Es gibt noch eine zweite Kegelfläche durch die beiden Kreise k und k_1; ihre Spitze wird von dem Schnittpunkt der Geraden AB_1 und A_1B gebildet.

Man kann die seitherigen Ergebnisse auch noch in der folgenden Form aussprechen: Durch Zentralprojektion eines Kreises auf eine ihn enthaltende Kugelfläche aus einem beliebigen Punkte des Raumes entsteht wieder ein Kreis; bei Parallelprojektion sind beide Kreise einander gleich.

242. Es wurde bereits gezeigt, daß jeder schiefe Kreiskegel eine Symmetrieebene A besitzt, die zu den Ebenen aller Kreisschnitte normal ist. Wählt man nun als Wechselschnitte zwei gleich große Kreise k und k_1, so werden sie auch von A in gleich langen Durchmessern AB und A_1B_1 geschnitten (Fig. 162 in schiefer Ansicht). Da wir es mit Wechselschnitten zu tun haben, ist $\angle SAB = \angle SB_1A_1$, also $\triangle SAB \cong \triangle SB_1A_1$; folglich muß auch $SA = SB_1$, $SA_1 = SB$, $AA_1 = BB_1$ und $\triangle AA_1E \cong B_1BE$ sein ($E = AB \times A_1B_1$). Demnach halbiert SE die Winkel A_1SB nnd A_1EB. Nennen wir B die Ebene, die in SE auf A senkrecht steht, so ist der eine Wechselschnitt zu dem andern symmetrisch in bezug auf B, und somit ist B ebenfalls eine Symmetrieebene für den Kegel.

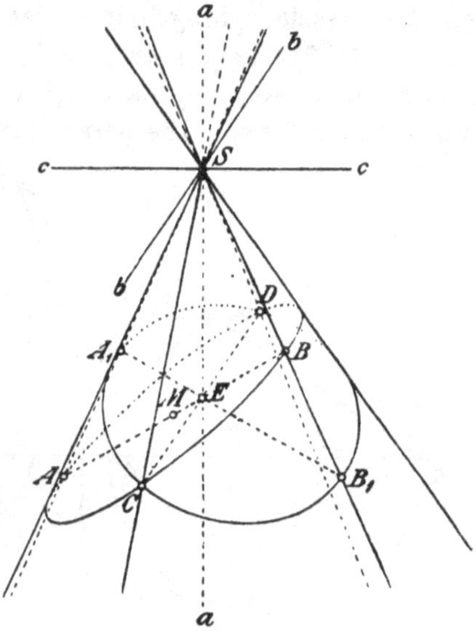

Fig. 162.

In der Figur sind die gleich großen Wechselschnitte k und k_1 auf dem nämlichen Kegelmantel genommen. Wählt man jedoch k auf dem einen und k_1 auf dem andern Mantel, so kann man die ganzen Betrachtungen wiederholen und gelangt zu einer Symmetrieebene Γ, die zu A normal ist und den Nebenwinkel von $\angle ASB_1$ halbiert. Je zwei gleich große Wechselschnitte auf verschiedenen Mänteln liegen zu der Ebene Γ symmetrisch.

Ein schiefer Kreiskegel besitzt drei zueinander senkrechte Symmetrieebenen A, B, Γ; ihre drei in der Spitze S aufeinander senkrecht stehenden Schnittlinien $b = \mathsf{B} \times \Gamma$, $c = \Gamma \times \mathsf{A}$, $a = \mathsf{A} \times \mathsf{B}$ heißen die Achsen des Kegels. Es gibt zwei Systeme von Kreisen auf dem Kegel; ihre Ebenen stehen auf A senkrecht und schließen mit B (ebenso mit Γ) gleiche Winkel ein.

243. Aus der räumlichen Perspektive zweier Kreise läßt sich in einfacher Weise die perspektive Beziehung zweier Kreise in der nämlichen Ebene ableiten. Zu diesem Zweck machen wir die Basisebene des schiefen Kreiskegels zur Grundrißebene und seine Symmetrieebene A zur Aufrißebene (Fig. 163). Der Basiskreis sei wieder k, die Schnittebene E und der Schnittkreis k_1; die Durchmesser AB von k und A_1B_1 von k_1, sowie die Kegelachsen x und y liegen im Aufriß. Die Ebene E und die zu ihr parallele Ebene durch die Kegelspitze schneiden die Grundrißebene in der Achse e_1 und der Verschwindungslinie e_v der perspektiven Beziehung zwischen k und k_1 (159). Legt man nun k_1 um e_1 und S um e_v in die Grundrißebene um, wobei k_1 nach $k_1{}^0$ und S nach S^0 gelangen möge, so sind k und $k_1{}^0$ nach 164 perspektiv vom Zentrum S^0 aus, während e_1

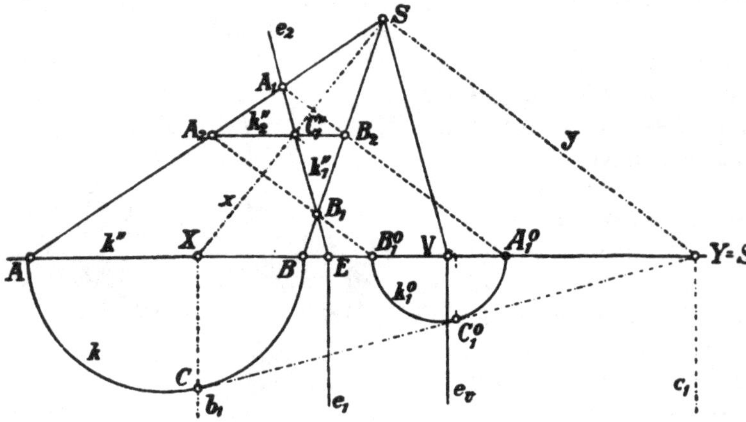

Fig. 163.

und e_v hierbei wiederum die Rolle der Achse und Verschwindungslinie spielen. In der Figur sind die Kreise k und $k_1{}^0$ nur zur Hälfte eingezeichnet.

Es gibt zwei zum Aufriß normale Symmetrieebenen des Kegels B und Γ, ihre zweiten bez. ersten Spuren sind x und y bez. b_1 und c_1. Bestimmt man zu k_1 den symmetrischen Kreis k_2 in bezug auf die Ebene B, so liegt er ebenfalls auf dem Kegel und zwar in einer Parallelebene zum Grundkreis k (A_2B_2 Durchmesser von k_2 in Π_2, $A_2B_2 \parallel AB$, $C_1 = k_1 \times k_2$ in B, $A_1B_2 \parallel A_2B_1 \parallel y$). Die vorher erwähnte Umlegung kann aber nach 170 auch durch eine Parallelprojektion auf die Grundrißebene ersetzt werden, wobei die Projektionsstrahlen SS^0, $A_1A_1{}^0$, $B_1B_1{}^0$ zur Geraden y parallel sind. Denn Dreieck $C_1''A_1B_2$ ist gleichschenklig, also auch das Dreieck VSY, dessen Seiten zu denen des ersteren parallel sind; somit haben wir $VS = VY$ und wegen der Umlegung $VS = VS^0$, so daß die Punkte S^0 und Y sich decken. Die Strahlen $A_1A_1{}^0$ und $B_1B_1{}^0$ gehen demnach durch B_2

bez. A_2, und so liefern die beiden Kreise k_1 und k_2 in der Richtung von y projiziert die nämliche Projektion k_1^0.

Da S ein Ähnlichkeitspunkt der Kreise k und k_2 ist und die ähnliche Lage dieser Kreise bei einer Parallelprojektion wieder zu ähnlich liegenden Kreisen führt, wird $S^0 = Y$ auch Ähnlichkeitszentrum für die Kreise k und k_1^0 sein. Da ferner k und k_1 auf einer Kugel liegen (240), besitzt jeder Punkt von e_1 in bezug auf beide Kreise die nämliche Potenz und folglich auch für die Kreise k und k_1^0. Unter der Potenz eines Punktes in bezug auf einen Kreis oder eine Kugel wird bekanntlich das Produkt seiner Abstände von zwei Punkten verstanden, die ein beliebiger Strahl durch ihn aus Kreis oder Kugel ausschneidet; dieses Produkt ist für alle Strahlen durch den

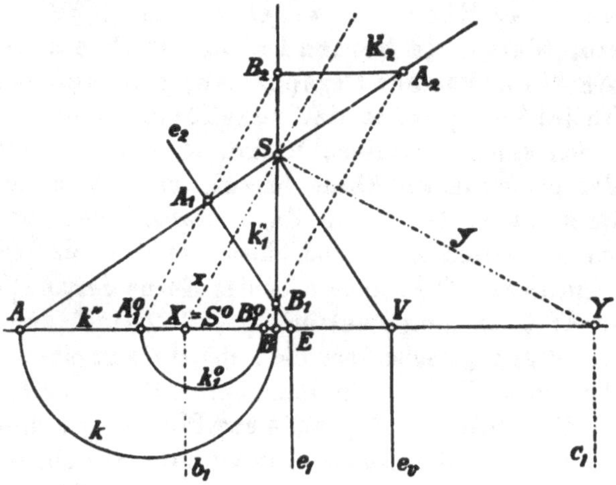

Fig. 164.

nämlichen Punkt konstant. Die Gerade e_1 ist sonach der Ort aller Punkte gleicher Potenz in bezug auf die Kreise k und k_1^0, sie wird ihre gemeinsame Potenzlinie oder Chordale genannt. Endlich erkennt man noch, daß e_v die Entfernung der Spurpunkte X und Y von x und y halbiert. Man kann auch sagen, daß X und Y die Doppelpunkte einer Involution sind, von der V der Mittelpunkt und A, B ein Punktepaar ist. Denn X, Y liegen sowohl zu V und dem unendlich fernen Punkt harmonisch als auch zu A und B, da x und y die Winkel von SA und SB halbieren. Das führt aber zu der Relation: $(VY)^2 = (VX)^2 = VA.VB$. Nebenbei sei noch bemerkt, daß die Tangentialebene längs der Mantellinie SC auf der Symmetrieebene B senkrecht steht. Sie hat deshalb y zur zweiten und die Tangente von k in C zur ersten Spur.

Unsere Untersuchung führt uns also zu dem Resultat: Schneidet man einen schiefen Kreiskegel mit einer zur Basisebene nicht parallelen Ebene in einem Kreis und projiziert diesen in der Richtung einer Kegelachse auf die Basisebene, so ist seine Projektion wieder ein Kreis. Derselbe liegt perspektiv zum Grundkreis; ihre gemeinsame Potenzlinie ist die Achse der Perspektive und ihr einer Ähnlichkeitspunkt das zugehörige Zentrum. In Figur 163 ist Y der äußere Ähnlichkeitspunkt der beiden Kreise k und k_1^0, in Figur 164 dagegen X der innere; im letzteren Fall liegt die Kegelspitze zwischen den beiden Parallelkreisen k und k_2, im ersteren hingegen befinden sich beide auf demselben Mantel.

244. Es ist nun leicht einzusehen, daß **zwei beliebige Kreise k und k_1 in einer Ebene stets perspektiv liegen und zwar in doppelter Weise. In beiden Fällen ist ihre gemeinsame Potenzlinie die Achse der Perspektive, während einer ihrer beiden Ähnlichkeitspunkte das zugehörige Zentrum abgibt.** Man drehe den einen der beiden Kreise, etwa k_1, um die Potenzlinie aus der gemeinsamen Ebene heraus, dann kann man durch beide in ihrer neuen Lage eine Kugel legen. Geht nämlich die Kugel durch den ersten Kreis und einen Punkt P_1 des zweiten, so enthält sie ihn ganz. Denn eine beliebige Ebene durch P_1 schneidet den zweiten Kreis in zwei Punkten P_1 und Q_1 und den ersten in zwei Punkten P und Q, außerdem die Potenzlinie in einem Punkte S. Da aber für diese Punkte die Relation: $SP.SQ = SP_1.SQ_1$ besteht, liegen die Punkte PQP_1Q_1 auf einem Kreise, und dieser gehört der Kugel, mit der er drei Punkte gemein hat, ganz an. Demgemäß sind die Kreise k und k_1 in ihrer neuen Lage nach 241 in doppelter Weise perspektiv, woraus dann die perspektive Beziehung zwischen den beiden Kreisen in ihrer ursprünglichen Lage folgt.

245. Die perspektive Beziehung zweier Kreise k und k_1 in der nämlichen Ebene kann auch ohne Mühe direkt abgeleitet werden. Ist e_1 ihre Potenzlinie und O ein Ähnlichkeitspunkt, so wähle man auf k zwei beliebige Punkte P und Q; dann schneiden die Strahlen OP bez. OQ auf k_1 je zwei Punkte P_1 und P_2 bez. Q_1 und Q_2 aus (Fig. 165). Nun sind die Kreise k und k_1 ähnlich und vom Zentrum O aus in ähnlicher Lage; hierbei mögen den Punkten P und Q von k die Punkte P_2 und Q_2 von k_1 entsprechen ($M_1P_2 \parallel MP$, $M_1Q_2 \parallel MQ$, $P_2Q_2 \parallel PQ$). Die spitzen Winkel bei Q und Q_2 sind einander gleich; aber auch die spitzen Winkel bei Q_2 und P_1 sind einander gleich, da $P_2Q_2Q_1P_1$ ein Kreisviereck ist. Die Gleichheit der spitzen Winkel bei P_1 und Q hat aber zur Folge, das PQQ_1P_1 ein Kreisviereck ist.

Schneiden sich nun PQ und P_1Q_1 in S, so ist $SP.SQ = SP_1.SQ_1$, da die vier Punkte PQP_1Q_1 auf einem Kreis liegen; demnach muß sich S auf der gemeinsamen Potenzlinie e_1 von k und k_1 befinden. Läßt man also je zwei Punkte der Kreise k und k_1 einander entsprechen, die auf einem Strahle durch O liegen, aber nicht parallelen Radien angehören, so z. B. P und P_1, Q und Q_1 usf., so sind die Kreise dadurch in perspektive Beziehung gebracht, und es schneiden sich je zwei entsprechende Sehnen auf ihrer gemeinsamen Potenzlinie als Achse der Perspektive. Die Figur 166 stellt zwei Kreise

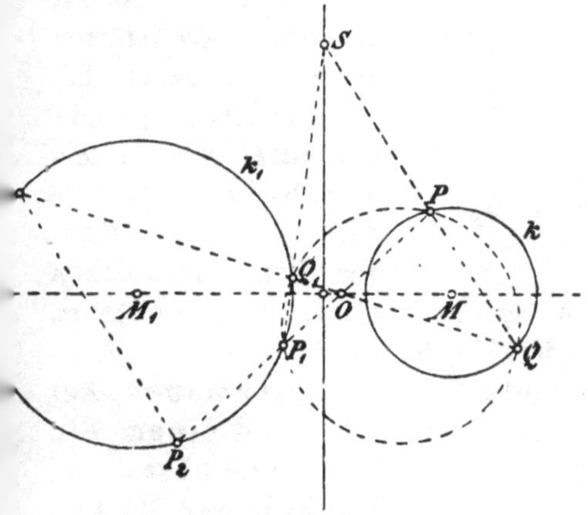

Fig. 165.

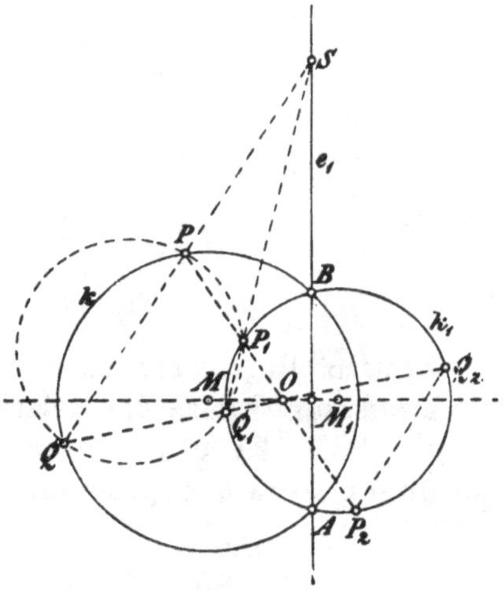

Fig. 166.

dar, die von der Potenzlinie geschnitten werden; in Figur 165 ist dies nicht der Fall.

246. Die Resultate in Nr. 239—241 können Verwendung finden, um die Perspektivität zweier Kreise unter gleichzeitiger Erfüllung besonderer Bedingungen herzustellen.

Es gibt unendlich viele Zentralprojektionen, bei denen einem gegebenen Kreise k ein Kreis und einer in der Ebene von k liegenden Geraden e_v, falls sie k nicht schneidet, die unendlich ferne Gerade der Bildebene entspricht. Die durch den Mittelpunkt von k senkrecht zu e_v gelegte Ebene A diene wieder als Aufrißebene, während wir die Ebene von k als Grundrißebene benutzen. Man zeichne nun in A irgend einen Kreis, der den Durchmesser AB von k zur Sehne hat und ziehe an ihn aus $M = \mathsf{A} \times e_v$ eine Tangente, die in O berühren mag (Fig. 167). Schneidet dann eine beliebige Parallele zu OM die Strahlen OA und OB bez. in

A_1 und B_1, so ist $\angle BAO = \angle BOM = \angle A_1B_1O$ und folglich liegen die Punkte ABA_1B_1 auf einem Kreise. Hieraus erkennt man nach

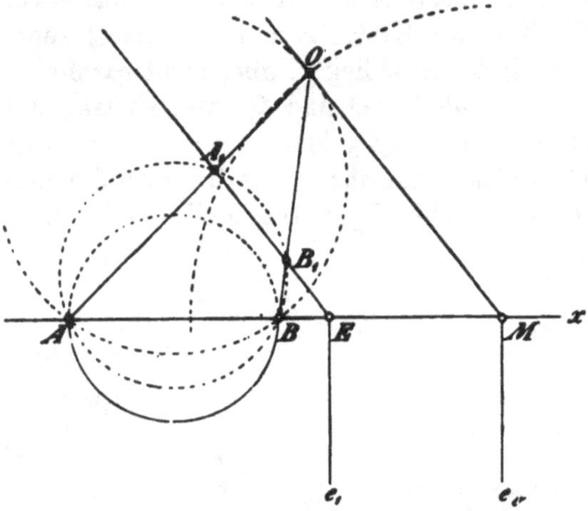

Fig. 167.

239, daß die durch A_1B_1 normal zu A gelegte Ebene E aus dem Kegel mit der Spitze O und dem Grundkreis k einen Wechselschnitt zu k, also einen Kreis k_1, ausschneidet. Da überdies $E \| Oe_v$ ist, so hat die durch O als Zentrum und E als Bildebene bestimmte Zentralprojektion die oben geforderte Eigenschaft. Alle durch unsere Konstruktion erhältlichen Zentren liegen auf einem in A um M beschriebenen Kreise m, für dessen Radius die Relation $(MO)^2 = MA.MB$ besteht.

247. Es gibt unendlich viele Zentralprojektionen, bei denen einem gegebenen Kreise k ein Kreis und einem von k eingeschlossenen Punkt C der Mittelpunkt des Bildkreises entspricht.

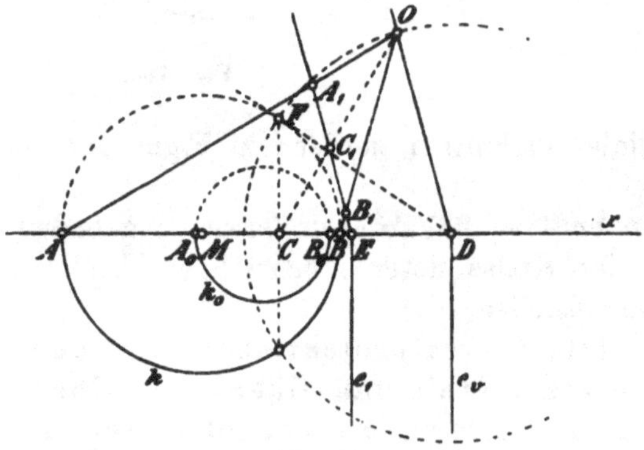

Fig. 168.

Es sei AB der durch C gelegte Durchmesser des Kreises k (Fig. 168); ferner teile D mit C die Strecke AB harmonisch und e_v stehe auf der Geraden AB in D senkrecht. Dann benutze man die Ebene des Kreises k als Grundriß und die in $AB = x$ auf ihr senkrechte Ebene als Aufriß und bestimme wie vorher das Zentrum O einer Projektion, bei der e_v die Verschwindungslinie bildet und k in einen Kreis k_1 übergeht. Werden hierbei die Punkte ABC in $A_1B_1C_1$ abgebildet, so entspricht dem vierten harmonischen Punkt D der ersten Reihe der unendlich ferne der letzteren. Dieser teilt also mit C_1 die Strecke $A_1 B_1$ harmonisch; somit ist C_1 der Mittelpunkt von $A_1 B_1$ und folglich auch vom Bildkreise k_1.

Sieht man A und B als die Doppelpunkte einer Involution an, so ist M ihr Mittelpunkt, während C und D ein Punktepaar von ihr bilden. Es ist also: $(MA)^2 = (MB)^2 = MC.MD$. Errichtet man also in C die auf AB senkrechte Sehne des Kreises k und zieht in einem ihrer Endpunkte F die Tangente, so geht dieselbe durch D. O kann in der Aufrißebene willkürlich auf dem Kreise mit dem Mittelpunkt D und dem Radius DF angenommen werden; E ist parallel zu Oe_v zu ziehen.

248. Zwei gegebene Kreise k und k_1 lassen sich derart in perspektive Lage bringen, daß drei gegebenen Punkten A, B, C des einen drei gegebene Punkte A_1, B_1, C_1 des andern entsprechen.

Wir nehmen beide Kreise als in einer Ebene liegend an und geben für diesen Fall die Konstruktion. Man zeichne einen zu k_1 konzentrischen Kreis k' mit dem Radius des Kreises k und bestimme auf ihm die Punkte A', B', C' durch die Radien M_1A_1, M_1B_1, M_1C_1 (Fig. 169). Dann kann man k' samt seinen Punkten A', B', C' so mit k zur Deckung bringen, daß die Geraden AA', BB' und CC' sich in einem Punkte O schneiden. Soll O auf den Geraden AA' und BB' liegen, so muß $\angle AOB = \angle AB'B - \angle A'AB'$ sein. Die letzteren beiden Winkel sind aber als Peripheriewinkel über den Bogen AB und $A'B'$ bekannt. O befindet sich demnach auf dem Kreise, der über der Sehne AB beschrieben ist und den bekannten Winkel AOB als Peripheriewinkel über dieser Sehne besitzt. Ganz ebenso gehört O einem zweiten Kreise über der Sehne BC an, der den bekannten Winkel $BOC = \angle BC'C - \angle C'BB'$ als zugehörigen Peripheriewinkel aufweist. Somit ist O stets eindeutig konstruierbar, und man erhält A', B', C' in der gesuchten Lage auf k durch die Strahlen OA, OB, OC. Nun ziehe man MA' und bestimme M_1 auf

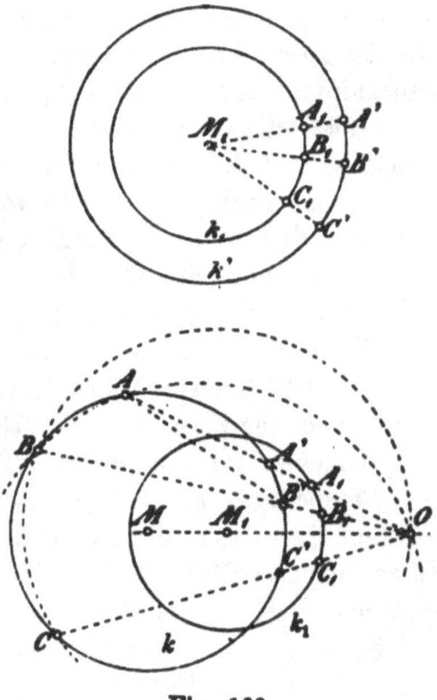

Fig. 169.

OM derart, daß die zu MA' parallele Strecke $M_1 A_1$ (A_1 auf OA) gleich dem Radius von k_1 wird. Ein um M_1 als Mittelpunkt durch A_1 beschriebener Kreis k_1 liegt vom Zentrum O aus ähnlich zum Kreis k; sind also $M_1 B_1$ und $M_1 C_1$ seine zu MB' und MC' parallelen Radien, so liegen B_1 und C_1 auf den Strahlen $OB'B$ und $OC'C$. Zugleich haben die Kreisbogen $A_1 B_1$ und $B_1 C_1$ die gegebene Größe; denn in der unteren Figur ist $\angle A_1 M_1 B_1 = \angle A'MB'$ und der letztere Winkel stimmt mit dem $\angle A'M_1 B'$ der oberen Figur der Konstruktion gemäß überein. Sonach liegen die Kreise k und k_1 perspektiv von ihrem Ähnlichkeitspunkt O aus (244) und den Punkten A, B, C von k entsprechen hierbei die Punkte A_1, B_1, C_1 von k_1.

Nimmt man mit dem Kreis k_1 eine Drehung um O von 180^0 vor, so befindet er sich abermals mit k in perspektiver Lage, bei der sich die Punkte ABC und $A_1 B_1 C_1$ resp. entsprechen.

249. Wir kehren zurück zum schiefen Kreiskegel und nehmen auf ihm zwei gleich große Wechselschnitte k und k_1 an, deren Ebenen E und E_1 sich in e schneiden mögen. Die auf e senkrecht stehende Ebene durch die Kegelspitze S ist eine Symmetrieebene des Kegels; sie enthält die Durchmesser AB von k und $A_1 B_1$ von k_1, sowie die beiden Mantellinien SAB_1 und $SA_1 B$, ferner die Kegelachsen x und y, welche die Winkel dieser Mantellinien halbieren. In Figur 170 liegen die Kreise k und k_1 auf dem nämlichen Kegelmantel, die Symmetrieebene dient zugleich als Aufrißebene, der Grundriß ist weggelassen. Wir schreiben noch $Y = AB \times y$ und $X = AB \times x$; durch X geht auch $A_1 B_1$ und die Gerade e steht in ihm auf der Aufrißebene senkrecht. Die Kreise k und k_1 sind perspektiv aus dem Zentrum S. Projizieren wir jetzt den Kreis k_1 parallel zur Geraden y auf die Ebene E des Kreises k_1, so fällt diese Projektion mit k zusammen, damit wird der Kreis k nach 170 zu sich selbst perspektiv. Je zwei entsprechende Punkte liegen auf einem Strahle durch das Zentrum der Perspektive Y, und je zwei entsprechende Sehnen schneiden sich auf der Achse der Perspektive e. Es ist das eine unmittelbare Folge der Resultate in Nr. 170, kann aber auch leicht direkt wie folgt nachgewiesen werden.

Seien p und q irgend zwei Mantellinien des Kegels, sie mögen k und k_1 in den Punkten P, Q bez. P_1, Q_1 schneiden. Bestimmt man zu P_1 und Q_1 die symmetrischen Punkte P_2 und Q_2 in bezug auf die in x auf dem Aufriß senkrecht stehende Ebene B, so ist $P_1 P_2 \parallel Q_1 Q_2 \parallel y$ und P_2 und Q_2 liegen auf k; denn k und k_1 sind symmetrisch in bezug auf B. P_2 und Q_2 sind also die Parallelprojektionen von P_1 und Q_1 in der Projektionsrichtung y, und es ist zu zeigen, daß sich PP_2 und QQ_2 in Y schneiden und daß der Schnittpunkt von PQ und P_2Q_2 auf e liegt. Nun enthält aber die Ebene py die zu y parallele Gerade P_1P_2 und folglich auch die Gerade PP_2; ebenso enthält qy die Gerade QQ_2, woraus unmittelbar folgt, daß die Geraden PP_2 und QQ_2 durch Y gehen. Ferner gehen PQ und P_1Q_1 durch den Schnittpunkt von e mit der Ebene pq; durch diesen Punkt geht natürlich auch die Gerade P_2Q_2, da

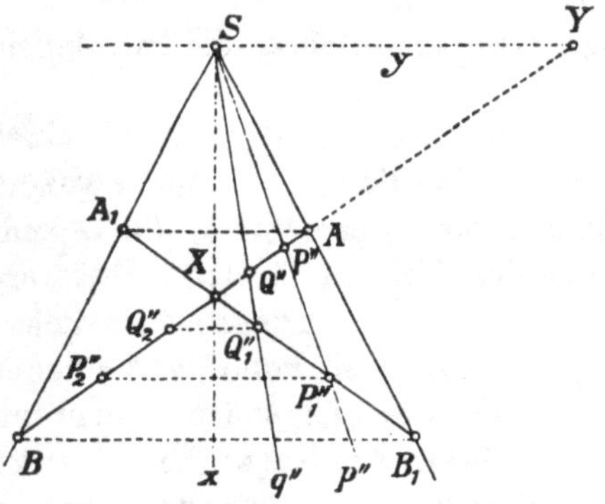

Fig. 170.

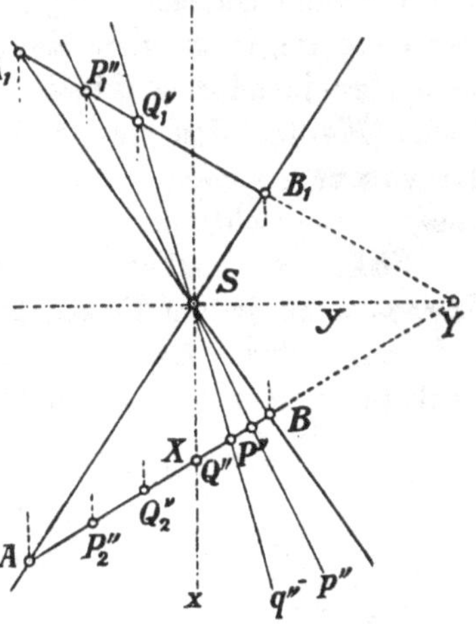

Fig. 171.

sie symmetrisch zu P_1Q_1 in bezug auf die Ebene B ist. Damit ist aber unsere Behauptung erwiesen.

In Fig. 171 ist der andere Fall dargestellt, in dem die Kreise k und k_1 auf verschiedenen Mänteln des Kegels liegen. Hier gehen die Verbindungslinien entsprechender Punkte, z. B. PP_2, QQ_2, durch das Zentrum X der Perspektive, während sich je zwei entsprechende Sehnen, z. B. PQ und P_2Q_2, auf der Geraden e schneiden, die in Y auf dem Aufriß senkrecht steht.

250. Bei der perspektiven Beziehung, die einen Kreis k in sich selbst verwandelt, findet zwischen Zentrum und Achse eine besondere Abhängigkeit statt. Die Geraden x und y in den Figuren 170 und 171 liegen zu den Mantellinien SA und SB harmonisch, da sie die Winkel derselben halbieren (204); deshalb teilen auch die Punkte X und Y den Durchmesser AB von k harmonisch. Zentrum und Achse der Perspektive teilen also den durch das Zentrum gehenden Durchmesser von k harmonisch, und die Achse steht auf ihm senkrecht.

Umgekehrt kann jeder Punkt O in der Ebene des

Kreises k als Zentrum einer Perspektive angesehen werden, die den Kreis in sich verwandelt; ihre Achse e steht dann auf dem Durchmesser durch den Punkt O senkrecht und teilt zusammen mit O denselben harmonisch. Geht nämlich der Durchmesser AB von k durch O und wird er von O und E harmonisch geteilt, so beschreibe man über OE als Durchmesser einen Kreis in einer zur Ebene des Kreises k senkrechten Ebene. Jeder Kegel, dessen Scheitel S auf diesem Hilfskreis liegt, hat die Geraden SO und SE zu Achsen. Denn sie liegen zu den Mantellinien SA und SB harmonisch, und da sie zueinander senkrecht sind, halbieren sie nach 204 die Winkel dieser Mantellinien und sind demgemäß Achsen des Kegels. Aus der vorausgehenden Nummer folgt dann unmittelbar die Richtigkeit unserer Betrachtung.

251. Wir haben soeben gesehen, daß in der Ebene eines Kreises k zu jedem Punkt O eine ganz bestimmte Gerade e gehört und umgekehrt. Es gibt dann immer eine Perspektive, die O zum Zentrum und e zur Achse hat und den Kreis k in sich selbst verwandelt. Diese Zusammengehörigkeit von O und e findet in der folgenden Definition ihren Ausdruck: Ein Punkt und eine Gerade werden als Pol und Polare in bezug auf einen Kreis k bezeichnet, wenn sie Zentrum und Achse einer Perspektive darstellen, die den Kreis k in sich selbst abbildet. Durch die Wahl des Poles (der Polaren) ist die Lage der Polaren (des Pols) bestimmt; der zur Polare senkrechte Durchmesser geht durch den Pol und wird von ihm und der Polaren harmonisch geteilt. Ziehen wir durch den Pol O zwei beliebige Strahlen, die den Kreis k in P und P_1 bez. Q und Q_1 schneiden (Fig. 172), so entsprechen den Originalpunkten P, Q, P_1, Q_1 die Bildpunkte P_1, Q_1, P, Q. Demnach schneiden sich die entsprechenden Geraden PQ und P_1Q_1 in einem Punkte J der Polaren e und ebenso die entsprechenden Geraden PQ_1 und P_1Q in

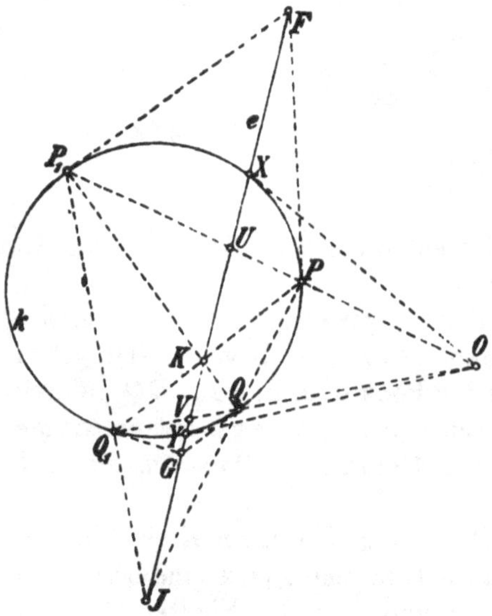

Fig. 172.

einem Punkte K derselben. Hierin liegt die Konstruktion der Polaren zu einem gegebenen Punkt als Pol.

Auch die Tangenten in P und P_1 entsprechen sich, so daß ihr Schnittpunkt F auf der Polaren e liegt, und in gleicher Weise muß sich der Schnittpunkt G der Tangenten in Q und Q_1 auf der Polaren befinden. Ferner schneidet die Polare die Sehnen PP_1 und QQ_1 in Punkten U bez. V, die mit O zusammen diese Sehnen harmonisch teilen. Denn die Linien PQ, PQ_1, P_1Q, P_1Q_1 bilden ein Vierseit, dessen Diagonalschnittpunkte O, U und V sind. Liegt O außerhalb des Kreises k, so liegen U und V als vierte harmonische Punkte auf den Sehnen PP_1 bez. QQ_1 im Innern des Kreises; da ein gleiches Verhalten bei allen Sehnen durch O eintritt, schneidet die Polare e den Kreis in zwei Punkten X und Y. Liegt dagegen O im Innern von k, so liegen U und V außerhalb, und die Polare schneidet den Kreis nicht. Im ersteren Falle sind X und Y die Berührungspunkte der von O an den Kreis gelegten Tangenten. Denn OX schneidet k in zwei Punkten, die zu O und X harmonisch liegen, und da einer dieser Schnittpunkte mit X zusammenfällt, muß es auch der andere tun. Es stimmt dies auch damit überein, daß der Punkt X als Punkt der Perspektivitätsachse sich selbst entsprechen muß.

252. Wir fassen unsere Resultate in die folgenden Sätze zusammen:

α) Je zwei beliebige Sehnen durch den Pol schneiden den Kreis in zweimal zwei Punkten, deren vier Verbindungslinien sich paarweise in zwei Punkten der Polaren schneiden. Dieser Satz liefert die Konstruktion der Polaren zu einem gegebenen Pole.

β) Jede Sehne durch den Pol bestimmt in ihren Endpunkten zwei Tangenten, die sich auf der Polaren schneiden und umgekehrt.

γ) Jede Sehne durch den Pol wird von diesem und der Polaren harmonisch geteilt.

δ) Kann man vom Pol aus zwei Tangenten an den Kreis legen, so liegen ihre Berührungspunkte auf seiner Polaren.

Je nachdem der Pol außerhalb oder innerhalb des Kreises liegt, schneidet ihn die zugehörige Polare, oder sie schneidet ihn nicht. Im besonderen erhält man als Polare des Kreismittelpunktes die unendlich ferne Gerade der Ebene. Tangiert die Polare den Kreis, so ist ihr Berührungspunkt der zugehörige Pol und umgekehrt. Denn legt man aus irgend einem Punkt der Polaren die beiden Tangenten an den Kreis (deren eine in diesem Falle die Polare selbst ist), so muß die Verbindungslinie ihrer Berührungspunkte durch den Pol gehen.

253. Die Beziehung zwischen Pol und Polare eines Kreises k leitet uns unmittelbar zu einem äußerst wichtigen Satz für den Kreis, der für die in dem nächsten Abschnitt zu behandelnden Kegelschnitte von fundamentaler Bedeutung ist und besonders für viele Sätze und Konstruktionen den Ausgangspunkt bildet. Vier beliebige Punkte $ABCD$ eines Kreises k bestimmen ein Viereck; seine drei Paar Gegenseiten schneiden sich in drei Punkten L, M und N, und jeder

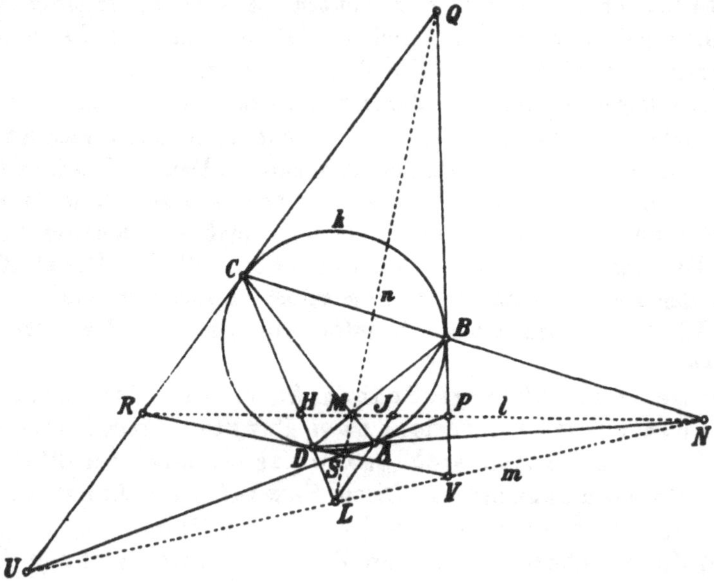

Fig. 173.

von ihnen ist der Pol zu der Verbindungslinie der beiden andern (Fig. 173). In der Tat, sind AB und CD die beiden Sehnen durch L, so müssen sich nach der vorausgehenden Nummer die vier Verbindungslinien ihrer Endpunkte paarweise auf der Polaren von L schneiden; diese Schnittpunkte sind aber M und N. Ganz ebenso hat man die Endpunkte der Sehnen AC und BD durch vier Linien zu verbinden; ihre Schnittpunkte L und N liegen auf der Polaren von M. Der nämliche Schluß lehrt, daß die Polare von N durch L und M geht.

Nun ziehen wir in den Punkten A, B, C, D des Kreises k die zugehörigen Tangenten; sie bestimmen ein Vierseit mit drei Paar

Gegenecken P und R, Q und S, V und U. Da die Sehnen AB und CD durch L gehen, muß (nach 252β) der Schnittpunkt P der Tangenten in A und B, sowie der Schnittpunkt R der Tangenten in C und D auf der Polaren von L, d. h. auf der Geraden MN liegen. Aus gleichen Gründen liegen die Punkte Q, S, L, M in gerader Linie und ebenso die Punkte V, U, L, N. Die Punkte L, M und N sind die drei Diagonalpunkte des Vierecks $ABCD$, während die Geraden PR, QS und VU die drei Diagonalen des Vierseits der vier Kreistangenten sind. Hierbei bilden die Punkte L, M und N die Pole der Geraden $l = MN$, $m = LN$ und $n = LM$, wie aus der Figur unmittelbar hervorgeht. Ein solches Dreieck, dessen Seiten die Polaren der gegenüberliegenden Ecken und dessen Ecken die Pole der bez. Seiten sind, heißt **Polardreieck**. Somit haben wir den Satz erwiesen: **Schreibt man einem Kreis in den nämlichen vier willkürlich gewählten Punkten ein vollständiges Viereck ein und ein Vierseit um, so verbinden die Diagonalen des letzteren die Diagonalpunkte des ersteren und bilden ein** ***Polardreieck.***

254. Wir wollen für diesen besonders wichtigen Satz noch einen einfachen Beweis geben, der auf der Anwendung ganz einfacher planimetrischer Sätze beruht. Es seien wieder PQ, QR, RS, SP die Seiten des umgeschriebenen Vierecks und B, C, D, A die zugehörigen Berührungspunkte (Fig. 174). Schneiden sich dann CA und QS in M, so hat man: $MQ : MS = QC : SA$. Liegt nämlich G auf AC und ist $QG \parallel AS$, so ist: $MQ : MS = QG : SA$; zugleich ist $QG = QC$, denn die spitzen Winkel bei G und C sind beide gleich dem spitzen Winkel bei A. Schneiden sich weiter BD und QS in M', so erhält man analog: $M'Q : M'S = QB : SD$. Nun ist aber $QB = QC$ und $SD = SA$, also auch: $M'Q : M'S = MQ : MS$; dies hat aber das Zusammenfallen von M' und M zur Folge, da zwei verschiedene Punkte auf einer Strecke nicht das gleiche Abstandsverhältnis besitzen können. Somit geht QS durch den Schnittpunkt von AC und BD. Die gleiche Schlußfolgerung zeigt, daß auch PR durch diesen Schnittpunkt hindurchgeht, so daß sich die vier Geraden AC, BD, PR und QS in dem nämlichen Punkt M schneiden.

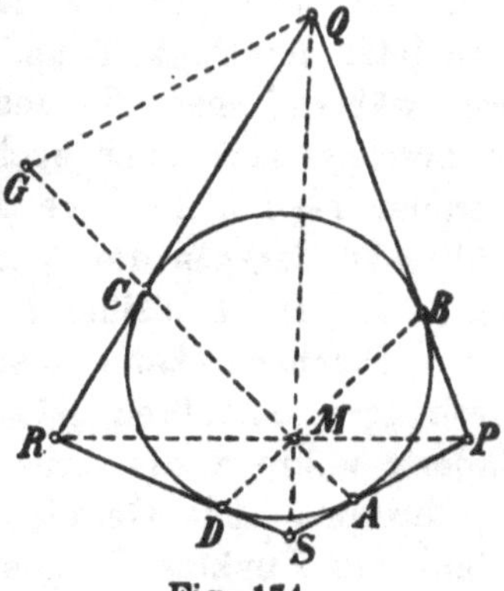

Fig. 174.

Indem wir von dem umgeschriebenen Viereck $PQRS$ ausgingen, zeigten wir soeben, daß die Verbindungslinien der Berührungspunkte seiner Gegenseiten AC und BD durch den Schnittpunkt M seiner Diagonalen PR und QS gehen (Fig. 173). Legen wir das Viereck $SVQU$ zugrunde, so sind QS und VU seine Diagonalen und AB bez. CD die Verbindungslinien der Berührungspunkte seiner Gegenseiten. Deshalb können wir ganz in der gleichen Weise wie vorher schließen, daß sich diese vier Geraden in einem Punkte L schneiden. Endlich folgern wir aus dem umgeschriebenen Viereck $RVPU$, daß die vier Geraden PR, VU, AD und BC einen Punkt N gemein haben, womit unser Satz abermals bewiesen ist.

255. Der soeben in elementarer Weise abgeleitete Satz vom umgeschriebenen Vierseit und eingeschriebenen Viereck kann umgekehrt dazu verwendet werden, um die Eigenschaften von Pol und Polare, wie sie in 252 aufgezählt sind, nachzuweisen. Auf der Geraden $l = MN$ liegen noch die vier weiteren Punkte P, R, J und H; durch zwei von ihnen, etwa P und J, ist die Lage von l bestimmt (Fig. 173). Die Wahl des Punktes L und der Sehne AB durch L genügt aber, um P als Schnitt der Tangenten in A und B, sowie J als vierten harmonischen Punkt zu AB und L zu konstruieren. Denn J und L sind Diagonalschnittpunkte des Vierseits CA, CB, DA, DB, sie liegen also zu den Ecken A und B harmonisch. Hält man jetzt den Punkt L und die eine Sehne durch ihn, nämlich AB, fest, während man die andere Sehne CD sich um L drehen läßt, so bewegen sich zwar auch die Punkte H, R, M und N auf der Geraden $l = PJ$, die Lage der Geraden selbst aber bleibt ungeändert. Hält man dagegen die Sehne CD fest und läßt die Sehne AB sich um L drehen, so bleiben R und H und somit wiederum die Gerade l fest. Demnach kann man beide Sehnen durch L nacheinander Drehungen ausführen lassen, ohne daß die Gerade l ihre Lage ändert, während die sechs Punkte M, N, P, R, H, J sich auf ihr fortbewegen. Die Gerade $l = MN$ hängt demnach einzig von der Wahl des Punktes L, aber nicht von der Wahl der durch L gezogenen Sehnen ab; daraus folgen dann die früheren Polareigenschaften zwischen L und $l = MN$.

Ellipse, Parabel und Hyperbel als perspektive Bilder des Kreises.

256. Wir wollen jetzt die seitherigen Untersuchungen ausdehnen auf diejenigen Kurven, die aus einem Kreise bei einer ganz beliebigen perspektiven Abbildung hervorgehen. Dabei ist es gleichgültig, ob man die Zentralprojektion im Raume oder in der Ebene zugrunde legen will, da ja die eine in die andere übergeführt werden kann (164 und 170). Die Zentralprojektion eines Kreises aus einem Raumpunkt auf eine beliebige Ebene ist aber nichts anderes als der Schnitt dieser Ebene mit einem schiefen Kreiskegel. Aus dieser Anschauung heraus bezeichnet man jedes perspektives Bild eines Kreises als Kegelschnitt. Daß man jede derartige Kurve sogar immer als Schnitt eines geraden Kreiskegels erhalten kann, werden wir später nachzuweisen haben[*]).

Wir haben hierbei auf solche Eigenschaften der Kreise zu achten, die bei einer Zentralprojektion unveränderlich sind; denn die gleichen Eigenschaften kommen dann auch den Kegelschnitten zu. So werden alle Sätze beim Kreise, die aussagen, daß sich drei oder mehr Gerade in einem Punkte schneiden, oder daß drei oder mehr Punkte auf einer Geraden liegen, sich bei den Kegelschnitten wiederfinden müssen, da die Geraden durch einen Punkt und die Punkte auf einer Geraden sich wieder als Gerade und Punkte von der nämlichen Eigenschaft projizieren. Auch projektive Punktreihen und Strahlbüschel, die bei einem Kreise auftreten, projizieren sich als projektive Punktreihen und Strahlbüschel beim Kegelschnitt, und alle darauf basierenden Sätze haben in gleicher Weise für den Kreis und sein perspektives Bild — den Kegelschnitt — Gültigkeit. Auch harmonische Punkte oder Strahlen und involutorische Reihen oder Büschel behalten ihre Eigenschaft bei der perspektiven Abbildung. Insbesondere werden wir die folgenden beiden Sätze unmittelbar vom Kreis auf die Kegelschnitte übertragen können.

Ein Kegelschnitt ordnet jedem Punkt in seiner Ebene als Pol eine ganz bestimmte Gerade als Polare zu und umgekehrt. Zwischen Pol und Polare bestehen die nachfolgenden Beziehungen.

α) Je zwei beliebige Sehnen durch den Pol schneiden den Kegelschnitt in zweimal zwei Punkten, deren vier Verbindungslinien sich paarweise in zwei Punkten der Polaren treffen (woraus ihre Konstruktion folgt).

β) Jede Sehne durch den Pol bestimmt in ihren Endpunkten zwei Tangenten, die sich auf der Polare schneiden.

γ) Jede Sehne durch den Pol wird von diesem und seiner Polaren harmonisch geteilt.

δ) Kann man vom Pol zwei Tangenten an den Kegelschnitt legen, so liegen ihre Berührungspunkte auf seiner Polaren.

Schreibt man einem Kegelschnitt in den nämlichen vier willkürlich gewählten Punkten ein vollständiges Viereck ein und ein Vierseit um, so verbinden die Diagonalen des letzteren die Diagonalpunkte des ersteren und bilden ein *Polardreieck* des Kegelschnittes.

257. Wir stellen an den Anfang die Definition: *Die ebenen Zentralprojektionen oder perspektiven Bilder des Kreises heißen Kegelschnitte.* Durchläuft ein Punkt P den Kreis, so dreht sich sein projizierender Strahl OP um das Zentrum O, und sein Bildpunkt P_1 durchläuft den Kegelschnitt als Bild des Kreises. So wie P den Kreis in einem Zuge durchläuft und zur Ausgangslage zurückkehrt, so beschreibt auch P_1 den ganzen Kegelschnitt von einem seiner Punkte anfangend in einem ununterbrochenen Zuge und kehrt nach Durchlaufung desselben in die Anfangslage zurück. Man darf daher jeden Kegelschnitt, ebenso wie den Kreis, als eine stetige geschlossene Kurve bezeichnen. Es ist nicht ausgeschlossen, daß bei der geschilderten Bewegung der Bildpunkt P_1 sich ins Unendliche entfernt und wieder zurückkehrt, der Kegelschnitt sich also ins Unendliche erstreckt. Man hat ihn dann, ähnlich wie die gerade Linie (160), als im Unendlichen geschlossen aufzufassen.

258. Aus dem gegenseitigen Entsprechen der geraden Linien in der Original- und Bildfigur und ihrer Schnittpunkte mit dem gegebenen Kreise bez. mit seinem Bilde folgen unmittelbar die Sätze:

Ein Kegelschnitt wird von irgend einer Geraden seiner Ebene in höchstens zwei Punkten geschnitten. Im besonderen entspricht einer Kreistangente und ihrem Berührungspunkt im Bilde eine Tangente des Kegelschnittes und deren Berührungspunkt (hiervon ist schon in dem Satz am Schluß von 256 Gebrauch gemacht).

An einen Kegelschnitt können aus irgend einem Punkt seiner Ebene höchstens zwei Tangenten gezogen werden, die in eine zusammenfallen, wenn der Punkt auf der Kurve liegt.

Beim Kreise spricht man von einem Gebiete innerhalb und von einem Gebiete außerhalb desselben; dem ersteren gehören alle Punkte an, von denen sich keine Tangenten an den Kreis legen lassen, dem letzteren alle Punkte mit zwei Kreistangenten. Ganz ebenso sagt man beim Kegelschnitt, daß ein Punkt seiner Ebene außerhalb oder innerhalb desselben liege, je nachdem durch ihn Tangenten an den Kegelschnitt gelegt werden können oder nicht.

259. Es gibt drei Arten von Kegelschnitten, auf deren Unterscheidung man sofort geführt wird, wenn man ihre Beziehung zur unendlich fernen Geraden der Ebene in Betracht zieht. Geht man vom schiefen Kreiskegel aus, so kann die schneidende Ebene Π drei wesentlich verschiedene Lagen gegen den Kegel einnehmen. Sie wird entweder nur den einen Mantel des Kegels schneiden, oder sie wird beide Mäntel (Kegel und Gegenkegel) treffen, oder sie wird eine Lage einnehmen, die als Übergang jener beiden Fälle anzusehen ist. Denkt man sich durch die Spitze O des Kegels eine Parallelebene zu Π gelegt, so wird sie den genannten drei Fällen entsprechend entweder keine Mantellinie des Kegels enthalten, oder deren zwei, oder sie wird ihn längs einer Mantellinie berühren; diese Mantellinien in der Parallelebene verlaufen offenbar nach den unendlich fernen Punkten der Schnittkurve in der Ebene Π. Nun schneidet aber die Parallelebene durch die Kegelspitze die Ebene des Basiskreises k in der Verschwindungslinie e_v. Die Lage der Verschwindungslinie gegen den abzubildenden Kreis ist sonach maßgebend für die Gestalt seines Bildes.

260. Die Zentralprojektion eines Kreises auf eine Ebene führt zu drei verschiedenen Arten von Kegelschnitten, je nachdem der Kreis mit der Verschwindungslinie seiner Ebene keinen, zwei getrennte oder einen Berührungspunkt gemein hat; sie heißen: *Ellipse, Hyperbel, Parabel.* Aus dieser Definition folgt:

Die Ellipse ist im Endlichen geschlossen. Ihre Übereinstimmung mit dem affinen Bild des Kreises (vgl. Definition in 15) wird in 271 gezeigt. Die Hyperbel schneidet die unendlich ferne Gerade ihrer Ebene in zwei getrennten Punkten; sie verläuft also zweimal durch das Unendliche. Ihre beiden unendlich fernen Punkte sind die Bilder der Schnittpunkte des Originalkreises mit der Verschwindungslinie e_v. Die Tangenten der Hyperbel in diesen beiden Punkten sind die Bilder der Kreistangenten in den beiden Verschwindungspunkten des Kreises und heißen Asymptoten. Die Parabel berührt die unendlich ferne Gerade ihrer Ebene. Ihr Berührungspunkt ist das Bild des Berührungspunktes von Verschwindungslinie und Originalkreis.

261. Da man aus einem Kreis die gleichen Bilder sowohl durch eine ebene wie durch eine räumliche Perspektive erhalten kann, werden wir zur konstruktiven Erzeugung des Kegelschnittes die erstere benutzen, weil sie bequemer für die Zeichnung ist. Sind Zentrum O, Achse e_1 und Verschwindungslinie e_v, oder an Stelle der letzteren ein Paar entsprechender Punkte gegeben, so können wir nach den in 166 bis 171 auseinandergesetzten Prinzipien zu beliebig vielen

Punkten und Tangenten eines vorgelegten Kreises die perspektiven Bilder, also beliebig viele Punkte und Tangenten eines Kegelschnittes konstruieren. In Fig. 175 sind drei konzentrische Kreise so gewählt, daß einer die Verschwindungslinie e_v nicht schneidet, während der zweite sie berührt und der dritte sie schneidet. Dementsprechend

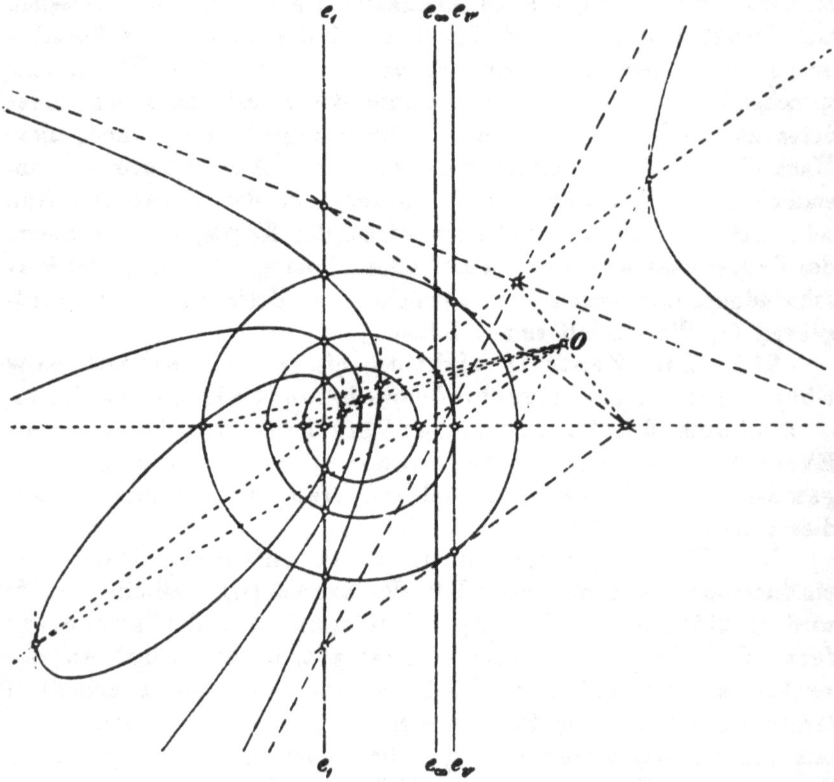

Fig. 175.

stellen die zugehörigen Bilder eine Ellipse, eine Parabel und eine Hyperbel dar. Von der Hyperbel sind zugleich die Asymptoten angegeben, die parallel zu den Strahlen aus O nach den Schnittpunkten des Kreises mit e_v laufen.

262. Wir wollen jetzt die perspektive Abbildung des Kreises etwas eingehender studieren, um einige wesentliche Eigenschaften der Kegelschnitte abzuleiten, die besonders für ihre Konstruktion bedeutungsvoll sind. An erster Stelle soll uns die *Parabel* beschäftigen. Hier berührt die Verschwindungslinie e_v den Kreis k in einem Punkt M (Fig. 176); außerdem mag die Achse e_1 und das Zentrum O der

Perspektive gegeben sein. Hiermit ist dann die Parabel k_1 als Bild des Kreises k völlig bestimmt. Es sei A ein beliebiger Punkt von k, seine Tangente schneide e_v im Punkte J; dann ist $i = MA$ die Polare von J, und jede Kreissehne durch J, z. B. BC, wird durch J und ihren Schnittpunkt G mit i harmonisch geteilt. Das Bild i_1 der Geraden i geht durch $i \times e_1$ und ist parallel zu OM — der Verbindungslinie des Zentrums mit dem Verschwindungspunkt von i (168). Den Kreissehnen durch J entsprechen zu OJ parallele Parabelsehnen, die sämtlich von i_1 halbiert werden. Denn diese Parabelsehnen müssen durch i_1 und ihren unendlich fernen Punkt — das Bild von J — harmonisch geteilt werden 204). Die Gerade i_1 hat also die Eigenschaft, ein System paralleler Parabelsehnen zu halbieren und heißt deshalb **Durchmesser der Parabel.** Insbesondere ist die Tangente im Endpunkte des Durchmessers zu den halbierten Sehnen parallel. Ändert man die Lage von J auf e_v, so ändert OJ seine Richtung und damit auch das System der zu OJ parallelen Parabelsehnen, die den Kreissehnen durch J entsprechen, und ebenso ändert sich der sie halbierende Durchmesser. Wo aber auch J auf e_v liegen mag, immer wird seine Polare durch M gehen, d. h. ihr perspektives Bild wird immer zu OM parallel sein. Das liefert uns den Satz:

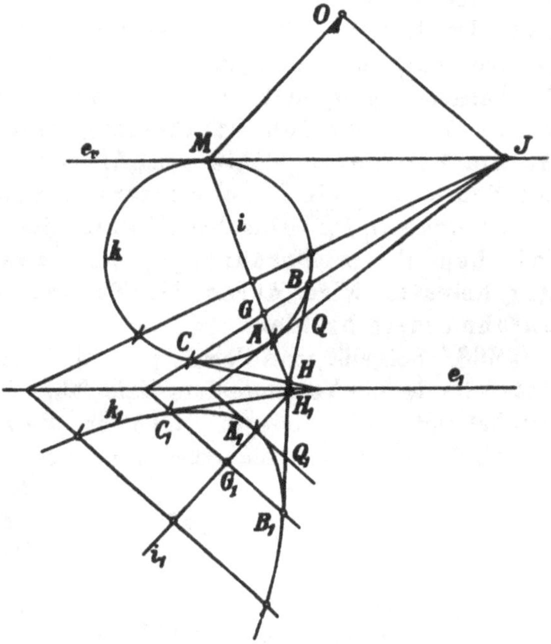

Fig. 176.

Jedes System paralleler Parabelsehnen wird von einem Durchmesser halbiert; alle Durchmesser der Parabel sind untereinander parallel. Unter diesen Durchmessern gibt es einen, der die zu ihm senkrechten Parabelsehnen halbiert; er ist also eine Symmetrielinie der Parabel und heißt ihre Achse, sein Endpunkt heißt ihr Scheitel. Die Achse der

Parabel erhält man, wenn man $OJ \perp OM$ zieht, wie das in der Figur tatsächlich geschehen ist; das Bild i_1 von i ist dann die Achse, ihr Endpunkt A_1 der Scheitel der Parabel; die Scheiteltangente ist normal zur Achse.

Da die Sehne BC durch J geht, schneiden sich die Tangenten in B und C auf i (252); ihr Schnittpunkt H teilt zusammen mit G die Sehne AM harmonisch, denn H ist der Pol von BC. Nun liegt aber das Bild von M im Unendlichen, folglich halbiert A_1 die Strecke G_1H_1; ebenso werden die Strecken H_1B_1 und H_1C_1 durch die Tangente in A_1 halbiert. Zieht man aus einem beliebigen Punkt H_1 die beiden Parabeltangenten H_1B_1 und H_1C_1, so ist die Verbindungslinie von H_1 mit dem Mittelpunkt G_1 der Sehne B_1C_1 ein Durchmesser, sein Endpunkt A_1 halbiert die Strecke G_1H_1. Das Stück einer jeden Parabeltangente zwischen ihrem Berührungspunkt und einem beliebigen Durchmesser wird durch die Tangente im Endpunkt des Durchmessers halbiert.

263. Schreibt man dem Kreis k ein Vierseit um, doch so, daß eine Seite in die Verschwindungslinie fällt, dann ist sein Bild eine Parabel mit drei beliebigen Tangenten, die zusammen mit der unendlich fernen Geraden ein umgeschriebenes Vierseit bilden (Fig. 177). Es seien u, v, m die Tangenten, U, V, M ihre Berührungspunkte und $P = u \times m$, $Q = v \times m$, $L = u \times v$ ihre Schnittpunkte; ferner bezeichnen wir die unendlich fernen Punkte von u und v resp. mit S und R. Dann schneiden sich nach 253 die Geraden PR ($\parallel v$), QS ($\parallel v$), UV und der Durchmesser durch M in einem Punkte N.

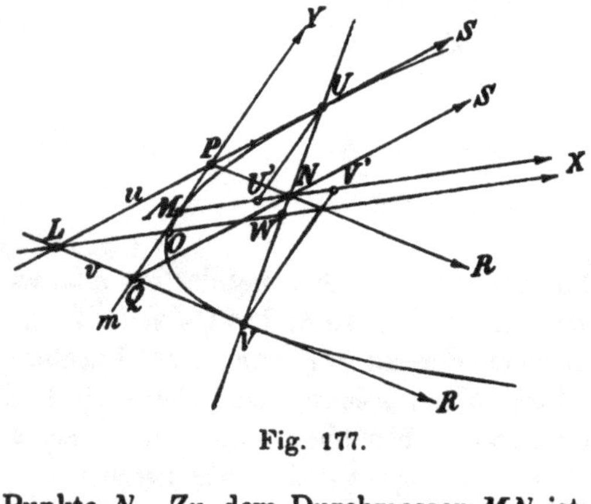

Fig. 177.

Zu dem Durchmesser MN ist der Durchmesser LW, der UV halbiert, parallel. Die ähnlichen Dreiecke UPN und NQV ergeben die Relation: $PU:QN = PN:QV$, woraus $PU:LP = LQ:QV$ folgt.

Auf zwei beliebigen Parabeltangenten werden die Strecken zwischen ihrem Schnittpunkt und ihren Berührungspunkten von jeder weiteren Tangente nach demselben Verhältnis geteilt.

Wählen wir noch U' und V' auf MN so, daß $UU' \parallel VV' \parallel m$ wird, dann können wir die Tangente in M und den Parabeldurchmesser durch M als Koordinatenachsen MY und MX und

$$x = MU', \; y = U'U \text{ als Koordinaten von } U$$

oder:

$$x_1 = MV', \; y_1 = V'V \text{ als Koordinaten von } V$$

ansehen. Hierbei werden die parallel zu MX und MY gemessenen Abstände irgend eines Punktes der Ebene von MY und MX als seine Koordinaten x, y bezeichnet, wie das in der analytischen Geometrie der Brauch ist. Nun verhalten sich zwei parallele Strecken PU und QN wie ihre Parallelprojektionen MU' und MN auf die Gerade MX, also:

$$MU' : MN = PU : QN = NU : VN = UU' : VV',$$

ferner:

$$MN : MV' = PN : QV = NU : VN = U'U : VV'.$$

Durch Multiplikation folgt hieraus als Gleichung der Parabel:

$$x : x_1 = y^2 : y_1^2, \text{ oder: } y^2 : x = y_1^2 : x_1 = \text{konst.}$$

Denn hält man den Punkt V oder x_1, y_1 fest und läßt den Punkt U oder x, y die Parabel durchlaufen, so behält: $y^2 : x$ immer denselben Wert.

Wählt man irgend einen Durchmesser der Parabel zur Abszissenachse und die Tangente in seinem Endpunkt zur Ordinatenachse, so verhalten sich die Abszissen der Parabelpunkte wie die Quadrate ihrer Ordinaten. Insbesondere verhalten sich die senkrechten Abstände der Parabelpunkte von der Scheiteltangente wie die Quadrate ihrer Abstände von der Achse der Parabel.

264. Die Fig. 177 liefert auch eine einfache Konstruktion für die Tangenten und Punkte einer Parabel, sobald man einen Durchmesser MX, die Tangente $m = MY$ in seinem Endpunkt und einen Punkt U von ihr kennt. Das Stück der Tangente in U zwischen U und dem Durchmesser MX wird von m halbiert; man ziehe also $UU' \parallel m$ und trage die Strecke MU' von M aus auf den Durchmesser in entgegengesetzter Richtung auf, durch ihren Endpunkt geht dann die fragliche Tangente u. Nun nehme man N auf MX beliebig an, ziehe QNu und durch Q die Gerade $v \parallel PN$, so ist v eine Parabeltangente und V auf UN ihr Berührungspunkt.

Sind insbesondere der Scheitel S, die Achse SX, die Scheiteltangente SY und ein Punkt U der Parabel gegeben (Fig. 178), so geht die zugehörige Tangente u durch den Punkt T der Achse ($ST = U'S$)

und die Normale n durch den Achsenpunkt N. Nun ist $y^2 = cx$, wo c eine Konstante bedeutet, also $(UU')^2 = \frac{c}{2} . TU'$; anderseits folgt aus der Figur $(UU')^2 = TU' . U'N$; mithin kommt: $U'N = \frac{c}{2}$. Die Strecke $U'N$ ist die Projektion der Normalen UN auf die Achse und heißt die **Subnormale**. **Die Subnormale hat für alle Punkte einer Parabel die gleiche Länge.**

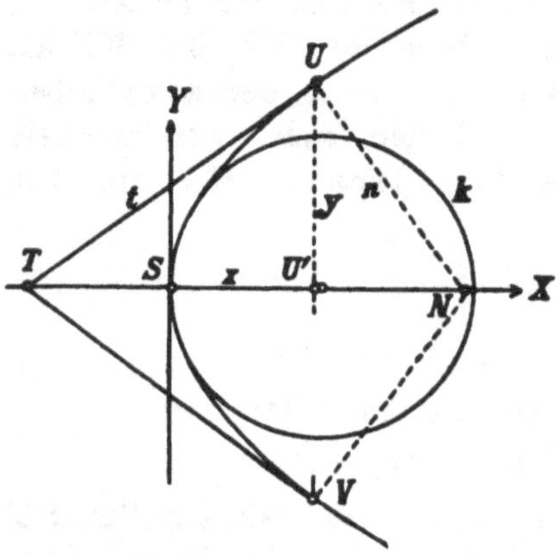

Fig. 178.

N ist der Mittelpunkt eines Kreises, der die Parabel in den Punkten U und V $(UV \perp SX)$ berührt. Läßt man U und damit auch V an den Scheitel S näher und näher heranrücken, so rückt auch N dem Scheitel näher, aber die Strecke $U'N$ behält ihre Länge bei. Fallen U und V schließlich mit dem Scheitel S zusammen, so berührt der vorher erwähnte Kreis die Parabel in zwei dem Scheitel unendlich nahe liegenden Punkten. **Dieser Kreis k heißt der Krümmungskreis im Scheitel der Parabel; sein Radius ist gleich der Subnormale.**

265. An zweiter Stelle betrachten wir die *Hyperbel* als perspektives Bild eines Kreises k, der von der Verschwindungslinie e_v in zwei Punkten X und Y geschnitten wird. Der Pol von e_v ist der Schnittpunkt M der Kreistangenten in X und Y. Während alle Kreissehnen durch M von M und e_v harmonisch geteilt werden, halbiert M_1 — das Bild von M — alle Hyperbelsehnen durch M_1, da das Bild von e_v ins Unendliche fällt. M_1 **heißt der Mittelpunkt der Hyperbel; er ist das Bild des Poles der Verschwindungslinie.** Sind AB und CD irgend zwei Sehnen durch M, so liegen $L = AD \times BC$ und $N = AC \times BD$ auf e_v (252) und LMN bildet ein Polardreieck (Fig. 179); L ist der Pol von $l = MN$ und N der Pol von $n = LM$. Alle Sehnen durch L bez. N werden von L und l bez. N und n harmonisch geteilt. Da die Bilder von L und N im Unendlichen liegen, werden die Bilder aller durch L bez. N verlaufenden Sehnen untereinander parallel. Den Geraden l und n entsprechen zwei Durchmesser l_1 und n_1 durch den Mittelpunkt M_1 der Hyperbel; l_1 halbiert alle zu n_1 parallelen Sehnen und n_1 alle zu l_1 parallelen

Sehnen. Zwei Durchmesser, von denen jeder die zum anderen parallelen Sehnen halbiert, heißen *konjugiert*. Offenbar ist jeder von ihnen als die Polare des unendlich fernen Punktes auf dem andern anzusehen.

Den Kreistangenten x und y, deren Berührungspunkte X und Y auf e_v liegen, entsprechen zwei Durchmesser x_1 und y_1 der Hyperbel, die sie im Unendlichen berühren und ihre Asymptoten genannt werden. Je zwei konjugierte Durchmesser der Hyperbel liegen zu ihren Asymptoten harmonisch. So liegen z. B. x_1, y_1, l_1 und n_1 harmonisch, da x, y, l und n harmonisch liegen, denn ihre Schnittpunkte X, Y, N und L mit e_v sind harmonisch. Von zwei konjugierten Durchmessern schneidet immer nur einer die Hyperbel in zwei Punkten. Da zwei zu den Asymptoten harmonisch liegende Strahlen konjugierte Durchmesser der Hyperbel sind, müssen auch die beiden die Asymptotenwinkel halbierenden Strahlen konjugierte Durchmesser sein. Jeder von ihnen halbiert demnach die zu ihm senkrechten Hyperbelsehnen, ist also eine Symmetrielinie der Hyperbel und wird als Achse bezeichnet. Die Hyperbel besitzt zwei Achsen, eine Haupt- und eine Nebenachse, sie halbieren die Winkel ihrer Asymptoten; die Hauptachse trägt zwei Hyperbelpunkte, welche Scheitel heißen. Die Hyperbel besteht aus zwei Ästen, die symmetrisch zur Nebenachse liegen (Fig. 180).

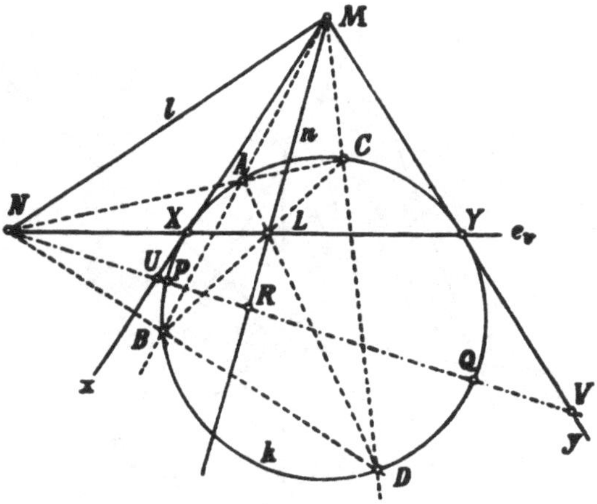

Fig. 179.

266. In Fig. 180 ist die Hyperbel k_1 als perspektives Bild eines Kreises k gezeichnet. Sind X und Y die Schnittpunkte der Verschwindungslinie e_v mit dem Kreis k und sind x und y die zugehörigen Tangenten, dann sind ihre Bilder — die Asymptoten x_1 und y_1 von k_1 — parallel zu OX bez. OY und gehen durch die Punkte $x \times e_1$ bez. $y \times e_1$. Die eine Winkelhalbierende der Asymptoten ist die Hauptachse und trägt die Scheitel A_1 und B_1; man erhält sie als Bilder der Kreispunkte A und B auf demjenigen Strahle durch M, der sich mit der Hyperbelachse auf e_1 schneidet. Zu einem beliebigen Kreispunkt A bez. P findet man den Hyperbelpunkt A_1 bez. P_1, indem man zwei Gerade durch ihn zieht und ihre Bilder sucht. In der Figur sind die Geraden AX und AY bez. PX und PY verwendet, deren Bilder zu den Asymptoten parallel laufen. Natürlich muß die Hyperbel k_1 durch die gemeinsamen Punkte von k und e_1 gehen, falls sie sich wirklich schneiden wie in der Figur.

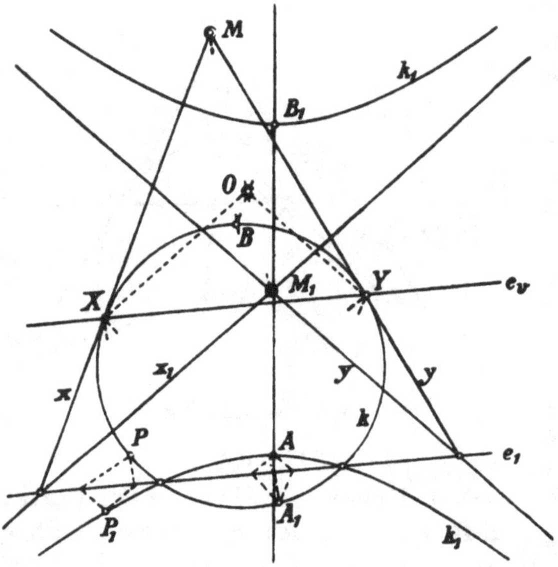

Fig. 180.

267. Zieht man durch N (Fig. 179), eine beliebige Sehne, die k in P und Q, sowie n, x und y in R, U und V schneiden mag, so teilen N und R die Sehne PQ, zugleich aber auch die Strecke UV harmonisch, denn N, R, U, V liegen auf den vier harmonischen Strahlen l, n, x, y. Bei der perspektiven Abbildung rückt das Bild von N ins Unendliche, somit muß R_1 sowohl die Hyperbelsehne P_1Q_1, als auch das auf ihr von den Asymptoten begrenzte Stück U_1V_1 halbieren. Nun ist N ein beliebiger Punkt von e_v, denn die Wahl der Sehnen AB und CD war willkürlich, und die Sehne PQ ist beliebig durch N gelegt worden; es ist also PQ irgend eine Sehne des Kreises. Daher der Satz:

Fig. 181.

A u f e i n e r b e l i e b i g e n G e r a d e n w e r d e n v o n e i n e r H y p e r b e l u n d i h r e m A s y m p t o t e n p a a r S t r e c k e n a b g e s c h n i t t e n, d e r e n

Mittelpunkte zusammenfallen. Oder: Die Strecken, die auf einer beliebigen Geraden zwischen der Hyperbel und ihren Asymptoten liegen, sind einander gleich. Die Fig. 181 zeigt diese Verhältnisse: C ist der gemeinsame Mittelpunkt von AB und DE, $AE = BD$, ebenso $E'A = D'B'$. Man sieht, wie dieser Satz dazu dienen kann, beliebig viele Punkte einer Hyperbel zu zeichnen, sobald man ihre Asymptoten und einen Punkt von ihr, etwa A, kennt. Auf jedem Strahl durch A liefert unser Satz einen weiteren Hyperbelpunkt.

Als speziellen Fall erhalten wir ferner den Satz: Das von den Asymptoten begrenzte Stück einer jeden Hyperbeltangente wird von ihrem Berührungspunkt halbiert ($TS = TR$).

268. Sind P und Q zwei beliebige Hyperbelpunkte (Fig. 182, nur der eine Ast der Hyperbel ist gezeichnet), schneidet ferner PQ

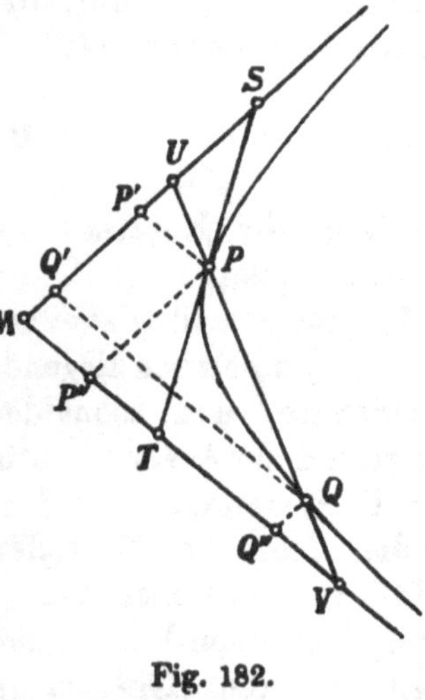

Fig. 182.

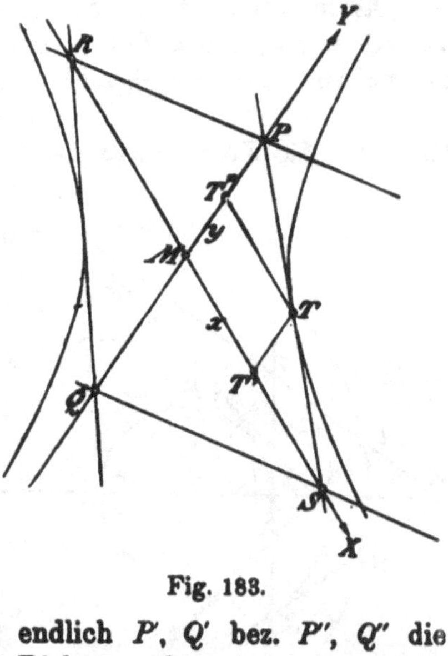

Fig. 183.

die Asymptoten in U und V, sind endlich P', Q' bez. P'', Q'' die Projektionen von P und Q in der Richtung der einen Asymptote auf die andere, so ist: $MP'':MQ'' = P'P:Q'Q = UP:UQ = VQ:VP = Q''Q:P''P = MQ':MP'$. Daraus folgt: $MP'.MP'' = MQ'.MQ'' =$ konst., da ja P und Q beliebige Punkte sind. Das Produkt der Abstände eines Hyperbelpunktes von den Asymptoten ist konstant, wenn diese Abstände jedesmal in der Parallelen zur anderen Asymptote gemessen werden.

Bedenkt man noch, daß die Tangente in P auf den Asymptoten die Stücke $MS = 2\,MP'$ und $MT = 2\,MP''$ abschneidet, da ja

$PS = PT$ ist, und daß etwas Analoges für die Tangente in Q gilt, so haben wir den neuen Satz: Das Produkt der Strecken, die eine Hyperbeltangente auf den Asymptoten abschneidet, ist konstant. Daraus folgt sofort noch: Das von den Asymptoten und einer Hyperbeltangente gebildete Dreieck hat konstanten Inhalt.

Die letzten Sätze kann man auch leicht direkt ableiten und aus ihnen dann die vorausgehenden Sätze gewinnen. Schreibt man nämlich einem Kreis ein Viereck um, doch so, daß die Berührungspunkte zweier Gegenseiten auf der Verschwindungslinie e_v liegen, dann wird sein perspektives Bild ein Viereck sein, das sich aus den Asymptoten und zwei beliebigen Tangenten einer Hyperbel zusammensetzt, z. B. $PQRS$ in Fig. 183. Es schneiden sich dann PR und QS auf der unendlich fernen Geraden als der Linie durch die Berührungspunkte der Asymptoten, d. h. es ist $PR \parallel QS$, woraus sofort: $MP.MS = MQ.MR =$ konst. folgt. Die Gleichung der Hyperbel, bezogen auf ihre Asymptoten als Koordinatenachsen, ist

$$xy = \text{konst.}$$

Denn für die Koordinaten des Punktes T hat man $MT'' = y = \frac{1}{2} MP$ und $MT' = x = \frac{1}{2} MS$, woraus nach Obigem die Konstanz des Produktes xy folgt.

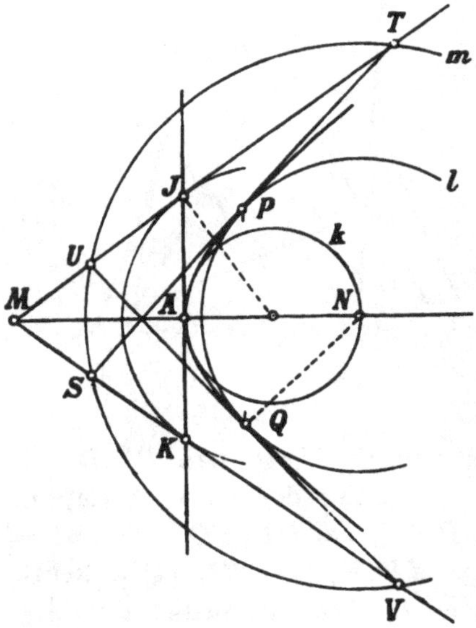

Fig. 184.

269. Sind P und Q zwei zur Hauptachse symmetrisch liegende Hyperbelpunkte, und schneiden ihre Tangenten die Asymptoten in S, T bez. U, V, während ihre Normalen die Achse in N treffen (Fig. 184), so kann man um N als Mittelpunkt einen Kreis l beschreiben, der die Hyperbel in P und Q berührt, und einen zweiten Kreis m, der durch die Punkte S, T, U und V geht. Rücken die Punkte P und Q beliebig nahe an den Scheitel A, so rücken die Punkte U und T bez. S und V beliebig nahe an die Punkte J bez. K, die auf der Scheiteltangente liegen. Dabei geht der Kreis l in den Krümmungskreis k der Hyperbel im Scheitel A über (vgl. 264); der Kreis m aber geht in einen Kreis über, der die Asymptoten in J und K berührt. Da die Mittelpunkte beider Kreise zusammenfallen, liegt der Mittelpunkt des Krümmungskreises für einen Scheitelpunkt der Hyperbel auf einer Geraden, die auf einer Asymptote in ihrem Schnittpunkt mit der Scheiteltangente senkrecht steht.

270. An letzter Stelle untersuchen wir die *Ellipse* als perspektives Bild eines Kreises k, der von der Verschwindungslinie e_v nicht getroffen wird, und zeigen, daß sie zugleich als affine Kurve zu einem Kreis erscheint. In Fig. 185 ist k_1 als perspektives Bild des Kreises k gezeichnet, wobei O das Zentrum, e_1 die Achse und e_v die Verschwindungslinie dieser Perspektivität bedeutet. M ist der Pol von e_v in bezug auf k, AB der zu e_v senkrechte Durchmesser, CD die zu e_v parallele Sehne durch M. Die Punkte M und $V = e_v \times AB$ teilen den Durchmesser AB harmonisch, da M der Pol von e_v ist; deshalb ist auch V der Pol von CD und die Tangenten in C und D schneiden sich in V. Das dem Kreis k in den Punkten A, D, B, C umgeschriebene

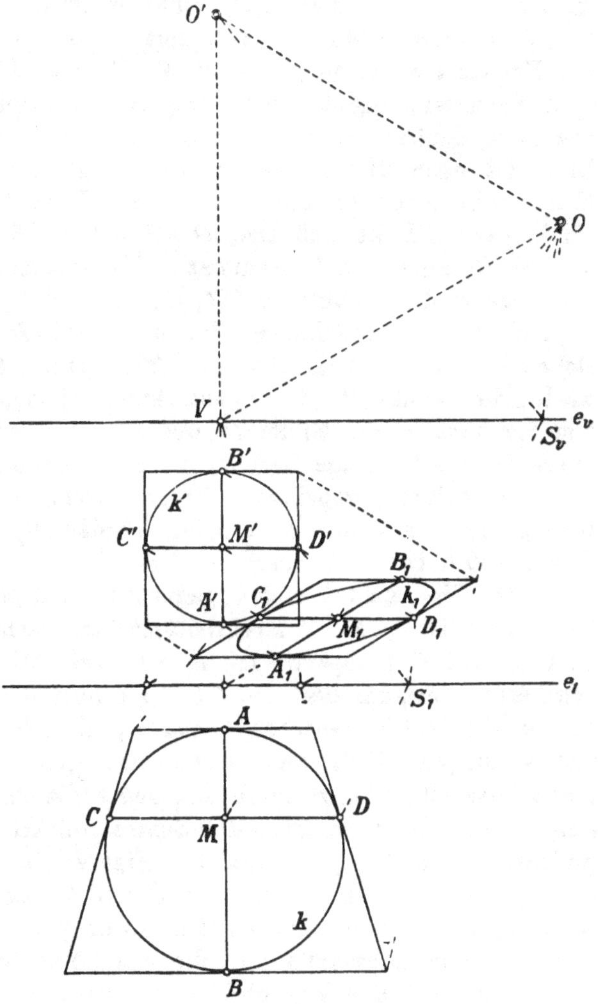

Fig. 185.

Viereck wird bei der perspektiven Abbildung zum Parallelogramm, das der Bildkurve k_1 in den Punkten A_1, D_1, B_1, C_1 umgeschrieben ist. Die Tangenten in A_1 und B_1 sind parallel zu e_v, die in C_1 und D_1 sind nach 168 parallel zu OV; die Punkte A_1, B_1, C_1, D_1 halbieren die Seiten des Parallelogramms; ferner liegen je zwei entsprechende Punkte, z. B. M und M_1, A und A_1 usw. auf einem Strahle durch O. Der Punkt M_1 ist als der entsprechende Punkt zu M der Mittelpunkt von k_1.

In unserer Figur ist noch eine andere perspektive Abbildung des Kreises k entworfen, nämlich k'. Wieder sind e_1 als Achse und e_v als Verschwindungslinie der Perspektivität angenommen, dagegen ist das neue Zentrum O' so gewählt, daß das Bild k' ein Kreis wird. Dazu ist nach 243 notwendig und auch hinreichend, daß V der Mittelpunkt einer Involution mit dem Doppelpunkt O' und dem Punktepaar AB ist, daß also $(O'V)^2 = VA.VB$ ist, wodurch sich O' auf der Geraden ABV bestimmt. Den Punkten A, B, C, D von k entsprechen die Punkte A', B', C', D' von k'; die Tangenten in A' und B' sind parallel e_v, die in C' und D' sind parallel $O'V$, stehen also auf e_v senkrecht. Der Mittelpunkt M' von k' entspricht wieder dem Punkt M. Zur Konstruktion sei folgendes noch bemerkt. Um die perspektiven Bilder D_1 und D' von D zu finden, ziehe man durch D eine beliebige Gerade, die e_1 in S_1 und e_v in S_v schneidet; dann gehen ihre perspektiven Bilder durch S_1 und sind zu OS_v bez. $O'S_v$ parallel; auf diesen Geraden werden D_1 bez. D' durch die Strahlen OD bez. $O'D$ ausgeschnitten.

271. Nun sind k und k_1 perspektiv und ebenso k und k', und beide Male ist e_1 die Perspektivitätsachse; nach 162 sind demnach auch k_1 und k' perspektiv mit e_1 als Perspektivitätsachse, und das zugehörige Zentrum liegt auf OO'. Da aber der Geraden e_v sowohl in der Perspektive zwischen k und k_1, als auch in der zwischen k und k' die unendlich ferne Gerade entspricht, so entspricht in der perspektiven Beziehung zwischen k_1 und k' die unendlich ferne Gerade sich selbst. Dadurch geht die Zentralprojektion in eine Parallelprojektion, die Perspektivität der Figuren in Affinität über; das Zentrum der Perspektive zwischen k_1 und k' liegt auf OO' unendlich fern. k_1 ist demnach eine zu dem Kreis k' affine Kurve, dabei ist e_1 die Affinitätsachse und OO' die Affinitätsrichtung.

Schneidet die Verschwindungslinie den Kreis k nicht, so ist sein perspektives Bild eine Ellipse, die man stets auch als affines Bild eines Kreises erhalten kann.

272. Hiermit behalten die früher abgeleiteten Eigenschaften der Ellipse ihre Gültigkeit auch für den Fall, daß dieselbe als perspektives Bild eines Kreises entstanden ist. Wir fügen hier noch einen weiteren Satz hinzu, der besonders für die Konstruktion der Ellipse wertvoll ist.

Die Abschnitte, die auf zwei parallelen Tangenten t und u einer Ellipse (oder Hyperbel) zwischen ihren Berührungspunkten T und U und ihren Schnittpunkten P und Q mit einer beliebigen andern Tangente v liegen, haben ein konstantes Produkt: $PT.QU =$ konst.

Werden nämlich S auf t und R auf u durch irgend eine vierte Tangente w ausgeschnitten, so treffen sich PR und QS in einem Punkte N von TU nach 253, und man hat (Fig. 186): $PT:UR = TN:NU = TS:QU$, oder: $PT.QU = ST.RU$, was unsern Satz beweist.

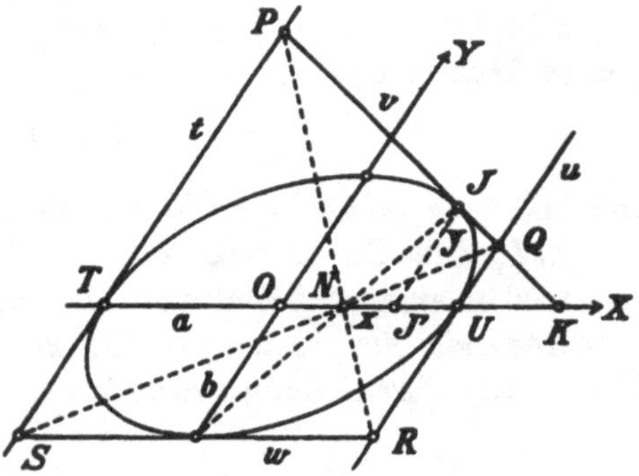

Fig. 186.

Läßt man bei der Ellipse die Tangente w zu TU parallel werden, so findet man den konstanten Wert des Produktes:

$$PT.QU = b^2,$$

wo $2b$ den zu $TU = 2a$ konjugierten Durchmesser bezeichnet.

Bei der Ellipse liegen die Schnittpunkte jeder weiteren Tangente mit den parallelen Tangenten t und u auf der nämlichen Seite des Durchmessers TU, bei der Hyperbel jedoch nicht. Läßt man bei der Hyperbel die Tangente w in eine der beiden Asymptoten übergehen, so ergibt sich, da jetzt ST und RU entgegengesetzte Richtung haben:

$$PT.QU = -b^2,$$

wo $2b$ das zwischen den Asymptoten liegende Stück der parallelen Tangente in einem Endpunkt des Durchmessers $TU = 2a$ bezeichnet.

273. Die Figur mag uns noch dazu dienen, die Gleichung der Ellipse abzuleiten, wenn die Durchmesser $OX = TU$ und OY als Koordinatenachsen benutzt werden, so daß $JJ' = y$ und $OJ' = x$ die Koordinaten des Punktes J darstellen ($JJ' \parallel OY$). Die Polare des Punktes $K = v \times OX$ geht durch J, den Pol von v, und durch den unendlich fernen Punkt von OY, den Pol von OX; d. h. JJ' ist die Polare von K, also teilen K, J' den Durchmesser TU harmonisch. Hieraus folgt nach 226 die Relation: $(OT)^2 = OJ'.OK$ oder: $a^2 = x.OK$. Aus der Ähnlichkeit der auftretenden Dreiecke erkennt man ferner die Relationen: $J'K:TK = y:PT$ und $J'K:UK$

$= y : QU$, woraus durch Multiplikation: $(J'K)^2 = \frac{y^2}{b^2} TK.UK$ oder: $(OK - x)^2 = \frac{y^2}{b^2}(OK + a)(OK - a)$ folgt. Setzt man noch den Wert von OK ein, so kommt:

$$\frac{(a^2 - x^2)^2}{x^2} = \frac{y^2}{b^2}\frac{a^2}{x^2}(a^2 - x^2),$$

oder

$$\frac{x^2}{a^2} + \frac{y^2}{b^2} - 1 = 0.$$

Dies ist die Gleichung der Ellipse bezogen auf zwei konjugierte Durchmesser als Koordinatenachsen.

Die Gleichung der Hyperbel bezogen auf zwei konjugierte Durchmesser ist:

$$\frac{x^2}{a^2} - \frac{y^2}{b^2} - 1 = 0$$

und läßt sich in ähnlicher Weise ableiten.

274. Zum Schluß mag noch die Bestimmung des Krümmungskreises in einem Scheitelpunkt der Ellipse gegeben werden. Dabei benutzen wir am besten die in 20 dargelegte Konstruktion der Ellipse aus ihren Halbachsen $OA = a$ und $OB = b$. In Fig. 187

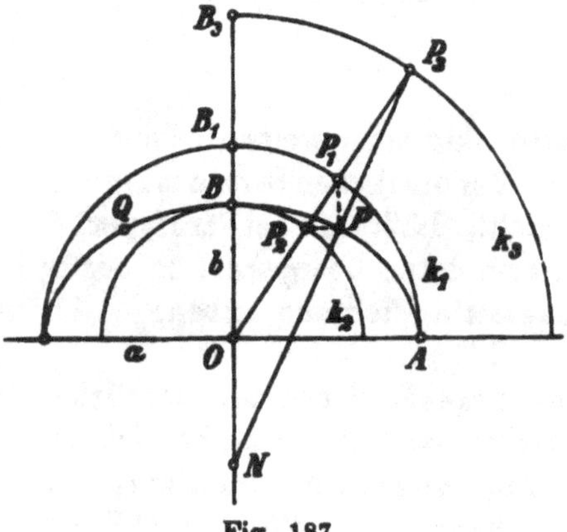

Fig. 187.

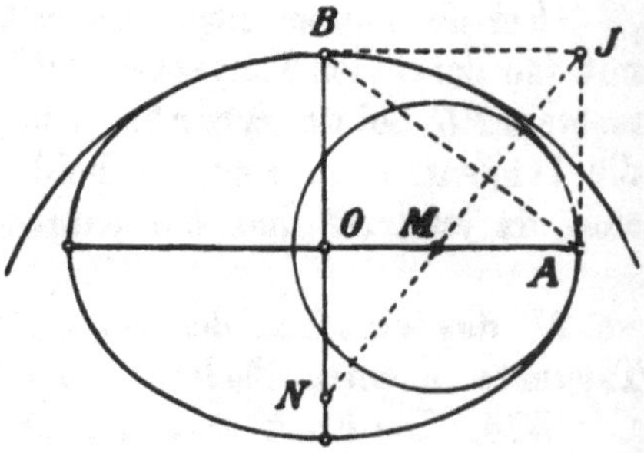

Fig. 188.

sind um O drei Kreise k_2, k_1, k_3 mit den Radien b, a, $a + b$ resp. geschlagen; ein Strahl durch O schneidet sie bez. in P_2, P_1, P_3, und es ist P ein Ellipsenpunkt ($PP_2 \parallel OA$, $PP_1 \parallel OB$), PP_3 die zugehörige Normale und N ihr Schnittpunkt mit der Achse OB. Beschreibt man um N mit dem Radius NP einen Kreis l, so berührt er die Ellipse in den beiden Punkten P und Q. Läßt man P sich dem Scheitel B unbegrenzt nähern, so tritt das nämliche für Q ein, und

l geht in den Krümmungskreis im Scheitel B und zugleich N in seinen Mittelpunkt über. Nun hat man aber die Relation: $PN : P_3P = P_1O : P_3P_1 = a : b$; wenn sich also P dem Scheitel B unbegrenzt nähert, geht P_3P in $B_3B = a$ über, und PN nimmt dabei den Wert $a^2 : b$ an, der somit den Radius des Krümmungskreises im Scheitel B darstellt. Analog liefert $b^2 : a$ den Krümmungsradius für den Scheitel A. Diese Werte lassen sich einfach konstruieren. Man ergänze die Halbachsen OA und OB zu einem Rechteck, ziehe seine Diagonale AB und fälle aus der neuen Ecke J das Lot darauf; dieses schneidet aus den Achsen die Mittelpunkte M und N der zu den Scheiteln A und B gehörigen Krümmungskreise aus (Fig. 188). Denn aus der Ähnlichkeit der Dreiecke NBJ und BJA folgt $NB : a = a : b$; ebenso kommt: $MA : a = a : b$.

SECHSTES KAPITEL.

Ebene Kurven und Raumkurven.

Begriff des Unendlichkleinen in der Geometrie.

275. Die bisherigen Untersuchungen boten uns bereits an einzelnen Stellen Anlaß, von geometrischen Größen zu reden, die man sich unbeschränkt wachsend vorstellt, so daß sie größer als jede angebbare Größe, d. h. „unendlich groß“ werden. Bei dem Studium der Kurven und krummen Flächen ist es unumgänglich, auch solche Größen einzuführen, die unbeschränkt abnehmen, so daß sie kleiner als jede angebbare Größe oder „unendlich klein“ werden. Die nähere Untersuchung der Begriffe des Unendlichkleinen und Unendlichgroßen gehört freilich in die Analysis (Infinitesimalrechnung); indessen mögen hier namentlich über den ersteren Begriff einige Bemerkungen seiner geometrischen Anwendung vorausgeschickt werden.

Die genannten Begriffe knüpfen sich an die Voraussetzung einer stetigen Veränderlichkeit der zu betrachtenden Größen. — Läßt sich von einer unveränderlichen (konstanten) Größe zeigen, daß sie kleiner als jede angebbare Größe ist, so ist sie gleich Null. Ist sie aber der Veränderung fähig und wird sie stetig kleiner als jede angebbare Größe, so darf man sie unendlich klein nennen.

Zwischen „Null“ und unendlich klein“ besteht demnach ein begrifflicher Unterschied.

Wenn wir gegebene Größen vergleichen, so sagen wir, daß sie in einem Verhältnis stehen. Kann dieses Verhältnis durch eine rationale Zahl angegeben werden, so heißen die verglichenen Größen kommensurabel, andernfalls inkommensurabel. In letzterem Falle begnügt man sich mit der Angabe zweier rationaler Zahlen als Grenzen, zwischen denen der Wert des Verhältnisses liegt; man hat aber, um diesen als eine bestimmte irrationale Zahl ansehen zu dürfen, nachzuweisen, daß sich die Differenz der Grenzen so klein machen läßt, als man will. — Setzt man an die Stelle des wirklichen Verhältnisses eine der beiden Grenzen, so begeht man einen Fehler, der indes keinesfalls größer ist als jene Differenz und der folglich mit ihr beliebig klein wird.

Wird das Verhältnis einer variablen Größe zu einer gegebenen endlichen Größe kleiner (oder größer) als jede angebbare Zahl, so wird sie selbst unendlich klein (oder unendlich groß).

276. Veränderliche und insbesondere verschwindende Größen können nun untereinander ebenso verglichen werden wie gegebene Größen, wenn zwischen ihnen ein irgendwie, etwa geometrisch, definierter fester Zusammenhang besteht. So wird z. B. die Diagonale eines Quadrates zu seiner Seite immer das Verhältnis $\sqrt{2}$ behalten, auch wenn beide Strecken mit dem Quadrate selbst unendlich klein werden.

Stehen jetzt die Veränderungen mehrerer Größen in einem gegebenen Zusammenhang, so unterscheidet man unabhängige Größen und abhängige („Funktionen“). Oft hat man nur eine unabhängige Variable, deren Wert nach Willkür geändert werden darf, woraus sich dann die Veränderungen der abhängigen Größen ergeben; doch können auch mehrere unabhängig sein. Bei der Vergleichung variabler Größen untereinander wählt man aber stets eine Größe, und zwar eine unabhängige, als Maßstab für die übrigen, und dies gilt auch dann noch, wenn die Größen zusammen verschwinden. Man nennt dann diese eine Größe unendlich klein von der 1. Ordnung; die anderen können von verschiedener Ordnung unendlich klein sein. Hierüber aber wird nach folgendem Grundsatze entschieden: Stehen zwei verschwindende Größen in einem endlichen Verhältnis, so heißen sie von derselben Ordnung unendlich klein. Größen heißen unendlich klein von der 1., 2., ... *m*. Ordnung, wenn sie zu der 1., 2., ... *m*. Potenz einer unendlich kleinen Größe 1. Ordnung in einem endlichen Verhältnis stehen.

Die Ordnungszahl m kann auch gebrochen, ja sogar irrational sein. Letzteres kommt für unsere Untersuchungen nicht in Betracht, und auch die gebrochenen Ordnungszahlen lassen sich meist durch geeignete Wahl der unabhängig veränderlichen Größe vermeiden.

Was von den unendlich kleinen Größen gesagt wurde, läßt sich unmittelbar auf die ins Unendliche wachsenden Größen übertragen.

277. Setzen sich Größen verschiedener Ordnungen in endlicher Anzahl zu einer Summe zusammen, so kommen unendlich kleine Größen gegenüber etwa vorhandenen endlichen Größen nicht in Betracht; ebenso sind unendlich kleine Größen höherer Ordnung gegenüber von solchen niederer Ordnung wegzulassen. Denn der Fehler, den man bei ihrer Unterdrückung scheinbar begeht, ist im Verhältnis zum Resultate selbst unendlich klein. In einer Gleichung zwischen unendlich kleinen Größen sind also auf beiden Seiten nur die Glieder beizubehalten, die von ein und derselben niedersten Ordnung sind. Haben sich bei der Ableitung der Gleichung Glieder verschiedener Ordnung eingestellt, so sind die der höheren Ordnungen als einflußlos zu beseitigen.

Bei dem Gebrauche unendlich kleiner Größen nimmt man stets die Ermittelung bestimmter Werte zum Ziele, und zwar geschieht dies in doppelter Weise. Einmal kann eine bestimmte Größe als Grenzwert des Verhältnisses zweier unendlich kleiner Größen auftreten, das will sagen als derjenige Wert, den der Quotient zweier veränderlicher Größen annimmt, wenn die eine und damit zugleich die andere, von ihr abhängige, verschwindet. Dem entspricht in der Analysis der Begriff des „Differentialquotienten einer Funktion". — Zum andern erhält man den Wert einer endlichen, aber nicht direkt meßbaren Größe, wenn man sie in sehr viele, sehr kleine Teile — sogenannte Elemente — zerlegt, diese mißt und sie hierauf wieder zusammenfügt. Streng genommen müßte man sich dann die Teilung unbeschränkt fortgesetzt denken, so daß jedes Element unendlich klein, gleichzeitig aber die Anzahl der Elemente unendlich groß wird, und tatsächlich zeigt die Analysis, wie unter dieser Annahme die gesuchte Größe als Grenzwert einer Summe von unendlich vielen, unendlich kleinen Größen, nämlich durch ein „bestimmtes Integral" berechnet werden kann. Die konstruierende Geometrie begnügt sich in einem solchen Falle mit einer angenäherten Bestimmung, indem sie die Anzahl der Teile zwar endlich, aber doch so groß annimmt, daß alle die einzelnen kleinen Elemente nach demselben Verfahren gemessen, womöglich sogar als einander gleich angesehen werden dürfen, und zugleich der Unterschied zwischen der gesuchten Größe und der Summe aller jener Elemente nachweislich genügend klein ausfällt. — So liegt z. B. der Umfang eines Kreises zwischen den Perimetern eines ihm ein- und eines ihm umgeschriebenen n-Ecks und wird daher durch einen dieser Werte mit jedem gewünschten Grade der Genauigkeit dargestellt, wenn man nur die Seitenzahl n groß genug nimmt (vgl. 307).

278. Zum besseren Verständnis des Gesagten mögen sogleich einige, weiterhin verwendbare Beispiele für den Zusammenhang unendlich kleiner Größen verschiedener Ordnung untereinander hier mitgeteilt werden.

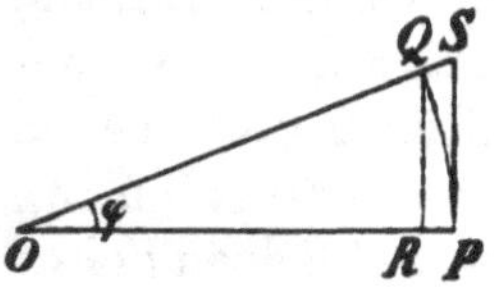

Fig. 189.

Nimmt man das Verhältnis eines Kreisbogens zu seinem Radius als Maß des zugehörigen Zentriwinkels und macht in Fig. 189 den Radius OP zur Längeneinheit, so ist der Bogen $PQ = \varphi$ das Maß des Winkels bei O, der spitz angenommen sein mag. Zieht man QR und PS senkrecht zu OP, so wird:

$$OR = \cos\varphi, \qquad RQ = \sin\varphi, \qquad PS = \tan\varphi.$$

Die Flächen des Dreiecks ORQ, des Kreissektors OPQ und des Dreiecks OPS sind resp. durch die Ausdrücke $\frac{1}{2}\cos\varphi\sin\varphi$, $\frac{1}{2}\varphi$, $\frac{1}{2}\tan\varphi$ gegeben, und da ersichtlich die erste kleiner als die zweite, diese aber kleiner als die dritte ist, so folgt:

$$\cos\varphi \,.\, \sin\varphi < \varphi < \tan\varphi.$$

Dividiert man diese Relation mit der positiven Größe $\sin\varphi$, so gilt:

$$\cos\varphi < \frac{\varphi}{\sin\varphi} < \frac{1}{\cos\varphi},$$

oder auch für die reziproken Werte:

$$\frac{1}{\cos\varphi} > \frac{\sin\varphi}{\varphi} > \cos\varphi.$$

Wird jetzt φ unendlich klein, so geht OR in OP, also $\cos\varphi$ $\left(\text{sowie } \frac{1}{\cos\varphi}\right)$ in 1 über, und es folgt, daß das Verhältnis $\frac{\sin\varphi}{\varphi}$ und ebenso $\frac{\tan\varphi}{\varphi}$ dem Grenzwerte 1 zustrebt; das will sagen:

Der Sinus und die Tangente eines unendlich kleinen Winkels werden diesem selbst gleich, während sein Cosinus gleich Eins wird.

279. Wird also in einem rechtwinkligen Dreieck PQR (Fig. 190) der Winkel ε bei Q unendlich klein 1. Ordnung, während die

Hypotenuse QR endlich bleibt, so bleibt die dem Winkel ε anliegende Kathete QP endlich, während die gegenüberliegende PR unendlich klein 1. Ordnung ausfällt. — Macht man auf der Hypotenuse $QS = QP$, so ist $\angle RPS = \frac{1}{2}\varepsilon$ wiederum unendlich klein 1. Ordnung, also $SR = QR - QP$ unendlich klein 2. Ordnung, da sich im Dreieck die Seiten wie die Sinus der gegenüberliegenden Winkel verhalten. Wird auch noch die Seite QR unendlich klein 1. Ordnung, so folgt, daß nun PR von der 2. und $SR = QR - QP$ von der 3. Ordnung unendlich klein wird. — Allgemeiner darf man sagen: Wird ε von der m. Ordnung, QR von der n. Ordnung unendlich klein, so werden QP von der n. Ordnung, PR und PS von der $(m+n)$. Ordnung, $\angle RPS$ von der m. Ordnung und $SR = QR - QP$ von der $(2m+n)$. Ordnung unendlich klein.

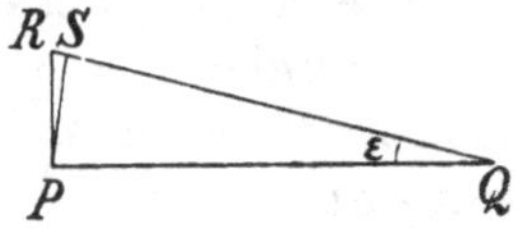

Fig. 190.

280. Zwei Ebenen E und Δ mögen sich in der Geraden t schneiden (Fig. 191). Durch einen Punkt Q von t ziehen wir eine Gerade u in der Ebene Δ und wählen auf u einen Punkt R; seine senkrechten Projektionen auf t resp. E seien P und U. Der Winkel der beiden Ebenen ist dann $\eta = \angle RPU$, der der beiden Geraden ist $\varepsilon = \angle PQR$, und $\delta = \angle RQU$ ist der Neigungswinkel von u gegen E. — Werden nun die Strecke QR und die Winkel η und ε unendlich klein 1. Ordnung, so wird $QP = QR.\cos\varepsilon$ von der 1. Ordnung, $RP = QR.\sin\varepsilon$ von der 2. Ordnung und folglich $RU = RP.\sin\eta$ von der 3. Ordnung unendlich klein; da aber andererseits $RU = QR.\sin\delta$ ist, so müssen $\sin\delta$ und δ von der 2. Ordnung unendlich klein sein. Die Differenz $QR - QP$ ist von der 3. Ordnung und die Differenz $QR - QU$ von der 5. Ordnung unendlich klein, wie man mit Hilfe des vorigen Beispieles sofort erkennt.

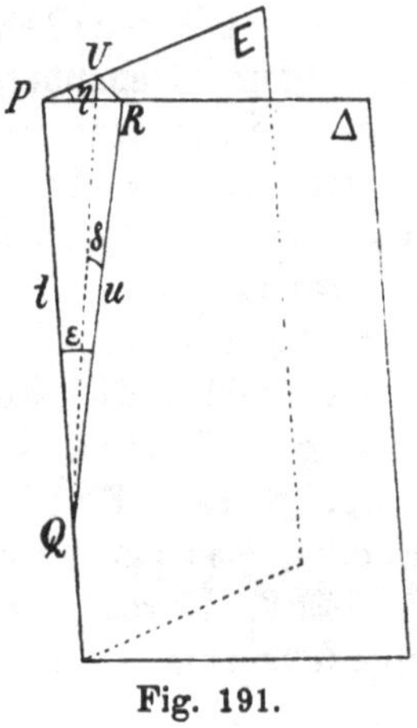

Fig. 191.

Erzeugung ebener Kurven.

281. Eine ebene Kurve kann man sich in doppelter Weise entstanden denken, einmal durch Bewegung eines Punktes, zum andern durch Bewegung einer Geraden. Wir wollen zunächst die ebene Kurve als die Bahn eines bewegten Punktes auffassen. Zwei unmittelbar aufeinanderfolgende Lagen des bewegten Punktes sollen als benachbarte, konsekutive oder Nachbarpunkte der Kurve bezeichnet werden, wobei der Abstand benachbarter Punkte als unendlich klein zu denken ist. Zwei Nachbarpunkte begrenzen einen unendlich kleinen Teil der Kurve, ein Kurvenelement. Eine Kurve heißt in einem Punkte stetig, wenn es zu diesem nach beiden Seiten Nachbarpunkte gibt, unstetig dagegen, wenn er ein freies Ende bildet. Wir betrachten nur stetige Kurven.

Eine Gerade, die zwei Kurvenpunkte A und B miteinander verbindet, heißt Sekante, die Strecke AB selbst heißt Sehne. Hält man den Punkt A fest, während man den Punkt B auf der Kurve sich bewegen und dem Punkte A unbegrenzt nähern läßt, so wird sich auch die Sekante AB stetig um ihren Endpunkt A drehen und schließlich einer bestimmten Geraden t durch A unbegrenzt nähern (Fig. 192). Diese Gerade t heißt die Tangente der Kurve im Punkte A; der Winkel, den Tangente und Sekante miteinander einschließen, wird beim Grenzübergang zugleich mit der Strecke AB unendlich klein. Wenn man stets die nämliche Grenzlage t erhält, einerlei ob sich B dem Punkte A von der einen oder anderen Seite unbegrenzt nähert, so sagt man: die Kurve sei im Punkte A stetig in bezug auf ihre Tangente. In Punkten, wo man zu zwei Grenzlagen gelangt entsprechend der verschiedenen Annäherung von B an A, bildet die Kurve eine Ecke und heißt dort unstetig in bezug auf ihre Tangente. Solche Fälle schließen wir hier zunächst aus. Eine Tangente hat mit der Kurve zwei benachbarte Punkte, also ein Kurvenelement gemein.

Fig. 192.

282. Durch Bewegung einer Geraden in einer Ebene entsteht ebenfalls eine Kurve, nämlich als Hüllkurve aufeinanderfolgender Lagen der Geraden, ihrer Tangenten. Zwei unmittelbar aufeinanderfolgende Lagen der bewegten Geraden liefern benachbarte oder konsekutive Tangenten, deren Winkel unendlich klein ist und als Kontingenzwinkel bezeichnet wird. Diese Erzeugungsweise einer Kurve ist zu der erstgenannten dual, d. h. nach dem Prinzip der Dualität aus ihr abgeleitet. Dieses besteht darin, daß überall die Begriffe Punkt und Gerade, also auch Schnittpunkt zweier Geraden und Verbindungslinie zweier Punkte miteinander vertauscht werden. Aus den obigen Resultaten gehen danach die

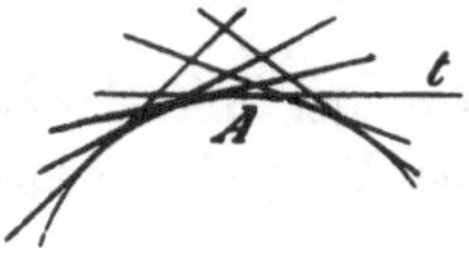

Fig. 193.

folgenden hervor. Betrachten wir eine feste Tangente *t* unserer Hüllkurve und eine bewegliche, die sich jener unbegrenzt nähert, so bestimmt diese auf *t* eine Punktreihe, deren Punkte sich bei der Bewegung einer bestimmten Grenzlage *A* unbegrenzt nähern; *A* repräsentiert eben den Berührungspunkt von *t*. Die Kurvenpunkte sind als Schnittpunkte benachbarter Tangenten aufzufassen.

Im Vergleich mit den Endpunkten endlicher Strecken und den Schenkeln meßbarer Winkel sind zwei unendlich nahe Punkte oder zwei Gerade mit unendlich kleinem Winkel als zusammenfallend und nicht verschieden anzusehen. Nur bei dem Grenzprozeß, wenn die gegen Null abnehmende Strecke oder der gegen Null abnehmende Winkel mit andern davon abhängigen Größen verglichen wird, muß auf diese unendlich kleinen Größen Rücksicht genommen werden.

283. Bildet man die Punkte und Tangenten einer ebenen Kurve durch Parallel- oder Zentralprojektion ab, so erhält man Punkte und Tangenten einer neuen Kurve, der Projektion der ersteren. Es ist nach den vorausgegangenen Definitionen unmittelbar klar, daß die Stetigkeit einer Kurve eine projektive Eigenschaft ist, d. h. daß sie sich bei beliebiger Projektion nicht ändert. Nur für unendlich ferne Punkte einer Kurve bedarf dies noch der Erläuterung. Projiziert man einen Kurvenpunkt *Q* unendlich fern, so verlaufen die Projektionen der beiden Kurvenstücke, die in ihm zusammenstoßen, ins Unendliche. Läßt man einen Punkt auf dem einen oder andern unbegrenzten Kurvenast sich nach dem Unendlichen hinbewegen, so nähert sich die zugehörige Tangente in beiden Fällen der nämlichen Grenzlage, die als Asymptote bezeichnet wird und die Tangente in dem gemeinsamen unendlich fernen Punkte der beiden Kurvenäste darstellt. Sie ist eben die Projektion der Tangente in dem Punkte *Q* der ursprünglichen Kurve, dessen Projektion ins Unendliche fällt. Da die Teile der ursprünglichen Kurve in *Q* zusammenhängen, so sagt man auch von zwei unendlichen Ästen mit der gleichen Asymptote, daß sie im Unendlichen zusammenhängen. Liegt die Kurve in der Nähe des Punktes *Q* ganz auf einer Seite der Tangente, wie z. B. beim Kreise, so liegen die unendlichen Äste der Projektion auf verschiedenen Seiten ihrer Asymptote, wie z. B. bei der Hyperbel.

284. Wir betrachten jetzt gleichzeitig die beiderlei Erzeugungsweisen einer ebenen Kurve indem wir einen Punkt mit seiner zugehörigen Tangente ins Auge fassen. Geht der Punkt in eine Nachbarlage über, so schreitet er auf seiner Tangente fort und die benachbarte Tangente entsteht aus der anfänglichen durch Drehung um ihren Berührungspunkt. Auf diese Weise rollt die Tangente auf der Kurve ohne zu gleiten, indem sie sich nur um ihren jeweiligen Berührungspunkt dreht. Das Fortschreiten des Berührungspunktes auf der Tangente kann aber in zweierlei Richtung erfolgen, ebenso kann die Drehung der Tangente um ihren Berührungspunkt in zweierlei Drehsinn stattfinden. Passiert nun der bewegliche Punkt einen festen Punkt P der Kurve und zugleich seine bewegliche Tangente die zu P gehörige feste Tangente t, so kann jede der beiden Bewegungen von der andern unabhängig ihren Sinn beibehalten oder umkehren. Entweder bleiben Fortschreitungssinn und Drehsinn beim Passieren von P ungeändert, dann ist P ein gewöhnlicher Kurvenpunkt, oder der Drehsinn ändert sich allein, dann ist P ein Wendepunkt, oder der Fortschreitungssinn allein ändert sich, dann ist P ein Rückkehrpunkt, eine Spitze, oder endlich beide ändern sich gleichzeitig, dann bildet P eine Schnabelspitze (vgl. Fig. 217).

Zu diesen besonderen oder singulären Punkten der Kurve gesellt sich noch der Doppelpunkt; es ist ein Punkt, in dem die Kurve sich selbst durchschneidet. Im Doppelpunkt gibt es zwei Tangenten, nämlich an jeden Kurvenast durch ihn eine. Durch das Gesetz der Dualität gelangt man von den Doppelpunkten zu den Doppeltangenten, diese besitzen zwei Berührungspunkte (Fig. 194). Rückkehrpunkte und Wendepunkte entsprechen sich nach dem Gesetz der Dualität gegenseitig, während die Schnabelspitze sich selbst entspricht. Durch Vereinigung mehrerer solcher singulärer Punkte können höhere Singularitäten entstehen, so die Selbstberührungspunkte, die vielfachen Punkte usw.; die aufgezählten Vorkommnisse werden indes für unsere weiteren Untersuchungen genügen.[10])

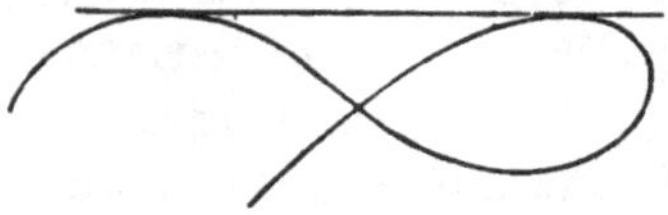

Fig. 194.

Es ist hier noch darauf hinzuweisen, daß auch gelegentlich einzelne Punkte — die keinem Kurvenast angehören — einer Kurve zuzurechnen sind, indem sie dem nämlichen Gesetze entsprechen wie die übrigen Kurvenpunkte. Solche Punkte heißen isolierte Punkte und sind als Doppelpunkte aufzufassen, durch die indes keine reellen Tangenten gehen.

Konstruktion von Tangenten und Normalen.

285. In vielen Fällen lassen sich direkt aus der geometrischen Definition einer Kurve beliebig viele Punkte derselben und in ihnen die Tangenten konstruieren. Mittels dieser Punkte und Tangenten oder auch der Punkte allein kann dann die Kurve mit ziemlicher Genauigkeit gezeichnet werden, wenn sie in den Punkten und Tangenten stetig ist, und nur mit solchen Kurven werden wir es zu tun haben. Durch Übung erlangt man ein so empfindliches Gefühl für den stetigen Verlauf einer Kurve, daß man sich schon mit verhältnismäßig wenigen Punkten begnügen kann und gleichwohl eine genaue Zeichnung der Kurve gewinnt. Dabei ist zu bemerken, daß man gut tut dort, wo die Kurve schärfer gekrümmt ist, mehr Punkte zu bestimmen, als wo sie nur wenig gekrümmt ist. Da die Bestimmung einzelner Kurvenpunkte immer mit geringen Fehlern behaftet ist, so kann es, wenn zu viele Punkte bestimmt sind, vorkommen, daß eine durch diese Punkte gezogene Kurve eine fehlerhafte wellige Form annimmt; die Kurve muß dann so gezeichnet werden, daß sie einen richtigen Eindruck macht, wobei die bestimmten Punkte teils auf der Kurve, teils rechts und links in kleinen Abständen — den Fehlern entsprechend — liegen müssen. Im allgemeinen ist es zweckmäßig, außer Punkten auch einige Tangenten, und wo es leicht ausführbar ist, Krümmungskreise aufzusuchen.

286. Liegt nun eine Kurve gezeichnet vor, so läßt sich die Aufgabe lösen, von einem Punkte A an dieselbe die Tangente t zu legen und deren Berührungspunkt B zu bestimmen (Fig. 195).

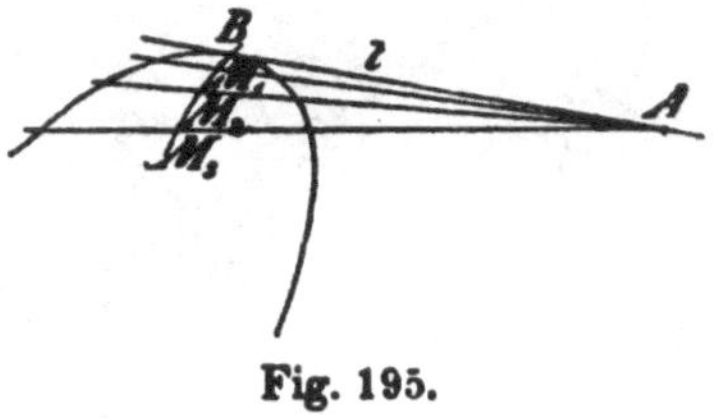

Fig. 195.

Die Tangente zieht man direkt durch Anlegen des Lineals, was sich leicht mit großer Schärfe ausführen läßt. Dagegen wird ihr Berührungspunkt B ungenau; durch Bestimmung einer durch ihn verlaufenden sogenannten Fehlerkurve kann er indessen mit ziemlicher Genauigkeit gefunden werden. Zieht man nämlich durch A mehrere Sehnen — gewöhnlich zwei oder drei — die der Tangente ziemlich nahe liegen, so liegen ihre Mittelpunkte auf einer Kurve, die verlängert offenbar durch den gesuchten Berührungspunkt B verlaufen muß. Denn die Sehnen durch A kann man, wenn sie der Tangente sehr nahe kommen, als fehlerhafte Tangenten auffassen; ihre Mittelpunkte M_1, M_2, . . . aber nähern sich dem Berührungspunkte B, da die wirkliche Tangente eine unendlich kleine Sehne und ihr Mittelpunkt den Berührungspunkt bildet. Die der Tangente am nächsten liegende Sehne muß so gewählt werden, daß sie noch brauchbare Schnittpunkte mit der Kurve bildet, aber sich doch nicht zu weit von der Tangente entfernt.

Liegt der Punkt A unendlich fern, d. h. soll t eine vorgeschriebene

Richtung aufweisen, so verfährt man ganz wie vorher, nur werden dann die benutzten Sehnen parallel. Man kann auch andere Fehlerkurven benutzen, doch darf man sich auf die angegebene als die einfachste beschränken, da sie nicht weniger genau als andere ist.

Fällt der gesuchte Punkt B in die Nähe eines Wendepunktes der Kurve, so ist die Konstruktion nicht mehr direkt anwendbar, weil die Strahlen aus A die Kurve in der Umgebung des Wendepunktes nur in je einem Punkte schneiden. Man zieht dann durch A zwei Paar Strahlen symmetrisch in bezug auf eine der Wendetangente nahekommende Linie und bestimmt die zu ihren Schnittpunkten mit der Kurve symmetrischen Punkte. Jetzt liegen wieder auf jedem Strahl zwei Punkte und die Mittelpunkte ihrer Strecken ergeben die Fehlerkurve.

Es mag bemerkt werden, daß die Fehlerkurve bei einem Kreise wieder ein Kreis, bei einem Kegelschnitt wieder ein Kegelschnitt ist.

287. In einem Punkt B einer Kurve, die gezeichnet vorliegt, die Tangente zu ziehen (Fig. 196).

Um B als Mittelpunkt beschreibe man einen Kreis und lege verschiedene Gerade durch B. Auf diesen schneidet die gegebene Kurve die Sehnen BC_1, BC_2, ... aus, während der Kreis auf ihnen die Radien BD_1, BD_2, ... bestimmt, die von B aus nach derselben Seite liegen. Verschiebt man nun auf diesen Geraden die Sehnen BC_1, BC_2 ... bis ihr Endpunkt B nach D_1, D_2 ... fällt, so definieren ihre anderen Endpunkte, die in E_1, E_2... liegen, eine Fehlerkurve. Auf jedem Strahl durch B ist nun die Strecke zwischen Kreis und Fehlerkurve gleich der Länge der bezüglichen Sehne, also geht die gesuchte Tangente t durch den Schnittpunkt E von Kreis und Fehlerkurve.

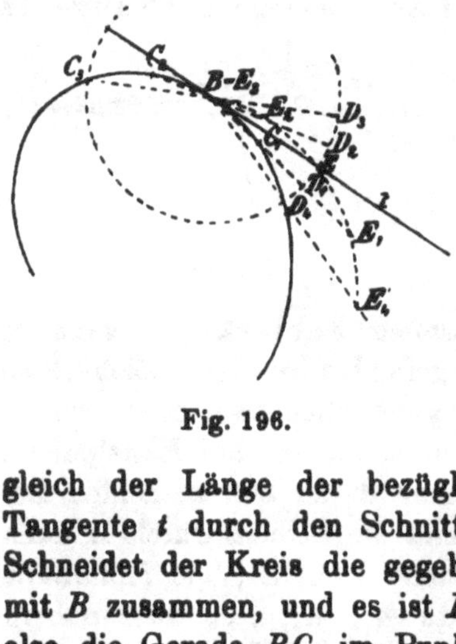

Fig. 196.

Schneidet der Kreis die gegebene Kurve in C_3 und C_4, so fällt E_3 mit B zusammen, und es ist $BD_4 = D_4E_4$; die Fehlerkurve berührt also die Gerade BC_3 im Punkte B. Außer den Strahlen BC_3 und BD_4 wird man noch zwei weitere BC_1 und BC_2 benutzen, für die $BC_1 = BC_2$ nahezu dem halben Kreisradius gleich ist.

Statt des Hilfskreises kann man auch jede andere Hilfskurve wählen, z. B. mit Vorteil eine Gerade, die mit der gesuchten Tangente nahezu einen rechten Winkel einschließt.

288. Ein anderes zweckmäßiges Verfahren besteht darin, daß man um B Kreise schlägt, die auf der gegebenen Kurve Punktepaare $C_1 D_1$, $C_2 D_2$ ... ausschneiden (Fig. 197). Die Geraden $C_1 D_1$, $C_2 D_2$ ... umhüllen dann eine Kurve, die auch von der gesuchten Tangente berührt werden muß. Denn die letztere ergibt sich durch

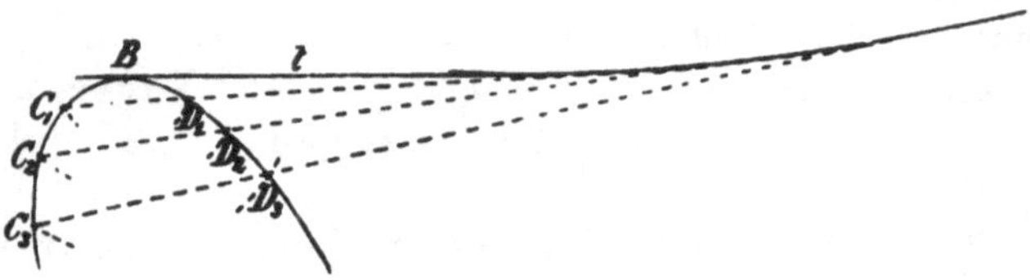

Fig. 197.

Benutzung eines Kreises mit unendlich kleinem Radius. Es sind mindestens drei Hilfskreise zu benutzen; durch die bezüglichen drei Geraden als Tangenten wird dann angenähert ein Kurvenstück bestimmt, mit dessen Hilfe die gesuchte Tangente sich zeichnen läßt. Die durch die Hilfskreise bestimmten Geraden schneiden sich zwar unter sehr spitzen Winkeln, so daß ihre Schnittpunkte nicht sehr genau werden; das hat indessen wenig Einfluß auf die Genauigkeit des Resultates.

Da die Normale in einem Punkte einer Kurve diejenige Gerade ist, die auf der bezüglichen Tangente senkrecht steht, so kann nach dem Vorausgehenden mit Hilfe der Tangente die Normale in einem gegebenen Kurvenpunkte gezeichnet werden. Dagegen bedarf die folgende Aufgabe noch der Erwägung.

289. Von einem Punkte A außerhalb einer in Zeichnung vorliegenden Kurve an dieselbe eine Normale zu ziehen.

Man ziehe (Fig. 198) um A als Mittelpunkt mehrere Kreise mit zunehmenden Radien, von denen der größte die gegebene Kurve in zwei nahe beieinander liegenden Punkten $C_1 D_1$ schneidet. Auch die übrigen Kreise schneiden Punktepaare $C_2 D_2$, ... aus und die Mittelpunkte der Sehnen $C_1 D_1$, $C_2 D_2$, ... bilden eine Fehlerkurve, die die gegebene Kurve in dem Fußpunkt B der gesuchten Normalen schneiden muß. Da nämlich

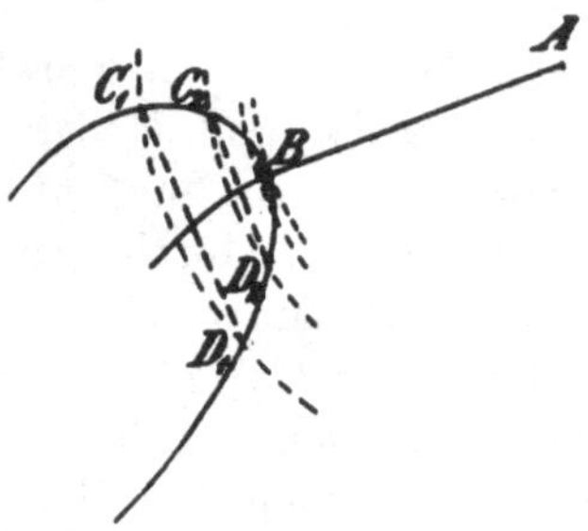

Fig. 198.

die Fehlerkurve der Ort der Mittelpunkte aller Sehnen ist, die durch die Kreise um den Mittelpunkt A bestimmt werden, so muß der

Kreis durch B die Kurve in B berühren, sein Radius AB steht also auf der Kreistangente in B, die zugleich Kurventangente ist, senkrecht. Man muß mindestens drei Hilfskreise anwenden.

290. Die Konstruktion der Punkte einer ebenen Kurve kommt stets darauf hinaus, daß jeder Kurvenpunkt als Schnittpunkt zweier Hilfskurven erscheint, und zwar sind diese Hilfskurven in sehr vielen Fällen Gerade oder Kreise. Es läßt sich nun eine genaue Tangentenkonstruktion bei einer ebenen Kurve auf die zur Bestimmung ihrer Punkte verwendeten Hilfskurven gründen.[11])

Seien P_1 und P_2 zwei Punkte unserer Kurve c (Fig. 199), seien ferner k_1, l_1 die Hilfskurven durch P_1 und k_2, l_2 diejenigen durch P_2, und zwar derart, daß bei einem stetigen Übergange von P_2 in P_1 die Kurven k_2, l_2 in k_1, l_1 resp. stetig übergehen. Dann betrachten wir das Viereck P_1MP_2N (wo $M = k_1 \times l_2$ und $N = k_2 \times l_1$), dessen Seiten von Stücken der Kurven k_1, k_2, l_1, l_2 gebildet werden. Wählen wir nun den Punkt P_2 unendlich nahe bei P_1, so wird das genannte Viereck unendlich klein; wir können dann seine Seiten als geradlinig ansehen und seine Diagonale P_1P_2 fällt offenbar mit der Tangente t von c im Punkte P_1 zusammen. Ferner werden die Kurven k_1, k_2 — und ganz ebenso die Kurven l_1, l_2 — in ihrer ganzen Erstreckung nur unendlich wenig voneinander abweichen, deshalb dürfen wir (nach 282) P_1M und P_2N und analog P_1N und P_2M als parallel ansehen; denn die Neigungswinkel der Gegenseiten sind unendlich klein. Das Viereck P_1MP_2N wird also beim Übergang zur Grenze ein Parallelogramm, von dessen Seiten zwei in die Tangenten g und h der Kurven k_1 und l_1 im Punkte P_1 fallen. Denken wir uns nun auf der gesuchten Tangente t einen beliebigen Punkt Q und durch ihn Parallelen zu g und h, so entsteht ein Parallelogramm $P_1M'QN'$, das zu dem unendlich kleinen Parallelogramm P_1MP_2N ähnlich sein und ähnlich liegen muß. Kann man umgekehrt ein Parallelogramm $P_1M'QN'$ zeichnen, das zu dem unendlich kleinen Parallelogramm P_1MP_2N ähnlich ist und ähnlich liegt, so ist Q ein Punkt der gesuchten Tangente t.

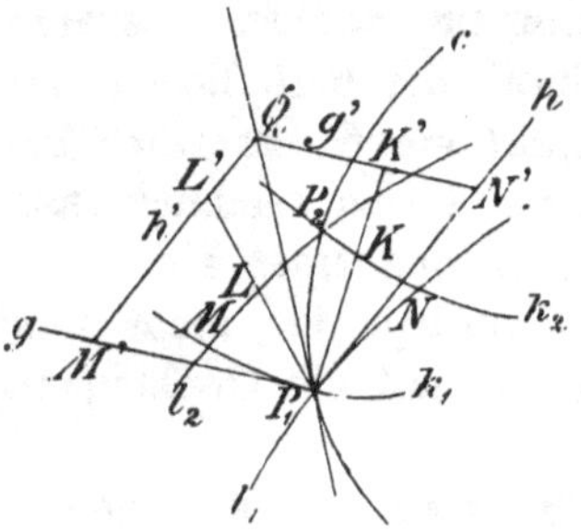

Fig. 199.

Man zeichne deshalb zunächst die Tangenten g und h; die Parallelen g', h' zu g und h, die einen Punkt Q von t liefern, findet man dann folgendermaßen. Kennt man den Wert, den das Verhältnis $MP_1 : NP_1$ beim Übergang zur Grenze annimmt, so bestimmt man einfach M' und N' auf g resp. h so, daß $M'P_1 : N'P_1$ diesem Grenzwerte gleich wird, dann geht g' durch N' und h' durch M'. Meistens ist es einfacher statt der Punkte M' und N' zwei andere Punkte L' und K' von g' resp. h' zu konstruieren (vergl. Figg. 199, 200, 201). Durch die Kurven l_1 und l_2 wird auf jeder Geraden durch P_1 eine Strecke ausgeschnitten, z. B. auf P_1L' die Strecke P_1L; ganz analoges geschieht durch die Kurven k_1, k_2 auf den Geraden durch P_1, z. B. hat man auf P_1K' die Strecke P_1K. Ist nun der Grenzwert $P_1L : P_1K$ bekannt (für den Fall, daß die Kurven k_1, k_2 und l_1, l_2 einander unendlich nahe rücken), so bestimme man L' und K' so, daß $P_1L' : P_1K'$ gleich dem genannten Grenzwerte wird; damit ergeben sich dann g' und h' und ihr Schnittpunkt Q.

291. Einige Beispiele werden diese Konstruktion in ihrer Bedeutung richtig erkennen lassen. Sind F_1 und F_2 die beiden Brennpunkte einer Ellipse, so erscheinen ihre Punkte als Durchschnitte je zweier Hilfskreise mit den Mittelpunkten F_1 resp. F_2 und den Radien ϱ_1 resp. ϱ_2, wobei $\varrho_1 + \varrho_2 = 2a$, der großen Achse der Ellipse, ist. Entsteht also P_1 durch Schnitt zweier Kreise mit den Radien ϱ_1 und ϱ_2, so entsteht sein Nachbarpunkt als Schnitt zweier Kreise mit den Radien $(\varrho_1 + \delta)$ und $(\varrho_2 - \delta)$, wo δ eine unendlich kleine Größe ist. Die beiden Hilfskreise um F_1 schneiden also auf F_1P_1 eine Strecke δ ab; gleiches tun die Hilfskreise um F_2 auf F_2P_1. Hiernach ist $L'P_1 = K'P_1$ beliebig anzunehmen, und $L'Q \perp F_1P_1$ sowie $K'Q \perp F_2P_1$ zu ziehen. Die Tangente P_1Q halbiert also den Nebenwinkel von $F_1P_1F_2$, ein Resultat, das bereits früher abgeleitet wurde.

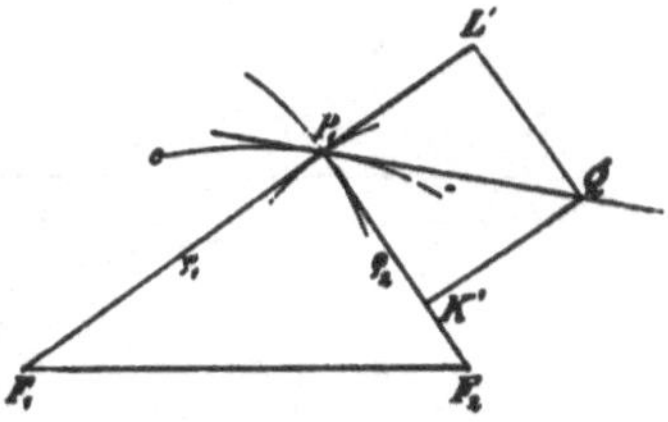

Fig. 200.

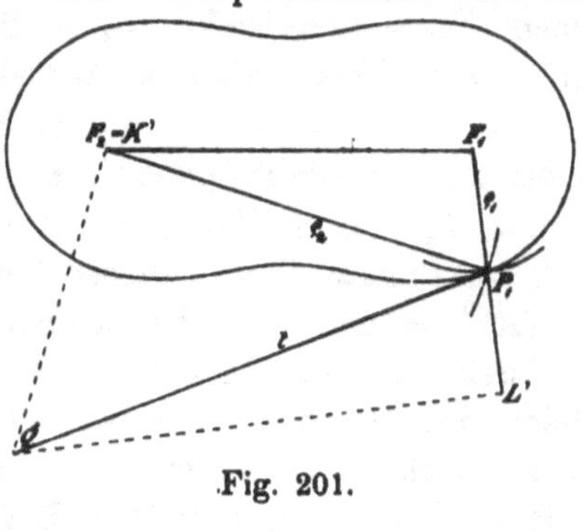

Fig. 201.

292. Die *Cassini'sche Kurve* ist definiert als Ort der Punkte, für die das Produkt ihrer Abstände von zwei festen Punkten F_1, F_2 konstant ist (Fig. 201). Ist also $P_1F_1 = \varrho_1$ und $P_1F_2 = \varrho_2$, so besteht die Gleichung $\varrho_1 : \varrho_2 = c$. Ist P_2 ein zu

P_1 benachbarter Kurvenpunkt, so erscheint er als Schnitt zweier Kreise mit den Radien: $(\varrho_1 + \delta)$ und $(\varrho_2 - \varepsilon)$, wo δ und ε von der 1. Ordnung unendlich klein sein mögen. Die Hilfskreise um F_1 bestimmen auf $P_1 F_1$ eine Strecke δ, die Hilfskreise um F_2 auf $P_1 F_2$ eine Strecke ε, wobei $\delta : \varepsilon = \varrho_1 : \varrho_2$ ist. Denn aus: $(\varrho_1 + \delta)(\varrho_2 - \varepsilon) = c$ und $\varrho_1 \varrho_2 = c$ folgt: $\varrho_2 \delta - \varrho_1 \varepsilon - \delta\varepsilon = 0$ und durch Division mit $\varrho_2 \varepsilon$ die voranstehende Relation, da das letzte Glied von der 2. Ordnung unendlich klein und den beiden andern gegenüber wegzulassen ist (277). Wir tragen demnach $L'P_1 = \varrho_1$ an $P_1 F_1$ an und $K'P_1 = \varrho_2$ auf $P_1 F_2$ auf, so daß K' mit F_2 zusammenfällt, dann ist $QL' \perp F_1 P_1$ und $QK' \perp F_2 P_1$ und QP_1 die gesuchte Tangente in P_1.

293. Dreht sich ein Strahl um einen festen Punkt O und trägt man auf ihm jedesmal von seinem Schnittpunkte mit einer festen Geraden a die nämliche konstante Strecke ϱ

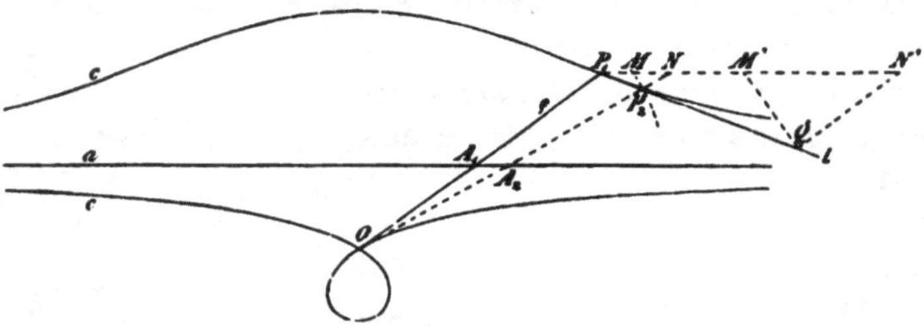

Fig. 202.

nach beiden Seiten auf, so erhält man eine *Konchoide* (Fig. 202). Jeder Punkt dieser Kurve erscheint als Schnitt einer Geraden mit einem Kreis vom Radius ϱ; so liegt P_1 auf der Geraden OA_1P_1 und auf einem Kreise mit dem Mittelpunkt A_1 und dem Radius ϱ. Ist nun A_2 ein Punkt von a in der Nähe von A_1, so schneidet OA_2 den Kreis mit dem Mittelpunkte A_2 und dem Radius ϱ in dem Kurvenpunkte P_2. Eine Parallele zu a durch P_1 schneidet jene Gerade OA_2 im Punkte N und diesen Kreis im Punkte M, wo $MP_1 = A_2 A_1$ ist, $(A_1 P_1 = A_2 M = \varrho)$. Es ist aber $MP_1 : NP_1 = A_2 A_1 : NP_1 = A_1 O : P_1 O$ von der Lage des Strahles OP_2 unabhängig, repräsentiert also zugleich den Grenzwert. Wir bestimmen deshalb auf der Parallelen zu a durch P_1 die Punkte M' und N' so, daß $M'P_1 = A_1 O$ und $N'P_1 = P_1 O$ ist, dann liefern $M'Q \perp P_1 O$ und $N'Q \parallel P_1 O$ den Punkt Q der gesuchten Tangente.

294. Dreht sich ein Strahl um einen festen Punkt O, und trägt man auf ihm jedesmal von seinem Schnittpunkte mit einem festen Kreise a durch O die nämliche konstante Strecke ϱ nach beiden Seiten auf, so erhält man eine *Pascalsche Schneckenlinie* (Fig. 203). Enthält ein Strahl den Kurvenpunkt P_1 und schneidet den Kreis a in A_1, so ändert sich die vorausgegangene Konstruktion offenbar nur insofern ab, als wir im Punkte P_1 eine Parallele zur Tangente des Kreises a im Punkte A_1 ziehen. Auf dieser Parallelen bestimmen sich M' und N' wieder wie vorher und ebenso auch Q.

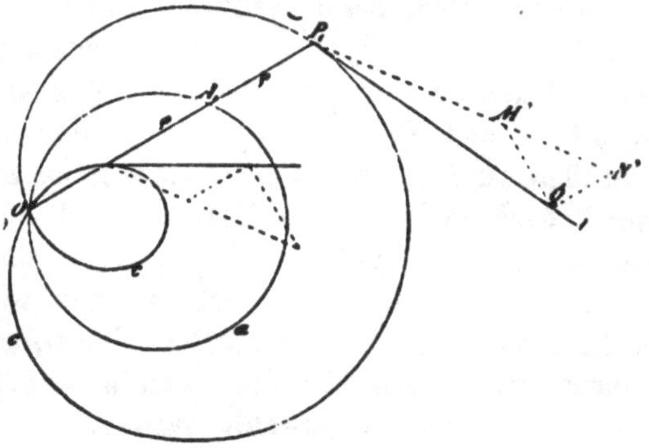

Fig. 203.

295. Zum Schluß mag hier noch eine Anwendung auf eine große Klasse von Kurven gemacht werden, die eine gemeinsame Entstehungsweise haben. Sind zwei beliebige Kurven u und v gegeben, und bewegt man einen Winkel so, daß seine Schenkel fortwährend die Kurven u resp. v berühren, so beschreibt sein Scheitel eine Kurve. Als Hilfskurven, die sich in den Punkten unserer Kurve c schneiden, treten hier einerseits die Tangenten von u, anderseits diejenigen von v auf.

Die folgende Konstruktion ist demnach nur dann anwendbar, wenn man an die Kurven u und v bequem Tangenten legen kann.

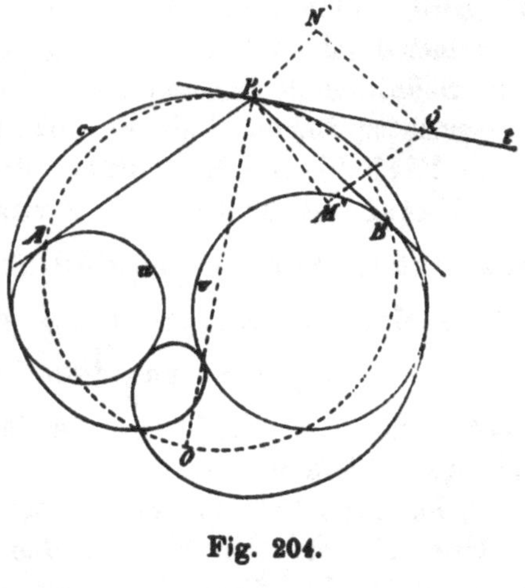

Fig. 204.

Zwei benachbarte Tangenten von u und die entsprechenden benachbarten Tangenten von v schließen nun den gleichen unendlich kleinen Winkel ε ein; das von ihnen gebildete unendlich kleine Viereck kann als Parallelogramm angesehen werden, da sich seine Gegenseiten nur um unendlich kleine Größen 2. Ordnung unterscheiden. Berühren die Tangenten, die sich in dem Kurvenpunkt P_1 schneiden die Kurven u und v resp. in A und B, so ist der Abstand der Parallelogrammseiten, die u berühren, gleich $P_1 A . \varepsilon$, ebenso der Abstand der Seiten, die v berühren, gleich $P_1 B . \varepsilon$. Tragen wir hiernach $P_1 M' \perp P_1 A$ und $P_1 N' \perp P_1 B$ auf, indem wir $P_1 M' = P_1 A$ und $P_1 N' = P_1 B$ machen (in der Fig. 204 ist wegen Mangel an Platz $P_1 M' = \frac{1}{2} P_1 A$ und $P_1 N' = \frac{1}{2} P_1 B$) und ziehen durch M' und N' resp. Parallele zu $P_1 A$ und $P_1 B$, so schneiden sich diese in dem Punkte Q der gesuchten Tangente. Dies ist zugleich die Tangente des Kreises, der durch die Punkte ABP_1 geht.[1] Sind die zugrunde gelegten Kurven u und v Kreise, so gelangt man wieder zu der Pascalschen Schnecke, wie eine einfache Überlegung zeigt. Dabei können irgend zwei Kreise, die die Pascalsche Schnecke zweimal berühren, als Ausgangskurven gewählt werden.

Krümmung der Kurven, Evoluten.

296. Eine Kurve ist in einem Punkte um so mehr gekrümmt, je rascher sie sich von der Tangente in jenem Punkte entfernt. Ein Kreis zeigt in allen seinen Punkten die gleiche Krümmung; denn er verhält sich gegen alle seine Tangenten in gleicher Weise. Es wird mithin geeignet sein, die Krümmung der Kurven in ihren einzelnen Punkten durch diejenige entsprechender Kreise zu messen. Die Definition der Krümmung bei einem Kreise werden wir nun so einzurichten haben, daß sie sowohl für endliche, als auch für unendlich kleine Bogenstücke des Kreises ihre Gültigkeit behält.

Unter der Krümmung k verstehen wir beim Kreise den reziproken Wert seines Radius r, also $k = \frac{1}{r}$. Ist aber l die Länge eines Kreisbogens und γ der zugehörige Zentriwinkel, so hat man: $k = \frac{1}{r} = \frac{\gamma}{l}$; und diese letztere Definition gilt auch dann noch, wenn der Kreisbogen und damit der zugehörige Zentriwinkel unendlich klein werden.

Die Schenkel des genannten Zentriwinkels sind aber nichts anderes als die Normalen in den Endpunkten des Kreisbogens l, und der Winkel dieser Normalen ist gleich dem Winkel der Tangenten in den Endpunkten des Bogens l. Daher läßt sich unsere Erklärung sofort auf beliebige Kurven übertragen, bei denen sich

---

[1] Die Bewegung eines Winkels von einer Lage in seine Nachbarlage kann auch durch Drehung um den unendlich kleinen Winkel ε geschehen, wobei der auf dem Kreise durch ABP_1 dem P_1 diametral gegenüberliegende Punkt O fest bleibt (Momentanzentrum).

freilich die Krümmung von Stelle zu Stelle ändert. Man nennt nämlich den Ausdruck: $k = \frac{\gamma}{l}$ die mittlere Krümmung eines Kurvenbogens von der Länge l, wenn seine Endtangenten den Winkel γ einschließen. Geht man zur Grenze über, indem man den Kurvenbogen unendlich klein, d. h. zum Kurvenelement e werden läßt, wobei dann der Winkel der Endtangenten zum Winkel zweier Nachbartangenten oder Kontingenzwinkel ε wird, so heißt: $k = \frac{\varepsilon}{e}$ die *Krümmung* der Kurve in dem betreffenden Punkte.[12])

Fig. 205.

Ändert sich die Krümmung einer Kurve stetig, wenn der zugehörige Punkt sich stetig auf der Kurve fortbewegt, so heißt die Kurve stetig in bezug auf ihre Krümmung, und nur mit solchen Kurven haben wir es in unseren Problemen zu tun. Auch diese Eigenschaft der Kurven bleibt bei einer Projektion ungeändert.

297. Für das Weitere wird es gut sein, folgende Bemerkungen vorauszuschicken. Ist ein Kurvenbogen AB gegeben, und soll man den Winkel der Tangenten in den Endpunkten bestimmen, so verschlägt es nichts, wenn man an Stelle der Tangenten in A und B die Sekanten AA_1 und BB_1 zugrunde legt, wobei AA_1 und BB_1 unendlich klein sind. Denn diese Sekanten bilden nur einen unendlich kleinen Winkel mit den entsprechenden Tangenten, so daß der begangene Fehler als unendlich kleine Größe gegenüber dem endlichen Winkel nicht in Betracht kommt. Ist dagegen der Bogen AB bereits unendlich klein, also auch der Winkel der Endtangenten ein unendlich kleiner Kontingenzwinkel, so darf man nur Fehler außer acht lassen, die von höherer Ordnung unendlich klein sind als der gesuchte Kontingenzwinkel. Teilt man aber den Bogen AB in n Teile und läßt die Zahl n über jede Grenze wachsen, wobei AA_1 den ersten Teil, BB_1 einen gleichen Teil darstellt, so werden AA_1 und BB_1 unendlich klein von der 2. Ordnung und ebenso die Winkel der Sekanten AA_1 und BB_1 mit den bezüglichen wirklichen Tangenten. Der Winkel der Sekanten AA_1 und BB_1 unterscheidet sich also nur um eine unendlich kleine Größe 2. Ordnung von dem gesuchten Kontingenzwinkel, und man kann den ersteren an Stelle des letzteren setzen.

298. Berührt ein Kreis eine Kurve in einem Punkt und stimmt daselbst bei beiden die Krümmung der Größe und dem Sinne nach überein, so heißt der Kreis der Krümmungskreis und sein Mittelpunkt der Krümmungsmittelpunkt für den betreffenden Kurvenpunkt. Die gegebene Kurve und der Kreis müssen an der bezüglichen Stelle auf der nämlichen Seite der zugehörigen Tangente liegen und dies soll dadurch ausgedrückt werden, daß wir sagen: die Krümmung beider Kurven stimmt dem Sinne nach überein. In jedem Kurvenpunkte unterscheidet man eine konvexe Seite, nämlich diejenige, auf der die zugehörige Tangente liegt, und eine konkave Seite. Bei einer Kurve wird es im allgemeinen einzelne Punkte geben, in denen ein Wechsel der Krümmung eintritt, es sind das diejenigen Punkte, die nach 284 als Wendepunkte bezeichnet werden.

299. Wir können zu dem Krümmungskreis durch einen gewissen Grenzprozeß gelangen, und dieser soll uns jetzt etwas näher beschäftigen. Ist der Krümmungskreis im Punkte P der Kurve c zu bestimmen, so fassen wir alle die Kreise ins Auge, die die Kurve in P berühren, deren Mittelpunkte also auf der zugehörigen Normalen n liegen. Wählen wir nun in der Nähe von P auf der Kurve einen Punkt Q_1, so gibt es einen Kreis k_1, der c in P berührt und in Q_1 schneidet. Liegt Q_1 nahe genug bei P, so wird der Kreis den Kurvenbogen PQ_1 nicht mehr schneiden, und es liegt dieser Bogen Q_1P und seine nächste Fortsetzung über P hinaus ganz innerhalb des Kreises k_1, wie Fig. 206 zeigt. Ganz ebenso läßt sich ein Kreis k_2 angeben, der c in einem Punkte Q_2 schneidet, wo Q_2 in der Nähe von P, aber von Q_1 durch P getrennt liegt. Der Bogen Q_2P, sowie seine nächste Fortsetzung über P hinaus liegt hier ganz außerhalb des Kreises k_2 und somit liegt auch k_2 innerhalb k_1. Läßt man jetzt den Punkt Q_1 sich stetig nach P hinbewegen, bis er zu P unendlich nahe wird, so nähert sich der Kreis k_1 unbegrenzt einer bestimmten Grenzlage k, die nichts anderes als der Krümmungskreis der Kurve c in P sein kann. Ebenso konvergiert der Kreis k_2 beim Übergang zur Grenze unbegrenzt gegen k. Dieser Übergang läßt uns zugleich erkennen, daß der Krümmungskreis in seinem Berührungspunkte P von einer Seite der Kurve c auf die andere übertritt, oder, wie wir auch sagen können, daß k drei konsekutive Punkte mit der Kurve gemein hat (Berührung 2. Ordnung, Oskulation).

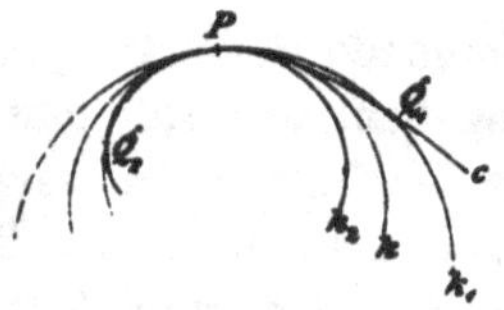

Fig. 206.

Den Beweis für die Richtigkeit unserer Behauptung, daß k der bezügliche Krümmungskreis ist, erbringen wir, indem wir zeigen, daß beim Grenzübergang der Kurvenbogen Q_1P gleich dem Kreisbogen $Q_1 P$ und die zugehörigen Kontingenzwinkel ebenfalls einander gleich werden — abgesehen von unendlich kleinen Größen höherer Ordnung. Da die Krümmung in einem Kurvenpunkte gleich dem Quotienten von Kontingenzwinkel und Bogenelement ist, so ist dann die Übereinstimmung der Krümmung von k und c in P bewiesen.

300. Die Kurven c und k berühren sich in P, ihre gemeinsame Normale ist n, sie schneiden sich in Q_1. Die Kreistangente in Q_1 sei $Q_1 S$, die Kurventangente $Q_1 T$, wo S und T auf n liegen, und das Lot von Q_1 auf n sei $Q_1 N$ (Fig. 207). Nun ist in dem rechtwinkligen Dreieck $NQ_1 T$ offenbar: $Q_1 N <$ Kurvenbogen $Q_1 P < Q_1 T$. Denn zerlegt man den Bogen $Q_1 P$ in unendlich viele Teile und zieht durch die Teilpunkte Parallelen zu n, so teilen die Parallelen auch $Q_1 N$ und $Q_1 T$ in unendlich viele Stücke. Jedes Element des Kurvenbogens ist aber kleiner als das entsprechende Element von $Q_1 T$, da dieses gegen die Parallelen stärker geneigt ist, — die Stetigkeit des Bogens $Q_1 P$ in bezug auf die Tangente vorausgesetzt; hieraus ergibt sich die Richtigkeit unserer Behauptung. Beim Übergang zur Grenze erkennen wir nach 279, daß $Q_1 T - Q_1 N$ von der 3. Ordnung unendlich klein wird, da $Q_1 N$ und $\angle NQ_1 T$ von der 1. Ordnung unendlich klein werden. Daraus schließen wir unmittelbar, daß der Kurvenbogen $Q_1 P$ und der Kreisbogen $Q_1 P$ sich in der Grenze nur um eine unendlich kleine Größe von mindestens 3. Ordnung unterscheiden, denn sie sind beide gleich $Q_1 N$ bis auf solche Größen.

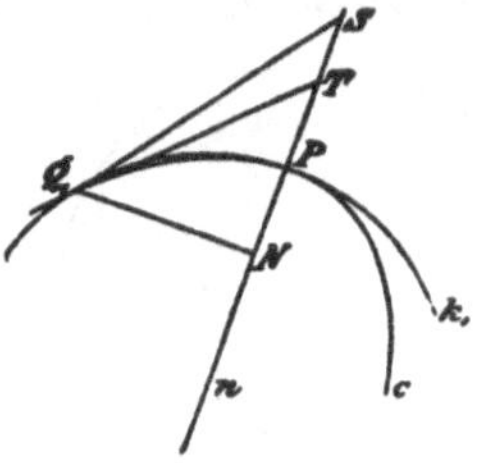

Fig. 207.

301. Die Kontingenzwinkel, die dem Kreis- und Kurvenbogen $Q_1 P$ zugehören, stimmen bis auf unendlich kleine Größen 2. Ordnung überein; denn die Sehne $Q_1 P$ schließt mit den Kreistangenten in ihren Endpunkten gleiche Winkel ein, während sie mit den Kurventangenten beim Grenzübergang unendlich kleine Winkel einschließt, die sich nur um ein unendlich Kleines 2. Ordnung unterscheiden. Um sich davon zu überzeugen, teile man eine Kurve in lauter gleiche Elemente und verbinde alle Teilpunkte mit einem bestimmten unter ihnen, etwa P. Die um P entstehenden Winkel sind alle unendlich klein 1. Ordnung, und wegen der vorausgesetzten Stetigkeit ist die Differenz zweier aufeinanderfolgender Winkel unendlich klein 2. Ordnung; zu den Strahlen durch P gehört auch die Tangente, es ist deshalb in Fig. 208 die Differenz: $\angle Q_1 PR_1 - \angle Q_2 PR_2$ unendlich klein 2. Ordnung. Aber auch die Differenz: $\angle R_1 Q_1 P - \angle R_2 PQ_2$

ist unendlich klein 2. Ordnung, weil PQ_1 und Q_2P gleiche Elemente und beide Winkel gleichartig definiert sind, und folglich ist:

$\angle R_1PQ_1 - \angle R_1Q_1P$ unendlich klein 2. Ordnung.

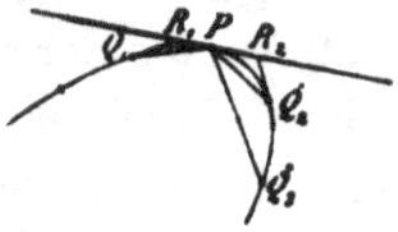

Fig. 208.

Das Gesagte läßt weiter erkennen, daß der Krümmungsmittelpunkt der Schnittpunkt zweier benachbarter Kurvennormalen ist. Denn schneiden sich (Fig. 207) die Kreisnormalen in P und Q_1 im Punkte M_1, die bezüglichen Kurvennormalen in M', so ist M_1M' unendlich klein von der 1. Ordnung, da $\angle M_1Q_1M' = \angle SQ_1T$ von der 2 Ordnung unendlich klein ist.

302. Denkt man sich in allen Punkten einer Kurve c die Normalen gezeichnet, so umhüllen diese eine neue Kurve v, die als Evolute von c bezeichnet wird, während c selbst die Evolvente heißt (Fig. 209). Da sich benachbarte Normalen in einem Krümmungsmittelpunkte schneiden, so bildet die Evolute der Kurve c den Ort aller ihrer Krümmungsmittelpunkte. Aus dem Früheren geht unmittelbar hervor, daß die Längen zweier Normalen in zwei benachbarten Kurvenpunkten, gemessen von der Kurve bis zu ihrem Schnittpunkte (dem Krümmungsmittelpunkt) sich nur um eine unendlich kleine Größe 3. Ordnung unterscheiden. Daraus können wir folgendes schließen: Läßt man eine Tangente der Kurve v auf ihr abrollen, ohne daß dabei ein Gleiten stattfindet, so beschreibt jeder ihrer Punkte eine Evolvente zu v. Denken wir uns also an die Evolute v einen Faden angelegt und wickeln ihn von ihr ab, wobei er immer gespannt bleiben muß, so beschreibt sein Endpunkt eine Evolvente.

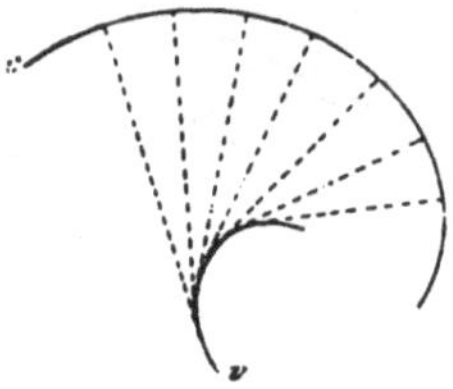

Fig. 209.

303. Wie wir oben gesehen haben, tritt der Krümmungskreis in dem zugehörigen Kurvenpunkte im allgemeinen von der einen Seite der Kurve auf die andere über. Es ist indessen hier ein Ausnahmefall zu erwähnen. Berührt ein Kreis k_1 die Kurve c im Punkte P und schneidet sie in einem nahe bei P liegenden Punkte Q_1, so kann es eintreten, daß er c noch in einem Punkte Q_2 schneidet, der ebenfalls nahe bei P aber von Q_1 durch P getrennt liegt (Fig. 210). Läßt man nun Q_1 stetig nach dem Berührungspunkte P hinrücken und tritt dann von selbst das gleiche für Q_2 ein, so daß sich in der Grenzlage k gleichzeitig Q_1 und Q_2 mit P vereinigen, dann hat

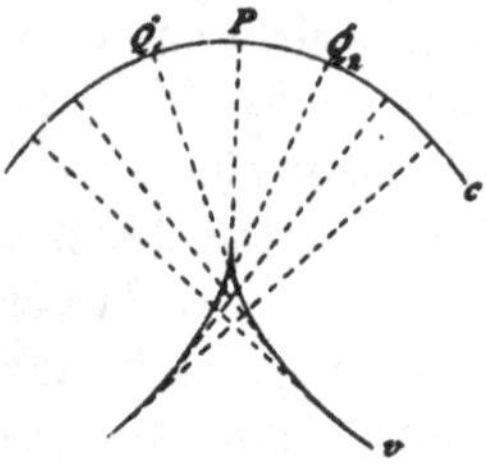

Fig. 210.

der Krümmungskreis k in P vier (nicht nur wie im allgemeinen drei) benachbarte Punkte mit der Kurve c gemein, und diese liegt in der Nähe von P ganz auf einer Seite von k. Ein solches Verhalten (Berührung 3. Ordnung) zeigen z. B. die Krümmungskreise in den Scheiteln der Kegelschnitte, und deshalb sollen derartige Punkte auch bei andern Kurven als Scheitelpunkte bezeichnet werden (vergl. 264, 269 und 274).

Das Verhalten der Evolute im vorliegenden Falle ist leicht zu übersehen. Während ein Punkt sich auf c fortbewegt, umhüllt die zugehörige Normale die Evolute und der zugehörige Krümmungsmittelpunkt durchläuft dieselbe. In dem Augenblick, wo die Normale einen Scheitelpunkt passiert, bleibt ihr Berührungspunkt mit der Evolute still stehen, um dann seinen Fortschreitungssinn auf der Tangente umzukehren; demgemäß weist die Evolute an der betreffenden Stelle nach 284 eine Spitze auf.

304. Verhalten der Krümmung im Wendepunkte, bei der gewöhnlichen Spitze und der Schnabelspitze. Beim Wendepunkte sehen wir, daß der Winkel benachbarter Tangenten, d. h. der Kontingenzwinkel sein Vorzeichen ändert. Stellen wir uns vor, daß die Kurve in lauter gleiche Elemente geteilt sei, so ist ja der Drehsinn der Tangente beim Übergange von einer Lage in die Nachbarlage (wenn man die Kurve in demselben Sinne durchläuft) ein verschiedener, je nachdem ihr Berührungspunkt vor oder hinter dem Wendepunkte liegt. Der Kontingenzwinkel wird deshalb im Wendepunkte selbst gleich Null sein, d. h. es werden zwei benachbarte Kurvenelemente in dieselbe Gerade fallen, die Tangente im Wendepunkte enthält drei konsekutive Kurvenpunkte und der zugehörige Krümmungsradius ist unendlich groß. Die Evolute hat also die bezügliche Normale zur Asymptote.

Aus analogen Gründen oder aus dem Prinzip der Dualität schließen wir, daß bei gleichen Kontingenzwinkeln — wobei dann die Kurvenelemente ungleich sind — in einem Rückkehrpunkte das Kurvenelement gleich Null wird. Hieraus ersieht man, daß der Rückkehrpunkt ein spezieller Fall des Doppelpunktes ist, in dem zwei konsekutive Kurvenpunkte zusammenfallen. Durch den Rückkehrpunkt gehen drei konsekutive Tangenten, und der zugehörige Krümmungsradius ist Null, die Evolute berührt also die Kurvennormale in der Spitze. Bei der Schnabelspitze — die eigentlich eine Vereinigung von Wendepunkt und Rückkehrpunkt ist — wählt man eine Hilfsvariable, von der die Lage des beschreibenden Kurvenpunktes gesetzmäßig abhängt, und läßt sie sich um gleiche unendlich kleine Größen ändern. Unendlich kleinen Änderungen der Hilfsvariabeln entsprechen im allgemeinen Kurvenelemente und Kontingenzwinkel, die zu jener Änderung in einem endlichen Verhältnisse stehen. Für den Wendepunkt wird das letztere, für den Rückkehrpunkt das erstere Verhältnis gleich Null;

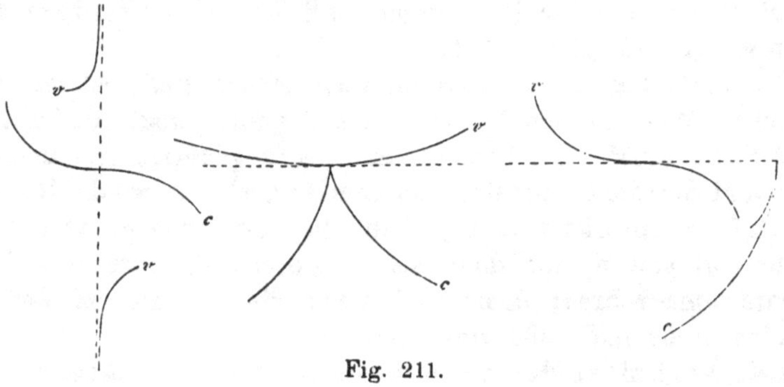

Fig. 211.

für die Schnabelspitze werden beide Verhältnisse unendlich klein, doch wird der Quotient von Kontingenzwinkel und Kurvenelement endlich bleiben, und somit ist auch der Krümmungsradius für die Schnabelspitze endlich. Die Evolute hat die zugehörige Normale zur Wendetangente, da ja die Tangente der Evolute, d. h. die Normale der Kurve *c* in der Schnabelspitze rückläufig wird (Fig. 211).

305. Die Aufgabe: den Krümmungskreis für einen Punkt einer gegebenen Kurve zu konstruieren, kann nur bei wenigen Kurven im Anschlusse an ihre geometrische Definition genau gelöst werden, wie wir das bereits bei den Kegelschnitten gesehen haben und noch bei einigen weiteren Kurven später sehen werden. Indessen kann man bei einer Kurve, die gezeichnet vorliegt, den Krümmungskreis mit ziemlicher Genauigkeit durch bloßes Probieren finden, indem man für den betreffenden Punkt zunächst die Normale zeichnet und dann denjenigen unter den berührenden Kreisen auswählt, der die Kurve im Berührungspunkte durchsetzt. Man muß dann bei geringer Variation des Radius Kreise erhalten,

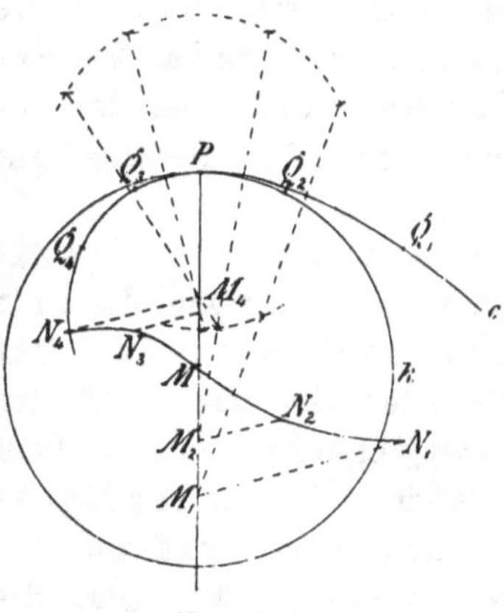

Fig. 212.

die die Kurve an der gegebenen Stelle berühren und außerdem ganz nahe dabei noch schneiden. Dieser weitere Schnittpunkt liegt auf der einen oder andern Seite des Berührungspunktes, je nachdem der Radius größer oder kleiner als der gesuchte Krümmungsradius ist, und gerade auf diesem Umstande beruht die verhältnismäßig gute Genauigkeit.

Man kann die oben beschriebene Methode des Probierens noch etwas vervollkommenen, indem man vier die Kurve c im Punkte P berührende Hilfskreise k_1, k_2, k_3, k_4 benutzt und eine Fehlerkurve zeichnet. Wählt man (Fig. 212) auf c in der Nähe von P vier Punkte, und zwar Q_1, Q_2 auf der einen, Q_3, Q_4 auf der andern Seite von P, und zeichnet vier Kreise k_1, k_2, k_3, k_4 durch P und durch Q_1, Q_2, Q_3, Q_4 respektive so sind ihre Mittelpunkte M_1, M_2, M_3, M_4 die Schnittpunkte der Normalen n mit den Mittelsenkrechten der Sehnen $PQ_1, \ldots PQ_4$. Zieht man nun durch $M_1, \ldots M_4$ Parallele und trägt auf ihnen

$$M_1N_1 = PQ_1, \quad M_2N_2 = PQ_2, \quad M_3N_3 = PQ_3, \quad M_4N_4 = PQ_4$$

respektive auf (wobei M_1N_1, M_2N_2 gleiche, M_3N_3, M_4N_4 die entgegengesetzte Richtung erhalten), so definieren die Punkte N_1, N_2 N_3, N_4 eine Fehlerkurve, die offenbar die Normale n im Krümmungsmittelpunkt M schneidet.

306. W i r w o l l e n u n s n o c h f r a g e n , i n w e l c h e r B e z i e h u n g d i e K r ü m m u n g e i n e r e b e n e n K u r v e z u d e r i h r e s p e r s p e k -

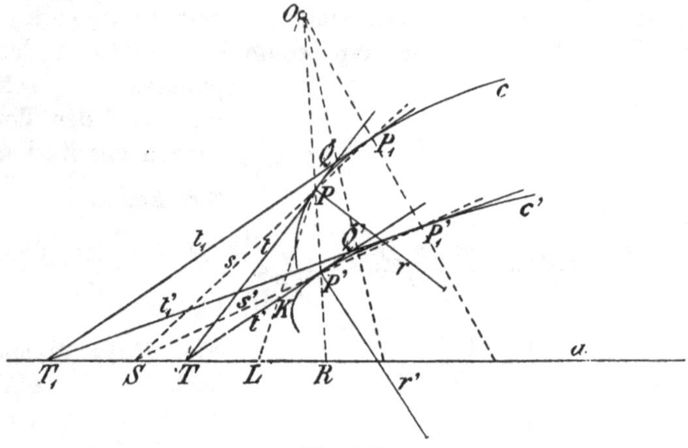

Fig. 213.

t i v e n B i l d e s s t e h t. Nehmen wir an, die zugrunde gelegte Kurve sei c, ihr perspektives Bild c', O sei das Zentrum und a die Achse der Perspektive (Fig. 213). Dabei können wir voraussetzen, daß die

Kurve c und ihr Bild c' in der gleichen Ebene liegen. $PP_1 = e$ sei ein Element von c, t und t_1 seien die Tangenten in P resp. P_1 und s die Sekante PP_1; diese Geraden mögen die Achse a in den Punkten T, T_1, S respektive schneiden. Haben $P'P_1' = e'$, t', t_1' und s' die analoge Bedeutung für c', und setzen wir $PT = t$, $P'T = t'$, so kommt:

$$\frac{e}{e'} = \frac{OP}{OP'} \cdot \frac{SP_1}{SP_1'} = \frac{OP}{OP'} \cdot \frac{t}{t'},$$

abgesehen von unendlich kleinen Größen. Ferner ist:

$$\frac{\varepsilon}{TT_1} = \frac{\sin ta}{QT_1} \quad \text{und} \quad \frac{\varepsilon'}{TT_1} = \frac{\sin t'a}{Q'T_1},$$

also:

$$\frac{\varepsilon}{\varepsilon'} = \frac{\sin ta}{\sin t'a} \cdot \frac{Q'T_1}{QT_1} = \frac{\sin ta}{\sin t'a} \cdot \frac{t'}{t} = \frac{RP}{RP'} \cdot \frac{t'^2}{t^2}$$

(wo $Q = t \times t_1$, $Q' = t' \times t_1'$, $R = OP \times a$, $\varepsilon = \angle\, tt_1$ und $\varepsilon' = \angle\, t't_1'$).

Nun ist aber der Krümmungsradius im Punkte P von c bestimmt durch: $r = e : \varepsilon$, und analog gilt $r' = e' : \varepsilon'$, also folgt:

$$r : r' = \left[\frac{OP}{OP'} : \frac{RP}{RP'}\right] \cdot \frac{t^3}{t'^3}.$$

Zur Konstruktion diene folgendes. Zieht man durch P eine Parallele zu OT, die t' und a in K und L schneidet, so ist nach 216:

$$\frac{OP}{OP'} : \frac{RP}{RP'} = \frac{LK}{LP}.$$

Zeichnet man ferner ein rechtwinkliges Dreieck mit den Katheten t und t' und errichtet auf der Hypotenuse Senkrechte in den Endpunkten, so schneiden diese auf den Verlängerungen der Katheten die Strecken $AE = \frac{t^2}{t'}$ resp. $AD = \frac{t'^2}{t}$ ab, deren Verhältnis $\frac{t^3}{t'^3}$ ist (vergl. Fig. 214). Macht man noch $DF = LK$ und $FG \parallel AE$, so wird: $r : r' = FG : LP$; wonach sich r' leicht konstruiert ($FH = LP$, $JF = r$, $FN = r'$). Die obige Beziehung $r : r'$ wurde

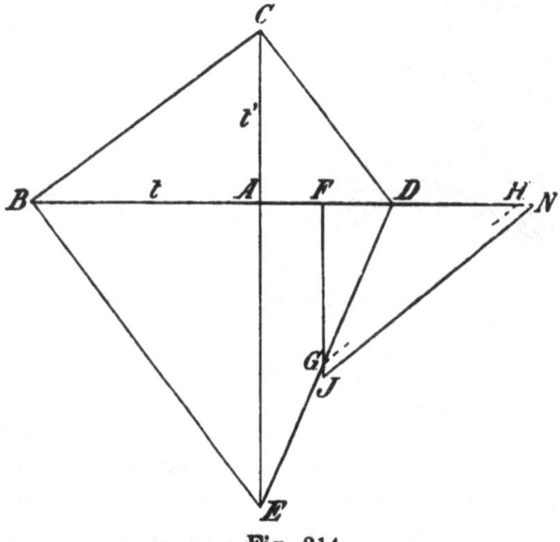

Fig. 214.

zuerst von Geisenheimer[13]) aufgefunden; sie erfährt einige Vereinfachungen, wenn man statt der Zentralprojektion die Parallelprojektion, insbesondere die orthogonale Projektion zugrunde legt. Die vorliegende Beziehung kann auch dazu verwendet werden, bei Kegelschnitten die Konstruktionen des Krümmungsradius abzuleiten.

Rektifikation von Kurven.

307. Unter der Rektifikation eines Kurvenbogens versteht man die Bestimmung seiner wahren Länge gemessen durch eine geradlinige Strecke, wie sie sich z. B. ergibt, wenn der Kurvenbogen auf einer geraden Linie ohne zu gleiten abrollt. Bei unseren Aufgaben handelt es sich darum, einen Kurvenbogen näherungsweise zu rektifizieren, indem man auf der Kurve eine Reihe von Punkten in geringer gegenseitiger Entfernung annimmt, je zwei aufeinanderfolgende durch eine Sehne verbindet und nun die Länge des gebrochenen Linienzuges der Sehnen bestimmt. Dieser gibt dann annäherungsweise die gesuchte Bogenlänge, und zwar müßte das Resultat um so genauer werden, je dichter man die Punkte auf der Kurve wählt. Nimmt man die gegenseitige Entfernung unendlich klein, so stimmt die Bogenlänge mit der Länge des gebrochenen Linienzuges überein, da ein unendlich kleiner Bogen und seine Sehne sich nur um eine unendlich kleine Größe 3. Ordnung unterscheiden. Bei der praktischen Durchführung einer Rektifikation trägt man in den Kurvenbogen, von einem Endpunkte ausgehend, lauter gleiche kleine Sehnen ein und dann diese (in der gleichen Anzahl) auf einer Geraden auf. Die Länge der gleichen Sehnen ist natürlich verschieden zu wählen, je nach der Stärke der Krümmung des Kurvenbogens; bei stärkerer Krümmung wählt man die Sehnen kleiner, bei schwächerer Krümmung größer. Nach Untersuchungen von Chr. Wiener[14]) ist es bei der Rektifikation eines Kreises von 2, 6, 10, 20 cm Durchmesser zweckmäßig, eine Sehnenlänge von $\frac{1}{10}$, $\frac{1}{16}$, $\frac{1}{20}$, $\frac{1}{27}$ des Durchmessers zu verwenden; dieses liefert einen Anhaltepunkt auch für andere Rektifikationen.

Eine besondere Bedeutung hat die Rektifikation eines Kreises; der Kreisumfang ist gleich $2\pi r$, wo r den Radius und π die Zahl 3,14159 ... bedeutet. Man darf also annehmen, daß der Kreisumfang angenähert gleich $3\frac{1}{7}$ Durchmesser ist; der Fehler beträgt bei 10 cm Durchmesser nur etwa $\frac{1}{8}$ mm. Bei Kreisen mit wesentlich größeren Durchmessern kann man einen genaueren Wert für die Zahl π einsetzen.

Raumkurven und ihre Projektionen; abwickelbare Flächen.

308. Bewegt sich ein Punkt im Raume (ohne in einer und derselben Ebene zu bleiben), so beschreibt er eine Raumkurve, die hier als eine Aufeinanderfolge von Punkten erscheint. Zwei benachbarte, unendlich nahe Lagen des bewegten Punktes bestimmen ein Kurvenelement und eine Tangente, nämlich die Gerade, die das Kurvenelement enthält; die zwei unendlich nahen Punkte der Kurve fallen mit dem Berührungspunkte der Tangente zusammen. Die Tangente kann demgemäß als Grenzlage einer Sehne der Raumkurve angesehen werden. Hält man den einen Endpunkt P einer Sehne fest, während man den andern Q sich auf der Raumkurve fortbewegen und schließlich mit dem festen Endpunkt zusammenfallen läßt, so geht die Sehne in der Grenzlage in die Tangente im Punkte P über. Jede Ebene durch die Tangente t in P ist eine Tangentialebene der Raumkurve. Legt man eine solche Tangentialebene durch einen in der Nähe von P befindlichen Punkt R der Raumkurve und läßt R sich nach P bewegen, so nimmt die Ebene durch t eine gewisse Grenzlage an, sie wird zur Schmiegungsebene. Während die Raumkurve bei einer gewöhnlichen Tangentialebene in der Nähe des Berührungspunktes ganz auf einer Seite dieser Ebene liegt, durchsetzt sie die Schmiegungsebene im Berührungspunkte; denn dieser entsteht ja durch Vereinigung des Berührungspunktes mit einem Schnittpunkt einer Tangentialebene. Die Schmiegungsebene enthält zwei benachbarte Kurvenelemente oder drei benachbarte Kurvenpunkte; sie kann auch als Grenzlage einer Ebene gewonnen werden, die durch drei nahe beieinander liegende Kurvenpunkte P, Q, R geht, wenn diese sich vereinigen.

Steht eine Gerade auf einer Tangente im Berührungspunkte senkrecht, so heißt sie Normale; alle Normalen in einem Punkte der Raumkurve liegen in einer Ebene, der Normalebene. Die Normale in der Schmiegungsebene heißt Hauptnormale, die auf ihre senkrechte Normale die Binormale; die Ebene durch Tangente und Binormale nennt man rektifizierende Ebene.

309. Bewegt sich ein Punkt auf der Raumkurve, so führen gleichzeitig die zugehörige Tangente und die zugehörige Schmiegungsebene Bewegungen aus, und zwar dreht sich die Tangente stets um den bezüglichen Berührungspunkt in der Schmiegungsebene und die Schmiegungsebene um die bezügliche Tangente. Denken wir uns zunächst ein kleines aber endliches Stück PQ der Raumkurve, so erhalten wir eine bestimmte Bogenlänge, einen bestimmten Winkel der Endtangenten und einen bestimmten Winkel der Schmiegungsebenen in den Endpunkten. Lassen wir den Bogen PQ unendlich klein werden, so tritt gleiches für den Winkel der Tangenten und den Winkel der Schmiegungsebenen ein, falls die Kurve stetig ist, wie wir voraussetzen wollen. Im allgemeinen — d. h. abgesehen von einzelnen Punkten — sind nun die Verhältnisse der genannten drei unendlich kleinen Größen endlich. Zu dem Bogenelement e gehört hiernach ein bestimmter Kontingenzwinkel ε, Winkel benachbarter Tangenten, und ein bestimmter Torsionswinkel η, Winkel benachbarter Schmiegungsebenen. Das Verhältnis $k = \frac{\varepsilon}{e}$ wird wie bei den ebenen Kurven als Krümmung, das Verhältnis $\tau = \frac{\eta}{e}$ als Torsion der Raumkurve an der betreffenden Stelle bezeichnet. Wie bei den ebenen Kurven gibt es ferner durch drei benachbarte Punkte der Raumkurve einen Krümmungskreis; er liegt in der zugehörigen Schmiegungsebene und sein Mittelpunkt auf der Hauptnormale.

310. Bei der angeführten Bewegung beschreibt die Tangente eine geradlinige Fläche, welche die zur Raumkurve gehörige abwickelbare Fläche oder kurz die abwickelbare Fläche der Raumkurve genannt wird; die Tangenten der Raumkurve heißen die Erzeugenden der Fläche. Gleichzeitig führt die zugehörige Schmiegungsebene eine solche Bewegung aus, daß sie die abwickelbare Fläche in allen ihren Lagen umhüllt; das will sagen, daß jede Schmiegungsebene die abwickelbare Fläche längs der in ihr liegenden Tangente der Raumkurve berührt. Um die Richtigkeit des Gesagten zu erkennen, ist es nötig, näher auf die gegenseitige Lage benachbarter Tangenten und Schmiegungsebenen einzugehen (Fig. 215). Seien P und P_1 zwei benachbarte Punkte unserer Raumkurve, t und t_1 die zugehörigen Tangenten, Σ und Σ_1 die Schmiegungsebenen, und $PP_1 = s$ die Sekante. Dann ist nach 280 der Abstand des Punktes P_1 von der Schmiegungsebene Σ unendlich klein von der 3. Ordnung; ganz ebenso ist der Abstand der Tangenten t und t_1 unendlich klein 3. Ordnung; denn die Ebenen durch t und s resp. t_1 und s schließen einen unendlich kleinen Winkel

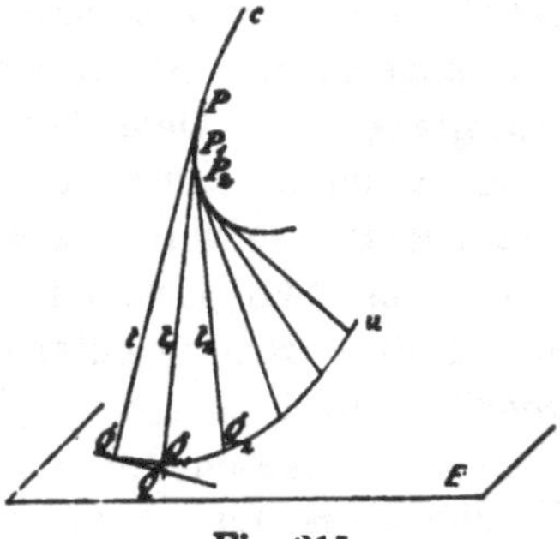

Fig. 215.

ein und zugleich sind $\angle ts$, $\angle t_1 s$ und PP_1 von der 1. Ordnung unendlich klein. Ziehen wir auf der abwickelbaren Fläche eine Kurve, die t und t_1 in den benachbarten Punkten Q und Q_1 schneidet, so ist das Lot $Q_1 Q'$, gefällt von Q_1 auf Σ, unendlich klein 2. Ordnung (nach 280); folglich schließt QQ_1 mit Σ einen unendlich kleinen Winkel ein, und wir können deshalb sagen, daß die Tangente der auf der abwickelbaren Fläche gezogenen Kurve im Punkte Q in die Schmiegungsebene Σ fällt (in der Figur ist eine Hilfsebene E durch QQ_1 senkrecht zu Σ benutzt). Die Schmiegungsebene Σ tangiert also wirklich die abwickelbare Fläche längs ihrer Erzeugenden t.

311. Die Raumkurve bildet auf der zugehörigen abwickelbaren Fläche eine Rückkehrkurve oder Rückkehrkante, d. h. jeder ebene Schnitt der abwickelbaren Fläche weist in den Durchstoßpunkten mit der Raumkurve Rückkehrpunkte oder Spitzen auf. In der Tat, schneidet eine Ebene E die Raumkurve c in S (Fig. 216), und läßt man einen Punkt auf dieser fortwandern, wobei er auch die Lage S passiert, dann liefert die zu dem wandernden Punkte zugehörige Tangente und Schmiegungsebene die Punkte und Tangenten der Schnittkurve u von E mit der abwickelbaren Fläche. Passiert der bewegte Punkt die Lage S, so behalten Tangente und Schmiegungsebene ihren Drehsinn bei — falls S ein gewöhnlicher Punkt der Raumkurve ist. Demnach behält auch die Tangente der ebenen Schnittkurve ihren Drehsinn bei; dagegen ändert der sie beschreibende Punkt in S seinen Fortschreitungssinn. Denn bezeichnen wir die beiden Teile der Tangente einer Raumkurve, vom Berührungspunkte aus gerechnet, als positiv und negativ, so wird der eine Teil der Schnittkurve bis zum Punkte S hin von dem positiven Teile der bewegten Tangente beschrieben, der andere vom negativen Teile, wodurch jene Änderung hervorgebracht wird.

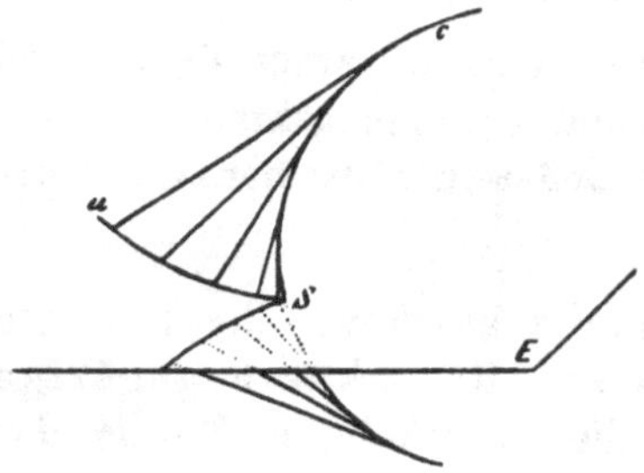

Fig. 216.

312. Lassen wir nun eine Ebene, welche die abwickelbare Fläche längs einer Erzeugenden berührt, sich auf dieser fortwälzen, wobei wir indes nur einen der beiden Teile der Fläche, die längs der Rückkehrkurve aneinandergrenzen, in Betracht ziehen. Beim Abwälzen oder Abrollen der Ebene auf einem Teile der abwickelbaren Fläche werden die Erzeugenden alle nacheinander zu Berührungslinien der wälzenden Ebene, die sich in jedem Augenblicke um die Berührungslinie ohne zu gleiten dreht. Indem bei dieser Bewegung jeder Punkt der Fläche einmal in die wälzende Ebene fällt, liefert jede Erzeugende und jede Kurve unserer Fläche eine Gerade respektive eine Kurve in der wälzenden Ebene; sie werden als die Abwickelungen jener Gebilde bezeichnet. Natürlich kann auch die Ebene festgehalten und die abwickelbare Fläche ohne Gleiten auf ihr abgewälzt werden, was offenbar darauf hinauskommt, daß der eine Teil einer abwickelbaren Fläche ohne Dehnung oder Zerreißung und ohne Stauchung oder Faltung in einer Ebene ausgebreitet werden kann. Um sich die geschilderten Vorgänge völlig klar zu machen, denke man sich auf der abwickelbaren Fläche eine Reihe von Erzeugenden $t_1 t_2 t_3 \ldots t_n \ldots$ gezogen, die einander benachbart sind, deren Winkel $\varepsilon_{12} = \angle\, t_1 t_2$, $\varepsilon_{23} = \angle\, t_2 t_3 \ldots$ also unendlich klein sind. Würde nun jede Erzeugende die vorhergehende schneiden, so würden sie die Verlängerungen der Seiten eines räumlichen Polygons bilden und damit die Abwickelbarkeit in eine Ebene unmittelbar klar sein. Denn dazu gehört nur, daß man die Winkel, die je zwei aufeinanderfolgende Flächenelemente $t_1 t_2$, $t_2 t_3$, $t_3 t_4 \ldots$ einschließen, zu $2R$ ausstreckt, so daß alle Elemente in die nämliche Ebene zu liegen kommen. Der Flächenstreifen zwischen zwei Erzeugenden, etwa t_1 und t_2. der abwickelbaren Fläche ist nun an und für sich nicht eben, da jedoch die gemeinsame Normale von t_1 und t_2 unendlich klein von der 3. Ordnung ist, so darf man sie als absolut gleich 0 annehmen, ohne daß der dadurch begangene Fehler einen Einfluß auf das Resultat ausübt. In Fig. 217 ist die abwickelbare Fläche durch eine Kurve u begrenzt, deren Abwickelung u_0 ist.

313. Aus dem Vorgange der Abwickelung einer abwickelbaren Fläche ergeben sich noch unmittelbar folgende Beziehungen. Der Winkel konsekutiver Erzeugenden ändert sich bei der Abwickelung nicht, ebensowenig die Länge einer Erzeugenden zwischen irgend zwei auf ihr gewählten Punkten. Hieraus folgt dann weiter, daß jeder Kurvenbogen auf der abwickelbaren Fläche gleich lang mit seiner Abwickelung ist und daß eine Erzeugende den Kurvenbogen unter dem gleichen Winkel schneidet, wie ihre Abwickelung die abgewickelte Kurve. Beim Abwickelungsprozeß geht hiernach die Rückkehr-

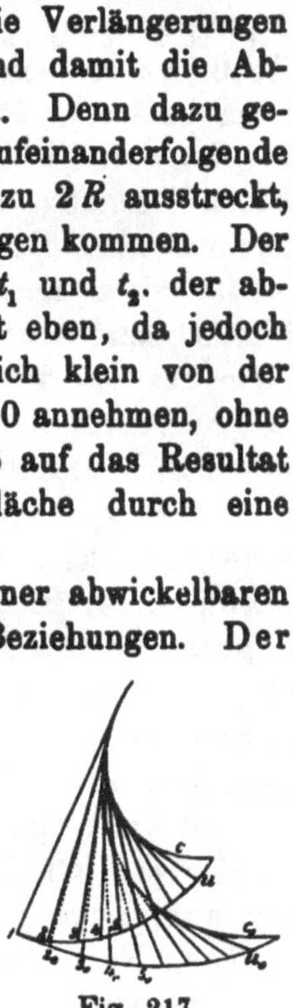

Fig. 217.

kurve c der abwickelbaren Fläche in eine ebene Kurve c_0 über, die mit jener an entsprechenden Stellen stets die gleiche Krümmung zeigt, da ja Kurvenelement und Kontingenzwinkel dabei ungeändert bleiben (vgl. Fig. 217).

314. Während die Krümmung der Rückkehrkurve beim Abwickeln ungeändert bleibt, erfährt die Krümmung aller andern Kurven der Fläche eine Änderung, und wir wollen uns fragen, in welcher Beziehung der Krümmungsradius r im Punkte P einer Kurve k der abwickelbaren Fläche zum Krümmungsradius r_0 des Punktes P_0 der abgewickelten Kurve k_0 steht (Fig. 218). Sind P und Q benachbarte Punkte von k, t und u die zugehörigen Tangenten, e und f die durch P resp. Q verlaufenden Erzeugenden, und haben $P_0, Q_0, t_0, u_0, e_0, f_0$ die analoge Bedeutung für die Abwickelung in der Ebene, so hat man: $r:r_0 = \varepsilon_0:\varepsilon$, wo $\angle\, tu = \varepsilon$ und $\angle\, t_0u_0 = \varepsilon_0$ ist; denn es ist ja $PQ = P_0Q_0$. Bei der Abwickelung ändert sich nun die Lage von u gegen t dadurch, daß die Gerade u eine unendlich kleine Drehung um e macht, bis sie in die Ebene te zu liegen kommt; diese Drehung können wir durch eine Projektion ersetzen, indem wir u senkrecht auf die Ebene te nach u' projizieren, der hierbei entstehende Fehler ist ja von höherer Ordnung unendlich klein; es ist demnach $\angle\, tu' = \angle\, t_0u_0 = \varepsilon_0$. Nun ist aber $\angle\, tu' = \angle\, tu.\cos\nu$, wenn ν den Neigungswinkel der Ebene tu gegen die Ebene te bedeutet; denn ist die Ebene $UU'T \perp t$, so ist $\angle\, UTU' = \nu$ und also $\varepsilon_0 = \varepsilon.\cos\nu$. Wir können mithin sagen: Der Krümmungsradius r einer Kurve der abwickelbaren Fläche in einem ihrer Punkte ist gleich dem Krümmungsradius r_0 der abgewickelten Kurve im entsprechenden Punkte multipliziert mit $\cos\nu$, wenn ν den Neigungswinkel der Schmiegungsebene jener Kurve mit der Tangentialebene der Fläche in dem genannten Punkte bedeutet.

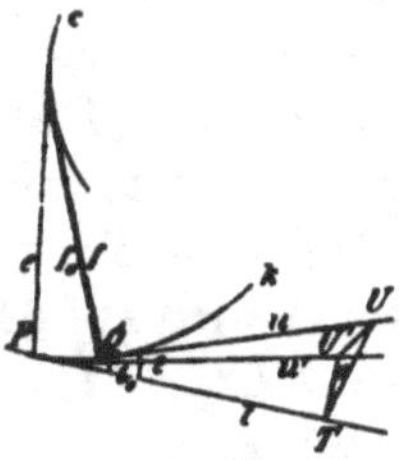

Fig. 218.

Ist der Neigungswinkel $\nu = R$, d. h. steht die Schmiegungsebene der Kurve k an der betreffenden Stelle P auf der Tangentialebene der abwickelbaren Fläche senkrecht, so wird die Projektion von $\angle\, tu$ zu Null, und es besitzt k_0 in P_0 einen Wendepunkt; in der Tat gibt auch die Formel: $r_0 = r:\cos\nu$ den Wert $r_0 = \infty$.

315. Eine Kurve der abwickelbaren Fläche, die bei der Abwickelung in eine Gerade übergeht, heißt geodätische Linie. Wie die Gerade in der Ebene, so ist die geodätische Linie auf der Fläche die kürzeste Verbindungslinie zweier Punkte. Aus dem Vorausgehenden ergibt sich, daß in jedem Punkte einer geodätischen Linie die Schmiegungsebene auf der Tangentialebene der Fläche senkrecht steht. Diese Eigenschaft besitzt die geodätische Linie auch auf jeder beliebigen krummen Oberfläche.

316. Zu jeder Raumkurve gehört eine ebene Kurve, die mit ihr in allen entsprechenden Punkten gleiche Krümmung hat; letztere entsteht aus der ersteren durch Abwickelung ihrer abwickelbaren Fläche, wobei ja Bogenelement e und Kontingenzwinkel ε der Rückkehrkurve ungeändert bleiben. Zu jeder Raumkurve gehört aber auch ein bestimmter Kegel — Richtkegel — den man erhält, indem man durch einen beliebigen Punkt O zu den Erzeugenden der abwickelbaren Fläche die Parallelstrahlen zieht. Hierdurch werden zugleich die Tangentialebenen des Kegels zu den entsprechenden Schmiegungsebenen der Raumkurve parallel, so daß Kontingenzwinkel ε und Torsionswinkel η der Raumkurve bezw. mit dem Winkel benachbarter Erzeugenden und Tangentialebenen des Richtkegels übereinstimmen.

317. Wir haben bereits gesehen, daß die Schmiegungsebenen einer Raumkurve ihre abwickelbare Fläche umhüllen. Es kann demgemäß die abwickelbare Fläche als Hüllfläche aller Lagen einer bewegten Ebene erzeugt werden. Je zwei benachbarte Ebenen schneiden sich in einer Erzeugenden der Fläche, je drei benachbarte Ebenen in einem Punkte ihrer Rückkehrkurve. So bestimmen alle Normalebenen einer Raumkurve eine abwickelbare Fläche, die man als Evolutenfläche der Raumkurve bezeichnet. Läßt man auf der Evolutenfläche eine Ebene wälzen, ohne daß sie dabei gleitet, so beschreibt jeder ihrer Punkte eine Raumkurve — Evolvente — unter denen sich auch die ursprüngliche Raumkurve befindet. Die Evolventen durchsetzen die Tangentialebenen der Evolutenfläche rechtwinklig.

318. Die Parallel- oder Zentralprojektion einer Raumkurve ist eine ebene Kurve, deren Tangenten die Projektionen der Tangenten der Raumkurve sind. Es ergibt sich dies einfach daraus, daß die Tangenten als spezielle Sekanten aufzufassen sind, bei denen durch einen Grenzübergang zwei Schnittpunkte mit der Kurve zusammengerückt sind. Liegt das Projektionszentrum auf einer Tangente t der Raumkurve, so projiziert sich ihr Berührungspunkt B als Spitze. Man kann sich hiervon Rechenschaft geben, indem man einen Punkt die Raumkurve durchlaufen läßt und zugleich auf die Bewegung der zugehörigen Tangente achtet; denn während der Punkt die Lage *B* passiert (Fig. 219), bleibt seine Projektion einen Augenblick still stehen, um dann rückläufig zu werden.

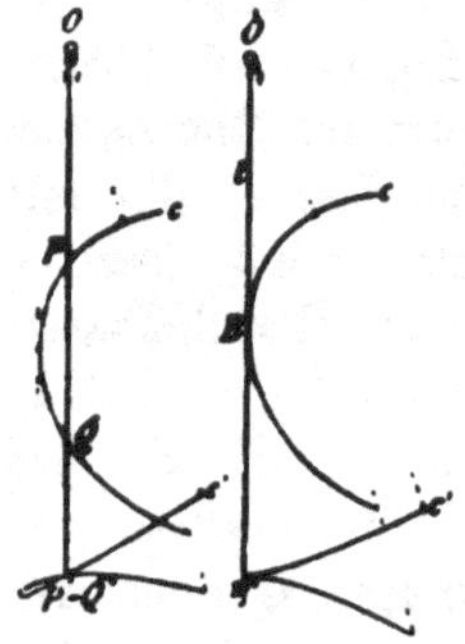
Fig. 219.

Man kann aber auch wieder den Grenzübergang benutzen. Geht die Verbindungslinie zweier Kurvenpunkte *P* und *Q* durch das Projektionszentrum, so bildet die Projektion $P' = Q'$ einen Doppelpunkt der Projektionskurve; beim Übergang zur Grenze wird die Sekante zur Tangente und der Doppelpunkt zur Spitze. Ein Kurvenpunkt, dessen Schmiegungsebene durch das Projektionszentrum geht, liefert in der Projektion einen Wendepunkt, da zwei benachbarte Tangenten die gleiche Projektion besitzen. Hieraus folgt, daß bei orthogonaler Projektion einer Raumkurve aus einem gewöhnlichen Punkte *P* ein gewöhnlicher, ein Wende- oder ein Rückkehrpunkt wird, je nachdem man auf die Schmiegungs-, die rektifizierende oder die Normalebene projiziert.

319. Die Raumkurve kann verschiedene Singularitäten aufweisen, von denen man die gewöhnlicheren auf folgende Weise erhält. Durchläuft ein Punkt *P* die Raumkurve, so dreht sich die zugehörige Tangente *t* um diesen Punkt und die zugehörige Schmiegungsebene Σ um die Tangente *t*. Während in einem gewöhnlichen Kurvenpunkt der Fortschreitungssinn von *P* auf *t*, der Drehsinn von *t* um *P* und der Drehsinn von Σ um *t* ungeändert bleiben, wird sich in speziellen Punkten der Sinn einer oder mehrerer dieser Bewegungen umkehren; es gibt das — den gewöhnlichen Punkt eingerechnet — acht Kombinationen. Kehrt die Schmiegungsebene ihren Drehsinn um, so muß ihre Drehung an einer bestimmten Stelle gleich Null sein, so daß dort drei Kurvenelemente oder vier benachbarte Kurvenpunkte in einer Ebene liegen, die stationäre Ebene genannt wird. Kehrt die Tangente ihren Drehsinn um, so fallen zwei Kurvenelemente oder drei konsekutive Punkte in eine Gerade, und es entsteht der Wende- oder Streckungspunkt. Kehrt der Punkt seinen Fortschreitungssinn um, so entsteht die Spitze oder der Rückkehrpunkt. Hiernach kann man sich auch über die anderen Kombinationen Klarheit verschaffen; die Besprechung der verschiedenen Möglichkeiten kann aber hier unterlassen werden.[15]).

320. Die Tangente und Schmiegungsebene sollen in einem Punkte einer Raumkurve konstruiert werden. Natürlich wird es bei manchen Raumkurven infolge der Art ihrer Definition möglich sein, die Tangente und Schmiegungsebene in jedem Punkte genau zu konstruieren. Insbesondere wird man bei der Bestimmung der Tangente ganz ähnlich wie in 290 verfahren können, indem der Kurvenpunkt als Schnitt dreier Hilfsflächen erscheint, wodurch dann die Tangente als Diagonale eines unendlich kleinen Parallelepipedes definiert ist, das durch ein ähnliches endliches Parallelepiped ersetzt werden kann. Es ist leicht, Beispiele in großer Zahl hierfür anzugeben, doch soll hier nicht weiter darauf eingegangen werden.

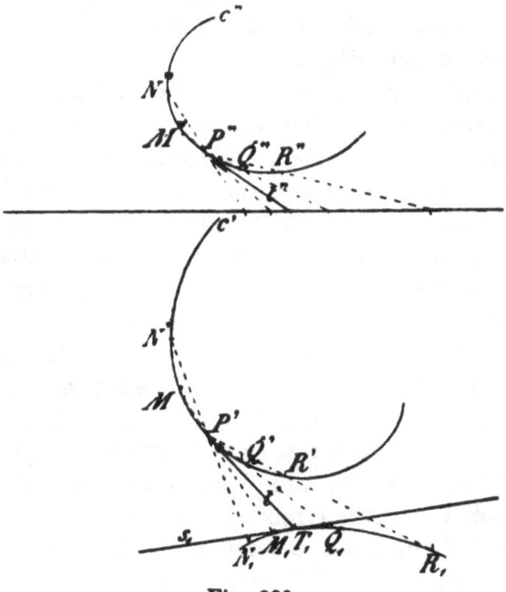

Fig. 220.

Wenn die Raumkurve in ihren beiden Projektionen gezeichnet vorliegt, so läßt sich unsere Aufgabe in folgender Weise konstruktiv durchführen (Fig. 220). Sind c', c'' die Projektionen der Raumkurve und P', P'' die eines Punktes auf ihr, so bestimmt man nach 287 die Tangenten t' in P' an c' und t'' in P'' an c''; t', t'' sind dann die Projektionen der gesuchten Tangente t in P an c. Die gesuchte Schmiegungsebene Σ geht durch t und kann durch einen Grenzübergang definiert werden. Zieht man von P aus Strahlen nach allen Punkten der Raumkurve, so erhält man einen Kegel, dessen Mantelfläche auch t enthält; die Tangentialebene des Kegels längs der Mantellinie t (vgl. 316) ist die gesuchte Schmiegungsebene. Läßt man nämlich einen Punkt Q auf c sich nach P hin bewegen, so schneidet die Ebene tQ den Kegelmantel in den Erzeugenden t und PQ; sie wird beim Grenzübergang zur Tangentialebene des Kegels und zugleich zur Schmiegungsebene von c. Man wähle deshalb in der Nähe von P auf c beiderseitig je zwei Punkte, etwa Q, R resp. M, N und suche die Spurpunkte der Strahlen PQ, PR, PM, PN und t in einer der beiden Projektionsebenen, etwa Π_1. Dann geht die Spurkurve der Kegelfläche durch die Punkte Q_1, R_1, T_1, M_1, N_1 und kann hiernach gezeichnet werden; die Spurlinie s_1 von Σ ist jetzt als Tangente der Spurkurve im Punkte T_1 bestimmt.

Krumme Oberflächen.

321. Wir haben bereits in den abwickelbaren Flächen einen speziellen Fall der krummen Flächen kennen gelernt und wollen nun zu den allgemeinen krummen Flächen übergehen. Wir können dieselben zunächst als Gebilde definieren, die von jeder Ebene in einer Kurve geschnitten werden. Diese Kurven können freilich auch aus mehreren Teilen, insbesondere auch aus geraden Linien bestehen. Für unsere Zwecke ist es nun unerläßlich, daß wir auf der krummen Fläche mindestens ein System von Raum- oder ebenen Kurven angeben können. Unter einem System von Kurven verstehen wir hierbei unendlich viele Kurven, die die ganze Fläche überdecken, so daß durch jeden Punkt der Fläche wenigstens eine solche Kurve hindurchgeht. Zu jeder Kurve gibt es demgemäß in dem System zwei benachbarte Kurven, die sich in ihrer Lage und zwar ihrer ganzen Erstreckung nach von jener nur unendlich wenig unterscheiden. Die Kurven des Systems können in speziellen Fällen entweder alle kongruent, oder ähnlich und nur der Größe nach verschieden sein; im allgemeinen Falle sind sie in ihrer Gestalt veränderlich, nur müssen auch dann noch zwei benachbarte Kurven bis auf unendlich kleine Unterschiede übereinstimmen. Im ersten Falle wird die Fläche erzeugt durch stetige Bewegung einer konstanten Kurve. So entstehen z. B. durch Bewegung einer Geraden die abwickelbaren Flächen und die windschiefen Regelflächen; bei den letzteren steht der Abstand je zweier benachbarter Geraden (Erzeugenden) zu ihrem Winkel in einem endlichen Verhältnis, bei ersteren ist dieses Verhältnis unendlich klein. So entstehen z. B. durch Bewegung einer Kurve Translations-, Rotations- und Schraubenflächen, wenn die Punkte der bewegten konstanten Kurve kongruente Bahnen, Kreisbahnen um eine feste Achse oder Schraubenlinien um eine solche Achse beschreiben. (Vgl. darüber die späteren Kapitel.) Im allgemeinen Falle wird die Fläche erzeugt durch stetige Bewegung einer Kurve, die zugleich ihre Form stetig ändert. Dabei müssen natürlich die Gesetze für Bewegung und Formänderung und ihre gegenseitige Abhängigkeit gegeben sein.

322. Die Tangente einer Fläche wird, wie bei den Kurven, durch einen Grenzübergang definiert, indem man zunächst eine Gerade durch zwei getrennte Punkte der Fläche legt und diese dann sich gegenseitig nähern und schließlich zusammenfallen läßt. Zieht man auf einer Fläche irgend eine Kurve, so ist jede ihrer

Tangenten auch Tangente der Fläche und enthält zwei unendlich nahe Punkte derselben. In jedem Punkte P einer Fläche gibt es unendlich viele Tangenten, die im allgemeinen in einer Ebene — der Tangentialebene der Fläche in P — liegen. Zieht man nämlich irgend zwei Tangenten t_1, t_2 im Punkte P der Fläche, so schneidet die Ebene $t_1 t_2$ die Fläche in einer Kurve, die in P einen Doppelpunkt besitzt, da sowohl t_1 als t_2 mit ihrer Schnittkurve im Punkte P zwei unendlich nahe Punkte gemein haben. Jede Gerade der Ebene $t_1 t_2$ durch den Punkt P hat mit der Kurve und sonach mit der Fläche zwei zusammenfallende Punkte gemein, d. h. sie ist Tangente der Fläche; hiermit ist aber unsere Behauptung erwiesen. Es kann allerdings in einzelnen Punkten der Fläche vorkommen, daß jede Gerade durch ihn die Fläche in zwei zusammenfallenden Punkten schneidet; ein solcher Punkt heißt dann Knotenpunkt unserer Fläche, jede Ebene durch ihn schneidet eine Kurve aus, die in ihm einen Doppelpunkt besitzt. Denn, gibt es eine Gerade t_3 durch P, die dort die Fläche in zwei zusammenfallenden Punkten schneidet und nicht in der Ebene $t_1 t_2$ liegt, so enthält jede Ebene durch t_3 außer t_3 noch eine weitere Tangente der Fläche im Punkte P, nämlich in der Ebene $t_1 t_2$, und damit unendlich viele Tangenten.

323. Daß die Tangenten in einem Punkte P einer Fläche im allgemeinen in einer Ebene liegen, kann noch klarer durch folgende Überlegung eingesehen werden, die an die obige Definition der Fläche anknüpft. Wir gehen zu diesem Zwecke von dem Kurvensysteme aus, durch das die Fläche erzeugt worden ist, und betrachten die durch P verlaufende Kurve k des Systems und ihre Nachbarkurven l. Wir wählen dann auf l zwei unendlich nahe Punkte A und B, deren Entfernung von P ebenfalls unendlich klein ist, so daß das Dreieck APB unendlich klein ist, aber endliche Winkel zeigt. Teilen wir jetzt den Kurvenbogen AB durch Punkte C_1, C_2, C_3 ... C_n — wo die Zahl n über jede Grenze wachsen mag — so sind die Geraden PC_1, PC_2 ... PC_n Tangenten unserer Fläche; diese schließen aber mit der Ebene APB unendlich kleine Winkel ein, können also als in dieser Ebene liegend angesehen werden. Daß eine Gerade PC_i mit der genannten Ebene einen unendlich kleinen Winkel einschließt, folgt daraus, daß die Entfernung des Punktes C_i von der Sehne AB, und damit auch von der Ebene APB, unendlich klein von der 2. Ordnung ist, wenn AB und damit PA, PB und PC_i unendlich klein von der 1. Ordnung ist.

324. Die Senkrechte im Berührungspunkte P der Tangentialebene heißt die **Flächennormale** im Punkte P; die Ebenen durch diese Normale liefern die **Normalschnitte** der Fläche. Die Krümmung kann nun für alle Normalschnitte den gleichen Sinn haben, d. h. ihre Krümmungsradien, die ja in die Normale fallen, können alle von P aus gleich gerichtet sein; dann liegt die Fläche in der Umgebung von P ganz auf der einen Seite der Tangentialebene und heißt dort **elliptisch gekrümmt**. Die Tangentialebene schneidet demnach die Fläche in einer Kurve, die P zum isolierten Doppelpunkt hat; das einfachste Beispiel bildet die Kugel.

Die Krümmung kann aber auch für einen Teil der Normalschnitte im Punkte P den entgegengesetzten Sinn haben, wie für den andern Teil; die Normalschnitte berühren dann die Tangentialebene im Punkte P von verschiedenen Seiten. Die Fläche liegt in der Umgebung von P auf beiden Seiten der Tangentialebene und heißt dort **hyperbolisch gekrümmt**. Die Tangentialebene schneidet die Fläche in einer Kurve, die in P einen Doppelpunkt mit reellen Ästen hat. Den Übergang von einem Teil der Normalschnitte zum andern bilden die beiden Normalschnitte mit der Krümmung Null, die also P zum Wendepunkt haben. Die beiden eigentlichen Tangenten der in der Tangentialebene liegenden Schnittkurve, welche die beiden reellen Kurvenäste im Doppelpunkte P berühren, haben nämlich mit ihr — wie der Übergang zeigt — drei zusammenfallende Punkt gemein; somit haben sie auch mit der Fläche und mit dem zugehörigen Normalschnitt drei zusammenfallende Punkte gemein; diese Geraden sind demnach Wendetangenten der sie enthaltenden Normalschnitte und werden als **Haupttangenten der Fläche** im Punkte P bezeichnet.

325. Schneidet die Tangentialebene in einem Punkte P die Fläche in einer Kurve mit einer Spitze in P, so heißt die Fläche in P **parabolisch gekrümmt**. Alle Normalschnitte in P berühren die Tangentialebene von der nämlichen Seite, nur ein Normalschnitt hat den Punkt P zum Wendepunkt, da es nur eine eigentliche Tangente in der Spitze gibt. In einem Punkte parabolischer Krümmung fallen hiernach die beiden Haupttangenten zusammen. Die Fläche liegt in der Umgebung von P auf einer Seite der Tangentialebene bis auf eine zugespitzte Partie, die von den beiden in der Spitze zusammenlaufenden Kurvenästen begrenzt wird.

Im allgemeinen bilden auf einer Fläche die Punkte parabolischer Krümmung eine Raumkurve, die allerdings in mehrere Teile zerfallen kann. Die Kurve parabolischer Krümmung trennt die elliptisch gekrümmten und die hyperbolisch gekrümmten Flächenteile.

Die zugleich der Fläche angehörigen Elemente der Haupttangenten in benachbarten Flächenpunkten lassen sich stetig aneinanderreihen und erzeugen so Kurven auf der Fläche, die man als Haupttangentenkurven bezeichnet. Reelle Kurven dieser Art existieren nur auf den hyperbolisch gekrümmten Teilen einer Fläche und, wo sie an die Kurve parabolischer Krümmung herantreten, kehren sie unter Bildung einer Spitze wieder um. Bei den abwickelbaren Flächen und bei den Kegel- und Zylinderflächen ist die Krümmung in jedem Punkt parabolisch. Denn jede Tangentialebene berührt längs einer Geraden, der Erzeugenden; für jeden Punkt P derselben fallen die beiden Haupttangenten zusammen, nämlich in die Erzeugende selbst. In der nächsten Umgebung jedes solchen Punktes liegt die Fläche ganz auf einer Seite ihrer Tangentialebene und reicht nur längs der Erzeugenden an sie heran.

326. Die Tangenten, die man von einem Raumpunkte Q aus an eine Fläche legen kann, bilden eine Kegelfläche (vgl. 336), d. h. ihre Berührungspunkte liegen auf einer Kurve der Fläche. Die Tangentialebenen in den Punkten dieser Kurve gehen durch Q und umhüllen jene Kegelfläche. In der Tat, berührt eine Tangentialebene durch Q die Fläche in einem Punkte P, so ist dieser für ihre Schnittkurve ein Doppelpunkt und die Verbindungslinie QP vertritt zwei zusammenfallende Tangenten, wie der Grenzprozeß unmittelbar erkennen läßt. Denn dreht man

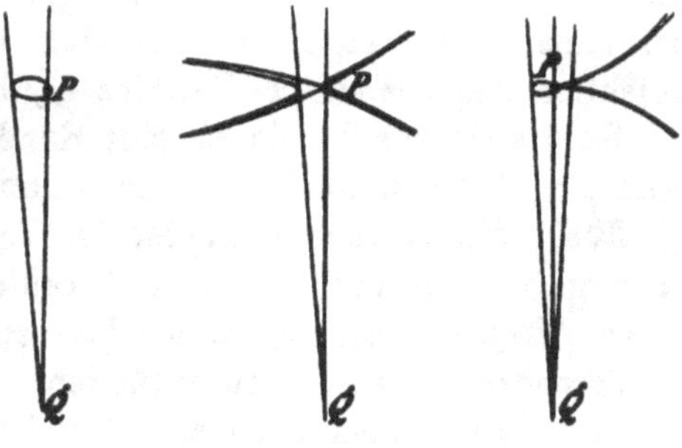

Fig. 221.

die Tangentialebene um QP um einen unendlich kleinen Winkel, so liefert sie in ihrer neuen Lage eine Schnittkurve ohne Doppelpunkt, die sich von der Schnittkurve mit Doppelpunkt in der Tangentialebene nur unendlich wenig unterscheiden kann, nur hat sich der Doppelpunkt aufgelöst. Die entstehende neue Kurve muß dann die Tangente QP und eine zweite Tangente aus Q aufweisen, die ihr unendlich nahe ist. Die Figuren 221 zeigen diese Übergänge beim isolierten Doppelpunkt zu einem kleinen Oval, beim Doppelpunkt mit sich schneidenden Ästen zu zwei getrennten Ästen, bei der Spitze zu einem Kurvenast und einem kleinen Oval.

SIEBENTES KAPITEL.

Kugel, Zylinder, Kegel.

Kugel, Zylinder und Kegel, ihre Projektionen, Eigen- und Schlagschatten.

327. Von der Darstellung einer krummen Oberfläche gilt ganz das gleiche, was schon früher von der Darstellung einer Ebene oder eines Stückes einer Ebene gesagt wurde. Es kann nicht unmittelbar entschieden und auch nicht direkt aus der Zeichnung entnommen werden, welches die beiden Projektionen eines durch gewisse Angaben bestimmten Punktes der Oberfläche sind. Vielmehr muß das Entstehungsgesetz der Oberfläche in einer Form bekannt sein, die uns gestattet, ein oder mehrere Kurvensysteme derselben in ihren beiden Projektionen zu zeichnen. Ist dann die eine Projektion eines Punktes der Fläche gegeben, so zeichnet man eine durch ihn verlaufende erzeugende Kurve in der gleichnamigen Projektion, sodann ihre andere Projektion, worauf sich auf dieser auch die andere Projektion des gemeinten Punktes ergibt.

Ist die Oberfläche durch eine Randkurve begrenzt, so begrenzen deren Projektionen auch die Projektionen der Oberfläche.

328. Wir betrachten zuerst das Verhalten einer krummen Oberfläche gegen die projizierenden Strahlen, indem wir uns auf eine einzige Projektionsebene und das zugehörige System paralleler projizierender Strahlen beschränken. Wir nehmen an, daß die Oberfläche aus einem einzigen Stück bestehe, da wir für jeden ihrer Bestandteile die gleiche Betrachtung anstellen können. Trifft jeder projizierende Strahl die Fläche entweder nur in einem Punkte oder gar nicht, so ist sie in ihrer ganzen Ausdehnung sichtbar; der Flächenrand scheidet die Strahlen, welche die Fläche treffen, von denen, die sie nicht treffen. Gibt es projizierende Strahlen, die die Fläche in mehreren Punkten schneiden, so ist sie teilweise sichtbar und teilweise unsichtbar. Auf dem sichtbaren Teile der Fläche liegt der erste Durchstoßpunkt S_1 des Strahles, wenn wir ihn in der Projektionsrichtung durchlaufen, der zweite S_2 auf dem unsichtbaren Teile. Die nächste Umgebung von S_1 wird sichtbar, die von S_2 unsichtbar sein, beide Bereiche können nun weiter und weiter ausgedehnt werden, wobei ihre Randkurven immer von dem nämlichen projizierenden Zylinder ausgeschnitten werden mögen. Die beiden Bereiche, in denen S_1 resp. S_2 liegen, werden im allgemeinen, wenn so weit wie möglich ausgedehnt, längs einer Kurve aneinander grenzen; diese muß man überschreiten, um aus dem sichtbaren Bereich in den unsichtbaren zu gelangen und umgekehrt. Der projizierende Strahl durch jeden Punkt dieser Kurve muß dort die Fläche in zwei zusammenfallenden Punkten schneiden oder tangieren. Es kann dieses entweder so geschehen, daß der Bereich, in dem S_1 liegt, den andern längs einer Kurve durchdringt, dann vertauschen sich Sichtbarkeit und Unsichtbarkeit der beiden Bereiche zu beiden Seiten der Durchdringungskurve — die man als Doppelkurve bezeichnet. Oder die Kurve, die den sichtbaren Teil der Fläche von dem unsichtbaren scheidet, hat die Eigenschaft, daß die projizierenden Strahlen durch ihre Punkte die Fläche berühren; diese Strahlen bilden dann eine Zylinderfläche, die unsere Oberfläche längs jener Kurve berührt, aber außerdem noch durchdringen kann. Ganz ähnliche Resultate gewinnt man, wenn man den zweiten und dritten Durchstoßpunkt S_2 und S_3 eines projizierenden Strahles mit der Oberfläche und die sie einschließenden Bereiche betrachtet; nur kann man diese Bereiche nicht mehr als sichtbare und unsichtbare unterscheiden. Man kann demgemäß den Satz aussprechen: Alle projizierenden Strahlen, die eine Oberfläche berühren, bilden eine Zylinderfläche, welche jene längs einer Kurve berührt (die mehrteilig sein kann); diese Kurve auf der Oberfläche heißt der wahre Umriß und ihre Projektion der scheinbare Umriß. In dem wahren Umriß grenzen zwei Flächengebiete aneinander, deren Projektionen aufeinander fallen; jede Kurve der Oberfläche, die den wahren Umriß schneidet, projiziert sich als Kurve, die den scheinbaren Umriß berührt. Im allgemeinen wird es schwierig sein, auf einer Fläche hiernach den wahren Umriß zu bestimmen, d. h. Punkte zu finden, in denen eine Tangente parallel zur Projektionsrichtung existiert. Nun liegen aber alle Tangenten in einem gewöhnlichen Punkte einer Oberfläche nach 323 in einer Ebene — seiner Tangentialebene, es läßt sich also auch die Definition geben: Auf dem wahren Umriß liegen alle Punkte, deren Tangentialebenen der Projektionsrichtung parallel sind. Hierauf werden wir in den meisten Fällen die Konstruktion beliebig vieler Punkte des Umrisses gründen können.

329. Setzen wir an die Stelle der projizierenden Strahlen parallele Lichtstrahlen, so wird das bisher Gesagte zu Recht bestehen bleiben, wenn wir einige einfache Abänderungen im Ausdruck treffen. Alle die Fläche berührenden Lichtstrahlen bilden einen Zylinder; die Kurve, längs der er die Fläche berührt, heißt Eigenschattengrenze, Lichtgrenze oder Grenzkurve. Die Tangentialebenen in den Punkten der Grenzkurve sind den Lichtstrahlen parallel. Die Grenzkurve trennt immer zwei Flächenteile, von denen der eine im Eigenschatten, der andere entweder im Lichte oder im Schlagschatten liegt. Denn von den Durchstoßpunkten eines Lichtstrahles mit einer Oberfläche liegt der erste im Licht, der zweite, vierte usw. im Eigenschatten, der dritte, fünfte usw. im Schlagschatten.

330. Eine Kugel, die Lichtgrenze auf ihr, sowie ihren Schlagschatten zu zeichnen. Da jede Tangentialebene einer Kugel auf dem Radius ihres Berührungspunktes senkrecht steht und also auch gleiches für jede Tangente gilt, so erkennt man, daß der wahre Umriß ein größter Kreis ist, dessen Ebene den Kugelmittelpunkt enthält und auf der Projektionsrichtung normal, d. h. der bezüglichen Projektionsebene parallel ist. Ganz ebenso bildet die Lichtgrenze einen größten Kreis, dessen Ebene zur Lichtstrahlrichtung senkrecht ist.

Sind also M', M'' die Projektionen des Kugelmittelpunktes, so sind die scheinbaren Umrisse k' und i'' Kreise, deren Radien dem Kugelradius r gleich sind und die M' resp. M'' zu Mittelpunkten haben. Die anderen Projektionen dieser Kreise sind parallele Linien zur x-Achse durch M'' resp. M' (Fig. 222).

Die Lichtgrenze u ist ein größter Kreis, dessen Ebene Γ senkrecht zum Lichtstrahl l ist; ihre Projektionen u' und u'' sind Ellipsen. Sind AB und CD zwei Durchmesser des Kreises u und ist $AB \parallel \Pi_1$ eine Hauptlinie, $CD \perp AB$ eine Falllinie von Γ, so ist $A'B'$ ($\#\, AB$) die große und $C'D'$ ($\perp A'B'$) die kleine Achse der Ellipse u'. Legt man durch M den Lichtstrahl l und durch ihn die erste projizierende Ebene, so schneidet diese auf Γ die Gerade CD aus. Diese Ebene dreht man um die Gerade a parallel zu Π_1, so nimmt M_* die Lage M_{*0} $(M_*M_{*0} = (M'' \dashv x))$, also l die Lage $l_0 = M'M_{*0}$ und CD die Lage $C_0D_0 \perp l_0$ an. Durch Zurückdrehen findet man dann $C'D'$ (wo $C_0C' \perp a'$). Ganz in der gleichen Weise kann man die Achsen der Ellipse u'' finden. Die Aufrißprojektionen von A, B, C, D sind offenbar A'', B'', C'', D'', wo $(C'' \dashv a'') = C_0C'$ ist.

Der Schlagschatten u_* von u auf die Horizontalebene ist natürlich wieder eine Ellipse; die Schlagschatten der rechtwinkligen

Durchmesser AB und CD von u, nämlich $A_* B_*$ und $C_* D_*$, stehen aufeinander senkrecht, bilden also die Achsen der Ellipse u_*. Da $AB \| \Pi_1$, so ist $A_* B_* \# A'B'$; um $C_* D_*$ zu finden, suchen wir zuerst den Schatten von CD auf eine Horizontalebene durch den Kugelmittelpunkt. Die Lichtstrahlen durch C und D liegen aber mit l in einer Vertikalebene, die wir bereits oben um eine Achse a parallel zu Π_1 gedreht haben. Bei dieser Drehung werden die genannten

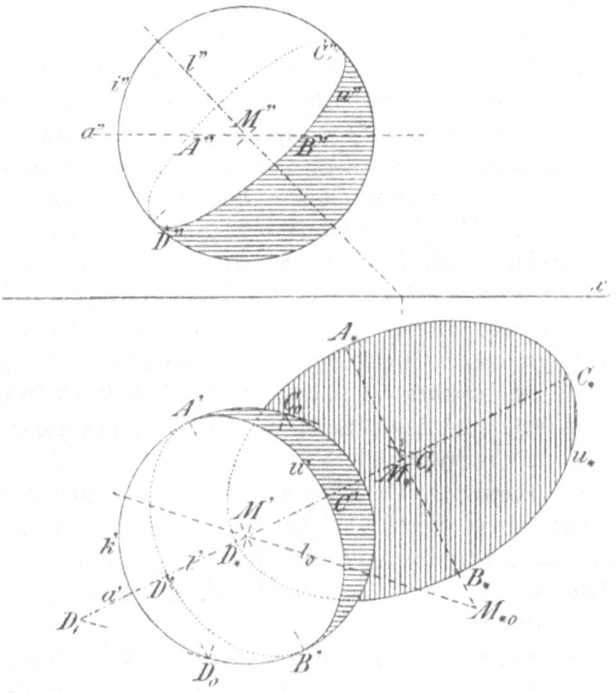

Fig. 222.

Lichtstrahlen parallel zu l_0 und ihre Schnittpunkte C_1, D_1 mit a sind zugleich die Schnittpunkte jener Lichtstrahlen durch C und D mit der horizontalen Hilfsebene, da sie sich bei der Drehung ja nicht ändern. Nun hat man nur noch $M_* C_* = M_* D_* = M' C_1 = M' D_1$ zu machen. Man kann die Punkte C', D', C_*, D_* auch dadurch bestimmen, daß man die erste projizierende Ebene von l um die vertikale Achse durch M zum Aufriß parallel dreht. Dann erscheint im Aufriß der Durchmesser CD normal zum mitgedrehten Lichtstrahl und kann samt seinem Schatten leicht gezeichnet werden. Schließlich hat man wieder zurückzudrehen.

Fällt ein Teil des Schlagschattens in den Aufriß, so kann man entweder wie vorher die Achsen der Schlagschattenellipse im Aufriß bestimmen, oder man konstruiert zu einzelnen Punkten den Aufrißschatten aus dem Grundrißschatten. Sind P_* und P^* die Schatten von P im Grund- und Aufriß, und projiziert man sie auf die x-Achse, so liegt der erste mit der Projektion des zweiten auf einer Parallelen zu l' und der zweite mit der Projektion des ersten auf einer Parallelen zu l''.

331. Eine Zylinderfläche entsteht, wenn eine Gerade parallel mit sich selbst so fortbewegt wird, daß sie dabei ständig eine feste Kurve, die Leitkurve oder Grundkurve, schneidet. Die einzelnen Lagen der bewegten Geraden heißen Mantellinien oder Erzeugende. Die erzeugte Fläche wird von jeder Ebene, die den Mantellinien parallel ist, in einer Anzahl Mantellinien geschnitten. Man kann diese konstruieren, indem man die Zylinderfläche und die Ebene mit einer Hilfsebene schneidet; Spurkurve und Spurgerade in dieser schneiden sich dann in Punkten der gesuchten Mantellinien. Hält man eine Mantellinie fest und dreht die Ebene um sie, so bewegen sich deren weitere Schnittgeraden. Setzt man die Drehung fort, bis die erwähnte Spurgerade der Ebene die Spurkurve der Zylinderfläche berührt, so fallen zwei Schnittlinien zusammen; die Ebene berührt in dieser Lage die Fläche längs einer Mantellinie. In der Tat tangiert jede Gerade dieser Ebene die Zylinderfläche, da zwei ihrer Schnittpunkte auf jener Mantellinie zusammenfallen. Kennt man von einer Zylinderfläche irgend eine, alle Mantellinien schneidende, ebene oder Raumkurve und die Richtung ihrer Mantellinien, so ist sie bestimmt. Jene Kurve kann nämlich als Leitkurve dienen.

332. Der wahre Umriß einer Zylinderfläche besteht aus einer Anzahl Mantellinien, da in allen Punkten einer solchen die nämliche Tangentialebene berührt. Sind m', m'' die Projektionen einer Mantellinie und u', u'' die einer beliebigen Kurve der Zylinderfläche, so bestehen die scheinbaren Umrisse aus denjenigen Tangenten von u' resp. u'', die zu m' resp. m'' parallel laufen. Auch die Lichtgrenze besteht aus einer Anzahl Mantellinien, längs deren die Tangentialebenen parallel zum Lichtstrahl sind. Ist u_* und m_* der Horizontalschatten von u und m (Fig. 223), und zieht man an u_* Tangenten parallel zu m_*, so bilden diese die Horizontalspuren von Ebenen, die zu den Lichtstrahlen parallel sind und die Zylinderfläche tangieren. Ist a_* eine solche Tangente und A_* ihr Berührungspunkt mit u_*, so lege man durch A_* einen Lichtstrahl, der u in einem Punkte A schneidet; die Mantellinie a durch A bildet dann einen Teil der Lichtgrenze, trennt also ein im Eigenschatten liegendes Flächengebiet von einem andern, das sich im Licht oder im Schlagschatten befindet. Ebenso findet man die Lichtgrenze c; ihr Schlagschatten c_* kommt indessen auf der Horizontalebene nicht wirklich zustande, da er in das Innere des Schlagschattens des Zylinders fällt. Es gibt deshalb eine zweite Mantellinie, deren Schatten ebenfalls nach c_* fällt, sie geht durch den Punkt P von

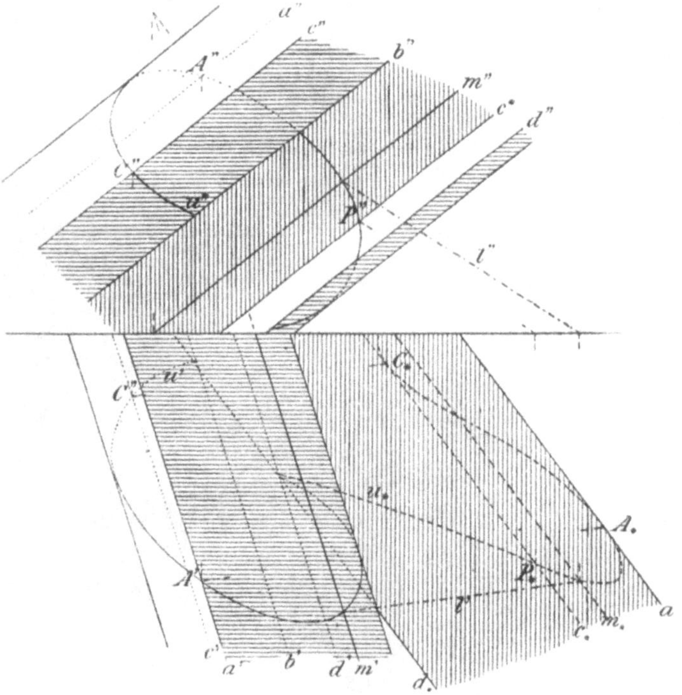

Fig. 228.

u, dessen Schatten $P_* = c_* \times u_*$ ist, und empfängt von c Schlagschatten.

Das Verfahren läßt sich vereinfachen, wenn die Kurve u auf der Zylinderfläche in einer Ebene E liegt. Dann bestimme man den Schatten von m auf E, etwa m^*, und lege an u Tangenten parallel zu m^*; die Mantellinien durch ihre Berührungspunkte bilden die Lichtgrenze. Wirft eine Mantellinie Schlagschatten auf einen Teil der Zylinderfläche, so ist dieser wieder eine Mantellinie; beide besitzen in der Ebene E Spurpunkte auf u, deren Verbindungslinie zu m^* parallel ist.

333. Nachdem wir hiermit die allgemeinen Methoden kennen gelernt haben, wollen wir dieselben auf einzelne Fälle anwenden. Wir werden dabei annehmen, daß die Zylinderfläche von zwei ebenen parallelen Schnitten begrenzt sei und sie kurz als Zylinder bezeichnen. Wie man solche ebene Schnitte findet, davon wird weiterhin noch die Rede sein.

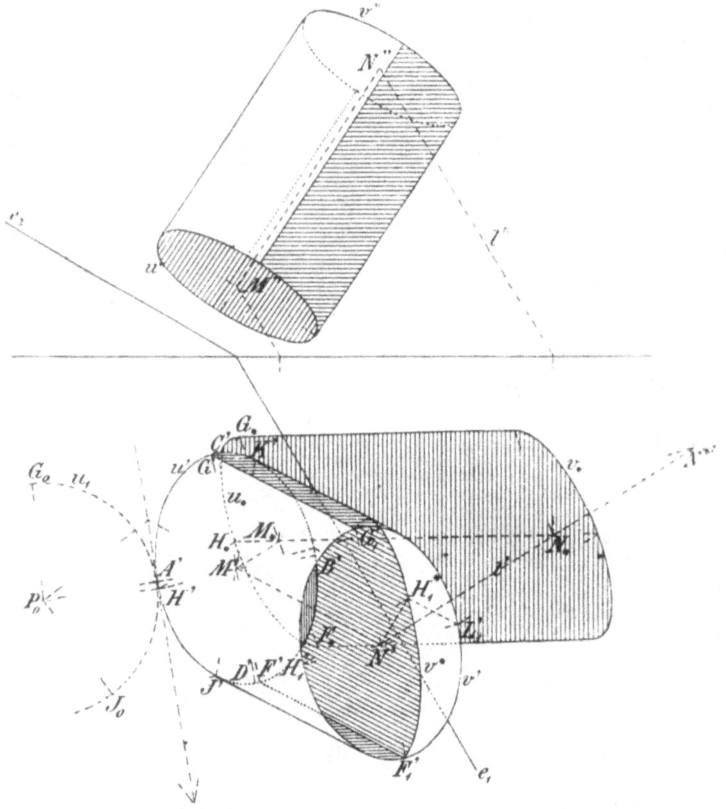

Fig. 224.

Sei die Grundebene E und in ihr als Grundkurve eines Zylinders eine Ellipse *u* durch ihre erste Projektion *u'*, sowie die Richtung *m* seiner Mantellinien gegeben; es sollen die Projektionen des Zylinders, sein Eigen- und Schlagschatten gefunden werden.

Seien e_1, e_2 die Spuren von E, seien ferner M' der Mittelpunkt und $A'B'$, $C'D'$ zwei konjugierte Durchmesser von u' und bilde MN (als Parallele zu den Mantellinien) die Zylinderachse (Fig. 224). Man findet dann sofort die konjugierten Durchmesser $A''B''$, $C''D''$ der Ellipse u'' (denn AB, CD liegen in E) und kann daraus die Ellipsen u' und u'' selbst zeichnen. Der scheinbare Umriß in Π_1 wird von den beiden Tangenten von u' gebildet, die $M'N'$ parallel laufen; ihre Berührungspunkte liegen aber auf dem Durchmesser $J'K'$, der zu $M'N'$ konjugiert ist. Zeichnet man demnach in A' die Tangente und Normale von u' und bestimmt auf der letzteren den Punkt P_0, so daß $P_0A' = M'C' = M'D'$ wird, so ist der Kreis um P_0 mit dem Radius P_0A' zu u' affin und die gemeinsame Tangente die Affinitätsachse, wodurch sich unmittelbar zu $M'N'$ der konjugierte Durchmesser $J'K'$ der Lage und Länge nach ergibt. Ganz ebenso bestimmt sich der scheinbare Umriß in Π_2. Um die Mantellinien der Lichtgrenze und ihre Spurpunkte F, G auf u in E zu finden, suchen wir zunächst den Schatten N^* von N auf E; F' und G' sind dann die Berührungspunkte der beiden Tangenten von u', die zu $M'N^{*\prime}$ parallel sind, sie liegen also auf dem hierzu konjugierten Durchmesser.

Der Schlagschatten des Zylinders auf die Horizontalebene besteht aus zwei Halbellipsen und ihren parallelen gemeinsamen Tangenten. Konstruiert man den Schatten $F_*M_*G_*H_*N_*$ von $FMGHN$, so sind F_*M_* und H_*M_* konjugierte Halbmesser der Schattenellipse u_* und die Tangenten in F_* und G_* an u_*, die parallel zu $H_*M_*N_*$ sind, bilden die Schlagschattengrenze ($H' = u' \times M'N^*$). Da die Ellipsen mit den Mittelpunkten M und N kongruent und parallel sind, so sind auch ihre Schatten kongruent; u' und u_* sind affin, e_1 ist die Affinitätsachse.

Wäre die Grundkurve u des Zylinders keine Ellipse, sondern eine beliebige Kurve, so wäre die Konstruktion genau dieselbe geblieben, nur hätten wir die Tangenten und ihre Berührungspunkte nach den im vorigen Kapitel angeführten Methoden bestimmen müssen.

334. Denken wir uns den Zylinder hohl, so wird ein Teil seines oberen Randes v Schatten auf die innere Zylinderfläche werfen. Empfängt eine Mantellinie den Schatten einer anderen, so muß sie mit ihr in einer Parallelebene zum Lichtstrahle liegen, d. h. in einer Ebene, die zu MNN^* parallel ist. MN^* ist aber die Spur dieser Ebene in E, jene Parallelebene besitzt also in E und in der Ebene der Ellipse v Spuren, die zu MN^* parallel laufen. Ist demnach die Sehne $Q'R'$ von v' parallel zu $M'N^{*\prime}$, so wirft die Mantellinie durch Q und damit Q selbst seinen Schatten auf die Mantellinie durch R, wodurch sich Q^* sofort ergibt, da $Q'Q^* \parallel l'$ ist. Der Schlagschatten v^* von v auf dem Zylinder verläuft offenbar von F_1 nach G_1.

und man kann in der geschilderten Weise beliebig viele Punkte von ihm zeichnen. Es bildet indes v^* eine Halbellipse, von der $F_1'N' = N'G_1'$ und H_1^*N' ein Paar konjugierte Halbmesser sind ($H_1'L_1' \parallel M'N^{*\prime}$ und $H_1'H_1^* \parallel l'$). In 361 wird nämlich gezeigt, daß zwei Zylinder, die sich in einer Ellipse durchschneiden, noch eine zweite Ellipse gemein haben; die beiden Ellipsen besitzen einen gemeinsamen Durchmesser und sind affin. Durch v geht nun außer dem gegebenen Zylinder noch ein Zylinder, dessen Mantellinien den Lichtstrahlen parallel laufen, sie durchdringen sich — abgesehen von v — noch in der Schlagschattenellipse v^*.

335. Wir wollen uns noch die Frage nach den Tangentialebenen eines Zylinders aus einem gegebenen Punkte vorlegen. Die Tangentialebene in einem Punkte des Zylinders berührt ihn längs der Mantellinie, die jenen Punkt enthält; alle Tangentialebenen sind also den Mantellinien parallel. Legt man demnach durch den gegebenen Punkt eine Parallele zu den Mantellinien, so müssen die gesuchten Tangentialebenen diese Parallele enthalten. Die Spuren der Tangentialebenen in E sind also die von dem Schnittpunkt jener Parallelen mit E an u gelegten Tangenten; dadurch ergeben sich denn auch die Berührungslinien jener Ebenen. Würde man sich den gegebenen Punkt als Lichtquelle vorstellen, so würden die Berührungslinien die Lichtgrenzen auf dem Zylinder bedeuten. In Fig. 224 ist die letzte Konstruktion nicht durchgeführt.

336. Eine Kegelfläche entsteht durch Bewegung einer Geraden, von der ein Punkt festgehalten wird und die an einer festen Leitkurve oder Grundkurve hingleitet. Die einzelnen Lagen der bewegten Geraden heißen Mantellinien oder Erzeugende, der gemeinsame feste Punkt die Spitze oder der Scheitel der Kegelfläche. Die erzeugte Fläche wird von jeder Ebene durch ihre Spitze in einer Anzahl Mantellinien geschnitten, die man dadurch konstruiert, daß man Kegelfläche und Ebene mit einer Hilfsebene schneidet; Spurkurve und Spurgerade schneiden sich dann in den Spurpunkten der gesuchten Mantellinien. Hält man eine solche fest und dreht die Ebene um sie, so bewegen sich die andern Schnittgeraden. Setzt man die Drehung fort, bis die Spurgerade der Ebene die Spurkurve der Kegelfläche berührt, so fallen zwei Mantellinien zusammen; die Ebene berührt in dieser Lage die Fläche längs dieser Mantellinie. In der Tat tangiert jede Gerade dieser Ebene die Kegelfläche, da zwei ihrer Schnittpunkte auf jener Mantellinie zusammenfallen.

Kennt man von einer Kegelfläche die Spitze und irgend eine

ebene oder Raumkurve, die alle Erzeugenden schneidet, so ist sie bestimmt.

337. Der wahre Umriß einer Kegelfläche besteht aus einer Anzahl Mantellinien, da in den Punkten einer solchen die gleiche Tangentialebene berührt. Sind S', S'' die Projektionen

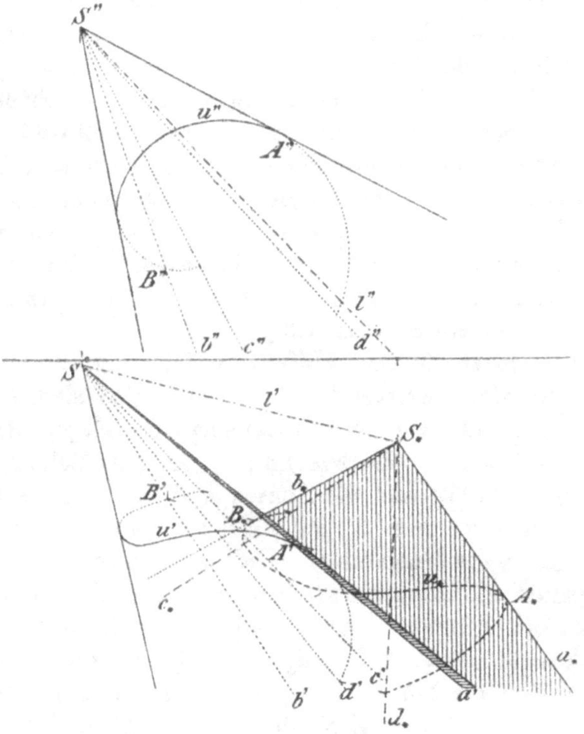

Fig. 225.

der Spitze und u', u'' die einer beliebigen Kurve der Kegelfläche (die alle Mantellinien schneidet), so bestehen die scheinbaren Umrisse aus den von S' resp. S'' an die Kurve u' resp. u'' gelegten Tangenten. Auch die Lichtgrenze besteht aus einer Anzahl Mantellinien; längs derselben sind die Tangentialebenen parallel zum Lichtstrahl. Sind S_* und u_* die Horizontalschatten von S und u, so sind die Tangenten von S_* an u_* die Horizontalspuren von Ebenen, die den Lichtstrahl SS_* durch die Kegelspitze enthalten und die Fläche tangieren. Ist a_* eine solche Tangente und A_* ihr Berührungspunkt auf u_*, so lege man durch A_* einen Lichtstrahl, der u in einem Punkte A schneidet; die Mantellinie SA bildet dann einen Teil der Lichtgrenze (Fig. 225).

Liegt die Kurve u der Kegelfläche in einer Ebene E, so verfährt man am bequemsten in folgender Weise. Man suche den Schatten von S auf E, etwa S^*, und lege von S^* Tangenten an u, dann bilden die Mantellinien durch ihre Berührungspunkte die Lichtgrenze. Wirft eine Mantellinie Schlagschatten auf einen Teil der Kegelfläche, so ist ihr Schatten wieder eine Mantellinie; beide besitzen in der Ebene E Spurpunkte auf u, deren Verbindungslinie durch S^* hindurchgeht (ihre Schatten in E decken sich).

Eine Kegelfläche, die durch die Spitze und einen ebenen Schnitt als Grundkurve begrenzt wird, heißt kurz Kegel. In 92—94 und 237 bis 243 sind ausführlich die Eigenschaften der geraden und schiefen Kreiskegel behandelt worden, auf die hier nochmals verwiesen sein mag.

338. Einen geraden Kreiskegel zu zeichnen, wenn die Basisebene E, seine Höhe h, sowie Mittelpunkt O und Radius r seines Grundkreises u gegeben sind; Eigen- und Schlagschatten zu bestimmen (Fig. 226).

Man legt durch O eine Hilfsebene Π_3 senkrecht zu e_1 und zeichnet in ihr einen Seitenriß. Zunächst ergibt sich e_3 und O''', dann $O'''S''' \perp e_3$ und $= h$ und als Seitenriß des Kegels das Dreieck $A'''B'''S'''$ ($A'''B''' = 2r$). Hieraus findet man unmittelbar S', S'' (in der Figur liegt S in Π_1) und die Achsen $A'B'$ und $C'D' = 2r$ von u'; die beiden Tangenten von S' an u' bilden dann den scheinbaren Umriß für die erste Projektion. Um die Berührungspunkte $J'K'$ dieser Tangenten zu konstruieren, lege man u um e_1 nach u_0 nieder und benutze die Affinität von u_0 und u'. Sucht man zu S' den affinen Punkt S_0 ($S'S_1 \parallel e_1$, $S_1N = S_0N$), zieht die Kreistangenten S_0J_0 und S_0K_0, so sind die affinen Linien $S'J'$, $S'K'$ die gesuchten Umrißlinien ($L_0N = NL_1$, $J'K' = J_0K_0$ durch L_1). Im Aufriß kann man ganz analog verfahren. Man kann die Tangenten $S'J'$ und $S'K'$ auch noch einfacher durch folgende Überlegung gewinnen. Man denke sich eine Kugel, die den Kegelmantel längs u berührt; der Seitenriß ihres Mittelpunktes M ist M''' ($M'''B''' \perp B'''S'''$) und ihr Radius $= M'''B'''$. Grundriß und Aufriß der Kugel sind Kreise mit dem gleichen Radius und den Mittelpunkten M' resp. M''. Die Tangenten an diese Kreise aus den Punkten S' bezw. S'' und ihre Berührungspunkte fallen zusammen mit den gesuchten Tangenten an u' bezw. u'' und ihren Berührungspunkten. In der Tat berührt jede Ebene, die den Kegel längs einer Mantellinie berührt, die Hilfskugel in dem auf u gelegenen Endpunkte der Mantellinie. Ist diese Tangentialebene zu einer Projektionsebene senkrecht, so liefert sie eine Umrißlinie des Kegels und einen Punkt auf dem Kugelumriß, der zugleich dem Kreise u angehört, was unsere Behauptung beweist. In der Geraden JK schneiden sich die Basisebene und die Ebene des horizontalen Kugelumrisses; der Spurpunkt L_1 von JK in Π_3 liegt also auf einer Horizontalen durch M ($M'''L_1 \parallel S'N$).

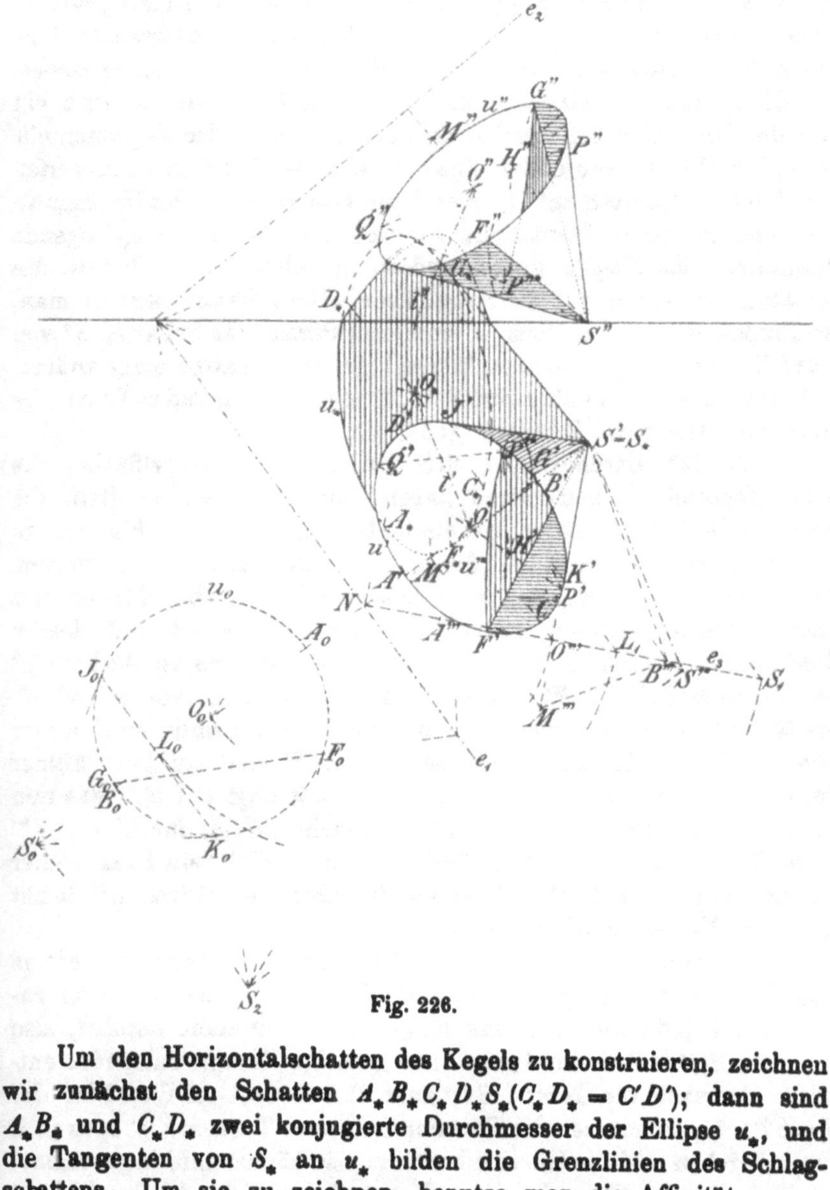

Fig. 226.

Um den Horizontalschatten des Kegels zu konstruieren, zeichnen wir zunächst den Schatten $A_* B_* C_* D_* S_*$ ($C_* D_* = C'D'$); dann sind $A_* B_*$ und $C_* D_*$ zwei konjugierte Durchmesser der Ellipse u_*, und die Tangenten von S_* an u_* bilden die Grenzlinien des Schlagschattens. Um sie zu zeichnen, benutze man die Affinität von u_0

und u_* (e_1 Affinitätsachse), suche zu S_* den affinen Punkt S_2 und lege an u_0 die Tangenten S_2F_0 und S_2G_0. Bestimmt man zur Berührungssehne F_0G_0 rückwärts die affine Strecke F_*G_*, so ist sie die Berührungssehne der von S_* an u_* gelegten Tangenten. Aber auch u_0 und u' sind affine Kurven (e_1 Affinitätsachse) und die zu F_0G_0 affinen Punkte $F'G'$ von u' ergeben auf dem Kegel die Lichtgrenzen $S'F'$ und $S'G'$, woraus sich dann leicht $S''F''$ und $S''G''$ finden lassen.

339. Nehmen wir an, daß der Kegel hohl sei, so wirft ein Teil des Randes u Schlagschatten auf das Innere des Kegelmantels. Zwei Mantellinien, von denen eine auf die andere Schatten wirft, werfen den gleichen Schatten auf Π_1, man kann also mit Hilfe des Horizontalschattens zu jeder Mantellinie die von ihr Schatten empfangende Mantellinie des Kegels finden und somit beliebig viele Punkte des Schattens u^* von u auf die Kegelfläche. Noch besser benutzt man, um Punkte dieses Schattens u^* zu konstruieren, den Schatten S^* von S auf E. Empfängt nun eine Mantellinie den Schatten einer andern, so liegen ihre Spurpunkte auf u in E mit S^* in gerader Linie (die Tangenten von u in F und G gehen durch S^*).

Nach 361 durchdringen sich Zylinder- und Kegelfläche, die einen Kegelschnitt gemeinsam haben, noch in einem zweiten; die gemeinsame Sehne beider Kegelschnitte schneidet die Flächen in zwei Punkten, in denen sie die gleiche Tangentialebene aufweisen. Der Schatten u^* erscheint aber als Schnitt der Kegelfläche mit einem Zylinder, dessen Grundkurve der Kreis u ist und dessen Mantellinien zu den Lichtstrahlen parallel sind. Es ist deshalb u^* ein Kegelschnitt und FG ist die gemeinsame Sehne von u und u^*. Die Kurven u und u^* sind affin, da sie auf dem nämlichen Zylinder liegen, FG ist die Affinitätsachse, P und P^* sind ein Paar affiner Punkte ($P = u \times OS^*$, $PP^* \parallel l$, $S^*P \times SP^* = Q$ liegt auf u). Was nun für u und u^* gesagt wurde, gilt in gleicher Weise für u' und $u^{*\prime}$ (resp. für u'' und $u^{*\prime\prime}$). Die Affinitätsachse ist $F'G'$, ein Paar affiner Punkte sind P' und $P^{*\prime}$; hiernach ist aber die Ellipse $u^{*\prime}$ leicht als affine Kurve zu u' zu zeichnen.

Liegt noch die Frage nach den Tangentialebenen eines Kegels aus einem gegebenen Punkte vor, so bemerkt man zunächst, daß jede solche Ebene längs einer Mantellinie berührt, also durch die Spitze S hindurchgeht. Die gesuchten Tangentialebenen enthalten demnach die Gerade ST, wenn T der gegebene Punkt ist. Ist $U = ST \times$ E, so müssen die Spurlinien unserer Tangentialebenen in E durch U gehen und die Kurve u berühren, sie können mithin gezeichnet werden. In der Figur ist diese Konstruktion nicht durchgeführt.

Kugel, Zylinder Kegel; ihre ebenen Schnitte und Abwickelungen.

340. Eine Kugel mit einer Ebene E von vorgegebenen Spuren e_1, e_2 zu schneiden (Fig. 227).

Da die Schnittkurve ein Kreis ist, ihre Projektionen aber Ellipsen, so genügt es, zwei rechtwinklige Durchmesser dieses Kreises zu bestimmen, deren Projektionen konjugierte Durchmesser der Ellipsen sind. Wir legen nun durch den Kugelmittelpunkt O eine Ebene Δ senkrecht zu e_1; sie ist Symmetrieebene für die Kugel und die Ebene E, also auch für den Schnittkreis u, d. h. $f = \mathsf{E} \times \Delta$ ist ein Durchmesser von u. Seine Endpunkte A, B bestimmt man am besten, indem man Δ um eine horizontale Achse a durch O in die Lage Δ_0 parallel zu Π_1 dreht. Dabei geht der Schnitt von Δ mit der Kugel in k' und f in $f_0 = F_0G'$ über ($F_0F_1 = (O'' \dashv x)$, $G = f \times a$). Aus $A_0 = f_0 \times k'$ und $B_0 = f_0 \times k'$ ergibt sich sofort die kleine Achse $A'B'$ von u'; ihre große Achse ist $C'D' = A_0B_0$, und ihre Berührungspunkte J', K' mit k' liegen auf $G'H'$ ($H = a'' \times e_2$), da GH die Schnittlinie von E mit der Ebene des Umrisses k ist. Im Aufriß bestimmt man entweder die konjugierten Durchmesser $A''B''$ und $C''D''$ oder man verfährt wie beim Grundriß.

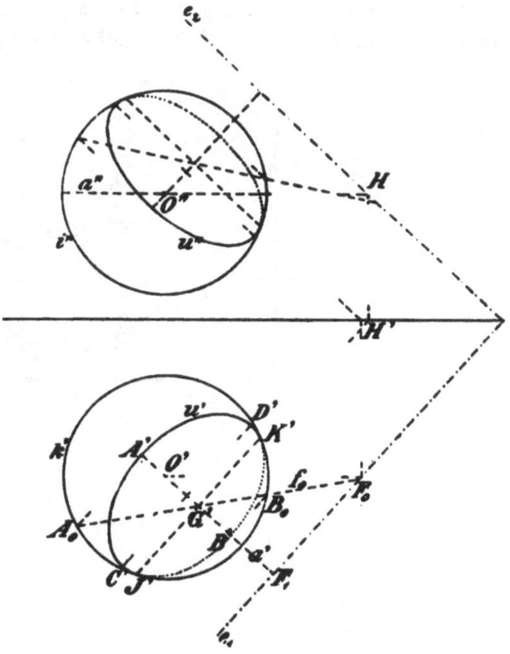

Fig. 227.

341. Will man die Schnittkurve einer Ebene E mit einer beliebigen Zylinderfläche bestimmen, so sucht man die Schnittpunkte von E mit den Mantellinien des Zylinders, indem man projizierende Ebenen durch sie legt. Ist auf der Zylinderfläche eine Raumkurve u gelegen, deren Projektionen u' und u'' man kennt, so geht durch jeden Punkt P von u eine Mantellinie m. Die projizierende Ebene mm' schneidet E in einer Geraden s und der

Aufriß des Schnittpunktes $Q = m \times \mathsf{E}$ ist $Q'' = m'' \times s''$. Da die projizierenden Ebenen durch die Mantellinien parallel sind, so sind es auch ihre Schnittlinien mit E, wovon man Gebrauch machen kann; dann hat man nur noch ihre ersten Spurpunkte, die auf e_1 liegen, nötig.

Soll eine solche Zylinderfläche abgewickelt werden, so muß man zunächst einen ebenen Schnitt senkrecht zu den Mantellinien

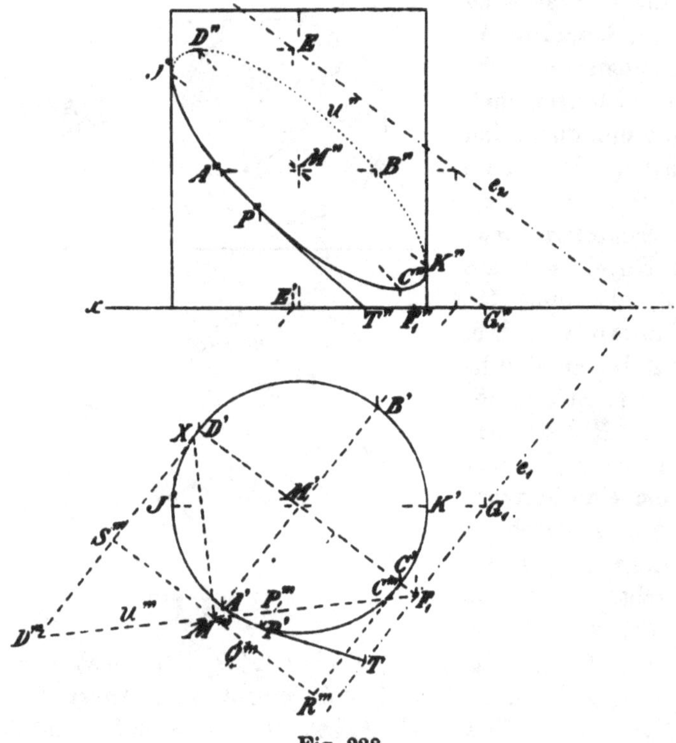

Fig. 228.

ausführen und erhält so eine Kurve v, die die Mantellinien senkrecht durchschneidet. Beim Abwickeln des Zylinders, den man als Prisma mit sehr vielen, sehr schmalen Seiten auffassen kann, werden die Mantellinien parallel, und der Normalschnitt v geht in eine zu diesen senkrechte Gerade über (da er sie alle rechtwinklig schneidet). Man wird deshalb durch Niederlegen der Ebene E um e_1 in Π_1 die wahre Gestalt v_0 von v zeichnen (v_0 und v' sind affin), dann v_0 nach 307 durch Teilen in kleine Strecken und geradliniges Aneinanderreihen derselben rektifizieren. Um zugleich mit dem Zylinder die Kurve u abzuwickeln, zieht man durch die Teilpunkte von v' die Projektionen der Mantellinien und die entsprechenden Mantellinien auf der abgewickelten Fläche; auf den letzteren sind die Strecken zwischen den abgewickelten Kurven proportional den Strecken zwischen u' und v' auf den ersteren. In der Abwickelung des Zylinders bildet die Kurve u mit den Mantellinien die gleichen Winkel wie auf der ursprünglichen Fläche.

342. Schnitt eines geraden Kreiszylinders, dessen Grundkreis in Π_1 liegt, mit einer Ebene E, Abwickelung dieser Kurve mit dem Zylindermantel (Fig. 228 u. 229).

Die Schnittkurve ist eine Ellipse, die zu dem Grundkreise affin ist; man erhält zwei konjugierte Durchmesser derselben, wenn man

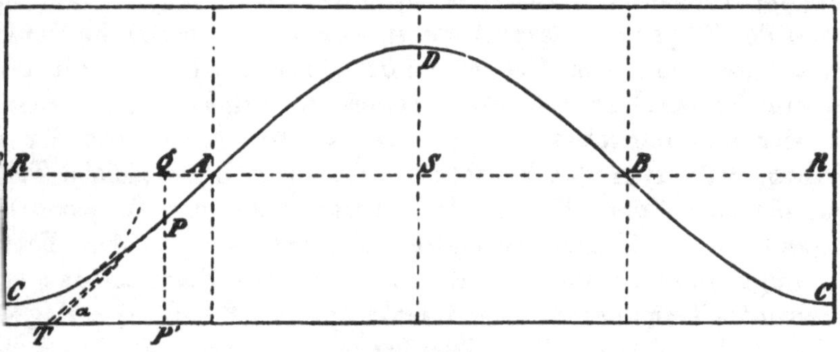

Fig. 229.

durch die Zylinderachse irgend zwei zueinander rechtwinklige Hilfsebenen legt und diese mit E schneidet. Legt man speziell durch die Zylinderachse eine Ebene senkrecht und eine Ebene parallel zur Spur e_1, so erhält man rechtwinklige konjugierte Durchmesser, d. h. die Achsen der Schnittellipse u. Die kleine Achse AB ist als Hauptlinie gleich dem Durchmesser $2r$ des Grundkreises, die große Achse CD ist als Falllinie gleich $2r : \cos\alpha$, wenn α der Neigungswinkel der Schnittebene E gegen Π_1 ist. Um die zweite Projektion der Falllinie zu finden, ist in der Figur der erste Spurpunkt F_1 und der Punkt D benutzt, durch den die Hauptlinie DE gelegt wurde. $A''B''$ und $C''D''$ sind konjugierte Durchmesser der Ellipse u'', ihre Berührungspunkte J'', K'' mit dem Umriß erhält man durch Anwendung einer Hilfsebene durch die Zylinderachse parallel zu Π_2 ($J''K'' \parallel e_2$); denn eine solche schneidet den Zylinder in Mantellinien, die im Aufriß als Umrißlinien erscheinen.

343. Zur Abwickelung des Zylindermantels mit der Ellipse u ist noch in der Ebene $CDC'D'$ ein Seitenriß gezeichnet worden ($D'D''' = (D'' \dashv x)$), in dem die Ellipse als Gerade u''' erscheint. Der abgewickelte Zylindermantel bildet ein Rechteck von der Höhe des Zylinders und von der Breite $2r\pi$ (näherungsweise $6\frac{2}{7}r$). Die Horizontalebene durch M schneidet den Zylinder in einem Kreise, dessen Abstand vom Grundkreise gleich $M''' M'$ ist; die Punkte A, R, B, S (wobei RC, SD Mantellinien sind) teilen diesen Kreis in vier gleiche Teile, die man in der Abwickelung zunächst einträgt. In dieser bestimmt man weiter C und D ($CR = DS = D''' S'''$), dann geht die abgewickelte Ellipse durch $CADBC$, ihre Tangenten in C und D sind parallel der Grundlinie des Rechtecks, ihre Tangenten in A und B schließen mit dieser den Winkel $\alpha = \angle M''' F_1 M'$ ein. A und B sind Wendepunkte der abgewickelten Kurve nach 314, weil die Tangentialebenen des Zylinders in A resp. B auf der Ebene der Ellipse u senkrecht stehen. Je vier symmetrische Punkte von u haben von dem Kreise $ARBS$ gleichen Abstand, wie man aus dem Seitenriß ersieht; die abgewickelte Ellipse besteht deshalb aus vier symmetrischen Teilen. Um weitere Punkte von ihr zu erhalten, teile man den Viertelkreis AR in mehrere gleiche Teile, ziehe die zugehörigen Mantellinien, entnehme aus dem Seitenriß die Abstände der auf ihnen liegenden Ellipsenpunkte von dem Kreise und trage diese Abstände in der abgewickelten Figur an den entsprechenden Teilpunkten von AR senkrecht zu AR auf ($AQ = \text{Bog}\,AQ = \text{Bog}\,A'P'$, $QP = Q''' P'''$). Die Tangente in einem Punkte P der Ellipse u projiziert sich im Grundriß als Tangente des Kreises im Punkte P', ihr Spurpunkt T liegt auf e_1, woraus sich dann ihr Aufriß ergibt. Der Neigungswinkel der Tangente PT gegen die Mantellinie bestimmt sich aus dem rechtwinkligen Dreieck $PP'T$ und ist gleich $\angle TPP'$, und da derselbe bei der Abwickelung erhalten bleibt, hat man in der abgewickelten Figur nur das genannte Dreieck einzutragen, um die bezügliche Tangente der abgewickelten Ellipse zu erhalten.

Der Krümmungsradius OC im Punkte C der abgewickelten Ellipse ist nach 314 gleich dem Krümmungsradius ϱ der Ellipse im Punkte C dividiert durch den Cosinus des Neigungswinkels der Ebene E gegen die Tangentialebene des Zylinders in C, oder es ist: $OC = \varrho : \sin\alpha$. Da aber die Halbachsen der Ellipse: $r : \cos\alpha$ und r sind, so wird: $\varrho = r^2 : \frac{r}{\cos\alpha} = r\cos\alpha$, und: $OC = r \operatorname{cotg}\alpha$. Errichtet man demnach in M''' auf $C''' D'''$ eine Senkrechte, die $D''' D'$ in X schneidet, so ist $S''' X = r \operatorname{cotg}\alpha = OC$.

344. Schnitt eines schiefen Kreiszylinders, dessen Grundkreis in Π_1 liegt, mit einer Ebene E; Abwickelung dieser Kurve mit dem Zylindermantel (Fig. 230 u. 231).

Die Schnittkurve ist wiederum eine Ellipse u, die zum Grundkreis k affin ist; ebenso ist ihre Projektion u' affin zu k, e_1 ist die Affinitätsachse. Legt man durch die Zylinderachse a zwei Ebenen, deren Spuren in Π_1 zueinander rechtwinklig sind, so sind ihre Schnittlinien mit E zwei konjugierte Durchmesser von u. Die Endpunkte dieser Durchmesser liegen auf den bezüglichen Mantellinien,

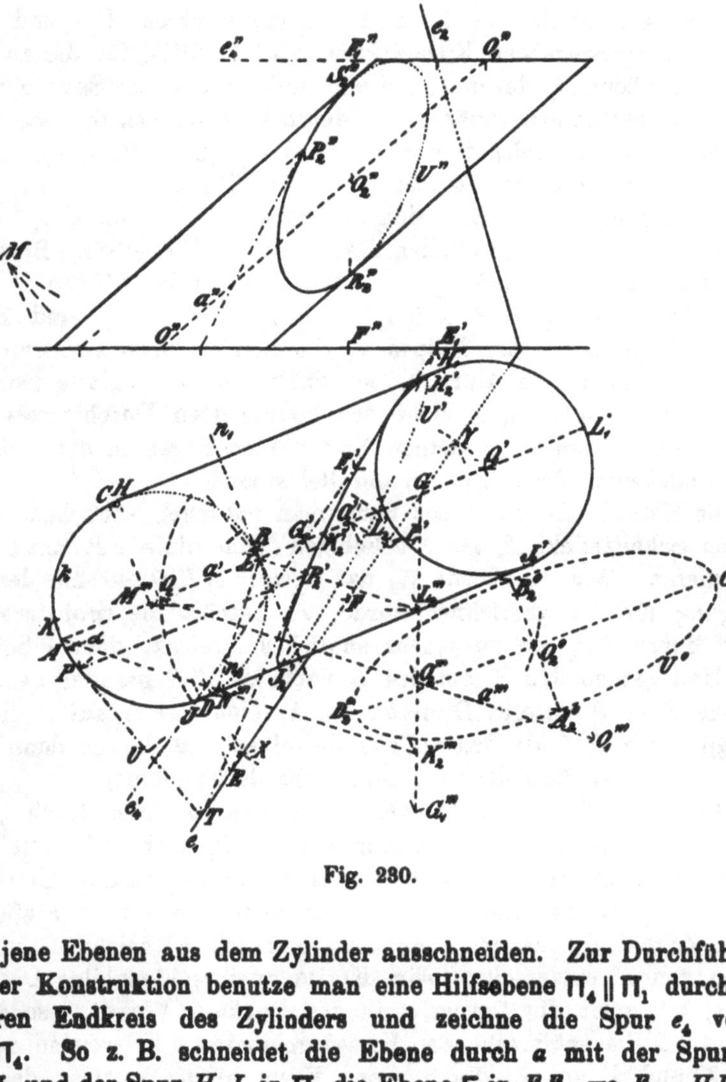

Fig. 230.

die jene Ebenen aus dem Zylinder ausschneiden. Zur Durchführung dieser Konstruktion benutze man eine Hilfsebene $\Pi_4 \parallel \Pi_1$ durch den oberen Endkreis des Zylinders und zeichne die Spur e_4 von E in Π_4. So z. B. schneidet die Ebene durch a mit der Spur HJ in Π_1 und der Spur $H_1 J_1$ in Π_4 die Ebene E in EE_1, wo $E = HJ \times e_1$ und $E_1' = H_1' J_1' \times e_4'$ ist ($e_4' \parallel e_1$, $H_1' J_1' \parallel H_1 J_1$). Da aber H, J die

Spurpunkte der Umrißlinien des Zylinders sind, so schneidet EE_1' ihre Projektionen in den Punkten H_2', J_2', wo sie von u' berührt werden, zugleich ist $O_2' = EE_1' \times a'$ der Mittelpunkt von u'. Legt man durch a eine Ebene, deren erste Spur zum Aufriß parallel ist, so schneidet sie den Zylinder in den Mantellinien, die in Π_2 als Umriß erscheinen; ihre Schnittlinie mit E hat in Π_1 und Π_4 die Spurpunkte F und F_1 ($O_1'F_1' \| OF \| x$), und es schneidet $F''F_1''$ die genannten Umrißlinien in ihren Berührungspunkten R_2'' und S_2'' mit u''. Die angegebene Konstruktion wird hinfällig für die zu Π_1 senkrechte Ebene Π_3 durch a, die wir deshalb um ihre Spur a' umlegen. Wir bestimmen zunächst a''' durch Umlegen von O_1 nach O_1''' und GG_1''' durch Umlegen von G_1 nach G_1''' ($G_1 = \Pi_3 \times e_4$), dann trifft $GG_1 = \Pi_3 \times \mathsf{E}$ den Zylinder in den Ellipsenpunkten K_2, L_2, deren Umlegungen K_2''', L_2''' sich als Schnittpunkte von GG_1''' mit den zu a''' parallelen Mantellinien KK_2''' und LL_2''' ergeben. Hieraus findet man dann K_2' und L_2' und den Mittelpunkt O_2' von u' aus seiner Umlegung $O_2''' = a''' \times GG_1'''$. $J_2'H_2'$ und $K_2'L_2'$ sind konjugierte Durchmesser der Ellipse u', die sich hiernach konstruieren läßt. Sucht man ihre Aufrisse, so erhält man konjugierte Durchmesser von u'', oder man sucht den konjugierten Durchmesser zu $R_2''S_2''$; die Tangenten in seinen Endpunkten liegen in den beiden Tangentialebenen, deren Spuren parallel x sind.

Die Methode des Umlegens kann man natürlich auch benutzen, um den Schnittpunkt P_2 einer beliebigen Mantellinie PP_1 mit E zu konstruieren. Wie die Ebene Π_3 das Dreieck KK_2G enthält, dessen Umlegung $KK_2'''G$ gezeichnet wurde, so enthält die projizierende Ebene durch PP_1 ein zu jenem ähnliches Dreieck, dessen Seiten beim Umlegen zu den Seiten des Dreiecks $KK_2'''G$ parallel werden. Da eine Ecke P unseres Dreiecks auf k, eine zweite auf e_1 liegt, so ergibt sich P_2''' als dritte Ecke desselben und daraus dann P_2' (in der Figur ist diese Konstruktion nicht durchgeführt).

Die wahre Gestalt u^0 der Ellipse u gewinnt man durch Umlegen der Ebene E um e_1, dadurch gelangt O_2 nach O_2^0. Die gesuchte Ellipse u^0 ist aber — ganz ebenso wie u — zu dem Kreise k affin und e_1 ist die Affinitätsachse; da man nun ein Paar affiner Punkte O und O_2^0 kennt, kann man hiernach u^0 zeichnen. Den Achsen von u^0 entsprechen beim Kreise zwei rechtwinklige Durchmesser; schneiden die Achsen e_1 in den Punkten X und Y, so sind XO und YO die entsprechenden Kreisdurchmesser. Es werden demnach X und Y aus e_1 durch einen Kreis ausgeschnitten, dessen Mittelpunkt auf e_1 liegt und der durch O und O_2^0 geht. Die Endpunkte der Kreisdurchmesser sind A, B, C, D, die affinen Punkte A_2^0, B_2^0, C_2^0, D_2^0 sind die Endpunkte der Achsen von u^0.

345. Zur Abwickelung der Mantelfläche des Zylinders führen wir einen Normalschnitt mit den Spuren n_1 und n_3 in Π_1 resp. Π_3 aus; seine Schnittellipse v, die k in L berührt, schneidet alle Mantellinien rechtwinklig und geht bei der Abwickelung in eine Gerade über. Wir teilen nun den Grundkreis von L ausgehend in eine Anzahl gleicher Teile, etwa 24, und bezeichnen sie mit: 1 (= L), 2, 3 ..., 7 (= J), 8, ..., 13 (= K), 14, ..., 19 (= H), 20, ... 24; die zugehörigen

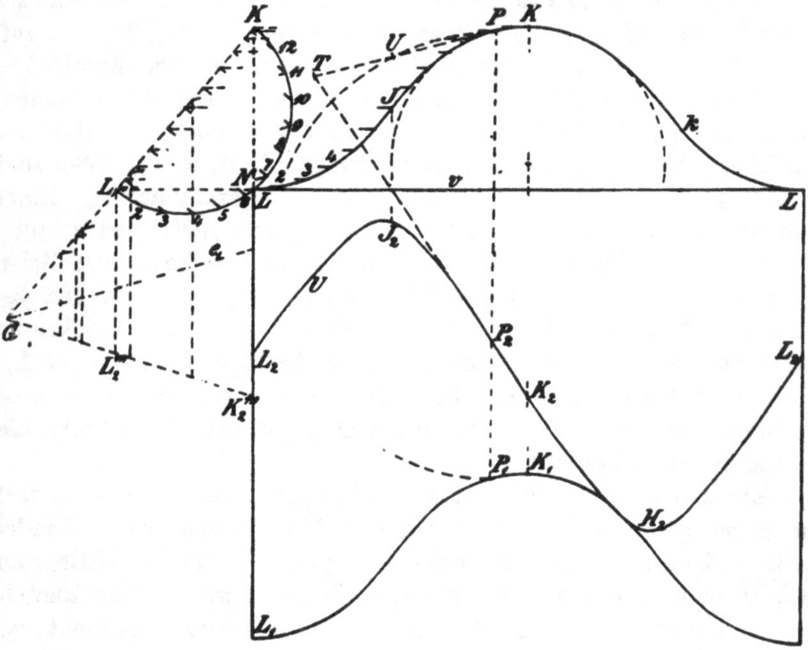

Fig. 231.

Mantellinien schneiden v in den Punkten: 1_v, 2_v, 3_v, ... und u in den Punkten 1_u, 2_u, 3_u, ... Die wahre Länge von KN ergibt sich aus dem rechtwinkligen Dreieck $KN'''L$, das in Fig. 231 noch einmal eingetragen ist; die Strecken 22_v, 33_v, 44_v, ... verhalten sich zu KN, wie die Abstände der Punkte 2, 3, 4, ... von n_1 zu KL. Lotet man also die Punkte 2, 3, 4, ... auf LK, so sind die Abstände der Lotpunkte von LN den Strecken 22_v, 33_v, 44_v, ... resp. gleich, d. h. die abgewickelten Punkte 2, 3, 4, ... liegen auf den durch die Lotpunkte gezogenen Parallelen zu LN, während die Abwickelung von v in die Verlängerung von LN fällt. Bedenkt man noch, daß die gleichen Kreisbogen 12, 23, 34, ... ihre Länge bei der Abwickelung nicht ändern (313) und daß die Bogen sowohl bei k als bei seiner Abwickelung näherungsweise durch die Sehnen ersetzt werden können, so ergibt sich die Gleichheit der Sehnen 12, 23, 34, ... des abgewickelten Kreises k. Die Abwickelung von k besteht aus vier symmetrischen Teilen LJ, JK, KH, HL, dabei sind L und K Scheitel-, H und J Wendepunkte. Die Wendetangente in J schließt mit den Mantellinien den $\angle NKL = \alpha$ ein; der Krümmungsradius in K ist gleich dem Radius von k dividiert durch $\cos\alpha$.

Durch die abgewickelten Punkte 1, 2, 3, 4, ... ziehen wir die Mantellinien und tragen auf ihnen die Strecken 11_u, 22_u, 33_u, ... auf, so erhalten wir Punkte der abgewickelten Ellipse u. Die Strecke 11_u ist $= LL_2'''$, die andern Strecken werden aus Dreiecken gewonnen, die zu $\triangle LL_2'''G$ ähnlich sind. Die zu LG homologen Seiten der ähnlichen Dreiecke gehen von den Punkten 2, 3, 4, ... aus, sind zu LG parallel und haben ihre andern Endpunkte auf e_1. Zieht man also durch 2, 3, 4, ... Parallele zu e_1 und durch ihre Schnittpunkte mit LG Parallele zu LL_2''', so werden auf diesen Parallelen durch die Geraden GL und GL_2''' Strecken begrenzt, die den gewünschten Strecken 22_u, 33_u, 44_u, ... gleich sind. Die Abwickelung von u besteht aus zwei symmetrischen Teilen $L_2J_2K_2$ und $K_2H_2L_2$; denn zwei benachbarte Durchmesser von u schneiden auf u zwei Elemente aus, die gleich lang sind und gegen die Mantellinien die gleiche Neigung besitzen.

Ein Punkt P_2 von u, in dem die Tangentialebene des Zylinders auf E senkrecht steht, liefert bei der Abwickelung einen Wendepunkt. Eine zu jener Tangentialebene parallele Ebene erhält man also, wenn man durch einen beliebigen Punkt, etwa L_2, eine Mantellinie und eine Normale zu E zieht. L ist der erste Spurpunkt der Mantellinie, M der erste Spurpunkt der Normalen ($L_2'M \perp e_1$, $L_2'''M''' \perp GG_1'''$, $M'''M \perp a'$); LM ist demnach zur Spurlinie jener Tangentialebene parallel, deren Spur PT den Kreis k in P berührt ($PT \parallel LM$, $PO \perp LM$). Die Tangente von k in P und die Tangente von u in P_2 schneiden e_1 in dem nämlichen Punkte T und bilden das Dreieck PP_2T; in der Abwickelung bilden die Tangenten in P und P_2 das kongruente Dreieck PP_2T. Um dieses zu zeichnen verlängert man die Mantellinie bis P_1 und fällt von P_1 auf PT das Lot P_1U in der ursprünglichen Figur, bestimmt die Abwickelung von P und überträgt das rechtwinklige Dreieck P_1UP, von dem man PP_1 und PU kennt, trägt PT von P aus auf PU auf und verbindet T mit P_2, so ist P_2T die gesuchte Wendetangente von u, PT die Tangente des abgewickelten Kreises k. Die gleiche Konstruktion läßt sich für die Tangente in jedem Punkte der abgewickelten Ellipse u anwenden; der Krümmungsradius in einem solchen Punkte ergibt sich aus 306 und 314.

346. Schnitt und Abwickelung eines geraden Kreiskegels, dessen Grundkreis in der ersten Projektionsebene liegt (Fig. 232 und 233).

Man lege durch die Spitze S des Kegels eine Ebene senkrecht zu der ersten Spur e_1 der Schnittebene E; sie enthält die Kegelachse

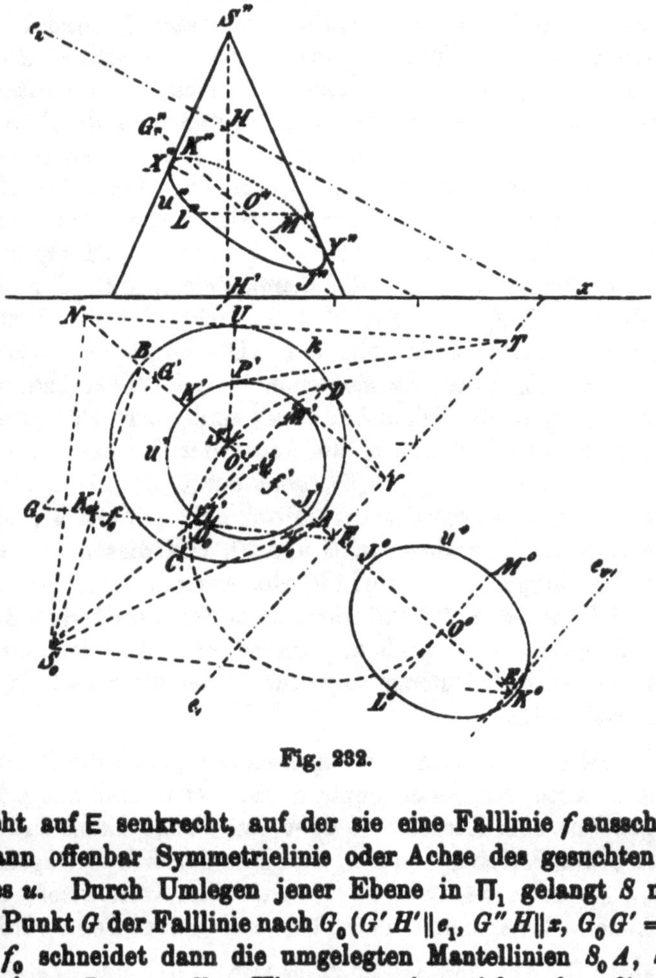

Fig. 232.

und steht auf E senkrecht, auf der sie eine Falllinie f ausschneidet; f ist dann offenbar Symmetrielinie oder Achse des gesuchten Kegelschnittes u. Durch Umlegen jener Ebene in Π_1 gelangt S nach S_0 und der Punkt G der Falllinie nach G_0 ($G'H' \parallel e_1$, $G''H \parallel x$, $G_0G' = HH'$); $F_1G_0 = f_0$ schneidet dann die umgelegten Mantellinien S_0A, S_0B in den Punkten J_0 resp. K_0. Hieraus ergeben sich sofort die beiden Projektionen der Achse JK von u und damit der Mittelpunkt O

von u als Mittelpunkt von JK; die zweite Achse von u ist die durch O gehende erste Hauptlinie von E. Um ihre Endpunkte L, M zu finden, benutzen wir eine Ebene, die durch diese Achse und den Scheitel S geht, also die Gerade SO enthält; ihre Spurlinie geht durch Q ($Q = S_0 O_0 \times f'$), ist zu e_1 parallel und schneidet den Grundkreis k in C und D. Diese Ebene enthält die Mantellinien SC und SD, auf ihnen liegen die Endpunkte L und M der zweiten Achse, deren Projektionen man also zeichnen kann. Die Ebene durch die Kegelachse parallel zum Aufriß enthält die Mantellinien, welche in Π_2 als Umriß erscheinen; die Projektion ihrer Schnittlinie mit E schneidet dieselben in den Berührungspunkten X'' und Y'' von u'' Durch Umlegen von u um e_1 gewinnt man die wahre Gestalt u^0 der Schnittkurve ($F_1 O_0 = F_1 O^0$ usw.). Beliebig viele Punkte von u kann man einfach dadurch konstruieren, daß man durch S irgendwelche Ebenen Δ legt, diese mit der Kegelfläche und E schneidet und so jedesmal zwei Punkte von u bekommt. Man gebraucht dabei eine horizontale Hilfsebene Π_3 durch S, nimmt die erste Spur d_1 von Δ beliebig an, zieht durch S ihre zu d_1 parallele Hilfsspur d_3 und sucht die Hilfsspur e_3 von E; die Schnittlinie $\Delta \times$ E, d. h. die Verbindungslinie von $d_1 \times e_1$ und $d_3 \times e_3$, schneidet die bezüglichen Mantellinien in Punkten der Kurve u. Die Konstruktion ist in der Figur nicht durchgeführt, da sie schon beim Zylinder behandelt ist. Der Kreis k und die Schnittkurve u' sind nach 162 perspektive Figuren, S' ist das Zentrum, e_1 die Achse der Perspektivität, e_v ihre Verschwindungslinie ($S_0 E \| f_0$, $e_v \| e_1$ geht durch E). Dem Pol Q von e_v in bezug auf k entspricht der Mittelpunkt O' von u'; die Tangenten von E an k berühren in C und D, und diesen Punkten entsprechen die Endpunkte L' und M' der zweiten Achse von u'. Ist $V = e_1 \times ED$, so ist $VM' \| ES'$, denn E ist der Verschwindungspunkt der Kreistangente DE. Auch die Kurven u^0 und k sind perspektiv, e_1 ist die Achse, das Zentrum liegt auf f' um die Strecke $S_0 E$ über E hinaus (vgl. 164).

347. Beim Abwickeln des Kegelmantels gehen die Mantellinien in Strahlen durch den festen Punkt S und der Grundkreis k in einen Kreisbogen mit dem Radius $S_0 A$ über; die Länge dieses Kreisbogens wird gleich der Peripherie von k, was man durch Übertragen kleiner Teilstücke — etwa 24 Teile — erzielt. Der Kreissektor, der den abgewickelten Kegelmantel darstellt, hat einen Zentriwinkel von $4R \cdot \frac{S'A}{S_0 A}$. In Fig. 233 ist noch der in ABC liegende Seitenriß des Kegels eingezeichnet, in dem sich u als gerade Linie projiziert, so daß man unmittelbar die Projektionen der einzelnen Mantellinien und ihrer zwischen k und u liegenden Teile, sowie deren wahre Längen entnehmen kann, die man dann auf die abgewickelten Mantellinien aufträgt. Um die Wendepunkte des abgewickelten Kegelschnittes zu bestimmen, suchen wir die Tangentialebenen des Kegels auf, die zu E senkrecht sind, indem wir von S ein Lot auf E fällen, und von seinem ersten Spurpunkte N ($S_0 N \perp f_0$) die beiden Tangenten an k ziehen. Diese Tangenten sind die ersten Spurlinien der gesuchten Tangentialebenen; berührt eine derselben den Kegel längs der Mantellinie SU, und trägt diese den Punkt P von u, so wird P bei der Abwickelung zum Wendepunkt. Schneidet die Kreistangente NU die Spur e_1 in T, so ist PT die Tangente von u im Punkte P; die bezüglichen Tangenten der abgewickelten Kurven k und u bilden ein rechtwinkliges Dreieck PUT, das zu dem $\triangle\, PUT$ der ursprünglichen Figur kongruent ist. Ganz ebenso wie die Wendetangente in P überträgt man auch andere Tangenten in die Abwickelung. Die Punkte J und K sind Scheitelpunkte der abgewickelten Kurve u; die zugehörigen Krümmungsradien JJ_1 und KK_1 findet man nach 314 als $\varrho : \cos \angle\, SJK$ und $\varrho : \cos \angle\, BKJ$, wenn ϱ den Krümmungsradius der Ellipse u^0 in den Punkten J^0 und K^0 bedeutet ($JJ_2 = KK_2 = \varrho$, $J_1 J_2 \perp JK$, $K_1 K_2 \perp JK$).

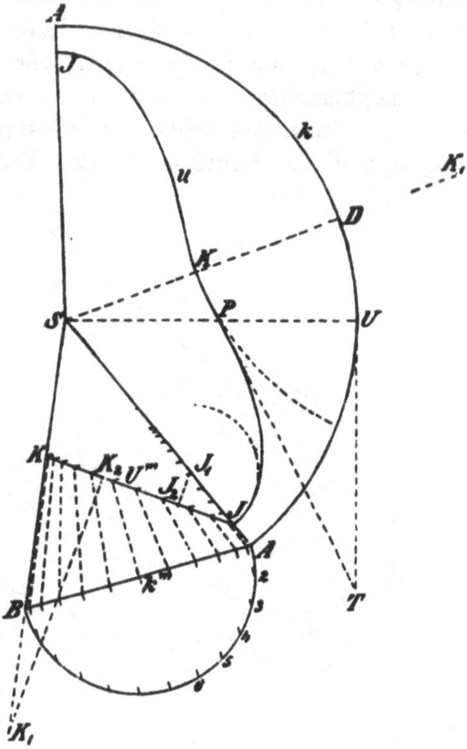

Fig. 233.

348. Schnitt und Abwickelung eines schiefen Kreiskegels, dessen Grundkreis in der ersten Projektionsebene liegt (Fig. 234 u. 235).

Wir benutzen außer der Ebene Π_1 des Grundkreises k noch eine zweite Horizontalebene Π_2 durch den Scheitel S des Kegels; die Ebene E hat dann die parallelen Spuren e_1 und e_2 ($e_2' \| e_1$). Eine beliebige Spurlinie d_1 in Π_1 und eine zu ihr parallele Spurlinie d_2 durch S bestimmen eine Ebene, deren Schnittlinie mit E die Spurpunkte $d_1 \times e_1$ und $d_2 \times e_2$ besitzt und die aus dem Kegel die nach den Schnittpunkten von d_1 und k verlaufenden Mantellinien ausschneidet; dadurch ergeben sich jedesmal zwei Punkte von u'. Nimmt man speziell als Spurlinie d_1 den Durchmesser $A_1B_1 \perp e_1$ an, so

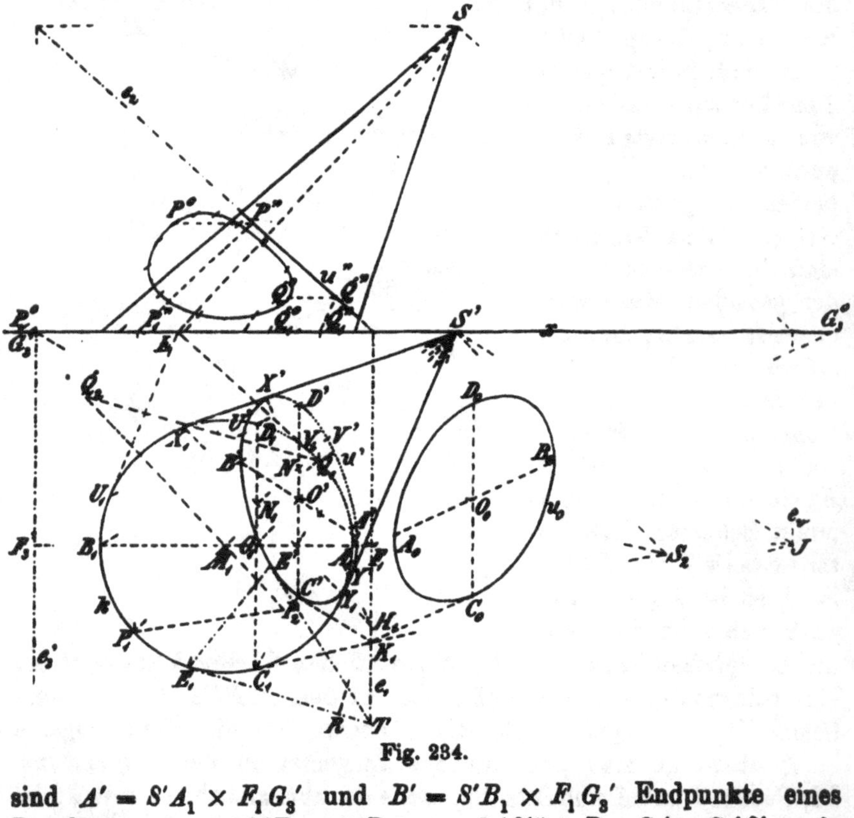

Fig. 234.

sind $A' = S'A_1 \times F_1G_2'$ und $B' = S'B_1 \times F_1G_2'$ Endpunkte eines Durchmessers von u' ($F_1 = A_1B_1 \times e_1$, $G_2'S' \| A_1B_1$, $G_2' = G_2'S' \times e_2'$); denn $A'B'$ halbiert alle Sehnen von u', die zu e_1 parallel sind, und somit ist O' der Mittelpunkt von u' ($O'A' = O'B'$). Jede Ebene durch SO liefert nun einen Durchmesser von u, ihre Spurlinie muß durch O_1 gehen ($O_1 = A_1B_1 \times S'O'$); die Spurlinie $C_1D_1 \| e_1$ durch O_1 liefert insbesondere den zu $A'B'$ konjugierten Durchmesser $C'D'$ ($C'D' \| e_1$). Durch Umlegen dieser Durchmesser um e_1 in Π_1 erhält man die konjugierten Durchmesser A_0B_0, C_0D_0 von u_0. Sind X_1 und Y_1 die

Berührungspunkte der Umrißlinien mit k, so enthält die Ebene SX_1Y_1 den wahren Umriß; schneidet man also X_1Y_1 mit e_1 in H_1 und die Parallele zu X_1Y_1 durch S' mit e_3' in H_3', so trifft H_1H_3' den Umriß in den Berührungspunkten X' und Y' von u' ($N_1 = C_1D_1 \times X_1Y_1$, $N_1S' \times C'D' = N'$, $H_1N' = X'Y'$).

Faßt man (nach 162) k und u' als perspektive Figuren mit dem Zentrum S' und der Achse e_1 auf, so ist e_3' die Fluchtlinie und e_v die Verschwindungslinie, wobei $e_v \| e_1$ ebensoweit von e_1 absteht wie S' von e_3'. Die Polare des Punktes $J = A_1B_1 \times e_v$ muß wieder C_1D_1 und O_1 der Pol von e_v sein (JC_1 berührt k in C_1). J, O_1 und der

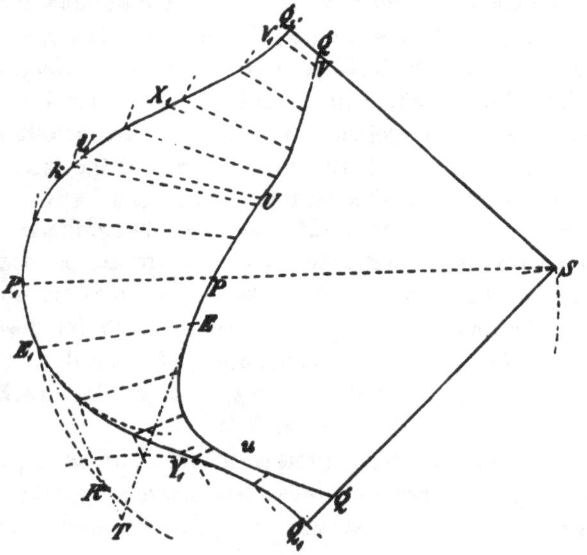

Fig. 285.

unendlich ferne Punkt von e_v bilden ein Poldreieck von k; das Bild von e_v fällt ins Unendliche; also ergeben die Bilder von A_1B_1 und C_1D_1 konjugierte Durchmesser von u' ($A'B' \| S'J$ geht durch F_1, $C'D' \| e_1$ geht durch O', wo O' das Bild von O_1 ist). Ist K_1 der Schnittpunkt von e_1 mit der Kreistangente JC_1, so ist $C'K_1 \| S'J$ die Tangente von u' in C' und $C_0K_1 \| O_0F_1$ die Tangente von u_0 in C_0.

349. Zur Abwickelung des Kegelmantels nehmen wir die Ebene SP_1Q_1, die ihn in zwei symmetrische Teile zerlegt, und teilen den Umfang des Kreises k von P_1 ausgehend in lauter gleiche Stücke, etwa 24; die zugehörigen Mantellinien zerlegen den Kegelmantel in 24 Teile. Annäherungsweise kann nun der Kegel durch eine 24seitige Pyramide ersetzt werden, deren Seitenflächen Dreiecke sind, die je zwei

Mantellinien zu Seiten und gleiche Sehnen des Grundkreises zu Grundlinien haben. Die Abwickelung geschieht durch Nebeneinanderlegen der genannten Seitenflächen, wozu man die Längen der nach den 24 Teilpunkten laufenden Mantellinien braucht. Diese Längen findet man unter Benutzung einer Aufrißebene, die durch S senkrecht zu e_1 gelegt ist, indem man die einzelnen Mantellinien um SS' in diese Aufrißebene dreht ($S'P_1 = S'P_1{}^0$, $SP_1 = SP_1{}^0$, $SQ_1 = SQ_1{}^0$ usw.); hierbei ergeben sich auch ihre Schnittpunkte mit u ($P = SP_1 \times \mathsf{E}$, $P'' = SP_1'' \times e_2$, $P^0P'' \| x$, $P^0 = P^0P'' \times SP_1{}^0$ usw.). Beim Abwickeln von k gelangen die 24 Teilpunkte auf 13 Kreise um den gemeinsamen Mittelpunkt S, deren Radien den bezüglichen Mantellinien gleich sind; die Radien für den größten und kleinsten sind SP_1 und SQ_1; die Abstände je zweier aufeinanderfolgender Teilpunkte auf der Abwickelung von k sind der Seite des k eingeschriebenen regulären 24-Ecks gleich. Auf den 24 abgewickelten Mantellinien (in der Figur sind nur 12 eingezeichnet) trägt man noch die von der Schnittkurve u begrenzten Teilstücke auf ($SQ = SQ^0$, $SP = SP^0$, usw.) und gewinnt so Punkte der abgewickelten u.

Die Tangente im Punkte E von u liegt in E und in der Tangentialebene, die den Kegel längs SEE_1 berührt und deren Spurlinie E_1T den Kreis k in E_1 berührt; deshalb ist $T = E_1T \times e_1$ der Spurpunkt der gesuchten Tangente (TE' berührt u' in E'). Macht man $S'R \perp E_1T$ und überträgt man das rechtwinklige $\triangle SE_1R$ sowie E_1T in die abgewickelte Figur, so ist E_1R die Tangente des abgewickelten Kreises k im Punkte E_1, und es wird ET die Tangente der abgewickelten Kurve u, da ihr Neigungswinkel gegen SE derselbe ist wie $\angle E_1ET$ auf dem Kegelmantel selbst.

Die Wendepunkte der abgewickelten k sind X_1 und Y_1 nach 314, denn die Tangentialebenen längs der Umrißlinien SX_1 und SY_1 sind zu Π_1 senkrecht. Die Wendepunkte der abgewickelten u sind U und V, wenn die Tangentialebenen längs der Kanten SU und SV auf E senkrecht stehen, d. h. wenn sie das von S auf E gefällte Lot SL enthalten ($SL \perp e_2$). L ist der erste Spurpunkt dieses Lotes und die Tangenten von L an k sind die ersten Spurlinien der genannten Tangentialebenen; ihre Berührungspunkte U_1 und V_1 sind die ersten Spurpunkte der beiden Mantellinien, deren Abwickelungen die gesuchten Wendepunkte tragen. Die Punkte P_1 und Q_1 sind für die abgewickelte k Scheitelpunkte, deren Krümmungsradien P_1P_2 und Q_1Q_2 sind; denn $\angle S_2Q_1S' = \angle Q_2Q_1M_1$ und $\angle S_2P_1S' = \angle P_2P_1M_1$ ($S_2S' \| Q_2M_1P_2 \perp S'M_1$, $S_2S' = SS'$) sind die Neigungswinkel von SQ_1 und SP_1 gegen Π_1, und es ist (nach 314) $P_1P_2 = r : \cos P_2P_1M_1$ und $Q_1Q_2 = r : \cos Q_2Q_1M_1$.

350. Die geodätischen Kurven auf dem geraden Kreiskegel (Fig. 236).

Nach 315 verstehen wir unter einer geodätischen Kurve auf einer abwickelbaren Fläche eine solche, die bei der Abwickelung in eine Gerade übergeht. Wickeln wir also die Mantelfläche des

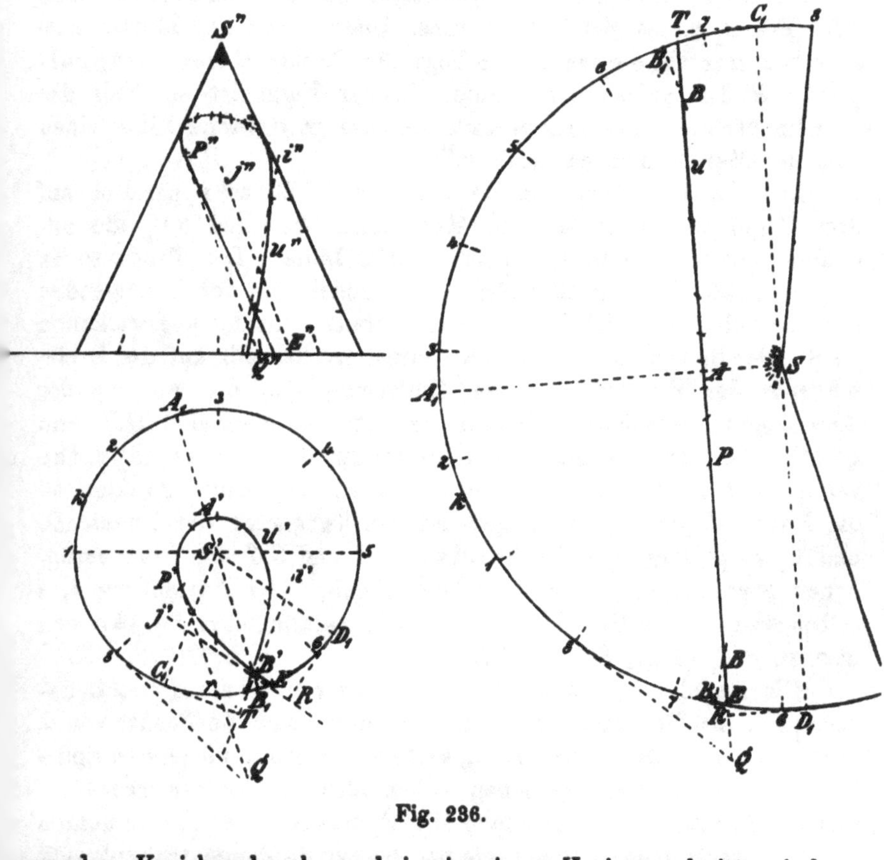

Fig. 236.

geraden Kreiskegels ab, wobei wir einen Kreisausschnitt erhalten (vgl. 347), so entspricht jede Gerade auf dem abgewickelten Mantel einer geodätischen Linie auf dem Kegel. Zu allen Geraden auf ersterem, deren Abstände von S unter sich gleich sind, gehören kongruente geodätische Linien auf letzterem; überhaupt sind je zwei geodätische Linien des Kegels ähnliche Kurven. Soll eine geodätische Linie zwei Punkte P und Q der Kegelfläche verbinden, so suche man die entsprechenden Punkte in der Abwickelung auf, verbinde sie durch eine Gerade u und konstruiere nun zu dieser die entsprechende Kurve u auf der Kegelfläche. Zu diesem Zweck teilt man den Grundkreis k in eine Anzahl gleicher Teile, zieht die nach den Teilpunkten verlaufenden Mantellinien, bestimmt ihre Abwickelungen, deren Schnittpunkte mit der Geraden u man wieder auf den Kegel überträgt. Die Linie $SA_1 \perp u$ liefert den Punkt $A = SA_1 \times u$, der dem Scheitel der geodätischen Linie entspricht; die Linien SB_1 sind beide Abwickelungen der nämlichen Mantellinie SB_1 (Bog $A_1 B_1$ ist gleich dem halben Umfang von k); deshalb entsprechen ihre auf der Geraden u liegenden Punkte B einem Doppelpunkt B der geodätischen Linie. In der Figur ist ein Teil des Kegelmantels doppelt abgewickelt, weil die geodätische Linie einen Teil der Mantellinien zweimal trifft.

351. In der Abwickelung sind SC_1 und SD_1 zu u parallel, auf dem Kegel tragen deshalb die Mantellinien SC_1 und SD_1 die unendlich fernen Punkte der geodätischen Linie. Die Tangente in einem Punkte P der geodätischen Linie schließt mit der Erzeugenden $SP8$ den gleichen Winkel ein, wie die Gerade u mit der abgewickelten $SP8$. Der Spurpunkt Q jener Tangente liegt deshalb auf der Kreistangente des Punktes 8 in der Entfernung $Q8$, die wir aus der Abwickelung entnehmen können; ihre Projektionen sind QP' und $Q''P''$. Ganz ebenso erhält man als Spurpunkte der Asymptoten von u — d. h. der Tangenten in den unendlich fernen Punkten — die Punkte R und T; sie liegen auf den Tangenten der Punkte D_1 und C_1 respektive, und die Strecken $D_1 R$ und $C_1 T$ sind den bezüglichen Strecken in der Abwickelung gleich. Die Asymptoten i, j selbst sind zu den Geraden SC_1 und SD_1 parallel, ihre Projektionen also zu $S'C_1$, $S'D_1$, $S''C_1''$, $S''D_1''$.

Die Projektion u' ändert den Sinn ihrer Krümmung nicht, dagegen u''; als Wendepunkte von u'' projizieren sich die Punkte von u, deren Schmiegungsebenen auf Π_2 senkrecht stehen; die ersten Spurlinien dieser Schmiegungsebenen stehen also auf der x-Achse senkrecht. Bestimmt man demnach die Spurkurve der abwickelbaren Fläche unserer geodätischen Linie und legt an sie Tangenten senkrecht zur x-Achse, zieht durch ihre Berührungspunkte die bezüglichen Tangenten an k und durch deren Berührungspunkte die Mantellinien, so schneiden diese aus u die Punkte aus, die sich im Aufriß als Wendepunkte projizieren. Läßt man in der Figur einen Punkt auf u von E nach P wandern, so beschreibt die zugehörige Tangente in Π_1 eine Spurkurve, die E mit Q verbindet; dieses Kurvenstück EQ besitzt eine zur x-Achse senkrechte Tangente, woraus sich der zugehörige Wendepunkt auf $P''E''$ mit seiner Tangente ergibt (in der Figur ist die Konstruktion weggelassen).

Durchdringung von Kugel-, Zylinder- und Kegelflächen.

352. Um die Durchdringungslinie oder Schnittkurve zweier beliebiger Oberflächen zu zeichnen, muß man eine Reihe einzelner Punkte von ihr bestimmen. Dieses geschieht dadurch, daß man auf beiden Oberflächen Kurven aufsucht, die sich wirklich schneiden und so in den Schnittpunkten Punkte der Durchdringungslinie liefern. Schneidet man die gegebenen Oberflächen mit einer dritten, so erhält man auf denselben Kurven, deren Schnittpunkte auf der Durchdringungslinie liegen. Hiermit wird scheinbar unsere ursprüngliche Aufgabe: die Schnittkurve zweier Oberflächen zu finden, auf eine kompliziertere Aufgabe: die beiden Oberflächen mit einer dritten zu schneiden, zurückgeführt; da man indessen die dritte oder Hilfsoberfläche beliebig wählen darf, so läßt sich diese Wahl so treffen, daß ihre Schnittkurven mit den gegebenen Oberflächen leicht angegeben werden können. Es kommt also bei der Konstruktion der Durchdringungslinie zweier Flächen im wesentlichen darauf an, geeignete Hilfsflächen ausfindig zu machen. In den allermeisten Fällen benutzt man Ebenen als Hilfsflächen, und es ist in jedem einzelnen Falle zu überlegen, welche Hilfsebenen am besten geeignet sind, um die Konstruktion so viel wie möglich zu vereinfachen. Häufig können Hilfsebenen parallel oder senkrecht zu einer Projektionsebene Verwendung finden, wobei dann die eine Projektion der in einer Hilfsebene liegenden Schnittkurven als gerade Linie erscheint.

353. Auf den Zylinder- und Kegelflächen liegen gerade Linien, die Erzeugenden oder Mantellinien; die Hilfsebenen zur Konstruktion der Durchdringungslinie zweier solcher Flächen wählt man deshalb so, daß sie beide Flächen in Erzeugenden schneiden. Handelt es sich dabei um zwei Kegel, so müssen die Hilfsebenen durch die Verbindungslinie ihrer Scheitel gelegt werden; handelt es sich um einen Kegel und einen Zylinder, so legt man die Hilfsebenen durch die Gerade, die durch den Scheitel des Kegels parallel zu den Mantellinien des Zylinders verläuft; sollen endlich zwei Zylinderflächen zum Durchschnitt gebracht werden, so nimmt man lauter Hilfsebenen, die den Erzeugenden beider parallel sind. Um die Mantellinien zu bestimmen, die eine Hilfsebene aus einer Zylinder- oder Kegelfläche ausschneidet, deren ebene Basiskurve man kennt,

hat man nur die Schnittgerade der Hilfsebene und Basisebene mit der Basiskurve zu schneiden; durch diese Schnittpunkte verlaufen die gesuchten Mantellinien. Welcher Art die Basiskurve ist, ist hierbei gleichgültig.

354. Die Durchdringung zweier Zylinderflächen zu finden, deren Grundkurven Kegelschnitte sind (Fig. 237).

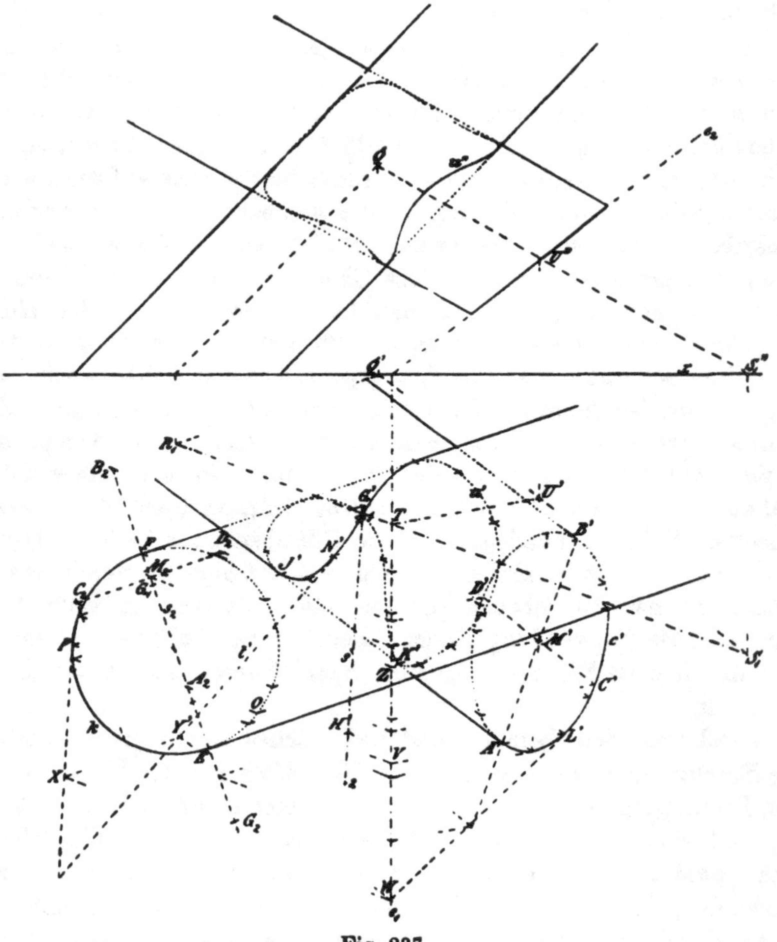

Fig. 237.

Der eine Zylinder möge eine kreisförmige Basis k in Π_1, der andere eine elliptische c in einer Ebene E mit den Spuren e_1, e_2 besitzen, die Aufrißebene Π_2 möge auf E senkrecht stehen ($e_1 \perp x$). Wir ziehen zunächst durch einen beliebigen Punkt Q Parallele zu den Mantellinien des einen und des andern Zylinders, deren erste Spurpunkte R_1

und S_1 wir aufsuchen. Die ersten Spurlinien der zu den Erzeugenden beider Zylinder parallelen Hilfsebenen sind dann zu $R_1 S_1$ parallel; ihre Spurgeraden in der Basisebene E des zweiten Zylinders sind parallel zu TU und deren Projektionen zu TU' ($T = e_1 \times R_1 S_1$, $U'' = e_2 \times QS_1''$, U' auf $Q'S_1$). Zieht man demnach durch einen beliebigen Punkt auf e_1 Parallele zu $R_1 T$ und TU', schneidet erstere mit k, letztere mit c' und legt durch diese Schnittpunkte die Projektionen der Erzeugenden der bez. Zylinder, so durchkreuzen sie sich in vier Punkten der Projektion u' der Durchdringungslinie. Die Kurve u' berührt die scheinbaren Umrißlinien beider Zylinder je zweimal; die Berührungspunkte können auch konjugiert imaginär sein. Die Berührungspunkte der Umrißlinie, die c' in A' berührt, erhält man, wenn man durch A' eine Parallele zu $U'T$ und durch ihren Schnittpunkt V mit e_1 eine Parallele zu TR_1 zieht; letztere schneidet k in O und P; die zugehörigen Mantellinien enthalten dann die Berührungspunkte J' resp. K'. Ganz analog erhält man die Berührungspunkte von u'' mit den Umrißlinien des Aufrisses, indem man die Hilfsebenen durch die bezüglichen Mantellinien legt. Die Hilfsebenen, welche den ersten Zylinder berühren, deren erste Spuren also k tangieren, schneiden den zweiten Zylinder in zwei Mantellinien, die von u und deren Projektionen von u' resp. u'' berührt werden. Ebenso schneiden die Hilfsebenen, die den zweiten Zylinder berühren, deren Spuren in E also c tangieren, den ersten Zylinder in je zwei Mantellinien, deren Projektionen u' resp. u'' berühren.

Die Tangente t von u in einem Punkte N erscheint als Schnitt der beiden Ebenen, die die Zylinder längs der bez. Erzeugenden NP resp. NL tangieren. Die Spur der einen in Π_1 berührt k in P, die Spur der andern in E berührt c in L und ihre Projektion berührt c' in L'. Die Hilfsebenen schneiden diese beiden Tangentialebenen in Geraden, die zu den bez. Mantellinien parallel laufen; daraus ergibt sich die Konstruktion eines Punktes von t. Die Spur $WX(\| R_1 T)$ der Hilfsebene schneidet die genannten Tangenten von k und c' in X und W (wobei $W = e_1 \times WL'$ gewählt ist); sind dann XY' und WY' respektive parallel zu den Umrißlinien des ersten und zweiten Zylinders, so ist Y' ein Punkt von t'; mit Hilfe des ersten Spurpunktes $t' \times PX$ läßt sich unmittelbar t'' zeichnen.

Was die Sichtbarkeit von u' und u'' anlangt, so ist zu bemerken, daß nur solche Teile dieser Kurven sichtbar sein können, die sich auf den sichtbaren Teilen beider Zylinder befinden. Man sucht also bei beiden Zylindern die sichtbaren Teile auf, und zwar so, als ob jeder nur allein vorhanden wäre; sie werden von den Umrißlinien begrenzt; ein Punkt von u' (oder u'') ist dann sichtbar, wenn die Erzeugenden durch ihn bei beiden Zylindern auf den sichtbaren Teilen ihrer ersten (oder zweiten) Projektion liegen. Die sichtbaren Teile von u' resp. u'' endigen auf den Umrißlinien.

355. Jede beliebige Projektion von u zeigt zwei Doppelpunkte — gewöhnliche oder isolierte oder imaginäre — wie wir jetzt nachweisen wollen. Wir werden im folgenden speziell die Doppelpunkte von u' bestimmen, die Betrachtungen bleiben indessen mit geringen Modifikationen für jede beliebige Projektionsrichtung gültig. Alle zu Π_1 normalen Sehnen des ersten Zylinders werden durch eine Ebene halbiert, die auch die Berührungspunkte der zu Π_1 normalen Zylindertangenten und somit die Umrißlinien des Zylinders enthält (vgl. 360); die erste Spur dieser Ebene ist EF, wenn E und F die Spurpunkte der Umrißlinien sind. Ebenso halbiert eine Ebene die zu Π_1 normalen Sehnen des zweiten Zylinders, sie enthält seine Umrißlinien und schneidet seine Basisebene E in AB. Die Schnittlinie beider Ebenen sei s, die erste projizierende Ebene durch s schneide den ersten Zylinder in dem Kegelschnitt i, den zweiten in dem Kegelschnitt j. Die Linie s halbiert zugleich die zu Π_1 senkrechten Sehnen von i und von j, s ist deshalb ein gemeinsamer Durchmesser von i und j; die zu s konjugierten Durchmesser von i und j stehen auf Π_1 senkrecht. Die vier Schnittpunkte von i und j liegen somit paarweise auf zwei Normalen zu Π_1, ihre ersten Projektionen liefern die beiden Doppelpunkte von u'; es kommt also nur noch darauf an, die Schnittpunkte von i und j zu finden.

Um zunächst die Projektion s' von s zu zeichnen, auf der die gesuchten Doppelpunkte von u' liegen, haben wir die beiden Ebenen durch die Umrißlinien unserer Zylinder miteinander zum Schnitt zu bringen; eine von ihnen besitzt die Spur EF in Π_1, die andere die Spur AB in E. Ihre Schnittlinien mit einer Hilfsebene sind den bezüglichen Umrißlinien parallel; die Hilfsebene durch einen Punkt Z von e_1 schneidet Π_1 in ZM_2 ($\parallel TR_1$) und E in ZM($\parallel TU$, $ZM' \parallel TU'$); durch M_2 auf EF und durch M' auf $A'B'$ zieht man die Parallelen zu den bez. Umrißlinien; sie treffen sich in einem Punkte G' von s'. Ganz analog ergibt sich der Punkt H' von s'. Die Schnittpunkte von i und j bestimmt man nun nicht direkt, sondern projiziert beide Kurven durch Strahlen parallel zu den Mantellinien des ersten Zylinders auf Π_1. Bezeichnet man mit i_2 und j_2 diese Projektionen von i und j, so ist $i_2 = k$ und zugleich $EF = s_2$ die gleichnamige Projektion von s; die eine Achse A_2B_2 von j_2 liegt auf s_2, die andere C_2D_2 steht in M_2 darauf senkreckt, da ja die Sehnen von $i_2 = k$ und j_2, die ihr gemeinsamer Durchmesser $EF = A_2B_2$ halbiert, parallel sind. Die Punkte A_2, B_2, M_2, C_2, D_2 liegen hierbei auf Parallelen zu R_1T, die e_1 in den nämlichen Punkten treffen, wie die Geraden durch A', B', M', C', D', die zu $U'T$ parallel sind ($A'V \parallel U'T$, $VA_2 \parallel TR_1$ usw.), denn je zwei entsprechende Punkte A', A_2 usw. liegen in einer der parallelen Hilfsebenen.

Wir haben nun die Schnittpunkte von k und j_2 zu bestimmen, was durch wirkliches Einzeichnen von j_2 geschehen kann. Sie liegen auf zwei Senkrechten zu s_2, und die Doppelpunkte von u' auf s' gehen aus ihnen hervor durch Zurückschneiden in der Richtung der Mantellinien des ersten Zylinders (in der Figur ist 1 ein gewöhnlicher, 2 ein isolierter Doppelpunkt). Da die vier Schnittpunkte von k und j_2 paarweise auf zwei zu s_2 normalen Geraden g_1 und g_2 liegen, bilden k, j_2 und das Geradenpaar g_1g_2 drei Kegelschnitte eines Büschels mit den nämlichen vier Grundpunkten und werden von jeder Geraden in drei Punktepaaren einer Involution geschnitten (vgl. III. Bd. 1. Kapitel). Loten wir alle diese Involutionen auf s_2, so haben dieselben alle ein Punktepaar gemein, nämlich das Punktepaar $G_1 = g_1 \times s_2$, $G_2 = g_2 \times s_2$; wir können dieses daher als gemeinsames Punktepaar zweier Involutionen finden. Die eine Involution ist bestimmt durch die beiden Punktepaare E, F und A_2, B_2; zwei Punktepaare einer andern Involution erhalten wir, indem wir k und j_2 mit einer Geraden schneiden und die Schnittpunkte auf s_2 loten; am besten wählt man dazu die Gerade durch C_2 parallel zu s_2, die also j_2 berührt. Das Aufsuchen des gemeinsamen Punktepaares G_1, G_2 zweier Involutionen geschieht dann nach Kapitel 1 im III. Band. Die Bestimmung der Doppelpunkte von u'' kann analog vorgenommen werden. Die Doppelpunkte von u' können entweder reell oder konjugiert imaginär sein, je nachdem das gemeinsame Punktepaare der beiden Involutionen reell oder imaginär ist. Die reellen Doppelpunkte sind entweder beide gewöhnliche oder beide isolierte, oder es gibt unter ihnen einen gewöhnlichen und einen isolierten, je nachdem k und j_2 vier, oder keinen, oder zwei reelle Punkte gemeinsam haben.

356. Durchdringung eines geraden Kreiskegels mit einem geraden Kreiszylinder (Fig. 238). Der Basiskreis k des Kegels liege in Π_1, der Basiskreis c des Zylinders in einer beliebigen Ebene E mit den Spuren e_1 und e_2, und es sei c^0 der um e_1 in Π_1 umgelegte Kreis c. Zur Konstruktion benutzen wir eine Seitenrißebene Π_3, die zu Π_1 senkrecht und zu den Mantellinien des Zylinders parallel ist, also auf e_1 senkrecht steht; gleichzeitig soll Π_3 durch den Scheitel S des Kegels gehen ($y = \Pi_3 \times \Pi_1$, $y \perp e_1$). Wir suchen dann die dritte Spur e_3 von E und mit ihrer Hilfe die kleine Achse $B'C$ von c' ($Y = y \times e_1$, $YB''' = CB^0$), wonach sich dann der Grund-

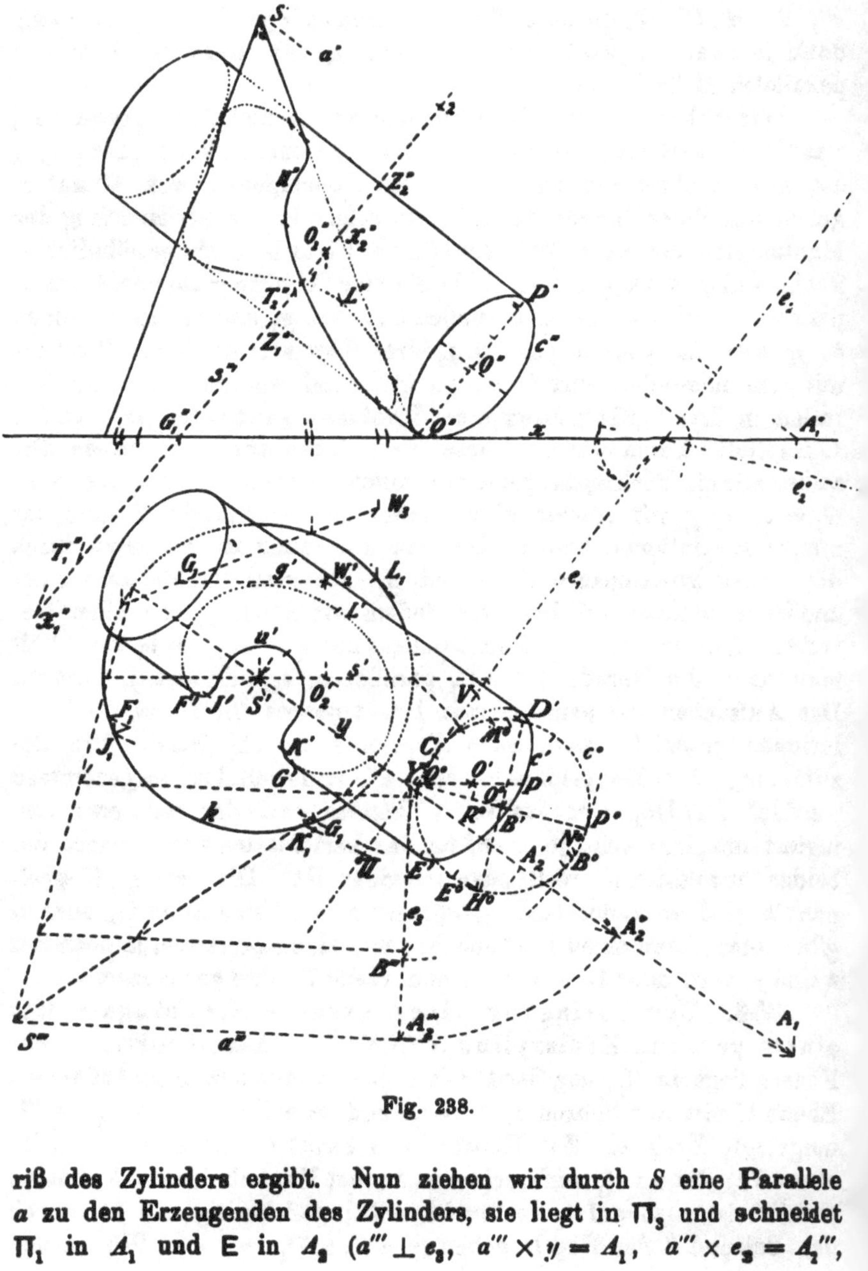

Fig. 238.

riß des Zylinders ergibt. Nun ziehen wir durch S eine Parallele a zu den Erzeugenden des Zylinders, sie liegt in Π_3 und schneidet Π_1 in A_1 und E in A_2 ($a''' \perp e_3$, $a''' \times y = A_1$, $a''' \times e_3 = A_2'''$,

$A_2'A_2''' \perp y$). Alle Hilfsebenen durch die Achse a schneiden sowohl aus dem Zylinder wie aus dem Kegel Mantellinien, ihre Schnittpunkte gehören der Durchdringungskurve u an. Jede Hilfsebene besitzt in Π_1 eine durch A_1 verlaufende Spur und in E eine durch A_2 verlaufende Spur, beide Spuren schneiden sich auf e_1. Verbindet man also irgend einen Punkt von e_1 einerseits mit A_1, andererseits mit A_2', so schneidet erstere Linie k in zwei Punkten und bestimmt so zwei Erzeugende des Kegels, während letztere Linie c' in zwei Punkten trifft und so zwei Erzeugende des Zylinders bestimmt; die vier Schnittpunkte dieser Erzeugenden liegen auf u. Anstatt nun c' mit den Strahlen durch A_2' zu schneiden, ist es zweckmäßig, die Ebene E um e_1 in Π_1 umzulegen und c^0 mit den Strahlen durch A_2^0 zu schneiden. So erhält man z. B. auf der Umrißlinie des Zylinders, die c' in E' berührt, die Berührungspunkte F' und G' von u', indem man den Punkt $A_2^0E^0 \times e_1$ mit A_1 verbindet, diese Linie mit k in F_1 und G_1 schneidet; dann liegt F' auf $S'F_1$ und G' auf $S'G_1$. Berührt A_2^0U den Kreis c^0 in H^0 und schneidet A_1U den Kreis k in J_1 und K_1, so berühren $S'J_1$ und $S'K_1$ die Kurve u' in J' und K', wo H^0, J', K' auf einer Parallelen zu y liegen. Berührt A_1V den Kreis k in L_1 und schneidet A_2^0V den Kreis c^0 in M^0 und N^0, so werden die zugehörigen Erzeugenden des Zylinders von u berührt, so die Erzeugende durch M im Punkte L ($M^0L' \parallel y$, $S'L_1 \times M^0L' = L'$). Im besonderen schneidet Π_3 Zylinder und Kegel in Erzeugenden, deren Schnittpunkte aus dem Seitenriß entnommen werden können, man erhält so die vier Schnittpunkte von u' mit y.

Um den Aufriß u'' der Durchdringungslinie genau zu zeichnen, verfährt man am besten so, daß man für jeden Punkt von u'' die zweiten Projektionen der beiden Mantellinien, die ihn enthalten, aufsucht. Die Mantellinien des Kegels ergeben sich unmittelbar im Aufriß; um diejenigen des Zylinders zu gewinnen, machen wir folgende Überlegung. Die projizierenden Ebenen durch die Erzeugenden des Zylinders stehen auf Π_2 und auf E, also auch auf e_2 senkrecht; sie schneiden deshalb E in zu e_2 senkrechten Geraden. Legt man diese Geraden mit der Ebene E um e_1 in Π_1 nieder, so sind sie zu e_2^0 senkrecht, wenn e_2^0 die mit E niedergelegte zweite Spur bedeutet. Der zu e_2 parallele Durchmesser PQ des Kreises c erscheint im Aufriß als die zu e_2 parallele Achse $P''Q''$ von c'', deren Endpunkte den Umrißlinien des Zylinders angehören; um sie zu zeichnen, benutzt man den zu e_2^0 parallelen Durchmesser P^0Q^0 von c^0, lotet P^0, Q^0 auf e_2^0 und überträgt sie von da auf e_2; durch diese Punkte gehen dann die verlängerten Umrißlinien. Die ersten

Projektionen dieser Umrißlinien gehen verlängert durch die Punkte P^0 resp. Q^0; sie enthalten je zwei Punkte von u', die von je zwei Erzeugenden des Kegels ausgeschnitten werden, deren erste Spurpunkte auf den Verbindungslinien von A_1 mit $e_1 \times P^0 A_2^0$ resp. $e_1 \times Q^0 A_2^0$ liegen. Hiernach ergeben sich die Berührungspunkte von u'' mit den Umrißlinien des Zylinders und ganz analog mit den Umrißlinien des Kegels, wenn man Hilfsebenen durch a benutzt, die sie enthalten. Ist L'' irgend ein Punkt von u'', so sind seine Abstände von den Umrißlinien des Zylinders gleich den gegenseitigen Abständen der drei projizierenden Ebenen durch die bezüglichen Erzeugenden des Zylinders. Da aber $PQ (\parallel e_2)$ zu den projizierenden Ebenen normal ist, so haben ihre Schnittpunkte mit PQ die gleichen Abstände wie sie selbst; diese Schnittpunkte sind P, Q und R, wenn $MR \perp PQ$ und M der auf c liegende Endpunkt der durch L gehenden Mantellinie des Zylinders ist. Die Abstände des Punktes L'' von den Umrißlinien des Zylinders sind demnach gleich $R^0 P^0$ resp. $R^0 Q^0$ ($M^0 R^0 \perp P^0 Q^0$, $L' M^0 \parallel y$); u'' berührt im Punkte L'' die Projektion der bez. Mantellinie des Zylinders, da u die Mantellinie selbst in L berührt. Ganz analog können wir für jeden Punkt von u'' die durch ihn verlaufende Erzeugende des Zylinders finden.

Die Sichtbarkeit der Kurven u' und u'' ergibt sich wie in der vorausgehenden Aufgabe, indem man beim Zylinder und Kegel, und zwar bei jedem für sich allein, die sichtbaren Teile aufsucht; die Punkte der Kurven u' resp. u'', die den sichtbaren Teilen beider Flächen angehören, sind selbst sichtbar. Die sichtbaren Teile der Kurven u' und u'' enden auf den Umrißlinien der Flächen.

357. Die Projektionen der Durchdringungskurve u unserer Flächen zeigen wie im vorhergehenden Beispiele je zwei Doppelpunkte. Wir wollen hier die Konstruktion der Doppelpunkte von u'' besprechen, die sich zur früheren im wesentlichen analog gestaltet. Alle zu Π_2 normalen Sehnen des Kegels werden von einer zu Π_2 parallelen Ebene durch S halbiert, alle zu Π_2 normalen Sehnen des Zylinders werden von einer Ebene halbiert, welche die Mantellinien durch P und Q enthält, die im Aufriß als Zylinderumriß erscheinen. Die Schnittlinie s beider Ebenen ergibt sich hieraus; $s' \parallel x$ geht durch S', $s'' \parallel e_2$ geht durch O_2'', wenn O_2 der Schnittpunkt der Zylinderachse mit s ist ($O' O_2' \parallel y$, $O'' O_2'' \perp e_2$). Die Ebene durch s senkrecht zu Π_2 schneidet den Kegel in einer Ellipse i_2, deren eine Achse $X_1 X_2$ ist (X_1'' und X_2'' liegen auf den Umrißlinien des Kegels), sie schneidet den Zylinder in einer Ellipse j_2, deren eine Achse $Z_1 Z_2$ ist (Z_1'' und Z_2'' liegen auf dem Umriß des Zylinders). Die vier Schnittpunkte von i_2 und j_2 haben dann folgende Eigenschaften. Ihre Projektionen auf Π_2 fallen paarweise in die Doppelpunkte 1 und 2 von u'' zusammen. Jede Gerade in der Ebene der beiden Kegelschnitte i_2 und j_2 schneidet diese in zwei Punktepaaren, deren Projektionen auf Π_2 zwei Punktepaare einer Involution liefern, der auch das Punktepaar 1, 2 angehört (vgl. 355 letzter Abschnitt). So bilden X_1'', X_2''; Z_1'', Z_2'' und 1, 2 drei Punktepaare einer Involution. Eine zweite Involution erhalten wir, wenn wir im Endpunkte W_2 der zweiten Achse von j_2 (W_2 liegt auf der Zylindermantellinie, deren Endpunkt dem zu PQ senkrechten Durchmesser von c angehört) die Tangente g an j_2 ziehen ($g' \| s'$, $g'' = s''$). Um die Schnittpunkte T_1, T_2 von g mit dem Kegel zu gewinnen, schneiden wir den Kegel mit der Ebene Sg, deren erste Spur $G_1 W_3$ ist (G_1 ist die erste Spur von g und W_3 die erste Spur von SW_2, $W_2'' = O_2''$); $G_1 W_3$ schneidet dann auf k die Spurpunkte der Mantellinien des Kegels aus, die T_1, T_2 enthalten. Die drei Punktepaare O_2'' (doppelt), $T_1'' T_2''$ und 1, 2 bilden dann ebenfalls eine Involution und aus beiden Involutionen ergeben sich 1 und 2 nach Kapitel 1, III. Bd.

358. Durchdringung von Kugel und Kegel (Fig. 239). Hierbei wird man stets Hilfsebenen in Anwendung bringen, die das von dem Kegelscheitel auf eine Projektionsebene gefällte Lot enthalten; außerdem wird man eine zweite Projektionsebene wählen, die zur Ebene der Basiskurve des Kegels senkrecht steht. In der Figur ist der Einfachheit halber die Basiskurve c des Kegels in Π_1 angenommen; S', S'' sind die Projektionen des Scheitels, k' und l'' die scheinbaren Umrißkreise der Kugel. Sind von c ein Paar konjugierte Halbmesser MA und MB gegeben, so zeichne man einen zu c affinen Kreis c_1 mit dem Radius MA; dann ist B_1 der affine Punkt zu B, S_1 der affine Punkt zu S' ($B_1 M \perp AM$, $S'S_1 \| BB_1$, $S'S_2 \| BM$, $S_1 S_2 \| B_1 M$). Sind J_1, K_1 die Berührungspunkte der Tangenten von S_1 an c_1 und J, K die affinen Punkte auf c, so sind $S'J$ und $S'K$ die Umrißlinien des Kegels. Um nun einzelne Punkte der Durchdringungslinie u bzw. ihrer Projektion u' zu finden, ziehe man durch S_1 Sehnen des Kreises c_1, z. B. $C_1 D_1$, suche die affine Sehne CD der Ellipse c und bestimme die Durchstoßpunkte der Mantellinien SC und SD mit der Kugel. Die Ebene SCD ($\perp \Pi_1$) schneidet auf der Kugel einen Kreis m mit dem Durchmesser EF aus; diese Ebene drehen wir samt dem Kreise m, den Geraden SC und SD um die Achse SS', bis sie zu Π_2 parallel wird. Im Aufriß erhält man dann den Kreis m_0 und die Linien $S''C_0$ und $S''D_0$ und ihre Schnittpunkte P_0 und Q_0 ($S''D_0$ und m_0 schneiden sich in der

Figur nicht), die durch die Drehung aus den in der Ebene *SCD* liegenden Punkten *P* und *Q* von *u* hervorgegangen sein müssen; es finden sich also *P'S'* und *Q'S'* gleich den Abständen der Punkte P_0 resp. Q_0 von *S''S*. Verfährt man in der geschilderten Weise mit der Umrißlinie *S'J* des Kegels, so erhält man auf ihr die Berührungspunkte mit *u'*. Die Berührungspunkte von *u'* und *k'* liegen offenbar auf den Projektionen der Mantellinien, die *k* treffen; diese Mantellinien liegen also noch auf einem zweiten Kegel, dessen Scheitel *S*

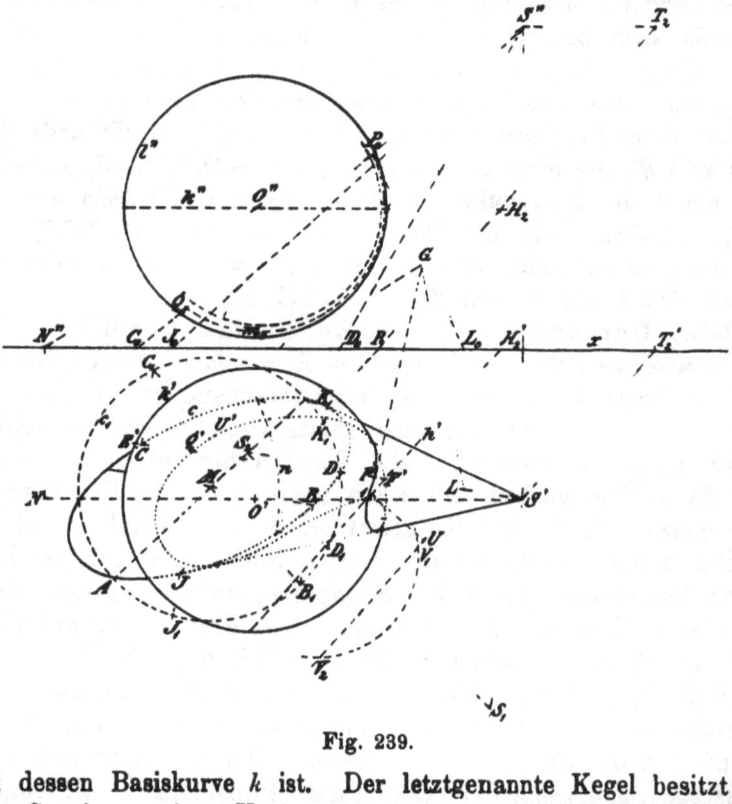

Fig. 239.

und dessen Basiskurve *k* ist. Der letztgenannte Kegel besitzt als erste Spurkurve einen Kreis *n* mit dem Mittelpunkt *N* — dem Spurpunkt von *SO* — und einem Radius, der sich zum Kugelradius verhält, wie *S''N''*:*S''O''*. Die Spurkurven *c* und *n* beider Kegel schneiden sich in Punkten, die mit *S'* verbunden auf dem Kreise *k'* seine Berührungspunkte mit *u'* ergeben. Über die Sichtbarkeit von *u'* entscheidet man wie in den früheren Beispielen. Der Aufriß ist in der Figur weggelassen, würde indessen leicht hinzuzufügen sein.

Die Tangente im Punkte *P* von *u* ist die Schnittlinie der

Tangentialebene im Punkte P der Kugel mit der Tangentialebene an den Kegel längs der Erzeugenden SC. Die Tangente CG im Punkte C von c ist die Spur der letzteren Ebene, die Spur LG der ersteren Ebene ist senkrecht zu $O'P'$ und enthält den Spurpunkt L der Tangente des Kreises m im Punkte P (P_0L_0 Tangente von m_0, $LS' = (L_0 \dashv S''S')$); dann ist $P'G$ die Tangente von u' im Punkte P'.

359. Die Bestimmung der Doppelpunkte 1 und 2 von u' geschieht analog zu den früheren Beispielen. Alle zu Π_1 normalen Kugelsehnen werden durch die Ebene des Umrisses k halbiert, ebenso alle zu Π_1 normalen Kegelsehnen durch die Ebene der Umrißlinien SJ und SK. Denn Endpunkte, Mittelpunkt und unendlich ferner Punkt einer solchen Sehne liegen harmonisch, also auch die Spurpunkte der von S durch sie gelegten Strahlen, die auf einer Geraden durch S' liegen; zwei derselben fallen auf c, einer nach S', der vierte also auf die Polare JK des Punktes S' in bezug auf c. Beide Ebenen schneiden sich in einer Geraden h ($h \| JK \| ST_2$, $H_2 = k'' \times RT_2$, $R = JK \times x$), deren Projektion h' die Doppelpunkte von u' trägt. Die projizierende Ebene durch h schneidet die Kugel in einem Kreise i_2 und den Kegel in einer Ellipse j_2; h ist zugleich Durchmesser von i_2 und Achse von j_2, so daß ihre vier Schnittpunkte paarweise auf zwei Senkrechten von Π_1 liegen und bei der Projektion in die Doppelpunkte 1 und 2 von u' zusammenfallen. Für die Konstruktion der Schnittpunkte von i_2 und j_2 gilt das in den vorangehenden Beispielen Gesagte und soll hier nicht wiederholt werden; nur sei hinzugefügt, daß die eine Achse von j_2 durch den Umriß SJ und SK begrenzt wird, die andere also im Mittelpunkt darauf senkrecht steht; ihre Länge ergibt sich durch Umlegen der bezüglichen projizierenden Ebene. Von den Involutionen, denen das Punktepaar 1, 2 angehört, wird hier eine bestimmt durch die Punktepaare $h' \times k'$ und $h' \times S'J$, $h' \times S'K$, eine zweite wird definiert durch Lotung der Punktepaare U (doppelt) und V_1, V_2 auf h'.

360. Es sollen hier noch zwei Eigenschaften der Kegelflächen nachgewiesen werden, die bereits in den vorausgegangenen Fragen mehrfach Verwendung gefunden haben. Ist die Basiskurve a einer Kegelfläche mit der Spitze S ein Kreis, eine Ellipse, Parabel oder Hyperbel, so nennt man einen Strahl l durch S zu einer Ebene Λ durch S konjugiert in bezug auf die Kegelfläche, wenn sie jede beliebige Ebene E in einem Pol und seiner Polaren in bezug auf die Schnittkurve a_1 schneiden. Sind nämlich P und p Pol und Polare von a und schneiden $l = SP$ und $\Lambda = Sp$ die Ebene E in P_1 resp. p_1, so ist p_1 die Polare von P_1

bezüglich a_1. Denn eine beliebige Ebene durch l hat mit dem Kegel zwei Mantellinien g und h und mit der Ebene Λ eine Gerade i gemein, und es liegen die vier Strahlen g, h, l und i harmonisch, da ihre Schnittpunkte G, H, P und J mit der Basisebene sich in harmonischer Lage befinden; die Sehne GH von a wird ja durch P und p harmonisch geteilt. Demnach liegen auch die Schnittpunkte G_1, H_1, P_1 und J_1 jener vier Strahlen mit der Ebene E harmonisch, d. h. die Sehne $G_1 H_1$ von a_1 wird durch P_1 und p_1 harmonisch geteilt, oder p_1 ist die Polare von P_1 bezüglich a_1.

Alle Kegelsehnen, die den Strahl l treffen, werden somit von ihm und der konjugierten Ebene Λ harmonisch geteilt. Insbesondere werden alle zu l parallelen Kegelsehnen von der Ebene Λ halbiert, und alle zu Λ parallelen Ebenen schneiden die Kegelfläche in Kurven, deren Mittelpunkte auf l liegen.

Jeder Strahl durch den Kegelscheitel S heißt Durchmesser und jede Ebene durch ihn Diametralebene. **Durchmesser und Diametralebene eines Kegels sind sonach konjugiert, wenn ersterer die Mittelpunkte aller zur letzteren parallelen Schnitte trägt, und letztere alle zum ersteren parallelen Sehnen halbiert.** Demnach liegt der Umriß (Lichtgrenze) eines Kegels für eine beliebige Projektionsrichtung (Lichtrichtung) in derjenigen Diametralebene, die dem Projektionsstrahl (Lichtstrahl) durch die Kegelspitze konjugiert ist.

361. Auch der folgende Satz hat schon in 334 und 339 beim Schlagschatten des Randes eines Hohlzylinders und Hohlkegels auf die innere Fläche Verwendung gefunden. **Zwei Kegelflächen, die denselben Kegelschnitt a enthalten, haben noch einen weiteren Kegelschnitt b gemein.** Seien S_1 und S_2 die Scheitel der Kegel, ferner A die Ebene des Kegelschnittes a, endlich q die Polare des Punktes $Q = A \times S_1 S_2$ in bezug auf die Kurve a. Legen wir nun durch $S_1 S_2$ eine beliebige Ebene, die a in A_1 und A_2 schneidet, so gehören die Punkte $S_1 A_1 \times S_2 A_2 = B_1$ und $S_1 A_2 \times S_2 A_1 = B_2$ der Durchdringungskurve b an, die eine ebene Kurve sein muß. Die vier Erzeugenden bilden nämlich ein Vierseit, es liegen also die Punkte A_1, A_2, Q und $A_1 A_2 \times B_1 B_2$ harmonisch und ebenso die Punkte S_1, S_2, Q und $S_1 S_2 \times B_1 B_2 = R$; demnach gehört der Punkt $A_1 A_2 \times B_1 B_2$ der Polaren q von Q an und die Gerade $B_1 B_2$ liegt in der Ebene qR. Aber sowohl q wie R sind unabhängig von der Wahl der Ebene durch $S_1 S_2$, so daß die ganze Kurve b in der Ebene qR liegt und natürlich einen Kegelschnitt bildet.

Die Kegelflächen berühren sich in den beiden Schnittpunkten

von a und b, denn die Tangenten dieser Kurven in einem ihrer Schnittpunkte sind zugleich Tangenten der beiden Kegelflächen; ihre Ebene ist also für beide Flächen Tangentialebene und geht sonach auch durch ihre Scheitel. Umgekehrt zerfällt die Schnittkurve u zweier Kegel, die sich an zwei Stellen J und K berühren und Kegelschnitte als Basiskurven besitzen, in zwei Kegelschnitte. Denn eine Ebene durch J, K und einen Punkt P von u schneidet beide Kegel in Kegelschnitten, die sich in J und K berühren und durch P gehen, also zusammenfallen.

Zwei Kegel mit gemeinsamem Scheitel durchschneiden sich in vier Erzeugenden.

Die stereographische Projektion.

362. Die Frage nach einer zweckmäßigen Abbildung der Kugeloberfläche auf eine Ebene ist von hervorragender Bedeutung für die Herstellung der Landkarten von einzelnen Teilen der Erdoberfläche. Die hierbei zumeist übliche Abbildungsmethode ist die stereographische Projektion. Ihre Bevorzugung verdankt sie dem Umstand, daß das erzeugte stereographische Bild zwei wertvolle Eigenschaften besitzt. Zum ersten liefert die stereographische Projektion ein konformes oder winkeltreues Bild. Irgend zwei von einem Punkt der Kugeloberfläche ausgehende Linien werden so abgebildet, daß ihre Bilder in der Ebene den gleichen Winkel einschließen wie die Linien auf der Kugelfläche selbst. Zum andern wird jeder Kreis auf der Kugelfläche auch als Kreis in der Ebene abgebildet. Infolgedessen hat jedes sphärische Dreieck der Kugelfläche ein Kreisdreieck in der Ebene als Bild, das genau die gleichen Winkel aufweist wie jenes. Ist das Kugeldreieck und sein stereographisches Bild sehr klein, so kann man beide ohne merklichen Fehler durch geradlinige Dreiecke ersetzen und diese sind alsdann ähnlich (eine vollkommene Ähnlichkeit tritt freilich erst bei unendlich kleinen Dreiecken ein). Auf solche Weise entsteht bei der stereographischen Projektion von jedem Ort der Kugelfläche und seiner nächsten Umgebung ein Bild, das nahezu zu seinem Original ähnlich ist. Dabei ist die Abweichung von der Ähnlichkeit um so geringer, je kleiner man die Umgebung des abgebildeten Ortes wählt.

363. Es sollen nun hier zunächst die Haupteigenschaften der stereographischen Projektion abgeleitet und sodann mehrere Fragen besprochen werden, die bei ihrer Verwendung zur Herstellung von Landkarten von Bedeutung sind.

Es sei M der Mittelpunkt der abzubildenden Kugelfläche K;

auf ihr wählen wir einen Punkt O als Zentrum der Projektion, ferner legen wir durch M die Projektionsebene Π_1 senkrecht zum Radius MO. Von der Kugelfläche erhalten wir alsdann ein stereographisches Bild, indem wir ihre Punkte durch Strahlen von O aus auf die Ebene Π_1 projizieren. Statt der Ebene Π_1 könnte man auch irgend eine andere zu ihr parallele Projektionsebene wählen; das in ihr erzeugte Bild ist jedoch nur eine ähnliche Vergrößerung oder Verkleinerung des Bildes in der Ebene Π_1, je nachdem die Parallelebene vom Zentrum O weiter oder weniger weit absteht als Π_1. Man kann sich daher auf den Fall beschränken, in dem die Projektionsebene Π_1 durch den Kugelmittelpunkt geht. Hierbei gestaltet sich die Ableitung der wesentlichen Eigenschaften des stereographischen Bildes besonders einfach. Zur bequemeren Vorstellung nehmen wir Π_1 als horizontal an. Der vertikale Kugeldurchmesser schneidet alsdann die Kugel einerseits im Zenith, andererseits im Zentrum O; ersterer liegt oberhalb, letzteres unterhalb der Ebene Π_1. Das Zentrum O legt man aus dem Grund in den tiefsten Punkt der Kugel, weil dadurch das Bild der oberen Kugelhälfte ebenso orientiert ist wie diese selbst, wenn man sie von oben (außen) betrachtet. In Π_1 liegt ein Kugelkreis h, der sich mit seinem Bilde deckt.

364. Zuerst beweisen wir den Satz: Bei der stereographischen Projektion wird jeder Kugelkreis wiederum als Kreis abgebildet. Ist k irgend ein Kreis auf der Kugelfläche, so bilden die aus dem Projektionszentrum O nach seinen Punkten gezogenen Strahlen die Mantellinien eines schiefen Kreiskegels, dessen Schnitt mit der Ebene Π_1 das Bild k' des Kreises k ist. Nach 239 wissen wir nun, daß jede beliebige Kugelfläche durch den Kreis k den schiefen Kreiskegel noch in einem zweiten Kreis (Wechselschnitt) schneidet. Die in solcher Weise ausgeschnittenen Kreise liegen in parallelen Ebenen, die auch zur Tangentialebene von K im Punkte O parallel sind. Wählt man nämlich auf k irgend zwei Punkte A und B, so schneidet die Ebene OAB die Kugel K in einem Kreis, dessen Tangente t in O mit OA einen zum $\angle OBA$ supplementären Winkel einschließt. Werden aber die Strahlen OA und OB von der durch k gelegten Hilfskugel in A_0 und B_0 geschnitten, so ist ABB_0A_0 ein Kreisviereck und daher ist auch $\angle B_0A_0A$ supplementär zu $\angle B_0BA$. Somit ist A_0B_0 parallel zu t, d. h. zur Tangentialebene der Kugel K im Punkte O. Daraus folgt unmittelbar, daß jede durch k gelegte Hilfskugel den schiefen Kreiskegel in einem zur Ebene Π_1 parallelen Kreise schneidet; somit ist auch das Bild k' von k ein Kreis.

365. Alle Kugelkreise, deren Ebenen durch die nämliche Gerade der die Kugel im Zentrum O der stereographischen Projektion berührenden Ebene gehen, ergeben konzentrische Bildkreise. Ihr Mittelpunkt N' ist das Bild des Kugelpunktes N, dessen Tangentialebene ebenfalls jene Gerade enthält. Um dies einzusehen legen wir durch den Kugelradius MO eine Ebene Π_2, die auf der Geraden f — der Schnittlinie sämtlicher Kugelkreisebenen — senkrecht steht. Die Ebene Π_2 legen wir um ihre Spur $x = \Pi_1 \times \Pi_2$ in die Bildebene Π_1 um; alsdann kommt der durch Π_2 ausgeschnittene Kugelkreis m zur Deckung mit dem Kugelkreis h in der Ebene Π_1 (Fig. 240; die umgelegten Punkte von Π_2 haben den Index $_0$). Da die Ebene Π_2 auch auf allen Schnittebenen senkrecht steht, so enthält sie die Mittelpunkte der ausgeschnittenen Kugelkreise; insbesondere liegt der Punkt N in Π_2. Es sei nun k einer von den Kugelkreisen und AB sein in Π_2 gelegener Durchmesser; durch seine Endpunkte geht auch der in Π_2 liegende Kugelkreis m. Im Punkte $F = f \times \Pi_2$ schneiden sich AB und die Gerade y, die m in O berührt. Jetzt ist ON die Polare von F in bezug auf den Kreis m; deshalb wird AB von F und ON harmonisch geteilt, und ebenso liegen die Strahlen OF und ON zu den Strahlen OA und OB harmonisch. Die Bildpunkte A', B', N' befinden sich aber auf der Geraden x, die zu $y = OF$ parallel läuft. Somit halbiert N' die Strecke $A'B'$, da dieser Punkt zusammen mit dem unendlich fernen Punkt die Strecke harmonisch teilt. Der zu k gehörige Bildkreis k' hat also $A'B'$ zum Durchmesser und N' zum Mittelpunkt.

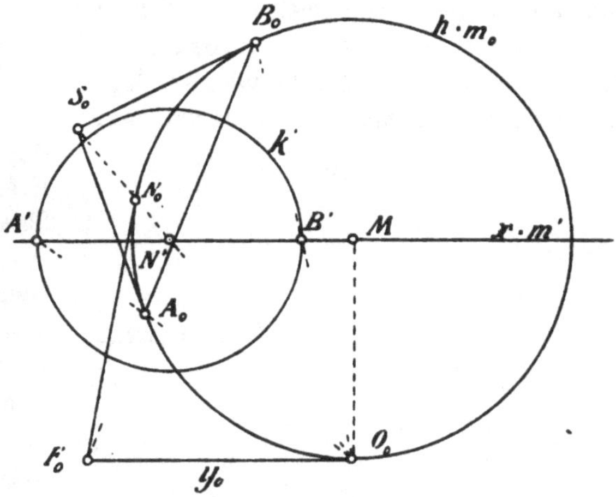

Fig. 240.

Legt man in A und B Tangenten an den Kreis m, so ist ihr Schnittpunkt S Scheitel eines Rotationskegels, der die Kugel K längs des Kreises k berührt. Der Scheitel S befindet sich auf der

Polaren ON des Punktes F, so daß seine Zentralprojektion aus dem Zentrum O auf die Ebene Π_1 mit N' zusammenfällt. Zugleich projizieren sich die Mantellinien des Kegels hierbei als Radien des Bildkreises k'. Auch alle Kugelkreise durch O und N besitzen geradlinige Bilder, die durch N' gehen.

366. Zwei Kurven auf der Kugel schneiden sich unter dem gleichen Winkel wie ihre stereographischen Bilder. Die stereographische Projektion liefert also, wie schon oben bemerkt, ein winkeltreues oder konformes Bild der Kugeloberfläche. Als Winkel zweier sich schneidender Kurven auf der Kugelfläche oder in der Ebene hat man den von ihren Tangenten im Schnittpunkt gebildeten Winkel anzusehen. Offenbar erhält man die Tangenten der Bildkurven in ihrem Schnittpunkt, wenn man die Tangenten der bez. Kurven auf der Kugel in ihrem Schnittpunkt zieht und von O aus auf die Ebene Π_1 projiziert. Um den obigen Satz zu beweisen, hat man also nur zu zeigen, daß in einem beliebigen Punkt N der Kugel zwei Kugeltangenten stets den gleichen Winkel einschließen, wie ihre Projektionen aus dem Zentrum O auf die Ebene Π_1. Dieses folgt aber unmittelbar daraus, daß beim Umlegen der Tangentialebene T im Punkte N um ihre erste Spurlinie t_1 in die Ebene Π_1 der Punkt N mit seinem Bilde N' zur Deckung kommt (Fig. 241). Bei dieser Umlegung bewegt sich N in der Ebene Π_2 auf einem Kreisbogen mit dem Mittelpunkt $T_1 = t_1 \times \Pi_2$ und gelangt nach N'; denn es ist $FN = FO$, also auch $T_1N = T_1N'$. In der Figur sind alle diese Punkte mit der Ebene Π_2 in die Ebene Π_1 umgelegt. Sind demnach p und q zwei Kugeltangenten in N sowie P_1 und Q_1 ihre Spurpunkte in Π_1 auf t_1, so geht $\triangle P_1NQ_1$ bei der gemeinten Umlegung um t_1 über in $\triangle P_1N'Q_1$, woraus die Gleichheit der Winkel bei N und N' folgt.

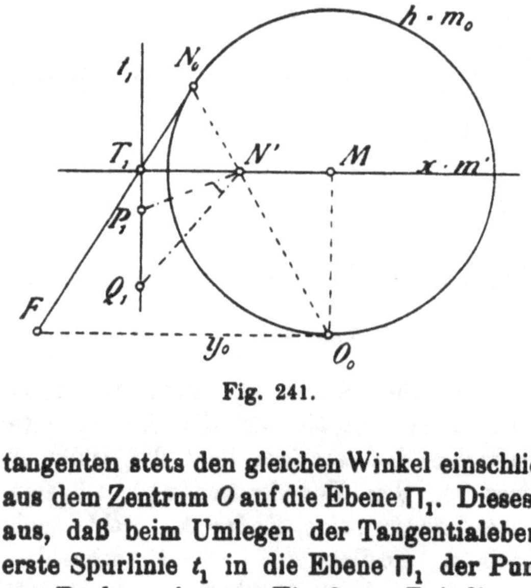

Fig. 241.

Da die Mantellinien eines Kegels, der die Kugel K längs eines Kreises k berührt, diesen Kreis senkrecht durchschneiden, und ihre Bilder bei der Projektion aus O sich als Strahlen durch das Bild des Kegelscheitels darstellen, so muß nach dem letzten Satz das

Bild des Kreises k wieder ein Kreis k' sein, der die genannten Strahlen alle rechtwinklig durchschneidet. Man gelangt so abermals zu dem gleichen Resultat wie in voriger Nummer.

367. Wählt man auf der Kugel K zwei beliebige Punkte A und B, so schneidet der Ebenenbüschel durch die Gerade $AB = g$ die Kugel in einem Büschel von Kreisen mit den gemeinsamen Punkten A und B. Sind ferner A und B die Tangentialebenen der Kugel in den Punkten A und B respektive, so bestimmt der Ebenenbüschel durch $i = \mathsf{A} \times \mathsf{B}$ auf der Kugel einen zweiten Kreisbüschel und die Kreise des einen Büschels durchschneiden die Kreise des anderen Büschels rechtwinklig. Durch einen beliebigen Punkt Q der Kugel geht sowohl ein Kreis k des ersten Büschels als auch ein Kreis l des zweiten Büschels. Der die Kugel längs des Kreises k berührende Kegel hat seinen Scheitel K auf der Geraden i; denn A und B liegen auf k und die Ebenen A und B sind Tangentialebenen des Kegels, gehen also durch seinen Scheitel. Nun liegt der Kreis l in der Ebene iQ und diese schneidet aus dem Kegel die Mantellinie KQ aus. Demnach steht KQ in Q auf dem Kreis k senkrecht und berührt zugleich den Kreis l in Q. Damit ist die Behauptung erwiesen.

Die den Kreis k in Q berührende Tangente steht auf dem Kreis l senkrecht; sie ist daher eine Mantellinie des Kegels, der die Kugel längs l berührt; zugleich schneidet sie die Gerade g. Bewegt sich der Punkt Q auf dem Kreise l fort, so ändert sich auch der ihn enthaltende Kreis k; aber immer wird die Tangente von k in Q eine Mantellinie jenes Kegels sein und zugleich die Gerade g treffen. Demnach liegt der Scheitel L des Kegels mit dem Berührungskreis l auf der Geraden g.

Zwei Gerade, die wie g und i in der hier dargelegten Beziehung stehen, heißen konjugiert in bezug auf die Kugel. Sind zwei Gerade konjugiert in bezug auf eine Kugel, so ist jeder Punkt der einen Geraden Scheitel eines Berührungskegels, dessen Berührungskreis in einer Ebene durch die andere Gerade liegt. Je zwei konjugierte Gerade sind die Achsen zweier orthogonaler Kreisbüschel, d. h. ihre Ebenen gehen durch diese Achsen.

Sind g und i konjugierte Gerade, so geht ihre gemeinsame Normale durch den Mittelpunkt M der Kugel, denn die Ebene Mg steht auf i und die Ebene Mi steht auf g senkrecht. Die Verhältnisse in der Ebene Mg lehren uns auch sofort, daß das Produkt der Abstände des Kugelmittelpunktes von zwei konjugierten Geraden gleich dem Quadrat des Kugelradius ist. Hiernach ist zu einer Geraden die konjugierte leicht anzugeben.

368. Zwei orthogonale Kugelkreisbüschel liefern bei der stereographischen Projektion aus O zwei orthogonale Kreisbüschel in der Ebene. Insbesondere gibt es in jedem der beiden Kreisbüschel auf der Kugel einen Kreis, der durch das Projektionszentrum O verläuft. Die stereographischen Projektionen dieser beiden Kreise sind zwei zueinander senkrechte Gerade g' und i'; sie sind zugleich die Zentralprojektionen der konjugierten Geraden g und i — der Achsen jener Kugelkreisbüschel — aus dem Zentrum O. Die Bildkreise des einen Büschels gehen durch die festen Punkte A' und B'; ihre Mittelpunkte liegen auf i', und ihre gemeinsame Potenzlinie ist g'. Die Mittelpunkte des dazu orthogonalen Büschels liegen auf g' und ihre gemeinsame Potenzlinie ist i'. Aus dem Gesagten geht auch hervor, daß je zwei in bezug auf die Kugel konjugierte Gerade vom Zentrum O aus auf die Ebene Π_1 (oder eine zu ihr parallele Ebene) projiziert zwei zueinander senkrechte Bildgerade liefern.

369. Es wurde bereits dargetan, daß die stereographische Abbildung der Kugelfläche winkeltreu oder konform ist. Infolge dieser Eigenschaft sagt man auch: die Kugelfläche und ihr stereographisches Bild seien in den kleinsten Teilen ähnlich. Einem Kreisdreieck und insbesondere einem sphärischen auf der Kugel entspricht ja in der Ebene ein Kreisdreieck, das in seinen Winkeln mit jenem übereinstimmt. Nimmt man also die Seiten des sphärischen Dreiecks beliebig klein, so daß man sie als geradlinig ansehen kann, dann ist sein Bild ein zu ihm ähnliches geradliniges Dreieck. Daraus schließt man weiter: Ist C ein beliebiger aber fester Punkt der Kugelfläche und C' sein Bild, dann stehen zwei beliebig kleine entsprechende Strecken CD und $C'D'$ in einem konstanten Verhältnis, das unabhängig ist von der Richtung der Strecke CD auf der Kugelfläche. Dagegen ändert sich dieses Verhältnis, wenn sich die Lage des Punktes C auf der Kugel und damit die seines Bildes C' in der Ebene ändert. Zu jedem Punkt der Kugelfläche gehört sonach eine ganz bestimmte Verhältniszahl $\varkappa$; jede von dem Punkt ausgehende beliebig kleine Strecke auf der Kugelfläche erleidet bei der Abbildung auf die Ebene die nämliche Verjüngung oder Vergrößerung, deren Maß eben die Größe $\varkappa$ ist;

$$\varkappa = \frac{\text{wahre Länge}}{\text{Bildlänge}}.$$

Es ist klar, daß allen Punkten eines Kugelkreises, dessen Ebene zur Bildebene Π_1 parallel ist, die gleiche Verhältniszahl $\varkappa$ zukommt.

Der Mittelpunkt des zugehörigen Bildkreises fällt nach M und sein Radius wird gleich $\frac{\varrho}{\varkappa}$, wenn ϱ der Radius des Kugelkreises ist. Nun verhalten sich aber die Radien dieser beiden Kreise wie die Abstände des Zentrums O von der Kugelkreisebene und der Bildebene, daher ist $\varkappa$ nichts anderes als der Quotient dieser beiden Abstände. Schließen die Kugelradien MC und MO den Winkel α ein, so hat C von MO den Abstand $r \sin \alpha$, wenn r der Kugelradius ist; zugleich ist $C'M = r \operatorname{ctg} \frac{\alpha}{2}$. Für den Punkt C ergibt sich daher die Verhältniszahl $\varkappa = 2 \sin^2 \frac{\alpha}{2}$, wobei $\alpha = \angle CMO$ ist.

Die Verhältniszahl $\varkappa$ hat für die Punkte des in der Bildebene Π_1 liegenden Kugelkreises h den Wert 1; sie nimmt mehr und mehr zu, wenn sich der Punkt dem dem Zentrum O diametral gegenüberliegenden Punkt nähert, und wird für diesen $= 2$. Dagegen nimmt sie bei der Annäherung des Kugelpunktes an das Zentrum O immer mehr ab und nähert sich der Null. Man ersieht hieraus, daß man bei der stereographischen Projektion nur die Halbkugel vorteilhaft abbilden kann, da sich die Verhältniszahl $\varkappa$ hierbei zwischen den Grenzen 1 und 2 hält.

370. Wir behandeln jetzt einige Fragen, die für die Anwendung der stereographischen Projektion als Kartenprojektion von Belang sind. Zu jedem Kugelkreis gehören zwei Pole, es sind dies die Endpunkte des zur Kugelkreisebene senkrechten Durchmessers. Ein größter Kreis auf der Kugel, d. h. ein Kreis in einer Ebene durch den Kugelmittelpunkt, ist durch einen seiner Pole völlig bestimmt. Zur Festlegung eines beliebigen Kugelkreises ist außer der Angabe eines Poles noch die Angabe seines sphärischen Halbmessers oder seiner Poldistanz erforderlich. Der sphärische Halbmesser ist gleich dem Bogen PA, wenn P der Pol und A ein Punkt des Kreises ist und der Bogen PA in einer Ebene durch den Kugelmittelpunkt M liegt. Unter Poldistanz versteht man den Winkel, den die Radien MA und MP miteinander einschließen.

371. Es sei die Bildebene Π_1 wiederum horizontal durch den Kugelmittelpunkt M gelegt, sie enthält den Horizontalkreis h der Kugel; das Zentrum O ist dann der Endpunkt des senkrecht nach unten gerichteten Kugelradius. Einen beliebigen Punkt der Kugel wählen wir als Nordpol N, den diametral gegenüberliegenden als Südpol S. Jede Ebene durch den Durchmesser NS schneidet die Kugel in einem Meridiankreis. Insbesondere legen wir durch NS eine Vertikalebene Π_2 und bezeichnen den in ihr liegenden Kugelkreis als Hauptmeridian m; sein Bild m' ist zugleich die Spurlinie von Π_2 in der Horizontalebene Π_1. Jede Ebene senkrecht zu dem Durchmesser NS schneidet die Kugel in einem Parallelkreis: unter diesen befindet sich der Äquator a, dessen Ebene durch den Kugelmittelpunkt geht und den Horizontalkreis h in einem zu m' senkrechten Durchmesser $H_1 H_2$ schneidet. (Fig. 242 zeigt Grund- und Aufriß.)

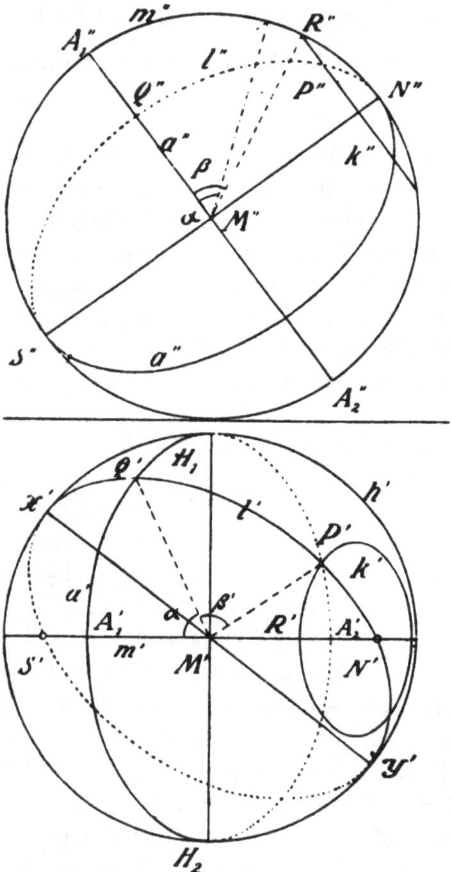

Fig. 242.

Durch jeden Kugelpunkt geht alsdann ein Meridian und ein Parallelkreis. Die Lage des Meridians wird bestimmt durch den Winkel, den seine Ebene mit der des Hauptmeridians einschließt, d. h. durch den Winkel der beiden Durchmesser, den diese Ebenen aus der Äquatorebene ausschneiden. Durch die Pole N, S wird jeder Meridian, darunter auch der Hauptmeridian m, halbiert; jede Meridianhälfte hat mit dem Äquator einen einzigen Punkt gemein; durch Angabe dieses Punktes ist der Halbmeridian festgelegt. Schneidet der Äquator den Hauptmeridian m in dem Durchmesser $A_1 A_2$, so wird durch A_1 die eine Hälfte des Hauptmeridians bestimmt. Wir setzen fest, daß A_1 auf der oberen dem Zentrum O abgewendeten Kugelhälfte liegt. Hierdurch sind wir in den Stand gesetzt die Lage eines jeden Halbmeridians l auf der Kugel durch einen Winkel zu fixieren, nämlich durch den $\angle A_1 M Q = \angle \alpha$, wenn der Halbmeridian den Äquator im Punkte Q schneidet. Dieser Winkel wird als geographische Länge des Halbmeridians bezeichnet, und man unterscheidet eine westliche und eine östliche Länge, je nachdem der Punkt Q auf dem Äquator von A_1 aus westlich oder östlich gelegen ist. Zur Bestimmung eines Punktes auf dem fixierten Halbmeridian l genügt die Angabe des ihn enthaltenden Parallelkreises k. Die Lage des Parallelkreises wird ebenfalls durch einen Winkel gegeben; es ist der $\angle A_1MR = \beta$, wenn Parallelkreis und Hauptmeridian sich im Punkte R schneiden. Man nennt diesen Winkel die geographische Breite des Parallelkreises und unterscheidet eine nördliche und eine südliche Breite. Jeder Punkt der Kugelfläche ist durch seine geographische Länge und seine Breite völlig bestimmt; die geographische Breite ist der Komplementwinkel zur Poldistanz. In Fig. 242 sind diese Dinge in Grund- und Aufriß dargestellt, während Fig. 243 das zugehörige stereographische Bild gibt.

372. Wir wenden uns nun der stereographischen Projektion zu. Dabei ist zu beachten, daß die Meridiankreise und die Parallel-

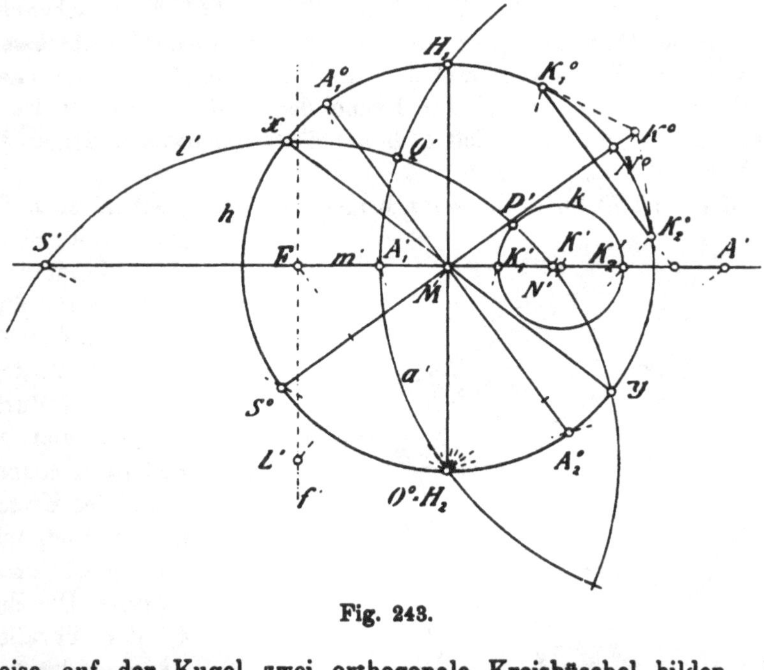

Fig. 243.

kreise auf der Kugel zwei orthogonale Kreisbüschel bilden. Die Achse des ersten Büschels ist der Durchmesser NS, die Achse des zweiten Büschels liegt in der Äquatorebene unendlich fern. Daraus geht hervor, daß die Mittelpunkte der Parallelkreisbilder auf m' — dem Bild des Hauptmeridians — liegen, während eine Parallelebene zum Äquator durch das Zentrum O die Ebene Π_1 in einer Geraden f' schneidet, der die Mittelpunkte der Meridiankreisbilder angehören ($O^0F \| A_1^0A_2^0$) (Fig. 243). Die Gerade f' ist einerseits das

Bild des Parallelkreises durch O, andererseits die Fluchtlinie aller Parallelkreisebenen.

Das Bild a' des Äquators a ist der Kreis mit dem Durchmesser $A_1'A_2'(m' \times O^0A_1^0 = A_1', m' \times O^0A_2^0 = A_2', MA_1'.MA_2' = r^2)$; sein Mittelpunkt A' liegt auf einem zu NS parallelen Strahl durch das Zentrum O. Natürlich enthält das Bild a' die Punkte H_1 und H_2. Das Bild k' eines Parallelkreises k, der den Hauptmeridian im Durchmesser K_1K_2 schneidet, besitzt den Durchmesser $K_1'K_2'(m' \times O^0K_1^0 = K_1'$, $m' \times O^0K_2^0 = K_2')$. Ist K auf NS der Scheitel des Kegels, der die Kugel längs k berührt, so ist sein Bild K' zugleich der Mittelpunkt von k'. Die gemeinsame Chordale oder Potenzlinie von k' und h steht auf m' senkrecht in ihrem Schnittpunkt mit K_1K_2.

Die Bilder aller Meridiane enthalten die Bildpunkte N' und S' des Nord- und Südpols ($N' = m' \times O^0N^0$, $S' = m' \times O^0S^0$); sie schneiden außerdem den Horizontalkreis h in Punktepaaren, die auf Durchmessern von h liegen. Der Mittelpunkt L' von l' liegt auf f' sowie auf einem Strahl aus O, der normal zur Ebene des Kreises l ist; es ist ja zudem selbstverständlich, daß $L'M$ auf der gemeinsamen Sehne XY von h und l' senkrecht steht.

373. Ist P' als Bild eines Kugelpunktes P gegeben, so findet man die Bilder des Meridians l und des Parallelkreises k durch P wie folgt. Es geht der Kreis l' durch P', N' und S', außerdem schneidet l' den Kreis h in den Endpunkten eines Durchmessers. Das Bild k' des Parallelkreises durchschneidet l' in P' rechtwinklig; daher schneidet die Tangente von l' in P' auf m' den Mittelpunkt K' des Kreises k' aus. Die geographische Breite von P ist durch $\angle PMQ = \angle K_1MA_1$ gegeben, seine geographische Länge durch den Winkel, der dem Bogen QA_1

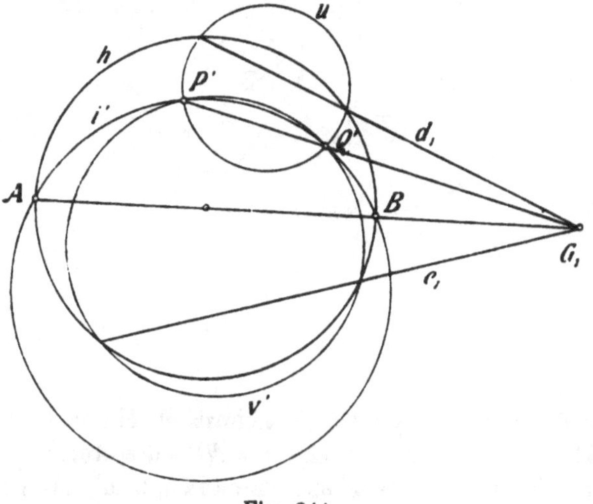

Fig. 244.

oder dem Bogen PK_1 zugehört. Die wahre Größe dieser Winkel wird nach 374 und 375 gewonnen.

Zu dem Bild eines größten Kreises der Kugelfläche durch zwei vorgegebene Punkte P' und Q' gelangt man durch folgende Überlegung (Fig. 244). Der Spurpunkt G_1 der Kugelsehne PQ in der Ebene Π_1 besitzt die gleiche Potenz in bezug auf alle Kugelkreise. Legt man nun durch PQ zwei den Horizontalkreis h schneidende Ebenen Δ und E mit den Spuren d_1 und e_1 respektive, und schneiden diese die Kugel in den Kreisen u resp. v, so ist d_1 die gemeinsame Potenzlinie von u und h und folglich auch von u' und h. In gleicher Weise ist e_1 die gemeinsame Potenzlinie von v' und h. Daher ist $G_1 = d_1 \times e_1$ der gemeinsame Potenzpunkt der Kreise u', v' und h. Es sind aber u' und v' zwei beliebige Kreise durch P' und Q'; diese schneiden den Horizontalkreis h in Punktepaaren, deren Verbindungslinien ebenso wie $P'Q'$ durch G_1 gehen. Das Bild i' des gesuchten größten Kreises trifft somit den Horizontalkreis h in den Endpunkten desjenigen Durchmessers AB, der verlängert durch G_1 geht.

374. Es mag hier weiter die Frage erörtert werden, wie man zu einem vorgegebenen Bildkreisbogen $P'Q'$ die wahre Größe

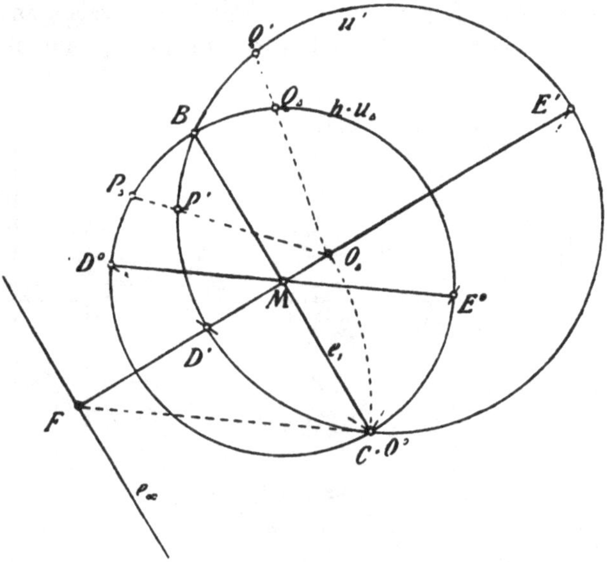

Fig. 245.

des zugehörigen Bogens PQ findet. Zunächst betrachten wir den Fall, in dem der Bogen PQ einem größten Kreise u der Kugel angehört. Ist E die Ebene dieses Kreises und e_1 ihre Spur, so geht das Bild u' durch die Schnittpunkte B, C von e_1 mit dem Horizontalkreis (Fig. 245). Die Parallelebene zu E durch das Zentrum O schneidet aus Π_1 eine Gerade e_∞ aus; sie ist die Fluchtlinie von E. Legt man nun den Kreis u um die Spur $e_1 = BC$ in die Ebene Π_1 nieder, wobei der umgelegte Kreis $u_\triangle$ mit h zur Deckung kommt, und legt man gleichfalls das Zentrum O um die Fluchtlinie e_∞ nieder, so sind u' und $u_\triangle = h$ nach 163 und 164 perspektiv aus dem umgelegten Zentrum $O_\triangle$. Die Strahlen aus $O_\triangle$ nach den Punkten P' und Q' liefern auf $h = u_\triangle$ die Punkte $P_\triangle$ und $Q_\triangle$ und damit die wahre Größe des Bogens PQ als Bogen $P_\triangle Q_\triangle$. Um e_∞ und $O_\triangle$ zu konstruieren, verfahren wir folgendermaßen. Es sei DE der zu BC normale Durchmesser des Kreises u; sein Bild $D'E'$ steht in M auf BC senkrecht. Ein Parallelstrahl durch das Zentrum O zu dem Durchmesser DE trifft Π_1 in dem zugehörigen Fluchtpunkt F. Die parallelen Geraden DE und OF liegen aber in einer Vertikalebene mit der Spurlinie $D'E'$, deren Umlegung unmittelbar $O^0 = C, D^0, E^0$ und $O^0F \| D^0E^0$ liefert $(O^0D' \times h = D^0,\ O^0E' \times h = E^0)$. Die Fluchtlinie e_∞ ist in F normal zu $D'E'$, so daß sich $O_\triangle$ als Umlegung des Zentrums um e_∞ unmittelbar ergibt $(FO_\triangle = FO^0)$.

375. Gehört der Bogen PQ einem beliebigen Kreis u an, so suche man wiederum von seiner Ebene E die Spurlinie e_1 und die Flucht-

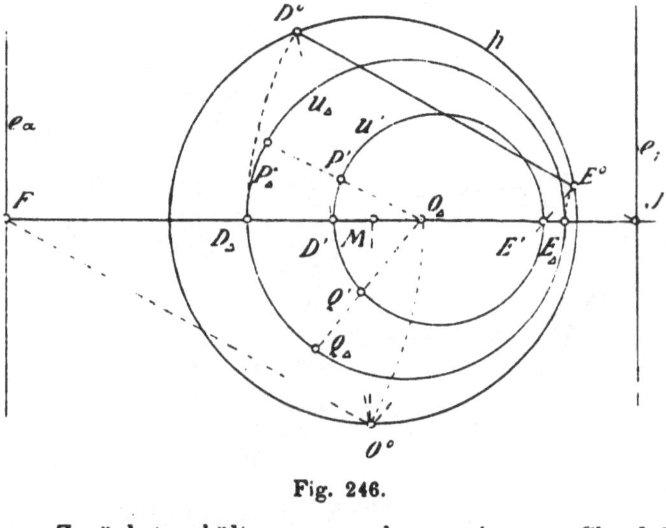

Fig. 246.

linie e_∞. Zunächst erhält man e_1 als gemeinsame Chordale oder Potenzlinie der Kreise u' und h (Fig. 246). Ist dann wiederum DE der zu e_1 normale Durchmesser von u, so geht $D'E'$ durch M und steht senkrecht auf e_1. Ein Parallelstrahl durch das Zentrum O

zu DE liefert wie vorher in Π_1 den Fluchtpunkt F dieses Durchmessers. Die Parallelen DE und OF werden wieder mit ihrer Vertikalebene um $D'E'$ umgelegt, wodurch sich O^0, D^0E^0 auf h und $O^0F \parallel D^0E^0$ ergibt. Damit kennt man e_∞ und findet $O_\triangle(FO_\triangle = FO^0)$. Es erübrigt nur noch die Umlegung $u_\triangle$ von u zu zeichnen, wozu man den Durchmesser $D_\triangle E_\triangle$ benutzt ($J = D^0E^0 \times e_1$, $JD^0 = JD_\triangle$, $JE^0 = JE_\triangle$). Nun schneiden die Strahlen $O_\triangle P'$ und $O_\triangle Q'$ auf $u_\triangle$ die wahre Größe des gesuchten Bogens PQ aus.

376. **Die durchgeführten Betrachtungen genügen durchaus, um von den Meridianen und Parallelkreisen der Erdoberfläche ein stereo-**

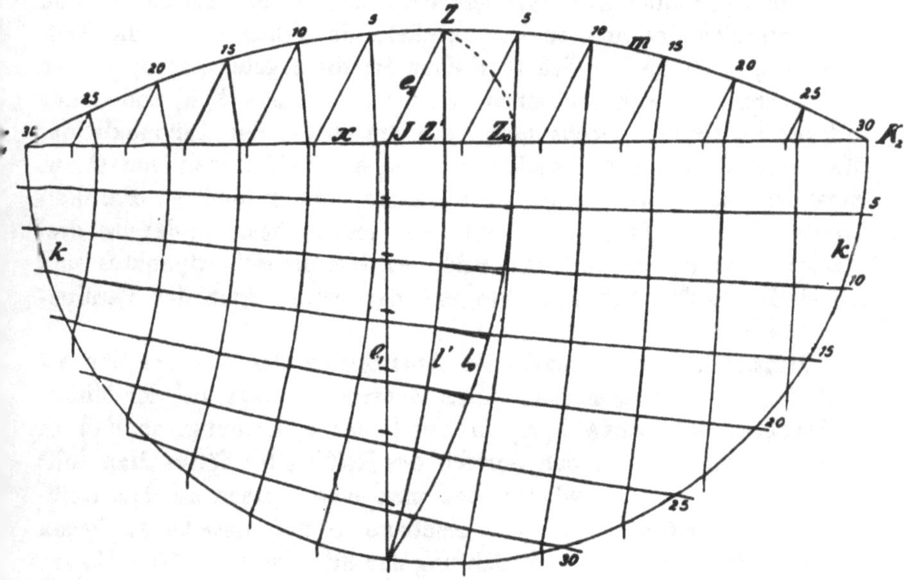

Fig. 247.

graphisches Bildnetz für die Landkarten zu entwerfen. Indessen wollen wir unsere Aufmerksamkeit noch kurz dem sehr häufig vorkommenden Fall zuwenden, daß nur ein kleiner Teil der Erdoberfläche abgebildet werden soll. Der abzubildende Teil der Kugelfläche werde vom Kreis k begrenzt (Fig. 247); sein Radius ist gleich dem halben Kugelradius gemacht und seine Ebene zugleich als Bildebene Π_1 gewählt, die wir wieder in horizontaler Lage voraussetzen. Das Zentrum O der Projektion ist der untere Endpunkt des vertikalen Kugeldurchmessers; sein oberer Endpunkt Z bildet sich als Mittelpunkt Z' des Kreises k ab. Durch den Durchmesser OMZ, den

Nord- und Südpol ist eine vertikale Ebene Π_2 gelegt; sie schneidet die Ebene des Kreises k in dem Durchmesser $K_1 K_2$, die Kugel in dem Meridian m und die Parallelkreisebenen in den Parallelen ZJ usw. Sowohl der Kreis k wie auch die Parallelkreise besitzen in Π_2 Orthogonalprojektionen, die mit den eben genannten Geraden zusammenfallen. Die Bildebene Π_1 ist um die Gerade $K_1 K_2$ in Ebene Π_2 niedergelegt. Der Punkt Z ist als Ausgangspunkt sowohl für die Parallelkreise als auch für die Meridiane genommen; die Unterschiede der geographischen Breiten der aufeinanderfolgenden Parallelkreise sowie der geographischen Längen der aufeinanderfolgenden Meridiane beträgt 5°.

Die Spurlinien der Parallelkreisebenen in der Ebene Π_2 sind alle untereinander und zu ZJ parallel, sie gehen durch die Teilpunkte Z, 5, 10, 15, ... des Meridians m; die zugehörigen Spurlinien in Π_1 schneiden sich mit jenen auf der Achse $x = K_1 K_2$ und stehen auf ihr senkrecht. Sucht man noch die Bilder der Teilpunkte des Meridians m auf der Geraden $m' = K_1 K_2$, indem man von O aus Strahlen nach ihnen zieht, so kann man die Bilder der Parallelkreise zeichnen. Denn man kennt von jedem dieser Bildkreise drei Punkte, nämlich auf m' das Bild des Meridianschnittpunktes und auf k die beiden Schnittpunkte mit der ersten Spur der Parallelkreisebene.

Hinsichtlich der praktischen Ausführung der Konstruktion ist noch folgendes zu bemerken. Das Zentrum O liegt auf der Mittelsenkrechten der Sehne $K_1 K_2$ in ziemlicher Entfernung, so daß es zumeist nicht mehr in den Bereich des Reißbrettes fällt. Man hilft sich dann am besten dadurch, daß man eine Schiene an dem Reißbrett derart befestigt, daß das Zentrum O auf dieselbe zu liegen kommt. Man kann auch die Richtung der Strahlen $O5$, $O10$, $O15$, ... mit Hilfe ihrer Neigungswinkel gegen die Vertikale $ZZ'O$ bestimmen, die ja $2{,}5^\circ$; 5°; $7{,}5^\circ$; ... betragen, doch ist das erstere Verfahren genauer. Einen schwach gekrümmten Kreis durch drei vorgegebene Punkte zeichnet man am besten mit Benutzung eines biegsamen Lineals aus Stahl, das mit einer Spannvorrichtung versehen ist, so daß man es auf jede Krümmung einstellen kann.

377. Um die Bilder der Meridiane zu konstruieren, sucht man zunächst die ersten Spurlinien ihrer Ebenen auf. Offenbar gehen sie alle durch denselben Punkt U, in dem die verlängerte Kugelachse NMS die Verlängerung von $K_1 K_2$ trifft. Auch dieser Punkt wird meist weit hinausfallen und man hilft sich alsdann wie oben mit einer angeschraubten Schiene. Einen weiteren Punkt der einzelnen

Spurlinien bestimmt man mit Hilfe des Parallelkreises l, der durch den Punkt Z verläuft und dessen Mittelpunkt L auf der Achse NS liegt. Man legt nun den Kreis l um die erste Spur e_1 seiner Ebene in die Ebene Π_1 nieder, wobei seine Schnittpunkte mit k festbleiben, und erhält so den Kreis l_0 mit dem Mittelpunkt L_0 auf der Geraden $x = K_1 K_2$ ($JZ_0 = JZ$, $JL_0 = JL$). Auf l_0 trägt man von Z_0 aus die zu den Winkeln 5°, 10°, 15°, ... gehörigen Bogenlängen auf und verbindet diese Teilpunkte mit L_0; diese Verbindungslinien schneiden auf e_1 je einen Punkt der gesuchten Spurlinien aus. Damit sind jetzt die ersten Spuren der Meridianebenen gefunden; sie liefern auf dem Kreis k Punktepaare, durch welche die Bilder der betreffenden Meridiane hindurchgehen. Legt man endlich noch das Zentrum O um die Fluchtlinie der Parallelkreisebenen in die Ebene Π_1 als O_0 nieder, so sind l_0 und l' perspektiv aus dem Zentrum O_0 nach 163 (OO_0 ist normal zur Halbierungslinie des spitzen $\angle\, xe_2$). Man kann also unmittelbar zu den Teilpunkten auf l_0 die Bildpunkte auf l' angeben, und diese gehören den gesuchten Bildkreisen der Meridiane an, die hiernach durch je einen Punkt auf l' und je zwei Punkte auf k bestimmt sind. Bei den angegebenen Konstruktionen wird man zum Teil mit Figuren arbeiten, deren Dimensionen auf die Hälfte oder noch weiter reduziert sind. In Figur 247 ist nur das halbe Gradnetz verzeichnet, die dazugehörige symmetrische Hälfte ist weggelassen.

378. Neben der im vorhergehenden geschilderten stereographischen Projektion finden noch verschiedene andere Abbildungsmethoden bei der Herstellung von Landkarten Verwendung. Insbesondere sind einige f l ä c h e n t r e u e Abbildungen üblich, bei denen entsprechende Flächenstücke auf der Kugel und in der Bildfigur gleichen Inhalt besitzen, eine Eigenschaft, die ja der stereographischen Projektion wie oben gezeigt nicht zukommt. Sie gestatten zwar auf der Karte die Größe der dargestellten Länder und Meere unmittelbar zu vergleichen, besitzen aber den Nachteil, daß die erzielten Bilder stark verzerrt sind, indem gleiche Winkel, die um einen Punkt der Kugel herum gelegen sind, im Bilde große Verschiedenheit zeigen.

Die einfachste unter den flächentreuen Abbildungen benutzt einen Zylinder, der die Kugelfläche längs des Äquators berührt. Es ist bekannt, daß je zwei zur Äquatorebene parallele Ebenen auf der Kugel und dem umschriebenen Zylinder Zonen von gleichem Flächeninhalt ausschneiden. Jedem Kugelpunkt entspricht bei dieser Abbildung derjenige Punkt des Zylinders, der mit ihm auf einem Lot zur Polachse liegt. Schneidet man den Zylinder längs einer Mantellinie auf und breitet ihn in die Ebene aus, so erhält man alsdann ein ebenes Bild der Kugelfläche, das flächentreu ist. Hierbei wird das Netz der Meridiane und Parallelkreise durch zwei sich rechtwinklig schneidende Systeme paralleler Geraden abgebildet. Die stärkste Verzerrung tritt bei diesem Bilde gegen die Pole hin auf; das schadet jedoch weniger, da die Gegend um die Pole geographisch von geringerer Bedeutung ist.

379. Mercator hat die Kugel ebenfalls auf den längs des Äquators berührenden Zylinder abgebildet, jedoch in ganz besonderer Weise, um eine zum Gebrauch für den Seefahrer bequeme Karte zu erhalten. Der Kompaß gibt dem Seefahrer ein Mittel an die Hand, das ihn — unter Berücksichtigung der bekannten Abweichungen — befähigt einen Kurs zu steuern, der immer den gleichen Winkel mit der Nordrichtung bildet. Eine solche Linie, die also alle Meridiane unter dem gleichen Winkel schneidet, wird als Loxodrome bezeichnet; es wird daher für den Seefahrer von großem praktischem Wert sein eine Karte zu besitzen, auf der jede Loxodrome der Kugelfläche sich als gerade Linie darstellt. Dies geschieht durch das Mercatorsche Verfahren. Hierbei entsprechen den Meridianen der Kugel die sie im Äquator berührenden Mantellinien des Zylinders, den Parallel- oder Breitenkreisen aber entspricht ein System von Parallelen, welche die Mantellinien des in die Ebene ausgebreiteten Zylinders rechtwinklig schneiden und sich durch folgende Überlegung bestimmen. Durch zwei benachbarte Punkte einer Loxodrome gehen einerseits zwei benachbarte Meridiane und andererseits zwei benachbarte Parallelkreise, die auf der Kugel ein kleines Rechteck begrenzen, dessen eine Diagonale das kleine Stück der Loxodrome ist. Wird nun die Abbildung so eingerichtet, daß das Bild eines solchen Rechtecks immer wieder ein Rechteck von dem nämlichen Seitenverhältnis wird, so muß wie leicht ersichtlich das Bild einer jeden Loxodrome zur geraden Linie werden. Ein Parallelkreis, dessen geographische Breite durch den $\angle \varphi$ gemessen wird, hat die Länge $2 r \pi \cos \varphi$, während sein Bild die Länge $2 r \pi$ besitzt, da es mit der Länge des Äquators übereinstimmt. Ein Element des Parallelkreises erfährt daher bei der Abbildung eine Vergrößerung im Verhältnis $1 : \cos \varphi$. Demnach müssen auch die an den Parallelkreis angrenzenden Elemente der Meridiane die gleiche Vergrößerung erfahren; dadurch wird das erzielte Bild winkeltreu oder konform. Die Länge eines Meridians gemessen vom Äquator bis zu einem Parallelkreis von der geographischen Breite φ hat den Betrag $r \varphi$;

die zu diesem Meridianstück gehörige Bildlänge hat den Betrag $r\int\limits_0^{\varphi}\frac{d\varphi}{\cos\varphi} = r\log\operatorname{tg}\left(\frac{\pi}{4}+\frac{\varphi}{2}\right)$. Weiter auf diese Dinge einzugehen ist hier nicht der Ort.

380. Noch mag kurz auf eine von De la Hire angewendete, der konformen Abbildung nahe verwandte Projektionsmethode hingewiesen werden. Hierbei wird als Bildebene eine Tangentialebene der Kugel verwendet und das Projektionszentrum außerhalb der Kugel auf dem Durchmesser gewählt, der durch den Berührungspunkt B der Bildebene hindurchgeht. Beschränkt man sich auf die Halbkugelfläche, deren Mittelpunkt eben dieser Berührungspunkt B ist, so entspricht jedem ihrer Punkte ein Punkt der Bildebene und umgekehrt. Hier bilden sich jedoch nur die zur Bildebene parallelen Kugelkreise wieder als Kreise ab, während zu einem beliebigen Kugelkreise eine Ellipse als Bild gehört. Die größten Kugelkreise durch den Punkt B liefern geradlinige Bilder, und das Bestreben von De la Hire ging darauf hinaus das Zentrum O derart zu wählen, daß die Bogenstücke dieser größten Kreise sich möglichst in natürlicher Größe im Bilde darstellen. Er nahm die Entfernung des Zentrums von der Bildebene gleich $r \cdot 2{,}707\ldots$ und erreichte so, daß das Verhältnis des genannten Bogenstücks zu seiner Bildgröße nur zwischen engen Grenzen schwankte. Dieses Verhältnis beginnt bei B mit dem Werte 1, wächst nach außen hin bis zum Wert 1,03 und nimmt dann gegen den Rand allmählich ab, wo es den Wert 0,93 erreicht. Auch das Verhältnis zwischen einem Flächenstück der Halbkugel und seinem Bild entfernt sich hierbei nicht weit von der Einheit.

Schlagschatten auf Kegel- und Zylinderflächen.

381. Wirft eine Fläche Schlagschatten auf eine zweite Fläche, so hat man zunächst die Eigenschattengrenze, d. h. die Grenzkurve zwischen Licht und Schatten, auf der ersten Fläche zu ermitteln und dann diese Grenzkurve auf die zweite Fläche Schatten werfen zu lassen. Die parallelen Lichtstrahlen durch die Grenzkurve bilden einen Zylinder, dessen Schnittkurve mit der zweiten Fläche aufzusuchen ist. Ist die Schatten empfangende Fläche ein Zylinder oder Kegel, so kommt die vorliegende Aufgabe auf die bereits behandelte hinaus, den Zylinder oder Kegel mit dem Zylinder der Lichtstrahlen zu durchdringen, die die erste Fläche tangieren. Man kann hierbei ganz so verfahren, wie bereits auseinandergesetzt wurde, indem man einerseits die Spitze des Schatten empfangenden

Kegels (oder eine Mantellinie des Zylinders) und andererseits die Grenzkurve auf die Ebene der Basiskurve des Kegels (oder Zylinders) Schatten werfen läßt. Eine Mantellinie *m* der zweiten Fläche empfangt nun Schatten von demjenigen Punkte *P* der Grenzkurve der ersten, dessen Schatten P_* auf der Geraden m_*, dem Schatten von *m*, liegt. Die Gerade m_* durch P_* kann man also ziehen und dann auch die Mantellinie *m*, die sich mit m_* auf der Basiskurve des Kegels (oder Zylinders) trifft; der Lichtstrahl durch *P* schneidet dann *m* in einem Punkte P^*, dem Schlagschatten von *P* auf den Kegel (oder Zylinder).

Gewöhnlich ist indessen das Verfahren etwas anders, indem man einerseits die Grenzkurve, andererseits den Kegel (oder Zylinder) auf die Horizontalebene Schatten werfen läßt. Es empfängt dann eine Mantellinie *m* Schatten von einem Punkte *P* der Grenzkurve, wenn ihr Schatten m_* auf Π_1 durch den Schatten P_* von *P* auf Π_1 geht. Indem man dann rückwärts *m* und *P* aufsucht und den Lichtstrahl durch *P* mit *m* zum Schnitt bringt, erhält man den Schatten P^* von *P* auf den Kegel (oder Zylinder). Diese Methode ist denn vorzuziehen, wenn neben den Schlagschatten der einen Fläche auf die zweite auch der Schatten der Flächen auf die Horizontalebene verlangt wird, bei der zuerst geschilderten Methode mußte der Schatten auf Π_1 noch nachträglich konstruiert werden.

382. Den Schlagschatten einer Kugelschale auf einen Kegel zu bestimmen. Die Kugelschale ruhe auf Π_1, ebenso der Kegel, der Π_1 längs einer Erzeugenden berühren soll. Der Kegel sei ein gerader Kreiskegel; sein Basiskreis *c* hat die Projektionen *c'* und *c''*; c_0 ist der um die Spurlinie e_1 der Basisebene in Π_1 umgelegte Kreis *c*. Es gibt dann eine Kugel, die den Kegel längs *c* berührt (vgl 338); ihr Mittelpunkt liegt auf der Kegelachse und offenbar senkrecht über *A*, daraus ergibt sich auch sein Aufriß. Die scheinbaren Umrißlinien des Kegels berühren die Umrißkreise dieser Kugel in den nämlichen Punkten, in denen sie die Ellipsen *c'* und *c''* tangieren, wodurch sich die Umrißlinien und ihre Berührungspunkte genau bestimmen. Den Schatten c_* von *c* auf Π_1 zeichnen wir mit Hilfe der konjugierten Durchmesser AB_* und C_*D_*; c_0, *c'* und c_* sind affine Kurven, e_1 ist die Affinitätsachse. Die beiden Tangenten von *S* an c_* bilden die Grenze des Kegelschattens; ihre Berührungspunkte *J* und *K* bestimmt man aus der Affinität von c_* und c_0, indem man zu *S* den affinen Punkt S_0 und die Berührungspunkte J_0, K_0 der von ihm an c_0 gelegten Tangenten sucht. Die Affinität zwischen *c'* und c_0 ergibt dann auch die Punkte *J'* und

K' auf c' und so die Mantellinien SJ und SK, die die Grenze zwischen Licht und Schatten auf dem Kegel bilden ($J'K'$, J_0K_0 und J_*K_* gehen durch den nämlichen Punkt von e_1).

Auf der Kugelschale ist die Grenze zwischen Licht und Schatten ein Halbkreis i, dessen Projektionen i' und i'' und dessen Schatten i_* sich wie in 330 finden. Der Schatten des halben Schalenrandes in das Innere der Schale ist nach 248 ein Halbkreis, EF ist ein Durchmesser desselben und der Schatten des Randpunktes G auf

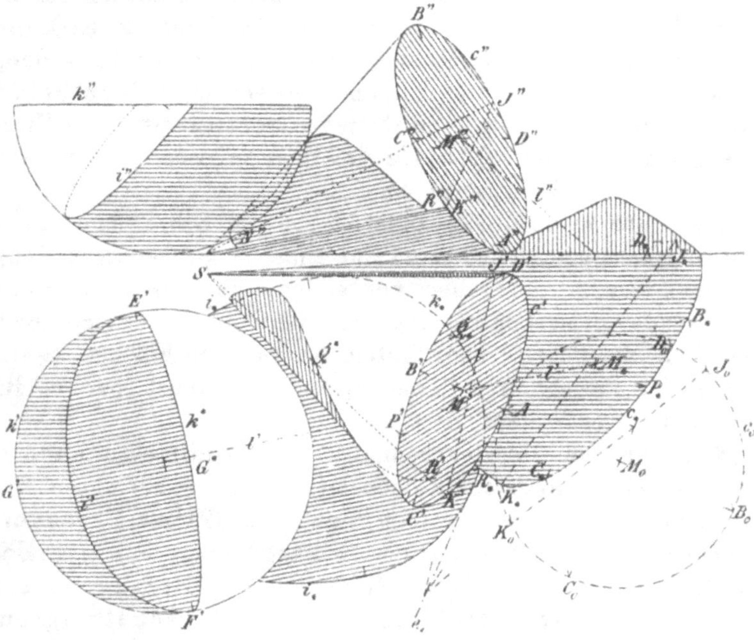

Fig. 248.

die Schale ist der Endpunkt des dazu senkrechten Durchmessers ($E'F' \perp l'$, G' auf l'). Der Rand k wirft demnach in die Schale den Schatten k^* und auf Π_1 den Schatten k_*.

Es fehlt nun noch der Schatten der Kurven i und k auf den Kegel. Die Mantellinie SP wirft den Schatten SP_*, dieser schneidet k_* in Q_*, es empfängt daher SP Schatten von dem Rande k im Punkte Q^* ($P'P_* \parallel Q^*Q_* \parallel l'$). — Wendet man das Verfahren speziell auf die Umrißlinien des Kegels an, so erhält man die Berührungspunkte der Projektion der Schlagschattenkurve mit dem scheinbaren Umriß. Die Endpunkte R und N der Schlagschattenkurve auf dem Kegel liegen auf SK, der Grenze zwischen Licht und Schatten; die

Tangenten in diesen Endpunkten sind parallel zum Lichtstrahl l (also ihre Projektionen zu l' und l''). Denn die Tangentialebene längs der Mantellinie SK ist parallel zu l, sie wird also von den Ebenen durch die Tangenten in den Punkten R von k und N von i respektive, die zum Lichtstrahle parallel laufen, in Parallelen zu l geschnitten.

Beispiele für Anwendungen.

383. Die in diesem Kapitel entwickelten Methoden zur Darstellung der Kugel-, Zylinder- und Kegelflächen, ihrer ebenen Schnitte, Durchdringungen und Abwickelungen lassen zahlreiche Anwendungen zu, die hier nur kurz unter Hinweis auf wenige einfache Beispiele angedeutet werden können. Sie betreffen vorzugsweise zwei Klassen von Aufgaben, die der zeichnende Architekt zu lösen hat: Schatten- und Steinschnittkonstruktion.

Dem, was in 151, 329 und 363 von der Schattenkonstruktion im allgemeinen gesagt und dann auf einfache geometrische Gebilde angewandt wurde, sollen hier nur einige, die weitere Anwendung vorbereitende Bemerkungen angefügt werden. Eine eingehendere Behandlung der Schattenkonstruktion bei höheren Flächen, sowie in der schiefen Projektion und der Perspektive findet man in Band III u. II unseres Werkes.

Wenn an den Objekten kompliziertere krumme Flächen auftreten, so wird man stets Kurven benutzen, die auf ihnen liegen und gegeben sein müssen, um im Sinne von 321 als Erzeugende zu dienen. Zur Bestimmung des Schlagschattens auf eine Ebene geht man von den bezüglichen Schatten der Erzeugenden aus und findet als deren Hüllkurve die Schlagschattengrenze. Sucht man ferner die Berührungspunkte der Schlagschattengrenze mit den Schatten der Erzeugenden auf und zieht von ihnen aus rückwärts Lichtstrahlen bis wieder zu jenen Erzeugenden, so erhält man auf ihnen Punkte der Lichtgrenze. Ebenso liefert ein Lichtstrahl, der von einem Kreuzungspunkte der Schlagschattengrenze in der Ebene mit dem gleichnamigen Schatten einer Erzeugenden rückwärts gezogen wird, auf letzterer einen Punkt der Schlagschattengrenze am Objekte selbst, wenn der einfallende Lichtstrahl zuerst die Flächen berührt und dann schneidet. — Wichtig ist ferner ein Satz über das Verhalten der Licht- und Schlagschattengrenzen in den Punkten, wo beide einander begegnen. Wirft nämlich ein Teil des Objektes Schatten auf einen andern, so kann es geschehen, daß die Grenze dieses Schlagschattens die Lichtgrenze auf dem zweiten Teile überschneidet. Im Treffpunkte wird dann die Schlagschattenkurve von einem Lichtstrahl berührt; denn ihre Tangente ist die Schnittlinie der Tangentialebenen zweier Lichtstrahlenzylinder, welche beiden Körperteilen längs ihrer Lichtgrenze (die beim ersteren auch eine Randkurve sein kann) umschrieben sind.

384. Die Lehre vom Steinschnitt (Stereotomie) bedient sich ebenfalls der bisher entwickelten Darstellungsmethoden. Unter ihren Aufgaben verdient besonders die Bestimmung des Schnittes der Gewölbsteine Beachtung, da für diese nicht, wie sonst meist geschieht, lauter ebene Begrenzungsflächen gewählt werden können.

Ist die Form eines Gewölbes vorgeschrieben, so ist die an der Wölbung sichtbar werdende eine Seitenfläche jedes Wölbsteines ihrer Natur nach bestimmt und muß genau nach Vorschrift bearbeitet werden. Die übrigen Seitenflächen der Steine heißen Fugen und sind am fertigen Bauwerk nicht sichtbar, weil entlang derselben die Wölbsteine, die sich gegenseitig stützen und spannen, aneinander oder auf dem Widerlager anliegen. Diese Fugen müssen (aus hier nicht weiter zu erörternden mechanischen Gründen) eine regelmäßige Anordnung erhalten und nach vorher bestimmten Formen ebenfalls genau bearbeitet werden. Soweit die Fugen auf der Wölbfläche endigen, erzeugen sie auf ihr ein System von (sichtbaren) Fugenlinien.

Die Statik zeigt nun, daß es zur Erreichung möglichst hoher Stabilität des Bauwerkes zweckmäßig ist, von folgenden Gesichtspunkten auszugehen. — Die Wölbsteine werden, vom Widerlager anfangend, bis zum Schlußstein am Gewölbescheitel in Schichten angeordnet und jede Schicht tunlichst symmetrisch aus mehreren Steinen gebildet, deren Anzahl sich nach dem Umfange richtet. Demgemäß ist zuerst die gegebene Wölbfläche durch eine erste Reihe Fugenlinien in Streifen und diese durch eine zweite Reihe Fugenlinien in Felder zu zerlegen. Die Fugenlinien der zweiten Art sollen nun überall zu denen der ersten Art rechtwinklig verlaufen und werden überdies in den benachbarten Streifen gegeneinander versetzt, so daß sich keine von ihnen unmittelbar in die nächste fortsetzt. Später (im III. Bd.) wird gezeigt, daß es auf jeder beliebigen krummen Fläche Kurven, nämlich die beiden Systeme von Krümmungslinien gibt, die sich überall rechtwinklig schneiden. In vielen Fällen können aber diese Kurvensysteme ohne weiteres angegeben werden. Es sollen ferner die Fugen selbst zur Wölbfläche normal stehen. Man denkt sie sich deshalb am einfachsten von den Normalen der Wölbfläche entlang einer Krümmungslinie erzeugt, so daß sie (siehe III. Bd.) **abwickelbare Flächen** werden; bei den einfachsten Gewölbeformen fallen sie **eben** oder **konisch** aus.

385. In Fig. 249 ist ein **runder Eckturm** mit spitzem Dach dargestellt, der seinen Schatten auf die gebrochene Dachfläche, das Gesims und die Wand eines Hauses wirft. Die Wandung des Turmes

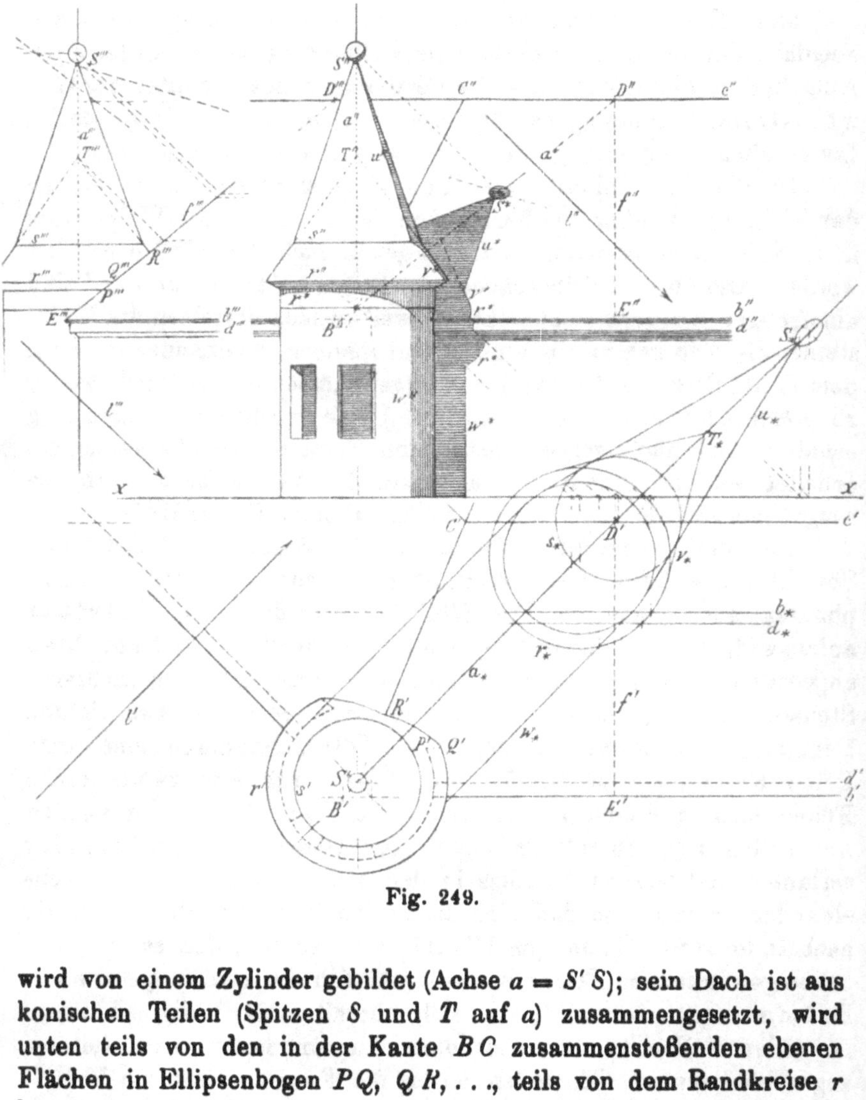

Fig. 249.

wird von einem Zylinder gebildet (Achse $a = S'S$); sein Dach ist aus konischen Teilen (Spitzen S und T auf a) zusammengesetzt, wird unten teils von den in der Kante BC zusammenstoßenden ebenen Flächen in Ellipsenbogen PQ, QR, . . ., teils von dem Randkreise r begrenzt und endigt oben an einer kleinen Kugel mit aufgesetzter spitzer Stange. Die erwähnten Ellipsenbogen bestimmt man leicht aus ihren Hauptachsen, die man mittels des Seitenrisses $f''' = D''' E'''$ einer Falllinie $f = DE$ des Daches gewinnt (vergl. 346).

Die Schattenkonstruktion soll nun im Aufriß durchgeführt werden. Man bestimmt zuerst die Lichtgrenzen u und v auf den kegelförmigen Dachflächen als die Mantellinien, deren zugehörige Tangentialebenen die Lichtstrahlen durch S und T enthalten. Sind r_*, s_*, T_*, S_* die Horizontalschatten von r, s, T, S, so müssen die Schatten u_* und v_* von u und v die Kreise s_* resp. r_* berühren und durch S_* und T_* gehen. Sucht man zu ihren Berührungspunkten die homologen Punkte auf s und r, so gehören sie den Lichtgrenzen u resp. v an. Demnach gehen u' und v' durch S' und sind zu u_* und v_* senkrecht. Die Schatten a^*, u^*, v^* auf der durch die Linien b und c bestimmten Ebene zeichne man mittels ihrer Schnittpunkte mit b und c, die sich aus den Schnittpunkten der Horizontalschatten a_*, u_*, v_*, b_*, c_* unmittelbar ergeben. Die Lichtgrenze w (Mantellinie) auf der zylindrischen Wand und ihren Schatten w^* auf der ebenen Wand findet man leicht mittels ihrer ersten Spurpunkte. Der Schatten r^* des Randkreises r zerfällt in vier Kurvenstücke, die sich der Reihe nach auf dem Wandzylinder, der Wandebene, dem Dachsims und der Dachebene befinden und von denen das letzte tangential in v^* übergeht. Es genügt, von ihnen einzelne Punkte (namentlich die Endpunkte) zu bestimmen. Im Punkte $r^* \times w''$ ist die Tangente von r^* zu l'' parallel und geht verlängert durch $r^* \times w^*$. Die Endpunkte auf den Dachkanten b und d, resp. auf ihren Schatten b^*, d^* findet man durch rückwärts gezogene Lichtstrahlen aus den bezüglichen Kreuzungspunkten im Grundrißschatten. Analog ergibt sich die kurze Schlagschattenlinie, die, von der Linie u der oberen Kegelfläche herrührend, auf der unteren entsteht. Die Lichtgrenze auf der Kugel ist ein Hauptkreis, dessen Ebene zu l normal steht (vergl. 330); sein horizontaler und der hierzu rechtwinklige Durchmesser ergeben (in der Lichtrichtung auf die Dachebene projiziert) konjugierte Durchmesser der Schlagschattenellipse. Der eine geht durch den Schnittpunkt des horizontalen Kreisdurchmessers mit der durch b und c bestimmten Ebene und durch den bezüglichen Mittelpunktschatten; der andere liegt auf a^* (die Konstruktion ist in der Figur angedeutet). Endlich sind noch einige sehr kleine Schlagschattenteile an der Turmspitze und den Turmfenstern einzutragen.

386. Das nächste Beispiel bilde eine Mauernische mit halbkreisförmiger Basis, die oben durch die Hälfte eines Kuppelgewölbes geschlossen ist (Fig. 250); außer dem Schatten soll der Steinschnitt in die Darstellung einbezogen werden.

Die Nischenfläche besteht aus einem Halbzylinder und einer Viertelkugel. Auf ersterem endigen die Fugen in sechs Mantellinien, die den Basishalbkreis in sieben gleiche Teile teilen und in horizon-

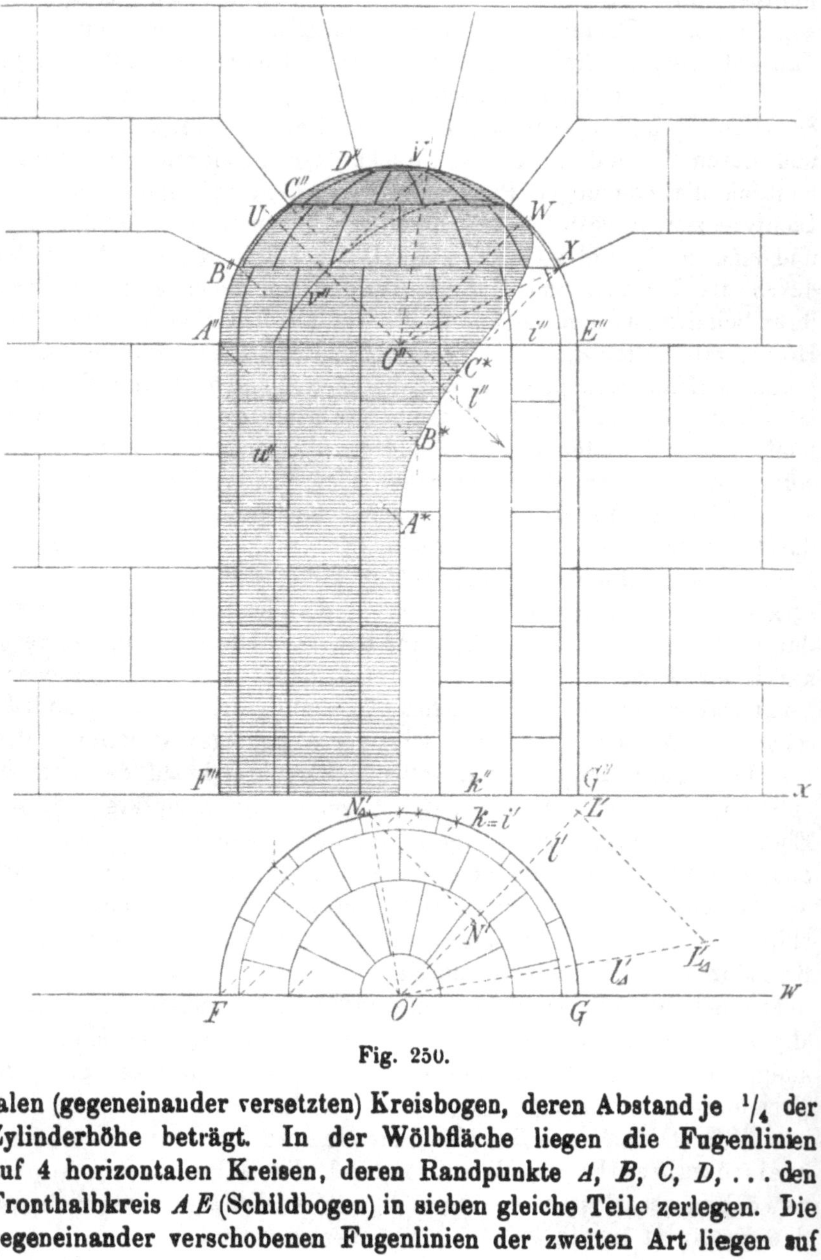

Fig. 250.

talen (gegeneinander versetzten) Kreisbogen, deren Abstand je $^1/_4$ der Zylinderhöhe beträgt. In der Wölbfläche liegen die Fugenlinien auf 4 horizontalen Kreisen, deren Randpunkte *A, B, C, D, ...* den Fronthalbkreis *AE* (Schildbogen) in sieben gleiche Teile zerlegen. Die gegeneinander verschobenen Fugenlinien der zweiten Art liegen auf

13 vertikal gestellten (Meridian-)Kreisen; diese treffen sich (verlängert) im Gewölbescheitel und teilen den Halbkreis i am Widerlager in 14 gleiche Teile. Die Projektionen sind nach diesen Angaben unmittelbar zu zeichnen. Die Fugen der Wölbsteine werden teils von Ebenen, teils von Rotationskegelflächen gebildet; letztere haben ihre Spitze im Zentrum O der Wölbfläche und ihre gemeinsame Achse ist vertikal.

Die Richtung der parallelen Lichtstrahlen l ist wie gewöhnlich angenommen ($\angle l'x = \angle l''x = 45^0$).

Die Lichtgrenze auf der Nischenfläche, eine Mantellinie u des Zylinders und ein anschließender Hauptkreisbogen der Kugel, dessen Ebene zu l normal steht und der in dem Punkte W der Front endigt ($\angle WOE = 45^0$), werden vom Schlagschatten bedeckt. Die elliptische Projektion jenes Hauptkreisbogens ist nach 330 zu ermitteln, indem man einen Lichtstrahl OL um die Parallele zu l' durch O zu Π_1 parallel dreht und den zu $O'L_\triangle'$ normalen Halbmesser $O'N_\triangle'$ auf $O'L'$ projiziert; die Projektion $O'N'$ gibt die kleine Halbachse jener Ellipse an. Der Schlagschatten des Nischenrandes auf die Innenfläche setzt sich aus drei ganz verschiedenen Teilen zusammen. Das erste Stück verläuft geradlinig; es ist der Schatten des linken Zylinderrandes FA auf den Hohlzylinder ($F'A^{*\prime} \| l'$, $A^{*\prime}$ auf k, $A''A^{*} \| l''$). Das zweite Stück gehört einer Raumkurve 4. Ordnung an, in welcher der Lichtstrahlenzylinder durch den Fronthalbkreis den Zylinder schneidet, und endigt auf i. Man findet einzelne seiner Punkte (z. B. $B'B^{*} \| l'$, $B^{*\prime}$ auf k, $B''B^{*} \| l''$). Das letzte Stück liegt wieder auf einem Hauptkreis der Kugel und wird von dem nämlichen Lichtstrahlenzylinder ausgeschnitten (vergl. 364). Dieser Schlagschattenkreis liegt zum Frontkreis in bezug auf die Ebene des Lichtgrenzkreises symmetrisch. Alle drei Kreise haben den Halbmesser OW gemein; ihre zu OW rechtwinkligen Halbmesser aber liegen in der zweiten projizierenden Ebene des Lichtstrahles l durch O. Wird diese Ebene zu Π_2 parallel gedreht, so erscheinen jene Halbmesser im Aufriß als $O''U$, $O''V$ und $O''X$, und es muß $\angle VO''X = \angle UO''V$ sein, woraus sich der Aufriß des Schlagschattenkreises leicht bestimmen läßt.

387. Eine dorische Säule besteht aus dem Schaft und dem Kapitäl; ein Basisglied besitzt sie nicht, vielmehr ist der Schaft unmittelbar auf den Stylobat (Untersatzstufe) gestellt. Der Schaft verjüngt sich nach oben, hat 20 Kannelierungen, die in scharfen Kanten (ohne Stege) zusammenstoßen, und zeigt am Säulenhals einen Einschnitt. Den Übergang zum Kapitäl vermitteln drei schmale Riemen; dann folgt ein nach oben schwellender Wulst, der Echinus, und eine quadratisch geschnittene Platte, der Abakus auf dem der Architrav ruht.

In der Figur ist der obere Teil einer solchen Säule gezeichnet, und es soll daran die Schattenkonstruktion vorgenommen werden.

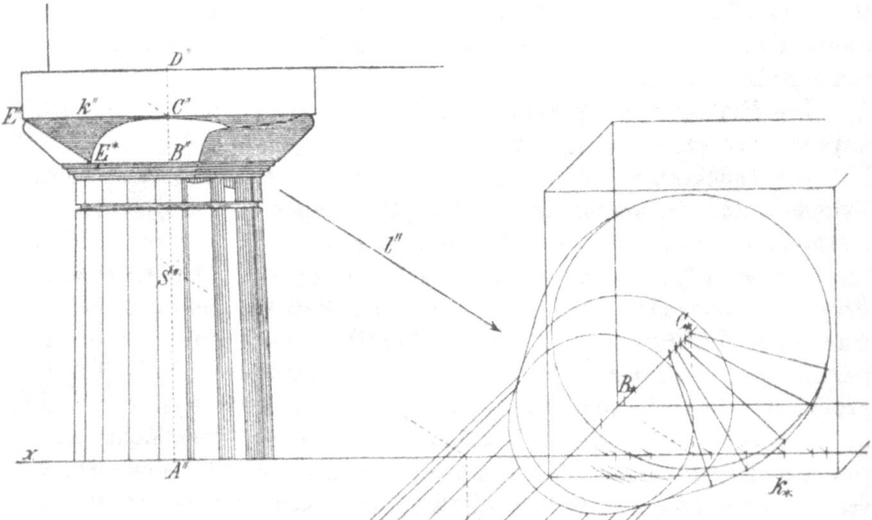

Fig. 251.

Die Kanten des konischen Schaftes endigen in jeder horizontalen Querschnittsebene (z. B. in Π_1) auf einem Kreise; die bezügliche Spurkurve der kannelierten Fläche wird aus 20 nach innen gewandten kleinen Kreisbogen zusammengesetzt. Der Profilschnitt (Meridian) des

Echinus mag von unten zuerst geradlinig ansteigen, dann aber in einen Kreisbogen stetig übergehen, so daß sich die Oberfläche unten kegelförmig (Spitze S auf der Säulenachse a), oben kreisringförmig gestaltet.

Man zeichnet zunächst die Grundrißschatten aller Kanten des Objektes, die teils geradlinig, teils kreisförmig ausfallen, und findet hieraus ohne Mühe die Eigen- und Schlagschattengrenzen am Schafte. Besondere Aufmerksamkeit verdient die Grenzlinie des vom Echinus herrührenden Grundrißschattens. Man benutzt einige auf seiner Fläche liegende horizontale Kreise, deren Schatten (kongruente Kreise) schnell gefunden werden; ihre Hüllkurve ist die gesuchte Linie. Durch Normalen zu ihr aus den Kreismittelpunkten bestimmt man noch deren Berührungspunkte; die von ihnen aus rückwärts gezogenen Lichtstrahlen schneiden dann auf den Parallelkreisen am Echinus selbst Punkte der Lichtgrenze aus. Analog verfährt man mit den Schnittpunkten der Grundrißschatten jener Kreise und der Kanten des Abakus und erhält so dessen Schlagschatten auf dem Echinus. Die Grenzlinie verläuft im Aufriß bis zu der Ecke E^* gerade, dann krummlinig und endigt auf der Lichtgrenze mit zu l'' paralleler Tangente. Zuletzt sind noch einige Details in die Zeichnung einzutragen, welche die am Säulenhals auftretenden Schatten betreffen. Auch hierbei geht man vom Grundrißschatten aus und benutzt das Verfahren der rückwärts durchlaufenen Lichtstrahlen.

388. Das letzte Beispiel betrifft ein Kuppelgewölbe mit Stichkappenfenstern. Die Wölbfläche wird von einer Halbkugel gebildet; sie ist mit einer zum Aufriß parallelen Ebene durchschnitten, so das sich daß Innere zeigt. Der Schnitt geht durch den Gewölbescheitel und die Mittelachsen zweier gegenüberliegender Fenster, deren im ganzen sechs rundum regelmäßig angeordnet sind. Das Gewölbe ist unten durch einen Sims begrenzt. Die seitlichen Fensterwände sind eben und gehen oben in eine konische Wölbfläche, die Stichkappe, über, die von einem geraden Kreiskegel mit horizontaler Achse gebildet wird. Die genannten ebenen Flächen schneiden die Kugel in Kreisbogen, die sich als Teile von Ellipsen projizieren. Die Kegelflächen schneiden die Kugelfläche in den Gradbogen; diese gehören Raumkurven vierter Ordnung an und ihre Zeichnung bildet den wesentlichen Teil der Aufgabe.

Zur Konstruktion benützt man vertikale Hilfsebenen, die man zur Symmetrieebene eines Fensters, also etwa zu dem erwähnten Hauptschnitt, normal stellt. Jede solche Ebene schneidet sowohl die Kugel wie den Kegel in einem Kreise. Die oberen Schnittpunkte beider Kreise gehören dem Gradbogen der Stichkappe an.

In der Fig. 252 bezeichnet M den Mittelpunkt der Kugel und S eine im Hauptschnitt liegende Kegelspitze, ferner SO die horizontale Kegelachse. Die oberste Mantellinie bestimmt den Scheitel A des Gratbogens ABC. Der Teil AB dieses Bogens gehört der Raumkurve vierter Ordnung an (B'' auf $S''O''$); der untere Teil BC ist ein Kreisbogen. Um irgend einen Punkt P des Gratbogens AB in allen drei

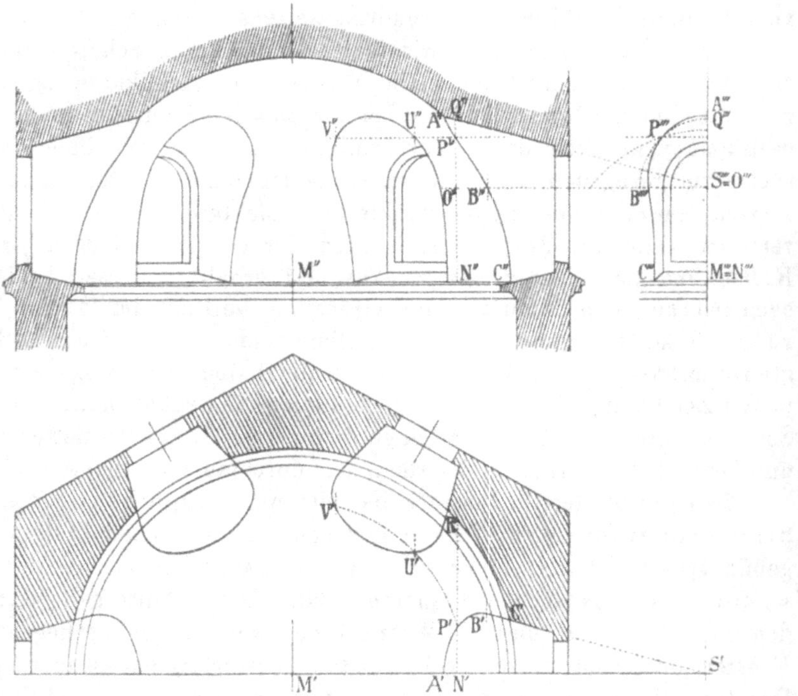

Fig. 252.

Projektionen zu gewinnen, zieht man eine vertikale Gerade, die gleichzeitig die erste und zweite Spurlinie einer Hilfsebene bildet. Auf ihr findet man leicht die Zentra N und O der Schnittkreise mit der Kugel und dem Kegel und die zugehörigen Radien NR und OQ. Man zeichnet diese Kreise am besten im Seitenriß (rechts) und erhält in ihrem Schnitt den Punkt P''', hieraus aber P'' und P', indem man $P'''P''$ horizontal zieht und $N'P' = (P''' \dashv N'''A''')$ vertikal anträgt. Aus einem Punkte P ergeben sich sofort entsprechende Punkte, wie U und V, auf den übrigen Gratbogen.

ACHTES KAPITEL.

Rotationsflächen.

Allgemeines. Eigen- und Schlagschatten, ihr gegenseitiges Verhalten.

389. Ist eine Kurve mit einer festen Geraden starr verbunden, und läßt man sie um diese rotieren, so beschreibt sie eine Rotationsfläche; die feste Gerade heißt die Rotationsachse.[17]) Jeder Kurvenpunkt beschreibt bei dieser Bewegung einen Kreis, dessen Mittelpunkt auf der Achse liegt und dessen Ebene senkrecht zur Achse steht. Alle Ebenen senkrecht zur Achse schneiden die Rotationsfläche in einem oder mehreren Kreisen, die man kurz als Parallelkreise bezeichnet. Alle Ebenen durch die Achse schneiden die Fläche in kongruenten Kurven; man nennt sie Meridiankurven und die sie enthaltenden Ebenen Meridianebenen. Zieht man auf einer Rotationsfläche irgend eine ebene oder Raumkurve, die jeden Parallelkreis einmal schneidet, so kann die Fläche durch Rotation dieser Kurve um die feste Achse erzeugt werden; speziell kann man die Meridiankurve zur Erzeugung der Fläche verwenden.

Durch jeden Punkt der Rotationsfläche geht ein Parallelkreis und eine Meridiankurve; man kennt deshalb in jedem Flächenpunkte zwei Tangenten; die eine berührt die Meridiankurve und trifft die Achse, die andere berührt den Parallelkreis und ist senkrecht zur Richtung der Achse. Dieses lehrt uns, daß jede Tangentialebene der Rotationsfläche normal ist zu der Meridianebene durch ihren Berührungspunkt. Wir erkennen also, daß die Tangentialebenen in allen Punkten einer Meridiankurve eine Zylinderfläche umhüllen, deren Leitkurve die Meridiankurve ist und deren Mantellinien normal zur Ebene dieser Kurve sind. Alle Tangentialebenen in den Punkten eines Parallelkreises umhüllen einen geraden Kreiskegel, der diesen zum Grundkreis hat und dessen Spitze auf der Achse liegt. Die Mantellinien des Kreiskegels sind die Tangenten der Meridiankurven, deren Berührungspunkte auf jenem Parallelkreise liegen. Alle Normalen einer Rotationsfläche treffen ihre Achse.

390. Läßt man eine Fläche um eine mit ihr starr verbundene Gerade als Achse rotieren, so gibt es eine Hüllfläche, die alle Lagen der rotierenden Fläche einhüllt und die offenbar eine Rotationsfläche ist. Die Kreise, deren Mittelpunkte auf der Achse liegen und deren Ebenen zur Achse normal stehen, verhalten sich nämlich gegen die rotierende Fläche verschieden, indem sie dieselbe entweder schneiden oder nicht schneiden. Die Hüllfläche bildet die Grenze zwischen den beiden Arten von Kreisen; auf ihr liegen die Parallelkreise, die die rotierende Fläche in einer Lage — und somit in allen Lagen — berühren. Die hier als Hüllfläche definierte Rotationsfläche berührt jede der eingehüllten Flächen, d. h. jede Lage der rotierenden Fläche, längs einer Kurve; in den Punkten dieser Berührungskurve stimmen die Tangentialebenen der Hüllfläche und der eingehüllten Fläche überein. Hieraus folgt aber, daß alle Punkte der rotierenden Fläche, deren Normalen die Rotationsachse treffen, auf ihrer Berührungskurve mit der Hüllfläche und somit auf dieser selbst liegen. Hiermit ist auf der rotierenden Fläche die Berührungskurve definiert, durch deren Rotation die Hüllfläche entsteht. Jede zur Achse normale Ebene schneidet die rotierende Fläche in einer Kurve; diese berührt die Hüllfläche in den Punkten, deren Normalen durch den Achsenschnittpunkt der Ebene gehen.

391. Bei allen Fragestellungen, die sich auf Rotationsflächen beziehen, spielen die Parallelkreise und Meridiankurven eine besondere Rolle; nur bisweilen finden andere einfache Kurven der Fläche Verwendung. So verwendet man Parallelkreise, um die Schnittkurve der Rotationsfläche mit einer Ebene oder mit einer anderen Fläche zu zeichnen. So kann man Parallelkreise bei der Bestimmung des wahren Umrisses der Rotationsfläche oder der Grenzkurve von Licht und Eigenschatten auf ihr mit größtem Vorteil benutzen. Auf einem Parallelkreise gehören die beiden Punkte dem wahren Umrisse an, deren Tangentialebenen die Projektionsrichtung enthalten; ebenso gehören zwei Punkte der Grenzkurve an; ihre Tangentialebenen sind dem Lichtstrahl parallel. Die Tangentialebenen in den Punkten eines Parallelkreises umhüllen aber einen geraden Kreiskegel, der diesen zum Basiskreis hat; auf ihm suchen wir die Mantellinien, die den wahren Umriß bzw. die Grenze von Licht und Schatten bilden; sie treffen den Parallelkreis in den Punktepaaren, die dem Umriß bzw. der Grenzkurve auf der Rotationsfläche angehören. In der Tat sind die Tangentialebenen in diesen Punkten der Rotationsfläche zugleich Tangentialebenen des genannten Kegels und enthalten projizierende, bzw. Lichtstrahlen. Diese Methode heißt das Kegelverfahren. In ähnlicher Weise kann man der Bestimmung des Umrisses sowie der Lichtgrenze die Meridiankurven zugrunde legen. Da alle Tangentialebenen in den Punkten der Meridiankurve einen Zylinder umhüllen, heißt diese Methode das Zylinderverfahren. Die Mantellinien des Umrisses und der Lichtgrenze auf dem geraden Zylinder, der die Meridiankurve zur Basiskurve hat, treffen diese in Punkten, die dem Umrisse bzw. der Lichtgrenze auf der Rotationsfläche angehören. Diesen beiden Methoden reiht sich noch ein drittes, ebenfalls stets verwendbares Verfahren, das Kugelverfahren an, das wir später kennen lernen werden. Bei einzelnen Flächen werden sich noch besondere Methoden darbieten.

Auch die Bestimmung des Schlagschattens auf eine Rotationsfläche, mag dieser von der Fläche selbst oder einem anderen Gegenstande herrühren, stützt sich auf die Parallelkreise. Die Schatten dieser Parallelkreise auf eine dazu parallele Ebene sind kongruente Kreise. Entwirft man nun den Schatten des Flächenteiles oder Körpers, dessen Schlagschatten auf der Rotationsfläche gesucht wird, auf die nämliche Ebene — er ist übrigens affin zu dem Schatten auf die Grundrißebene — so wird derselbe die Schatten der Parallelkreise teilweise überdecken; die entsprechenden Teile der Parallelkreise selbst werden dann in dem gesuchten Schlagschatten liegen.

392. Es soll hier noch das Verhalten des Eigen- und Schlagschattens in den Punkten untersucht werden, in denen beide aufeinander stoßen. Diese Untersuchung werden wir indessen nicht auf die Rotationsflächen beschränken, sondern ganz allgemein durchführen; die gefundenen Resultate haben dann für jede beliebige Fläche Gültigkeit. Zunächst gilt der Satz: Trifft die Kurve, die den auf eine Fläche fallenden Schlagschatten begrenzt, die Kurve der Lichtgrenze, so sind in den Treffpunkten die Tangenten der Schlagschattenkurve dem Lichtstrahl parallel. Die Kurve des Schlagschattens erscheint nämlich als Schnitt der betreffenden Fläche mit einem Zylinder, dessen Mantellinien den Lichtstrahlen parallel sind. Die Tangente dieser Kurve in einem beliebigen Punkte liegt in den beiden Tangentialebenen, die daselbst die gegebene Fläche bzw. den genannten Zylinder berühren. Die Tangentialebenen des Zylinders sind alle der Lichtrichtung parallel, und in den Punkten der Lichtgrenze sind dies auch die Tangentialebenen der gegebenen Fläche; es ist deshalb auch die gemeinte Tangente zur Lichtrichtung parallel.

393. Hat die gegebene Fläche eine Randkurve, die von der Lichtgrenze in zwei oder mehr Punkten getroffen wird, so geht der Schlagschatten der Randkurve auf die Fläche ebenfalls von diesen Punkten aus; dabei liegen in jedem solchen Punkte die Tangenten der Randkurve und ihres Schattens harmonisch zur Tangente der Lichtgrenze und dem Lichtstrahle. Das gleiche gilt dann natürlich auch für die gleichartigen Projektionen dieser Geraden. Sei c der Rand und c^*

sein Schatten auf die Fläche, sei ferner u die Lichtgrenze und P ein gemeinsamer Punkt von c und u, endlich bedeute l den durch P verlaufenden Lichtstrahl (Fig. 253 *a*). Die Kurven c und c^* liegen auf einem Zylinder mit zu l parallelen Mantellinien; die Ebene, die den Zylinder längs l berührt, berührt auch die Fläche in P, da sie l und die Tangente von c im Punkte P enthält und beide die Fläche tangieren. Hiernach geht also die Kurve c^* in der Tat durch P. Nun betrachten wir eine zu l benachbarte Mantellinie des Zylinders, die c und c^* in den Punkten Q und Q^* schneidet; die Strecken PQ, PQ^*, QQ^* seien unendlich klein von der ersten Ordnung. Ist R der Mittelpunkt der Strecke QQ^*, so liegen die Strahlen PQ, PQ^*, l und PR harmonisch. Beim Grenzübergange werden aber PQ und PQ^* die Tangenten von c und c^*, so daß unser Satz bewiesen ist, sobald hierbei der Strahl PR in die Tangente von u übergeht. Um dies zu zeigen, legen wir durch QQ^* eine Ebene senkrecht zur Ebene PQQ^*; in ihr befindet sich der unendlich kleine, unserer Fläche angehörige Kurvenbogen QQ^*, und auf diesem liegt ein Punkt S, dessen Tangente zu QQ^* oder l parallel ist. In der Figur ist der Bogen QQ^* mit dem Punkt S umgelegt. Der Punkt S gehört der Kurve u an, und der Strahl PS wird beim Grenzübergang zur Tangente von u; schließen also PS und PR einen unendlich kleinen Winkel ein, so wird für unendlich kleines PR die Strecke RS unendlich klein von der zweiten Ordnung, und beim Grenzprozeß fällt PR mit der Tangente von u zusammen. Bei jedem unendlich kleinen Bogen hat aber der Punkt T (Fig. 253 *b*), der senkrecht über der Mitte der zugehörigen Sehne QQ^* liegt, eine Tangente t, die mit QQ^* einen unendlich kleinen Winkel zweiter Ordnung einschließt. Denn es ist $TQ = TQ^*$, nach 301 bildet also t mit TQ und TQ^* Winkel, die sich nur um eine unendlich kleine Größe zweiter Ordnung unterscheiden, während QQ^* mit diesen Geraden gleiche Winkel bildet. Da nun hiernach die Tangenten in T und S einen unendlich kleinen Winkel zweiter Ordnung einschließen, so ist auch TS unendlich klein von der zweiten Ordnung, und da ferner TR von der zweiten Ordnung unendlich klein ist, gilt Gleiches für RS (vergl. die entsprechenden Schattenkonstruktionen 333, 338 und 382).

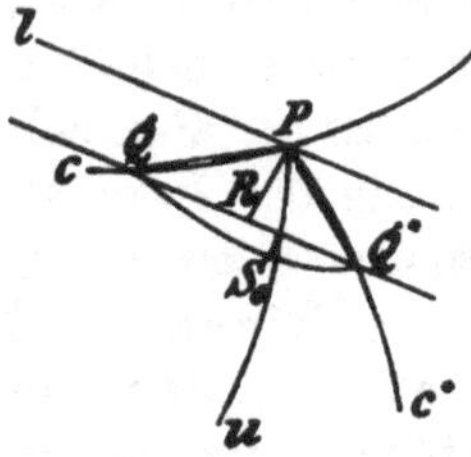

Fig. 253 *a*.

Fig. 253 *b*.

394. Die Kurve der Lichtgrenze einer Fläche besitzt im allgemeinen einzelne Punkte, deren Tangenten Lichtstrahlen sind; von diesen Punkten geht tangential, d. h. in der Lichtstrahlrichtung, eine Schlagschattenkurve aus. Um die Richtigkeit des ersten Teiles dieses Satzes zu erweisen, lassen wir einen die Fläche berührenden Lichtstrahl l sich so parallel zu sich selbst bewegen, daß sein Berührungspunkt B die Kurve u der Lichtgrenze durchläuft, wobei er also die Fläche stets tangiert. Sei nun E irgend eine Ebene durch den Lichtstrahl l, die sich zugleich mit l parallel zu sich selbst fortbewegt, so wird sie die Fläche in einer Kurve c schneiden. c berührt l in einem Punkte B, und es kann der in B berührende Kurvenzweig den Strahl l noch in einem Punkte S schneiden, siehe Fig. 254. Es gibt dann zwischen S und B einen Punkt A auf c, dessen Tangente AT zu l parallel ist, der also ebenfalls der Lichtgrenze u angehört. Bei der Parallelverschiebung von E — nach der

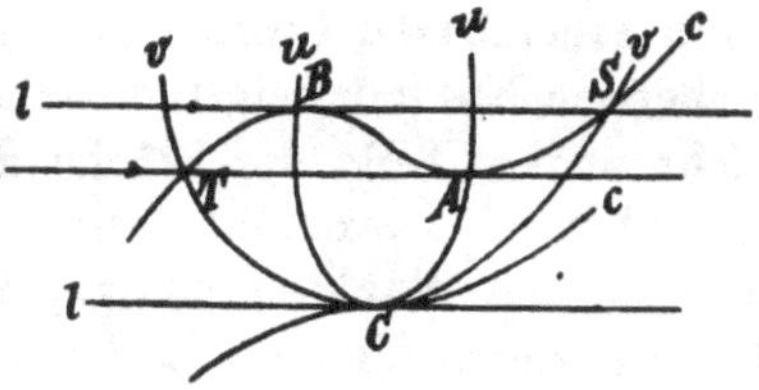

Fig. 254.

passend gewählten Seite — wird sich S dem Punkte B nähern und es wird schließlich eine Lage von E geben, für die S mit B in einem Punkte C zusammenfällt. In dieser Lage wird C zum Wendepunkte und l zur Wendetangente der Kurve c; hier hat l mit c und folglich auch mit der Fläche drei unendlich nahe Punkte gemein, d. h. l ist eine Haupttangente der Fläche im Punkte C. Auch A fällt bei dieser Lage mit C zusammen, so daß l hier die Kurve u der Lichtgrenze berührt. Der Punkt C gehört dem hyperbolisch gekrümmten Teile der Fläche an (vgl. 324). Während nun ein Punkt die Kurve u von B über C bis A durchläuft, beschreibt der zugehörige Lichtstrahl einen Zylinder, für den die Mantellinie durch C eine Rückkehrkante ist (vgl. 318). Der Schatten u_* von u auf eine beliebige Ebene besitzt in C_* eine Spitze, er bildet den Schnitt der Ebene mit jenem Zylinder. Der Zylinder berührt die gegebene Fläche längs u und schneidet sie überdies in einer Kurve v, die von S über C nach T verläuft. Die Kurve v berührt, ebenso wie u, die Rückkehrkante im Punkte C und sie geht hier, ebenso wie u, von dem einen Zylindermantel zu dem andern über, der mit jenem in der Rückkehrkante zusammenhängt. Bei der in der Figur durch Pfeile markierten Lichtstrahlrichtung ist offenbar S der Schlagschatten von B, und entsprechend bildet das Kurvenstück CS von v den Schlagschatten des Stückes CB der Lichtgrenze u. Spätere Beispiele lassen das noch besser erkennen.

395. Aus dem Gesagten lassen sich auch Schlüsse auf den wahren und den scheinbaren Umriß einer Fläche ziehen. Im allgemeinen gibt es auf dem wahren Umriß Punkte, deren Tangenten mit der Projektionsrichtung zusammenfallen, ihnen entsprechen Spitzen auf dem scheinbaren Umriß. Von den beiden Stücken des wahren Umrisses, die in einem solchen Punkte zusammenstoßen, ist in seiner nächsten Umgebung das eine unsichtbar und das andere sichtbar, falls nicht besondere Hinderungsgründe auftreten. Es geht das unmittelbar aus Fig. 254 hervor; denn wenn dort l die Projektionsrichtung bedeutet, so ist B sichtbar, aber A unsichtbar. Deshalb ist auch beim scheinbaren Umriß von den beiden in einer Spitze zusammenstoßenden Kurvenzweigen einer unsichtbar, der andere sichtbar, wenn nicht andere Teile der Fläche das verhindern. Wir sehen also, daß sowohl beim wahren als beim scheinbaren Umriß der sichtbare Teil in gewissen Punkten endigt; für den wahren Umriß sind es die Punkte, deren Tangenten der Projektionsrichtung parallel sind.

Die Punkte der Fläche, deren Tangentialebenen sowohl der Licht- wie der Projektionsrichtung parallel sind, gehören zugleich dem wahren Umriß wie der Kurve der Lichtgrenze an. Für die Projektion will das besagen, daß die Projektion der Lichtgrenze den bezüglichen scheinbaren Umriß in den Stellen berührt, deren Tangenten der Projektion des Lichtstrahles parallel sind.

Allgemeine Rotationsflächen, Schnitte, Durchdringung, Eigen- und Schlagschatten.

396. Die Achse einer Rotationsfläche sei senkrecht zum Grundriß und ihre Meridiankurve bekannt; in einem Punkte P der Fläche soll die Tangentialebene und in ihr die Schnittkurve bestimmt werden (Fig. 255)

Seien A und a'' die Projektionen der Achse und sei m die Meridiankurve in der zum Aufriß parallelen Ebene, die man kurz als Hauptmeridian bezeichnet, so ist m'' der scheinbare Umriß in Π_2, denn die Tangentialebenen in den Punkten von m sind zu Π_2 senkrecht. Der scheinbare Umriß in Π_1 wird von konzentrischen Kreisen um den Mittelpunkt A gebildet; in der Figur sind es die Kreise b' und c', die Kreise b und c auf der Fläche enthalten die Punkte der Meridiankurven, deren Tangenten zu a parallel sind. Ist P' gegeben, so ziehe man durch P den Parallelkreis d, der in Π_1 als Kreis durch P', in Π_2 als Gerade erscheint, und findet so P''. Die

Tangentialebene in P enthält die horizontale Tangente an d und die Tangente an die Meridiankurve durch P, ihre erste Spur enthält also den Spurpunkt der letzteren und ist zur ersteren parallel. Durch Drehung um a kann die Meridiankurve durch P in m übergeführt werden, dabei geht P in P_0 und die zugehörige Tangente t in t_0 über; durch Zurückdrehen gewinnt man den Spurpunkt T_1 von t ($T_1 A = T_0'' A''$) und damit die Spurlinien e_1 und e_2 der gesuchten Tangentialebene. Um Punkte der Schnittkurve s zu zeichnen, ziehe man irgend eine Horizontalebene, die E in einer Hauptlinie und die Fläche in einem Parallelkreise schneidet; in Π_1 findet man dann direkt Punkte der Projektion der Schnittkurve, deren Aufriß dadurch ebenfalls bekannt ist. Die Projektionen von s berühren die bezüglichen Umrisse; der Punkt P ist ein Doppelpunkt von s. Die zu E senkrechte Meridianebene ist selbstverständlich Symmetrieebene von s; in ihr liegt der tiefste Punkt Q von s. Um Q auf t zu bestimmen, bedenke man, daß er durch Drehung in $Q_0 = t_0 \times m$ übergeht ($Q' A = (Q_0'' \dashv a'')$).

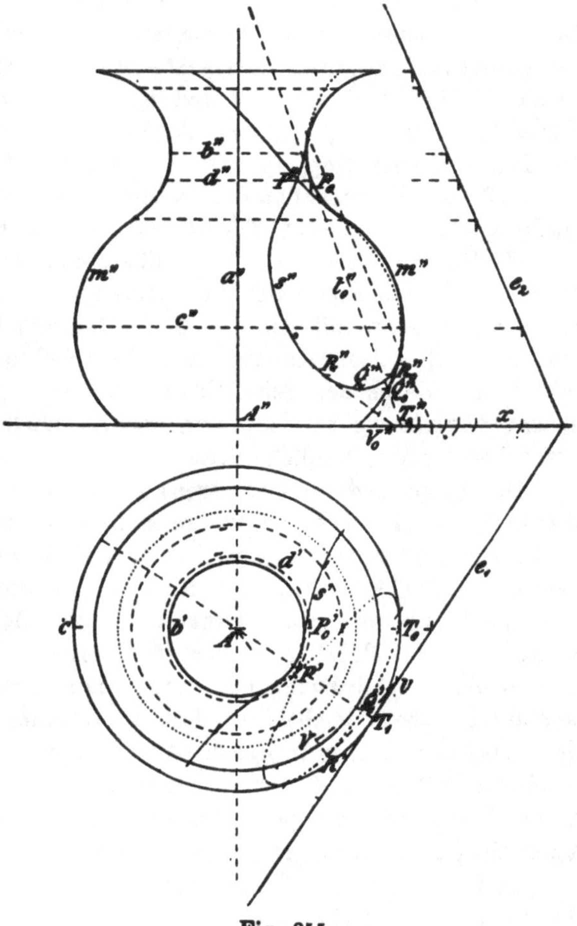

Fig. 255.

Auch die Meridianebenen kann man zum Aufsuchen der Punkte von s benutzen, indem man durch Drehung um a die Meridiankurve in die Lage m bringt und zugleich die Schnittlinie der Meridianebene mit E mitdreht; ihre Schnittpunkte mit m sind dann wieder zurückzudrehen. Diese Konstruktion läßt sich auch noch verwenden, wenn die Achse der Rotationsfläche nur zu Π_2 parallel ist, ohne zu Π_1 senkrecht zu sein. Man kann diesen Fall auch auf den früheren zurückführen, wenn man einen Hilfsriß benutzt, dessen Ebene auf der Rotationsachse senkrecht steht.

Um die Tangente von s im Punkte R zu zeichnen, bringen wir E mit der Tangentialebene im Punkte R unserer Fläche zum Schnitt; die ersten Spuren beider Ebenen schneiden sich im Spurpunkte U der gesuchten Tangente. Die erste Spur der Tangentialebene geht durch den Punkt V auf $R'A$ und ist zu $R'A$ senkrecht, dabei ist $VA = V_0''A''$ und $R_0''V_0''$ eine Tangente von m'' ($R_0''R'' \| x$). Über die Tangenten im Doppelpunkte P von s vgl. 415.

397. Zur Konstruktion der Durchdringungskurve einer Rotationsfläche mit einer anderen Fläche läßt sich im allgemeinen nur das in 352 Gesagte wiederholen. Als Hilfsebenen wird man die Ebenen durch die Parallelkreise der Rotationsfläche wählen können. Diese Ebenen sind dann mit der zweiten Fläche zum Schnitte zu bringen und diese Schnittkurven mit den bezüglichen Parallelkreisen zu schneiden. Die ebenen Schnittkurven brauchen dabei nicht in ihrer ganzen Ausdehnung gezeichnet zu werden, sondern nur in der Nähe des schneidenden Parallelkreises.

Die Aufgabe, die Durchdringungskurve zweier Rotationsflächen mit sich schneidenden Achsen zu zeichnen, die in der Technik des öfteren vorkommt, läßt sich einfach lösen, wenn man die Ebene der beiden Achsen als Hilfsprojektionsebene benutzt. Jede Kugelfläche um den Schnittpunkt der beiden Achsen als Mittelpunkt schneidet beide Rotationsflächen in Parallelkreisen, deren Schnittpunkte der Durchdringung angehören. Die Parallelkreise projizieren sich auf die Ebene der beiden Achsen als Geraden; diese Ebene schneidet die bei den Flächen in Meridiankurven und die angenommene Kugel in einem größten Kreise; die Schnittpunkte dieser Kurven mit dem Kreise liegen aber auf jenen Parallelkreisen, die hiernach bestimmt sind. Die Durchdringungskurve ist zur Ebene der Achsen symmetrisch.

398. Eigen- und Schlagschatten einer Rotationsfläche, deren Achse senkrecht zum Grundrisse ist (Fig. 256). Die zu Π_2 parallele Meridiankurve sei m, also m'' der Umriß in Π_2; der Umriß in Π_1 wird von dem Kreise a' gebildet. Die Kreise b und c mögen die Fläche begrenzen, die wir uns hohl vorstellen wollen. Die Projektionen des Lichtstrahles seien l' und l''. Die Kurve u der Lichtgrenze auf der Fläche liegt symmetrisch zu der Meridianebene, die dem Lichtstrahle parallel ist. Um nun auf einer beliebigen Meridiankurve n, deren Grundriß die Gerade n' bildet, die Punkte von u zu bestimmen, legen wir durch l eine Ebene senkrecht zur Meridianebene, die sie in NC schneidet ($L'N' \perp n'$ und $LN \parallel \Pi_1$). Nach 391 werden die Berührungspunkte der Tangenten von n, die zu NC parallel laufen, der Kurve u angehören. Durch Drehung der Ebene von n in die Ebene des Hauptmeridians, geht n in m und NC in N_0C über ($N_0''B'' = N'C$); sind dann P_0'' und Q_0'' zwei

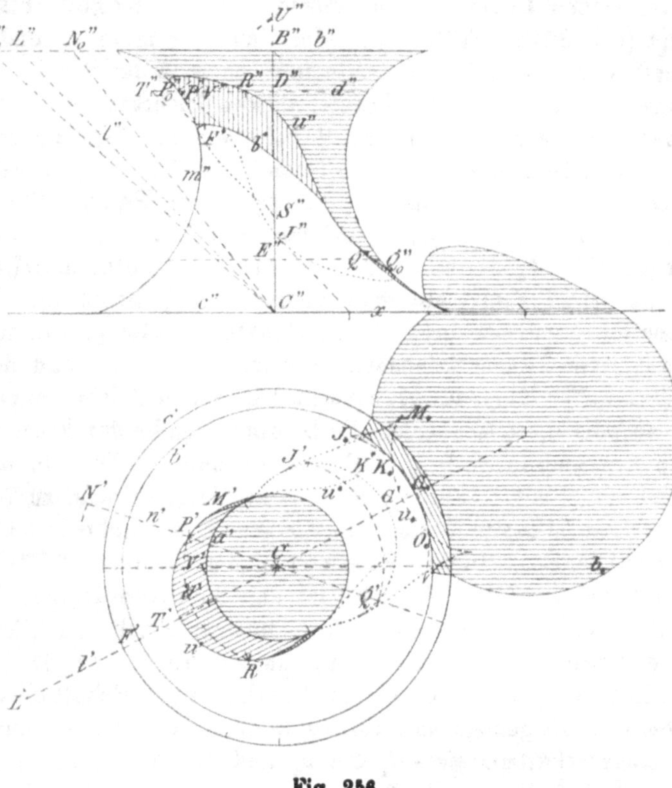

Fig. 256.

Punkte auf m'', deren Tangenten zu $N_0''C''$ parallel sind, so erhält man durch Zurückdrehen der genannten Ebene zwei Punkte P und Q von u ($P'C = P_0''D''$, $Q'C = Q_0''E''$, $P_0''P'' \parallel x \parallel Q_0''Q''$). Eine genügende Anzahl von Punkten der Lichtgrenze gewinnt man leicht durch wiederholte Anwendung des geschilderten Verfahrens (Zylinderverfahren); dabei liefert die obengenannte Symmetrie von u zu jedem Punkte einen zweiten, z. B. P und R ($P'C = R'C$, $\angle P'CL' = \angle R'CL'$). Die Schnittpunkte von u und m erscheinen als Berührungspunkte von u'' und m'', daselbst sind die gemeinsamen Tangenten zu l'' parallel.

Der höchste und tiefste Punkt der Kurve u liegen in der Symmetrieebene; sie gehören den beiden Parallelkreisen an, die m in Punkten treffen, deren Tangenten zu L_0C parallel sind ($L_0''B'' = L'C$). Die Punkte von u in der zur Symmetrieebene senkrechten Meridianebene liegen auf dem Kreise a, dessen Projektion a' den scheinbaren Umriß bildet, so daß sich u' und a' in diesen Punkten berühren.

Auch auf einem beliebigen Parallelkreise, etwa d, findet man leicht die beiden Punkte von u, indem man das Kegelverfahren anwendet (vgl. 391). Trifft d die Meridiankurve m in P_0 und trifft die Tangente von m in P_0 die Achse in S, so ist S der Scheitel und d der Basiskreis eines Rotationskegels, dessen Lichtgrenze durch die nämlichen Punkte P und R von d geht wie u. Wir ziehen also durch S einen Lichtstrahl, der die Ebene von d in T schneidet; die Tangenten von T an d liefern die gesuchten Punkte P und R ($S''T'' \parallel l''$, T' auf l', $T'P'$ und $T'R'$ tangieren d').

Ist $P_0''U'' \perp P_0''S''$, so ist der Punkt U der Rotationsachse der Mittelpunkt einer Kugel mit dem Radius $P_0''U''$, die unsere Fläche längs des Kreises d berührt. Da die Punkte der Lichtgrenze nur von den zugehörigen Tangentialebenen abhängen, die Kugel und die Rotationsfläche aber längs des gemeinsamen Kreises d gleiche Tangentialebenen aufweisen, so schneiden die Lichtgrenzen beider Flächen den Kreis in den nämlichen beiden Punkten P und R. Die Lichtgrenze der Kugel bildet aber einen größten Kreis, dessen Ebene zu l senkrecht ist; diese Ebene trifft also d in den gesuchten Punkten; sie liegen demnach auf der Schnittlinie jener Ebene mit der Ebene von d ($U''V'' \perp l''$, $U'V' = CV' \parallel x$, $P'V'R' \perp l'$). Dies ist das Kugelverfahren.

399. Die Schlagschattengrenze u_* unserer Fläche auf die Horizontalebene bestimmt sich punktweise aus den Projektionen der Punkte von u. Läßt man eine Anzahl von Parallelkreisen Schatten werfen, so erscheint u_* als gemeinsame Hüllkurve derselben. Die Berührungspunkte eines Schattenkreises d_* mit u_* und die Tangenten in diesen Punkten ergeben sich nach dem vorher Gesagten leicht. Ist nämlich S die Spitze des Kegels, der die Rotationsfläche längs d berührt, so sind die Tangenten aus S_* an d_* die gesuchten Tangenten und ihre Berührungspunkte zugleich die von d_* und u_*. Auf der Fläche freilich schneiden sich u und die als Lichtgrenze des genannten Kegels auftretenden Mantellinien; aber eine solche Mantellinie und die bezügliche Tangente von u liegen in einer zum Lichtstrahle parallelen Ebene, ihre Schatten decken sich also. Es deckt sich demnach auch der Schatten der Tangente in einem Punkte von u mit dem Schatten der Tangente an den Parallelkreis durch diesen

Punkt. Somit ist die Tangente in einem Punkte von u_*, etwa R_*, parallel zur Tangente von d' in R' oder senkrecht zu CR'.

Die Schatten der Parallelkreise berühren u_* in zwei zu l' symmetrischen Punkten. Für den tiefsten Punkt G von u (und ebenso für den höchsten) fallen diese Berührungspunkte zusammen; d. h. G_* ist ein Scheitelpunkt von u_* und der Schatten des durch G gehenden Parallelkreises ist der zugehörige Krümmungskreis.

Der Schlagschatten u_* auf Π_1 besitzt vier Spitzen, sie bilden nach 394 die Schatten derjenigen Punkte von v, deren Tangenten Haupttangenten der Rotationsfläche und dem Lichtstrahle parallel sind. Einen solchen Punkt findet man, indem man an u' und u'' Tangenten parallel l' bzw. l'' zieht; zu jedem Berührungspunkte auf u', etwa J', gehört senkrecht darüber liegend ein Punkt auf u'', etwa J'', dessen Tangente zu l'' parallel ist. Die Bestimmung der Punkte J' und J'' könnte nach 286 vorgenommen werden; doch genügt hier die doppelte Kontrolle, daß sie auf dem nämlichen Parallelkreise und auf einer Senkrechten zur x-Achse liegen müssen. Die Tangente in einer Spitze von u_*, etwa J_*, ist senkrecht zu $J'C$.

Weitere Konstruktionen der Punkte von u mit zum Lichtstrahle parallelen Tangenten finden sich in 419.

In dem in der Figur dargestellten Falle besitzt u_* zwei Doppelpunkte K_* und O_* und die beiden sie verbindenden Kurvenbogen schließen ein beleuchtetes Stück von Π_1 ein, das allerdings nicht sichtbar ist. Von den Punkten M und J auf u — und ebenso von den dazu symmetrischen Punkten — gehen Schlagschatten aus, die daselbst u berühren. Einzelne Randpunkte dieser Schatten gewinnt man, indem man die Schatten einzelner Parallelkreise auf Π_1 mit u_* zum Schnitte bringt und von diesen Punkten in der Lichtstrahlrichtung bis zu den betreffenden Parallelkreisen auf der Fläche zurückgeht. Der von M ausgehende Schlagschatten u^* liegt auf der Innenseite der Fläche, d. h. auf der der Achse zugewendeten Seite; die Projektion seiner Begrenzung berührt den Umriß a' und trifft u' in K^*; wo seine Tangente parallel l' ist ($K_* K^* \| l'$). Der von J ausgehende Schatten liegt auf der Außenseite der Fläche und trifft c in dem gleichen Punkte wie $J_* M_*$.

Den Schlagschatten b^* des Randes b auf die Fläche findet man durch Aufsuchen des Schattens von b auf einzelne Parallelkreise; dabei benutzt man wieder die Schatten dieser Kreise und des Randes auf Π_1. Die Tangenten von b^* in ihren Schnittpunkten mit u sind zu l parallel. Der höchste Punkt des Schattens b^* liegt in der zum Lichtstrahl parallelen Meridianebene, ist also der Schatten des Punkte F auf die bez. Meridiankurve. Durch Drehung dieser

Ebene parallel zu Π_2 rücken F und der gesuchte Schatten auf m und der sie verbindende Lichtstrahl wird parallel $L_0 C$.

Die Konstruktion der Tangenten in einem beliebigen Punkte der Lichtgrenze wird in 416 gegeben.

400. Ist die Lichtgrenze auf einer Rotationsfläche bei zentraler Beleuchtung zu suchen, so erleiden die behandelten Methoden, Kegel-, Kugel- und Zylinderverfahren, kleine, leicht einzusehende Abänderungen. Diese mögen kurz skizziert werden im Hinblick auf Fig. 256, ohne die Konstruktionen in einer neuen Figur wirklich durchzuführen. Auf einer Meridiankurve erhält man die Punkte der Lichtgrenze u, indem man von dem leuchtenden Punkte L ein Lot auf die Meridianebene fällt und von seinem Fußpunkte die Tangenten an die Meridiankurve zieht, was wiederum durch Drehen ihrer Ebene parallel zu Π_2 geschieht.

Die Punkte der Lichtgrenze u auf einem Parallelkreis ergeben sich nach dem Kegelverfahren, indem man die Spitze des Kegels auf seine Basisebene Schatten werfen läßt; die Berührungspunkte der von ihm an den Basiskreis gelegten Tangenten sind die gesuchten Punkte.

Die Ringfläche.

401. Rotiert ein Kreis um eine in seiner Ebene liegende Gerade, so entsteht die Ringfläche. Schneidet die Achse der Fläche den Meridiankreis nicht, so haben wir es mit der eigentlichen Ringfläche zu tun, im entgegengesetzten Falle aber mit der Wulstfläche. Halbiert man im ersten Falle den rotierenden Kreis durch einen zur Achse parallelen Durchmesser, so kehrt die eine Hälfte der Achse die konkave Seite zu, sie erzeugt bei der Rotation den elliptisch gekrümmten Teil der Fläche; die andere Hälfte kehrt der Achse die konvexe Seite zu und erzeugt den hyperbolisch gekrümmten Flächenteil. Beide Flächengebiete grenzen in zwei Kreisen, der parabolischen Kurve, aneinander (324, 325).

Wir wollen nun zunächst zeigen, daß es auf einer Ringfläche außer den beiden Systemen der Parallel- und Meridiankreise noch zwei weitere Kreissysteme gibt, so daß durch jeden Punkt der Fläche vier Kreise auf ihr gezogen werden können. Betrachten wir eine Ebene, die die Ringfläche in zwei Punkten berührt, so muß sie auf den Meridianebenen der beiden Punkte senkrecht stehen, was zu zwei Möglichkeiten führt. Entweder steht die Ebene auf der Rotationsachse senkrecht, dann berührt sie die Fläche längs eines Parallelkreises, dessen Radius offenbar gleich dem Abstande des rotierenden Kreismittelpunktes von der Achse ist; es gibt zwei solche Ebenen. Oder beide Berührungspunkte liegen in der nämlichen Meridianebene, ihre Verbindungslinie berührt also jeden der beiden in der Meridianebene liegenden Kreise; die gemeinte Tangentialebene steht dann in dieser Linie senkrecht zur Meridianebene.

402. Eine die Ringfläche doppelt berührende Ebene schneidet aus ihr zwei Kreise aus. Fig. 257 stellt eine Ringfläche mit vertikaler Achse dar; die Berührungspunkte J und K der

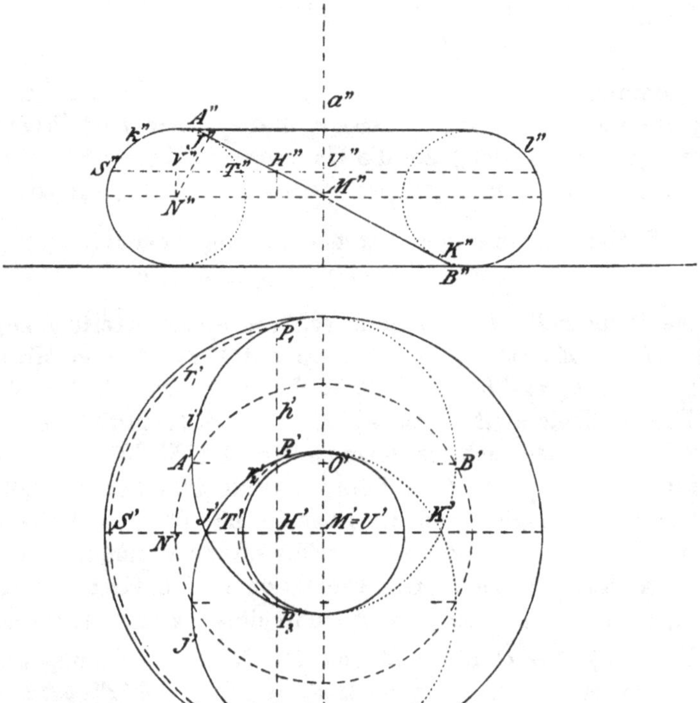

Fig. 257.

Doppeltangentialebene E mögen in der zu Π_2 parallelen Meridianebene liegen, so daß also die Doppeltangentialebene auf Π_2 senkrecht steht. Eine beliebige Horizontalebene schneidet aus der Ringfläche zwei Parallelkreise r_1 und r_2 und aus E eine Hauptlinie h aus; die Kreise r_1 und r_2 treffen h in vier Punkten P_1, P_4 bzw. P_2, P_3, die der Schnittkurve angehören. Ist H der Schnittpunkt von h mit der Ebene des Hauptmeridians k, und setzen wir $P_1 H = y_1$, $P_2 H = y_2$, $P_3 H = y_3$, $P_4 H = y_4$, so ist:

$$y_1 - y_2 = y_4 - y_3 = 2r,$$

wo $2r$ den Durchmesser von k bedeutet. Zum Beweise benutzen wir noch den Mittelpunkt M der Ringfläche, den Mittelpunkt N von k, die senkrecht über M bzw. N in der genannten Horizontalebene liegenden Punkte U und V und die Schnittpunkte S und T von k mit r_1 bzw. r_2. Es folgt dann einerseits aus der Figur:

$$y_1^2 = (P_1 U)^2 - (HU)^2 = (d + VS)^2 - (HU)^2, \text{ wo}: d = NM \text{ ist},$$
$$y_2^2 = (d - VS)^2 - (HU)^2,$$
$$\tfrac{1}{2}(y_1^2 + y_2^2) = d^2 + r^2 - (MU)^2 - (HU)^2$$
$$= d^2 + r^2 - (HM)^2.$$

Andererseits ist das Produkt der Potenzen des Punktes H in bezug auf die beiden Parallelkreise r_1 und r_2 gleich dem Produkt der Potenzen von H in bezug auf die Hauptmeridiankreise k und l, also:

$$y_1 y_2 = HJ . HK = (MJ)^2 - (MH)^2 = d^2 - r^2 - (MH)^2.$$

In Verbindung mit der ersten Gleichung kommt:

$$(y_1 - y_2)^2 = 4r^2, \quad \text{oder} \quad y_1 - y_2 = 2r.$$

Die Punkte P_1, P_3, J und K gehören einem Kreise i an, denn es ist: $HJ . HK = y_1 y_3$; sein Mittelpunkt liegt auf den Mittelsenkrechten der Sehnen JK und $P_1 P_3$; d. h. in O, wenn $MO = M'O' = r$ ist. Dieser Kreis i ist durch J, K und seinen Mittelpunkt O bestimmt und ist demnach unabhängig von der Wahl der Geraden h und der Punkte P_1 und P_3 auf ihr. Daraus geht hervor, daß i den einen Teil der Schnittkurve der Ebene E mit der Ringfläche bildet; der zu i in bezug auf die Hauptmeridianebene symmetrische Kreis j bildet den anderen Teil. Die Projektion i' des Kreises i ist eine Ellipse, deren große Achse $= 2d$ und deren kleine Achse $= A'B' = 2MJ = 2\sqrt{d^2 - r^2}$ ist, und von der M' einen Brennpunkt darstellt; denn man hat: $M'P_1' + M'P_3' = M'S' + M'T' = 2d$.

Die Ringfläche kann hiernach auch durch Rotation eines Kreises um eine gegen seine Ebene geneigte Achse erzeugt werden; die Projektion des Kreises auf eine zur Achse senkrechte Ebene liefert dann eine Ellipse, deren einer Brennpunkt auf der Achse liegen muß.

403. Der Umriß einer Ringfläche ist zu bestimmen, wenn ihre Achse gegen die Projektionsebene geneigt ist (Fig. 258). Die Achse a sei gegen Π_1 geneigt, dann wählen wir $\Pi_2 \parallel a$, so daß der Umriß in Π_2 von zwei Kreisen und ihren gemeinsamen parallelen Tangenten gebildet wird. Der Umriß in Π_1 kann dann, wie bei jeder Rotationsfläche, durch das Kugelverfahren gefunden werden. Ist nämlich B ein Punkt des Hauptmeridians k und trifft die zugehörige Normale die Achse a in J, so berührt die Kugel mit dem Mittelpunkte J und dem Radius JB die Fläche längs des Parallelkreises durch B. Der zu Π_1 parallele größte Kreis der Kugel erscheint als ihr Umriß; er trifft den genannten Parallelkreis in zwei Punkten D und E, die dem gesuchten Umriß der Ringfläche angehören ($J''D'' \parallel x$, $J'D' = J'E' = J''B''$). Die Kugel mit dem Mittelpunkte K und dem Radius KC liefert analog die Punkte F und G ($F''K'' \parallel x$, $K'F' = K'G' = K''C''$). Die Kreise mit den Mittelpunkten J' bzw. K' berühren den Umriß u' in den Punkten D', E' bzw. F', G'; die Geraden $J'D'$, $J'E'$, $K'F'$, $K'G'$ sind also Normalen der Kurve u'.

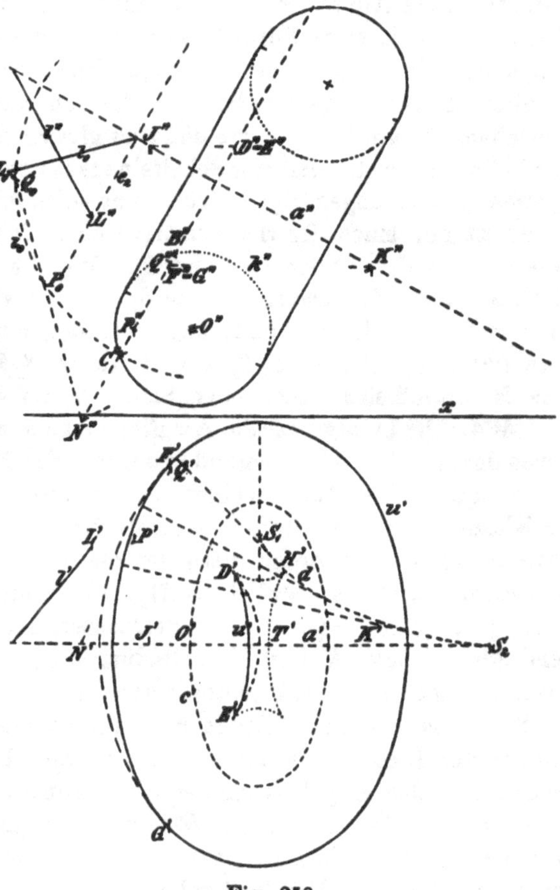

Fig. 258.

Dem soeben geschilderten Verfahren, das bei allen Rotationsflächen anwendbar bleibt, läßt sich speziell bei der Ringfläche die folgende Betrachtung zur Gewinnung des Umrisses gegenüberstellen. Die Normalen der Ringfläche in den Punkten eines Meridiankreises gehen durch dessen Mittelpunkt, der horizontale Durchmesser dieses Kreises trägt also seine beiden, dem Umrisse angehörigen Punkte, da die zugehörigen Tangentialebenen zu Π_1 senkrecht stehen. Der bei der Rotation um die Achse beschriebene Bahnkreis c des Mittelpunktes O von k wird von allen Normalen der Ringfläche getroffen, und zwar steht c auf den Normalen senkrecht. Da sich aber ein rechter Winkel mit einem zu Π_1 parallelen Schenkel wieder als rechter Winkel projiziert, so projiziert sich der horizontale Durchmesser jedes Meridiankreises auf Π_1 als Normale der Ellipse c'. Trägt man auf allen Normalen der Ellipse c' nach beiden Seiten die Strecke r gleich dem Radius von k auf, so erhält man den Umriß u'.

Die Kurve u' besteht aus zwei getrennten Teilen, die ebenso wie c' doppelt symmetrisch sind; man nennt u' eine zu c' parallele oder äquidistante Kurve. Eine Kurve und eine zugehörige äquidistante Kurve haben dasselbe Normalsystem und somit die gleiche Evolute; umgekehrt sind alle zu der gleichen Kurve gehörigen Evolventen parallele Kurven, sie werden von den Punkten einer Geraden beschrieben, die auf jener Kurve ohne zu gleiten abrollt. Die Evolute d der Ellipse c' besitzt den vier Scheitelpunkten von c' entsprechend vier Spitzen in den zugehörigen Krümmungsmittelpunkten (303). In der Figur ist nur einer der vier symmetrischen Teile von d verzeichnet, er endigt in den Spitzen S_1 und S_2. Wo die Evolvente u' auf die Evolute d auftrifft, besitzt sie eine Spitze und steht auf d senkrecht, so z. B. in H'; dieser Punkt bestimmt sich auf der Evolute, indem man den Kurvenbogen $H'S_2$ von d gleich $S_2T' = S_2O' - r$ macht. Aus H' ergibt sich einfach der Punkt H auf der Fläche.

404. Die Lichtgrenze auf der Ringfläche kann ebenfalls vorteilhaft durch das Kugelverfahren gefunden werden (Fig. 258). Sind l' und l'' die Projektionen eines Lichtstrahles, so bestimme man zunächst seine Projektion l''' auf eine zu a senkrechte Ebene E — ihre zweite Spurlinie sei e_2 — und drehe diese um die zu e_2 parallele Gerade der Hauptmeridianebene parallel zu Π_2, so erhält man l_0 ($L = l \times \mathsf{E}$, $L''L_0 \perp e_2$, $L''L_0 = (L' \dashv a')$). Betrachtet man nun die Kugel mit dem Mittelpunkte K und dem Radius KC, so bildet ihr größter Kreis in einer zu l senkrechten Ebene die Lichtgrenze auf ihr, und die Schnittpunkte dieser Ebene mit dem Parallelkreise durch C sind Punkte der Lichtgrenze auf der Ringfläche. Die Ebene der Lichtgrenze auf der Kugel schneidet die Hauptmeridianebene in einer zu l'' senkrechten Geraden KN und die Ebene des Parallelkreises in einer zu l''' senkrechten Geraden durch N; letztere enthält die gesuchten Punkte. Durch Paralleldrehen dieser Ebene zu Π_2 geht der Parallelkreis in i_0 über, und die Gerade wird senkrecht zu l_0 ($N''P_0Q_0 \perp l_0$); dreht man die Schnittpunkte P_0, Q_0 von Gerade und Kreis wieder zurück, so sind P'', Q'' die Aufrisse der gesuchten Punkte, deren Grundrisse daraus folgen ($(P' \dashv a') = P_0P''$, $(Q' \dashv a') = Q_0Q''$). In der Figur ist die Lichtgrenze nicht eingezeichnet.

Der Schlagschatten der Ringfläche auf die Horizontalebene ist hiernach punktweise zu bestimmen, indem man die Punkte der Lichtgrenze Schatten werfen läßt. Über die Form dieses Schlagschattens läßt sich folgendes bemerken. Der Schatten der Ringfläche auf eine zur Lichtrichtung senkrechte Ebene ist eine äquidistante Kurve zu der Schattenellipse des Bahnkreises c von O; es gelten dafür die gleichen Gründe wie bei u'. Der Schatten der Ringfläche auf eine beliebige Ebene ist also eine affine Kurve zu jener äquidistanten Kurve.

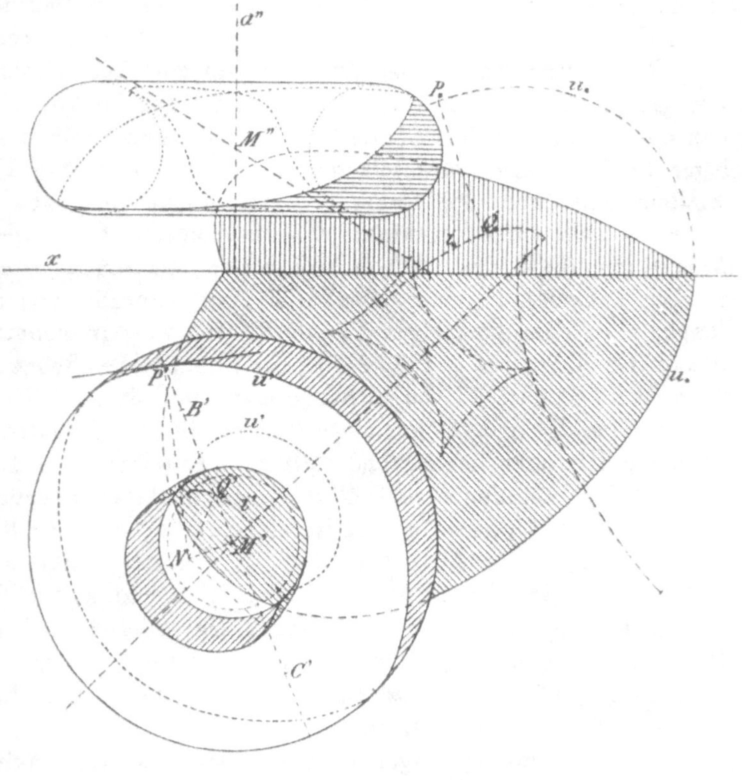

Fig. 259.

405. Eigen- und Schlagschatten einer Ringfläche mit vertikaler Achse (Fig. 259). Jede Kugel, die einen Meridiankreis der Ringfläche zum größten Kreise hat, berührt sie längs desselben, so daß die Ringfläche als Hüllfläche eines Systems von gleichen Kugeln erscheint, deren Mittelpunkte auf einem Kreise liegen. Nun wähle man eine Kugel K, deren Mittelpunkt M mit dem der Ringfläche zusammenfällt und deren Radius dem der Meridiane gleich ist. Eine beliebige Meridianebene schneidet alsdann Kugel und Ringfläche in drei gleichen Kreisen, deren Mittelpunkte M, B und C sein mögen ($MB = MC = d$, $CMB \perp a$). Durch Verschiebung des

Kugelkreises in seiner Ebene in einer zur Achse a senkrechten Richtung um die Strecke d nach der einen oder anderen Seite hin geht derselbe in die bezüglichen Kreise auf der Ringfläche über. Nennen wir zwei Punkte, die hierbei zur Deckung kommen, kurz homologe Punkte, so erkennen wir, daß es zu jedem Punkte der Kugel zwei homologe Punkte auf der Ringfläche gibt; in homologen Punkten auf Kugel und Ringfläche sind die Tangentialebenen parallel; ihre Verbindungslinie ist senkrecht zu a und ihre gegenseitige Entfernung gleich d. Die Lichtgrenze auf der Kugel ist ein zum Lichtstrahle l normaler größter Kreis i; die Kurve u der homologen Punkte bildet demnach die Lichtgrenze der Ringfläche. Die Horizontalprojektionen homologer Punkte haben ebenfalls den Abstand d und ihre Verbindungslinie geht durch den Punkt M'. Wir können demnach die Kurve u' aus i' ableiten, indem wir auf den Durchmessern der Ellipse i' von ihren Endpunkten aus nach beiden Seiten die Strecke d auftragen. Die Tangente in einem Punkte P' von u' ergibt sich aus der Tangente in dem homologen Punkte Q' von i'; wir benutzen dazu das gleiche Verfahren wie in 294 bei der Pascalschen Schnecke. Die Normale im Punkte P' von u' findet man auch durch folgende Überlegung. Sind P_1' und Q_1' homologe Punkte, die den Punkten P' resp. Q' unendlich nahe liegen, und fällt man von ihnen aus Lote $P_1'P_2$ resp. $Q_1'Q_2$ auf den Strahl $M'P'Q'$, so entstehen unendlich kleine rechtwinkelige Dreiecke, und es ist: $P_1'P_2 : Q_1'Q_2 = M'P' : M'Q'$ sowie $P'P_2 = Q'Q_2$, da $P'Q' = P_1'Q_1' = P_2Q_2 = d$ ist. Wählt man nun endliche Dreiecke, die zu diesen ähnlich sind, und macht eine Kathete gleich $M'P'$ resp. $M'Q'$, so werden die anderen Katheten einander gleich. Daraus folgt, daß die Normale von i' in Q' und die von u' in P' auf einer in M' zu $M'P'$ erricheten Senkrechten den nämlichen Punkt N ausschneiden.

Die Aufrisse P'' und Q'' liegen auf einer Parallelen zur x-Achse, was man zur Konstruktion von u'' verwerten kann. Hinsichtlich der Tangenten von u' in P' und von u'' in P'' vergleiche man das in 416 Gesagte.

Den Schlagschatten v_* von u auf Π_1 leitet man aus dem Schatten i_* von i ab. Offenbar ist $P_*Q_* = P'Q' = d$ und $P_*Q_* \parallel P'Q'$, ferner ist die Tangente in Q_* an i_* senkrecht zu Q_*P_*. Denn PQ steht senkrecht auf der Tangente in Q an den zugehörigen Parallelkreis der Kugel, beide Geraden sind horizontal; ihre Schatten sind P_*Q_* und die Tangente von i_* in Q_*, sie sind also ebenfalls rechtwinklig. Somit ist u_* eine äquidistante Kurve zur Ellipse i_*, und es kann im übrigen auf die in 403 geschilderten Verhältnisse hingewiesen werden. Bezüglich der Konstruktion von Krümmungskreisen in den Scheiteln von u' und v_*, der Spitzen von u_* und der entsprechenden Punkte auf u ist auf 417 und 419 zu verweisen.

Das Rotationshyperboloid und seine Anwendung.

406. Durch Rotation einer Geraden e um eine zu ihr windschiefe Achse a entsteht eine Fläche, die als Rotationshyperboloid bezeichnet wird; die Gerade e in ihren verschiedenen Lagen heißt Erzeugende der Fläche; alle Erzeugenden zusammen bilden eine Schar. Die gemeinsame Normale von e und a möge a in M und e in N treffen, dann beschreibt N von allen Punkten der Erzeugenden den kleinsten Parallelkreis k, der deshalb als Kehlkreis bezeichnet wird. Projizieren wir die Erzeugenden des Hyperboloids auf eine zur Achse senkrechte Ebene, so müssen sie die Tangenten eines Kreises k' mit dem Mittelpunkte M' und dem Radius MN bilden. Zwei Punkte von e, die gleich weit von N entfernt sind, liegen auf Parallelkreisen mit gleichem Radius; denn ihre Projektionen haben von N' und somit von M' gleichen Abstand.

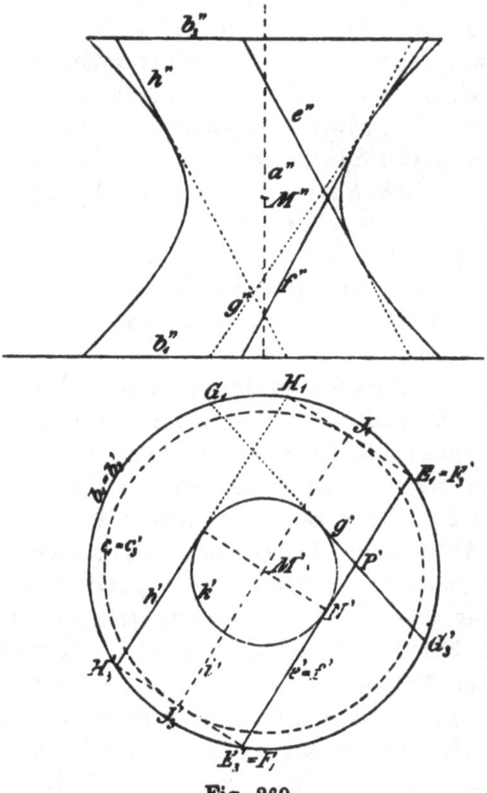

Fig. 260.

Das Hyperboloid erstreckt sich nach zwei Seiten ins Unendliche, da es die Erzeugende e tut; wir können dasselbe jedoch nicht in seiner ganzen Ausdehnung darstellen, sondern begrenzen es durch zwei gleiche Parallelkreise. In Fig. 260 ist die Achse a zu Π_1 senkrecht gewählt; die Ebenen der die Fläche begrenzenden Parallelkreise b_1 und b_3 seien Π_1 resp. Π_3. Jede Erzeugende e ist dann durch ihre

Spurpunkte in Π_1 und Π_3 bestimmt; ihre erste Projektion e' berührt k', ihr erster Spurpunkt E_1 liegt auf b_1 und die erste Projektion ihres dritten Spurpunktes E_3' auf $b_3' = b_1$. Daraus ergeben sich dann in einfachster Weise die Aufrisse der Erzeugenden und der Umriß, der sie alle berührt.

Auf dem Hyperboloid gibt es noch eine zweite Schar von Erzeugenden, die ebenfalls durch Rotation um die Achse *a* auseinander hervorgehen. Jede Erzeugende der ersten Schar wird von jeder Erzeugenden der zweiten Schar getroffen; je zwei Erzeugende der gleichen Schar sind windschief. Das zuletzt Gesagte ist selbstverständlich, da die Erzeugenden der gleichen Schar auf den Parallelkreisen Bogenstücke begrenzen, die gleiche Zentriwinkel spannen. Betrachten wir nun die Gerade f, deren erster Spurpunkt F_1 mit E_3' identisch ist, während die Projektion ihres dritten Spurpunktes F_3' mit E_1 zusammenfällt, und irgend eine Gerade g, die mit e der gleichen Schar angehört. Dann ist: $\text{Bog} E_1 G_1 = \text{Bog} E_3' G_3'$ und folglich $F_1 G_1 \parallel F_3' G_3'$; die Geraden $F_1 G_1$ und $F_3 G_3$ können also als erste und dritte Spur einer Ebene angesehen werden, der die Geraden f und g angehören; diese Geraden schneiden sich demnach.

Die Geraden beider Scharen haben die gleiche Neigung gegen Π_1 und somit auch gegen die Achse a, da ihre zwischen Π_1 und Π_3 gelegenen Stücke einander gleich sind, wie sich aus der Gleichheit ihrer ersten Projektionen ergibt. Durch jeden Punkt P der Fläche gibt es zwei Erzeugende; ihre ersten Projektionen sind die von P' an k' gelegten Tangenten. Speziell gibt es zu jeder Erzeugenden der einen Schar, etwa e, eine parallele Erzeugende aus der zweiten Schar, etwa h; sie projizieren sich als parallele Tangenten von k'. Die Ebene des Kehlkreises ist Symmetrieebene des Hyperbooides; seinen Mittelpunkt nennt man den Mittelpunkt des Hyperboloides.

407. Im Anschlusse an diese doppelte Erzeugung des Hyperboloides wollen wir einige Konstruktionen desselben aus gegebenen Elementen behandeln. Sind e und f zwei Erzeugende der einen Schar und ist l eine solche der anderen, so sind durch sie vier Rotationshyperboloide bestimmt. Ist $P = l \times e$ und $Q = l \times f$, dann konstruiere man zwei Ebenen, so daß l und e zur ersten und l und f zur zweiten symmetrisch liegen. Die Symmetrieebene für e und l muß offenbar eine der beiden Geraden enthalten, welche die Winkel von e und l halbieren, und auf der Ebene el senkrecht stehen; analog bestimmt sich die Symmetrieebene für f und l. Beide Symmetrieebenen schneiden sich in der Achse a eines Rotationshyperboloides, dem die drei Erzeugenden e, f, l angehören. Denn durch Rotation von l um a entsteht eine Rotationsfläche; für sie ist jede Ebene durch a Symmetrieebene, so die Ebenen Pa und Qa; die Fläche enthält also auch die Geraden e und f, die aus l durch Spiegelung an den Ebenen Pa resp. Qa hervorgehen. Sind ursprünglich e, f und ein Punkt L der Fläche gegeben, so ziehe man durch L die Gerade l, die sowohl e wie f trifft; dann verfahre man wie vorher.

Sind nur zwei Erzeugende e und f der nämlichen Schar bekannt, so gibt es noch unendlich viele Rotationshyperboloide mit diesen Erzeugenden. Die Achse einer jeden dieser Flächen hat die Eigenschaft, daß durch eine Drehbewegung um sie die Erzeugende e in die Lage f gebracht werden kann. Soll jedoch eine bestimmte Strecke E_1E_2 auf e durch Drehbewegung um eine Achse in eine bestimmte, gleichgroße Strecke F_1F_2 auf f übergeführt werden, so ist das nur auf eine Weise möglich. Die Achse a dieser Drehbewegung ergibt sich als Schnittlinie zweier Ebenen, die auf den Strecken E_1F_1 resp. E_2F_2 in deren Mittelpunkten G resp. H senkrecht stehen. Fällt man nämlich von E_1 und F_1 Lote auf a, so treffen sie a in dem gleichen Punkte U, da nach der Konstruktion die Richtung von a zu E_1F_1 senkrecht ist; ebenso treffen die Lote aus E_2 und F_2 die Achse in dem nämlichen Punkte $V(E_1U = F_1U$, $E_2V = F_2V)$. Projiziert man nun die ganze Figur in der Richtung der Achse auf eine zu ihr senkrechte Ebene Π_1 ($\Pi_1 \parallel E_1F_1U \parallel E_2F_2V$), so werden die Projektionen $E_1'E_2'$ und $F_1'F_2'$ einander gleich; denn $E_1E_2 = F_1F_2$ liegen zwischen den Parallelebenen E_1F_1U und E_2F_2V, haben also die gleiche Neigung gegen diese Ebenen und somit auch gegen Π_1. Ist $A = a \times \Pi_1$, so sind die Dreiecke $E_1'E_2'A$ und $F_1'F_2'A$ kongruent, da $E_1'A = F_1'A = E_1U = F_1U$ und $E_2'A = F_2'A = E_2V = F_2V$ ist; also ist $\angle E_1'AE_2' = \angle F_1'AF_2'$ und folglich $\angle E_1'AF_1' = \angle E_2'AF_2'$ oder $\angle E_1UF_1 = \angle E_2VF_2$. Dreht man demnach die Strecke E_1E_2 um diesen Winkel um die Achse a, so nimmt sie die Lage F_1F_2 an.

Sind zwei Erzeugende e und f der nämlichen Schar bekannt und soll der Punkt E von e auf dem Kehlkreise k liegen, so gibt es noch zwei zugehörige Rotationshyperboloide, die sich in folgender Weise konstruieren lassen. Sei F der Schnittpunkt von f mit dem Kehlkreise und seien e_1 und f_1 die zweiten Erzeugenden durch E und F, dann geht die Ebene, die auf EF in der Mitte senkrecht steht, einerseits durch die Achse a, andererseits durch die Punkte $J = e \times f_1$ und $K = e_1 \times f$; dabei liegen sowohl e und f_1, als auch e_1 und f symmetrisch zu ihr. Die Dreikante mit den Kanten EF, EJ, EK resp. FE, FJ, FK sind sonach symmetrisch und folglich ist $\angle FEJ = \angle FEK = \angle EFJ = \angle EFK$; d. h. EF bildet mit den Erzeugenden e und f gleiche Winkel. Demnach erhält man F, indem man durch E eine Gerade $g \parallel f$ zieht, die beiden Geraden p und q sucht, welche die Winkel von eg halbieren, und durch eine dieser Geraden, etwa q, eine Ebene $\perp eg$ legt; diese schneidet dann f in F. Die Ebene Fq ist die Ebene des Kehlkreises k; denn e und g bilden gleiche Winkel mit q sowie mit p und gleiche Winkel mit EF, wobei $p \perp EF$ ist, d. h. e und g bilden gleiche Winkel mit der Ebene Fq und ihre orthogonalen Projektionen e' und g' auf diese Ebene gleiche Winkel mit EF. Das gleiche gilt auch für die Erzeugenden e, f, resp. deren Projektionen e', f'. Der Kreis k in Fq, der e' in E und f' in F berührt, ist der Kehlkreis, die in seinem Mittelpunkte auf seiner Ebene errichtete Normale die Achse a der Fläche. Rotiert e um a bis sich E mit F deckt, so fällt auch e' mit f' und e mit f zusammen, da $\angle ee' = \angle ff'$ ist.

408. Zieht man durch den Mittelpunkt M eines Hyperboloides eine Parallele i zu einer Erzeugenden e und läßt sie um die Achse a rotieren, so entsteht ein Rotationskegel; man nennt ihn den Asymptotenkegel des Hyperboloides. Die Erzeugenden des Hyperboloides sind paarweise parallel zu den Mantellinien des Asymptotenkegels; die drei Parallelen liegen in der nämlichen Ebene, die den Kegel längs der bezüglichen Mantellinie berührt (Fig. 260). In der Tat muß $J_1J_3' \# E_1E_3' \# H_1H_3'$ und $M'J_1 = M'J_3'$ sein; die letzteren Strecken sind aber die Radien des ersten und dritten Spurkreises (c_1 und c_3) des Asymptotenkegels, und es wird $c_1 = c_3'$ von E_1H_1 und $E_3'H_3'$ in J_1 resp. J_3' berührt. Die Mantellinien des Asymptotenkegels schneiden das Hyperboloid nicht im Endlichen, so daß der Asymptotenkegel von dem Hyperboloid vollständig umschlossen wird. Denn ihre Parallelkreise in einer beliebigen, zur Achse normalen Ebene können nicht zusammenfallen, wie zwei parallele Erzeugende e und i zeigen, vielmehr sind ihre Radien $M'E_1$ und $M'J_1 = \sqrt{(M'E_1)^2 - (M'N')^2}$.

Man erkennt hieraus, daß die beiden in der nämlichen Ebene liegenden Parallelkreise von Hyperboloid und Asymptotenkegel einander um so näher rücken, je weiter diese Ebene sich von der des Kehlkreises entfernt.

409. Die Schnittpunkte einer Geraden mit einem Rotationshyperboloide und seinem Asymptotenkegel zu finden. Wir benutzen wieder zwei parallele Projektionsebenen Π_1 und Π_3, die das Hyperboloid in zwei kongruenten Kreisen c_1 und c_3 schneiden, so daß sich c_1 und c_3' decken. Ihr gemeinsamer Mittelpunkt M' ist zugleich Mittelpunkt von k', der Projektion des Kehlkreises k (Fig. 261). Die schneidende Gerade sei g, ihre Spurpunkte G_1 und G_3, also $g' = G_1 G_3'$. Wir verzeichnen nun eine Erzeugende e des Hyperboloides, deren Projektion $e' \parallel g'$ ist. Lassen wir die Erzeugende e um die Achse des Hyperboloides rotieren, so wird sie in bestimmten Lagen die Gerade g schneiden, dabei vereinigen sich im Schnittpunkte ein Punkt Q von e mit einem Punkte P von g. Diese Punkte P_1 und Q_1 resp. P_2 und Q_2 — es gibt, wie sich zeigt, immer zwei Lösungen, die wir durch Indizes unterscheiden — lassen sich indes durch eine einfache Überlegung gewinnen. Damit Q_1 auf e durch Drehung um die Achse mit P_1 auf g zur Deckung gebracht werden kann, muß $M'Q_1' = M'P_1'$ und $Q_1'E_1 : Q_1'E_3' = P_1'G_1 : P_1'G_3'$ sein. Es folgt das letztere daraus, daß die Spurlinien der Ebene zweier sich schneidenden Geraden in Π_1 und Π_3 parallel sind, so daß ähnliche Dreiecke entstehen. Schneiden sich nun $E_1 G_1$ und $E_3' G_3'$ in S, so muß $P_1'Q_1'$ durch S gehen, damit jene Proportion erfüllt sei. Ferner ist $Q_1'P_1'$ die Sehne eines Kreises mit dem Mittelpunkte M'; das von M' auf sie gefällte Lot trifft sie in ihrem Mittelpunkte R_1. Demnach erscheint R_1 als Schnittpunkt eines Kreises mit dem Durchmesser $M'S$ und einer Geraden s, die von e' und g' gleich weit entfernt ist. SR_1 und SR_2 treffen dann g' in den gesuchten Punkten P_1' und P_2'.

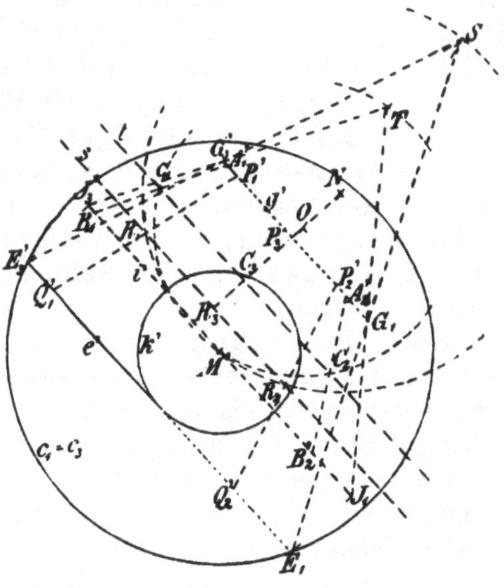

Fig. 261.

Ganz in der gleichen Weise bestimmen sich die Schnittpunkte A_1 und A_2 von g mit dem Asymptotenkegel. Man zeichne die Mantellinie i, deren Projektion $i' \parallel g'$ ist, und ihre Spurpunkte J_1, J_3 ($J_1 E_1 \perp e'$, $J_3' E_3' \perp e'$), bestimme dann $T = J_1 G_1 \times J_3' G_3'$, schlage über TM' als Durchmesser einen Kreis und ziehe die Gerade t in gleichem Abstande von i' und g'; Gerade und Kreis treffen sich in den Punkten C_1 und C_2, deren Verbindungslinien mit T auf g' die Projektionen A_1' und A_2' der gesuchten Punkte ausschneiden.

Sehen wir nun g' als Affinitätsachse und E_1, J_1 als affine Punkte zweier affinen Systeme an ($E_1 J_1 \perp g'$), so sind auch E_3', J_3' und folglich S, T affin ($ST \perp g'$). Endlich sind auch die Mittelpunkte R_3 und C_3 der Sehnen $R_1 R_2$ resp. $C_1 C_2$ affin; denn aus der Affinität von e' und i' ergibt sich die Affinität von s und t, und außerdem ist $R_3 C_3 \perp g'$, da die Mittelpunkte N und O der beiden Hilfskreise auf einer Normalen zu g' liegen. Die affinen Geraden $R_3 S$ und $C_3 T$ treffen aber die Affinitätsachse g' in dem nämlichen Punkte P_3, so daß $P_3 P_1' = P_3 P_2'$ und zugleich $P_3 A_1' = P_3 A_1'$ wird. Daraus folgt die Gleichheit von $A_1'P_1'$ und $A_2'P_2'$ und natürlich auch von $A_1 P_1$ und $A_2 P_2$, was sich in den Sätzen ausspricht: Die beiden Strecken auf einer beliebigen Geraden, die einerseits von dem Rotationshyperboloid, andererseits von seinem Asymptotenkegel begrenzt werden, sind einander gleich. Oder: Rotationshyperboloid und Asymptotenkegel schneiden aus einer beliebigen Geraden Sehnen aus, deren Mittelpunkte zusammenfallen.[1]

410. Die Schnittkurve des Rotationshyperboloides mit einer Ebene ist zu untersuchen und zu zeichnen. Die soeben bewiesenen Sätze lassen uns weiter schließen, daß eine beliebige Ebene E das Hyperboloid Λ und seinen Asymptotenkegel K in ähnlichen und ähnlich liegenden, konzentrischen Kegelschnitten schneiden. Denn die Mittelpunkte eines Systems paralleler Sehnen der einen Kurve sind zugleich die Mittelpunkte der mit ihnen koinzidierenden Sehnen der anderen; da aber die eine Kurve ein Kegelschnitt ist und je zwei konjugierte Durchmesser desselben auch konjugierte Durchmesser der anderen Kurve sind, so folgt die Richtigkeit unserer Behauptung durch eine einfache Überlegung.

Die Mittelpunkte paralleler Schnitte eines Kegels liegen auf einer Geraden durch seine Spitze; in gleicher Weise liegen die Mittelpunkte paralleler Schnitte eines Hyperboloides auf einer Geraden durch den Mittelpunkt M seines Kehlkreises; diesen nennen wir kurz Mittelpunkt des Hyperboloides und die Geraden durch ihn seine Durchmesser. Durchmesser und Diametralebene, die in bezug auf den Asymptotenkegel konjugiert sind, sind es auch in bezug auf das Hyperboloid. Man bezeichnet nämlich jede

[1] Dieser Satz gilt auch noch, wenn die Schnittpunkte mit dem Hyperboloid oder dem Kegel oder mit beiden imaginär werden, denn die Mittelpunkte bleiben dann immer noch reell; nur kann man hier unter Sehne keine reell begrenzte Strecke mehr verstehen.

Gerade durch die Spitze des Asymptotenkegels als Durchmesser und jede Ebene durch sie als Diametralebene und nennt Durchmesser und Diametralebene konjugiert in bezug auf den Kegel bzw. auf das Hyberboloid, wenn diese die zu dem Durchmesser parallelen Sehnen halbiert (vgl. 360). Aus dieser Definition erschließt man den voranstehenden Satz unmittelbar.

Da zwei parallele Ebenen den Kegel in ähnlichen und ähnlich liegenden Kurven schneiden, so schneiden sie auch das Hyperboloid in ähnlichen und ähnlich liegenden Kegelschnitten, d. h. je zwei parallele Durchmesser derselben stehen in dem nämlichen Verhältnisse. Verbindet man also die Endpunkte je zweier paralleler, gleichgerichteter Halbmesser, so treffen diese Verbindungslinien die Gerade durch die Mittelpunkte in dem nämlichen Punkte; gleiches gilt, wenn man die Endpunkte paralleler entgegengesetzt gerichteter Halbmesser verbindet. Durch je zwei parallele Schnitte des Hyperboloides kann man also zwei Kegel legen, die beide Schnitte enthalten und deren Spitzen auf dem Durchmesser durch die Mittelpunkte der Schnitte liegen. Rücken die beiden Parallelebenen einander unendlich nahe, so geht der eine Kegel in eine Ebene, der andere in einen Tangentialkegel über. Die Tangenten, aus einem beliebigen Punkte an ein Hyperboloid gelegt, berühren dasselbe in den Punkten eines Kegelschnittes; der Durchmesser durch jenen Punkt enthält seinen Mittelpunkt.

Die hier dargelegten Verhältnisse zeigen, daß die Meridiankurven des Hyperboloides Hyperbeln sind, deren Nebenachsen in die Rotationsachse fallen und deren Asymptoten Mantellinien des Asymptotenkegels sind.

411. Bei der Konstruktion der Schnittkurve s des Hyperboloides Λ mit einer Ebene E gehen wir wieder von zwei parallelen Projektionsebenen Π_1 und Π_3 aus, die E in den parallelen Spuren e_1, e_3 und Λ in den Spurkreisen c_1, c_3 schneiden ($c_3' = c_1$) (Fig. 262). Um einzelne Punkte des Kegelschnittes s zu zeichnen, können wir die Durchstoßpunkte von E mit den einzelnen Erzeugenden aufsuchen. Sind G_1, G_3 die Spurpunkte einer Erzeugenden, und ziehen wir durch sie in den Ebenen Π_1, Π_3 irgendwie zwei Parallelen, so treffen diese e_1 bzw. e_3 in Punkten Q_1 bzw. Q_3, und $P = G_1 G_3 \times Q_1 Q_3$ ist der gesuchte Punkt; denn $G_1 Q_1$ und $G_3 Q_3$ bilden die erste und dritte Spur einer durch die Erzeugende gelegten Hilfsebene.

Die eine Achse von s liegt offenbar in der Ebene, die senkrecht zu E durch die Rotationsachse gelegt werden kann, da die Punkte von s

paarweise symmetrisch zu dieser Ebene sind. Zieht man also durch M' eine Senkrechte y' zu e_1, so ist $Y_1 = y' \times e_1$ der erste und $Y_3' = y' \times e_3'$ die Projektion des dritten Spurpunktes der Achse y von s; natürlich ist auch y' eine Achse von s'. Die Endpunkte dieser Achse und den Mittelpunkt kann man nach 409 bestimmen; in dem in der Figur verzeichneten Falle sind die Endpunkte imaginär, während sich der Mittelpunkt unter Vereinfachung des Verfahrens von 409 folgendermaßen ergibt. Man ziehe an k' eine Tangente $h' \| y'$, verbinde die Schnittpunkte H_1, H_3' von h' und c_1, c_3' mit Y_1 und Y_3' bzw., fälle von $S = H_1 Y_1 \times H_3' Y_3'$ ein Lot auf h' mit dem Fußpunkt T; die Verbindungslinie von S mit dem Mittelpunkte der Strecke TM' trifft dann y' in dem gesuchten Mittelpunkte O von s'. Die zweite Achse von s ist parallel zu e_1 ihre Endpunkte A, B liegen auf dem Parallelkreise, dessen Ebene durch O geht. Diese Ebene teilt aber $Y_1 Y_3$ und die Erzeugende $H_1 H_3$ in dem nämlichen Verhältnisse und der Teilpunkt R der letzteren gehört dem gesuchten Parallelkreise an ($SO' \times h' = R'$, $A'B' \| e_1$, $M'A' = M'B' = M'R'$).

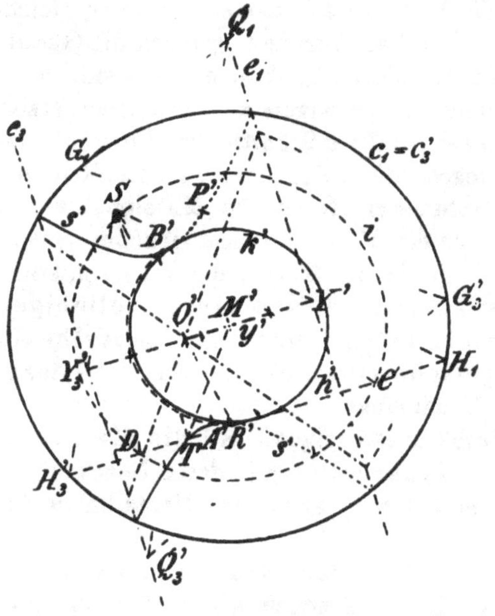

Fig. 262.

In gleicher Weise kann man die Punkte von s auf einem beliebigen Parallelkreise finden. Man schlage um M' einen Kreis i — er stellt die Projektionen zweier Parallelkreise dar — schneide i mit h' in C und D und ziehe durch die Punkte $SC \times y'$ und $SD \times y'$ Parallele zu e_1, so tragen diese die vier Schnittpunkte von s' und i. Hiernach liegt T auf s'. Analog sind auch die Berührungspunkte von s' und k' bestimmt.

Die Kurve s ist im vorliegenden Falle eine Hyperbel, ihre Asymptoten sind den beiden zu E parallelen Mantellinien des Asymptotenkegels parallel. Die zwischen Π_1 und Π_3 liegenden Stücke seiner Mantellinien sind alle gleich lang, nämlich gleich $H_1 H_3$, und ihre Projektionen werden gleich $H_1 H_3'$; demnach sind auch die zwischen e_1 und e_3' liegenden Stücke der Asymptoten von s' gleich $H_1 H_3'$; diese treffen also e_1 in den beiden Punkten, die von einem Kreise um O' mit dem Radius $H_1 R'$ ausgeschnitten werden. Will man die wahre Gestalt der Hyperbel s zeichnen, so muß man den Abstand der Ebenen Π_1, Π_3 kennen.

412. Auf einem Rotationshyperboloid sei Eigenschatten und Schlagschatten bei paralleler Beleuchtung zu be-

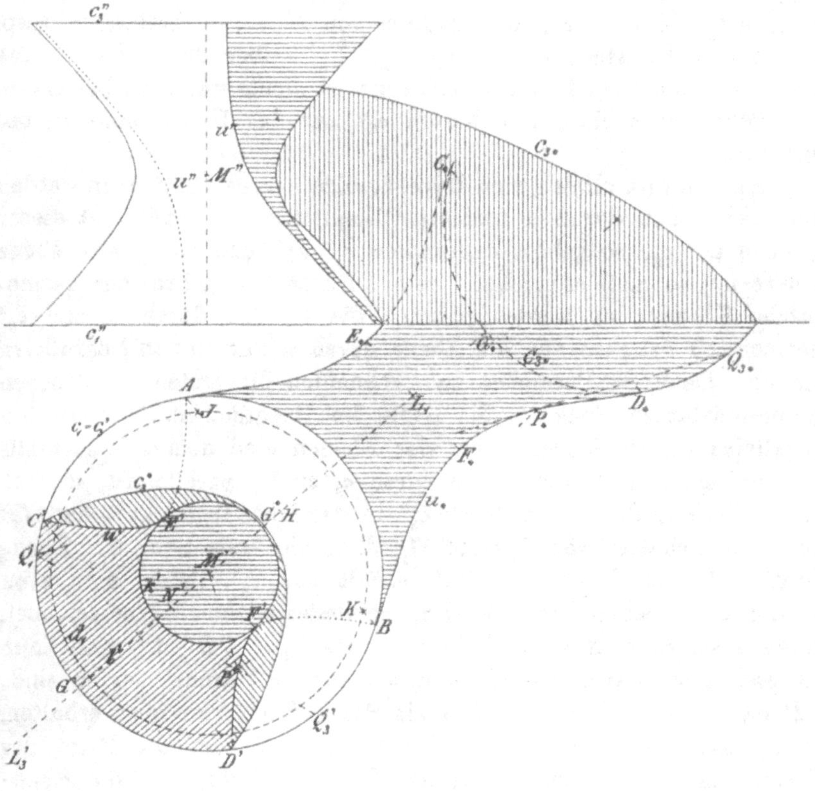

Fig. 263.

stimmen (Fig. 263). Das Hyperboloid mag wieder in der früheren Weise gegeben sein; L_1 und L_3 seien erster und dritter Spurpunkt des Lichtstrahles l durch M. Die Lichtgrenze u auf dem Hyperboloid ist eine ebene Kurve — in der Figur ist es eine Hyperbel — deren Ebene den Asymptotenkegel in zwei Mantellinien schneidet, die auf diesem ebenfalls die Lichtgrenze bilden. Legt man aber von L_1

Tangenten an den ersten Spurkreis d_1 des Asymptotenkegels und sind J und K ihre Berührungspunkte, so sind JM und KM seine Lichtgrenzen und zugleich die Asymptoten von u. M ist der Mittelpunkt und die Falllinie MH eine Achse von u, die andere Achse EF hat ihre Endpunkte auf dem Kehlkreise k; u trifft c_1 in den Schnittpunkten A und B von $JK \times c_1$ und c_3 in den entsprechenden Punkten C und D. Hiernach findet man die Projektionen u' und u'' ohne weiteres. Der Schlagschatten u_* von u auf Π_1 ist eine Hyperbel mit den Achsen l' und $E_*F_* \# EF$ und den Asymptoten JL_1, KL_1, da $L_1 = M_*$ der Schatten von M ist; u_* berührt c_1 resp. c_{3*} in den Punkten A, B resp. C_*, D_*. Über den Schatten des Randes c_3 auf Grund und Aufrißebene ist nichts weiter zu bemerken, es bleibt nur noch sein Schatten $c_3{}^*$ auf das Hyperboloid zu besprechen.

Alle zu l parallelen, vom Hyperboloide begrenzten Sehnen werden von der Ebene durch u halbiert. Liegt der eine Endpunkt dieser Sehnen auf c_3, so gehört der andere $c_3{}^*$ an, und da c_3 eine ebene Kurve ist, so muß es auch $c_3{}^*$ sein. Durch CD gehen vier harmonische Ebenen; es werden nämlich die Ebenen durch c_3 und $c_3{}^*$ harmonisch getrennt von der Ebene durch u und der zu l parallelen Ebene. Denn die Parallelen zu l schneiden die ersten drei Ebenen in äquidistanten Punkten, die letzte im Unendlichen. Die zu CD parallelen ersten Spuren jener vier Ebenen sind demnach ebenfalls harmonisch, und da die Ebene durch c_3 zu Π_1 parallel ist, so muß die erste Spur der Ebene durch $c_3{}^*$ in der Mitte liegen zwischen AB und dem Schatten von CD auf Π_1, d. h. die erste Spur der Ebene durch $c_3{}^*$ geht durch L_1. Man erhält nun $c_3{}^*$, indem man etwa nach 410 die Schnittkurve des Hyperboloides mit der Ebene zeichnet, deren erste Spur E_*F_* und deren dritte Spur CD ist. Man kann indessen auch davon ausgehen, daß c_3 und $c_3{}^*$ affine Kurven sind; CD ist die Affinitätsachse. Um ein Paar affiner Punkte zu erhalten, suche man den Schatten G^* des Punktes G, der die Mitte des Kreisbogens CD bildet. Trifft der Lichtstrahl durch G die Ebene durch u in N, so ist $G^*N' = N'G'$.

Legt man durch eine Erzeugende Q_1Q_3 die Ebene parallel zu l, so schneidet sie Π_1 in dem Schatten Q_1Q_{3*}; diese Ebene berührt das Hyperboloid in einem Punkte P von Q_1Q_3, der der Lichtgrenze u angehört. Bei jeder Rotationsfläche steht aber die Tangentialebene in einem Punkte P senkrecht auf der Meridianebene durch P; in unserem Falle ist also $M'P' \perp Q_1Q_{3*}$. Der Schatten P_* von P fällt in den Berührungspunkt von Q_1Q_{3*} mit u_*.

413. Auf einem Rotationshyperboloid sei die Berührungskurve u des von einem Punkte O aus daran gelegten Tangentenkegels zu zeichnen (Fig. 264). Das Hyperboloid mag von der Parallelebene durch O in dem Parallelkreise i geschnitten werden; dann ist die Lage von O durch seine erste Projektion O' bestimmt, wenn man i' kennt. Ist etwa O als Punkt einer Geraden mit den Spurpunkten G_1, G_3 gegeben, so teile man eine Erzeugende $E_1 E_3$ in dem Verhältnisse $O G_1 : O G_3$; dann liegt dieser Teilpunkt auf i. Fragt man sich nun nach dem Schnittpunkt S von u mit einer beliebigen Erzeugenden $E_1 E_3$, so ist dieser Punkt nichts anderes als der Berührungspunkt der Ebene $O E_1 E_3$ mit dem Hyperboloid. Verbindet man den Schnittpunkt J von $E_1 E_3$ und i mit O ($J' E_1 : J' E_3' = O' G_1 : O' G_3'$), so gehört JO jener Ebene an; ihre erste und dritte Spur sind zu JO parallel und gehen durch E_1 resp. E_3. Ihr Berührungspunkt S liegt in der zu ihr senkrechten Meridianebene; das Lot von M' auf $O' J'$ trifft also $E_1 E_3'$ in S'. $F_1 = E_3'$ und

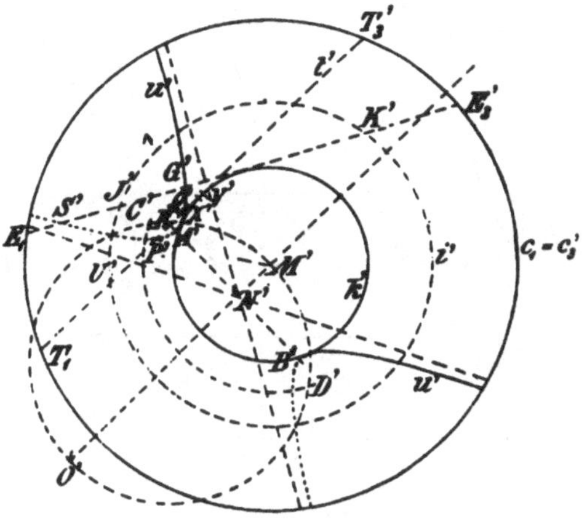

Fig. 264.

$F_3' = E_1$ sind die Spurpunkte einer neuen Erzeugenden, deren Projektion sich mit der von $E_1 E_3'$ deckt; das Lot von M' auf $O' K'$, wo K' der andere Schnittpunkt von $E_1 E_3'$ und i' ist, trifft $E_1 E_3' = F_1 F_3'$ in einem zweiten Punkte G' von u'. In gleicher Weise kann man beliebig viele Punkte von u' konstruieren. Aus dieser Konstruktion folgt, daß die Berührungspunkte der Tangenten von O' an i' auf u' liegen und daß sich in den Berührungspunkten der Tangenten von O' an k' die Kurven u' und k' berühren. Beschreibt man also über $M'O'$ als Durchmesser einen Kreis, so schneidet dieser aus i' zwei Punkte von u' und aus k' seine Berührungspunkte mit u' aus.

$O'M'$ ist die eine Achse von u', die andere Achse enthält die Mittelpunkte der zu $O'M'$ parallelen Sehnen von u'. Bestimmt man also auf einer Tangente t' von k', die zu $O'M'$ parallel ist, die beiden Punkte P', Q' von u' nach der soeben beschriebenen Methode, so liegt der Mittelpunkt R' von $P'Q'$ auf der zweiten Achse von u', und N' ist der Mittelpunkt von u' ($N'R' \perp O'M'$). Die Endpunkte A, B der Achse NR von u liegen auf einem Parallelkreise h, dessen Ebene den Mittelpunkt N von u enthält; N liegt aber nach 412 auf MO. Die Erzeugende $t = T_1 T_2$, die i in U und k in V schneidet, schneidet h im Punkte X, für den die Relation $X'U' : X'V' = N'O' : N'M'$ gilt; denn OU, MV und NX liegen in parallelen Ebenen. Durch diese Relation ergibt sich X', indem sich $O'U'$, $M'V'$ und $N'X'$ in einem Punkte schneiden, und es ist $M'A' = M'B' = M'X'$.

Im vorliegenden Falle ist u eine Hyperbel und ihre Asymptoten sind parallel zu den Mantellinien des Asymptotenkegels, deren Tangentialebenen durch O gehen. Der Asymptotenkegel schneidet die Ebene des Parallelkeises i in einem Kreise mit dem Radius $U'V'$; die Tangenten von O an diesen Kreis berühren ihn in Punkten C, D jener Mantellinien, ihre Projektionen C', D' liegen demnach auch auf dem Kreise mit dem Durchmesser $O'M'$. Die Asymptoten von u' gehen durch N' und sind zu $M'C'$ bzw. $M'D'$ parallel.

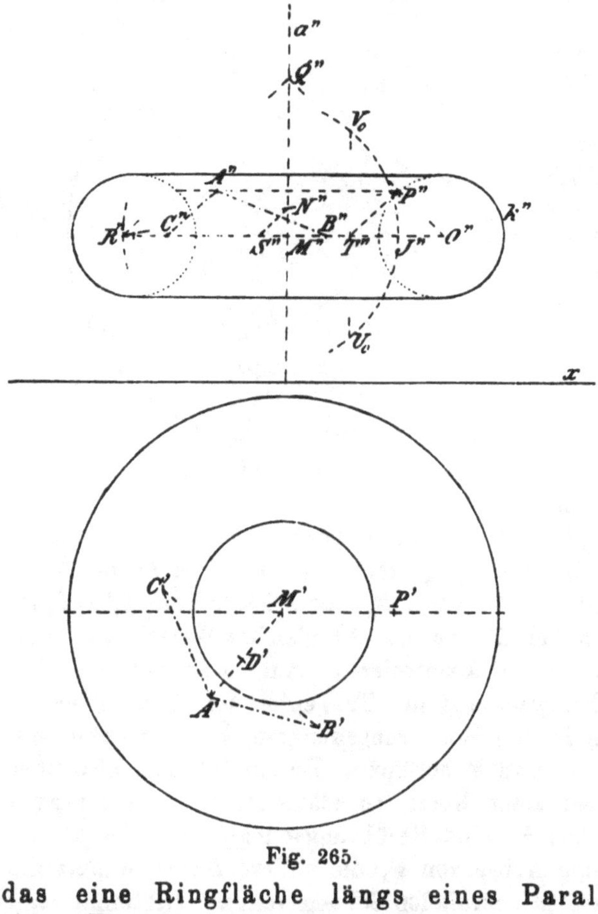

Fig. 265.

414. Ein Hyperboloid zu konstruieren, das eine Ringfläche längs eines Parallelkreises oskuliert (Fig. 265). Betrachten wir eine Meridianebene, die das Hyperboloid in einer Hyperbel h und die Ringfläche in einem Kreise k schneidet, so müssen sich h und k in einem Punkte P oskulieren, durch den jener Parallelkreis geht. Nach dem Abschnitt über Krümmungskreise der Kegelschnitte im III. Band erhält man den Mittelpunkt N von h, indem man P mit dem Mittelpunkte O von k verbindet, OP mit der Achse a in Q schneidet, in Q eine Normale auf OQ errichtet und diese mit der zu a senkrechten Geraden OM in R schneidet; dann enthält RP den gesuchten Mittelpunkt N von h. Die Asymptoten von h sind dadurch definiert, daß sie zur Achse a symmetrisch liegen und den Winkel der konjugierten Durchmesser NR und NS harmonisch teilen ($NS \perp OP$, S auf OM). Nennt man K den Schnittpunkt der einen Asymptote mit OM, so ist: $MR . MS = (MK)^2$, was eine einfache Konstruktion der Asymptoten ergibt, die in die Zeichnung nicht eingetragen ist.

415. Die soeben behandelte Aufgabe kann nun verschiedenartige Anwendungen finden. Wir wollen uns zunächst nach den **Haupttangenten in einem beliebigen Punkte A einer Rotationsfläche** fragen. Bestimmen wir das Hyperboloid Λ, das die Rotationsfläche längs des Parallelkreises i durch A oskuliert, so sind seine Erzeugenden durch A Haupttangenten der Rotationsfläche; denn sie treffen drei unendlich nahe Parallelkreise, haben also drei benachbarte Punkte mit der Rotationsfläche gemein. Um nun in der Hauptmeridianebene die Hyperbel zu zeichnen, die den Hauptmeridian der Rotationsfläche in dem Punkte P oskuliert, der mit auf dem Parallelkreise i liegt, haben wir zunächst im Punkte P den Krümmungskreis k des Hauptmeridians zu suchen. Der Kreis k bildet dann den Hauptmeridian einer Ringfläche, die unsere Rotationsfläche längs des Parallelkreises i oskuliert; das gesuchte Hyperboloid oskuliert dann sowohl Rotations- wie Ringfläche längs dieses Kreises, kann demnach nach voriger Nummer gefunden werden (Fig. 265). Die Haupttangenten im Punkte A sind parallel zu den beiden Mantellinien des Asymptotenkegels von Λ, die in einer zur Tangentialebene in A parallelen Ebene liegen; verschieben wir also den Asymptotenkegel parallel zu sich selbst bis sein Scheitel nach A gelangt, so enthält er jene Haupttangenten. Es gilt nun, den Spurkreis des verschobenen Kegels und die Spurlinie der Tangentialebene in einer zur Achse a senkrechten Ebene, etwa in der Ebene Π_3 durch O, zu finden. Wir führen diese Konstruktion zunächst für den Punkt P aus; durch Drehung um die Achse a erhalten wir dann die gesuchten Haupttangenten. Auf OM wählen wir die Punkte J und T so, daß $PJ \perp OM$ und $PT \perp OP$ ist, beschreiben in Π_3 über JR als Durchmesser einen Kreis und ziehen durch T die Normale zu OM, dann schneiden sich Kreis und Normale in den Spurpunkten U und V der Haupttangenten von P (in der Figur ist Π_3 um OM umgelegt). In der Tat ist nach der Konstruktion $(JU)^2 = (JV)^2 = JT.JR$, wie es ja sein muß, da in der Ebene des Hauptmeridians PR, PT und die beiden Mantellinien des mit seinem Scheitel nach P verschobenen Asymptotenkegels harmonisch liegen.

Trägt man nun noch $MT = M''T''$ auf $M'A'$ als $M'D'$ auf, zieht in D' die Senkrechte zu $M'A'$ und macht $D'B' = D'C' = T''U_0$, so sind $A'B'$ und $A'C'$ die ersten Projektionen der Haupttangenten von A, deren zweite Projektionen sich daraus unmittelbar ergeben. Man gebraucht also nur die Strecken $T''M''$ und $T''U_0$, so daß man nur die folgenden Linien zu ziehen hat: $O''P''Q''$, $Q''R'' \parallel P''T'' \perp O''P''$, $P''J'' \parallel T''U_0 \parallel a''$ und den Kreis über $R''J''$.

Hiermit ist auch die Konstruktion der Tangenten im Doppelpunkte P der ebenen Schnittkurve s einer Rotationsfläche in 396 gegeben.

416. Es soll in einem Punkte A der Lichtgrenze u auf einer Ringfläche die Tangente von u gezeichnet werden (Fig. 266). Ist i der Parallelkreis durch A, so suchen wir, wie vorher, das längs i oskulierende Hyperboloid; seine Lichtgrenze ist ein Kegelschnitt v, der u im Punkte A berührt. Denn u und v haben den Punkt A gemein, da sich beide Flächen längs i berühren. Da aber sogar Oskulation der Flächen längs i eintritt, kann man die Sache so auffassen, als ob sich die Flächen längs zweier unendlich naher Parallelkreise berühren, woraus dann die Behauptung folgt. Ist nun a die Achse dieser Ringfläche, M ihr Mittelpunkt, k ihr Hauptmeridian, O dessen Mittelpunkt, ist ferner l der Lichtstrahl durch M, so findet man mittels des Kugelverfahrens nach 398 auf dem Parallelkreise i den Punkt A ($i \times k = J$, $O''J'' \times a'' = N''$, $N'K'' \perp l''$, $K'A' \perp l'$) und nach dem Vorausgehenden den Mittelpunkt L des längs i oskulierenden Hyperboloides ($N''U \perp N''O''$, $J''U \times a'' = L''$) Die gesuchte Tangente der Kurve u in A liegt nun einerseits in der zu A gehörigen Tangentialebene der Ringfläche, andererseits in der zur Lichtrichtung konjugierten Diametralebene des Hyperboloides (410). Die erstere Ebene steht auf der Meridianebene durch A senkrecht, die letztere auf der Meridianebene durch l; beide gehen durch A, letztere auch durch L. Die Schnittlinien beider Ebenen mit der durch L gelegten Horizontalebene schneiden sich in einem Punkte H der gesuchten Tangente ($M'H' \perp l'$, $G'H' \perp M'A'$, $G'M' = J''P$, $L''P \perp O''J''$); der Aufriß der Tangente AH ist zur Vereinfachung der Figur weggelassen. In ganz analoger Weise ist auf dem Kreise i_1, der k im Punkte J_1 trifft, zunächst der Punkt A_1 der Lichtgrenze u bestimmt ($N'' K_1'' \perp l''$, $K_1' A_1' \perp l'$) und dann die Tangente $H_1 A_1$ gefunden worden. Freilich haben wir es hier mit einer Ellipse zu tun, deren eine Achse mit a zusammenfällt und die k in J_1 oskuliert, L_1 ist ihr Mittelpunkt ($J_1'' U \times a'' = L_1''$); durch Rotation dieser

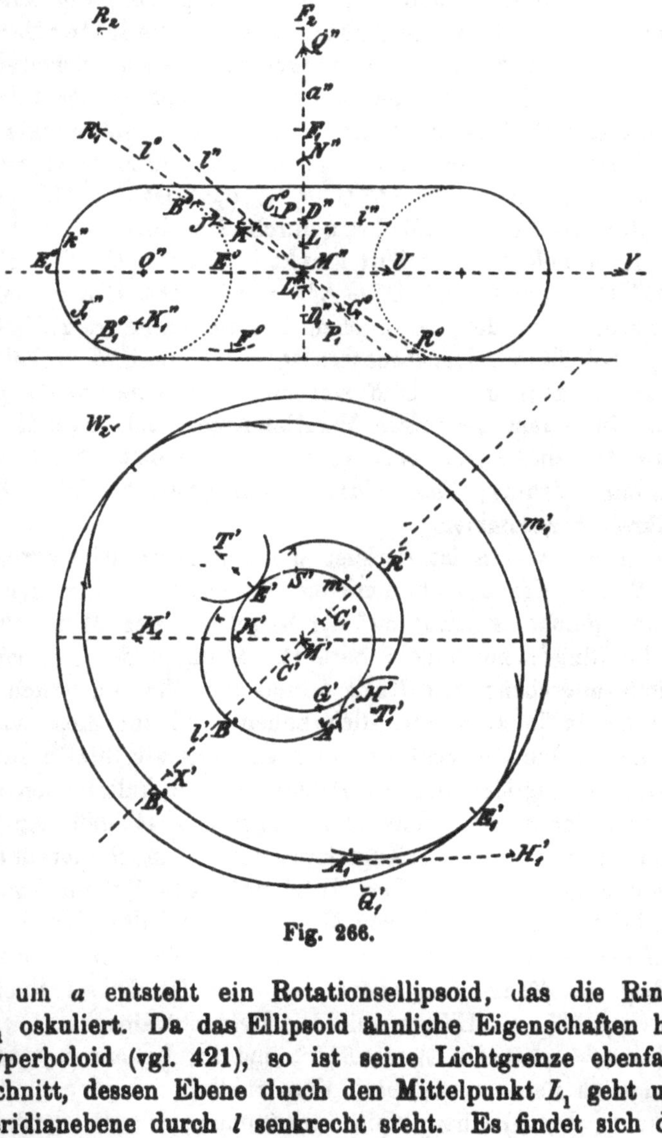

Fig. 266.

Ellipse um a entsteht ein Rotationsellipsoid, das die Ringfläche längs i_1 oskuliert. Da das Ellipsoid ähnliche Eigenschaften hat wie das Hyperboloid (vgl. 421), so ist seine Lichtgrenze ebenfalls ein Kegelschnitt, dessen Ebene durch den Mittelpunkt L_1 geht und auf der Meridianebene durch l senkrecht steht. Es findet sich deshalb der Punkt H_1 der gesuchten Tangente ganz ebenso wie vorher H

($M'H_1' \perp l'$, $G_1'H_1' \perp M'A_1'$, $G_1'M' = J_1''P_1$, $L_1''P_1 \perp O''J_1''$, $J_1''P_1 \perp a''$). Hat man es mit einer beliebigen Rotationsfläche zu tun, so ist zunächst in dem bezüglichen Punkte der Krümmungskreis der Meridiankurve zu zeichnen, dann kann wie vorher weiter verfahren werden.

417. Das oskulierende Hyperboloid resp. Ellipsoid kann man auch zur Konstruktion der Krümmungskreise in den Scheitelpunkten der Lichtgrenze u verwenden. Solche Scheitelpunkte von u liegen in der Meridianebene durch l und in der Ebene der Parallelkreise mit dem Mittelpunkte M. Die Scheitelpunkte B, B_1 in der Meridianebene durch l ergeben sich durch Drehung dieser Ebene um a parallel zu Π_2 ($B^0 O'' B_1^0 \perp l^0$, l^0 ist der $\parallel \Pi_2$ gedrehte Lichtstrahl). Ist b der Parallelkreis durch B, so hat das längs b oskulierende Hyperboloid seinen Mittelpunkt in D auf a ($O''B^0 \times a'' = Q''$, $Q''V \perp O''B^0$, V auf $O''M''$, $D'' = B^0 V \times a''$). Die Ebene, welche in BD senkrecht auf der bezüglichen Meridianebene steht, schneidet das Hyperboloid in seiner Lichtgrenze w, da diese B enthält. Die Ellipse w hat aber mit u in B vier unendlich nahe Punkte gemein; denn das in einem beliebigen Parallelkreise i oskulierende Hyperboloid besitzt eine Lichtgrenze v, die u in seinen beiden Schnittpunkten mit i berührt; diese beiden Berührungspunkte fallen für den Parallelkreis b zusammen.

Die Ebene von w ist zugleich die Schmiegungsebene von u im Punkte B und der Krümmungskreis in diesem Punkte, der für u und w der gleiche ist, liegt auf der Kugel mit dem Mittelpunkte Q, welche die Ringfläche längs b berührt. Denn in der Tat schneidet die Schmiegungsebene den Kreis b und den ihm unendlich nahen Parallelkreis in je zwei unendlich nahen Punkten; diese vier unendlich nahen Punkte gehören aber ebenso, wie die bezüglichen Parallelkreise, zugleich der Ringfläche, dem oskulierenden Hyperboloide und der soeben genannten Kugel an, so daß der in der Schmiegungsebene liegende Kugelkreis mit u in B vier unendlich nahe Punkte gemein hat. Der Mittelpunkt des Krümmungskreises st al so der Fußpunkt C des von Q auf BD gefällten Lotes; in der zum Aufrisse parallel gedrehten Ebene ist $Q''C^0 \perp B^0 V$ und $C^0 B^0$ der Radius des Krümmungskreises von u in B. Dieser Kreis projiziert sich in Π_1 als Ellipse mit der kleinen Halbachse $B'C'$, ihre große Halbachse hat die Länge $B^0 C^0$, und ihr Krümmungsradius in B' ist zugleich der von u'; seine Konstruktion erfolgt nach 274.

Ganz in der gleichen Weise bestimmen sich die Radien der Krümmungskreise von u in B_1 und von u' in B_1'; an Stelle des oskulierenden Hyperboloides tritt indessen hier ein oskulierendes Ellipsoid ($Q''C_1{}^0 \perp B_1{}^0V$).

Das Hyperboloid, das die Ringfläche längs des kleinsten Parallelkreises m oskuliert, hat vier unendlich nahe Kreise mit ihr gemein; seine Lichtgrenze — eine Hyperbel y — hat in ihrem Schnittpunkte E mit m drei benachbarte Punkte mit u gemein, y und u besitzen daher in E den gleichen Krümmungskreis ($E'M' \perp l'$). Die Schmiegungsebene von u in E, oder was dasselbe ist, die Ebene von y, enthält die Mantellinien des Asymptotenkegels des Hyperboloides, deren Tangentialebenen durch l gehen. F^0M ist nun eine Mantellinie dieses Kegels in der Ebene des Hauptmeridians ($E^0 = k \times m$, $E^0F^0 \perp O''M''$, $F^0O'' \perp F^0M''$); denn es ist nach 269 F^0M'' eine Asymptote der Hyperbel, die E^0 zum Scheitel und k zum Krümmungskreise besitzt. Die Parallelebene durch F^0 schneidet den Asymptotenkegel in einem Kreise, dessen erste Projektion m' ist, und den Lichtstrahl l im Punkte R ($R^0F^0 \parallel O''M''$, $R^0 = l^0 \times F^0R^0$, $R'M' = (R^0 \dashv a'')$); die Projektion y' hat also $M'S'$ zur Asymptote, wenn $R'S'$ den Kreis m' in S' berührt. Der Krümmungsradius $T'E'$ für y' und zugleich für u' im Scheitel E' wird erhalten, indem man die Normale zu $E'M'$ in E' mit der Asymptote $M'S'$ schneidet und hier auf dieser eine Senkrechte errichtet; dieselbe geht dann durch T'.

Geht man von dem Ellipsoide aus, das die Ringfläche längs des größten Kreises m_1 oskuliert, so muß seine Lichtgrenze — eine Ellipse z — in ihrem Schnittpunkte E_1 mit m_1 drei benachbarte Punkte mit u gemein haben und also dort den gleichen Krümmungskreis aufweisen. Der Hauptmeridian des Ellipsoides ist eine Ellipse mit den Halbachsen $M''E_1{}^0$ und $M''F_1$, wenn $(M''F_1)^2 = E_1{}^0M''.E_1{}^0O''$ ist, denn sie hat k zum Krümmungskreise (vgl. 274). Die zu l konjugierte Diametralebene in bezug auf das Ellipsoid enthält z und ist Schmiegungsebene von u in E_1; sie steht auf der Meridianebene durch l senkrecht und schneidet diese in dem Durchmesser der Meridianellipse, der zu l konjugiert ist. Diese Meridianebene dreht man parallel zu Π_2, und hat dann zu l^0 den konjugierten Durchmesser in bezug auf die Ellipse mit den Halbachsen $M''E_1{}^0$ und $M''F_1$ zu suchen. Dazu benütze man den zur Ellipse affinen Kreis mit dem Radius $M''E_1{}^0$ und dem Mittelpunkte M'', dann ist F_2 affin zu F_1 ($M''F_2 = M''E_1{}^0$), R_2 affin zu R_1 auf l^0 ($R_1F_1 \parallel R_2F_2 \parallel O''M''$). Ist nun $W_2M'' \perp R_2M''$ und $W_2M'' = E_1{}^0M''$, so ist die affine Gerade W_1M'' der zu l konjugierte Durchmesser, sein Endpunkt W_1 liegt senkrecht über W_2. Die Halbachsen der Ellipse z' sind deshalb $M'E_1'$ und $M'X' = (W_2 \dashv a'')$; daraus folgt der Krümmungsradius $E_1'T_1' = (M'X')^2 : M'E_1'$ für u' in E_1'.

In der Fig. 266 ist u' nicht selbst eingezeichnet, man vergleiche hierzu Fig. 259; die eingezeichneten Krümmungskreise lassen den Verlauf von u' klar erkennen.

418. Es soll noch kurz die Tangente der Lichtgrenze u einer Rotationsfläche bei zentraler Beleuchtung besprochen werden. In Fig. 267 sei a die Rotationsachse, i ein Parallelkreis der Fläche, J sein Schnittpunkt mit dem Hauptmeridian, k dessen Krümmungskreis in J, O der Mittelpunkt von k und L der leuchtende Punkt; als Aufrißebene benutzen wir die Hauptmeridianebene. Das längs i oskulierende Hyperboloid hat seinen Mittelpunkt in N ($OJ \times a = K$, $KU \perp OJ$, $UO \perp a$, $JU \times a = N$); seine Lichtgrenze v schneidet i in zwei Punkten A und B, in denen v die Kurve u berührt.

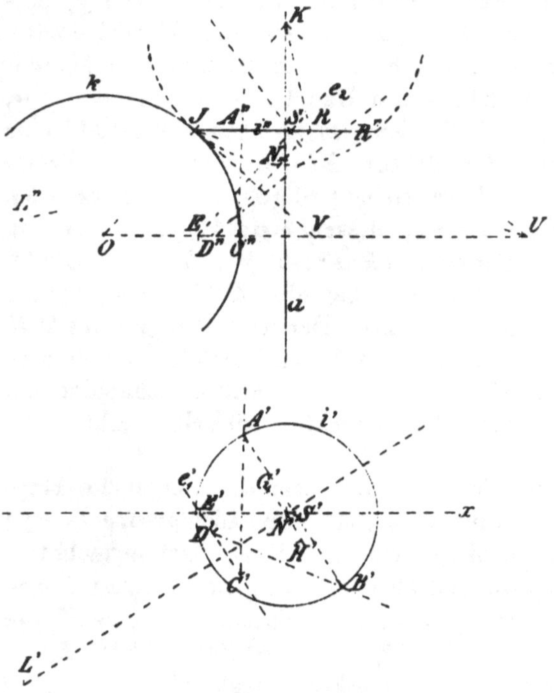

Fig. 267.

Die Kurve v liegt in einer Ebene E; schneiden wir also E mit i, so erhalten wir zwei Punkte A und B von u; schneiden wir ferner E mit den Tangentialebenen der Rotationsfläche in A resp. B, so gewinnen wir die Tangenten von u in diesen Punkten.

Es kommt also alles darauf an E zu bestimmen. Wählen wir aber auf dem Durchmesser LN des Hyperboloides einen weiteren Punkt M und legen von ihm aus den Tangentenkegel an dasselbe, so liegt nach 410 sein Berührungskegelschnitt in einer zu E parallelen Ebene. Speziell erkennen wir, indem wir M unendlich fern rücken lassen, daß die Diametralebene Δ, die zu dem Durchmesser LN

konjugiert ist, zu E parallel läuft. Nun enthält Δ alle Punkte des Hyperboloides, deren Tangentialebenen zu LN parallel sind. Auf i finden wir die beiden Punkte von Δ mit Hilfe der Kugel, die die Rotationsfläche längs i berührt, d. h. sie liegen in der zu LN senkrechten Ebene durch K. Ist y der in der Hauptmeridianebene liegende Durchmesser von i, so gehört also der Punkt R von y der Ebene Δ an, wenn $RK \perp L''N$ ist; die Ebene Δ hat somit RN zur zweiten Spur und steht auf der Meridianebene durch L senkrecht.

Die beiden Schnittpunkte A und B von E und i liegen auch auf einem Kreise der obengenannten Kugel, der die Berührungspunkte der von L an sie gelegten Tangenten enthält; der Punkt $S = AB \times y$ liegt demnach auf der Polaren des Punktes L'' in bezug auf den Kreis um K mit dem Radius KJ. Hierdurch ist S und somit A und B bekannt ($A'B' \perp L'N'$, $A'B' \times x = S'$). AB ist die Spur von E in der Ebene von i. Die Spur e_2 von E geht durch S und ist zu RN parallel; wir verzeichnen außerdem die Spur e_1 von E in einer beliebigen Horizontalebene, etwa der Ebene durch O ($e_1' \parallel A'B'$). Die Tangentialebene in A besitzt in dieser Horizontalebene die Spur HC ($H'C' \perp A'N'H'$, $H'N' = (V \dashv a)$, JV Tangente von k in J); demnach ist $A'C'$ die Tangente von u' in A' ($C' = H'C' \times e_1'$), woraus auch die Tangente $A''C''$ von u'' folgt.

Gehört der Kreis i dem elliptisch gekrümmten Teile der Rotationsfläche an, so tritt an Stelle des oskulierenden Hyperboloides ein Ellipsoid, was jedoch die Konstruktion nirgends verändert.

419. Auf der Kurve der Lichtgrenze haben nach 394 die Punkte eine besondere Bedeutung, in denen die Tangente dem Lichtstrahle parallel ist bei parallelem Lichte, oder in denen die Tangente durch den leuchtenden Punkt geht bei zentralem Lichte. Es soll nun bei der Ringfläche noch etwas näher auf die Punkte von u mit zum Lichtstrahle l parallelen Tangenten eingegangen werden. Ist P ein solcher Punkt und $t \parallel l$ eine Gerade durch ihn, so ist t eine Haupttangente der Ringfläche. Läßt man t sich um die Rotationsachse a drehen, so entsteht ein Rotationshyperboloid, das die Ringfläche längs des Parallelkreises i oskuliert, der den Punkt P trägt. Der Hauptmeridian des Hyperboloides sei die Hyperbel h, derjenige der Ringfläche der Kreis k; k oskuliert h im Punkte J von i. Der Asymptotenkegel des Hyperboloides wird erhalten, wenn man durch seinen Mittelpunkt N eine Parallele zu l zieht und diese um a rotieren läßt; die Asymptoten der Hyperbel h schließen demnach mit a den gleichen Winkel ein wie l. Um also einen Parallelkreis i zu finden, der zwei Punkte von der gesuchten Art trägt, haben wir folgende Aufgabe zu lösen. Es ist eine Hyperbel h zu suchen mit der Achse a, deren Asymptoten mit a einen bestimmten Winkel $\alpha = \angle\, l\, a$ bilden, und die den Kreis k zum Krümmungskreise hat; i geht dann durch den Punkt J, in dem sich h und k oskulieren.

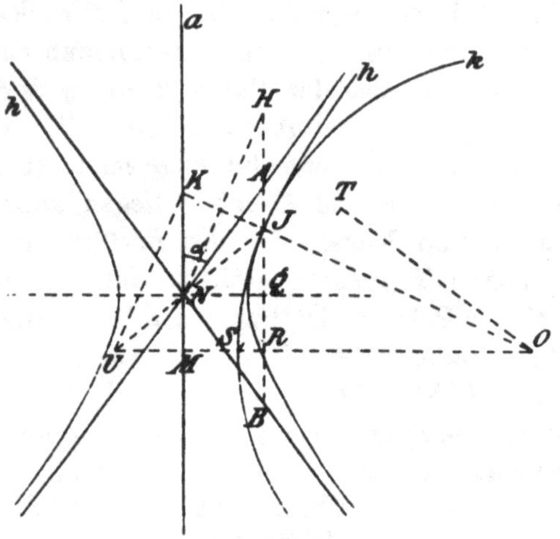

Fig. 268.

In Fig. 268 sei O der Mittelpunkt von k und M der Mittelpunkt der Ringfläche mit dem Hauptmeridian k $(OM \perp a)$. Errichtet man in $K = OJ \times a$ eine Normale zu JO und schneidet diese mit OM in U, so geht UJ durch den Mittelpunkt N von h; die Geraden NA und NB, die mit a den $\angle\, \alpha$ einschließen, sind die Asymptoten von h. Der zu NJ konjugierte Durchmesser ist NH. $(NH \perp OJ)$; zieht man also durch J eine Parallele zu a, und schneidet diese NA, NB, NJ, NH resp. in A, B, J, H, so liegen diese Punkte harmonisch. Deshalb gilt für den Mittelpunkt Q von AB $(NQ \perp a)$ die Relation: $(QA)^2 = QJ.QH$, die nun noch weiter umzuformen ist. Zu diesem Zwecke setze man $OJ = r$, $OM = d$ und $OR = x$, wo $R = AB \times OM$ ist; dann ist: $\triangle QHN \sim \triangle ROJ$, also: $QH.RJ = x.QN$.

Ferner ist: $QJ : RJ = QN : RU$,

folglich: $(QA)^2 = (QN)^2 . x : RU$, oder: $RU = x \operatorname{tg}^2 \alpha$,

und: $$OU = RU + x = \frac{x}{\cos^2 \alpha}$$

Da $\triangle KOU \sim \triangle ROJ$ ist, ist aber auch:

$$OU = KO . \frac{r}{x} = \frac{d r^2}{x^2},$$

also: $x^3 = dr^2 \cos^2 \alpha$, oder: $(OR)^3 = OM.(OT)^2$,

wenn $S = OM \times k$, $ST \parallel NA$ und $OT \perp NA$ ist.

OR ergibt sich hiernach als dritte Wurzel aus dem Werte $OM.(OT)^2$, die man am besten durch Rechnung findet. Dann hat man unmittelbar J und den Parallelkreis i, auf dem sich die gesuchten Punkte wie früher finden lassen.

Die Rotationsflächen 2. Grades.

420. Läßt man einen Kegelschnitt — Ellipse, Hyperbel, Parabel — um eine seiner Achsen rotieren, so entsteht eine Fläche, die man als Rotationsfläche 2. Grades bezeichnet. Durch Rotation einer Ellipse um ihre große Achse wird das verlängerte Ellipsoid, durch Rotation um ihre kleine Achse das verkürzte Ellipsoid oder Sphäroid gewonnen. Die Rotation der Hyperbel um ihre Hauptachse ergibt das zweischalige Hyperboloid, die Rotation um ihre Nebenachse das einschalige Hyperboloid; die Parabel bildet durch Rotation um ihre Achse das Paraboloid. Das einschalige Hyperboloid kann auch, wie wir schon gesehen haben, durch Rotation einer Geraden um eine dazu windschiefe Achse erzeugt werden. Wir werden weiterhin im III. Band die allgemeinen Flächen 2. Grades kennen lernen, von denen die hier aufgezählten nur spezielle Fälle sind.

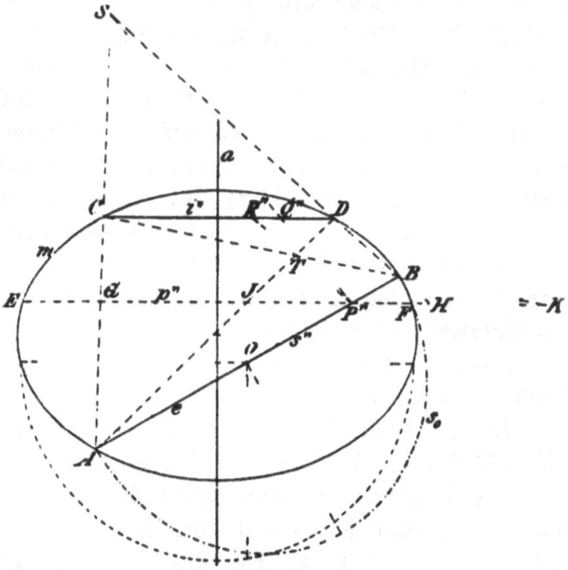

Fig. 269.

Dort werden die Eigenschaften dieser Flächen eine ausgedehntere Behandlung finden, während hier nur einige wenige hervorgehoben werden sollen.

Jeder ebene Schnitt der Rotationsfläche 2. Grades ist ein Kegelschnitt, der mit einem beliebigen Parallelkreise in doppelter Weise auf einem Kegel liegt. Zum Beweise wählen wir die zur Schnittebene senkrechte Meridianebene als Zeichenebene, *a* sei die Rotationsachse, *m* die Meridiankurve in ihr und *e* die Spur der Schnittebene (Fig. 269). Es ist nun zu zeigen, daß die Schnittkurve *s*, die *m* in *A* und *B* trifft, mit dem Parallelkreise *i*, der *m* in *C* und *D* schneidet, einmal auf einem Kegel mit dem

Scheitel $S = AC \times BD$ liegt und zum anderen auf einem Kegel mit dem Scheitel $T = AD \times BC$. Ein Punkt P von s und ein Punkt Q von i müssen auf einem Strahle durch S liegen, sobald die Projektion $P''Q''$ durch S geht, d. h. es muß $PP'':QQ'' = P''S:Q''S$ sein. Ist nun p der Parallelkreis durch P und trifft er m in E und F, so ist: $(P''P)^2 = P''E.P''F$; ganz ähnlich gilt für Q die Beziehung: $(Q''Q)^2 = Q''C.Q''D$. Setzt man noch $G = p'' \times AC$, $H = p'' \times BD$ und zeigt, daß: $P''E.P''F = P''G.P''H$ ist, so folgt: $(P''P)^2:(Q''Q)^2 = P''G.P''H:Q''C.Q''D = (P''S)^2:(Q''S)^2$; dies beweist unsere Behauptung. Nach 224 sind aber G, H und J, K Punktepaare einer Involution mit dem Mittelpunkt P'', und wir wollen nachweisen, daß auch E, F als Punktepaar ihr zugehört. Nehmen wir an, m sei ein Kreis, so gilt: $P''E.P''F = P''A.P''B$, und weil dann $\angle HBA = \pi - \angle DBA = \angle DCA = \angle FGA$, also $\triangle GP''A \sim \triangle BP''H$ wird, stimmt $P''G.P''H$ mit jenem Produkt überein, d. h. E, F ist ein Punktepaar der genannten Involution. Bedenkt man noch, daß jeder Kegelschnitt das perspektive Bild eines Kreises ist und eine Zentralprojektion jede Involution wieder in eine Involution verwandelt, so erkennt man, daß E, F ein Punktepaar jener Involution sein muß, einerlei ob m ein Kreis oder ein Kegelschnitt ist; es gilt also immer die Relation: $P''E.P''F = P''G.P''H$.

Ganz ebenso liegen P von s und R von i auf einem Strahle durch T, wenn $P''R''$ durch T geht und $PP'':RR'' = P''T:R''T$ ist. Nun ist $(R''R)^2 = R''C.R''D$, also auch: $(P''P)^2:(R''R)^2 = P''E.P''F$ $:R''C.R''D = P''K.P''J:R''C.R''D = (P''T)^2:(R''T)^2$.

Die Konstruktion des Kegelschnittes s ist selbstverständlich; AB ist die eine Achse von ihm, ihre Mitte O sein Mittelpunkt; die andere Achse wird von dem Parallelkreise begrenzt, dessen Ebene durch O geht. Ist m eine Ellipse, so kann man zur Konstruktion den affinen Kreis benutzen, der mit m eine Achse gemein hat; ist m eine Hyperbel, so wird man ihre Asymptoten bei der Konstruktion zu verwenden haben.

421. Der von einem Punkte an eine Rotationsfläche 2. Grades gelegte Tangentenkegel berührt sie in einem Kegelschnitte. Ist L der Punkt, u der Kegelschnitt und Λ seine Ebene, so heißt L der Pol der Ebene Λ und umgekehrt Λ die Polarebene des Punktes L. Die Meridianebene durch L nehmen wir als Zeichenebene, die in ihr liegende Meridiankurve sei m; die Tangenten von L an m mögen in den Punkten A bzw. B berühren (Fig. 270). Die Ebene Λ, welche die Gerade AB zur Spur hat und auf der Zeichenebene senkrecht steht, schneidet unsere

Fläche in einer Kurve u, deren Projektion mit AB zusammenfällt. Wir haben nun zu zeigen, daß jeder Punkt der Fläche, dessen Projektion auf AB liegt, seine Tangentialebene durch L schickt. Ist P ein solcher Punkt, so daß P'' auf AB liegt, und ist p der zugehörige Parallelkreis, der m in J und K schneiden mag, so enthält die Tangentialebene in P die Tangente an den Parallelkreis p und die Tangente an die Meridiankurve durch P. Der Spurpunkt Q der ersteren Tangente ist offenbar der Pol von PP'' in bezug auf den Kreis p, teilt also seinen Durchmesser JK harmonisch. Q liegt demnach auch auf der Polaren von P'' in bezug auf m (256). Der Spurpunkt R der letzteren Tangente liegt auf der Rotationsachse a, durch ihn gehen auch die Tangenten von m in J und K; somit liegt R nach 256 β) auf der Polaren von P'' in bezug auf m. Die Spur QR der Tangentialebene im Punkte P ist also die Polare von P'' hinsichtlich m; da nun AB durch P'' geht, muß nach 256 β) auch L auf der Polaren QR von P'' liegen, d. h. die Tangentialebene in P enthält den Punkt L, was unseren Satz beweist.

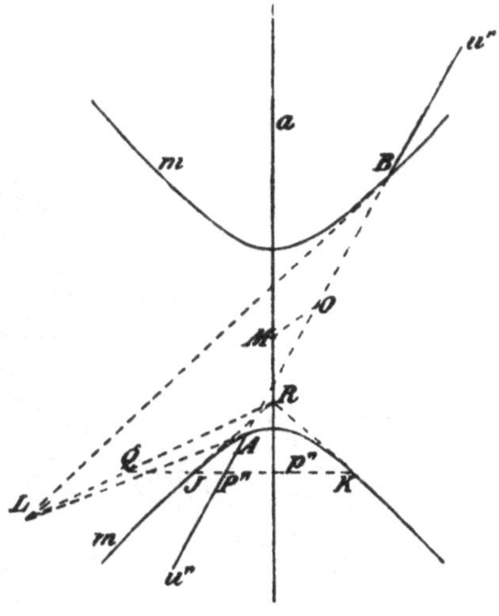

Fig. 270.

Der Mittelpunkt M von m ist zugleich der Mittelpunkt der Rotationsfläche. Die Polare des unendlich fernen Punktes von AB geht nach 256 durch L und den Mittelpunkt O von AB, sie enthält zugleich den Mittelpunkt M von m; denn sie muß alle zu AB parallelen Sehnen von m halbieren, ist also ein Durchmesser von m. AB ist eine Achse und O der Mittelpunkt von u. Ist CD irgend eine zu AB parallele Sehne von m, so schneiden sich die Tangenten in ihren Endpunkten auf dem Durchmesser LM, denn dieser ist die Polare des unendlich fernen Punktes von AB und CD. Das liefert uns folgenden Satz: **Die Tangentenkegel aus den Punkten eines Durchmessers an die Rotationsfläche 2. Grades berühren sie in Kegelschnitten, deren Ebenen parallel sind und auf der Meridianebene durch den Durchmesser senkrecht stehen; diese Kegelschnitte sind ähnlich und ihre Mittelpunkte liegen auf jenem Durchmesser.** Die Ähnlichkeit folgt daraus, daß je zwei ebene Schnitte der Fläche auf einem Kegel liegen, was in der nächsten Nummer gezeigt werden soll.

422. Je zwei ebene Schnitte einer Rotationsfläche 2. Grades liegen gleichzeitig auf zwei Kegelflächen. Es mögen u und v die beiden Schnitte sein und A und B ihre Ebenen; dann umhüllen die Tangentialebenen in den Punkten von u einen Kegel, sein Scheitel A ist der Pol von A; ebenso umhüllen die Tangentialebenen in den Punkten von v einen Kegel, sein Scheitel B ist der Pol von B. Die Gerade AB mag die Ebenen A und B bzw.

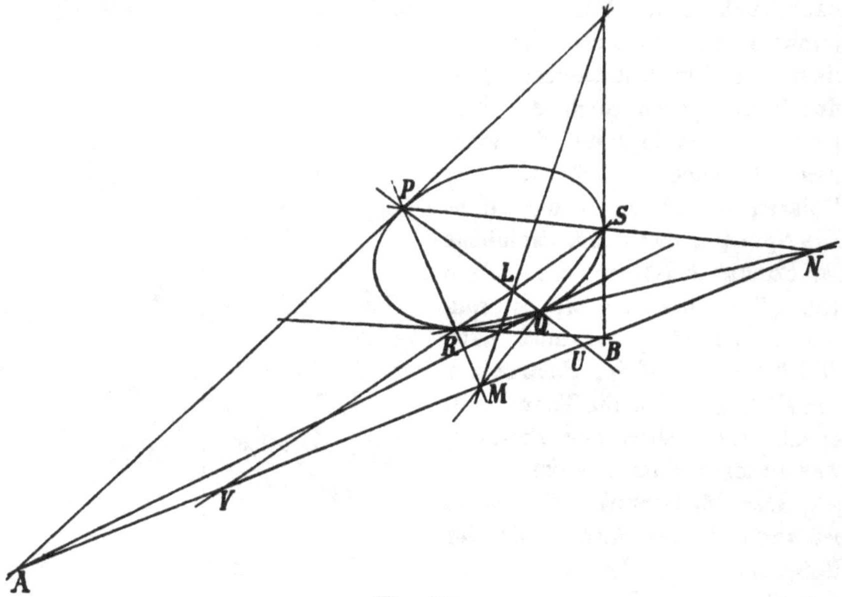

Fig. 271.

in U und V treffen, während eine beliebige Ebene durch AB aus der Fläche den Kegelschnitt k ausschneiden mag. Dieser wird mit u zwei Punkte P und Q gemein haben, die zugehörigen Tangenten von k gehen durch A; in gleicher Weise hat k mit v zwei Punkte R und S gemein, und es sind BR und BS die zugehörigen Tangenten von k (in Figur 271 sind die Verhältnisse dargestellt, wie sie sich in der Ebene von k darbieten). Zieht man noch die sechs Verbindungslinien der Punkte P, Q, R und S, so gilt der Satz vom Vierseit und Viereck, die dem Kegelschnitt k in den nämlichen vier Punkten P, Q, R und S umgeschrieben resp. eingeschrieben sind (256). Deshalb liegen die Punkte $M = PR \times QS$ und $N = PS \times QR$ auf AB und $L = PQ \times RS$ gehört der Schnittgeraden $l = \mathsf{A} \times \mathsf{B}$ an.

Nun werden die drei Paar Gegenseiten des eingeschriebenen Vierecks nach 224 von der Geraden AB in den Punktepaaren einer Involution geschnitten; U und V bilden also ein Punktepaar von ihr, und M und N sind ihre Doppelpunkte; sonach teilen M und N die Punkte U und V harmonisch (223). Auch die vier Tangenten in P, Q, R und S und die beiden Geraden LM und LN bilden sechs Seiten eines Vierecks und werden von der Geraden AB in drei Punktepaaren einer Involution geschnitten; von dieser stellt M, N ein Punktepaar dar, und A und B sind ihre Doppelpunkte, so daß M und N auch die Punkte A und B harmonisch trennen. Sonach können wir schließen, daß die Punktepaare A, B und U, V eine Involution bestimmen, deren Doppelpunkte in M und N liegen. Mit den Ebenen A und B sind aber auch ihre Pole A und B, sowie ihre Schnittpunkte U und V mit AB bekannt, also auch M und N als Doppelpunkte der Involution mit den Punktepaaren A, B und U, V. Läßt man demnach die Ebene durch AB sich ändern, so ändern sich auch die Punktepaare, die sie aus u und v ausschneidet; da aber hierbei M und N fest bleiben, so liegen immer ihre vier Schnittpunkte mit u und v paarweise auf zwei Strahlen durch M und ebenso paarweise auf zwei Strahlen durch N. Mithin sind M und N die Scheitel zweier Kegel, die sowohl durch u als auch durch v hindurchgehen.

423. Durch eine Gerade AB sollen die beiden Tangentialebenen an eine Rotationsfläche 2. Grades gelegt werden. Die Polarebene A von A schneidet die Fläche in einer Kurve, deren Punkte ihre Tangentialebenen durch A schicken; analog gehen die Tangentialebenen in den Punkten der Fläche, die in der Polarebene B von B liegen, durch B. Die Schnittgerade s von A und B trifft also die Fläche in zwei Punkten J und K, deren Tangentialebenen die Gerade AB enthalten. Legt man durch A die Meridianebene und bestimmt seine Polare in bezug auf die Meridiankurve, so steht A in dieser auf der Meridianebene senkrecht; in gleicher Weise findet man B und dadurch s, und es sind dann noch die Schnittpunkte von s mit der Rotationsfläche zu bestimmen.

In Fig. 272 mag EF die kleine und GH die große Achse einer Ellipse m sein, die durch Rotation um ihre große Achse ein Ellipsoid erzeugt. Die Rotationsachse sei senkrecht zum Grundrisse, und die genannte Ellipse liege in einer zum Aufrisse parallelen Ebene. Auf der Geraden l, durch die die beiden Tangentialebenen an die Fläche zu legen sind, wählen wir den Punkt A in der Ebene Π_3 des größten Parallelkreises k, den Punkt B in der Tangentialebene des

Punktes G; in der Figur fällt sie mit Π_1 zusammen. Die Polarebene A von A enthält die Polare von A in bezug auf k und ist zu Π_1 senkrecht; die Berührungssehne $P'Q'$ der von A' an k' gelegten Tangenten bildet also die erste Spur a_1 von A und die erste Projektion a_3' ihrer dritten Spur. Die Polarebene B von B geht durch G und enthält die beiden Punkte von k, deren Tangentialebenen durch B gehen; diese sind aber senkrecht zu Π_1. Die Projektion b_3' der dritten Spur von B ist demnach die Berührungssehne der von B an k' gelegten Tangenten, ihre erste Spur b_1 geht durch $G(b_1 \| b_3' \perp BG)$. Hieraus ergeben sich die Spurpunkte S_1 und S_3 von $s = \mathsf{A} \times \mathsf{B}$ $(S_1 = a_1 \times b_1,$ $S_3' = a_3' \times b_3')$.

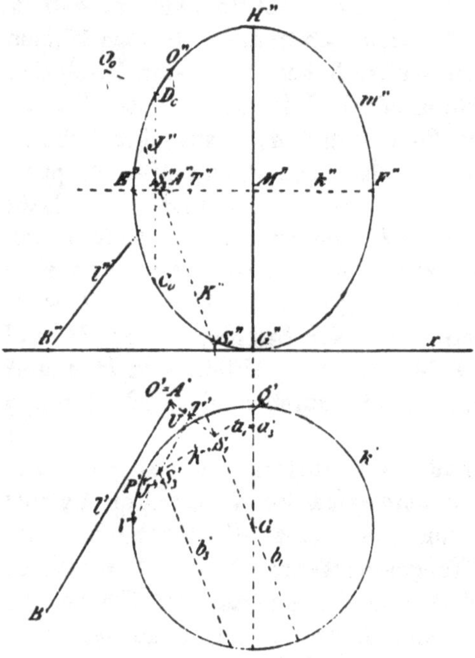

Fig. 272.

Um die Schnittpunkte von s mit der Rotationsfläche zu gewinnen, lege man durch s eine Vertikalebene, die die Fläche in einer Ellipse c schneidet. Diese Ellipse c ist zu dem Kreise k perspektiv, das Perspektivitätszentrum O ergibt sich dann in folgender Weise. Man drehe c, das zu m ähnlich ist, um die Achse GH, bis seine Ebene zu Π_2 senkrecht steht; das Zentrum O_0 der Perspektivität von k und der gedrehten Kurve c_0 liegt dann in der Ebene des Hauptmeridians, erscheint also als Schnitt der Geraden EC_0 und FD_0, wo C_0D_0 die große Achse von c_0 ist $(C_0D_0 : P'Q' = G''H'' : E''F'')$. Dreht man c_0 in seine ursprüngliche Lage c zurück, so geht O_0 in O über; dabei fällt O' mit A' zusammen, denn O muß in den Ebenen liegen, die die Fläche in P bzw. Q berühren $(O' = A',\ O_0O'' \| x)$. Die Ebene aus O durch s schneidet Π_3 in der zu s perspektiven Geraden $S_3T(T''' = O''S_1'' \times E''F''$, T' auf $O'S_1)$ und diese schneidet k in den Punkten U und V, die zu den gesuchten Berührungspunkten J und K perspektiv sind $(U' = k' \times S_3'T'$, $V' = k' \times S_3'T'$, $J' = O'V' \times S_1S_3'$, $K' = O'U' \times S_1S_3'$, J'' und K'' auf $S_1''S_3'')$.

Rotationsflächen, die sich längs einer Kurve berühren.

424. Berühren sich zwei Rotationsflächen A und B, deren Achsen a und b windschief zueinander sind, längs einer Kurve c, so sind in den Punkten dieser Kurve für beide Flächen die Tangentialebenen und damit auch die Normalen gleich. Die Normale einer Rotationsfläche trifft aber ihre Achse, so daß die gemeinsamen Normalen beider Flächen in den Punkten von c sowohl a wie b treffen. Ist somit eine Rotationsfläche A und die Achse b einer zweiten bekannt, die erstere längs einer Kurve berühren soll, so gehören dieser Berührungskurve alle Punkte von A an, deren Normalen die Achse b treffen. Durch Rotation dieser Kurve um b entsteht die Fläche B, und ganz ebenso erzeugt sie bei einer Rotation um a die Fläche A. Die Flächen A und B können auch als Hüllflächen angesehen werden. Rotiert B um a, so ist A die Hüllfläche für alle Lagen von B; die Berührungskurven aller dieser Flächen gehen aus c durch Rotation hervor; ganz ebenso ist B die Hüllfläche für alle Lagen von A, wenn A um die Achse b rotiert.

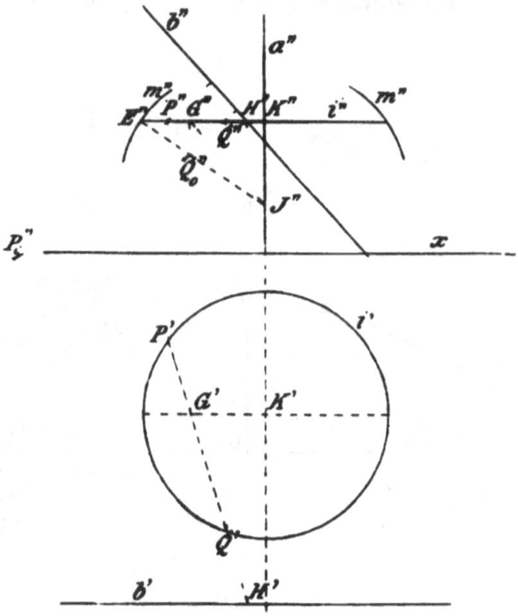

Fig. 273.

Sind a und b die Achsen zweier Rotationsflächen A und B, die sich längs einer Kurve berühren, und ist die Meridiankurve m der Fläche A gegeben, so sei die Berührungskurve c und die Meridiankurve n von B zu konstruieren. Wir wählen Π_2 parallel zu a und b sowie Π_1 senkrecht zu a und bestimmen auf einem beliebigen Parallelkreise i von A die beiden Punkte P und Q von c (Fig. 273). Ist E der Schnittpunkt von i mit dem Hauptmeridian m, so zeichnen wir die Normale

EJ im Punkte E von m, die a in J trifft; die Flächennormalen in den Punkten des Parallelkreises i bilden einen Kegel mit dem Scheitel J. Eine Ebene durch b und J schneidet aus dem Kegel die beiden Mantellinien aus, die die gesuchten Punkte P und Q tragen; diese Punkte liegen also auf der Schnittlinie GH der Ebene bJ mit der Ebene des Kreises i ($H'' = b'' \times i''$, H' auf b', $J''G'' \parallel b''$, G'' auf i'', $K' = J'$ Mittelpunkt von i', $G'K' \parallel x$, $P' = G'H' \times i'$, $Q' = G'H' \times i'$). Drehen wir nun noch die Ebenen Pb resp. Qb um b parallel zu Π_2, so liefern P und Q die Punkte P_0 und Q_0 des Hauptmeridians n von B ($P_0''P'' \perp b''$, $(P_0'' \dashv b'') = (P' \dashv b')$).

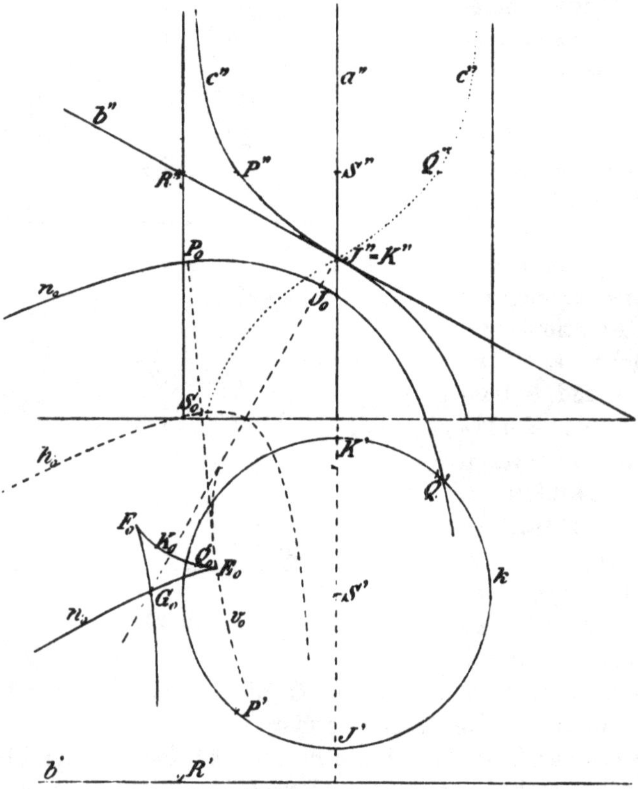

Fig. 274.

425. Ein gerader Kreiszylinder mit der Achse a rotiert um eine Achse b; seine Hüllfläche zu bestimmen. Π_1 werde zu a normal, Π_2 zu a und b parallel gewählt (Fig. 274); die Berührungskurve c des Zylinders in seiner Anfangslage mit der Hüllfläche ist dann leicht anzugeben. Da hier ihre erste Projektion c'

mit dem Spurkreise k des Zylinders zusammenfällt und die Normalen dieses Zylinders horizontal sind, so können wir durch einen beliebigen Punkt R von b das Lot zu a mit dem Fußpunkte S zeichnen, das den Zylinder in zwei Punkten P und Q von c schneidet ($R''S'' \parallel x$, $R'S' \times k = P'$, $R'S' \times k = Q'$). Jede Mantellinie trägt im Endlichen einen Punkt von c; die ganze Kurve c besteht aus zwei Teilen, von denen jeder aus dem anderen durch eine Drehung von 180^0 um die Achse a hervorgeht. Die beiden Mantellinien, die sich in der zu b parallelen Ebene durch a befinden, sind die Asymptoten von c. Auf der gemeinsamen Normalen von a und b liegen die Punkte J und K von c, deren Schmiegungsebenen zu Π_2 senkrecht sind; c'' hat also in $J'' = K''$ einen Doppelpunkt, der für die beiden Zweige zugleich Wendepunkt ist (b'' ist nicht Wendetangente).

Drehen wir die Gerade RS um b parallel zu Π_2 in die Lage RS_0 ($S''S_0 \perp b''$, $R''S_0 = RS = R'S'$), so gelangen P und Q nach P_0 und Q_0 auf $R''S_0$ ($P_0S_0 = S_0Q_0 = r$, dem Radius von k); diese Punkte P_0 und Q_0 gehören dem Hauptmeridian n_0 der Hüllfläche an. S_0 entsteht aus dem Punkte S von a durch Rotation um die Achse b; durch Rotation der Geraden a um die Achse b entsteht aber ein Rotationshyperboloid, dessen Hauptmeridian eine Hyperbel h_0 ist; sie trägt den Punkt S_0. Die Nebenachse von h_0 ist b'', ihre eine Asymptote fällt mit a'' zusammen. Die Gerade $R''S_0$ ist die Normale der Hyperbel h_0 im Punkte S_0. Denn RS steht in S senkrecht zu a und trifft die Achse b des genannten Hyperboloides, d. h. RS ist die Normale dieser Fläche im Punkte S; deshalb ist RS auch eine Normale der Meridianhyperbel durch S, und in der gedrehten Lage ist RS_0 die Normale von h_0 in S_0. Tragen wir auf dieser Normalen nach beiden Seiten hin die gleiche Strecke r auf, so erhalten wir zwei Punkte P_0 und Q_0 von n_0. Der Hauptmeridian n_0 der Hüllfläche ist also eine Parallelkurve zu der Hyperbel h_0 im Abstande r. Die Kurve n_0 besteht aus zwei Teilen, von denen der eine außerhalb h_0, der andere im Innern von h_0 liegt; letzterer hat zwei Spitzen E_0 und F_0 auf der Evolute v_0 von h_0 und einen Doppelpunkt G_0 auf J_0K_0.

426. Zwei Hyperboloide können sich längs einer Erzeugenden berühren. Die Hyperboloide seien A und B, ihre Achsen a und b, die gemeinsame Erzeugende e. Wenn sich die Rotationsflächen längs e berühren sollen, so müssen die gemeinsamen Flächennormalen in den Punkten von e sowohl a wie b treffen. Alle diese Flächennormalen liegen in Ebenen, die zu e senkrecht stehen; sie müssen deshalb die Achsen a und b in ähnlichen Punktreihen schneiden, da sie in parallelen Ebenen liegen. Projizieren wir das Ganze auf eine Ebene Π_1, die auf e senkrecht steht, so erscheinen die Projektionen der Normalen als Gerade durch den Spurpunkt E_1 von e; soll aber der Strahlbüschel mit dem Scheitel E_1 auf a' und b' ähnliche Punktreihen ausschneiden, so muß $b' \| a'$ sein. Die Achsen a, b und die Erzeugende e sind somit zu einer und derselben Ebene parallel, die wir als Aufrißebene benutzen (Fig. 275).

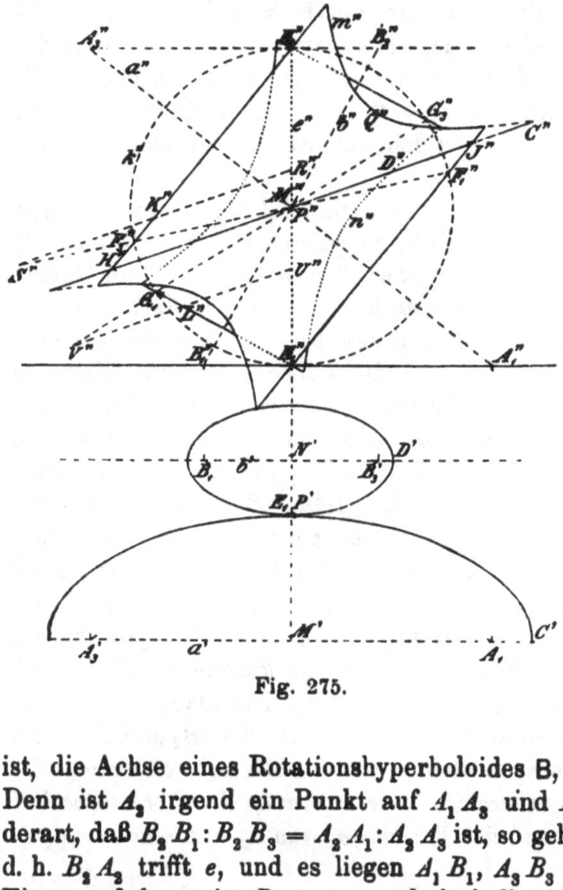

Fig. 275.

Geht man nun von einem Hyperboloid A mit der Achse a aus, so gibt es noch unendlich viele Hyperboloide die dasselbe längs der Erzeugenden e berühren. Sind nämlich A_1 und A_3 resp. E_1 und E_3 die Spurpunkte von a und e in zwei zu e senkrechten Ebenen Π_1 und Π_3, so bildet jede Gerade b, deren Spurpunkte B_1 und B_3 resp. auf $A_1 E_1$ und $A_3 E_3$ liegen und für die $B_1 B_3' \| A_1 A_3'$ ist, die Achse eines Rotationshyperboloides B, das A längs e berührt. Denn ist A_2 irgend ein Punkt auf $A_1 A_3$ und B_2 ein Punkt auf $B_1 B_3$ derart, daß $B_2 B_1 : B_2 B_3 = A_2 A_1 : A_2 A_3$ ist, so geht $B_2' A_2'$ durch $E_1 = E_3'$, d. h. $B_2 A_2$ trifft e, und es liegen $A_1 B_1$, $A_3 B_3$ und $A_2 B_2$ in parallelen Ebenen, d. h. es ist $B_2 A_2 \perp e$ und deshalb eine gemeinsame Normale von A und B.

Sind wir nun über die gegenseitige Lage der Achsen a, b und der Erzeugenden e orientiert, so sind uns auch unmittelbar die Mittelpunkte M und N der Flächen A und B bekannt; denn MN ist die gemeinsame Normale von a, b und e. Ist $P = MN \times e$, so sind

PM und PN die Radien der Kehlkreise unserer beiden Flächen. Eine Parallele zu e durch M liefert die zu Π_2 parallele Mantellinie des Asymptotenkegels von A, sie ist also eine Asymptote des Hauptmeridians m von A; e'' ist Asymptote der Hyperbel m'', M'' ihr Mittelpunkt, $M''Q'' = M'P'$ ihre halbe Hauptachse, a'' ihre Nebenachse. Ganz ebenso bestimmt sich der Hauptmeridian n von B; e'' ist Asymptote der Hyperbel n'', $N'' = M''$ ihr Mittelpunkt, die Länge ihrer halben Hauptachse ist gleich $N'P'$.

Die Erzeugenden von A, die mit e zusammen der gleichen Schar angehören, treffen e nicht, schneiden also B in zwei reellen oder konjugiert imaginären Punkten außerhalb e. Die Erzeugenden der anderen Schar von A berühren B je in einem Punkte von e. Daraus geht hervor, daß die Hyperboloide A und B außer der Erzeugenden e, in der sie sich berühren, noch zwei weitere reelle, oder konjugiert imaginäre Erzeugende der anderen Schar gemein haben. Die Lage dieser Erzeugenden ergibt sich aus der folgenden Betrachtung.

Die Mantellinien der Asymptotenkegel von A und B sind zu den Erzeugenden der bezüglichen Flächen parallel; haben demnach A und B eine Erzeugende gemein, so weisen ihre Asymptotenkegel ein Paar parallele Mantellinien auf. Verschieben wir nun beide Kegel parallel mit sich selbst, bis sie beide den Punkt P zum Scheitel haben, so berühren sie sich längs e und schneiden sich außerdem in zwei reellen oder imaginären Mantellinien. Um diese zu zeichnen, legen wir nach 99 um P als Mittelpunkt eine Kugel und benutzen eine zu Π_2 parallele Hilfsebene durch P. Diese Hilfsebene schneide die Kugel in k und die Kegel in den Geraden E_1E_3, F_1F_3 bzw. E_1E_3, G_1G_3. Sind dann E_1, E_3, F_1, F_3, G_1, G_3 die Schnittpunkte dieser Geraden mit k, und ist $H = E_1G_1 \times E_3F_3$ und $J = E_1F_1 \times E_3G_3$, so enthält die durch HJ senkrecht zu Π_2 gelegte Ebene Δ zwei gemeinsame Mantellinien der Kegel mit dem Scheitel P.

Sind diese Mantellinien reell, so schneidet jede Parallelebene zu Δ die beiden Kegel mit dem Scheitel P in Hyperbeln mit parallelen Asymptoten, d. h. in ähnlichen und ähnlich liegenden Hyperbeln. Jede Parallelebene zu Δ schneidet also auch die Asymptotenkegel, und folglich die Hyperboloide A und B in ähnlichen und ähnlich liegenden Hyperbeln; diese letzteren berühren sich in dem auf e liegenden gemeinsamen Punkte, der deshalb das Ähnlichkeitszentrum für sie darstellt. Unter den Parallelebenen zu Δ gibt es zwei, die A berühren, also in Geradenpaaren schneiden; sie berühren gleichzeitig auch B und schneiden es in Geradenpaaren. Eine solche zu Δ

parallele, gemeinsame Tangentialebene von A und B schneidet diese Flächen in einer beiden gemeinsamen Erzeugenden und in zwei parallelen Erzeugenden. Es folgt das einfach daraus, daß die zu einem Geradenpaar ähnliche Kurve, falls das Ähnlichkeitszentrum auf einer der Geraden liegt, eben aus dieser Geraden und einer zur anderen parallelen Linie besteht. Die Hyperbeln m'' und n'' haben dann zwei zu $H''J''$ parallele gemeinsame Tangenten.

In unserer Figur schneidet die Ebene Δ die Kegel mit dem Scheitel P in imaginären Geraden; aber je zwei Gerade dieser Ebene, die in bezug auf den einen Kegel konjugiert sind, sind es auch in bezug auf den anderen, da die gemeinsame Potenzlinie der Basiskreise beider Kegel mit den Durchmessern $E_3 F_3$ und $E_1 G_1$ in Δ liegt. Jede Parallelebene zu Δ schneidet deshalb beide Kegel in Ellipsen, deren konjugierte Durchmesser paarweise parallel sind, die also ähnlich und in ähnlicher Lage sind. Es läßt sich indes auch leicht direkt zeigen, daß beide Kegel von den zu Δ parallelen Ebenen in Ellipsen geschnitten werden, deren Achsen in dem gleichen Verhältnis stehen. Wird nämlich $E_3 F_3$ durch H und K und $E_1 G_1$ durch H und L harmonisch geteilt, so ist:

$$HF_3 : HE_3 = KF_3 : KE_3,$$

und

$$HG_1 : HE_1 = LG_1 : LE_1.$$

Die Parallele zu HJ durch K schneide PE_3 und PF_3 in R und S, die Parallele zu HJ durch L schneide PE_1 und PG_1 in U und V; die Normale in K zu Π_2 treffe den Basiskreis des Kegels mit dem Durchmesser $E_3 F_3$ in T, die Normale in L zu Π_2 den Basiskreis des zweiten Kegels mit dem Durchmesser $E_1 G_1$ in W. Dann liegen auf den beiden Kegeln die Ellipsen mit den Mittelpunkten K bzw. L und den Halbachsen $KR = KS$ und KT, bzw. $LU = LV$ und LW.

Nun ist:

$$KS : KF_3 = HP : HF_3,$$

und:

$$KR : KE_3 = HP : HE_3,$$

also:

$$(KR)^2 : KE_3 . KF_3 = (HP)^2 : HE_3 . HF_3.$$

Ganz analog ergibt sich:

$$(LU)^2 : LE_1 . LG_1 = (HP)^2 : HE_1 . HG_1,$$

und da $HE_3 . HF_3 = HE_1 . HG_1$ ist (als Potenz von H in bezug auf k), so folgt: $(KR)^2 : (LU)^2 = KE_3 . KF_3 : LE_1 . LG_1 = (KT)^2 : (LW)^2$, was unsere Behauptung erweist. Die Parallelebenen zu Δ schneiden die beiden Hyperboloide in ähnlichen Ellipsen, die sich in einem Punkte von e berühren, der das Ähnlichkeitszentrum bildet. Die Ebene Δ

selbst schneidet die Hyperboloide in Ellipsen, deren kleine Halbachsen PM bzw. PN und deren große Halbachsen CM bzw. DN sind ($C = HJ \times m$, $D = HJ \times n$, $PM:PN = CM:DN$). Auch die ersten Projektionen dieser Ellipsen, die in die Figur eingezeichnet sind, sind ähnlich.

Beispiel für Anwendungen.

427. Für die auf Rotationsflächen bezüglichen Konstruktionen ist die Außenansicht eines Kuppelbaues als Übungsbeispiel gewählt (s. Fig. 276).

Die elliptisch gewölbte Kuppel erhebt sich über einem Unterbau von achteckigem Grundriß. Über dem Hauptsims, der das Widerlager umgrenzt, zeigt sie vier mit Giebeldächern versehene Rundbogenfenster und trägt auf zylindrischer Basis eine sogenannte Laterne, aus acht kleinen Säulen mit Rundbogen und einem halbkugelförmigen Kuppeldach bestehend. Die architektonischen Formen sind absichtlich, schon wegen des kleinen Maßstabes der Zeichnung, so einfach wie möglich gehalten. Im Aufriß ist die Schattenkonstruktion für eine willkürlich angenommene Parallelbeleuchtung eingetragen; der Grundriß zeigt nur die zu ihr nötigen Hilfslinien.

Die Oberfläche der Hauptkuppel gehört einem gestreckten Rotationsellipsoide mit vertikaler Achse an. Die ebenen Flächen der seitlichen Fensterwände und der Giebeldächer durchdringen diese Fläche in elliptischen Bogen, über deren Darstellung nichts Neues zu sagen ist.

Nur über die Schattenkonstruktion mögen einige Bemerkungen Platz finden. In der Nebenfigur (rechts) ist der von einem Punkte P ausgehende Lichtstrahl l im Grund- und Aufriß so gezeichnet, daß sich l' und l'' in einem Punkte L der Projektionsachse x begegnen. Sodann ist der Lichtstrahl $l = PL$ durch Drehung um die Vertikale PP' in eine zum Aufriß parallele Lage $l_\triangle = PL_\triangle$ übergeführt worden. Namentlich der Aufriß $l_\triangle''$ des gedrehten Lichtstrahles wird weiterhin gebraucht.

Die Grenze zwischen Licht- und Eigenschatten wird auf der Hauptkuppelfläche von einer Ellipse gebildet; sie ist der Schnitt des Rotationsellipsoides (Mittelpunkt M) mit der zur Lichtstrahlrichtung konjugierten Diametralebene. Man suche zuerst im Aufriß zu dem Halbmesser $M''C_\triangle''$, der die Richtung des gedrehten Lichtstrahls $l_\triangle''$ hat, den konjugierten Durchmesser $M''B_\triangle''$ der Hauptmeridianellipse und durch Zurückdrehen $M''B''$; dann ziehe man im Grundriß normal zu l' den Halbmesser $M'A'$ des Basiskreises und seinen horizontalen

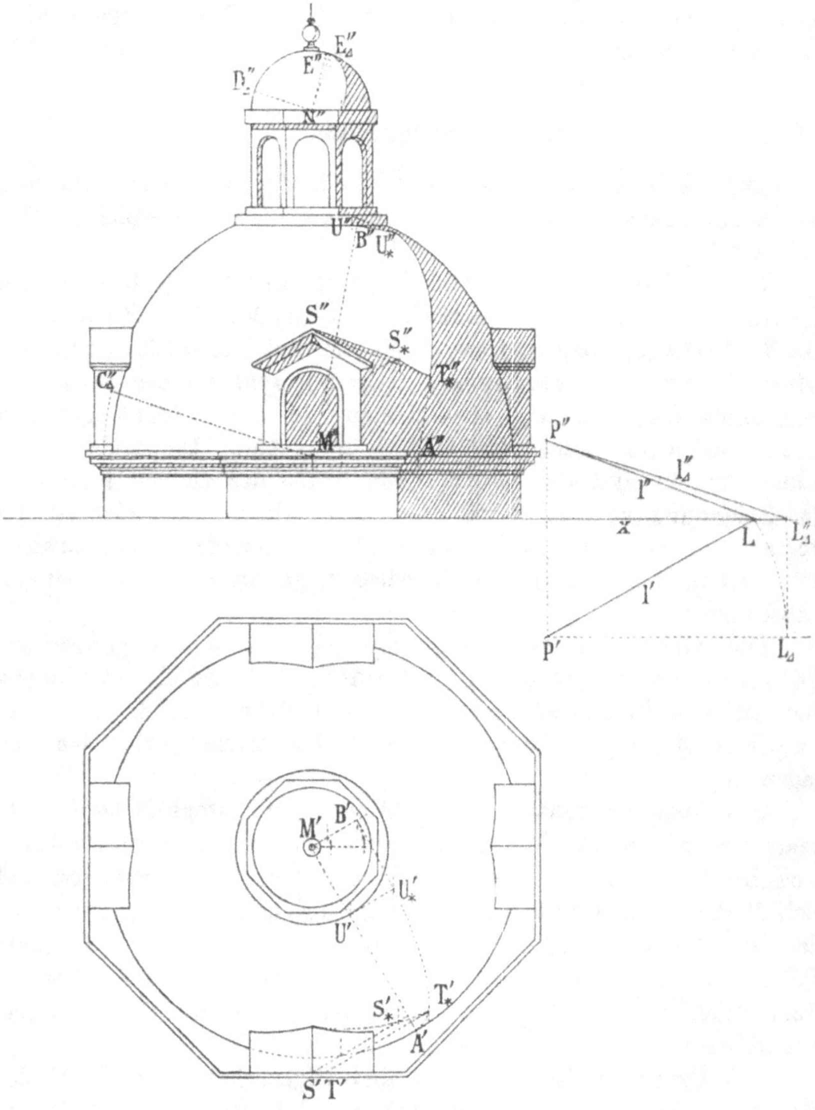

Fig. 276.

Aufriß $M''A''$. $M\varDelta$ und MB bilden die Achsen der Lichtgrenzellipse, $M''A''$ und $M''B''$ also konjugierte Durchmesser ihres Aufrisses. Bei der Laternenkuppel und der aufgesetzten kleinen Kugel verfährt man ähnlich. Bei ihnen gehört die Lichtgrenze einem Hauptkreise an, dessen Ebene rechtwinklig zum Lichtstrahl l steht.

Die zylindrisch umgrenzte niedrige Platte, welche die Kuppel abschließt und auf der die Laterne steht, wirft einen Schlagschatten auf die Kuppelfläche; er wird durch einen Ellipsenbogen begrenzt, dessen Grundriß die Gerade $U'U_*' \parallel l'$ ist. Die Lichtrichtung ist der Einfachheit halber so gewählt, daß der obere Endpunkt U der Lichtgrenzlinie am Zylindermantel seinen Schatten U_* gerade auf die Lichtgrenze der Kuppel wirft.

Die Firstkante des vorderen Fenstergiebeldachs endet vorn in dem Punkte S. Man kann seinen Schatten S_* auf die Kuppelfläche etwa mittels einer durch S gelegten vertikalen Lichtstrahlebene bestimmen. Diese Hilfsebene schneidet nämlich die Kuppelfläche in einer leicht zu konstruierenden Ellipse und auf letzterer findet sich S_*, wenn man $S''S_*'' \parallel l''$ und $S'S_*' \parallel l'$ macht. Der Schlagschatten der Firstkante ist eine Ellipse. Die nach rechts abfallende vordere Dachkante des Fenstergiebels nimmt ebenfalls an der Schlagschattenbildung teil. Man benutzt das vorige Verfahren für einzelne Punkte. Die Schlagschattengrenze ist wiederum elliptisch geformt und endigt an der Lichtgrenze der Kuppel in dem Punkte T_* mit einer zum Lichtstrahl parallelen Tangente.

NEUNTES KAPITEL.

Zyklische Linien und Schraubenlinien.

Rollkurven.

428. Bewegt sich eine ebene Kurve k in ihrer Ebene, indem sie sich auf eine zweite Kurve l stützt, d. h. so, daß sie diese fortwährend berührt, und legt der Berührungspunkt (Stützpunkt) auf beiden Kurven gleiche Weglängen zurück, so sagt man: die bewegliche Kurve k rollt auf der festen Kurve l. Die Bahn irgend eines fest mit der rollenden Kurve k verbundenen Punktes heißt eine Rolllinie.[18])

Für einen bestimmten Augenblick der Bewegung seien die Punkte K und L beider Kurven im Stützpunkte vereint und M sei die Lage des die Rolllinie m beschreibenden Punktes. Man erhält eine neue Lage M_1 desselben, wenn man auf k und l in gleichem Sinne gleiche Bogenlängen KK_1 und LL_1 abträgt, in ihren Endpunkten die Tangenten K_1K' und L_1L' zieht und $\angle L'L_1M_1 = \angle K'K_1M$, sowie $L_1M_1 = K_1M$ macht (Fig. 277).

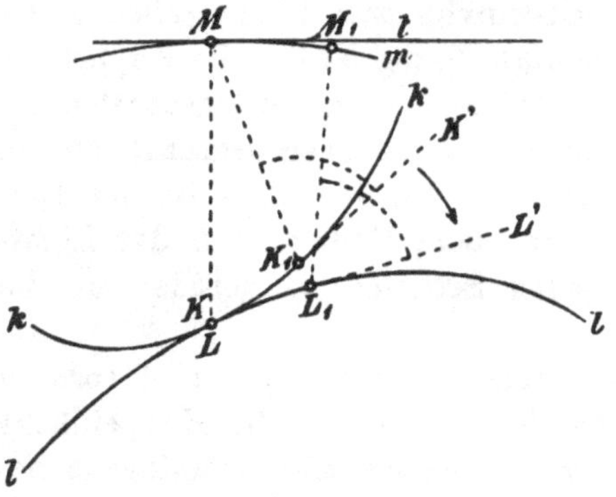

Fig. 277.

429. Ist MM_1 ein unendlich kleines Element der Rolllinie, so kann man den Übergang von M in M_1 als Drehung um den Stützpunkt L auffassen: L bildet den augenblicklichen Drehpunkt (Momentanzentrum, Pol) der rollenden Bewegung. Man erkennt dies am leichtesten, indem man statt der Kurven vorläufig zwei Polygone $KK_1K_2\ldots$ und $LL_1L_2\ldots$ mit sehr kleinen geradlinigen Seiten $KK_1 = LL_1$, $K_1K_2 = L_1L_2, \ldots$ betrachtet (Fig. 278). Fällt zuerst K mit L zusammen, so wird darauf K_1 mit L_1 durch Drehung des beweglichen Polygones um L vereinigt, dann K_2 mit L_2 durch Drehung um L_1, usf. Der Unterschied zwischen der geschilderten Bewegung und der zu untersuchenden verschwindet, wenn die Polygonseiten unendlich klein werden, wobei als Grenzgestalten der Polygone sich die Kurven k und l ergeben.

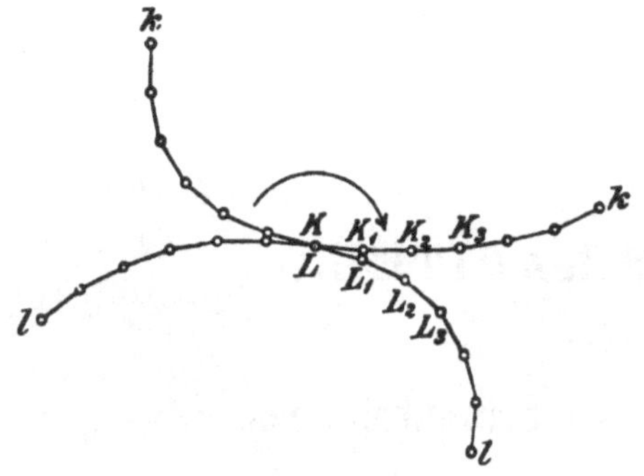

Fig. 278.

Die Gerade LM stellt die Normale der Rolllinie m im Punkte M dar; denn als Verbindungslinie des Drehpunktes mit dem beschreibenden Punkte steht sie senkrecht auf dessen augenblicklicher Bewegungsrichtung oder auf der Kurventangente. Hiernach kann die Tangente t der Rolllinie im Punkte M sofort gezeichnet werden.

430. Es verdient bemerkt zu werden, daß der Begriff des

Momentanzentrums in der Kinematik dazu dient, jede beliebige Bewegung einer starren Figur in der Ebene durch eine rollende Bewegung zu erklären. Aus den für einen bestimmten Moment geltenden Positionen P und Q zweier Punkte der bewegten Figur $\mathfrak{F}$ und ihren augenblicklichen Bewegungsrichtungen bestimmt sich der augenblickliche Drehpunkt als Schnitt der durch P und Q normal zu ihren Bewegungsrichtungen gezogenen Geraden. Er ändert im Laufe der Bewegung im allgemeinen seine Lage. Sein geometrischer Ort bildet demnach in der festen Ebene eine Kurve l, die Polbahn, in einer mit $\mathfrak{F}$ verbundenen beweglichen Ebene aber eine Kurve k, die Polkurve, deren Punkte bei der Bewegung sukzessive mit den entsprechenden von l zusammenfallen. Man kann daher die Bewegung als durch das Rollen von k auf l hervorgebracht ansehen.

431. Haben die Kurven k und l das unendlich kleine Element LL_1 gemein (Fig. 279) und sind N und O ihre dazu gehörigen Krümmungszentren, so bilden $\varkappa = \angle LNL_1$ und $\lambda = \angle LOL_1$ die Kontingenzwinkel, und es ist:

1) $LL_1 = NL.\varkappa = OL.\lambda.$

Schreitet aber die Berührungsstelle der Kurven um das Element LL_1 fort, so dreht sich die rollende Figur um den Winkel

$\varkappa + \lambda = \angle NL_1N_1 = \angle ML_1M_1,$

wo M_1 und N_1 die von M und N erreichten Nachbarlagen bedeuten. Dabei fällt N_1 auf die zu OL benachbarte Normale OL_1 der Leitkurve l, und die Normale LM der Rolllinie geht in die Nachbarnormale L_1M_1 über, die mit der vorigen das Krümmungszentrum P und den Kontingenzwinkel $\mu = \angle MPM_1$ bestimmt. Setzt man noch $\nu = \angle LML_1$, so

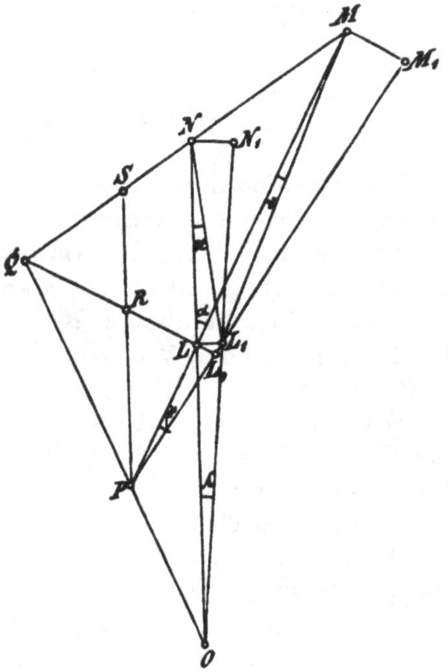

Fig. 279.

folgt für die eingeführten unendlich kleinen Winkel die Beziehung:

2) $$\varkappa + \lambda = \mu + \nu.$$

Ist ferner L_0 die senkrechte Projektion von L_1 auf die durch L

normal zu LM gezogene Gerade, so kann L_0 als auf den Geraden PL_1 und ML_1 liegend angesehen werden, denn der hierdurch begangene Fehler ist nur von der 2. Ordnung unendlich klein: man hat daher:

3) $$LL_0 = PL.\mu = LM.\nu = LL_1.\cos\alpha,$$

wenn $$\alpha = \angle L_0LL_1 = \angle MLN$$

gesetzt wird. — Aus der Verbindung der Relationen 1), 2) und 3) folgt:

4) $$\frac{1}{PL} + \frac{1}{LM} = \left(\frac{1}{OL} + \frac{1}{LN}\right) \cdot \frac{1}{\cos\alpha}.$$

Wird LL_0 von MN in Q geschnitten, so trifft OQ die Gerade ML in dem durch diese Relation bestimmten Punkte P; denn zieht man durch ihn die Parallele zu ON, die auf LQ und NQ die Punkte R und S bestimmt, so folgt zuerst:

$$\frac{PR}{PL} = \frac{1}{\cos\alpha}$$

und aus ähnlichen Dreiecken:

$$\frac{PS}{PR} = \frac{OL + LN}{OL},$$

$$\frac{PL + LM}{LM} = \frac{PS}{LN}.$$

Die Multiplikation der letzten drei Gleichungen ergibt aber die Bedingung 4); daher die Konstruktion:

Sind N und O die Krümmungszentra der Kurven k und l im Stützpunkte L, so erhält man das Krümmungszentrum P der von M beschriebenen Rolllinie m, indem man MN mit der Normalen zu LM durch L im Punkte Q und OQ mit LM in P schneidet.

Verändert M seine Lage auf LM, so bewegt sich Q auf LQ und P auf LM so, daß die Reihe der M mit der Reihe der Q aus dem Zentrum N und diese mit der Reihe der P aus O perspektiv liegt. Also sind die Reihen der M und der P projektiv.

432. Fällt der die Rolllinie beschreibende Punkt auf die Stützpunktnormale NO, z. B. nach M_0 (Fig. 280), so bedarf die Konstruktion einer Abänderung. Der zu M_0 gehörige Krümmungsmittelpunkt P_0 ist (da hier $\alpha = 0$ zu nehmen ist) durch die Relation:

$$\frac{1}{P_0L} + \frac{1}{LM_0} = \frac{1}{OL} + \frac{1}{LN}$$

bestimmt und wird folgendermaßen indirekt gefunden. Ist M die senkrechte Projektion von M_0 auf eine durch L unter dem beliebigen Winkel α gegen NO gezogene Gerade und P der zu M gehörige

Krümmungsmittelpunkt, so ist P die senkrechte Projektion von P_0. In der Tat geht die Bedingung 4) durch die Annahme:

$$LM = LM_0 . \cos\alpha,$$
$$PL = P_0 L . \cos\alpha$$

in die zuletzt erwähnte Beziehung über.

Zu irgend einem Punkte M_1 auf NO erhält man jetzt den Krümmungsmittelpunkt P_1 am einfachsten, wenn man MM_1 mit LQ in Q_1 und $Q_1 P$ mit NO in P_1 schneidet. Denn die Punktreihen LNM_0M_1 und LOP_0P_1 sind dann bzw. aus den Zentren M und P zu einer und derselben Punktreihe LQQ_0Q_1 perspektiv, wobei Q_0 den unendlich fernen Punkt bezeichnet.

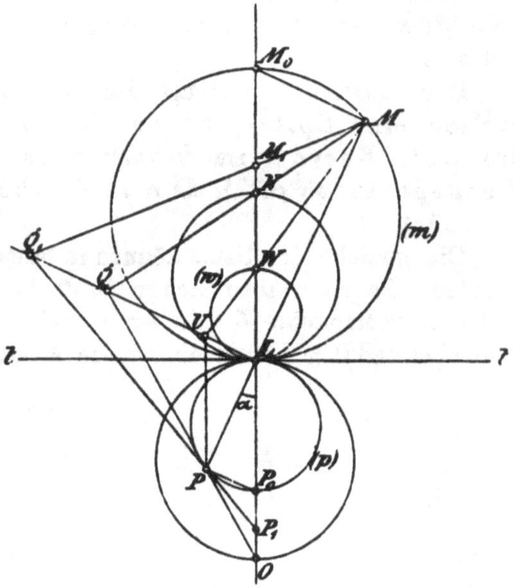

Fig. 280.

433. Die oben gemachte Bemerkung führt uns aber noch weiter; sie beweist nämlich den Satz:

Rollt die Kurve k auf der festen Kurve l und ist L der augenblickliche Stützpunkt, so beschreiben alle Punkte M eines Kreises (m), der l in L berührt, Rolllinien, deren Krümmungsmittelpunkte P auf einem zweiten solchen Kreise (p) liegen. Die Verbindungslinien zusammengehöriger Punkte M und P gehen durch den Stützpunkt L.

Im einzelnen zeigt sich folgendes:

α) Dem Kreise (m) durch N entspricht der Kreis (p) durch O.

β) Zieht sich der Kreis (m) auf den Punkt L zusammen, so geschieht das gleiche mit dem Kreise (p).

γ) Der Kreis (p) artet in die gemeinsame Tangente t an k und l aus, wenn (m) in einen bestimmten Kreis (w), den **Wendekreis**, übergeht. Man bestimmt seinen Durchmesser LW, indem man die Parallele zu NO durch P mit LQ in U und UM mit der Geraden NO in W schneidet.

δ) Erweitert sich der Kreis (m) bis zur Koinzidenz mit der

Tangente t, so geht (p) in den zu (w) in bezug auf t symmetrischen Kreis über.

Beachtet man, daß der Krümmungsradius der Rolllinie in dem Falle β) zu Null und in dem Falle γ) unendlich groß wird, so ergibt sich:

Die Rolllinie besitzt im allgemeinen an allen den Stellen eine Spitze, wo der beschreibende Punkt M auf die feste Kurve l im Stützpunkte L auftrifft, und einen Wendepunkt, so oft M dem zu L gehörigen Wendekreise (w) angehört.

Die vorstehenden Sätze können in besonderen Fällen Ausnahmen erleiden. So kann man sich z. B. denken, daß sich die Kurven k und l im Stützpunkte L oskulieren, daß sie sich also zugleich durchschneiden und ihre Krümmungszentra N und O zusammenfallen. Man erkennt leicht, daß in diesem Falle die rollende Bewegung in dem Augenblicke rückläufig werden müßte, wo die Berührungsstelle den Punkt L passiert, und daß folglich die von irgend einem Punkte M beschriebene Rolllinie eine Spitze hat. In der Tat zeigt die obige Konstruktion, daß sich für $N = O$ auch $P = M$ ergibt (Fig. 281). Nur wenn gleichzeitig $\angle MLN = R$ wird, also auch Q mit N und O zusammenfällt, läßt sich P auf die angegebene Art nicht ermitteln. Ohne auf diesen noch spezielleren Fall einzugehen, sei bemerkt, daß die Rolllinie dann eine Schnabelspitze hat. In den folgenden Untersuchungen treten derartige Besonderheiten nicht auf.

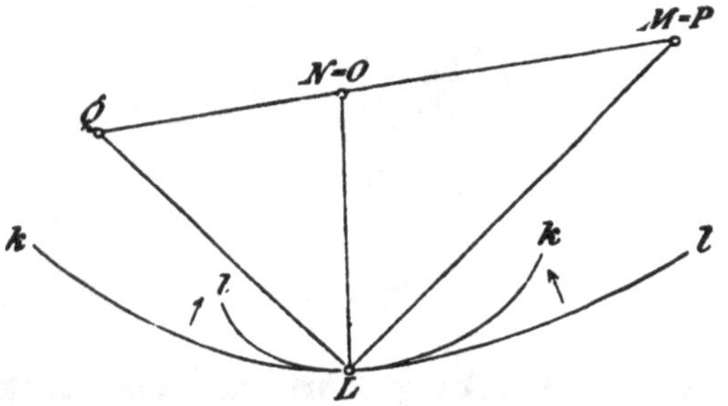

Fig. 281.

434. Ist mit einer auf der festen Kurve l rollenden Kurve k eine Kurve i fest verbunden, so werden alle ihre Lagen von einer Hüllkurve (Enveloppe) h berührt. Das Momentanzentrum der Bewegung sei L; schreitet dasselbe auf l um das unendlich kleine Element LL_1 fort, so beschreiben alle Punkte der Kurve i unendlich kleine Bahnelemente, die zur Verbindungslinie des beschreibenden Punktes mit dem Pole L senkrecht stehen und in der Nachbarkurve i_1 endigen. Ist nun J ein Berührungspunkt von i mit h, so stimmt das von ihm beschriebene Bahnelement (bis auf Abweichungen, die durch unendlich kleine Größen höherer Ordnung gemessen werden) mit den von J ausgehenden Nachbarelementen der Kurven i und h überein, und JL ist die gemeinsame Normale beider Kurven (Fig. 282). Daher der Satz:

In den Berührungspunkten J einer bewegten Kurve i mit ihrer Hüllkurve h gehen die Normalen durch den augenblicklichen Drehpunkt L.

Ist K auf LJ das zu J gehörige Krümmungszentrum der Kurve i und K_1 seine zum Stützpunkte L_1 gehörige Nachbarlage, so schneiden sich KL und K_1L_1 in dem Krümmungszentrum H der von K beschriebenen Bahn. Die durch L_1 gezogene Normale L_1J_1 der Nachbarkurve i_1, die mit LJ das Krümmungszentrum der Hüllkurve h bestimmt, ist (wenn wieder unendlich kleine Größen höherer Ordnung außer Betracht bleiben) als mit K_1L_1 identisch anzusehen, wie man am leichtesten erkennt, wenn man sich die Kurven i und i_1 in der Umgebung der zu betrachtenden Stellen durch ihre um K und K_1 beschriebenen Krümmungskreise ersetzt denkt. Hieraus folgt:

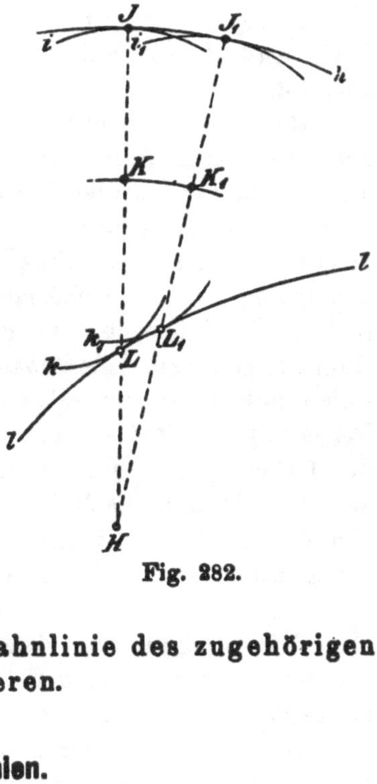

Fig. 282.

Die Hüllkurve h hat in ihrem Berührungspunkte J mit der beschreibenden Kurve i dasselbe Krümmungszentrum H wie die Bahnlinie des zugehörigen Krümmungszentrums K der letzteren.

Zyklische Linien.

435. Jede ebene Kurve kann als Rolllinie aufgefaßt werden. Hierdurch wird aber die Darstellung einer Kurve auf die zweier anderen zurückgeführt, das Problem also im allgemeinen nicht vereinfacht. Es empfiehlt sich daher nur dann, eine Kurve als Rolllinie zu erzeugen, wenn die hierbei verwendeten Kurven besonders einfache sind, z. B. bei den zyklischen Kurven.

Die zyklischen Linien[19]) werden durch das Rollen eines Kreises auf einem anderen Kreise erzeugt (die Fälle eingeschlossen, wo einer der Kreise in eine Gerade übergegangen ist); man teilt sie folgendermaßen ein. Eine Zykloide entsteht, wenn ein Kreis auf einer Geraden abrollt, eine Epi- oder Hypotrochoide, wenn ein Kreis auf der Außen- oder Innenseite eines zweiten Kreises rollt, und eine Kreisevolvente beim Rollen einer Geraden auf einem Kreise. Jede dieser zyklischen Kurven kann gespitzt, gestreckt oder verschlungen sein, und zwar treten diese drei Formen auf, je nachdem der beschreibende Punkt auf der rollenden Linie selbst, oder durch diese vom Zentrum der Bahnlinie getrennt, oder mit ihm auf der nämlichen Seite liegt. Die gespitzte Zykloide wird oft schlechthin Zykloide, die gespitzten Epi- und Hypotrochoiden werden Epi- und Hypozykloiden genannt.

436. Die Zykloiden, Epi- und Hypotrochoiden, die man auch unter dem Namen der Radlinien zusammenfassen kann, bestehen aus kongruenten Gängen, von denen ein jeder bei einer vollen Umdrehung des rollenden Kreises erzeugt wird. Als Ursprungspunkte bezeichnet man diejenigen Kurvenpunkte, deren Entfernung vom zugehörigen Stützpunkte ein Minimum ist und rechnet die Gänge von einem Ursprunge bis zum nächsten. Solcher Gänge erhält man, indem man die Kurve durch Vor- oder Rückwärtsrollen beschreibt, im allgemeinen unendlich viele. Nur wenn das Verhältnis der Radien (und mithin der Umfänge) des rollenden und des festen Kreises dem zweier ganzer Zahlen, $\varkappa : \lambda$, gleich ist, wird sich die Radlinie nach λ Gängen und $\varkappa$ Umläufen (um den festen Kreis) schließen. Als geschlossene Epizykloiden ergeben sich z. B. bei gleichen Radien die Pascalschen Linien (vgl. 294, 295).

Die Kreisevolventen gehören zu den Spiralen; sie bestehen aus Windungen, von denen eine jede einem vollen Umlauf der rollenden Geraden um den festen Kreis entspricht. Die Windungen erstrecken sich von einem Ursprunge aus mit beiderlei Umlaufssinn ins Unendliche. Besondere Beachtung verdient die verschlungene Kreisevolvente, deren Ursprung im Zentrum des Kreises liegt; sie ist als Spirale des Archimedes bekannt.

Außer den wichtigeren zyklischen Kurven soll hier noch die Sinuslinie kurz besprochen werden, die nach ihrer Entstehungsweise mit ihnen verwandt ist.

437. Rollt der Kreis k auf der geraden Linie l, so beschreibt irgend ein Punkt M seiner Peripherie eine gespitzte Zykloide. Die Ursprungspunkte sind Spitzen und werden von den Punkten gebildet, in denen der beschreibende Punkt auf die Bahnlinie l trifft sie folgen einander in Abständen gleich dem Umfange des rollenden Kreises. Jeder Gang ist symmetrisch zu der Normalen durch seinen höchsten, nach einer halben Umdrehung von k erreichten Punkt. — Es seien A und B auf l zwei aufeinander folgende Spitzen der Zykloide (Fig. 283) und k der rollende Kreis in der Anfangslage, wo der Stützpunkt L mit A zusammenfällt. Die rollende Bewegung von k denke man sich zusammengesetzt aus einer Drehung um das Zentrum N, wobei A in M übergehen mag, und einer Verschiebung in der Richtung der Bahnlinie l, deren Größe durch die Strecke $AL' = \text{Bog}\, AM$ gegeben ist. Um die Endlage M' des beschreibenden Punktes zu erhalten, ist $L'M' \# AM$ zu ziehen. — Zu M als beschreibendem Punkte findet man P als Krümmungszentrum, wenn

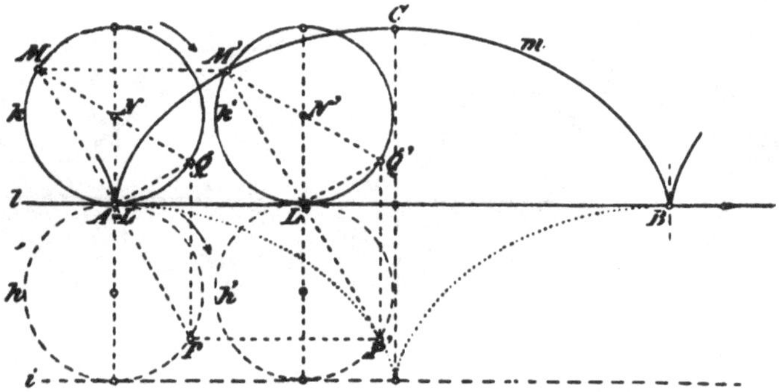

Fig. 283.

man aus dem Endpunkte Q des Kreisdurchmessers MQ die Senkrechte zu l zieht und sie mit MA schneidet (vgl. 431, 432). P liegt auf einem zu k kongruenten Kreise h, der l in A von der entgegengesetzten Seite berührt. Aus P ergibt sich der Krümmungsmittelpunkt P' der Zykloide im Punkte M' durch die Beziehung $PP' \# AL'$. Hieraus folgt: $M'L' = L'P'$, d. h. der Satz: **Der Krümmungsradius der Zykloide im Punkte M ist gleich dem doppelten Abstande desselben vom Stützpunkte oder gleich der doppelten Normalen.** Zieht man parallel zu l die Tangente i des Kreises h und bemerkt, daß $PP' = \text{Bog}\, AP$ ist, so erkennt man, daß P' aus A hervorgeht, indem der Kreis h auf der Geraden i rollt. Daher gilt der Satz: **Die Evolute einer Zykloide ist eine zu ihr kongruente Zykloide.** Der höchste Punkt C des Zykloidenganges liegt mitten zwischen den beiden Spitzen A und B; seine Höhe über der Bahnlinie ist dem Durchmesser des rollenden Kreises gleich. Da diesem Punkte C eine Spitze der Evolute entspricht, so ist er ein Scheitelpunkt (vgl. 303). Die Scheitel der Evolute fallen mit den Spitzen der Zykloide zusammen. — Man konstruiert die Zykloide zweckmäßig unter Benutzung einiger Krümmungskreise, die sich nach dem Gesagten leicht finden lassen.

438. Ein Punkt *M* der Innenfläche des Kreises *k* beschreibt, wenn *k* auf der Geraden *l* rollt, eine gestreckte Zykloide. Man zeichne den Kreis in solcher Lage, daß der beschreibende Punkt seine tiefste Position *A* auf dem Radius des Stützpunktes *L* einnimmt. *A* ist ein Ursprungspunkt; sein Abstand vom nächsten Ursprungspunkte *B* ist dem Kreisumfange gleich. Durch *A* werde

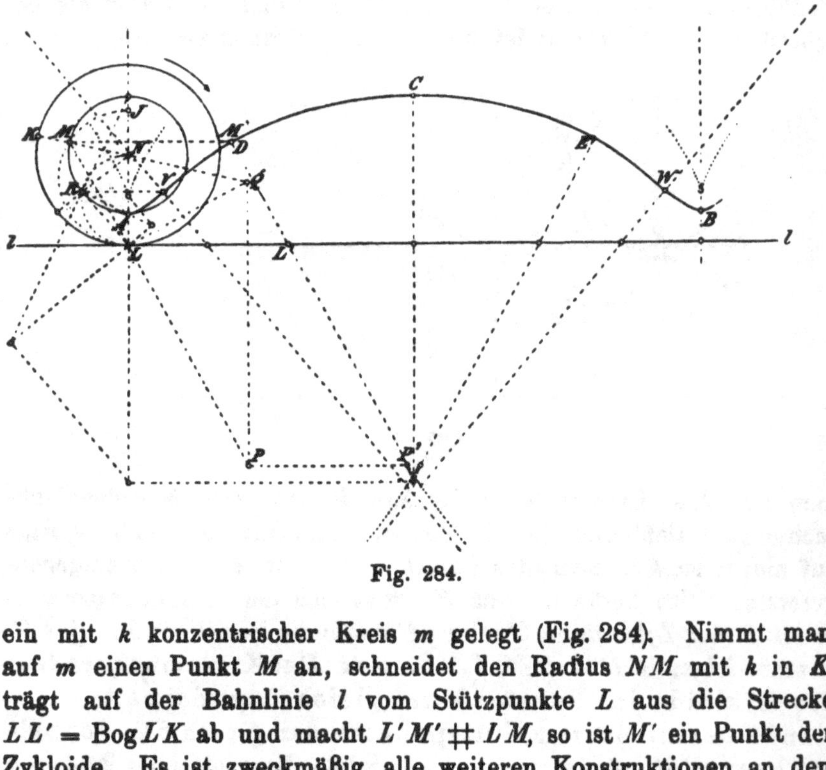

Fig. 284.

ein mit *k* konzentrischer Kreis *m* gelegt (Fig. 284). Nimmt man auf *m* einen Punkt *M* an, schneidet den Radius *NM* mit *k* in *K*, trägt auf der Bahnlinie *l* vom Stützpunkte *L* aus die Strecke $LL' = \text{Bog}\,LK$ ab und macht $L'M' \#\, LM$, so ist *M'* ein Punkt der Zykloide. Es ist zweckmäßig, alle weiteren Konstruktionen an den anfangs gezeichneten Kreisen *k* und *m* vorzunehmen, und die konstruierten Punkte erst nachträglich durch die entsprechende Verschiebung parallel zur Bahnlinie in ihre richtige Lage überzuführen. — Zu dem beschreibenden Punkte *M* ergibt sich (nach 431) der Krümmungsmittelpunkt *P* und aus *P* der Krümmungsmittelpunkt *P'* der Zykloide im Punkte *M'*, wenn $PP' \#\, LL'$ gemacht wird.

Die Ursprungspunkte A und B, sowie der, nach einer halben Umdrehung des rollenden Kreises erreichte, höchste Punkt C sind Scheitel der gestreckten Zykloide. Jeder Gang ist gegen die Normale seines höchsten Punktes C symmetrisch. Im Punkte A oder B ist die Zykloide gegen die Bahnlinie l konvex, in C konkav; zwischen A und C wechselt sie daher die Krümmung in einem Wendepunkte V und ebenso zwischen C und B in W. Da der Mittelpunkt N des rollenden Kreises eine gerade Linie $\parallel l$ beschreibt, so gehört er stets dem Wendekreis w für den betreffenden Stützpunkt an und dieser ist speziell für L über dem Durchmesser LN zu schlagen. Ist R ein Schnittpunkt von w und m, so ergibt sich ein Wendepunkt V, indem man auf R dieselbe Konstruktion anwendet, wie vorhin auf M. — Wie hier ohne Beweis mitgeteilt werden mag, besitzt die gestreckte Zykloide noch in jedem Gange zwei weitere Scheitelpunkte D und E. Man findet einen derselben D, wenn man den Radius LN des Kreises k um seine halbe Länge bis J verlängert, den Kreis über dem Durchmesser JL mit m in M schneidet und M zum Ausgangspunkte der oben geschilderten Konstruktion macht. In der Figur ist, um sie nicht durch viele Linien unklar zu machen, die Konstruktion nur einmal durchgeführt, nämlich für den besonderen Punkt $M' = D$. — Um einen Gang der gestreckten Zykloide zu zeichnen, beschränkt man sich am besten auf die Bestimmung der Scheitel- und Wendepunkte und der zu ersteren gehörigen Krümmungskreise; die Zentren derselben sind nach den in 431 gemachten Angaben leicht zu finden. Den vier Scheiteln A, D, C, E eines Ganges entsprechen Spitzen der (in der Figur punktierten) Evolute, die Kurvennormalen in den beiden Wendepunkten V und W bilden Asymptoten der Evolute.

439. Ein Punkt der Außenfläche des Kreises k beschreibt, wenn dieser auf der Geraden l rollt, eine verschlungene Zykloide (Fig. 285). Es sei k der rollende Kreis in einer solchen Position, daß der beschreibende Punkt seine tiefste Lage A auf dem Radius NL einnimmt, und m der mit k konzentrische Kreis durch den Ursprungspunkt A. Trägt man vom Stützpunkte L auf k und l die gleiche Länge als Bogen LK und Strecke LL' auf, schneidet den Radius NK mit m in M und zieht $L'M' \# LM$, so ist M' ein Punkt der Zykloide. Der zugehörige Krümmungsmittelpunkt P' wird gefunden, wenn man den verlängerten Radius MN mit der Normalen zu ML in Q und die Senkrechte zu l durch Q mit ML in P schneidet, hierauf aber P in der Richtung der Leitlinie um die Strecke LL' bis nach P' verschiebt.

Die verschlungene Zykloide schneidet in jedem Gange zweimal die Bahnlinie *l*. Man erhält einen dieser Schnittpunkte *F* aus dem Schnittpunkte *H* des Kreises *m* mit *l* durch eine Verschiebung auf der Bahnlinie; ihre Größe *HF* ist durch den Bogen *LJ* von *k* bestimmt, dessen Endpunkt *J* auf dem Radius *NH* liegt. Gleichzeitig erhält man den zu *F* gehörigen Krümmungsmittelpunkt *R* durch die Relation $FR = HL$. — Die Gänge der verschlungenen Zykloide überschneiden sich in Doppelpunkten, wie *D* und *E*; dieselben liegen auf den Normalen der Bahnlinie, welche die Ursprungspunkte enthalten. Der auf *NA* liegende Doppelpunkt *D* geht durch die mehr-

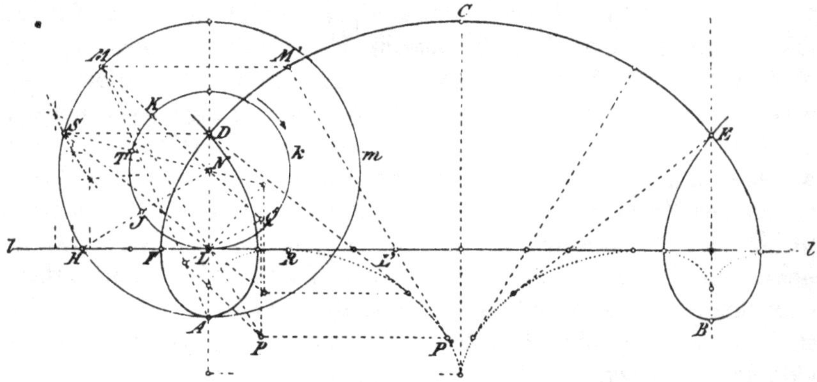

Fig. 285.

fach erwähnte Konstruktion aus einem Punkte *S* von *m* hervor, dessen senkrechter Abstand *SD* von *NA* gleich dem bis zum Radius *NS* gemessenen Bogen *LT* des rollenden Kreises ist. Man findet *S* durch eine Fehlerkurve, von der einige Punkte bestimmt werden, indem man von *L* aus resp. auf *k* und *l* gleiche Länge abträgt, durch die Endpunkte Radien bezw. Normalen zieht und sie miteinander schneidet. — Die tiefsten und höchsten Punkte der verschlungenen Zykloide sind wiederum Scheitel. Weitere Scheitelpunkte, sowie Wendepunkte treten nicht auf. Den Scheiteln *A*, *C*, *B*, ... entsprechen Spitzen der Evolute, die man nach 432 leicht konstruiert; den Schnittpunkten *F*, *G*, ... mit der Bahnlinie aber Punkte, in denen die Evolute die Bahnlinie *l* berührt. — Bei der Konstruktion der Kurve wird man sich zweckmäßig auf die Bestimmung ihrer ausgezeichneten Punkte und weniger Zwischenpunkte nebst den zugehörigen Krümmungskreisen beschränken.

440. Ein Kreis *k* rolle auf der Außenseite des festen Kreises *l*. Ein Punkt der Peripherie von *k* beschreibt hierbei eine Epizykloide, gleichviel ob der feste Kreis außerhalb oder innerhalb des beweglichen liegt, denn jede Epizykloide kann auf beide Arten erzeugt werden. Wir betrachten zuerst den Fall, wo k und l einander ausschließen.

In Fig. 286 sei A der anfänglich mit dem Stützpunkte des rollenden Kreises k zusammenfallende beschreibende Punkt, also eine Spitze der Epizykloide. Die nächste Spitze B liegt auf l um einen Bogen gleich dem Umfange von k entfernt. — Man denke

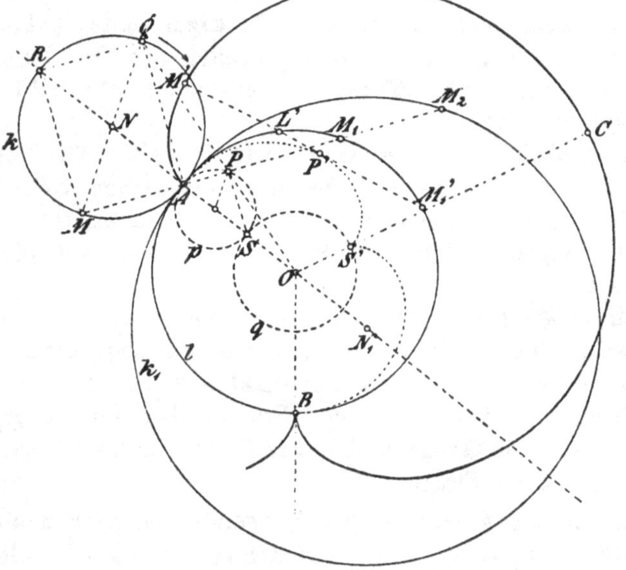

Fig. 286.

sich wieder das Rollen aus zwei Einzelbewegungen zusammengesetzt, nämlich aus einer Drehung von k um sein Zentrum N, wobei der beschreibende Punkt von A nach M gelangen mag, und aus einer Drehung um das Zentrum O von l, bei welcher der Stützpunkt in L' und gleichzeitig M in M' übergeht. Hierbei ist Bog AL' = Bog AM zu nehmen. Trifft die Gerade MA den Kreis l zum zweiten Male in M_1, so trage man, um den Punkt M' der Epizykloide zu finden, auf l Bog $L'M_1'$ = Bog AM_1 und auf der Sehne $M_1'L'$ die Strecke $L'M = AM$ ab. — Zu M selbst als beschreibendem Punkte wird der Krümmungsmittelpunkt P gefunden, wenn man den Endpunkt Q des Durchmessers MQ vom rollenden Kreise mit dem Zentrum O des festen verbindet und MA mit QO schneidet. Hieraus findet sich der

Krümmungsmittelpunkt P' der Epizykloide für den Punkt M' auf der Kurvennormale $M'L'$ durch die Relation $M'P' = MP$.

441. Der Durchmesser AR des rollenden Kreises liegt in der Verlängerung des Radius OA vom festen. Man ziehe $PS \| QA$ und $QR \| PA$, schlage über dem Durchmesser AS einen Kreis p, der P enthält, und um O einen Kreis q vom Radius OS. Dann bestehen die Beziehungen:

$$OS : SA = OP : PQ = OA : AR,$$

aus denen zu schließen ist, daß die beiden Kreise p und q eine zu k und l ähnliche und ähnlich liegende Figur bilden (Ähnlichkeitszentrum O). Es bildet aber p den geometrischen Ort der Punkte P für k als Ort der Punkte M und indem k auf l rollt, rollt p auf q. Daher folgt der Satz:

Die Evolute einer Epizykloide ist eine ähnliche Epizykloide. Den Spitzen der Evolute entsprechen Scheitel der Epizykloide, z. B. der nach einer halben Umdrehung von k erreichte Scheitel C; umgekehrt bilden die Spitzen der Epizykloide die Scheitel der Evolute.

Nach vorstehenden Angaben ist es leicht, die Epizykloide zu konstruieren. Sie schließt sich, wie schon oben erwähnt, wenn die Radien von k und l ein rationales Verhältnis $\varkappa : \lambda$ haben, nach λ Gängen und $\varkappa$ Umläufen. Bei gleichen Radien ergibt sich eine nur aus einem Gange bestehende Pascal'sche Linie, die den Namen Kardioide führt.

442. Neben k mag noch ein zweiter rollender Kreis k_1 mit dem Radius $AN_1 = NA + AO$ betrachtet werden, der den festen Kreis l einschließt. Sein Berührungspunkt falle anfänglich mit A zusammen und die Gerade MA treffe ihn in M_2. A ist gemeinsames Ähnlichkeitszentrum für die drei Kreise l, k und k_1. Hieraus folgt erstens, daß die Tangenten von l in M_1 und M_1' mit den gleichen Sehnen M_1A und $M_1'L'$ denselben Winkel bilden, wie die Tangente von k_1 in M_2 mit M_2A; zweitens folgt:

$$AM_2 = MA + AM_1 = M'M_1'$$

und

$$\text{Bog}\, AM_2 = \text{Bog}\, MA + \text{Bog}\, AM_1 = \text{Bog}\, AM_1'.$$

Beim Rollen von k_1 auf l fällt daher einmal der Punkt M_2 mit M_1' und gleichzeitig der ursprünglich in A gelegene beschreibende Punkt mit M' zusammen. Es besteht also der Satz:

Wenn von zwei Kreisen k und k_1 der kleinere den Kreis l ausschließt, der größere aber ihn einschließt und die Differenz ihrer Radien dem Radius von l gleich ist, so werden beim Rollen auf l die nämlichen Epizykloiden von ihren Punkten erzeugt.

Damit ein Gang der Epizykloide beschrieben werde, muß der Stützpunkt des größeren Kreises einen vollen Umlauf mehr zurücklegen als der des kleineren.

443. Rollt ein Kreis k in einem festen Kreise l, so beschreibt ein Punkt seiner Peripherie eine Hypozykloide. Diese Kurve wird durch genau dieselben Operationen konstruiert, wie vorhin die

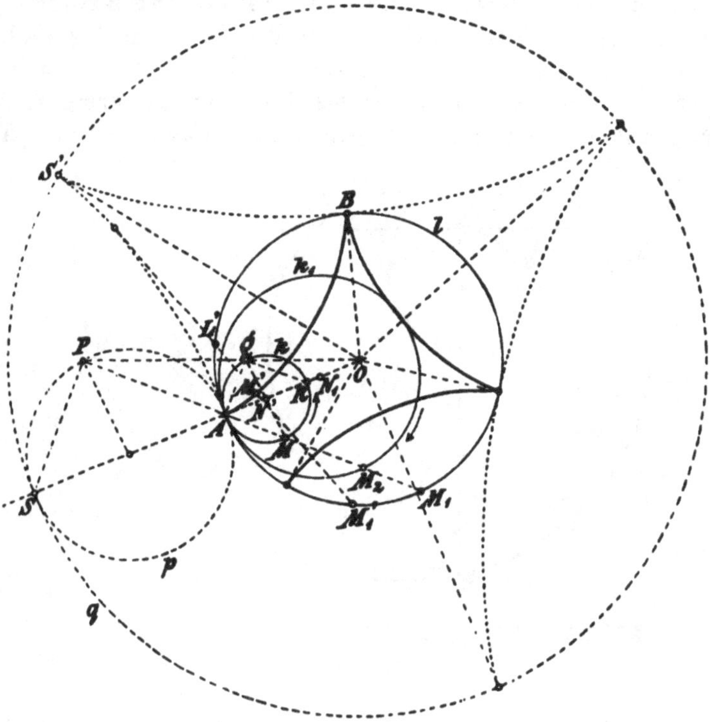

Fig. 287.

Epizykloide in 440. In der Fig. 287 sind daher die einzelnen Elemente mit den gleichen Buchstaben bezeichnet wie in Fig. 286. Es besteht namentlich aus analogen Gründen wie dort der Satz:

Die Evolute einer Hypozykloide ist eine ähnliche Hypozykloide. Die Spitzen der Hypozykloiden bilden die Scheitel der Evolute, und den Spitzen dieser entsprechen die Scheitel jener Kurve.

Um die Hypozykloide auf eine zweite Art zu erzeugen, hat man hier den rollenden Kreis k_1 mit dem Radius $N_1A = OA - NA$

zu betrachten. Läßt man seinen Berührungspunkt mit l wieder zu Anfang nach A fallen und nimmt an, daß er im entgegengesetzten Sinne rollt, wie k, so folgt wie oben die Gleichheit der Winkel an den Scheiteln M_1, M_1' und M_2; weiter hat man:

$$AM_2 = AM_1 - AM = M'M_1'$$

und

$$\text{Bog}\, AM_2 = \text{Bog}\, AM_1 - \text{Bog}\, AM = \text{Bog}\, AM_1'.$$

Daher fällt im Laufe der rollenden Bewegung von k_1 der Punkt M_2 mit M_1' und zugleich der beschreibende Punkt mit M' zusammen, und es gilt der Satz:

Rollen zwei Kreise k und k_1 in dem festen Kreise l, und ist die Summe ihrer Radien dem Radius von l gleich, so erzeugen ihre Punkte die nämlichen Hypozykloiden.

444. Indem eine Gerade k als Tangente an einem Kreise l abrollt, beschreibt ein mit ihr verbundener Punkt M eine Kreis-

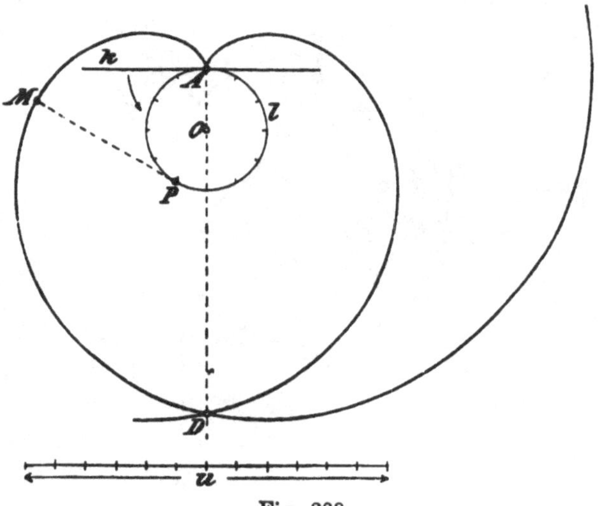

Fig. 288.

evolvente. Diese ist **gespitzt**, wenn sich M auf k selbst befindet, **verschlungen**, wenn M mit dem Zentrum O des Kreises auf derselben Seite von k liegt, und **gestreckt**, wenn M und O auf entgegengesetzten Seiten liegen.

Wir betrachten zuerst die **gespitzte Kreisevolvente** näher. Der **Ursprung** A ist dadurch bestimmt, daß der beschreibende Punkt mit dem Berührungspunkte der rollenden Geraden zusammenfällt. Die Kurve, die man sich von A aus vor- und rückwärts beschrieben zu denken hat, bildet in A eine **Spitze** und verläuft mit sich erweiternden Spiralenwindungen von beiderlei Umlaufssinn ins Unendliche. Sie überschneidet sich selbst in unendlich vielen Doppelpunkten, wie z. B. in D (Fig. 288), die sämtlich auf dem verlängerten Durchmesser AO des Kreises liegen. Für jeden Punkt M der gespitzten Kreisevolvente ist der zugehörige Stützpunkt L der rollenden Geraden der Krümmungsmittelpunkt und der Krümmungshalbmesser MP gleich dem vom Stützpunkte durchlaufenen Bogen AP des Kreises. Zur Konstruktion dient die Rektifikation des Kreises mittels einer Teilung in eine hinreichend große Anzahl gleicher, als geradlinig aufzufassender Teile, die auf den Kreistangenten in den Teilpunkten abzutragen sind. Ist u gleich dem Umfange des Kreises, so gelangt man durch Weitertragen der Strecke u auf jeder seiner Tangenten von Punkten der ersten Windung zu solchen der zweiten, usf.

445. Zur Konstruktion der allgemeinen Kreisevolvente gelangt man durch folgende Überlegung (Fig. 289). Die auf dem Kreise l (Zentrum O) rollende Gerade k berühre ihn in L. Ihre Anfangslage sei so gewählt, daß der mit k verbundene beschreibende Punkt A auf OL fällt.

Schreitet der Stützpunkt von k auf l bis nach L' fort, so geht L in die Lage L'' über. Ist ferner $L''M' = LA$ und $\perp L'L''$, so gibt M' die gleichzeitig vom Punkte A erreichte Lage an. Zieht man durch M' die Parallele zu $L'L''$, so berührt sie den um O durch A beschriebenen Kreis i in dem Punkte M, der auf OL' liegt. Mithin steht die Tangentenstrecke MM' zu dem Kreisbogen AM für jeden Punkt M' der Evolvente in einem unveränderlichen Verhältnisse:

$$\varkappa = \frac{\text{Bog}\, MA}{MM'} = \frac{OA}{OL}.$$

Man erhält alle Evolventen des Kreises l, indem man dem beschreibenden Punkte A alle möglichen Lagen auf OL erteilt. Dabei durchläuft $\varkappa$ alle Werte von $+\infty$ bis $+1$ und von $+1$ bis $-\infty$, wenn der Punkt A die Gerade LO vom Unendlichen bis zu L und von da über O hinaus bis wieder ins Unendliche durchläuft. Daher gilt der Satz:

Bewegt sich eine Gerade als Tangente eines Kreises mit einem auf ihr liegenden Punkt M' derart, daß sein Abstand MM' vom Berührungspunkte M dem von diesem zurückgelegten Kreisbogen AM (oder dem zugehörigen Zentrwinkel φ) proportional wächst, so beschreibt er eine allgemeine Kreisevolvente. Diese ist gestreckt, gespitzt oder verschlungen, je nachdem das Verhältnis $\varkappa \gtreqless 1$ ist (wo $\varkappa = MA : MM'$).

In Fig. 289 sind eine gestreckte und eine verschlungene Kreisevolvente dargestellt. Erstere besitzt außer dem Ursprunge A noch zwei weitere Scheitelpunkte und zwei Wendepunkte. Bei der letzteren bildet der Ursprung A_1 den einzigen Scheitel; Wendepunkte treten nicht auf. Die Doppelpunkte beider Kurven liegen auf der Geraden AO oder A_1O. Den Krümmungsmittel-

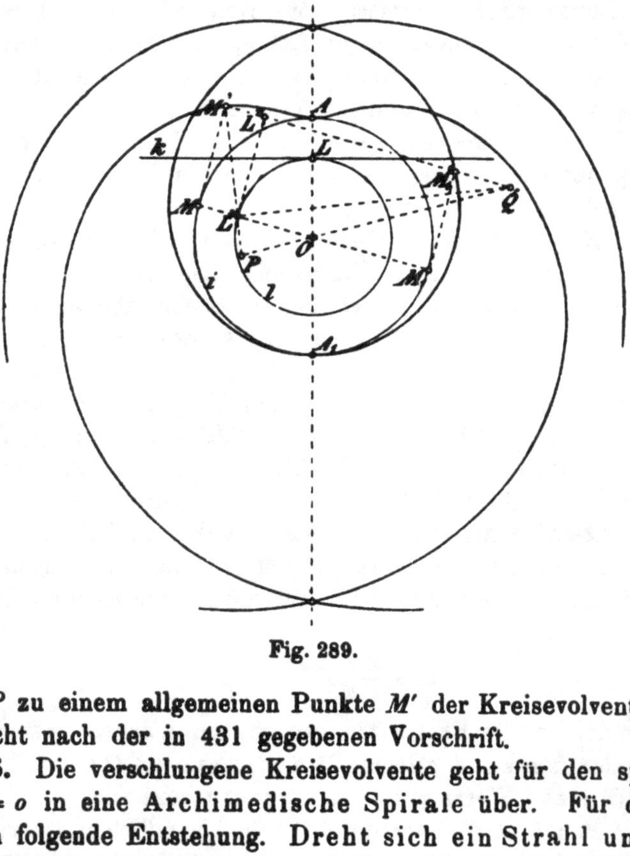

Fig. 289.

punkt P zu einem allgemeinen Punkte M' der Kreisevolvente findet man leicht nach der in 431 gegebenen Vorschrift.

446. Die verschlungene Kreisevolvente geht für den speziellen Fall $x = o$ in eine Archimedische Spirale über. Für diese ergibt sich folgende Entstehung. Dreht sich ein Strahl um einen seiner Punkte O, während auf ihm der Punkt M so fortschreitet, daß der Radiusvektor $r = OM$ proportional dem Drehwinkel φ wächst, so beschreibt M eine Archimedische Spirale.

Setzt man $r = p . \varphi$, so heißt p der Parameter der Spirale, und diese kann als Evolvente eines um O mit dem Radius $OL = p$ geschlagenen Kreises, des Parameterkreises, erhalten werden, indem man den beschreibenden Punkt ursprünglich mit dem Zentrum O zusammenfallen läßt (Fig. 290). Die rollende Tangente liegt dem Radiusvektor anfänglich parallel, ihr Berührungspunkt L_0 also auf der Normalen OL_0 zu dem Anfangsstrahle OA, von welchem aus die Drehwinkel φ gemessen werden. Indem der Stützpunkt der Tangente den Bogen L_0L zurücklegt, wächst der Radiusvektor OM auf die gleiche

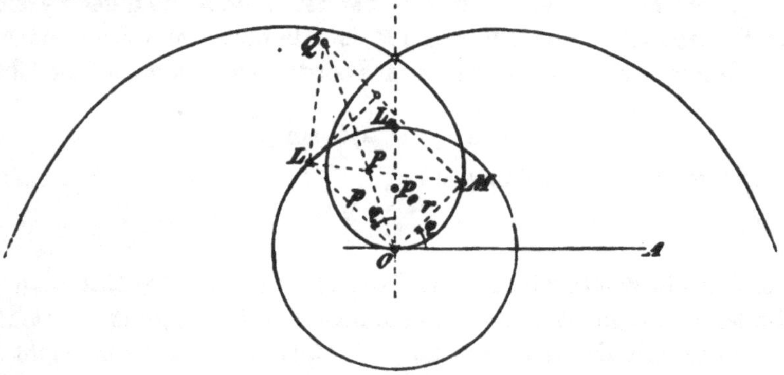

Fig. 290.

Größe. Der zu M gehörige Krümmungsmittelpunkt P wird gefunden, indem man in L die Normale zu ML errichtet und mit der Parallelen zu OL durch M schneidet; die Verbindungslinie des Schnittpunktes Q mit O schneidet auf LM den Punkt P aus. Die Spirale berührt den Anfangsstrahl in dem Ursprungs- und Scheitelpunkte O. Den Krümmungsradius P_0O desselben findet man $= \frac{1}{2}p$, indem man sich zwei unendlich kleine Bogenelemente $OM = L_0L$ und P_0 als Schnittpunkt von OL_0 mit ML bestimmt denkt.

447. Im Zusammenhange mit den zyklischen Kurven ist die Sinuslinie zu besprechen. Die allgemeine Sinuslinie bildet die Abgewickelte der Schnittkurve eines Rotationszylinders mit einer Ebene (vgl. 343). Es sei (Fig. 291) $AB = 2a$ ein Durchmesser des Grundkreises mit dem Zentrum C'. Wir betrachten eine Ellipse, die aus dem Zylinder von einer durch AB gelegten Ebene ausgeschnitten wird. C sei ihr oberer Scheitel, E seine senkrechte Projektion auf die Grundkreisebene und $EC = b$. Ferner sei S ein beliebiger

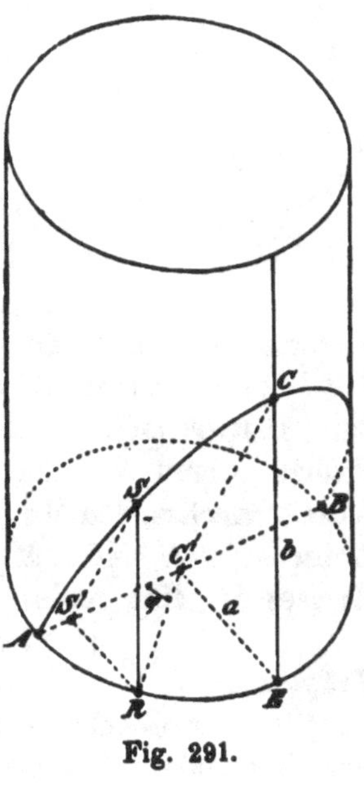

Fig. 291.

Ellipsenpunkt, R und S' seine Projektionen auf den Grundkreis bzw. auf AB und $\angle AC'R = \varphi$. Man findet dann:

$$\text{Bog}\, AR = a \cdot \varphi, \quad RS = \frac{b}{a} \cdot RS' = b \cdot \sin \varphi.$$

Nimmt man daher — wie es bei der Abwickelung des Zylindermantels geschieht — den Bogen AR als Abszisse x und die Strecke RS als Ordinate y eines rechtwinkligen Koordinatensystems in der Ebene, so ist:

$$x = a \cdot \varphi, \quad y = b \cdot \sin \varphi.$$

Hieraus folgt die Gleichung:

$$\frac{y}{b} = \sin \frac{x}{a},$$

nach der die Kurve den Namen Sinuslinie führt. Wählt man den Zylinderradius gleich der Längeneinheit und die Neigung der Schnittebene gegen die Grundkreisebene $= 45^0$ (also $a = b = 1$), so ergibt sich die Sinuslinie im engeren Sinne mit der Gleichung: $y = \sin x$.

448. Die Sinuslinie wird aus den gegebenen Parametern a und b folgendermaßen konstruiert. Die Lage des Koordinaten

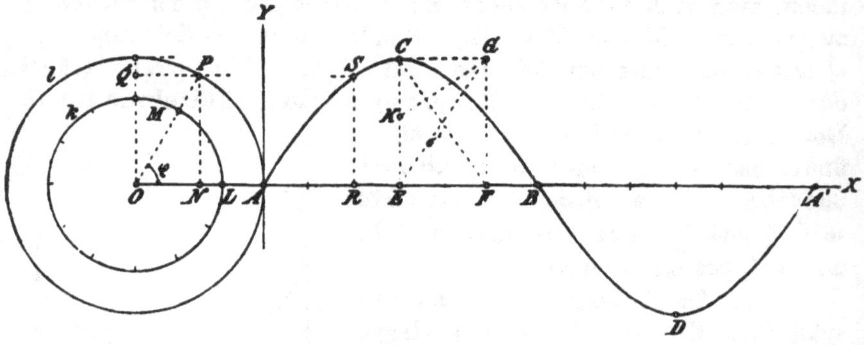

Fig. 292.

systems sei durch den rechten Winkel XAY festgelegt und etwa $a < b$ angenommen (Fig. 292). Man schlage um einen Punkt O der Abszissenachse AX ($OA = b$) zwei Kreise k und l mit den Radien a und b. Ein beliebiger Radius OP von l bilde mit der Abszissenachse den Winkel φ, seine senkrechte Projektion auf diese Achse sei ON und LM der zum Zentriwinkel φ gehörige Bogen des Kreises k. Man findet:

$$\text{Bog}\, LM = a \cdot \varphi, \quad NP = b \cdot \sin \varphi.$$

Trägt man daher auf der x-Achse die Strecke $AR = \text{Bog}\, LM$ und parallel zur y-Achse die Strecke $RS = NP$ auf, so ist S ein Punkt der Sinuslinie. Aus der Konstruktion folgt:

Dreht sich der Punkt P auf dem Kreise l um das Zentrum O, so ergibt sich für seine senkrechte Projektion Q auf eine Gerade g derselben Ebene eine oszillierende Bewegung. Erfährt aber gleichzeitig g eine dem Drehwinkel φ von P proportionale Parallelverschiebung in einer zu g normalen Richtung, so beschreibt Q eine Sinuslinie.

Näheres über die Konstruktion der Sinuslinie ist bereits in 343 enthalten; es genügt daher an dieser Stelle die Aufzählung ihrer hauptsächlichen Eigenschaften. Die Kurve verläuft wellenförmig und bildet unendlich viele unter sich kongruente Gänge; die Länge eines solchen Ganges (in der Abszissenrichtung gemessen) ist dem Umfange $2a\pi$ des Kreises k gleich. Die höchsten und tiefsten Kurvenpunkte, wie $C, D, \ldots$, deren Ordinaten dem Radius b des Kreises l gleich sind, sind Scheitelpunkte; die zwischen ihnen liegenden Schnittpunkte mit der x-Achse sind Wendepunkte der Sinuslinie. Durch die Scheitel- und Wendepunkte wird die Kurve in kongruente und symmetrische Viertelgänge zerlegt. Konstruiert man ein Rechteck (z. B. $CEFG$), dessen Seiten den Koordinatenachsen parallel und den Parametern a und b bezw. gleich sind, so ergeben seine Diagonalen die Richtungen der Wendetangenten. Zieht man noch aus der Ecke G des Rechteckes das Lot auf die Diagonale CF und schneidet es mit CE in K, so gibt KC den Krümmungsradius für die Scheitel an. Außer den besonderen Punkten und den zugehörigen Tangenten bezw. Krümmungskreisen braucht man nur wenige Kurvenpunkte zu bestimmen.

Die Schraubenlinie.

449. Die geodätische Linie auf dem geraden Kreiszylinder heißt Schraubenlinie[30]. Der sie tragende Zylinder wird Schraubenzylinder, seine Achse die Schraubenachse genannt. Die Schraubenlinie geht also (315) bei der Abwickelung des Zylinders in eine Gerade über, und umgekehrt entsteht bei der Aufwickelung einer Ebene auf einen Rotationszylinder aus jeder ihrer Geraden eine Schraubenlinie. Auf gegebenem Zylinder ist eine Schraubenlinie durch zwei Punkte bestimmt, wenn der Sinn und die Anzahl ihrer Windungen (451) zwischen den Punkten gegeben ist, weil deren Abwickelungen eine Gerade als ihre Verwandelte bestimmen.

Es sollen zuerst die Haupteigenschaften der Schraubenlinie aus ihrer Entstehungsweise erklärt werden.

Man denke sich eine Tangentialebene E des Rotationszylinders; die Erzeugende, längs der sie berührt, sei durch AB dargestellt

(Fig. 293). Die Normalebene zur Zylinderachse durch A schneidet den Zylinder in dem Grundkreise k, die Ebene E in seiner Tangente k_0, die bei der Aufwickelung von E auf den Zylinder in k übergeht. In E werde durch A eine Gerade s_0 unter dem Winkel α gegen k_0 gezogen; diese wird aufgewickelt die Schraubenlinie s ergeben. Der Strahl s_0 schneidet alle Parallelen zu k_0 unter dem Winkel α und alle Parallelen zu AB unter dem Winkel $R - \alpha$. Da letztere in die Erzeugenden des Zylinders, erstere in seine Kreisschnitte übergehen, so folgt: **Die Schraubenlinie schneidet alle Erzeugenden des Schraubenzylinders unter gleichen Winkeln und ebenso alle Kreisschnitte.** Der Winkel α von s gegen einen Kreisschnitt (oder gegen die ihn enthaltende Normalebene) heißt **Steigungswinkel der Schraubenlinie.**

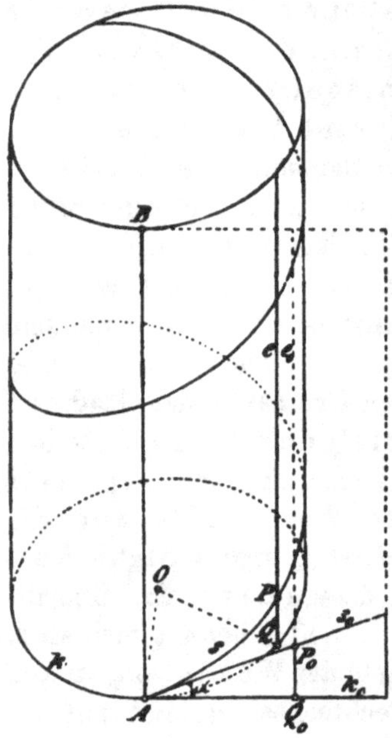

Fig. 293.

450. Um den Punkt P der Schraubenlinie s zu bestimmen, der aus dem auf der Geraden s_0 angenommenen Punkte P_0 hervorgeht, ziehe man durch P_0 in E die Parallele e_0 zu AB, die in eine Mantellinie e des Zylinders übergeht; e_0 treffe k_0 in Q_0. Ist nun auf dem Grundkreise k der Bogen $AQ = AQ_0$ und auf der durch Q gezogenen Erzeugenden e die Strecke $QP = Q_0 P_0$, so ist P der gesuchte Punkt, und man hat:

$$QP = AQ \,.\, \mathrm{tang}\, \alpha \,.$$

Ist ferner r der Radius des Kreises k, φ der zu seinem Bogen AQ gehörige Zentriwinkel AOQ (also $AQ = r \,.\, \varphi$), endlich z die Höhe QP des Punktes P über der Grundkreisebene, so ergibt sich:

$$z = r \,.\, \varphi \,.\, \mathrm{tang}\, \alpha \,.$$

Da diese Gleichung für alle zusammengehörigen Werte von z und φ gilt, so erkennt man den Satz:

Die Schraubenlinie wird von einem Punkte beschrieben, der sich um eine feste Achse (die Schraubenachse) dreht und gleichzeitig eine dem Drehwinkel φ proportionale Verschiebung z in der Richtung der Achse erfährt.

Eine solche Bewegung des Punktes heißt daher **Schraubenbewegung.**

451. Es gibt zwei Arten Schraubenlinien, rechts- und linksgängige. Um sie zu unterscheiden, denke man sich den Beschauer seiner Länge nach in die Schraubenachse gestellt (gleichviel ob aufrecht oder verkehrt); geht für ihn die Schraubenlinie nach rechts abwärts, so heißt sie rechtsgängig, andernfalls linksgängig.

Offenbar schneidet eine Schraubenlinie jede Erzeugende des Schraubenzylinders unendlich oft. Ein Teil der Kurve, der zwischen zwei aufeinanderfolgenden Schnittpunkten mit der nämlichen Erzeugenden liegt, heißt Schraubengang (Schraubenwindung). Die zwischen seinen Endpunkten liegende Strecke der Erzeugenden heißt die Ganghöhe h. Sie gibt die Größe der Verschiebung in der Achsenrichtung an, die zu einem vollen Umlaufe des beschreibenden Punktes um die Achse gehört; es ist also:

$$h = 2 r \pi . \operatorname{tang} \alpha .$$

Als reduzierte Ganghöhe wird die Strecke

$$h_0 = r . \operatorname{tang} \alpha = \frac{h}{2\pi}$$

bezeichnet, d. i. die Verschiebung in der Achsenrichtung, die einem Drehungsbogen gleich dem Radius r des Grundkreises entspricht.

Je zwei gleich lange Stücke einer Schraubenlinie sind kongruent, d. h. die Schraubenlinie ist in sich selbst verschiebbar. Diese Eigenschaft kommt außer ihr nur der geraden Linie und dem Kreise zu, die übrigens als Ausartungen der Schraubenlinie gelten können (nämlich für den Fall, daß $\operatorname{tang} \alpha$ oder $\frac{h_0}{r}$ unendlich groß wird, bzw. verschwindet).

452. Die Schmiegungsebene in einem Punkte P der Schraubenlinie liegt normal zur zugehörigen Tangentialebene des Schraubenzylinders (315); die in ihr liegende Hauptnormale (308) ist das von P auf die Achse gefällte Lot und trägt den Mittelpunkt des Krümmungskreises. Aus der Kongruenz gleicher Stücke der Kurve folgt, daß der Krümmungsradius ϱ (309) in allen Punkten gleich groß ist. Die Krümmungszentra der Schraubenlinie s erzeugen daher eine zweite gleichsinnig gewundene Schraubenlinie s_1 mit derselben Achse und Ganghöhe und dem Grundkreisradius $\varrho - r$; in je zwei entsprechenden Punkten haben beide Schraubenlinien die nämliche Hauptnormale. Da die Schmiegungsebene der Kurve s den Schraubenzylinder in einer Ellipse mit den Halbachsen $a = \frac{r}{\cos \alpha}$, $b = r$ schneidet, und ϱ zugleich ihren Krümmungsradius im Scheitel P bildet, so folgt nach 274:

$$\varrho = \frac{r}{\cos^2 \alpha}.$$

Hiernach ist der Krümmungsradius leicht konstruierbar. Ist α_1 die Neigung der neuen Schraubenlinie s_1 und ϱ_1 ihr Krümmungsradius, so folgt zuerst:

$$r \,.\, \operatorname{tang} \alpha = h_0 = (\varrho - r) \,.\, \operatorname{tang} \alpha_1$$

und mit Benutzung der vorigen Relation:

$$\operatorname{tang} \alpha = \operatorname{cotg} \alpha_1 \quad \text{oder} \quad \alpha + \alpha_1 = R.$$

Zur Bestimmung von ϱ_1 hat man aber die Gleichung

$$\varrho_1 = \frac{\varrho - r}{\cos^2 \alpha_1}$$

anzuwenden, woraus sich schließlich

$$\varrho_1 = \varrho$$

ergibt. Die beiden Schraubenlinien s und s_1 sind daher insofern als reziprok zu bezeichnen, als jede die Krümmungszentra der anderen trägt.

453. Die Tangenten der Schraubenlinie haben sämtlich die gleiche Neigung α gegen die Grundkreisebene. Daher ist der Richtungskegel der von ihnen erzeugten abwickelbaren Fläche der Kurve (316) ein Rotationskegel. Läßt man seine Achse mit der Schraubenachse und seinen Grundkreis mit dem des Schraubenzylinders zusammenfallen, so wird die Kegelhöhe der reduzierten Ganghöhe h_0 gleich.

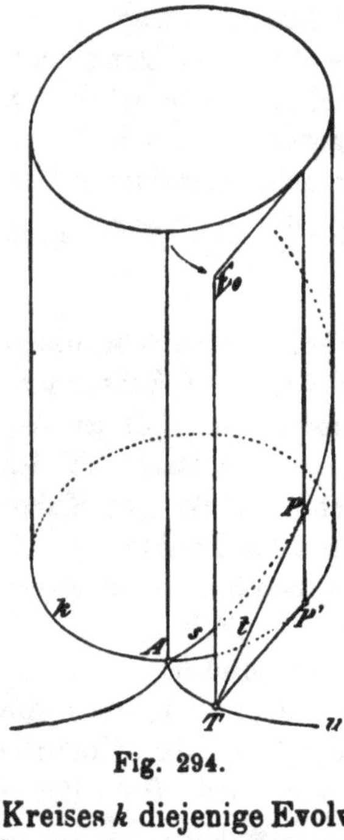

Fig. 294.

Durch einen Punkt A der Schraubenlinie werde der Kreisschnitt k und die Tangentialebene E des Schraubenzylinders gelegt (Fig. 294). Letztere bildet die rektifizierende Ebene der Kurve im Punkte A, weil sie auf seiner Hauptnormale senkrecht steht (308). Läßt man sie auf dem Zylinder ohne Gleiten wälzen, so beschreibt jeder ihrer Punkte eine gespitzte Kreisevolvente, und der Zylinder bildet umgekehrt von diesen allen die Evolutenfläche. Der anfänglich mit A vereinte Punkt beschreibt in der Ebene des Kreises k diejenige Evolvente u desselben, welche A zum Ursprungs- und Rückkehrpunkte hat (444). Ist der beschreibende Punkt auf u nach T

und zugleich der Berührungspunkt der wälzenden Ebene mit der Schraubenlinie s nach P gelangt, so bildet die gerade Verbindungslinie TP die Abwickelung des Bogens AP der Kurve und zugleich deren Tangente im Punkte P. Die Kurve u ist daher eine Evolvente jeder auf dem nämlichen Zylinder durch A gezogenen Schraubenlinie; sie bildet den Schnitt der abwickelbaren Flächen aller dieser Schraubenlinien mit der durch A gelegten Normalebene zur gemeinsamen Achse.

454. Über die Abbildung der Schraubenlinie läßt sich folgendes im voraus feststellen:

α) Die senkrechte Projektion auf eine Normalebene zur Achse ist der bezügliche Spurkreis des Schraubenzylinders.

β) Die senkrechte Projektion auf eine zur Schraubenachse parallele Ebene ist eine Sinuslinie.

Letzteres schließt man direkt aus der in 448 bzw. 450 angegebenen Erzeugungsweise der Sinuslinie und Schraubenlinie. — Für Parallelprojektionen, bei denen die projizierenden Strahlen weder parallel, noch normal zur Schraubenachse liegen, gilt folgendes:

γ) Die schiefe Parallelprojektion der Schraubenlinie (ihr Schlagschatten für parallele Lichtstrahlen) auf eine Normalebene zur Achse ist eine Zykloide, und zwar ist letztere verschlungen, gespitzt oder gestreckt, je nachdem die Neigung φ der projizierenden Strahlen gegen die Projektionsebene Π größer als der Steigungswinkel α der Schraubenlinie, ihr gleich oder kleiner ist.

Man denke sich nämlich die Schraubenlinie von einem Punkte P beschrieben, der sich auf einem Kreise k um die Schraubenachse a dreht, während k selbst, beständig der Projektionsebene Π parallel, in der Richtung von a eine Verschiebung proportional dem Drehungsbogen erfährt. Die Projektion P_1 des Punktes P legt dann auf der Projektion von k, d. i. auf einem kongruenten Kreise k_1, denselben Bogen wie P auf k zurück, während k_1 zugleich in Π längs der Projektion a_1 der Achse eine Parallelverschiebung erfährt, die wiederum dem Drehungsbogen proportional ist. Die Bahn des Punktes P_1 wird also nach früherem eine Zykloide. Je nachdem die einem Umlaufe von P_1 entsprechende Verschiebungsgröße (d. h. der Umfang des mit k_1 konzentrischen, rollenden Kreises) kleiner als die Peripherie von k, ihr gleich oder größer ist, wird die Zykloide verschlungen, gespitzt oder gestreckt. Jene Verschiebungsgröße ist aber gleich der Projektion der Schraubenganghöhe h, also $= h \cdot \operatorname{cotg} \varphi$.

Die Peripherie von k ist dagegen $2r\pi = h\cdot\operatorname{cotg}\alpha$, so daß die obigen Unterscheidungen den Annahmen:

$$\operatorname{cotg}\varphi \lesseqgtr \operatorname{cotg}\alpha$$

oder (da bei spitzen Winkeln dem größeren die kleinere Kotangente zugehört) den Annahmen

$$\varphi \gtreqless \alpha$$

äquivalent sind. Ist $\varphi = \alpha$, so gibt es in jedem Schraubengange einen Punkt, dessen Tangente zugleich ein projizierender Strahl ist; seine Projektion liefert eine Spitze der Zykloide.

Erteilt man schließlich der Projektionsebene Π eine beliebige Stellung, so folgt aus dem vorigen:

δ) Die Parallelprojektion einer Schraubenlinie auf eine zur Achse beliebig geneigte Ebene ist eine affine Kurve einer Zykloide.

455. Wir geben jetzt die Darstellung einer Schraubenlinie in orthogonaler Projektion, wobei wir die Schraubenachse a senkrecht zur Grundrißebene Π_1 wählen wollen.

Die Schraubenlinie s sei rechtsgängig. Der in Π_1 liegende Grundkreis des Schraubenzylinders sei s'; er bildet die erste Projektion der Kurve (Fig. 295). Die Achse sei in zweiter Projektion durch die Vertikale a'', die scheinbaren Umrißlinien des Zylinders durch l'' und m'' dargestellt. Der Spurpunkt der Kurve s in Π_1 sei A auf s', $A''E'' = h$ die Ganghöhe. Teilt man den Grundkreis s' von A anfangend in n gleiche Teile und ebenso die Ganghöhe, zieht durch den m^{ten} Teilpunkt P' die Vertikale aufwärts und gibt ihr von der x-Achse aus die Länge $= m\cdot\frac{h}{n}$, so endigt sie in einem Punkte P'' der zweiten Projektion s'' der Schraubenlinie.

Da der Aufriß s' eine Sinuslinie ist, so kann man die in 448 gegebenen Konstruktionen anwenden. Der Radius des dort benutzten Parameterkreises ist hier die reduzierte Ganghöhe h_0. Dieselbe ist nach Rektifikation des Grundkreisumfanges gemäß der Proportion: $2r\pi : r = h : h_0$ konstruiert (Nebenfigur). Trägt man h_0 als $A''S''$ auf a'' ab und verbindet S'' mit den Endpunkten L'' und M'' von l'' und m'' auf der x-Achse, so ergibt sich der Aufriß des über dem Grundkreise stehenden Richtungskegels der abwickelbaren Fläche, und es ist $\angle\, S''M''A'' = \alpha$ der Steigungswinkel der Schraubenlinie. Den Umrißlinien $M''S''$ und $L''S''$ des Kegels sind die Tangenten der Sinuslinie s'' in ihren auf a'' gelegenen Wendepunkten

A'', C'', E'', ... bzw. parallel. — Die Krümmungszentra der Sinuslinie in den auf l'' und m'' liegenden Scheitelpunkten B'', D'', ... findet man (448), indem man die aus S'' gezogene Normale zu $M''S''$ mit der x-Achse in N'' schneidet. $A''N''$ ist der Krümmungs-

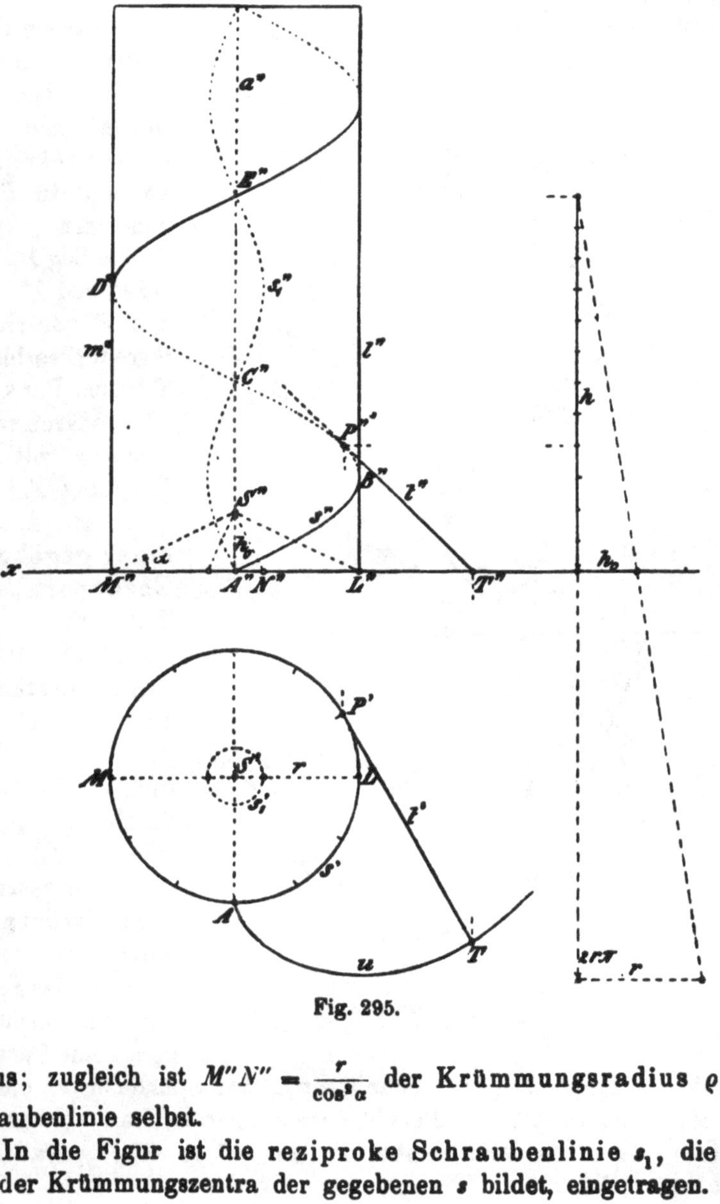

Fig. 295.

radius; zugleich ist $M''N'' = \frac{r}{\cos^2\alpha}$ der Krümmungsradius ϱ der Schraubenlinie selbst.

In die Figur ist die reziproke Schraubenlinie s_1, die den Ort der Krümmungszentra der gegebenen s bildet, eingetragen. Die

Ganghöhe ist dieselbe, der Steigungswinkel α_1 durch $\angle S''N''A'' = R - \alpha$, der Grundkreisradius durch $A''N''$ gegeben. Die Krümmungszentra für die Scheitel der Sinuslinie s_1'' fallen mit denen der vorigen s'' zusammen, weil der zugehörige Krümmungsradius als $A''M'' = r$ gefunden wird.

456. Die Tangente t der Schraubenlinie in einem ihrer Punkte P wird konstruiert (Fig. 295), indem man auf der Grundkreistangente t' in P' im gehörigen Sinne $P'T = \text{Bog}\, P'A$ abträgt und T'' auf x mit P'' durch die Gerade t'' verbindet. T ist ein Punkt der Grundkreisevolvente u mit dem Ursprung A.

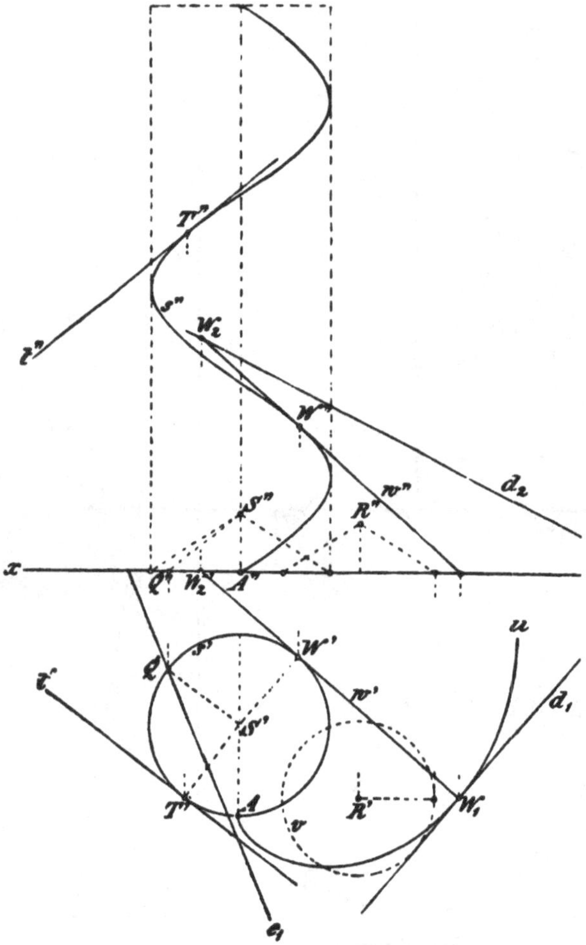

Fig. 296.

Um die zu einer gegebenen Ebene parallelen Tangenten der Schraubenlinie s zu finden, schneide man den über s' stehenden Richtungskegel mit einer durch seine Spitze S gelegten Ebene E von der vorgeschriebenen Stellung; zu jeder der beiden Schnittlinien gehört in jedem Schraubengange eine Paralleltangente t. Ist z. B. Q ein Schnittpunkt der Spurlinien e_1 und s', dann ist t' die zu $S'Q$ parallele Tangente an den Kreis s', während die Tangente t'' in dem Punkte T'' von s'' zu $S''Q''$ parallel zu ziehen ist. (Fig. 296).

Die Schmiegungsebenen der Schraubenlinie durch einen gegebenen Punkt R des Raumes (mit den Projektionen R', R'') konstruiert man als gemeinsame Tangentialebenen der abwickelbaren Fläche der Kurve und ihres aus R als Spitze konstruierten Richtungskegels. Die Spurlinie der abwickelbaren Fläche in Π_1 ist die Kreisvolvente u (Fig. 296) mit dem Ursprung A; die Spurlinie des gedachten Kegels ist ein um R' beschriebener Kreis v, der aus dem Kegelaufriß leicht bestimmt wird. Die gemeinsamen Tangenten der Kurven u und v sind die ersten Spuren der gesuchten Schmiegungsebenen. Ist z. B. d_1 die erste Spur einer Schmiegungsebene Δ durch den Punkt R und zieht man parallel zu ihr den Radius $S'W'$ des Grundkreises s', so ist die Tangente w' in seinem Endpunkte der Grundriß der Erzeugenden w der abwickelbaren Fläche, längs der sie von der Ebene Δ berührt wird und W' der Grundriß des Berührungspunktes dieser Erzeugenden mit der Schraubenlinie. Der Schnittpunkt W_1 von w' und u ($w' \perp u$) ist der erste Spurpunkt der Schraubenlinientangente w. Sucht man noch W'' und W_1'' auf, so kann der Aufriß w'' gezogen und der zweite Spurpunkt W_2 angegeben werden; durch letzteren ist schließlich auch die zweite Spur d_2 von Δ bestimmt.

Um die zu einer gegebenen Geraden g parallelen Schmiegungsebenen der Schraubenlinie zu finden, denke man sich g durch die Spitze S des Richtungskegels über dem Grundkreise s' gezogen und durch g die Tangentialebenen dieses Kegels gelegt. Die zu ihnen parallelen Tangentialebenen der abwickelbaren Fläche bilden die Lösungen der Aufgabe. Man benutzt die aus der ersten Spur G_1 von g an s' gelegten Tangenten und die zu ihnen parallelen Tangenten der Kreisevolvente u. Die Konstruktion ist in die Figur nicht eingetragen.

457. Die Schraubenbewegung oder Verschraubung eines geometrischen Gebildes um eine gegebene Achse a ist durch ihren Sinn (rechts- oder linksgängig) und einen Parameter bestimmt, der die zu einem bestimmten Drehwinkel φ gehörige Verschiebung z in der Achsenrichtung angibt. Man wählt als Parameter entweder die Ganghöhe h, die einer vollen Umdrehung $\varphi = 2\pi$, oder die reduzierte Ganghöhe h_0, die dem Drehwinkel $\varphi = 1$ entspricht. Die bewegte Figur hat man sich mit der Schraubenachse fest verbunden zu denken; die Schraubenbewegung setzt sich dann zusammen aus einer Schiebung, bei der die Achse in sich verschoben wird, und aus einer mit dieser proportionalen Drehung um die Achse im vorgeschriebenen

Sinne. Die Verschraubung ist auch der Größe nach bestimmt, wenn von den beiden Größen φ und z, die durch die Gleichung

$$z = h_0 \cdot \varphi$$

zusammenhängen, eine gegeben ist. Bei der Verschraubung einer Figur beschreiben alle Punkte derselben koaxiale Schraubenlinien von der nämlichen Ganghöhe.

458. Die Schraubenbewegung wird in der Kinematik benutzt, um beliebige Bewegungen eines geometrischen Körpers im Raume der Untersuchung zugänglich zu machen. Jede gegebene Bewegung wird aufgelöst in eine Folge von unendlich vielen, unendlich kleinen Verschraubungen um eine Achse, die ihre Lage selbst gesetzmäßig ändert. Die zu einer bestimmten Position des Körpers gehörige Lage der letzteren heißt die augenblickliche Schraubenachse (Momentanachse).

Da jede Lage eines bewegten Körpers (in bezug auf einen anderen festen) durch die Lage dreier seiner Punkte bestimmt ist, die nicht in einer Geraden liegen, so kann man sich darauf beschränken, die Bewegung eines Dreiecks ABC im Raume zu untersuchen. Zunächst gilt der Satz:

Ein Dreieck ABC kann in jedes kongruente Dreieck $A_1B_1C_1$ von gegebener Lage durch eine bestimmte Schraubenbewegung übergeführt werden.

Um diese Verschraubung zu bestimmen, denke man sie sich in eine Verschiebung entlang einer Achse und in eine Drehung um dieselbe zerlegt.

Es werden also gesucht: die Achse a, die Verschiebungsgröße z und der Drehwinkel φ. Zuerst erkennt man, daß die senkrechten Projektionen der Strecken AA_1, BB_1, CC_1 auf die Achse einander gleich sein müssen. Zieht man daher aus irgend einem Punkte P des Raumes drei Strecken, die jenen bzw. gleich und parallel sind, so liegt die Verbindungsebene N ihrer Endpunkte A_2, B_2, C_2 zur Achse a normal und das von P auf N gefällte Lot gibt die Größe z der Schiebung an. Aber auch je zwei entsprechende Seiten der Dreiecke ABC und $A_1B_1C_1$ ergeben, senkrecht auf a projiziert, gleiche Strecken; sie sind also gegen die Achse und ebenso gegen eine Normalebene dazu gleich geneigt. Mithin sind die senkrechten Projektionen $A'B'C'$ und $A_1'B_1'C_1'$ dieser Dreiecke auf N kongruent und lassen sich durch Drehung um einen Punkt O dieser Ebene ineinander überführen (vgl. 430). O ist durch irgend zwei von den Mittelsenkrechten der Strecken $A'A_1'$, $B'B_1'$ $C'C_1'$ bestimmt. Durch O ist die Achse a zu ziehen. Endlich findet man den Drehwinkel $\varphi = \angle A'OA_1'$ (Fig. 297). Der Punkt O kann auch in folgender Weise gefunden werden. Verbindet man den Punkt $J = A'B' \times A_1'B_1'$ mit O, so halbiert diese Linie den Winkel der Geraden $A'B'$ und $A_1'B_1'$, da beide von O gleichweit abstehen. Zieht man durch C' eine Parallele zu $A'B'$ und durch C_1' eine Parallele zu $A_1'B_1'$ und schneiden sich diese in K, so liegt K auf OJ. Denn J und K sind die Gegenecken eines Rhombus — seine Gegenseiten haben gleiche Abstände voneinander — folglich halbiert JK seine Winkel bei J und K und geht durch O. In gleicher Weise geht durch O die Linie, die $B'C' \times B_1'C_1'$ mit dem Schnittpunkt der bez. Parallelen durch A' und A_1' verbindet.

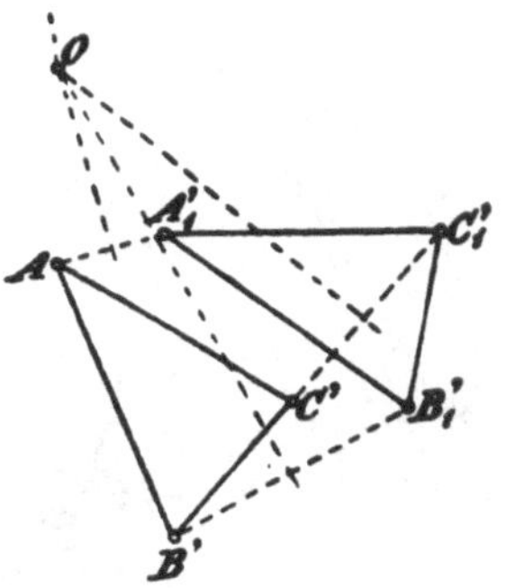

Fig. 297.

Will man die Konstruktion für zwei durch ihre Projektionen gegebene kongruente Dreiecke ABC und $A_1B_1C_1$ wirklich ausführen, so suche man zunächst die Richtung der Achse a. Es genügt $AB_2 \# BB_1$ und $AC_2 \# CC_1$ zu machen, das Lot aus A auf die Ebene $A_1B_2C_2$ gefällt gibt die verlangte Richtung sowie die Schiebungsstrecke z. Sodann projiziere man $\triangle ABC$ und $\triangle A_1B_1C_1$ in dieser Richtung auf Π_1; sind $A^0B^0C^0$ und $A_1{}^0B_1{}^0C_1{}^0$ ihre Projektionen, dann gibt es einen Punkt $O^0 = O_1{}^0$ derart, daß $O^0A^0B^0C^0$ zu $O_1{}^0A_1{}^0B_1{}^0C_1{}^0$ affin ist. Denn die Vierecke $OABC$ und $O_1A_1B_1C_1$ sind kongruent, wenn O und O_1 die bez. Schnittpunkte der Dreiecksebenen mit der Achse a bedeuten; sie besitzen daher affine Projektionen mit dem gemeinsamen Punkt $O^0 = O_1{}^0$. Durch diesen Punkt geht z. B. die Gerade J^0K^0, wenn $J^0 = A_1{}^0B_1{}^0 \times A^0B^0$ und $K^0C_1{}^0 \parallel A_1{}^0B_1{}^0$ sowie $K^0C^0 \parallel A^0B^0$ ist usw.; er ist zugleich der erste Spurpunkt der Achse a. Der zu der Schraubung gehörige Drehwinkel ergibt sich als Projektion von $\angle A^0O^0A_1{}^0$ auf eine Normalebene zur Achse a.

Aus dieser Überlegung folgt zugleich der Satz:

Je zwei kongruente Raumfiguren $\mathfrak{F}$ und $\mathfrak{F}_1$ liefern, in einer bestimmten Richtung a projiziert, in jeder Normalebene zu a kongruente, in jeder anderen Ebene affine Bilder. Die Projektionsrichtung ist die der Achse, um welche $\mathfrak{F}$ in $\mathfrak{F}_1$ verschraubt wird. Diese Achse geht durch den sich selbst entsprechenden Punkt der affinen Projektionen.

459. Denkt man sich das Dreieck ABC in einer gegebenen Bewegung begriffen und sind die Geraden f, g, h bzw. die Tangenten der von A, B, C beschriebenen Bahnkurven in diesen Punkten selbst, so ist, um die Bewegung als eine Folge unendlich kleiner Verschraubungen erklären zu können, eine Verschraubung aufzusuchen, bei der ABC in ein benachbartes kongruentes Dreieck $A_1 B_1 C_1$ übergeht, dessen Ecken bzw. auf f, g, h liegen.

Aus der Kongruenz der Dreiecke folgt, daß die Richtungen der Geraden f, g, h, auf denen die Ecken um die unendlich kleinen Größen erster Ordnung AA_1, BB_1, CC_1 verschoben werden sollen, nicht völlig willkürlich angenommen werden dürfen, sondern einer Bedingung genügen müssen. Jede Seite von $A_1 B_1 C_1$ schließt mit ihrer senkrechten Projektion auf die Ebene ABC einen Winkel ein, der von der ersten Ordnung unendlich klein ist. Folglich unterscheiden sich eine Seite von $A_1 B_1 C_1$ und ihre senkrechte Projektion auf die Ebene ABC nur um eine unendlich kleine Größe 2. Ord. (279). Das projizierte Dreieck $A_1'B_1'C_1'$ ist also mit ABC kongruent und geht aus diesem durch eine unendlich kleine Rotation um einen Punkt O der Ebene ABC hervor (Fig. 298). Die Strahlen OA, OB, OC stehen bzw. auf AA_1', BB_1', CC_1' und folglich auf AA_1, BB_1, CC_1' senkrecht. Hiernach gilt der Satz:

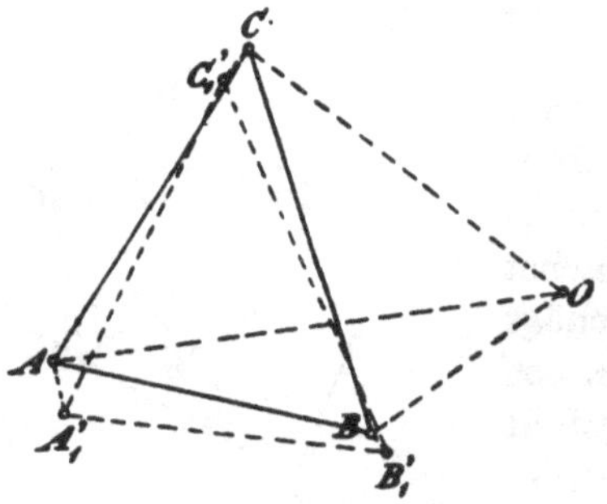

Fig. 298.

Sind f, g, h die augenblicklichen Bewegungsrichtungen dreier Punkte A, B, C eines starren Körpers, so gehen ihre drei in der Ebene ABC gezogenen Normalen durch einen Punkt O.

Ferner gelangt man zu folgendem Satze:

Liegen die Punkte A, B, C bzw. auf drei Geraden f, g, h des Raumes und schneiden sich die in ihnen auf den Geraden errichteten Normalebenen in einem Punkt der Ebene ABC, so sind f, g, h die Tangenten dreier koaxialen Schraubenlinien von gleicher Ganghöhe.

Man findet nämlich eine bestimmte Schraubenbewegung, bei der die Punkte A, B, C bzw. auf f, g, h unendlich kleine Verschiebungen erfahren, auf die folgende Art.

Sind f', g' die senkrechten Projektionen der Geraden f, g auf die Ebene ABC und schneiden sich ihre durch A bzw. B gezogenen Normalen in O, so darf h nur in der Ebene gewählt werden, die in C auf OC senkrecht steht. Ist dies geschehen, so ziehe man durch den Punkt O Parallelen zu f, g, h und bestimme auf ihnen Punkte P, Q, R so, daß

$$OP' : OQ' : OR' = OA : OB : OC$$

ist; dann steht die Ebene PQR normal zur Achse a der gesuchten unendlich kleinen Verschraubung. Denn ist M der Fußpunkt des von O auf die Ebene PQR gefällten Lotes, so bildet OM die gemeinsame Projektion von OP, OQ und OR auf dieses Lot. Ferner ist:

$$AA_1' : BB_1' : CC_1' = OA : OB : OC$$

und folglich sind die senkrechten Projektionen der Strecken AA_1, BB_1, CC_1 auf OM einander gleich, weil sie zu den Strecken OP, OQ, OR parallel und ihnen proportional sind. Die Achse a muß also parallel zu OM sein. Die Ebenen durch A, B, C, die resp. zu MP, MQ, MR normal stehen, schneiden sich in der Schraubenachse a selbst. Endlich erhält man die reduzierte Ganghöhe h_0 aus der Proportion:

$$h_0 : (A \dashv a) = OM : MP.$$

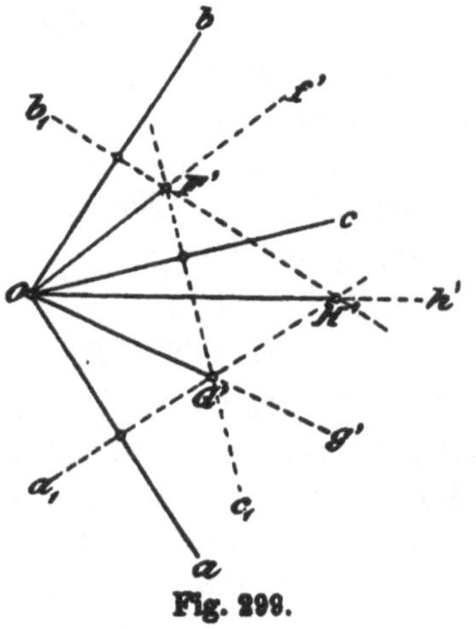

Fig. 298.

460. Man kann der oben ausgesprochenen Bedingung zwischen den Geraden f, g, h noch einen anderen Ausdruck geben, indem man beachtet, daß die Seiten $a = BC$, $b = CA$, $c = AB$ des gegebenen Dreiecks auch mit den entsprechenden Seiten a_1, b_1, c_1 des verschobenen Dreiecks $A_1B_1C_1$ unendlich kleine Winkel erster Ordnung bilden. Demnach stimmen (279) die senkrechten Projektionen von a_1, b_1, c_1 auf a, b, c bzw. mit diesen selbst bis auf unendlich kleine Größen zweiter Ordnung überein. Hieraus folgt:

$$BB_1 . \cos ag = CC_1 . \cos ah,$$
$$CC_1 . \cos bh = AA_1 . \cos bf,$$
$$AA_1 . \cos cf = BB_1 . \cos cg,$$

und durch Multiplikation dieser Gleichungen erhält man den Satz:

Bei der Bewegung eines Dreiecks ABC (mit den Seiten a, b, c) erfüllen die augenblicklichen Bewegungsrichtungen f, g, h seiner Ecken die Bedingung:

$$\cos ag . \cos bh . \cos cf = \cos ah . \cos bf . \cos cg.$$

Hieraus ergibt sich eine zweite Lösung der obigen Aufgabe. Man ziehe durch irgend einen Punkt O die Geraden a, b, c parallel zu den Seiten des Dreiecks ABC; ihre Ebene wählen wir als Grundriß Π_1. Ferner ziehe man durch O die Strahlen f, g parallel zu den gegebenen Bewegungsrichtungen von A und B und wähle auf f einen Punkt F. Durch F lege man die Ebenen B und Γ, die zu b und c normal stehen; ferner lege man durch $G = \Gamma \times g$ die Normalebene A zu a. Jede durch O gezogene Gerade h, welche die Schnittlinie m der Ebenen A und B trifft, gibt eine zulässige Richtung für die Verschiebung der dritten Ecke C an. Trifft h die Schnittlinie m in H, so sind OF, OG, OH den unendlich kleinen Verschiebungen der Dreiecksecken proportional, denn sie erfüllen offenbar die Gleichungen

$$OG \, . \cos ag = OH \, . \cos ah \, ,$$
$$OH \, . \cos bh = OF \, . \cos bf \, ,$$
$$OF \, . \cos cf = OG \, . \cos cg \, .$$

Die Ebene FGH ist daher normal zur gesuchten Schraubenachse und der Rest der Konstruktion kann wie in 458 durchgeführt werden. In Fig. 299 ist nur der erste Teil der Konstruktion im Grundriß ausgeführt; die Ebenen A, B, Γ werden durch ihre Spurlinien a_1, b_1, c_1 vertreten.

Anwendungen aus der Verzahnungstheorie.

461. Zahnräder werden technisch dazu verwandt, die Umdrehung eines Maschinenteiles um eine feste Achse auf einen anderen Maschinenteil so zu übertragen, daß dieser eine Umdrehung um eine zweite feste Achse erfährt. Für die Geschwindigkeiten beider Umdrehungen nimmt man meist ein konstantes Verhältnis an. Die Übertragung der Bewegung erfolgt durch Druck, den das Treibrad auf das Gegenrad an der Stelle seines Umfangs ausübt, wo sich gewisse Oberflächenteile beider Räder, die Zahnflanken, jeweilig berühren. Die Formen der Zahnräder müssen verschiedenartig gewählt werden, je nachdem die beiden Drehachsen parallel sind, oder sich schneiden (winklig sind), oder windschief (geschränkt) liegen. Man unterscheidet dementsprechend drei Arten: Stirnräder, Kegelräder und Hyperbelräder (besser: Hyperboloidräder). Wir wollen hier nur von Stirnrädern sprechen; ihre Zahnflanken werden als Zylinderflächen ausgebildet, deren Mantellinien beiden Achsen parallel liegen. Hier kommt es nur auf die Form der Querschnitte der Räder an, die in einer zur Achsenrichtung normalen Ebene Σ liegen. Wir haben es also mit zwei ebenen Figuren Σ_a und Σ_b zu tun, die sich in der festen Ebene Σ um die Achsenpunkte A und B drehen. Die ineinandergreifenden, gezahnten Randlinien der Figuren Σ_a und Σ_b heißen Profilkurven. Sie müssen sich während der Bewegung stets in einem Punkte berühren. Der Berührungspunkt P ändert seine Lage und beschreibt in der festen Ebene Σ eine Kurve, die Eingriffslinie genannt. Um einen stetigen Gang des Getriebes zu erzielen, muß man dafür sorgen, daß die Berührung zwischen zwei Zähnen nicht eher aufhört, als bis die Berührung zwischen den beiden folgenden Zähnen begonnen hat, und daß die Drehgeschwindigkeiten beider Zahnräder in einem konstanten Verhältnis stehen. — Die Aufgabe der geometrischen Verzahnungstheorie besteht nun darin, Profilkurven aufzufinden, die diesen Bedingungen genügen. Man hat im wesentlichen drei Methoden zur Lösung der Aufgabe aufgestellt, die zu verschiedenen Zahnradformen führen und die wir einzeln besprechen wollen. Da wir hier nicht eine allgemeine Theorie geben, sondern nur zeigen wollen, wie sich geometrische Methoden und Sätze auf praktische Aufgaben anwenden lassen, so werden wir von einfachen, technisch zumeist angewandten Annahmen ausgehen[21]).

Die Drehgeschwindigkeiten (Winkelgeschwindigkeiten) der um die Zentra A und B rotierenden Figuren Σ_a und Σ_b mögen sich zueinander verhalten, wie zwei ganze Zahlen m und n. Teilt nun der Punkt L die Verbindungslinie AB im umgekehrten Verhältnisse $n:m$, so rollen die mit den Radien AL und BL beschriebenen Kreise k_a und k_b (Fig. 300) aufeinander ohne zu gleiten; denn ihr Berührungspunkt oder Pol L legt auf beiden Kreisen gleichzeitig dieselbe Bogenlänge zurück. Diese Kreise k_a und k_b, die von den Technikern meist als die Teilkreise bezeichnet werden, bilden also im geometrischen Sinne die Polbahnen der beiden beweglichen Figuren Σ_a und Σ_b.

Wir betrachten zuerst die Methode der Hilfspolbahnen die zur Zykloidenverzahnung führt (Fig. 300).

Als Hilfspolbahn wählen wir am einfachsten einen Kreis h_a, der k_a und k_b in L berührt. Der Kreis h_a soll gleichzeitig auf den Kreisen k_a und k_b abrollen (ohne Gleitung), während diese aufeinander rollen. Dann wird in der Ebene Σ der gemeinsame Berührungspunkt L fest bleiben und ebenso der Mittelpunkt H_a von h_a. Wir betrachten irgend einen mit dem Hilfspolkreis h_a fest verbundenen Punkt P. In der Relativbewegung gegenüber dem System Σ_a, d. h. wenn man sich den Kreis a fest denkt und den Kreis h_a, wie in der

Figur angenommen, innen auf k_a rollen läßt, beschreibt der Punkt P eine Hypozykloide. In dem System Σ_b dagegen, wo h_a außen auf k_b rollt, beschreibt P eine Epizykloide. Natürlich ist auch die umgekehrte Annahme statthaft, daß der Hilfskreis (h_b in Fig. 300) innerhalb k_b liegt. Immer aber werden die beiden von P in den Figuren Σ_a und Σ_b beschriebenen Bahnlinien sich in P berühren; denn für die Gesamtbewegung bleibt L das Momentanzentrum (der Pol), mithin LP die gemeinsame Normale der Bahnkurven von P. Letztere können daher als Zahnradprofile verwendet werden. Da beide Kurven Zykloiden sind, spricht man von einer Zykloidenverzahnung.

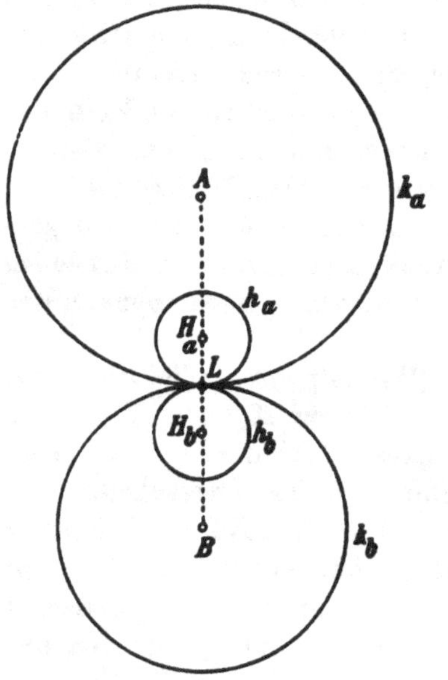

Fig. 300.

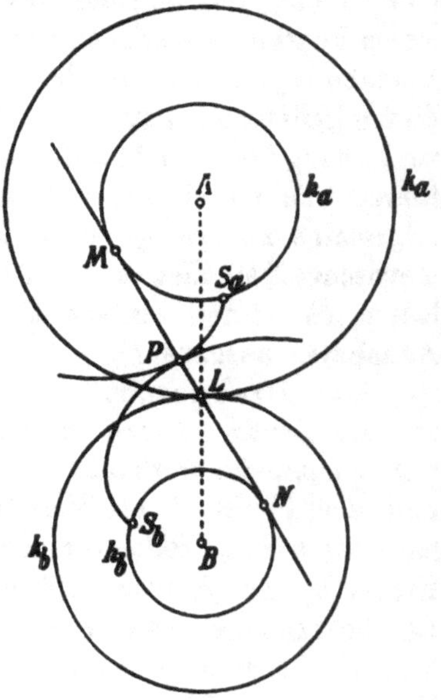

Fig. 301.

462. Es seien in Fig. 301 wieder A und B die Drehungszentra k_a und k_b die Polkreise der Figuren Σ_a und Σ_b und L der ruhende Pol. Wir schlagen um A und B zwei Kreise h_a und h_b, deren Radien dasselbe Verhältnis haben wie die von k_a und k_b und nennen sie die sekundären Polbahnen; hierauf legen wir an sie eine gemeinsame Tangente l, die sie in den sekundären Polen M und N berühren mag und die notwendig durch den Pol L geht, der zugleich der innere Ähnlichkeitspunkt der Kreise k_a und k_b sowie von h_a und h_b ist. Bei der gemeinsamen Bewegung der ebenen Systeme Σ_a und Σ_b ändert die Gerade l ihre Lage im ruhenden System Σ nicht. Man kann sich aber denken, daß sie sich in sich selber verschiebt.

indem sie gleichzeitig auf den beiden sich drehenden sekundären Polkreisen h_a und h_b abrollt.

Bei dieser Abrollung beschreibt irgend ein Punkt P von l in dem ruhenden Systeme Σ_a eine gespitzte Evolvente des Kreises h_a und in dem Systeme Σ_b ebenso eine gespitzte Evolvente des Kreises h_b. Für die Relativbewegung gegen das erste System ist M das Momentanzentrum und zugleich der Krümmungsmittelpunkt der Bahnlinie von P; für die Relativbewegung gegen das zweite System spielt der Punkt N die gleiche Rolle. Die M und N verbindende und durch den Pol L gehende Linie l ist daher stets die gemeinsame Normale der beiden Bahnkurven von P; diese berühren sich in dem Punkte P, der sich auf l verschiebt. Die beiden Kurven können daher wieder als Zahnradprofile dienen, und da es Kreisevolventen sind, erhält man eine sogenannte Evolventenverzahnung. Zugleich stellt die Grade l die Eingriffslinie dar. Das benutzte Verfahren bezeichnet man als die Methode der sekundären Polbahnen.

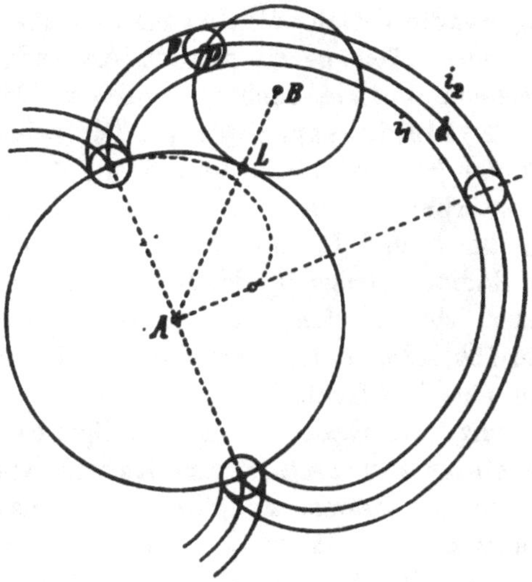

Fig. 302.

463. Um zu der Triebstockverzahnung zu gelangen, denke man sich in dem einen Systeme, etwa Σ_b, die Zähne durch zylindrisch geformte Stifte oder Zapfen, die sogenannten Triebstöcke, ersetzt, deren Querschnitte in der Ebene Σ Kreise sind (Fig. 302). Sie sollen zu dieser Ebene normal stehen und ihre Querschnittsmittelpunkte sollen längs des Polkreises k_b gleichmäßig angeordnet sein. Stellt man sich fürs erste den Radius jedes Querschnittkreises verschwindend klein vor, so werden die Kreise durch Punkte vertreten, die sich regelmäßig auf der Peripherie von k_b verteilen. Man erhält dann eine Punktverzahnung. Ein solcher Punkt P beschreibt in der relativen Bewegung gegen das System Σ_a eine gespitzte Epizykloide d des Polkreises k_a, die sich nach einigen Gängen schließen mag. Für die Punktverzahnung kann diese Epizykloide d als Profilkurve im Systeme Σ_a angewandt werden. Ihre Evolute ist (441) eine ähnliche Epizykloide e, die innerhalb des Polkreises k_a liegt und ihn in den Spitzen der vorigen berührt, während ihre Spitzen den Scheitelpunkten der ersteren als Krümmungsmittelpunkte entsprechen. Wird nun der Punkt P durch einen kleinen Kreis p ersetzt, so hat man die Hüllkurven aller Lagen aufzusuchen, die dieser Kreis p annimmt, wenn sein Mittelpnnkt P die Kurve d durchläuft. Die Hüllkurve besteht aus zwei Äquidistanten der Epizykloide d; sie haben dieselbe Evolute e und mögen mit i_1 und i_2 bezeichnet werden. Die Äquidistanten haben ihre Spitzen auf der Evolute e, also innerhalb des Teilkreises k_a. Ihre Bogenlängen zwischen je zwei aufeinanderfolgenden Spitzen sind abwechselnd gleich und ungleich. Nimmt man nun den Triebstockquerschnitt, also den Kreis p, als Profilkurve des Systems Σ_b, so kann eine der Äquidistanten i_1 oder i_2 als Profilkurve des anderen Systems Σ_a benutzt werden. Das angewandte Verfahren nennt man die Methode der Äquidistanten.

464. Wir gehen nun zu Anwendungen über, wobei die kurz skizzierte Theorie noch in einzelnen Punkten ergänzt werden muß.

Zykloidenverzahnung. Die beiden Polkreise k_a und k_b seien um die Mittelpunkte A und B mit Radien beschrieben, die sich wie 4 : 3 verhalten sollen. Wir wenden zwei Hilfspolkreise h_a und h_b an, die k_a und k_b in dem gemeinsamen Pole L beiderseits berühren; ihr Radius betrage $^1/_4$ des Radius von k_a, also $^1/_3$ des Radius von k_b. Indem sie auf den beiden Kreisen innen oder außen abrollen, beschreibt jeder Punkt derselben, z. B. der Punkt L selbst, eine Epi- und eine Hypozykloide, im Systeme Σ_a mit vier Gängen, im Systeme Σ_b mit drei Gängen. In den Spitzen haben je zwei Gänge eine gemeinsame Tangente (Radius des betreffenden Polkreises); sie schließen sich also jedesmal zu einem Oval zusammen. Diese Zykloiden dienen als Profilkurven. Der wesentliche Teil der Zahnbegrenzung, die Zahnflanke, besteht jedesmal aus zwei Teilen, die in einem Wendepunkt stetig ineinander übergehen: aus einem Epizykloidenbogen am Zahnkopf und einem Hypozykloidenbogen am Zahnfuß. Man bildet meist die Zähne symmetrisch aus, damit sich die Räder vorwärts und rückwärts drehen können. Außerdem macht man alle Zähne eines Rades einander gleich und ebenso die Lücken zwischen ihnen. Der über einen Zahn oder über eine Lücke sich erstreckende Bogen des Teilkreises (Polkreises) heißt Zahndicke oder Lückenweite. Als unwesentliche Teile des Zahnradprofiles wählt man bei einem Zahn am Kopfe, bei einer Lücke am Fuße Stücke zweier zum Polkreis konzentrischer Kreise, des Kopfkreises und Fußkreises; die Differenz ihrer Radien gibt die Zahnlänge an. An beiden Rädern werden die Lücken breiter gewählt als die Zähne und die Zahnlängen passend bestimmt, damit den Zähnen der

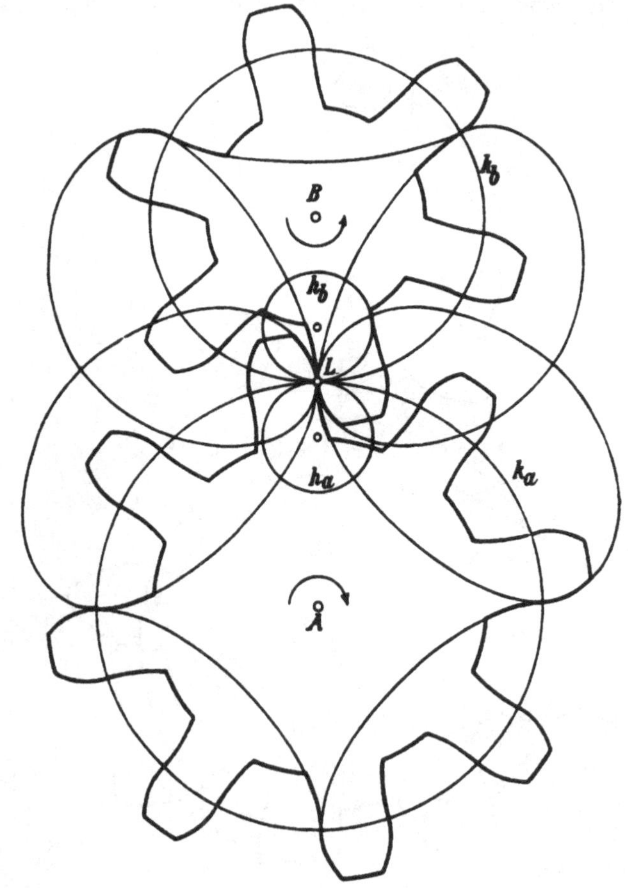

Fig. 303.

Räder bei ihrem Ineinandergreifen genügender Spielraum gewährt werde und nur die Flanken sich berühren. Die Eingriffslinie gehört in unserem Falle den beiden Hilfspolkreisen an. Nach diesen Angaben können die Profile leicht gezeichnet werden. Fig. 303 zeigt die Zykloidenverzahnung an dem Beispiele zweier Räder mit acht und sechs Zähnen.

465. Evolventenverzahnung. Zu den beiden Polkreisen k_a und k_b wählen wir zwei konzentrische sekundäre Polkreise h_a

und h_b mit dem gleichen Radienverhältnis. In Fig. 304 ist das eine Zahnrad wieder mit 8, das andere mit 6 Zähnen versehen. Die gemeinsame Tangente l der Kreise h_a und h_b ist unter 60° Neigung gegen die Zentrale AB durch den Pol L gezogen. (In der Praxis wendet man meist 75° Neigung an und benutzt relativ kleinere

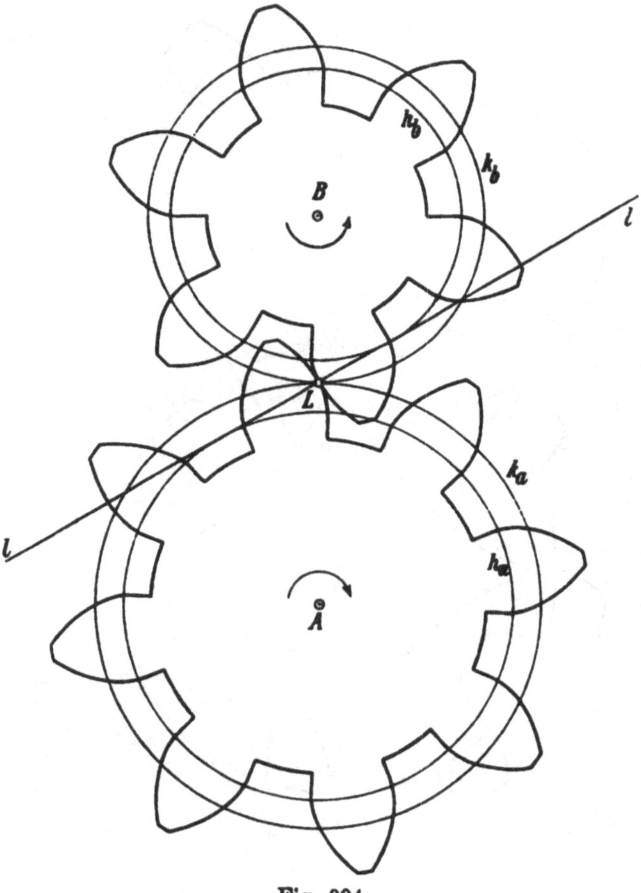

Fig. 304.

Zähne in größerer Anzahl.) Die Zahndicke wird auch hier etwas kleiner als die Lückenweite gewählt. Die unwesentlichen Teile des Zahnradprofiles gehören dem Kopf- und Fußkreise an, deren Abstände vom Teilkreis sich wie 3 : 4 verhalten mögen. Man läßt nun den Punkt L in jedem der beiden Systeme Σ_a und Σ_b zwischen dem sekundären Polkreise h_a (oder h_b) und dem zugehörigen Kopfkreise eine Evolvente des ersteren beschreiben und zieht zur Ergänzung des Profiles aus der Spitze ein Stück Radius bis zum Fußkreise. Die Eingriffslinie bildet eine den Punkt L enthaltende Strecke auf l.

466. Triebstockverzahnung. Der Polkreis k_a gehöre dem Zahnrade, der Polkreis k_b dem Triebstockrade an. Das Verhältnis der Radien sei 4 : 1; das eine Rad habe 24 Zähne, das andere 6 Triebstöcke. Die Mittelpunkte der Triebstocksquerschnitte bilden ein dem Polkreise k_b eingeschriebenes regelmäßiges Sechseck. Läßt man k_b außen auf k_a abrollen, so beschreibt jeder dieser

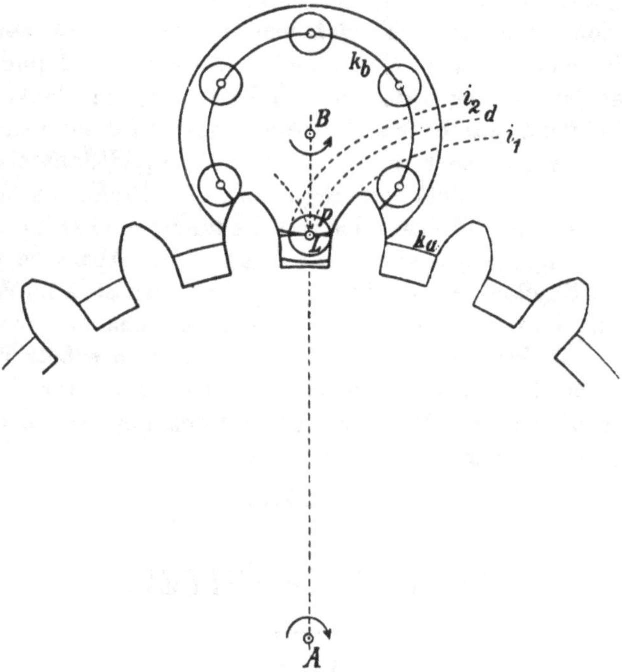

Fig. 305.

Punkte, z. B. derjenige Punkt P, der anfangs mit dem Pole L zusammenfällt, eine vierspitzige Epizykloide d des Kreises k_a (Fig. 305). Als Triebstocksquerschnitt wählen wir eine Äquidistante des Punktes P, also einen Kreis p; sein Radius sei wenig kleiner als $\frac{1}{24}$ der Peripherie von k_b. Lassen wir nun den Kreis k_b auf k_a abrollen, also P im Systeme Σ_a die Epizykloide d durchlaufen, so werden die aufeinanderfolgenden Lagen des mitgeführten Kreises p von zwei Äquidistanten i_1 und i_2 der Kurve d umhüllt. Sie bilden den wesentlichen Teil der Zahnbegrenzung am Gegenrade. Jede solche Äquidistante besteht aus kleineren und größeren

Gängen, die miteinander abwechseln. Die Zahnprofile gehören jedesmal dem kleineren Gange an. Ihre Spitzen fallen nicht auf den Polkreis k_a, sondern dringen in diesen ein wenig ein, da sie auf der zu d gehörigen Evolute, einer zu d ähnlichen, innerhalb k_a liegenden Epizykloide sich befinden. Zugleich würden diese Spitzen auch in den Kreis p ein wenig eindringen, der um den Rückkehrpunkt L der Kurve d beschrieben ist. Diese nach der strengen Theorie sich ergebende Schwierigkeit in der Profilbestimmung ist aber praktisch belanglos; denn die technisch notwendige Abweichung von der genauen Konstruktion ist so minimal, daß man sie zeichnerisch nur schwer ersichtlich machen kann. Man benutzt entweder die Äquidistantenbogen nur bis zu der Tangente des Kreises k_a im Punkte L und ergänzt das Profil durch einen Halbkreis, dessen Radius wenig größer als der von p ist; oder man benutzt den Äquidistantenbogen bis zum Kreise k_a und zieht zur Ergänzung des Profils am Zahnfuße vom Endpunkte jenes Bogens bis zum Fußkreise eine radiale Strecke, die als Endtangente desselben gelten kann. Die Abstände des Fußkreises und Kopfkreises vom Teilkreis k_a kann man etwa im Verhältnis 5:8 wählen. Über die praktisch brauchbarsten Annahmen lese man in technischen Werken nach. Was die Eingriffslinie betrifft, so gehört sie, wie eine nähere Untersuchung zeigt, einer verschlungenen Pascalschen Schnecke (294) an. Hierauf soll indessen nicht weiter eingegegangen werden.

ZEHNTES KAPITEL.

Schraubenflächen.

Allgemeines über Schraubenflächen.

467. Eine Schraubenfläche[23]) entsteht durch Schraubenbewegung einer Kurve; diese Kurve heißt eine Erzeugende der Fläche. Jede Schraubenfläche ist in sich selbst verschiebbar. Sie teilt diese Eigenschaft nur mit den Rotations- und Zylinderflächen. Als Erzeugende kann jede Kurve dienen, die alle auf der Fläche gezogenen koaxialen Schraubenlinien trifft. Die ebenen Schnitte der Fläche, welche deren Achse enthalten, heißen Meridianschnitte, die, deren Ebenen normal zur Achse stehen, Normalschnitte. Die Meridiankurven sowohl als auch die Normalkurven müssen bei der Schraubenbewegung ineinander übergehen; sie sind also unter sich kongruent und können als Erzeugende dienen, weil sie alle Schraubenlinien treffen.

Die Schraubenfläche heißt geschlossen oder offen, je nachdem die Achse auf ihr liegt oder nicht, d. h. je nachdem die Erzeugende die Achse trifft oder nicht trifft. Im letzteren Falle besitzt sie eine Kehlschraubenlinie, beschrieben von demjenigen Punkte der Erzeugenden, der die kürzeste Entfernung von der Achse hat. Bei der geschlossenen Fläche wird die Kehlschraubenlinie durch die Achse selbst vertreten. Die Kehlschraubenlinie bildet in gewissen Fällen eine Rückkekrkante der Fläche.

468. Eine Schraubenfläche kann andererseits auch als Hüllfläche durch Schraubenbewegung einer gegebenen Fläche $\mathfrak{F}$ erzeugt werden. Sie berührt dann die bewegte Fläche in allen ihren Lagen längs einer bestimmten Kurve c, die man als Charakteristik der Hüllfläche bezeichnet. Diese Kurve bildet den Durchschnitt zweier unendlich benachbarten Lagen der erzeugenden Fläche und kann selbst als Erzeugende benutzt werden.

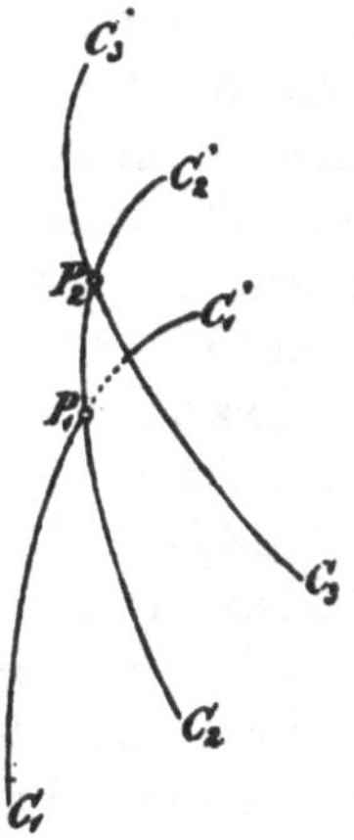

Fig. 306.

Seien $\mathfrak{F}$ und $\mathfrak{F}_1$ zwei benachbarte (unendlich nahe) Lagen der erzeugenden Fläche und c die Schnittkurve von $\mathfrak{F}$ und $\mathfrak{F}_1$. Geht $\mathfrak{F}$ in $\mathfrak{F}_1$ über, so geht gleichzeitig $\mathfrak{F}_1$ in eine neue Nachbarlage $\mathfrak{F}_2$ und c in eine benachbarte Kurve c_1 über. Sei ferner P ein Punkt auf c, t die zugehörige Kurventangente und P_1 die folgende Lage von P auf c_1. Dann hat die von c erzeugte Schraubenfläche mit $\mathfrak{F}_1$ im Punkte P sowohl die Tangente t, als auch die durch das Linienelement PP_1 bestimmte Tangente gemein. Beide Flächen haben also in P eine gemeinsame Tangentialebene, d. h. sie berühren sich in P. Dies gilt für alle Punkte auf c.

Haben zwei unendlich nahe Lagen der erzeugenden Kurve c und folglich je zwei benachbarte Erzeugende auf der Schraubenfläche einen Punkt gemein, so beschreibt dieser eine Rückkehrkante der Fläche. Seien nämlich C_1C_1', C_2C_2', C_3C_3' Kurvenstücke benachbarter Erzeugenden, von denen sich die beiden ersten in P_1, die beiden letzten in P_2 treffen (Fig. 306), so stoßen die Flächenelemente $C_2P_2C_3$ und $C_1'P_1C_2'$ längs des Kurvenelementes P_1P_2 von der nämlichen Seite kommend unter unendlich kleinem Winkel zusammen. Daher darf man sagen: Umhüllen die Erzeugenden auf der Schraubenfläche eine Kurve (Schraubenlinie), so bildet diese eine Rückkehrkante der Fläche.

469. Die Tangentialebene der Schraubenfläche in einem ihrer Punkte P enthält die Tangente der von P beschriebenen Schraubenlinie und die Tangente der durch P gezogenen Erzeugenden (bzw. wenn diese eine Gerade ist, die Erzeugende selbst). Hierdurch ist sie bestimmt, sofern nicht die genannten beiden Tangenten zusammenfallen, wie es längs einer etwa vorhandenen Rückkehrkante eintritt. In letzterem Falle ist die Tangentialebene mit der Schmiegungsebene der Rückkehrkurve identisch. In den Punkten der Kehlschraubenlinie ist die Tangentialebene der Fläche der Schraubenachse parallel; denn die Tangente der durch den betrachteten Punkt gezogenen Meridiankurve liegt parallel zur Achse, weil anderenfalls ein Nachbarpunkt derselben eine kürzere Entfernung von der Achse haben würde als der Berührungspunkt. Da die fragliche Tangentialebene zugleich die Tangente der Kehlschraubenlinie enthält, so ist sie mit der rektifizierenden Ebene der letzteren identisch. Hieraus folgt nach 453: Die Normalen einer Schraubenfläche entlang ihrer Kehlschraubenlinie schneiden die Schraubenachse senkrecht. Der Fall der Rückkehrkurve bildet eine Ausnahme.

470. Bezüglich der Konstruktion der wahren und scheinbaren Umrisse einer Schraubenfläche, sowie ihrer Eigen- und Schlagschattengrenzen für parallele projizierende, bzw. Lichtstrahlen ist zunächst auf die allgemeinen Sätze in 393—395 zu verweisen. Punkte des wahren Umrisses oder der Eigenschattengrenze sind aus der Bedingung zu bestimmen, daß ihre Tangentialebenen dem projizierenden Strahl oder dem Lichtstrahl parallel sein müssen. Eine Rückkehrkurve oder eine Randkurve der Fläche wird jedenfalls dem wahren Umrisse bzw. der Eigenschattengrenze zuzurechnen sein.

Für die Darstellung einer Schraubenfläche in orthogonaler Projektion bei vertikaler Stellung ihrer Achse läßt sich im allgemeinen der Normalschnitt oder der Meridianschnitt mit Vorteil verwenden. Ersteren stellt man in Π_1 als Spurkurve der Fläche dar, letzteren als Hauptmeridiankurve (in der zu Π_2 parallen Meridianebene), so daß der Aufriß seine wahre Gestalt ergibt. — Der Umriß der ersten Projektion der Fläche besteht aus konzentrischen Kreisen um den Achsenspurpunkt, die den in Π_1 gelegenen Normalschnitt n berühren. Punkte dieser Kreise werden auch als erste Spuren der vertikalen Tangenten an die Meridiankurve *m* gewonnen. Die Berührungspunkte der Umrißkreise mit der Kurve *n* beschreiben auf der Fläche Schraubenlinien, die den wahren Umriß für die erste Projektion bilden. Namentlich gehört zu letzterem die Kehlschraubenlinie. — Der wahre Umriß für die zweite Projektion ist der Ort derjenigen Punkte des verschraubten Normalschnittes, deren Tangenten senkrecht zu Π_2 oder deren Normalen parallel zu Π_2 liegen. Hieraus ergibt sich auch der Umriß der zweiten Projektion. Derselbe wird oft, dafern sich eine einfache Erzeugende für die Fläche angeben läßt, als Hüllkurve der Projektionen dieser Erzeugenden bestimmt.

471. Auf einer Schraubenfläche kann die Lichtgrenze *u* für Parallelbeleuchtung (oder der wahre Umriß für eine beliebige Parallelprojektion) durch verschiedene Methoden gefunden werden, von denen namentlich zwei bemerkenswert sind. Man bestimmt entweder die Punkte der Lichtgrenze auf den einzelnen (koaxialen) Schraubenlinien der Fläche oder auf den einzelnen erzeugenden Kurven. Ersteres — das Schraubenlinienverfahren — ist stets anwendbar und erlangt später für die Theorie der Beleuchtung der Schraubenflächen noch besondere Wichtigkeit, letzteres — das Erzeugendenverfahren — ist zwar von geringerer Allgemeinheit, aber in vielen Einzelfällen noch einfacher.

Die Schraubenfläche entstehe durch (rechtsgängige) Verschraubung der Raumkurve *c* um die Achse *a*; h_0 sei die reduzierte Ganghöhe. Zur Vereinfachung legen wir die Grundrißebene $\Pi_1 \perp a$ und die Aufrißebene Π_2 durch *a* selbst (Fig. 307). Auf die Achse *a* tragen wir vom Grundriß aufwärts die Strecke h_0 ab; ihr Endpunkt sei *S* und S_* sein Grundrißschatten. Hierdurch ist der Lichtstrahl $l = SS_*$ festgelegt; seine erste Tafelneigung werde durch λ bezeichnet.

Wir werden im folgenden wiederholt dem Lichtstrahle *l* oder irgend einer gegebenen Geraden einen bestimmten Punkt der Grundrißebene zuzuordnen haben, den wir kurz ihren Pol (in bezug auf die Schraubenbewegung) nennen wollen. Man findet den Pol *E* einer Geraden *e*, indem man durch *S* die Parallele zu *e* zieht und ihrem ersten Spurpunkte E_1 im Sinne der aufwärtsgehenden Schraubenbewegung eine Viertelumdrehung um die Achse erteilt. Analog findet man in jeder Normalebene zu *a* einen Pol von *e*. Alle diese Pole liegen auf der Parallelen zu *a* durch *E*, die als Polachse der Geraden *e* bezeichnet werden mag.

472. Sei *P* ein Punkt der erzeugenden Kurve *c* und *e* die zugehörige Tangente, ferner sei *s* die auf der Fläche durch *P* gezogene

Schraubenlinie und t ihre Tangente (Fig. 307). Wir ziehen parallel zu t den Strahl ST_1, dessen erster Spurpunkt T_1 auf s' liegt ($S'T_1 \parallel t'$), und parallel zu e den Strahl SE_1; sein Spurpunkt sei E_1 ($S'E_1 \parallel e'$). Die Ebene SE_1T_1 ist dann parallel zur Tangentialebene et der Schraubenfläche im Punkte P. Rotiert diese Ebene um die Achse a, bis ihre Spur durch S_* geht, so wird sie zum Lichtstrahle parallel. Dies tritt aber ein bei einer Rotation um $\angle\, G_1S'S_*$ oder um $\angle\, H_1S'S_*$, wenn G_1 und H_1 die Schnittpunkte von E_1T_1 mit dem um S' durch S_* geschlagenen Kreise i bedeuten. Wird der Punkt P um die Achse a um eben diese Winkel verschraubt, so nimmt er zwei neue Lagen Q bzw. R auf der Fläche ein, in denen er jedesmal der Lichtgrenze u angehört ($\angle\, P'S'Q' = \angle\, G_1S'S_*$ und $\angle\, P'S'R' = \angle\, H_1S'S_*$). Hieraus folgt:

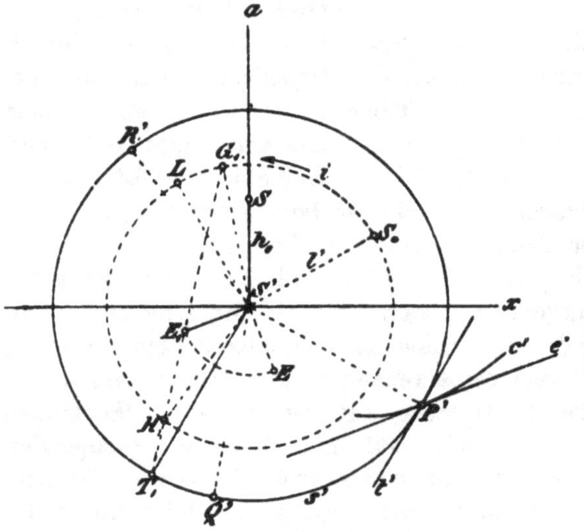

Fig. 307.

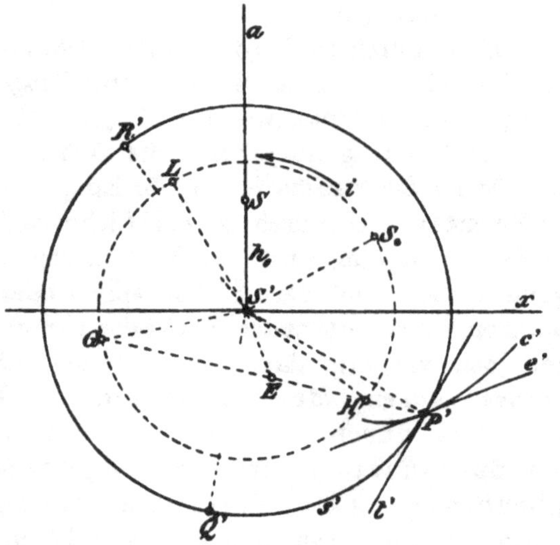

Fig. 308.

Auf jedem Gange einer Schraubenlinie s der Fläche liegen zwei reelle (getrennte oder vereinte) oder imaginäre Punkte der Lichtgrenze u.

Um die Konstruktion der Kurve u durchzuführen, muß man den Punkt P die Erzeugende c durchlaufen lassen. Dabei bleibt falls c eine Gerade ist, also eine Regelschraubenfläche vorliegt (474), der Punkt E_1 ungeändert.

Eine Vereinfachung tritt ein, wenn man den Punkten S_*, E_1 und T_1 eine Viertelumdrehung um S' im Sinne der aufwärtsgehenden Schraubenbewegung (also bei rechtsgängiger Fläche linksum) erteilt (Fig. 308). Hierbei geht T_1 in P' über, S_* in den Pol L des Lichtstrahles l und E_1 in den Pol E der Geraden e ($S'L \perp l'$, $S'E \perp e'$). Hieraus folgt die Konstruktion:

Um auf einer Schraubenlinie s der Fläche die Punkte der Lichtgrenze zu finden, ziehe man in einem beliebigen Punkte P von s die Tangente e der erzeugenden Kurve und bestimme in Π_1 ihren Pol E, ebenso den Pol L des Lichtstrahles l. Ferner zeichne man in Π_1 den mit s' konzentrischen Kreis i durch L. Schneidet die Gerade $P'E$ den Kreis i in G und H, so geht P durch Verschraubung um $\angle GS'L$ oder $\angle HS'L$ in die Punkte Q oder R der Lichtgrenze über. Bei einer Regelschraubenfläche bleibt E unverändert.

478. Aus der ersten Methode folgt, wenn man der Konstruktion eine spezielle Erzeugungsweise der Schraubenfläche zugrunde legt, die zweite, bei der die Punkte der Lichtgrenze auf den einzelnen Erzeugenden bestimmt werden.

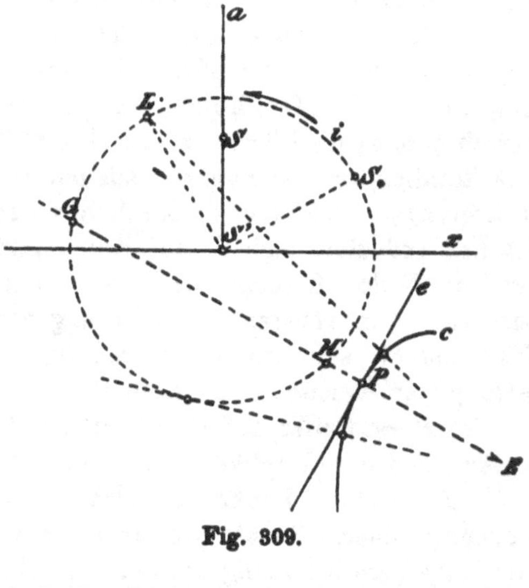

Fig. 309.

Gelten wieder die vorigen Bezeichnungen, bedeutet aber jetzt c einen Normalschnitt der Schraubenfläche (etwa den in Π_1 gelegenen), so liegt der Pol E von e unendlich weit auf dem von S' auf e gefällten Lote; mithin ist auch $PE \perp e$ (Fig. 309). Verschraubt man daher P um $\angle GS'L$ oder $\angle HS'L$, so erhält man Punkte Q und R der Lichtgrenze. Sucht man aber auf c selbst die Lichtgrenzpunkte, so darf keine Verschraubung mehr stattfinden, weil dabei c in einen anderen Normalschnit übergehen würde. Daher folgt: Alle Punkte des Normalschnittes c einer Schraubenfläche, deren Normalen durch den Pol L des Lichtstrahles l gehen, gehören der Lichtgrenze u an. Da dies für jeden Normalschnitt gilt, können wir auch sagen: Die Lichtgrenze u auf der Schraubenfläche ist der Ort der Punkte auf dem verschraubten Normalschnitte, deren Normalen die Polachse des Lichtstrahles treffen. Die fraglichen Normalen bilden eine Regelfläche und die Lichtgrenze bildet deren Durchschnittskurve mit der gegebenen Schraubenfläche (oder einen Teil davon).

Bei der Ausführung der Konstruktion beschränkt man sich meist auf die Zeichnung des in Π_1 gelegenen Normalschnittes c. Bestimmt man dann alle Punkte von c, deren Normalen durch irgend einen festen Punkt M des Kreises i gehen und verschraubt diese Punkte um $\angle MS'L$, so bilden sie die Lichtgrenzpunkte auf dem verschraubten Normalschnitte. Die Punkte von c, deren Normalen den Kreis i berühren, bestimmen Schraubenlinien der Fläche, die die Lichtgrenze berühren. Die Berührungspunkte werden hieraus leicht gefunden. — Im allgemeinen wird es leichter sein, Normalen der Kurve c in einzelnen Punkten derselben zu zeichnen, als ihre Normalen aus einem gegebenen Punkte zu ziehen. Man geht dann besser von ersteren aus und bestimmt ihre Schnittpunkte G, H mit i, um schließlich wieder die erforderliche Verschraubung eintreten zu lassen.

474. Besonders einfache Konstruktionen ergeben sich bei den Regelschraubenflächen (475). Indem die Gerade e durch ihre Verschraubung die Fläche erzeugt (Fig. 310), führt ihr Grundriß e' in Π_1 eine Rotation um den Punkt S' aus und bildet stets eine Tangente der kreisförmigen Projektion k' der Kehlschraubenlinie (bei geschlossenen Flächen reduziert sich k' auf den Punkt S' selbst). Ferner liegt der Pol E der Erzeugenden e stets auf dem durch S' gezogenen Lote von e' in konstanter Entfernung von S', beschreibt also einen Kreis um S'; sein Radius ist $h_0 . \operatorname{cotg} \varphi$, wenn φ die erste Tafelneigung der Erzeugenden bedeutet.

Ist P ein Punkt auf e und trifft $P'E$ den Kreis i in einem von L verschiedenen Punkte G, so geht P durch Verschraubung um $\angle GS'L$ in einen Punkt der Lichtgrenze u auf einer anderen Erzeugenden über. Sucht man aber die Lichtgrenze auf e selbst, so darf keine Verschraubung stattfinden, d. h. LE schneidet e' im Grundrisse P' des gesuchten Punktes. Daher gilt für die Lichtgrenze bei Parallelbeleuchtung oder für den wahren Umriß bei beliebiger Parallelprojektion der Satz:

Auf jeder erzeugenden Geraden e der Regelschraubenfläche liegt ein Punkt P ihrer Lichtgrenze u. Man findet seinen Grundriß P' aus dem Pol L des Lichtstrahles und dem Pol E der Erzeugenden, indem man LE mit dem Grundrisse e' schneidet.

Man kann auch sagen:

Der Lichtgrenzpunkt P einer Erzeugenden e der Regelschraubenfläche wird im Grundrisse bestimmt, indem man das vom Pole L des Lichtstrahles auf ihren Schatten e_* gefällte Lot mit e' schneidet.

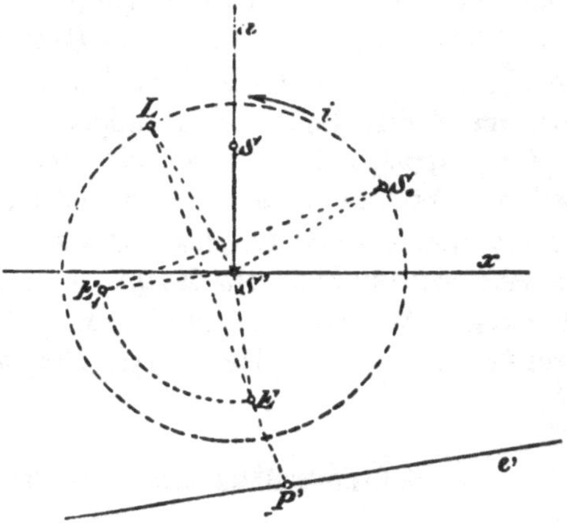

Fig. 310.

Denn, da LE aus $S_* E_1$ durch Drehung um 90^0 hervorgeht (472) und $S_* E_1$ zum Grundrißschatten e_* parallel ist, so ist $LP' \perp e_*$.

Man denke sich jetzt den allgemeinsten Fall: die Gerade e beschreibe um die Achse a eine beliebige Regelschraubenfläche, und es handle sich um die Bestimmung des wahren Umrisses u für irgend eine gegebene Parallelprojektion. Diese Bestimmung wird ausgeführt mittels der senkrechten Projektion auf eine Normalebene Π zur Achse a. In Π seien A der Achsenspurpunkt, L der Pol des projizierenden Strahles, E der Pol irgend einer Erzeugenden e und e' ihre Projektion ($AE \perp e'$). A und L sind feste Punkte; E und e' dagegen führen, wenn e die Fläche durchläuft, miteinander fest verbunden eine Rotation um A aus. Hierbei beschreibt der Schnittpunkt $e' \times LE$ in einem ununterbrochenen Zuge die Projektion u' von u. Von der entstehenden Kurve aber gilt der nachstehende Satz, dessen Einzelheiten erst in den folgenden Abschnitten erörtert werden:

Der wahre Umriß einer Regelschraubenfläche bei beliebiger Parallelprojektion liefert, senkrecht auf eine Normalebene Π projiziert, eine unikursale Kurve u' vierter Ordnung. Sie entsteht, wenn um den festen Punkt A ein Punkt E und eine zu AE senkrechte Gerade e' rotieren, als Ort der Schnittpunkte von e' mit den Strahlen, die durch E und einen festen Punkt L gehen. Die Kurve zerfällt eventuell in mehrere Kurven niederer Ordnung.

Betrachtet man im besonderen projizierende Strahlen senkrecht zu Π (oder $\parallel a$), so liegt L mit A vereint. Werden die projizierenden Strahlen parallel zu Π (oder $\perp a$) angenommen, so liegt L in Π unendlich fern in der zum projizierenden Strahle normalen Richtung und die Strahlen LE werden alle parallel. Sind die projizierenden Strahlen beliebig gegen Π geneigt, so befindet sich L in endlichem Abstande von A. — Offenbar ist die Kurve u' gegen die Gerade AL symmetrisch. Da ferner die Gerade e' bei ihrer Rotation um A den Punkt L im allgemeinen zweimal überschreitet, ist L ein Doppelpunkt der Kurve. Sie besitzt aber außerdem noch zwei weitere Doppelpunkte (symmetrisch zu AL), die reell getrennt, vereint oder konjugiert imaginär sein können. Die Gestalt der Kurve ist sehr verschieden; sie hängt ab von den Verhältnissen der drei Strecken AE, AK und AL, wo AK den kürzesten Abstand der Geraden e' von A bedeutet (vgl. 499, 500).

Allgemeines über Regelschraubenflächen.

475. Wir schicken unserer Betrachtung einige allgemeine Bemerkungen über Regelflächen voraus, die zum Teil auf früher Entwickeltes zurückgreifen.

Eine Regelfläche ist die Bahn einer nach irgendwelchem Gesetze im Raume bewegten Geraden; letztere wird als Erzeugende bezeichnet. Man teilt die Regelflächen ein in abwickelbare (developpable) und windschiefe.

Liegen je zwei benachbarte Erzeugende in einer und derselben Ebene, so ist die Regelfläche abwickelbar. Die Verbindungsebene zweier benachbarter Erzeugenden ist eine Tangentialebene der Fläche, und diese wird umgekehrt in allen Punkten einer Erzeugenden von einer und derselben Ebene berührt. Je zwei Nachbarerzeugende haben dann einen Punkt gemein; der Ort dieser Punkte ist eine Raumkurve, die die Erzeugenden der Fläche zu Tangenten, ihre Tangentialebenen zu Schmiegungsebenen hat und eine Rückkehrkante der Fläche bildet. Man erkennt leicht, daß die abwickelbare Regelfläche auch als Hüllfläche einer bewegten Ebene aufgefaßt werden kann, die sie in jeder ihrer Lagen berührt. Die Rückkehrkante liefert in jedem ebenen Schnitte der Fläche einen Rückkehrpunkt und bildet für jede Projektion einen Teil des wahren Umrisses. Zieht man durch einen festen Punkt des Raumes Parallelen zu den Erzeugenden, so bilden dieselben einen Richtungskegel der Fläche; die Tangentialebenen der letzteren liegen zu denen des Richtungskegels parallel. Ist der Winkel zweier Erzeugenden unendlich klein von der 1. Ordnung, so ist ihr kürzester Abstand von der 3. Ordnung unendlich klein (vgl. 310—314).

476. Wenn benachbarte Erzeugende einer Regelfläche (von einzelnen Ausnahmen abgesehen) nicht in derselben Ebene liegen, so heißt die Fläche windschief und ist nicht abwickelbar. Es steht dann der kürzeste Abstand der Nachbarerzeugenden zu ihrem Neigungswinkel in endlichem Verhältnisse, d. h. sie schneiden einander nicht. Auf jeder Erzeugenden g gibt es einen Punkt C, ihren Zentralpunkt, der von der Nachbarerzeugenden g_1 den kürzesten Abstand hat. Der Ort der Zentralpunkte aller Erzeugenden der Fläche heißt ihre Striktionslinie. Läßt man einen Punkt P eine Erzeugende g der windschiefen Regelfläche durchlaufen, so dreht sich die zu ihm gehörige Tangentialebene um g und nähert sich, indem sich P ins Unendliche entfernt, einer bestimmten Grenzlage, der zu g gehörigen asymptotischen Ebene. Diese liegt, weil sie den unendlich fernen Punkt der Nachbarerzeugenden g_1 enthält, zu g_1 parallel und folglich normal zum kürzesten Abstand beider Erzeugenden. Letzterer liegt in der zum Zentralpunkte von g gehörigen Tangentialebene. Man darf daher sagen: Die asymptotische Ebene einer Erzeugenden der windschiefen Regelfläche steht senkrecht auf der Tangentialebene im Zentralpunkte derselben Erzeugenden. Alle asymptotischen Ebenen umhüllen die asymptotische abwickelbare Fläche, welche die gegebene Regelfläche längs ihrer Schnittkurve mit der unendlich fernen Ebene berührt. — Zieht man durch einen Punkt des Raumes die Parallelen zu allen Erzeugenden der windschiefen Regelfläche, so liegen dieselben auf einem Richtungskegel. Dieser ist aber hier von beschränkterer Bedeutung, als bei der abwickelbaren Regelfläche; denn seine Tangentialebenen bestimmen nur die Stellungen der asymptotischen Ebenen und nicht mehr die aller Tangentialebenen der Regelfläche.

477. Eine Gerade g, die eine Schraubenbewegung ausführt, beschreibt eine Regelschraubenfläche; alle ihre Punkte beschreiben Schraubenlinien auf der Fläche von einerlei Achse a und einerlei Ganghöhe h. Die Gerade g heißt wiederum die Erzeugende. — Die Regelschraubenfläche ist nach dem Vorigen abwickelbar, wenn zwei unendlich benachbarte Erzeugende als in derselben Ebene befindlich angesehen werden dürfen; im allgemeinen ist sie windschief. Man macht nun folgende weitere Unterscheidungen. Je nachdem die Erzeugende rechtwinklig zur Achse gerichtet ist oder einen spitzen Winkel mit ihr einschließt, heißt die Fläche gerade (normal) oder schief. Je nachdem die Erzeugende die Achse schneidet oder nicht, heißt die Fläche geschlossen (axial) oder offen. Ist sie im besonderen abwickelbar, so bilden ihre Erzeugenden die Tangenten ihrer Rückkehrkurve, d. h. einer Schraubenlinie. Abwickelbar kann daher nur eine offene schiefe Regelschraubenfläche sein.

Bezeichnet man mit r den kürzesten Abstand der Erzeugenden g von der Achse a, also den Radius der Kehlschraubenlinie (467), mit α deren Steigungswinkel, so daß $r \,.\, \operatorname{tang} \alpha = h_0$ die reduzierte Ganghöhe wird, mit φ die Neigung der Erzeugenden gegen eine Normalebene zur Achse und setzt noch: $p = h_0 \,.\, \operatorname{cotg} \varphi$, so gelangt man zu folgender Übersicht der möglicheu Arten:

1)	$r = 0$,	$\varphi = 0$,	geschlossene gerade	Regelschraubenfläche.
2)	$r > 0$,	$\varphi = 0$,	offene gerade	
3)	$r = 0$,	$\varphi > 0$,	geschlossene schiefe	
4)	$r > 0$,	$\varphi > 0$,	offene schiefe	

Die letzte Art ist abwickelbar, wenn $\varphi = \alpha$ also $r = p$ ist.

478. Wenn eine Ebene E eine durch ihren Sinn und den Parameter h_0 bestimmte Schraubenbewegung um eine feste Achse a ausführt, so umhüllt sie eine abwickelbare Schraubenfläche und bildet bei jeder Lage die Schmiegungsebene einer Schraubenlinie s, der Rückkehrkurve dieser Fläche. Es ist für das Folgende nützlich, ihre Bewegung näher zu untersuchen.

Wir wählen eine Normalebene zu a als Grundrißebene Π_1; e_1 ($\perp x$) und e_2 seien zu Anfang die Spurlinien von E, φ ihre Neigung gegen Π_1 und H ihr Schnittpunkt mit a (Fig. 311); endlich werde $p = h_0 \cdot \operatorname{cotg} \varphi$ gemacht. Wir denken uns in der Ebene E eine Falllinie g durch H, sowie noch drei weitere Falllinien g_1, g_2, g_3 gezogen, für deren kürzesten Abstände r_1, r_2, r_3 von der Schraubenachse a die Annahmen

$$r_1 < p, \; r_2 = p, \; r_3 > p$$

gelten mögen. Ihre ersten Spurpunkte G, G_1, G_2, G_3 liegen auf e_1, ihre Endpunkte H, H_1, H_2, H_3 mögen sich auf einer Parallelen h zu e_1 befinden. In Π_1 zeichne man um H' die Kreise k_1, k_2, k_3, welche die Geraden g_1', g_2', g_3' bzw. in H_1', H_2', H_3' berühren. —

Bei der Schraubenbewegung von E verschiebt sich H in der Achse a, und es beschreiben H_1, H_2, H_3 koaxiale Schraubenlinien, deren Grundrisse die Kreise k_1, k_2, k_3 sind und für welche die Gerade h stets gemeinsame Hauptnormale bleibt. Gleichzeitig beschreiben die Geraden g, g_1, g_2, g_3 schiefe Regelschraubenflächen, nämlich g eine geschlossene, die anderen offene und speziell g_2 eine abwickelbare. Es ist nämlich φ die Neigung der von H_2 beschriebenen Schraubenlinie, also g_2 ihre Tangente. Die genannte Fläche besteht also aus allen Tangenten dieser Schraubenlinie, und hat sie zur Rückkehrkante; sie ist abwickelbar und bildet die Hüllfläche aller Lagen von E. Der Spurpunkt G_2 beschreibt demnach eine gespitzte Evolvente des Kreises k_2, deren Anfangspunkt A durch Aufwickelung der Strecke $G_2 H_2'$ gefunden wird. Die Spur e_1 der bewegten Ebene E umhüllt diese Kreisevolvente und der Grundriß h' der Geraden h bleibt zu e_1 parallel, indem er sich um H' dreht. Von den zu e_1 senkrechten

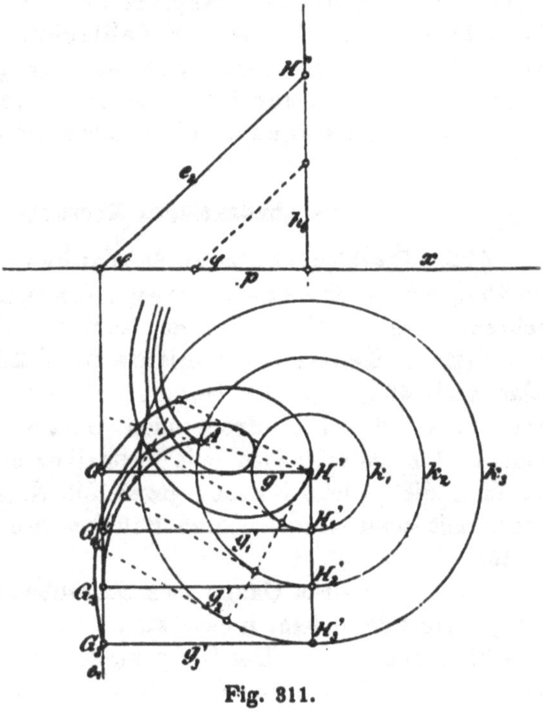

Fig. 311.

Projektionen g', g_1', g_2', g_3' der vier Falllinien geht g' stets durch H', die anderen bilden die Tangenten der Kreise k_1, k_2, k_3, und speziell g_2' rollt auf dem Kreise k_2 ohne Gleiten. Demnach sind die vier Spurpunkte G, G_1, G_2, G_3 mit einer auf dem Kreise k_2 rollenden Tangente fest verbunden, und man erkennt (vergl. 445, 446) den Satz:

Ist r der kürzeste Abstand der Geraden g und a, $R - \varphi$ ihr Neigungswinkel und erfährt g um die feste Achse a eine Schraubenbewegung vom Parameter h_0, so beschreibt der Spurpunkt von g in einer Normalebene zu a eine

Evolvente des Kreises vom Radius $p = h_0 . \operatorname{cotg} \varphi$ um den Achsenspurpunkt. Die Kreisevolvente ist verschlungen, gespitzt oder gestreckt für $r \gtreqless p$ und wird für $r = 0$ (d. h. wenn g und a sich schneiden) eine Archimedische Spirale.

Man kann diesem Satze auch folgende Fassung geben:

Der Normalschnitt einer schiefen Regelschraubenfläche ist eine Kreisevolvente und zwar bei einer offenen Fläche verschlungen, gespitzt oder gestreckt, je nachdem der Steigungswinkel α der Kehlschraubenlinie größer als die Neigung φ der Erzeugenden, ihr gleich (abwickelbare Fläche) oder kleiner ist. Bei einer geschlossenen Fläche wird der Normalschnitt eine Archimedische Spirale.

Die abwickelbare Schraubenfläche.

479. Die abwickelbare Schraubenfläche wird (wie bereits erwähnt) von einer Geraden erzeugt, die sich als Tangente an einer Schraubenlinie fortbewegt. Die letztere ist die Rückkehrkante und zugleich Kehlschraubenlinie der Fläche. Aus der Definition folgt nach 453, daß der Normalschnitt eine gespitzte Kreisevolvente ist. Die erzeugenden Geraden sind Falllinien der Fläche, d. h. sie schneiden jede Normalkurve rechtwinklig; sie haben sämtlich die gleiche Neigung gegen die Normalebene. Man hat es daher mit einer abwickelbaren Fläche von konstantem Gefälle zu tun.

Wir wollen einen Gang dieser Schraubenfläche in orthogonaler Projektion darstellen, indem wir ihre Achse senkrecht zum Grundrisse Π_1 voraussetzen. Der Gang werde von der Ebene Π_1 und einer im Abstand h (Ganghöhe) oberhalb befindlichen Parallelebene Π_3 begrenzt (Fig. 312). Der Grundkreis des Zylinders, der die Rückkehrkurve s trägt, sei s' in Π_1 (Zentrum S', Radius r). Die zweite Projektion der Schraubenlinie s (Neigung α) wird dann, wie in 455, als Sinuslinie s'' dargestellt. Der erste Spurpunkt von s sei A auf s'; er bildet zugleich den Grundriß des Spurpunktes dieser Kurve in Π_3. Bei rechtsgängiger Windung wird die Grundspurlinie (in Π_1) durch eine volle Windung f_1 der aus dem Ursprung A gezogenen Evolvente des Kreises s', der Grundriß der Deckspurlinie (in Π_3) durch die ebenfalls in A beginnende rückläufig beschriebene Evolventenwindung f_3' dargestellt. Der Grundriß g' einer Erzeugenden g ist stets eine Tangente des Kreises s', ihre erste Spur G_1 findet sich auf f_1, die

Projektion G_3' der dritten Spur auf f_3', woraus der Aufriß g'', der s'' berührt, leicht gefunden wird. Den wahren Umriß für die erste Projektion bilden die Rückkehrkante s und die als Berandungen des Flächenganges auftretenden Kreisevolventen f_1 und f_3 nebst den ihre Endpunkte verbindenden Erzeugenden h und k. Der Umriß der ersten Projektion wird von den Linien f_1', k', f_3', h' und s'

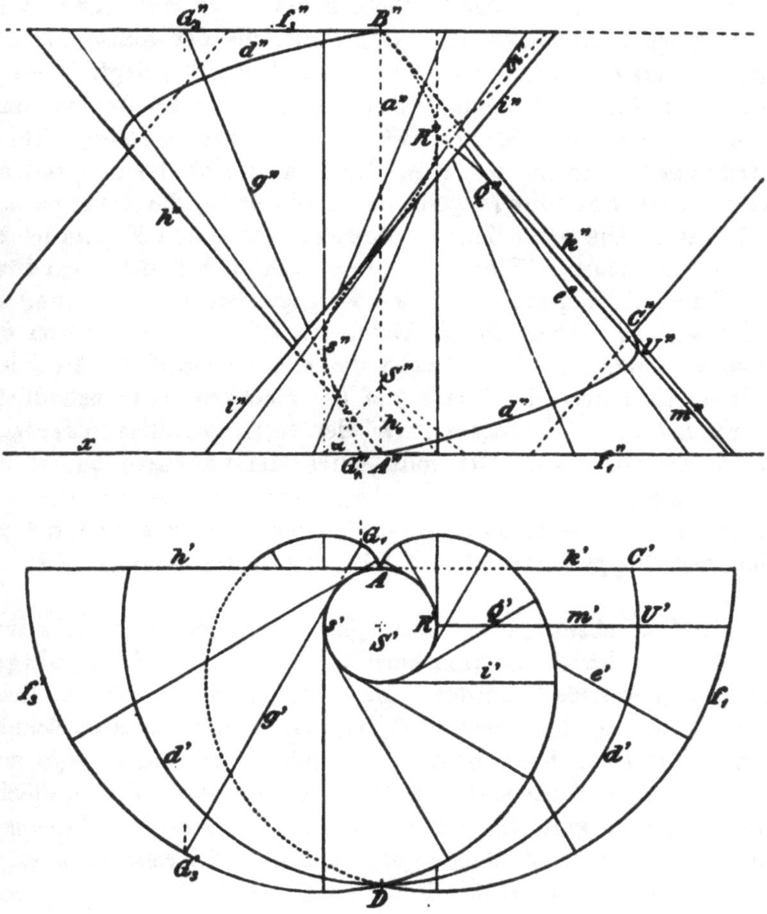

Fig. 312.

gebildet. Den wahren Umriß für die zweite Projektion bildet s in Verbindung mit f_1, f_3 und den zu Π_2 parallelen Erzeugenden h, i, k. Der Umriß der zweiten Projektion besteht also aus f_1'', k'', f_3'', h'', i'' und s''.

Die vollständige Fläche besteht aus unendlich vielen Gängen, von denen wiederum ein jeder sich ins Unendliche erstreckt; ihre

Grundspur ist eine vollständige Kreisevolvente mit ihren beiderlei von A ausgehenden Windungen, die sich in unendlich vielen auf dem Kreisdurchmesser AS' liegenden Doppelpunkten überkreuzen. Da man sich die Fläche durch Schraubenbewegung der Evolvente erzeugt denken kann, so wird ersichtlich, daß jeder Doppelpunkt der letzteren, z. B. D, eine Schraubenlinie d als Doppelkurve erzeugt, in der sich zwei Gänge der Fläche schneiden. In der Figur ist ein Teil derjenigen Doppelkurve d dargestellt, die der Achse zunächst liegt; ihre erste Projektion ist der durch D um S' gelegte Kreis d', woraus der Aufriß d'' ohne Schwierigkeit bestimmt werden kann.

480. Um die Meridiankurve m der abwickelbaren Schraubenfläche zu zeichnen, denke man sich letztere mit der Hauptmeridianebene M geschnitten, die durch die Achse parallel zu Π_2 geht. Die erste Spur m' derselben ist durch S' parallel zur x-Achse zu ziehen. Hieraus ergeben sich sofort die Grundrisse ihrer Durchschnittspunkte mit den Erzeugenden e der Fläche, wie Q' auf e', und daraus die Aufrisse, wie Q'' auf e''. Die von den letzteren gebildete Kurve m'' zeigt die wahre Gestalt des Meridianschnittes; sie bildet in R'' eine (auf der Rückkehrkante befindliche) Spitze und hat die Aufrisse i'', k'' der zu Π_2 parallelen Erzeugenden zu Asymptoten. Die vollständige Meridiankurve besitzt unendlich viele Doppelpunkte, in denen sich ihre den verschiedenen Gängen der Fläche entsprechenden Zweige schneiden und die zugleich den Doppelkurven der Fläche angehören, z. B. $U = m \times d$ (Fig. 312).

Mit fast ebensogroßer Leichtigkeit kann die Schnittkurve der abwickelbaren Schraubenfläche mit einer beliebigen Ebene Ω konstruiert werden. Man benutzt dabei die parallelen Spuren o_1 und o_3 der Ebene in Π_1 und Π_3. Um dann ihren Schnittpunkt V mit einer bestimmten Erzeugenden e zu finden, lege man durch diese als Hilfsebene die Tangentialebene T der Fläche, deren erste und dritte Spur t_1 und t_3 auf e in ihren gleichnamigen Spurpunkten senkrecht stehen (und mithin die Kreisevolventen f_1 bzw. f_3 berühren). Die Hilfslinie $l = \mathrm{T} \times \mathrm{E}$, welche durch $L_1 = t_1 \times o_1$ und $L_3' = t_3' \times o_3'$ bestimmt wird, schneidet e in dem gesuchten Punkt V. Die Asymptoten der Schnittkurve liegen in den Tangentialebenen der Fläche durch die zur Schnittebene parallelen Erzeugenden; sie besitzt auf der Rückkehrkante Spitzen, auf den Doppelkurven Doppelpunkte. Die Hilfslinien l bilden, weil sie auf Tangentialebenen der Fläche liegen, zugleich Tangenten der Schnittkurve. In die Figur ist, um sie nicht zu komplizieren, keine

Darstellung eines solchen ebenen Schnittes der abwickelbaren Schraubenfläche eingetragen.

481. Wir sind, um die abwickelbare Schraubenfläche zu erzeugen, von einer bestimmten Schraubenbewegung einer ihrer Erzeugenden ausgegangen, die man auch dadurch vollständig definieren kann, daß man sagt: die Erzeugende g gleitet ohne Rollen als Tangente an der Rückkehrkurve. Hierbei beschreiben alle ihre Punkte koaxiale Schraubenlinien, welche die Schnitte der Fläche mit koaxialen Rotationszylindern bilden. Die Fläche wird aber auch von der Erzeugenden g beschrieben, wenn diese auf der Rückkehrkurve ohne Gleiten rollt, und dann beschreiben alle ihre Punkte (wie aus 453 hervorgeht) gespitzte Kreisevolventen, welche die Schnitte der Fläche mit den Normalebenen bilden.

Im Anschluß an diese Betrachtung kann die Aufgabe gelöst werden: die Schnittpunkte einer gegebenen Geraden g mit einem Gange einer abwickelbaren Schraubenfläche zu konstruieren; oder auch: an einen Gang einer Schraubenlinie die Tangenten zu ziehen, die eine gegebene Gerade g schneiden (Fig. 313).

Die Gerade g sei durch ihre Spurpunkte G_1 und G_2 in Π_1 und Π_2 bestimmt. Ist U ein Schnittpunkt derselben mit der Fläche, so geht durch ihn eine Erzeugende e, deren Spurpunkte E_1 und E_2 bzw. auf den Spurkurven f_1 und f_2 der Fläche liegen.

Indem man den Punkt U zugleich mit g und e die zur Erzeugung der Fläche dienende Schraubenbewegung in geeignetem Sinne (abwärts) ausführen läßt, wird e die Fläche selbst und U auf ihr eine Schraubenlinie u beschreiben, deren Spurpunkt in Π_1 durch X bezeichnet werden mag. X gehört dann zugleich den beiden Spurkurven an, welche die bewegten Geraden e und g in Π_1 bestimmen. Von diesen ist die eine die gespitzte Kreisevolvente f_1, die andere eine (allgemeine) Kreisevolvente g_1 durch den Punkt G_1, die nach 478 gefunden wird. Man bestimme nämlich den Kreis k als Horizontalprojektion aller zu der genannten Bewegung gehörigen Schraubenlinien, welche Parallele zu g als Tangenten haben und ziehe als Projektion einer solchen an k die Tangente t' $(\| g')$. Rollt t' auf k, so beschreibt der fest mit t' verbundene Punkt G_1 die Kurve g_1. Demnach kann X als einer der Schnittpunkte von f_1 und g_1 gefunden werden. Da umgekehrt X durch Schraubenbewegung (aufwärts) in den gesuchten Punkt U übergehen muß, so findet man dessen Grundriß U' auf g' mittels eines durch X um den Achsenspurpunkt S' geschlagenen Kreises. Die Horizontalprojektion e' der durch U gehenden Erzeugenden e ist eine aus U' an den Kreis s' gelegte Tangente. Die Geraden $E_1 G_1$ und $E_3 G_3$ sind als erste und dritte Spur der Ebene eg parallel. Der in der Figur gezeichnete Flächengang hat mit der Geraden g außer U

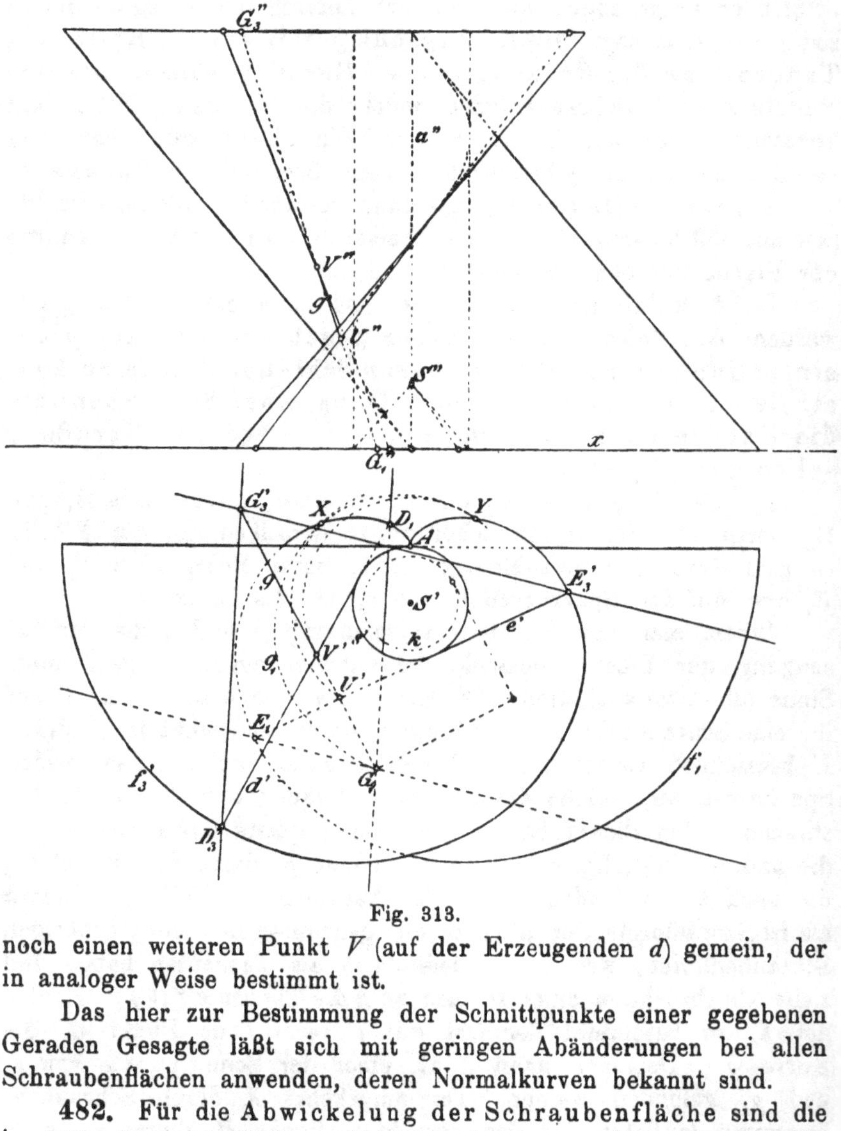

Fig. 313.

noch einen weiteren Punkt V (auf der Erzeugenden d) gemein, der in analoger Weise bestimmt ist.

Das hier zur Bestimmung der Schnittpunkte einer gegebenen Geraden Gesagte läßt sich mit geringen Abänderungen bei allen Schraubenflächen anwenden, deren Normalkurven bekannt sind.

482. Für die Abwickelung der Schraubenfläche sind die in 312—314 entwickelten Sätze zu benutzen. Bei der Ausbreitung der Fläche in eine Ebene geht die Rückkehrschraubenlinie s

in eine ebene Kurve s_0 über, die mit jener in entsprechenden Punkten den gleichen Krümmungsradius ϱ hat. Dieser ist für die Schraubenlinie konstant (452) und wird (nach 455) aus dem Grundkreisradius r und dem Steigungswinkel α gemäß der Formel $\varrho = \frac{r}{\cos^2 \alpha}$ leicht gefunden (Fig. 314 a). Man zeichnet nämlich ein rechtwinkliges Dreieck QRS mit r und h_0 als Katheten und dem Winkel α bei Q und zieht $ST \perp QS$, so ist $QT = \varrho$. Demnach ist hier die Verwandelte s_0 der Rückkehrkurve s ein Kreis vom Radius ϱ. Die Erzeugenden der Fläche werden als Tangenten von s in die Tangenten von s_0 übergeführt. Die beiden längs s zusammenstoßenden Mäntel der Fläche werden daher in der Abwickelung die Außenfläche des Kreises s_0 doppelt überdecken. Wir stellen die zu dem in Fig. 312 gezeichneten Flächengange gehörigen Flächenteile mit der dort angegebenen Berandung dar. Die Länge l eines Ganges der Schraubenlinie s wird durch Abwickelung des Schraubenzylinders gefunden, nämlich als Hypotenuse eines rechtwinkligen Dreiecks QUV, dessen Katheten resp. die Peripherie $2r\pi$ des Grundkreises und die Ganghöhe h bilden (Fig. 314a); l ist zugleich die wahre Länge der zur Berandung gehörigen Erzeugenden h und k.

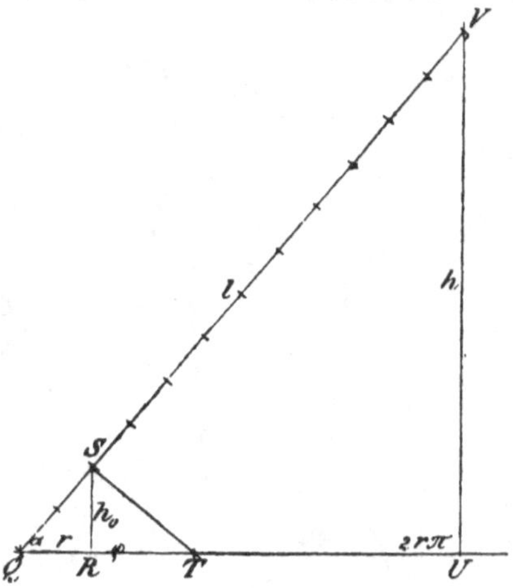

Fig. 314 a.

Man zeichne daher zuerst (Fig. 314b) einen Kreisbogen vom Radius ϱ und der Länge l, ziehe in den Endpunkten $A_0 B_0$ seine Tangenten h_0 und k_0 und gebe ihnen dieselbe Länge l. Die Randkurven f_1 und f_3 der Fläche sind (453) Evolventen der Schraubenlinie s und geben daher in der Abwickelung Evolventen des Kreises s_0, deren Ursprungspunkte A_0 und B_0 sind. Man teilt daher zweckmäßig den Kreisbogen $A_0 B_0$ in eine hinreichende Anzahl n (= 16) gleicher Teile, zieht in den Teilpunkten die Tangenten und trägt auf ihnen vom m^{ten} Teilpunkt aus nach der einen Seite die Strecke $\frac{m}{n} \cdot l$, nach der anderen $\frac{n-m}{n} \cdot l$ auf. Diese Teilstrecken werden aus der Hilfsfigur 314a entnommen.

Die so gefundenen Endpunkte liegen auf den verwandelten Kreisevolventen f_1^0 und f_3^0. Um eine auf der Schraubenfläche gezogene Schraubenlinie, also ihren Schnitt mit einem koaxialen Zylinder in die Abwickelung zu übertragen, hat man auf irgend einer Erzeugenden die Strecke zwischen jener Schraubenlinie und dem Berührungspunkte auf der Rückkehrkurve in wahrer Länge abzutragen. Es ergibt sich hieraus, daß die Verwandelten aller Schraubenlinien der Fläche konzentrische Kreise bilden. So

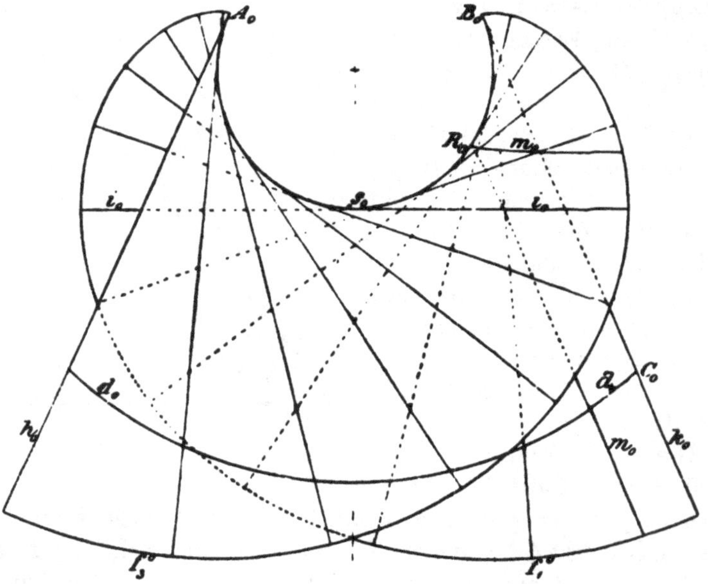

Fig. 314 b.

ist die zu s_0 konzentrische Kreislinie d_0 als Verwandelte der Doppelkurve durch Abtragen der Strecke $B_0C_0 = B''C''$ (vgl. Fig. 312) auf der Erzeugenden k_0 bestimmt.

Um schließlich in die Abwickelung die Verwandelte m_0 der Meridiankurve m einzutragen, bestimme man zuerst ihre Spitze R_0 auf s_0, indem man den Bogen B_0R_0 dem vierten Teile des Bogens B_0A_0 gleichmacht. Ferner übertrage man die Schnittpunkte der Kurve m mit einzelnen Erzeugenden der Fläche und insbesondere ihre Endpunkte auf den Randkurven f_1 und f_3. Ersteres geschieht, indem man den wahren Abstand des gesuchten Punktes von einem bekannten Punkte der durch ihn gehenden Erzeugenden mißt, letzteres durch Übertragung von Bogen der Randkurven. Die in der Abwickelung verzeichneten Erzeugenden i_0 und k_0 bilden die Asymptoten der Kurve m_0.

483. Die Eigenschatten- und Schlagschattengrenzen der abwickelbaren Schraubenfläche bei Parallelbeleuchtung. — Die Grenzkurve u zwischen Licht und Eigenschatten wird auf der Fläche durch die Berührungspunkte aller der Tangentialebenen gebildet, welche Lichtstrahlen enthalten. Da jede solche Ebene die Fläche in allen Punkten einer Erzeugenden berührt, so folgt: die Lichtgrenze u auf der abwickelbaren Schraubenfläche besteht aus erzeugenden Geraden; dieselben sind den Mantellinien des Richtungskegels parallel, die seine Lichtgrenze bilden. Hiernach gestaltet sich die Schattenkonstruktion für die in Rede stehende Fläche besonders einfach; wir wollen sie für einen in bestimmter Weise begrenzten Teil unserer Fläche vollständig durchführen und zwar in orthogonaler Projektion unter der Annahme einer vertikalen Schraubenachse.

Wir betrachten nur den einen der beiden in der Rückkehrkante s zusammenstoßenden Mäntel der Fläche und denken uns denselben durch zwei parallele Erzeugende EF und GH, durch den zwischen ihnen liegenden Gang $FMNOH$ von s und den Gang $EJKLG$ einer zweiten mit s koxialen Schraubenlinie t begrenzt. Die Richtung eines Lichtstrahles l sei durch seine Projektionen l' und l'' festgelegt (Fig. 315).

Die Berandung unserer (rechtsgängigen) Schraubenfläche wird im Grundriß durch die konzentrischen Kreise s' und t' mit der Tangente EF' des ersteren, im Aufriß durch die Sinuslinien s'' und t'' und die Tangenten $E''F''$ und $G''H''$ von s'' dargestellt ($G' = E'$, $H' = F'$), zu denen noch als Umrißlinie $M''K''$ kommt ($M'K' \parallel x$). Irgend ein Punkt S (etwa mit dem ersten Tafelabstand $= 2h_0$) werde als Spitze eines Richtungskegels gewählt und für diesen in bekannter Weise (338) die Eigen- und Schlagschattengrenze (in Π_1) konstruiert. Hierauf sind parallel zu den ersten Projektionen der Mantellinien, die auf dem Kegel die Lichtgrenze bilden, in geeignetem Sinne die Tangenten u' und v' des Kreises s' zu ziehen. Sie bilden die Grundrisse zweier Erzeugenden u und v, aus denen in Verbindung mit s die Lichtgrenze auf der Schraubenfläche besteht; ihre Aufrisse u'' und v'', die unter Benutzung der Randpunkte leicht konstruiert werden, liegen ebenso zu den Aufrissen der entsprechenden Kegelkanten parallel. (Die in 474 erwähnte Kurve 4. Ordnung zerfällt hier in den Kreis s' und seine Tangenten u' und v'). Man zeichne jetzt die Schatten der Schraubenlinien s und t in Π_1 als

Zykloiden (454). In der Figur ist s_* eine gestreckte, t_* eine verschlungene Zykloide; die beschreibenden Kreise sind s' und t', der rollende Kreis ist dadurch bestimmt, daß sein Umfang der Länge

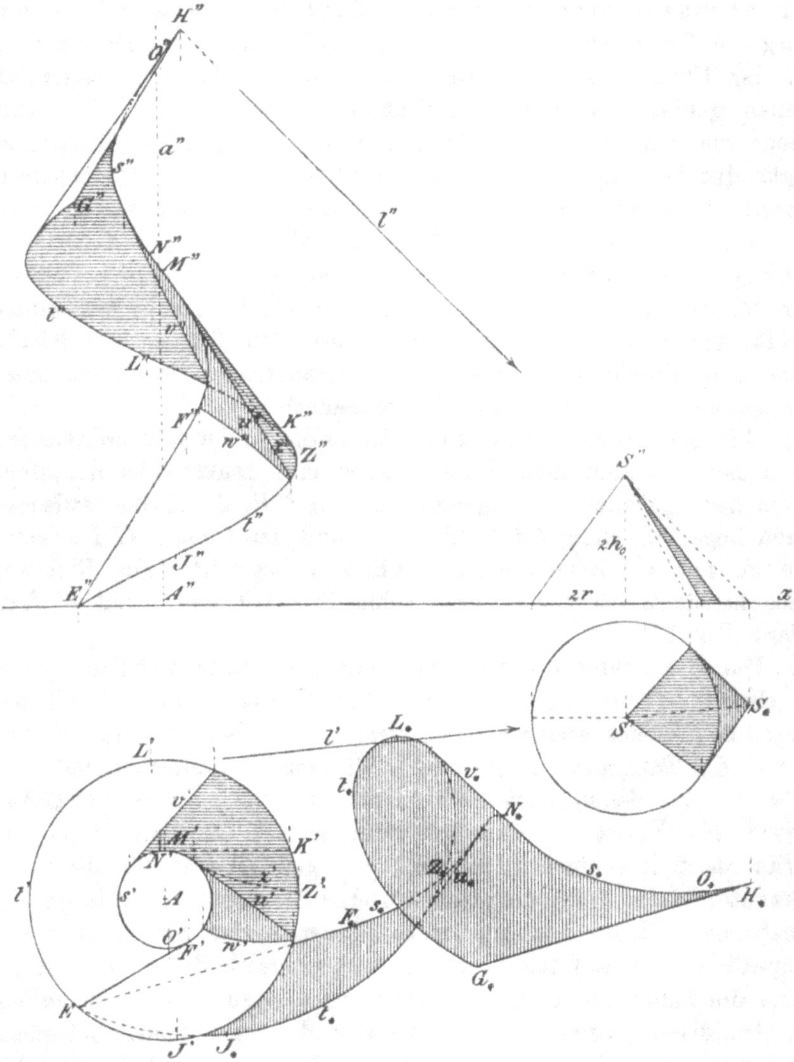

Fig. 315.

des Schattens der Ganghöhe $h = FH$ gleichkommt und seine Bahnlinie ist parallel zu l'. Die Scheitel der Zykloiden sind die Schatten der Punkte N, O, J, L, deren Grundrisse auf s' bzw. t' und einem zu l' senkrechten Durchmesser liegen. Begrenzt werden die Kurven durch die Punkte $E_* = E$ und G_*, bzw. F_* und H_*. Die Verbindungslinien dieser Punktepaare bilden die Schatten der Erzeugenden EF und GH, die zur Berandung gehören. Schließlich sind parallel zu den Schlagschattengrenzen des Richtungskegels die Geraden u_* und v_* zu ziehen, welche die Kurven s_* und t_* in den Punkten berühren, die den Endpunkten der Geraden u und v auf s und t als Schatten zugehören. Aus den Linien s_*, t_*, u_*, v_*, E_*F_* und G_*H_* setzt sich die Grenze des Schlagschattens der Fläche auf die Grundrißebene zusammen.

Den Punkten, in denen der Randschatten t_* sich selbst und die Kurve s_* überschneidet, entsprechen Punkte der Linien t und s, die von der Randlinie t Schatten empfangen. Man findet sie, indem man die zu den Überschneidungspunkten gehörigen Lichtstrahlen rückwärts bis zu den fraglichen Kurven verfolgt. Die gefundenen Punkte liegen auf einer ersten Grenzlinie w des Schlagschattens der Fläche auf sich selbst. Will man eine größere Anzahl von Punkten der Grenzlinie w konstruieren, so hat man die Überschneidungspunkte von t_* mit den Schatten geeigneter Erzeugenden der Fläche in analoger Weise zu benutzen. Ferner entspricht dem Punkte Z_*, in welchem s_* die Kurve t_* überschneidet, ein Punkt Z des Randes t, der von dem Rande s Schatten erhält. In Z endigt eine zweite Grenzkurve z des Schlagschattens der Fläche auf sich selbst. Dieselbe berührt s in demselben Punkte wie u. Der von v aufsteigende Teil der Fläche wirft Schatten auf ihre Oberseite zwischen w und u, auf ihre Unterseite zwischen z und v. Der von u absteigende Teil beschattet die Unterseite zwischen u und z.

Windschiefe Regelschraubenflächen.

484. Wir betrachten zuerst die geschlossene gerade Schraubenfläche. Ihre die Achse a senkrecht schneidenden Erzeugenden bilden gleichzeitig die Normal- und Meridiankurven. Wir denken uns die Fläche rechtsgängig. Um eine einfache Darstellung zu geben, sei ein Gang derselben durch zwei Erzeugende g und h, die in den Normalebenen Π_1 und Π_3 senkrecht zu Π_2 liegen sollen, und durch zwei einem koaxialen Zylinder (Grundkreis s') angehörige Schraubenlinien s und t begrenzt.

Der Umriß der ersten Projektion besteht dann aus dem Kreise s' ($= t'$) und der Geraden g ($= h'$), der Umriß der zweiten Projektion aus zwei kongruenten Sinuslinien s'' und t'', die sich in den Punkten A'', B'', C'' auf a'' schneiden (Fig. 316). Die

Striktionslinie der Fläche wird von ihrer Achse a gebildet. Die Tangentialebene in einem Punkte der Achse verbindet diese mit der durch ihn gezogenen Erzeugenden, ist also eine Meridianebene; schreitet der Berührungspunkt auf der Erzeugenden fort, so dreht sich die Tangentialebene um diese und geht schließlich (als asymptotische Ebene) in die zugehörige Normalebene über. Man konstruiert eine Tangentialebene mittels der Tangente der durch den Berührungspunkt gezogenen koaxialen Schraubenlinie.

Die Durchstoßpunkte einer gegebenen Geraden mit einem Flächengange können nach der in 481 angegebenen Methode gefunden werden. Zur Konstruktion eines ebenen Schnittes der Fläche teile man die auf der Achse abgetragene Ganghöhe $h = AC$ in eine hinreichende Anzahl gleicher Teile und denke sich durch die Teilpunkte Normalebenen gelegt, die auf der schneidenden Ebene E Streichlinien $\| e_1$ und e_2 bestimmen. Jede solche Streichlinie schneide man mit der in der zugehörigen Normalebene liegenden Erzeugenden. Die so gefundenen Punkte liegen auf der gesuchten Schnittkurve; letztere besitzt in jedem Flächengange zwei Asymptoten. Diese werden durch Normalebenen bestimmt, welche die beiden zur Spur e_1 parallelen (eine Ganghälfte begrenzenden) Erzeugenden enthalten. Die angedeutete Konstruktion ist zuerst im Grundrisse auszuführen und hieraus der Aufriß der Schnittkurve abzuleiten.

485. Die Schattengrenzen der geschlossenen geraden Schraubenfläche werden nach 473 dargestellt. Wird von Π_1 aus auf die Achse a die reduzierte Ganghöhe bis nach S abgetragen $\left(A''S'' = h_0 = \frac{h}{2\pi}\right)$ und der Schatten S_* des Punktes S in Π_1 nach links um 90° bis in die Lage L gedreht, so ist L der Pol des Lichtstrahles; die Neigung von l gegen Π_1 heiße λ. In Fig. 316 sind die Projektionen l' und l'' des Lichtstrahles l beide gegen die x-Achse unter 45° gezogen.

Von dem Pole L aus fälle man die Lote auf die um A sich drehende Gerade g. Der geometrische Ort ihrer Fußpunkte ist der Kreis über dem Durchmesser AL und bildet den Grundriß u' der Lichtgrenze u. Diese wird auf der Fläche durch den über u' stehenden Rotationszylinder ausgeschnitten und bildet eine Schraubenlinie von der Ganghöhe $= \frac{h}{2}$. Durchläuft ein Punkt die Lichtgrenze eines Flächenganges, so beschreibt sein Grundriß den Kreis u' doppelt. Ist nämlich U auf der Erzeugenden g der erste Spurpunkt der Lichtgrenze u, U_1 ein höherer Punkt derselben und M der Achsenspurpunkt jenes Zylinders, so ist $\angle\, UMU_1' = 2\varphi$, wenn

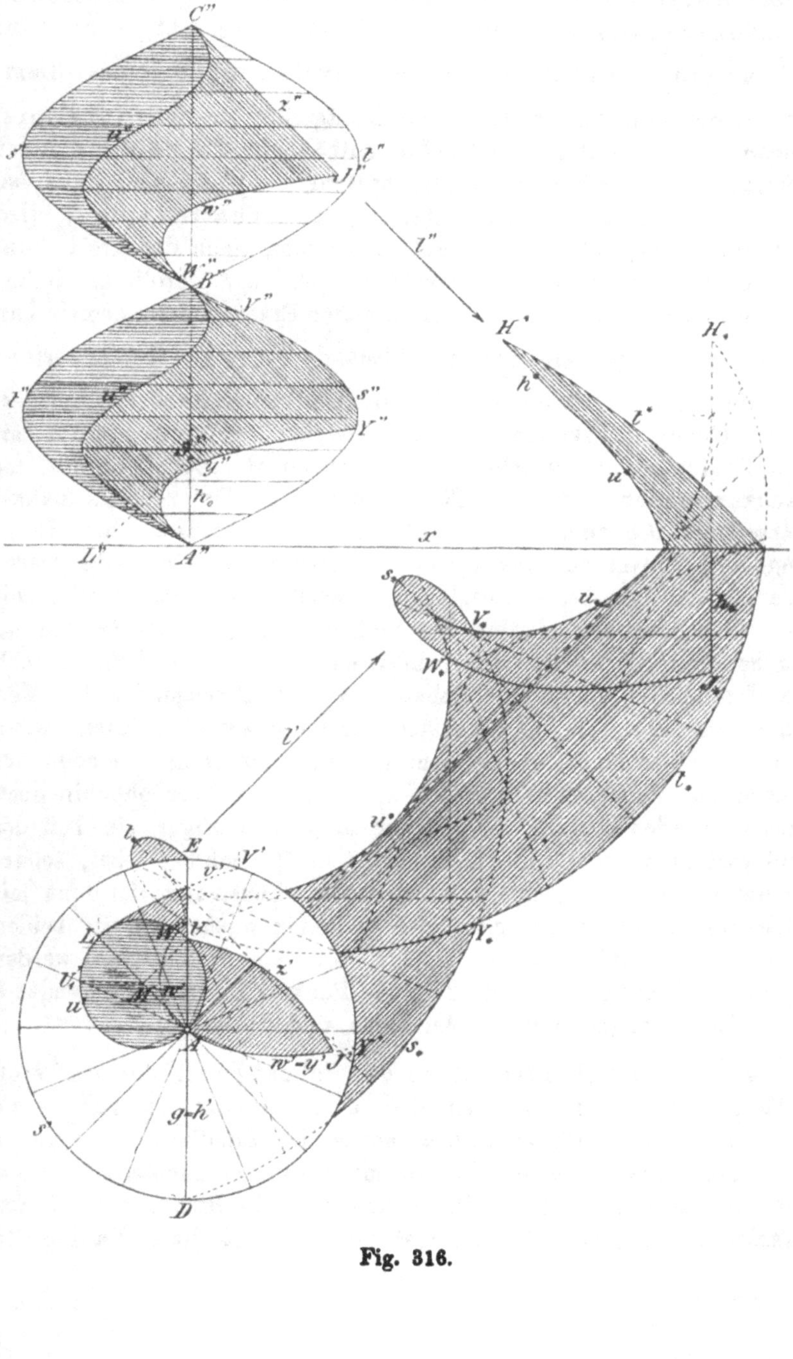

Fig. 316.

$\angle UAU_1' = \varphi$ ist. Die Höhe des Punktes U_1 über Π_1 ist $= h_0 . \varphi$, sie wächst proportional dem Winkel $\angle UMU_1'$. Hieraus folgt: Jeder Rotationszylinder, der die Achse der geschlossenen geraden Schraubenfläche zur Mantellinie hat, schneidet auf ihr eine Schraubenlinie von der Ganghöhe $\frac{h}{2}$ aus. Demnach ergibt sich der Aufriß u'' der Lichtgrenze als eine Sinuslinie, welche die Punkte A'', B'', C'' auf a'' enthält. Da die Neigung dieser Schraubenlinie u mit λ übereinstimmt ($\operatorname{tang} \lambda = \frac{1}{2} h_0 : LM = h_0 : LA$), so hat sie Lichtstrahlen zu Tangenten, und ihr Schatten u_* in Π_1 wird eine gespitzte Zykloide. Letztere entsteht, wenn der Kreis u' auf der durch L gezogenen Lichtstrahlenprojektion l' abrollt als Bahnlinie des Punktes U, den u' mit der untersten Erzeugenden g gemein hat. Die Spitzen folgen einander im Abstande $\frac{h}{2} . \operatorname{cotg} \lambda$. — Die beiden Randschraubenlinien s und t ergeben als Schatten s_* und t_* in Π_1 ebenfalls Zykloiden. Diese entstehen, wenn der um A mit dem Radius AL beschriebene Kreis auf der Geraden l' abrollt, als Bahnkurven der Endpunkte D und E von g. Unter der Annahme $AD = AE > AL$ sind es verschlungene Zykloiden; ihre Ganglänge ist doppelt so groß als die der Zykloide u_*; sie sind gegeneinander um ihre halbe Ganglänge verschoben und umschließen mit ihren Schleifen abwechselnd die Spitzen von u_*. Zur Begrenzung des Schlagschattens auf die Grundrißebene gehören schließlich noch die Erzeugende g und der Schatten h_* der Erzeugenden h. Man erhält die zu u_*, s_*, t_* gehörigen Elemente am einfachsten, wenn man von einer hinreichenden Anzahl äquidistanter Erzeugenden der Fläche die Schlagschatten in Π_1 zeichnet, weil diese ohnehin noch benutzt werden müssen. Wenn, wie in unserer Figur, ein Teil des Schlagschattens nicht in Π_1, sondern in Π_2 sichtbar wird, so erscheint er an der x-Achse gebrochen. Man konstruiert ihn dann mit Hilfe der Affinität zwischen den Schattenprojektionen in beiden Tafeln. Die Affinitätsachse ist x, die Affinitätsstrahlen werden durch die Schatten H_* und H^* eines Punktes H der Erzeugenden h leicht bestimmt (bei unserer Annahme sind sie $\parallel x$).

486. Der Schlagschatten der Schraubenfläche auf sich selbst wird von den Kurven v, w, y, z begrenzt, die auf ihr als Schatten der Lichtgrenze u, sowie der Randlinien s, t und h entstehen. Die Kurve v geht tangential von der Lichtgrenze u aus und zwar in den Punkten, deren Tangenten die Richtung der Lichtstrahlen haben. Der Pol L bildet den Grundriß dieser Punkte. In dem dargestellten Flächengange besitzt v zwei Zweige, deren Grundrisse zusammenfallen; der untere endigt auf der Randlinie g in ihrem Schnittpunkte mit u_*, der obere auf der Randlinie s in V ($V_* = u_* \times s_*$). Man bestimmt Punkte ihres Grundrisses, indem man zu den Schnittpunkten von u_* mit den Schatten erzeugender Geraden die entsprechenden Punkte auf ihren Grundrissen sucht. Um den Randschatten auf der Fläche zu finden, denke man sich durch die Schnittpunkte von s_*, t_* und h_* mit den Grundrißschatten der Erzeugenden Lichtstrahlen gezogen und verfolge dieselben in beiden Projektionen zurück bis zu den betreffenden Erzeugenden selbst. Auf diese Weise ergeben sich Punkte der Grenzlinien w, y, z. Die Kurven w und y schneiden die Achse a, ihre Grundrisse sind identisch. Die Kurve w beginnt auf u in dem Punkte W, dessen Schatten $W_* = u_* \times s_*$ ist, und endigt in dem zu $J_* = s_* \times h_*$ gehörigen Punkte J. Der Anfangspunkt der (im Grundriß völlig verdeckten) Kurve y liegt senkrecht unter W auf u, ihr Endpunkt Y auf s entspricht dem Schnittpunkte $Y_* = s_* \times t_*$. Die Kurve z beginnt in dem vertikal über U auf h gelegenen Punkte und endigt in J; ihr Aufriß fällt mit der durch C'' gezogenen Lichtstrahlprojektion l'' zusammen.

487. Die offene gerade Schraubenfläche mit ihren Schattengrenzen soll unter den bisherigen Annahmen über die Richtung der Achse a und der Lichtstrahlen dargestellt werden, also für $a \perp \Pi_1$ und $\angle l'x = \angle l''x = 45^0$ (Fig. 317). Ein rechtsgewundener Flächengang sei begrenzt durch die Erzeugenden FG (in Π_1) und HJ (in Π_3) sowie die auf einem koaxialen Rotationszylinder liegenden Schraubenlinien s und t, deren Endpunkte bzw. F, H und G, J sind. Die Kehlschraubenlinie k hat das vom Achsenspurpunkte A auf FG gefällte Lot AQ zum Radius; der in Π_1 um A mit diesem Radius beschriebene Kreis k' ist ihr Grundriß, ihr Aufriß eine Sinuslinie k''. Ebenso bildet der mit dem Halbmesser AF beschriebene Kreis s' zugleich den Grundriß von s und t, während die Aufrisse dieser Kurven zwei kongruente Sinuslinien s'' und t'' sind, die sich in den Scheitelpunkten B'' und D'' der Kurve k'' überschneiden. Es ist zweckmäßig, am Aufrisse a'' der Achse die Ganghöhe $h = A''E''$ in eine hinreichende Anzahl (z. B. 16) gleicher Teile zu teilen und durch die Teilpunkte Parallelen zu x als Aufrisse von Erzeugenden zu ziehen, die man numerieren mag. Die Grundrisse derselben berühren den Kreis k'; ihre Berührungspunkte werden durch entsprechende Teilung der Peripherie, die im Berührungspunkte Q von FG beginnt, erhalten. Schließlich bestimme man noch, wie vorher

(471) aus der reduzierten Ganghöhe $h_0 = \frac{h}{2\pi}$ den Pol L des Lichtstrahles in Π_1 ($AL = h_0 . \sqrt{2}$, $\angle AL, x = 45^0$).

488. Der Grundriß u' der Lichtgrenze u wird von den Fußpunkten der Lote aus dem Pole L auf die Tangenten des Kreises k' gebildet. Diese Kurve 4. Ordnung u' (deren Konstruktion in Fig. 318 wiederholt ist) heißt daher eine Fußpunktkurve des Kreises k' und L ihr Pol. Sind e' und f' zwei parallele Tangenten von k', J und K ihre Berührungspunkte, X und Y die auf ihnen liegenden Fußpunkte des gemeinsamen Lotes aus L und schneidet letzteres den über dem Durchmesser AL geschlagenen Kreis m in M, so hat man: $AJ = AK = MX = MY$. Daher zeigt sich, daß die Kurve u' eine Pascalsche Schnecke (Konchoide) ist (vgl. 294); L ist ihr reeller Doppelpunkt.

Der Abstand der Erzeugenden e von ihrem Grundrisse e' ist $= h_0 . \varphi$, wenn $\angle QAJ = \varphi$ und Q der Berührungspunkt der in Π_1 liegenden Erzeugenden e_0 mit k', J der von e' mit k' ist. Der Grundrißschatten e_* geht aus e' durch eine Parallelverschiebung in der Richtung von l' hervor, deren Größe für $\lambda = \angle ll'$ (Neigung des Lichtstrahles gegen Π_1) durch $h_0 . \varphi . \operatorname{cotg} \lambda$ gemessen wird. Schneiden AQ und AJ den mit dem Radius $AL = h_0 . \operatorname{cotg} \lambda$ beschriebenen Kreis n bzw. in Q_1 und J_1, so ist der Bogen $Q_1 J_1$ der Verschiebungsgröße gleich. Die Linie e_* ergibt sich als Endlage der mit dem Kreise n fest verbundenen Geraden e_0, wenn n auf der durch L parallel zu l' gezogenen Geraden i um die Bogenlänge $= Q_1 J_1$ fortrollt. Oder: Die Schattengrenze u_* in Π_1 ist die Hüllkurve der Geraden e_0, die mit dem auf i rollenden Kreise n fest verbunden bleibt. Der Berührungspunkt X_* von u_* mit e_* wird nach 434 als Fußpunkt des aus dem augenblicklichen Drehpunkte L_* auf e_* gefällten Lotes bestimmt. Ist P der Fußpunkt des Lotes von L auf e_0, so begrenzen die Schenkel des Winkels PLX auf dem Kreise m einen Bogen $NM =$ Bogen $Q_1 J_1 = LL_*$. Rollt daher m ebenfalls auf i, so gelangt der Punkt N, indem er eine gespitzte Zykloide c beschreibt, in die Lage M_* auf $L_* X_*$. Letztere Gerade ist die Normale der Zykloide und $M_* X_* = MX$ dem Radius von k' gleich. Hieraus folgt: Der Schlagschatten der offenen geraden Schraubenfläche auf eine Normalebene Π_1 wird durch die Parallelkurve (Äquidistante) u_* einer gespitzten Zykloide c begrenzt. Die Zykloide c entsteht beim Rollen eines Kreises m vom Radius $= \frac{1}{2} h_0 . \operatorname{cotg} \lambda$ auf dem Grundrisse i eines Lichtstrahles; die auf ihren Normalen abzutragende konstante Strecke ist dem kürzesten Abstande AQ einer Erzeugenden von der Achse der Fläche gleich. — Die ersten Spurpunkte der die Lichtgrenze u berührenden Lichtstrahlen sind Spitzen von u_*; sie liegen auf der Doppeltangente l' der Kurve u'. Die erste Spitze V_* entspricht dem Berührungspunkte V', die zweite W_* dem Berührungspunkte W', usf. Die Spitzentangenten von c liegen rechtwinklig zu l', die der Parallelkurve u_* abwechselnd rechtwinklig zu LV' und LW'.

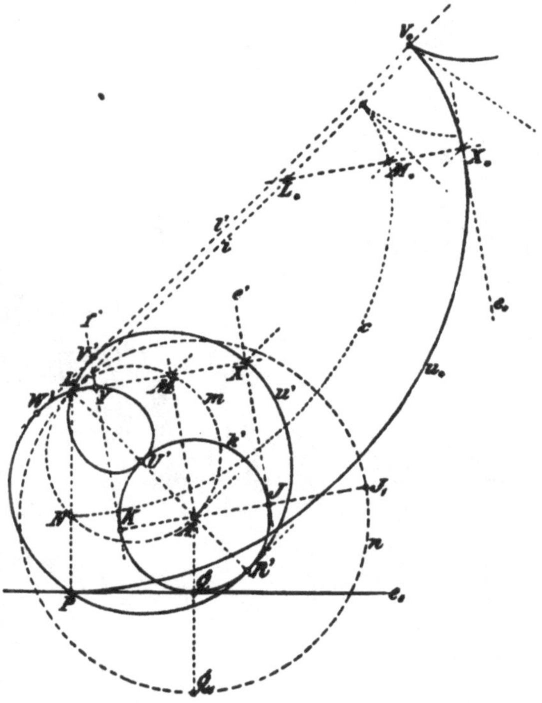
Fig. 317.

489. Der Aufriß u'' der Lichtgrenze auf der Schraubenfläche wird von einer wellenförmigen Kurve gebildet, die den Aufriß k'' der Kehlschraubenlinie in den Punkten R'', U'', B'', D'' schneidet, deren Grundrisse auf k' die Endpunkte der $\perp l'$ und $\parallel x$ gezogenen Durchmesser bilden. Der Schnittpunkt von u'' mit dem Aufrisse einer Erzeugenden liegt senkrecht über dem Schnittpunkte ihres Grundrisses mit u'.

Die durch den Pol L parallel zur Achse a gezogene Gerade b bildet die Polachse der Schraubenfläche. Die gemeinsamen Normalen der Polachse b und der Erzeugenden bilden ihrerseits eine zweite gerade Schraubenfläche; dieselbe ist geschlossen und hat denselben Windungssinn und dieselbe Ganghöhe wie die gegebene. Die Lichtgrenze u ist der Durchschnitt dieser Polarschraubenfläche mit der gegebenen (473). Die Schlagschattengrenze der Polarschraubenfläche in Π_1 ist eine gespitzte Zykloide und bildet die gemeinsame Evolute der Kurven u_* und c; sie ist also mit letzterer kongruent (437) und trägt die Spitzen V_*, W_*, ... der ersteren (304).

Die Schlagschatten der Randkurven s und t unserer Fläche in Π_1 sind die verschlungenen Zykloiden s_* und t_*. Sie gehen aus-

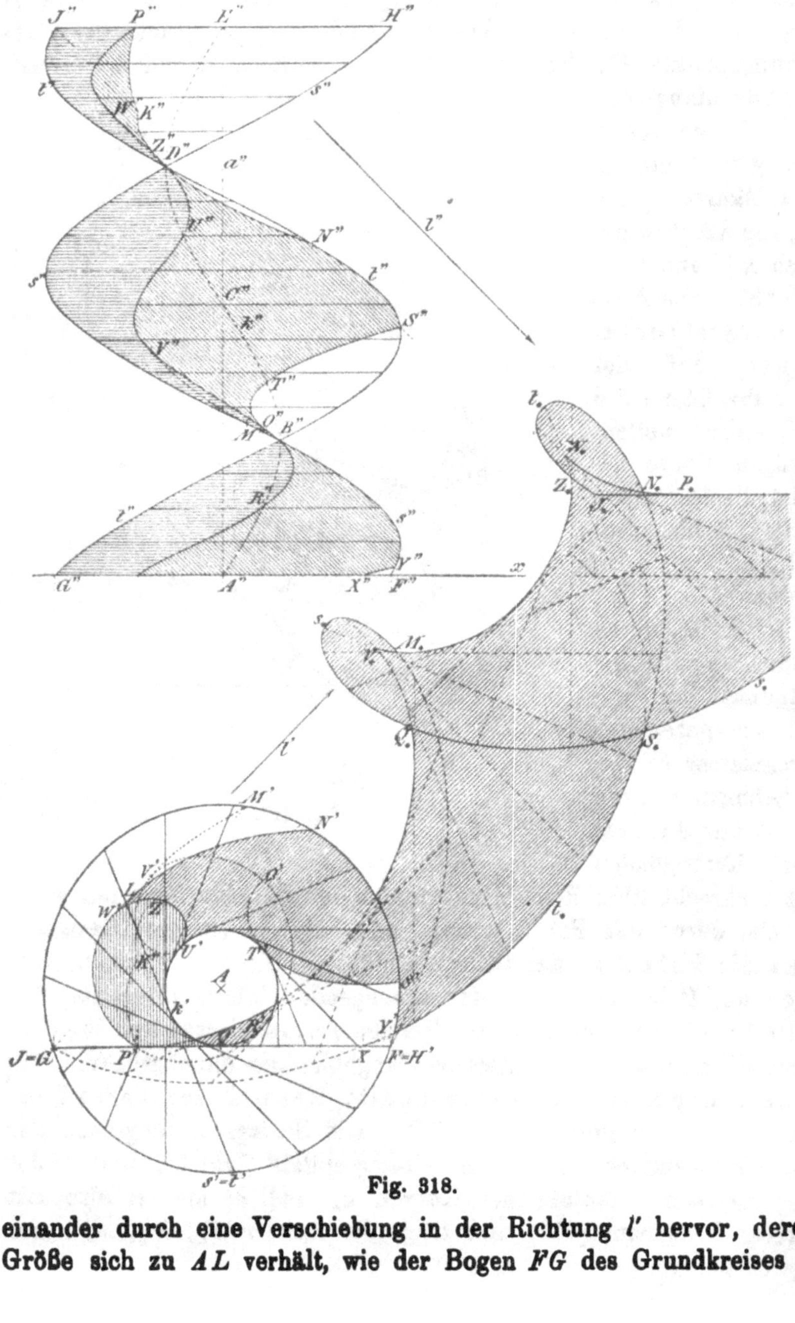

Fig. 318.

einander durch eine Verschiebung in der Richtung l' hervor, deren Größe sich zu AL verhält, wie der Bogen FG des Grundkreises s'

zu seinem Radius. Zu ihnen tritt noch der Grundrißschatten $J_* H_*$ der obersten Erzeugenden JH.

Der Schlagschatten der Fläche auf sich selbst ist nach der schon in 486 angewandten Methode bestimmt. Zu seiner Begrenzung gehören zunächst zwei Zweige VM und WN des Schattens der Lichtgrenze u auf die Fläche. Diese setzen tangential an u in den Berührungspunkten V und W der Lichtstrahlen an und endigen auf den Randlinien s und t. Sodann gehören hierzu die Schatten der Randkurven auf die Fläche. Diese sind aus den Schnittpunkten der Randschatten in Π_1 mit den Schatten der Erzeugenden abgeleitet und bilden die Kurvenzüge PK, XY, ZK und STO. Ersterer rührt von dem Stücke PJ der obersten Erzeugenden her, die beiden folgenden von t und der letzte von s.

490. Wir gehen zur Darstellung einer geschlossenen schiefen Schraubenfläche in orthogonaler Projektion über (Fig. 319). Die Achse a der rechtsgängigen Fläche sei vertikal gestellt, A ihr Spurpunkt in Π_1; sie teilt die Fläche in einen oberen und unteren Teil. Wir stellen nur den unteren Teil dar; er wird von dem Teile einer Erzeugenden e beschrieben, der von der Achse abwärts geht. Als Berandung desselben diene eine (auf koaxialem Rotationszylinder mit dem Grundkreis s' liegende) Schraubenlinie s in Verbindung mit a und zwei einen Flächengang begrenzenden Erzeugenden BC und GH, beide $\parallel \Pi_2$. Der Randpunkt B der untersten Erzeugenden e_0 liege in Π_1. Durch den Aufriß e_0'' ist der Neigungswinkel ε der Erzeugenden gegen die Normalebenen bestimmt. Die Strecke $C'' H''$ auf a'' gibt die Ganghöhe h an, aus welcher h_0 bestimmt und als $A'' S''$ aufgetragen wird. $RS \parallel e_0$ ist eine Mantellinie des Richtungskegels der Fläche mit der Spitze S und der mit dem Radius AR in Π_1 beschriebene Kreis p sein Grundkreis. Nach diesen Festsetzungen können die beiderlei Projektionen aller Randlinien der Fläche in bekannter Weise konstruiert werden.

Es ist zweckmäßig, eine hinreichend große Anzahl von Erzeugenden in Grund- und Aufriß zu zeichnen. Zu diesem Zwecke teile man etwa den Kreis s' von B anfangend in 16 gleiche Teile und ebenso die Ganghöhe $C'' H''$. Die in den Teilpunkten von s' endigenden Radien bilden die Grundrisse äquidistanter Erzeugenden. Projiziert man ihre Endpunkte auf die x-Achse und zieht Strahlen durch die sukzessiven Teilpunkte von $C'' H''$ parallel und gleich den Verbindungslinien der Punkte auf x mit C'', so bilden diese die zugehörigen Aufrisse. Letztere umhüllen den Umriß u'' der zweiten

Projektion; u'' berührt a'' in den Punkten J'' und K'', die von C'' bzw. H'' je um $\frac{1}{4}h$ entfernt sind.

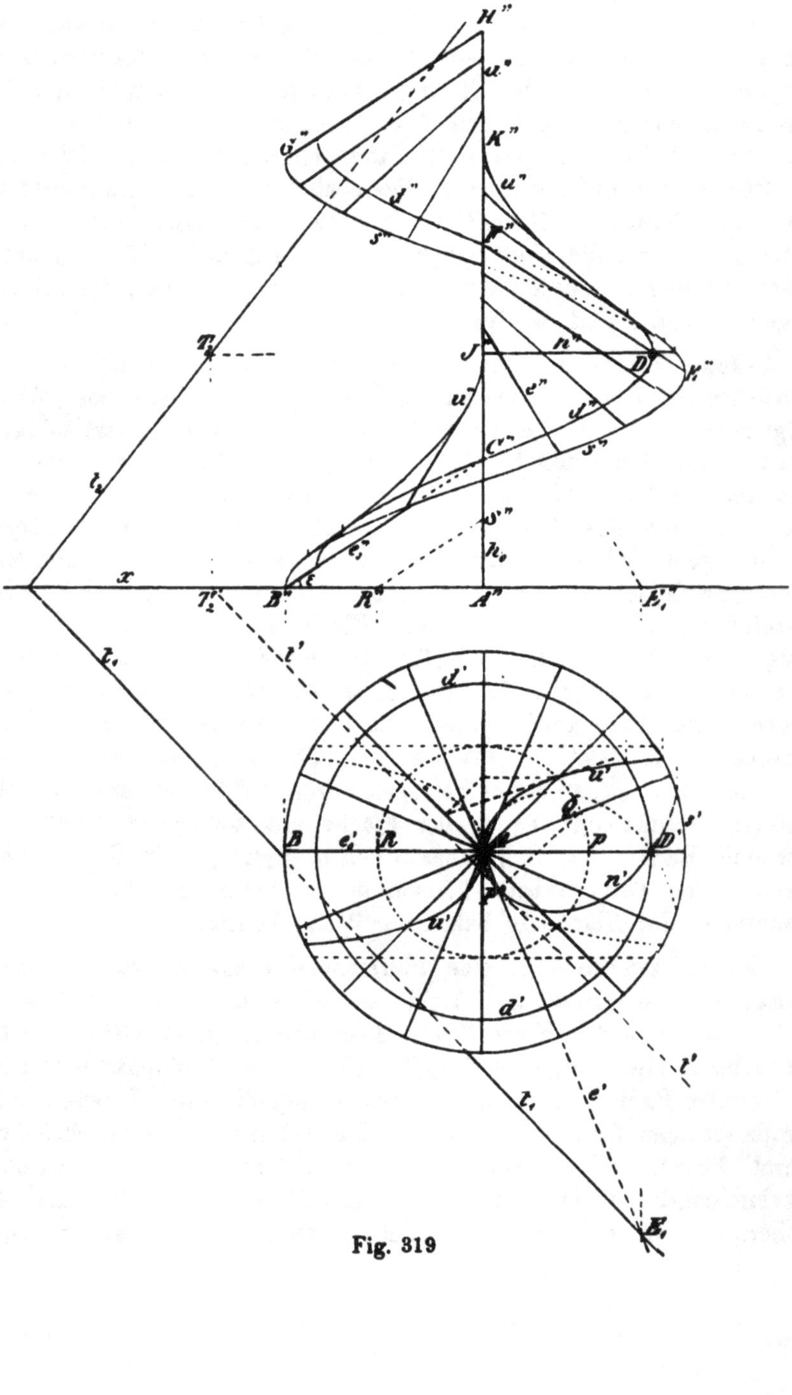

Fig. 319

491. Die Meridiankurve der vollständigen Schraubenfläche wird von zwei Scharen paralleler Erzeugenden BC, GH, ... und EF, ... gebildet, die gegen die Achse a abwechselnd nach links und rechts unter dem Winkel $R - \varepsilon$ geneigt, sie in Punkten von der gegenseitigen Entfernung $= \frac{1}{2}h$ schneiden. Sie schneiden einander in unendlich vielen Doppelpunkten (z. B. D), die bei der Schraubenbewegung die Doppelkurven (d) der Fläche beschreiben, in denen sich der obere und untere Flächenteil durchsetzen.

Die Normalkurve der Fläche ist nach 478 eine Archimedische Spirale, deren Parameterkreis (446) der mit dem Radius $h_0 . \operatorname{cotg} \varepsilon$ um A beschriebene Kreis p ist. Wir konstruieren die Normalkurve n in einer durch den Punkt J der Achse gelegten Normalebene. Ihr Grundriß n' hat dann den vertikalen Durchmesser des Parameterkreises zur Tangente im Scheitelpunkt A. Der zu A gehörige Krümmungsradius der Spirale ist $\frac{1}{2}h_0 . \operatorname{cotg} \varepsilon$. Man findet weitere Punkte derselben, wenn man von A aus auf die rechts von der genannten Scheiteltangente liegenden Radien die sukzessiven Vielfachen eines Sechzehntels der Peripherie von p aufträgt. Der erste Doppelpunkt D' der Spirale ist der Grundriß von $D = BC \times EF$ und liegt auf der Doppelkurve d. Die Normale der Kurve n' in einem Punkte P' geht durch den Endpunkt Q des zu $P'A$ senkrechten Radius von p.

Die Tangentialebene T in einem Punkte P der Erzeugenden e enthält außer e auch die Tangente t der durch P gelegten Normalkurve n. Ihre erste Spur t_1 geht durch den ersten Spurpunkt E_1 von e parallel zum Grundrisse t', also senkrecht zu $P'Q$, ihre zweite Spur t_2 geht durch den zweiten Spurpunkt T_2 von t. Man schließt hieraus den Satz:

Einer Reihe von Punkten P auf der Erzeugenden e entspricht ein zu ihr projektiver Büschel von Tangentialebenen mit der Achse e.

Denn die Reihe der P ist zu der Reihe der P', diese zu dem Büschel der Strahlen $P'Q$, dieser zu dem der Normalen t_1 (der Spurlinien) und der letzte endlich zu dem Büschel der Tangentialebenen projektiv.

Zur Konstruktion der Durchstoßpunkte einer Geraden und der Schnittkurve einer Ebene mit der Fläche können die in 480 und 481 gegebenen Methoden dienen.

492. Um den wahren Umriß u der Schraubenfläche für die zweite Projektion zu finden, benutzt man die in 474 angegebene allgemeine Konstruktion, indem man in Π_1 den Pol L der projizierenden Strahlen in der Richtung der x-Achse unendlich fern annimmt. Ist daher (Fig. 320) $g' = AW$ der Grundriß einer Erzeugenden g, und V der Endpunkt des zu g' normalen Radius von p, so schneide man g' mit der Parallelen zu x durch V in U'. U' ist der Grundriß des Punktes U der Umrißkurve, sein Aufriß U'' findet sich senkrecht darüber auf g''.

Die Horizontalprojektion u' des wahren Umrisses u besteht aus zwei Zweigen, die sich in dem gemeinsamen Scheitelpunkt A berühren und die zur x-Achse parallelen Tangenten des

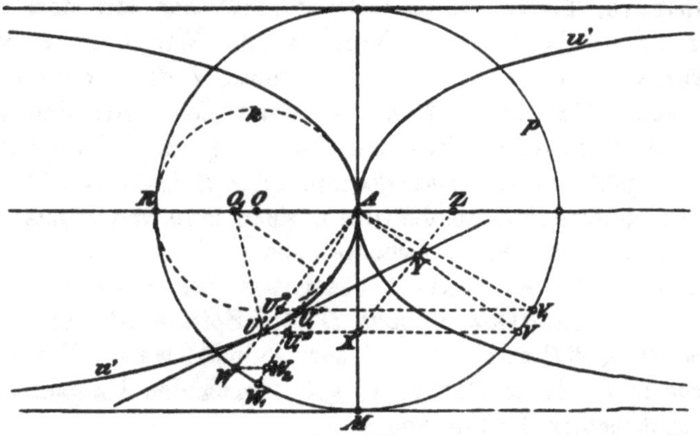

Fig. 320.

Kreises p zu Asymptoten haben. Auf den Radien AW und AW_1 des Kreises p seien die Nachbarpunkte U' und U_1' der Kurve u' nach obigem Verfahren bestimmt. Ferner sei $AX \perp U'V$, $XZ \# U'A$, $WW_2 \parallel U'V$ und $\angle U'AX = \omega$. Das durch die Hilfslinien gebildete Viereck $U'U''U_1'U_1''$ nähert sich der Parallellogrammform, wenn das mit seiner Diagonale zusammenfallende Kurvenelement $U'U_1'$ unendlich klein wird. Daher wird (290) die Kurventangente in U' als $U'Y$ erhalten, wenn man Y auf XZ so bestimmt, daß das Verhältnis $XY : U'X$ dem Grenzwerte von $U'U'' : U'U_1''$ gleich wird. Für den Grenzübergang darf man setzen:

$$U'U'' = VV_1 = WW_1$$

und findet daher, wenn Y den Schnittpunkt $XZ \times AV$ bedeutet:

$$\frac{U'U''}{U'U_1''} = \frac{WW_1}{U'U_1''} = \frac{WW_2 \cdot \cos\omega}{U'U_1''} = \frac{AW \cdot \cos\omega}{AU'} = \frac{XV}{AU'} = \frac{XY}{U'X}.$$

Hierin liegt eine einfache Tangentenkonstruktion. Ist U' der gegebene Kurvenpunkt auf u', so zeichne man das rechtwinklige Dreieck $U'AV$, schneide seine Hypotenuse $U'V$ mit AM in X und projiziere X senkrecht auf die Kathete AV nach Y, so ist YU' die gesuchte Tangente.

Der Kreis um O_1, der u' in A berührt und außerdem in U' schneidet, geht in den Krümmungskreis k des Scheitels A über, wenn U' sich unbegrenzt A nähert. Dabei ist stets $\angle WAM = \frac{1}{2} \angle U'O_1A$. Wird U' zu dem Punkt A also W zu dem Punkt M benachbart, so ist der Konstruktion gemäß das Element $U'A$ von u' gleich dem Element WM von p. $U'A$ ist dann zugleich Element des Krümmungskreises und nach obigem ist der zugehörige Kontingenzwinkel doppel so groß wie der des Elementes WM. Folglich ist $AO = \frac{1}{2} AR$ der Krümmungsradius im Scheitel der Kurve u'.

493. Der Umriß u'' der zweiten Projektion der Schraubenfläche wurde bereits als Hüllkurve der Aufrisse ihrer Erzeugenden bestimmt. Die zugehörigen Berührungspunkte ergeben sich aus dem Grundrisse. Er besteht aus zwei Scharen hyperbelartig verlaufender Zweige, die den Achsenaufriß a'' abwechselnd von links und rechts berühren und die Aufrisse der zu Π_2 parallelen Erzeugenden zu Asymptoten haben. Die Erzeugenden, deren Aufrisse sich mit a'' decken, treffen a in Punkten, deren zweite Projektionen die Berührungspunkte von a'' und u'' bilden. Jeder solche Punkt ist ein Scheitel von u'', weil irgend zwei gleich weit von ihm entfernte Erzeugende sich als Gerade projizieren, die zur Normalen von a'' symmetrisch liegen.

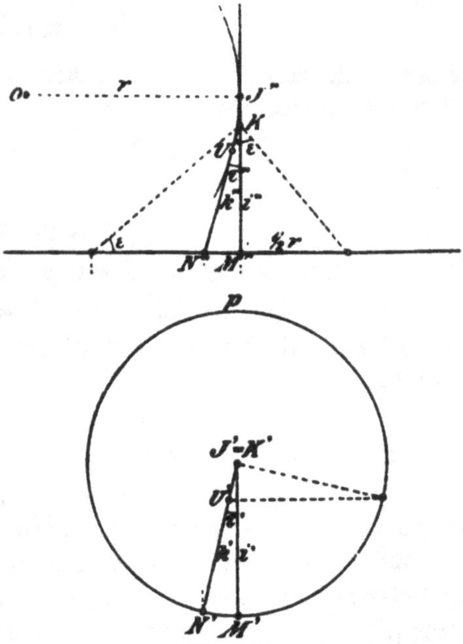

Fig. 321.

Es soll noch der Krümmungsradius von u'' in einem Scheitel konstruiert werden. Sei i eine Erzeugende der Fläche, deren Aufriß i'' mit a'' zusammenfällt und $J = i \times a$, so ist J'' ein Scheitel von u''. Sei ferner k eine benachbarte Erzeugende, $K = k \times a$ und U der auf k gelegene Punkt des wahren Umrisses u, setzt man endlich:

$$\tau' = \angle i'k', \quad \tau'' = \angle i''k'',$$

so gehören zu den Bogenelementen $U''J''$ und $U'J'$ der Kurven u'' und u' bzw. die Kontingenzwinkel τ'' und $2\tau'$ (492). Auf der Achse a werde von K aus abwärts die reduzierte Ganghöhe h_0 abgetragen und durch ihren Endpunkt eine Parallelebene zum Grundrisse gelegt, die k in N und die Parallele zu i durch K in M schneiden mag. Dann ist:

$$K'M' = K'N' = h_0 \cdot \operatorname{cotg} \varepsilon,$$

und man findet (Fig. 321):

$$M'N' = \tau' \cdot h_0 \cdot \operatorname{cotg} \varepsilon, \quad M''N'' = h_0 \cdot \operatorname{tang} \tau'' = h_0 \tau'',$$

also:

$$\frac{M'N'}{M''N''} = \frac{\tau'}{\tau''} \cdot \operatorname{cotg} \varepsilon.$$

ndem τ' und τ'' gleichzeitig unendlich klein werden, nähert sich $M'N' : M''N''$ dem Werte 1 und man erhält als Grenzwert:

$$\alpha) \qquad \frac{\tau'}{\tau''} = \operatorname{tang} \varepsilon.$$

Sofern man beim Grenzübergange von unendlich kleinen Größen höherer Ordnung absehen kann, wird:

$$\beta) \qquad \frac{U''K''}{U'K'} = \frac{N''K''}{N'K'} = \frac{M''K''}{M'K'} = \operatorname{tang} \varepsilon$$

und

$$\gamma) \qquad U''J'' = 2 \cdot U''K''.$$

Für r als Krümmungsradius von u'' in J'' folgt aus γ):

$$U''K'' = \tfrac{1}{2} U''J'' = \tfrac{1}{2} r \cdot \tau'',$$

ebenso, weil die Kurve u' in J' den Krümmungsradius $\frac{1}{2} h_0 \cdot \operatorname{cotg} \varepsilon$ hat (492):

$$U'K' = h_0 \cdot \operatorname{cotg} \varepsilon \cdot \tau'.$$

Aus der Relation β) erhält man endlich mit Benutzung von α):

$$\delta) \qquad r = 2 h_0 \cdot \operatorname{tang} \varepsilon.$$

Hiernach ist der **Krümmungsradius** r leicht konstruierbar.

494. Die Eigen- und Schlagschattengrenzen der geschlossenen schiefen Schraubenflächen bei Parallelbeleuchtung (Fig. 322). Ein Gang des unteren Flächenteiles sei wie vorher dargestellt. Unter der Annahme:

$$\angle\, l'x = \angle\, l''x = 45^{\circ}$$

bezüglich der Richtung der Lichtstrahlen l werde zuerst von dem Punkte S der Achse a, dessen erster Tafelabstand der reduzierten Ganghöhe h_0 gleich ist, der Grundrißschatten S_* und aus diesem der Pol L der Lichtstrahlen bestimmt. Über dem Grundkreise s denke man sich einen Richtungskegel der Fläche konstruiert.

Seine Spitze ist C, deren Grundrißschatten C_*, seine Mantellinien haben die erste Tafelneigung ε.

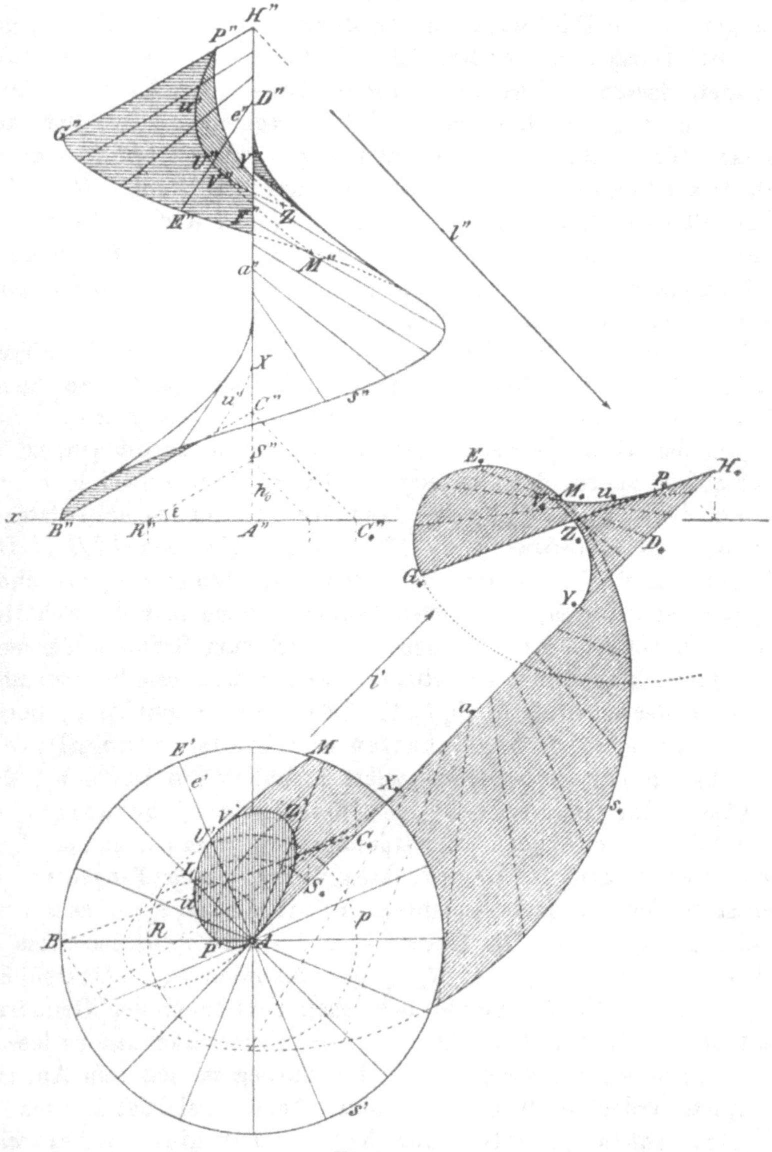

Fig. 322.

Der **Grundriß** u' der **Lichtgrenze** u wird erhalten, indem man von L aus Lote auf die Schatten der Erzeugenden in Π_1 (oder auf die parallelen Schatten der Mantellinien eines Richtungskegels) fällt und dieselben mit den Grundrissen der Erzeugenden schneidet (474). So wird z. B. der Punkt U' der Lichtgrenze u' auf dem Grundriß der Erzeugenden $e = DE$ ausgeschnitten durch das von L auf $E'C_*$ gefällte Lot. Daraus folgt weiter, daß UL' den Kreis p in einem Punkt schneidet, dessen Radius zu e' normal ist. — Die Kurve u' kann, wie in der Folge noch erörtert wird, verschiedene Gestalten annehmen. Sie besitzt stets in L einen Doppelpunkt und in A einen Selbstberührungspunkt. Wenn sich aus dem Punkte L an den um A mit dem Radius $= h_0 \operatorname{cotg} \varepsilon$ geschlagenen Kreis p Tangenten ziehen lassen, so hat u' diese zu Asymptoten. Für die Bestimmung der Lichtgrenze auf dem unteren Flächenteile kommt nur die eine Hälfte der Kurve u' in Betracht.

Der Aufriß u'' der Lichtgrenze u wird aus dem Grundrisse u' mit Hilfe beider Risse der Erzeugenden bestimmt. So findet sich z. B. der Punkt U'' auf e'' senkrecht über $U' = u' \times e'$.

Um den Grundrißschatten der Fläche zu bestimmen, ist es zweckmäßig, zuerst den Schatten a_* der Schraubenachse a und auf ihm den Schatten C_*H_* der Ganghöhe CH zu suchen. Letzteren teile man in ebensoviel (z. B. 16) gleiche Teile wie $C''H''$. Die Teilpunkte sind die Schatten der Achsenschnittpunkte äquidistanter Erzeugenden. Durch einen jeden Teilpunkt ziehe man den Schatten e_* der betreffenden Erzeugenden e parallel zum Schatten der entsprechenden Mantellinie des Richtungskegels und erteile ihm auch die Länge desselben (z. B. $D_*E_* \# C_*E'$). Die Endpunkte E_* liegen auf einer Zykloide s_*, dem Schatten der Randschraubenlinie s. Die Schatten der Erzeugenden selbst umhüllen die Kurve u_*, den Schatten der Lichtgrenze u. Diese Linie u_* berührt a_* in den Punkten, welche den Schnittpunkten von u mit a entsprechen; solche sind X und Y. Den Punkten von u, deren Tangenten die Lichtstrahlrichtung haben, entsprechen Spitzen von u_*; so entspricht V_* dem Punkte V. — Die Kurven u_* und s_*, der Achsenschatten a_* und die Schatten BC_* bzw. G_*H_* der untersten bzw. obersten Erzeugenden des Flächenganges begrenzen zusammen den Grundrißschatten der Fläche. Um seine Form deutlicher erkennen zu lassen, ist seine Fortsetzung über die x-Achse hinweg in den vom Aufrisse eigentlich verdeckten Teil der Grundrißebene gezeichnet worden.

Der Schlagschatten der Fläche auf sich selbst wird analog dem Früheren aus den Überschneidungen der Grundrißschatten ermittelt. Zu seiner Begrenzung gehören die Linienzüge VM, PZ und die aus dem Achsenpunkte Y gezogene Erzeugende, deren

Grundriß mit u_* zusammenfällt. Sie bilden auf der Fläche bzw. die Schlagschatten der Lichtgrenze u, der obersten Erzeugenden GH und der Achse a.

495. Untersuchung der Kurven 4. Ordnung, die den Grundriß der Lichtgrenze einer geschlossenen schiefen Schraubenflächen bilden. Benutzt man statt des früheren den aus der Spitze S beschriebenen Richtungskegel der Fläche, der über dem Grundkreise p vom Radius $= h_0 . \operatorname{cotg} \varepsilon$ steht, so erhält man die Punkte der ersten Projektion der Lichtgrenze, wenn man den Grundriß einer Mantellinie dieses Kegels mit dem Lote aus L auf ihren Grundrißschatten schneidet. — Der Achsenspurpunkt A, der Pol L der Lichtstrahlen, und der Schatten S_* der Kegelspitze S bilden in der Grundebene Π_1 ein gleichschenklig-rechtwinkliges Dreieck. Der Grundriß jeder Erzeugenden ist ein Durchmesser des um A beschriebenen Kreises p und ihr Schatten verbindet einen seiner Endpunkte mit S_*. Das Entstehungsgesetz der hier zu untersuchenden Kurve c läßt sich daher unabhängig von ihrer Beziehung zu der Schraubenfläche folgendermaßen aussprechen.

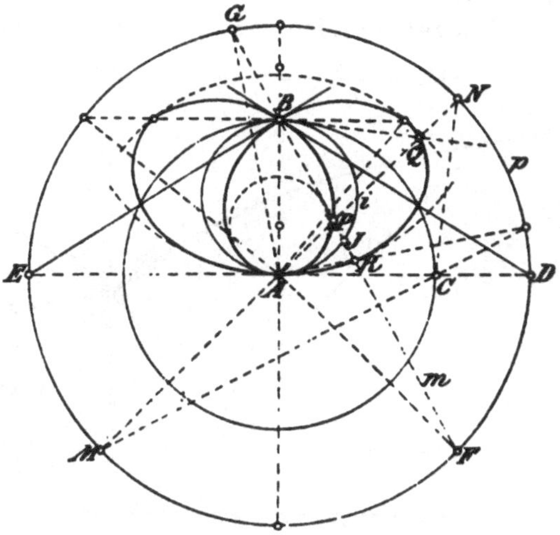

Fig. 323.

Sind die Schenkel AB und AC eines rechten Winkels einander gleich, so wird jeder Durchmesser MN eines um seinen Scheitel A beschriebenen Kreises p von den Loten aus B auf MC und NC in zwei Punkten P und Q der Kurve c getroffen.

Die beiden Punkte fallen zusammen, wenn sich der Durchmesser MN mit AC oder AB deckt; daher sind A und B Doppelpunkte der Kurve und zwar charakterisiert sich ersterer als Selbstberührungspunkt (d. h. als Vereinigung zweier Doppelpunkte). Die Gerade AB bildet eine Symmetrieachse der Kurve; denn liegt ein Kreisdurchmesser M_1N_1 mit MN zu AB und folglich auch zu AC symmetrisch, so schließen die Geraden NC und M_1C, sowie ihre

Lote mit AB gleiche Winkel ein. — Weil die durch A gezogenen Strahlen außer diesem doppelt zählenden Punkte noch je zwei weitere Punkte der Kurve tragen, schließt man, daß die Kurve c von der 4. Ordnung ist (denn als Ordnung einer ebenen Kurve bezeichnet man die Anzahl ihrer Schnittpunkte mit irgend einer Geraden der Ebene).

Den drei Annahmen, daß B innerhalb des Kreises p, auf demselben oder außerhalb liegt, entsprechen die drei verschiedenen in Figg. 323, 324 und 325 dargestellten Formen der Kurve c. Im zweiten Falle besitzt sie unendliche Zweige; sie zerfällt nämlich in die gerade Linie AC und eine Kurve 3. Ordnung, die sog. Strophoide. Im letzten Falle verläuft die Kurve wiederum durchs Unendliche.

496. Die obige Konstruktion läßt offenbar folgende Umkehrung zu:

Schneidet ein durch B gezogener Strahl m den Kreis p

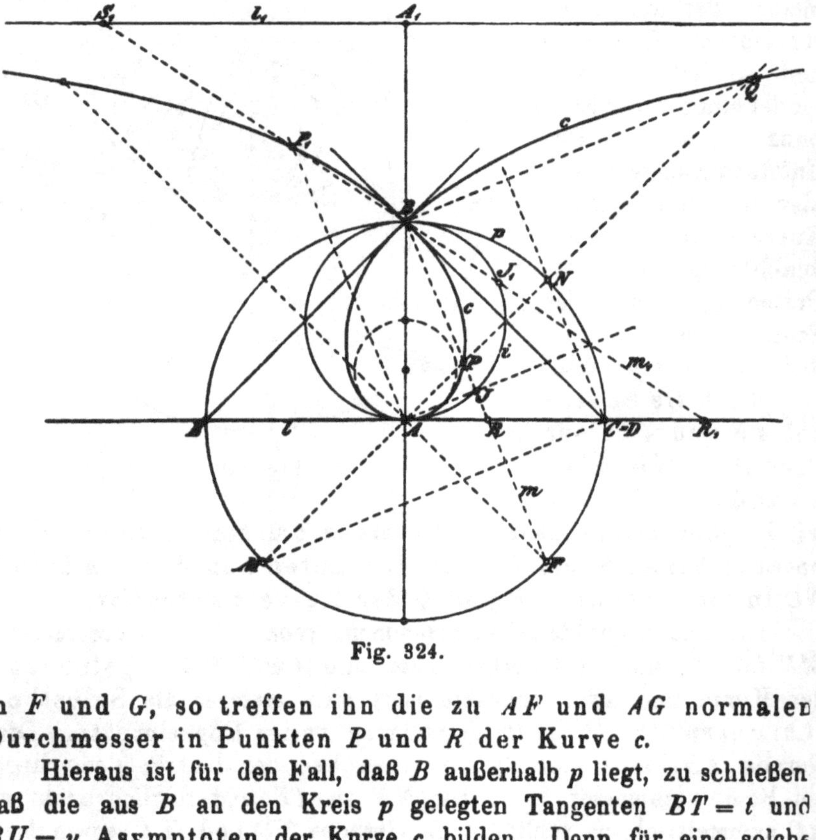

Fig. 324.

in F und G, so treffen ihn die zu AF und AG normalen Durchmesser in Punkten P und R der Kurve c.

Hieraus ist für den Fall, daß B außerhalb p liegt, zu schließen daß die aus B an den Kreis p gelegten Tangenten $BT = t$ und $BU = u$ Asymptoten der Kurve c bilden. Denn für eine solche

Tangente *t* fallen die beiden Durchmesser, die ihre Schnittpunkte mit *c* bestimmen, in den Parallelstrahl zu *t* durch *A* zusammen. Für den zweiten der obigen Fälle folgt, daß alle Punkte *R* der zu *AB* normalen Geraden *CE* der Kurve *c* angehören, weil stets der eine Endpunkt *G* der durch *B* gezogenen Sehne des Kreises *p* mit *B* selbst zusammenfällt.

Die Halbierungslinie des Winkels *NAC* steht auf der Strecke *PR* in ihrem Mittelpunkte *J* senkrecht. Daher gehören diese Mittel-

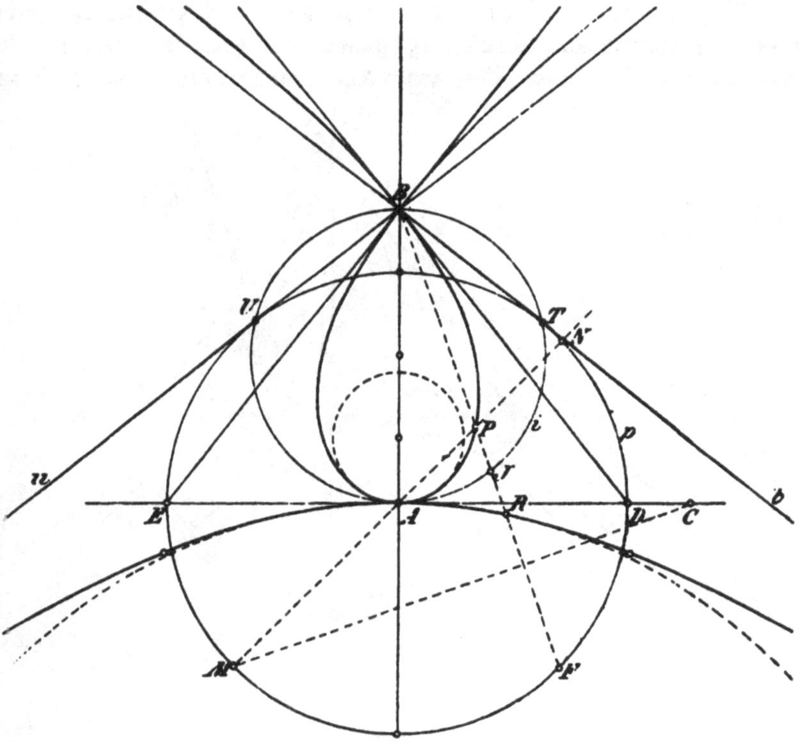

Fig. 325.

punkte *J* dem Kreise *i* an, der über dem Durchmesser *AB* beschrieben ist. Diese Bemerkung ergibt, auf den zweiten Fall angewendet, eine neue Konstruktion der Strophoide:

Sei *B* ein fester Punkt, *A* seine senkrechte Projektion auf die feste Gerade *l* und der Kreis *i* über dem Durchmesser *AB* beschrieben; schneidet ein um *B* sich drehender Strahl *m* den Kreis *i* in *J* und die Gerade *l* in *R*, so beschreibt sein Punkt P eine Strophoide, unter der Voraussetzung, daß $PJ = JR$ ist.

Hieraus schließt man weiter: Die im Abstande $BA_1 = AB$ von B gezogene Parallele l_1 zu l ist Asymptote der Strophoide. Es besteht nämlich für den Strahl m_1 durch B die Relation:

$$S_1P_1 = S_1J_1 - P_1J_1 = S_1J_1 - R_1J_1 = 2\,BJ_1,$$

wenn J_1, P_1, R_1, S_1 seine Schnittpunkte mit i, c, l, l_1 bzw. bedeuten. Nähert sich nun m_1 der Parallelen zu l durch B, so nähert sich S_1P_1 der Grenze Null.

497. Um für die Tangenten der Kurve 4. Ordnung c eine einfache Konstruktion abzuleiten, gehen wir von der zweiten Erzeugungsweise derselben (496) aus. Auf dem Strahle m durch B sei

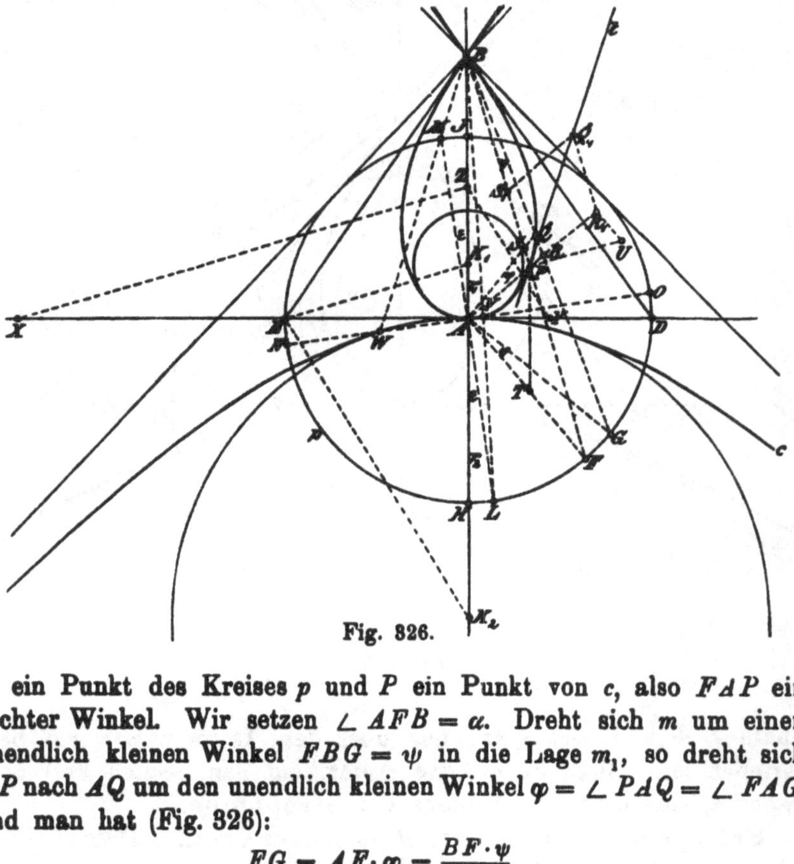

Fig. 326.

F ein Punkt des Kreises p und P ein Punkt von c, also FAP ein rechter Winkel. Wir setzen $\angle AFB = \alpha$. Dreht sich m um einen unendlich kleinen Winkel $FBG = \psi$ in die Lage m_1, so dreht sich AP nach AQ um den unendlich kleinen Winkel $\varphi = \angle PAQ = \angle FAG$, und man hat (Fig. 326):

$$FG = AF \cdot \varphi = \frac{BF \cdot \psi}{\cos \alpha},$$

also:

$$\frac{\psi}{\varphi} = \frac{AF \cdot \cos \alpha}{BF}.$$

Die Schenkel der an den Scheiteln A und B liegenden Winkel φ und ψ bilden das unendlich kleine Viereck $PRQS$, das als ein Parallelogramm anzusehen ist, und seine Diagonale PQ fällt mit der Tangente der Kurve c im Punkte P zusammen. Nach 290 hat man ein zu ihm ähnliches Parallelogramm $PR_1Q_1S_1$ zu zeichnen, so daß für seine auf AP und BP gelegenen Seiten

$$PR_1 : PS_1 = PR : PS$$

wird; seine Diagonale PQ_1 ist die gesuchte Tangente t. Es ergibt sich aber aus der Figur:

$$PR = \frac{BP \cdot \psi}{\cos\alpha}, \quad PS = \frac{AP \cdot \varphi}{\cos\alpha},$$

folglich:

$$\frac{PR}{PS} = \frac{BP}{AP} \cdot \frac{\psi}{\varphi} = \frac{BP \cdot AF}{AP \cdot BF} \cdot \cos\alpha.$$

Zieht man $PT \parallel AB$, so hat man:

$$BP : BF = AT : AF$$

und mithin:

$$PR : PS = AT \cdot \cos\alpha : AP.$$

Hiernach hat man schließlich $PS_1 = PA$, und $PU = AT$ senkrecht zu m, sowie UR_1 senkrecht zu AP zu ziehen; man findet daraus das Parallelogramm $PR_1Q_1S_1$ und als seine Diagonale die Tangente t.

Auch erkennt man aus der Definition der Kurve c leicht, daß die Tangenten in ihrem Doppelpunkte B durch die Endpunkte D und E des zu AB senkrechten Durchmessers von p gehen.

498. Für eine genaue Zeichnung der Kurve empfiehlt es sich noch, die Krümmungsradien ihrer beiden Zweige in dem gemeinsamen Scheitelpunkte A derselben zu ermitteln. Sei (Fig. 326) HJ der auf AB liegende Durchmesser des Kreises p und LM ein benachbarter Durchmesser, der mit dem vorigen den unendlich kleinen Winkel ε einschließt. Der zu LM normale Durchmesser NO schneidet auf BL und BM zwei zu A benachbarte Punkte V und W auf beiden Kurvenzweigen aus. AV und AW sind also unendlich kleine Sehnen der Kurvenzweige, bzw. ihrer Krümmungskreise, und da die Tangenten eines Kreises in den Endpunkten einer Sehne einen doppelt so großen Winkel einschließen als die Sehne mit einer von ihnen, so ist 2ε als der zu den Elementen AV und AW gehörige Kontingenzwinkel zu nehmen. Sind r_1 und r_2 die zugehörigen Krümmungsradien, so ist:

$$2r_1 \cdot \varepsilon = AV, \quad 2r_2 \cdot \varepsilon = AW.$$

Andererseits ist

$$HL = JM = AH \cdot \varepsilon = AJ \cdot \varepsilon,$$

und

$$HL : AV = BH : BA, \quad JM : AW = BJ : BA$$

also schließlich:

$$r_1 = \frac{AB}{2} \cdot \frac{AH}{BH}, \quad r_2 = \frac{AB}{2} \cdot \frac{AJ}{BJ}.$$

Halbiert man die Strecke AB in Z und trägt auf einen Durchmesser des Kreises p von seinem Endpunkte E aus nach beiden Seiten die Strecke AB als EX und EY auf, so treffen die durch E geführten Parallelen zu XZ bzw. YZ die Gerade AB in den gesuchten Krümmungszentren K_1 bzw. K_2. Speziell für die Strophoide (Fig. 324) wird $r_1 = \frac{1}{2} AB$ und $r_2 = \infty$.

499. Die offene schiefe Schraubenfläche von rechtsgängiger Windung soll mit Eigen- und Schlagschattengrenzen in orthogonaler Projektion dargestellt werden. Die Achse a sei wieder vertikal gestellt, A ihr Spurpunkt in Π_1. Als Berandung dienen die Schraubenlinien s und t, in denen die Fläche von einem koaxialen Rotationszylinder geschnitten wird, sowie zwei einen Flächengang begrenzende Erzeugende BC und DE, beide $\parallel \Pi_2$. Der Randpunkt B der untersten Erzeugenden e_0 liegt auf dem Grundkreise $s' = t'$ des Zylinders in Π_1. Ist S auf a die Spitze eines Richtungskegels von der Höhe $= h_0$, $RS \parallel e_0$ eine Mantellinie desselben und ε deren Neigung gegen Π_1, so ist in Π_1 der Kreis p mit dem Radius $AR = h_0 \cdot \operatorname{cotg} \varepsilon$ zu schlagen. Endlich schlage man um A den Kreis k' mit dem Radius $r = AQ' = (A \dashv e_0)$, der den Grundriß der Kehlschraubenlinie k bildet. Hierauf werden die Schraubenlinien k, s, t im Aufrisse als Sinuslinien in bekannter Weise verzeichnet und ebenso beliebig viele (etwa äquidistante) Erzeugende der Fläche, deren Grundrisse die auf $s' = t'$ endigenden Tangenten von k' bilden (Fig. 327).

Der Normalschnitt der Fläche ist nach 478 eine Kreisevolvente und zwar verschlungen, gespitzt oder gestreckt, je nachdem $r \gtreqless h_0 \cdot \operatorname{cotg} \varepsilon$ ist. Die Doppelpunkte der Kreisevolvente erzeugen die Doppelkurven der Fläche. Der Meridianschnitt m der Fläche wird zweckmäßig im Hauptmeridian $\parallel \Pi_2$ dargestellt, so daß der Aufriß m'' die wahre Gestalt zeigt. Er besteht aus unendlich vielen Zweigen, deren Aufrisse die Sinuslinie k'' abwechselnd von rechts und links in ihren Scheiteln berühren und die sich in Punkten der Doppelkurven überschneiden. Den schon beim Normalschnitt unterschiedenen Eventualitäten $r \gtreqless h_0 \cdot \operatorname{cotg} \varepsilon$ entsprechend besitzt der einzelne Zweig der Meridiankurve einen Doppelpunkt (wie

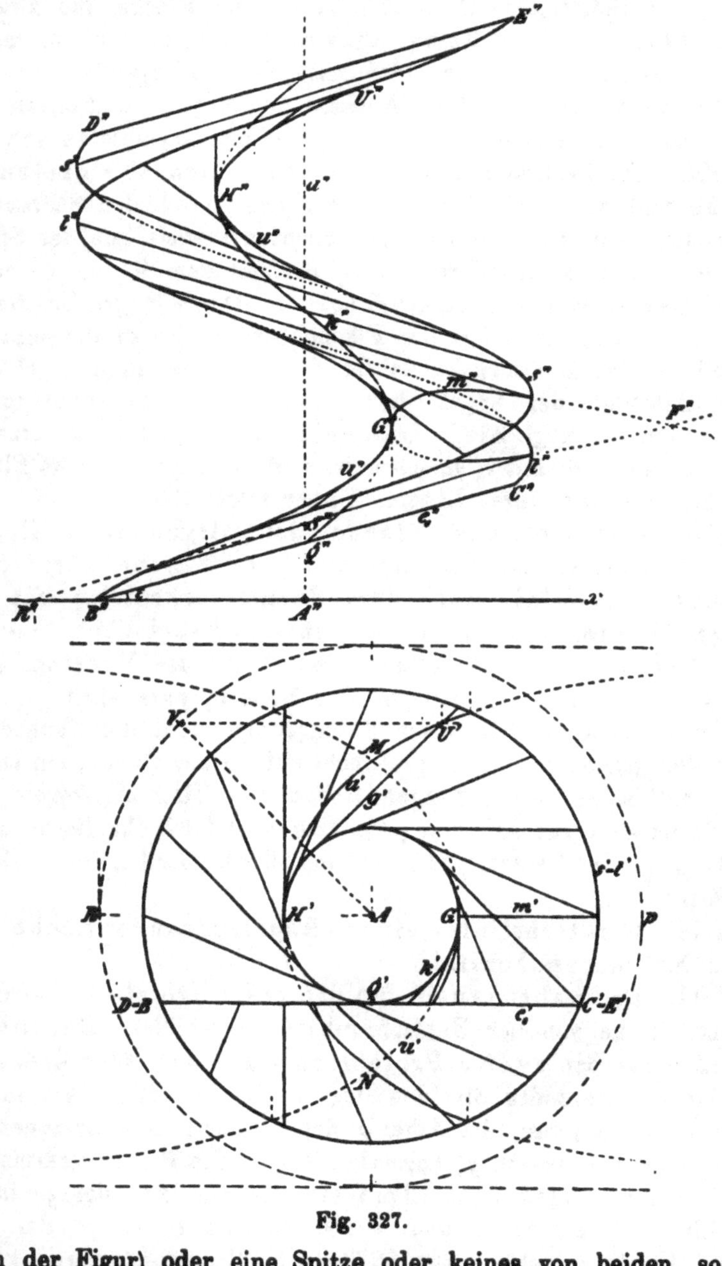

Fig. 327.

F in der Figur) oder eine Spitze oder keines von beiden, so daß man ihn ebenfalls als verschlungen, gespitzt, bzw. gestreckt bezeichnen kann. Dem Doppelpunkte entspricht eine weitere Doppelkurve, der Spitze eine Rückkehrkurve der Fläche, die alsdann abwickelbar ist. Die Kurve m'' wird einfach konstruiert, indem man die Schnittpunkte der Grundrisse von Erzeugenden mit der Hauptmeridianspur m' auf die Aufrisse überträgt. Die Aufrisse der zu Π_2 parallelen Erzeugenden (z. B. e_0'') bilden Asymptoten von m''.

500. Zur Bestimmung der asymptotischen abwickelbaren Fläche und der Striktionslinie der offenen schiefen Schraubenfläche dient die Betrachtung ihres Richtungskegels mit der Spitze $S(AS = h_0)$, dessen Grundkreis in Π_1 der mit dem Radius $h_0 . \operatorname{cotg} \varepsilon$ um A beschriebene Parameterkreis p ist. Wir greifen die zu Π_2 parallele Erzeugende e_0 der Fläche heraus; die zu ihr parallele Mantellinie des Richtungskegels ist SR und die zu SR gehörige Tangentialebene des Kegels liegt parallel zur asymptotischen Ebene von e_0 (vergl. 476). Letztere enthält e_0 selbst und erzeugt, indem sie zugleich mit e_0 verschraubt wird, die asymptotische Fläche als Hüllfläche aller ihrer Lagen. Daher folgt (478):

Die asymptotische Fläche der allgemeinen Regelschraubenfläche ist die abwickelbare Fläche derjenigen Schraubenlinie, die über dem Parameterkreis p mit der Ganghöhe und im Sinne der gegebenen Fläche beschrieben ist. Denn ihre Tangentialebenen sind denen des Richtungskegels über dem Grundkreise p und von der Höhe h_0 parallel.

Im Zentralpunkte einer Erzeugenden steht die Tangentialebene der gegebenen Fläche senkrecht auf der asymptotischen Ebene (476), mithin auf einer Tangentialebene des Richtungskegels und folglich parallel zur Achse a (92), also liegt (469) ihr Berührungspunkt, d. h. der Zentralpunkt, auf der Kehlschraubenlinie. Daher der Satz:

Die Striktionslinie einer Regelschraubenfläche ist deren Kehlschraubenlinie.

501. Der wahre Umriß für die erste Projektion wird bei unserer Fläche von der Kehlschraubenlinie gebildet. Der wahre Umriß u für die zweite Projektion ergibt sich nach 474. Der Pol der projizierenden Strahlen liegt in Π_1 unendlich fern in der Richtung der x-Achse. Ist daher g' der Grundriß einer Erzeugenden, V der Endpunkt des zu g' normalen Radius des Parameterkreises p, so ziehe man durch V die Parallele zur x-Achse, die g' in U' schneidet. U' ist der Grundriß des Punktes U auf g, der dem wahren Umriß angehört (Fig. 327). Die Horizontalprojektion u' des wahren Umrisses u ist eine aus zwei Zweigen bestehende

Kurve 4. Ordnung. Jeder Zweig berührt den Kreis k' in einem Scheitelpunkte (G', H') und hat die zur x-Achse parallelen Tangenten des Kreises p zu Asymptoten. Die Kurve u' hat die durch A parallel und senkrecht zu x gezogenen Geraden zu Symmetrieachsen und besitzt drei reelle Doppelpunkte M, N, L. Die beiden ersten, M und N, liegen im Endlichen symmetrisch zu AL auf der zu x senkrechten Achse, der letzte L ist der unendlich ferne Schnittpunkt ihrer Asymptoten. —

Der Umriß u'' der zweiten Projektion bildet die Hüllkurve der Aufrisse der Erzeugenden. Einzelne Punkte desselben (wie U'') können mit Hilfe der letzteren aus den Punkten (U') von u' abgeleitet werden. Die Kurve u'' besteht aus zwei Scharen hyperbelartig verlaufender Zweige, die k'' abwechselnd von links und rechts berühren und die Aufrisse der zu Π_2 parallelen Erzeugenden zu Asymptoten haben. Die Erzeugenden, deren Aufrisse parallel zu a'' liegen, treffen die Kehlschraubenlinie k in Punkten (G, H), denen die Berührungspunkte von u' mit k' und von u'' mit k'' entsprechen. Dieselben bilden Scheitelpunkte von u' und u'' wegen der Symmetrie dieser Kurven gegen ihre bezüglichen Normalen.

502. Die Eigen- und Schlagschattengrenzen der offenen schiefen Schraubenfläche bei Parallelbeleuchtung. In Fig. 328 sind von dem unteren zwischen der Kehlschraubenlinie k und der Randschraubenlinie s sich erstreckenden Flächenteil drei Viertelgänge dargestellt, die von den Erzeugenden BC und DE begrenzt werden. Letztere liegen in einer Normal- bzw. Parallelebene zu Π_2 und speziell der Punkt B in Π_1. Der Lichtstrahl l sei durch seine Projektionen gegeben ($\angle\, l'x = 45^\circ$, $\angle\, l''x = 30^\circ$) und L sei sein Pol in Π_1, endlich p der Parameterkreis mit dem Radius $AR = h_0 \cdot \operatorname{cotg} \varepsilon$, wo h_0 die reduzierte Ganghöhe und ε die erste Tafelneigung der Erzeugenden bedeutet.

Der Grundriß u' der Lichtgrenze u wird konstruiert (474), indem man den Grundriß g' einer Erzeugenden als Tangente an k' und den zu ihr normalen Radius des Kreises p zieht; die Verbindungslinie seines Endpunktes auf p mit L schneidet g' in einem Punkte der Kurve u'. Von dieser Kurve, deren Formen im folgenden genauer betrachtet werden, kommen in der Figur die beiden Zweige $T'U'$ und $V'W'$ zur Erscheinung. Der Aufriß u'' der Lichtgrenze u wird aus ihrem Grundriß u' mit Hilfe der Erzeugenden ermittelt.

Der Grundrißschatten der Fläche ist in der Figur über die x-Achse hinweg ungebrochen fortgesetzt worden. Er wird begrenzt von den Zykloiden k_* und s_*, die als Schlagschatten der Randschraubenlinien k und s auftreten, von zwei Zweigen $T_* U_*$ und $V_* W_*$ des Schattens u_* der Lichtgrenze u und von den Schatten BC_*, $D_* E_*$ der untersten und obersten Erzeugenden des dargestellten

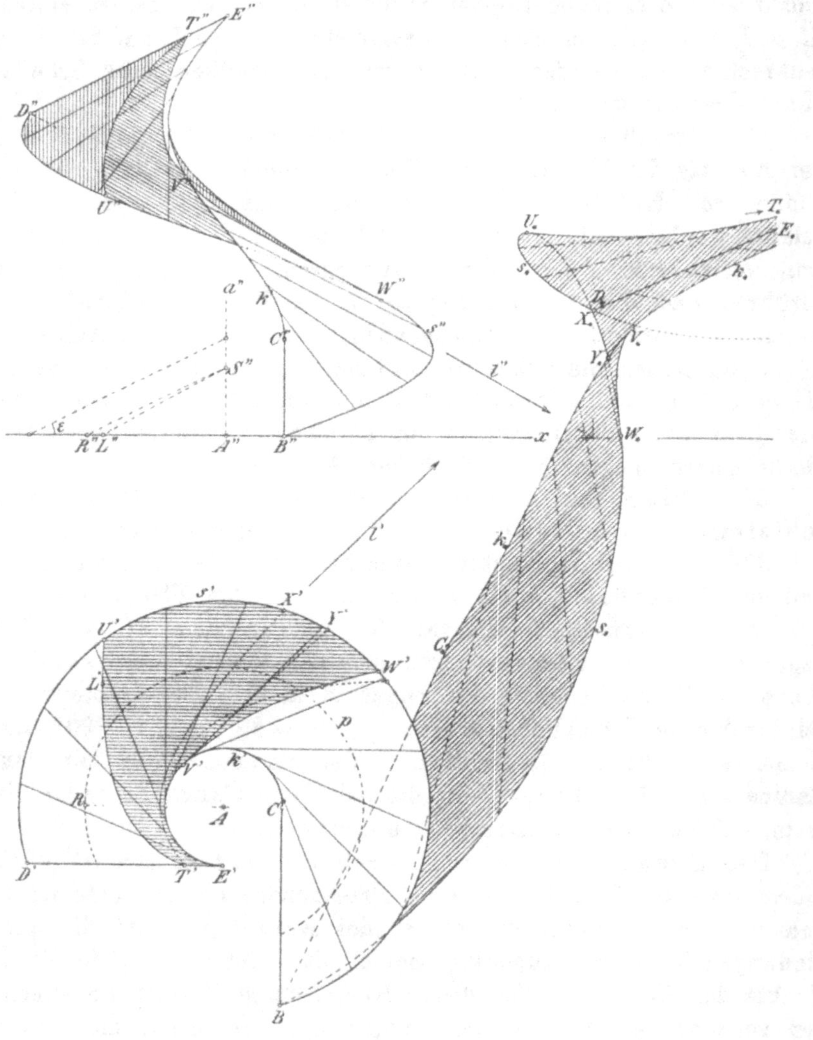

Fig. 328.

Flächenteiles. Für die graphische Ausführung bedarf es der Darstellung einer Anzahl äquidistanter Erzeugenden der Fläche in Grund- und Aufriß und ihrer Schatten auf Π_1. Die Grundrißschatten umhüllen die Kurve v_*.

Der Schlagschatten der Fläche auf sich selbst wird aus den Überschneidungen der Grundrißschatten der Randkurven mit denen der Erzeugenden, sowie ersterer unter sich konstruiert. Als Begrenzungen treten in der Figur die Linien TX und VY auf, die beide auf der unteren Seite der Fläche liegen und von denen nur die erstere teilweise im Aufriß sichtbar ist. Sie bilden bzw. die Schatten der obersten Erzeugenden DE und der Kehlschraubenlinie k auf der Fläche.

503. Untersuchung der Kurven vierter Ordnung, die den Grundriß der Lichtgrenze einer offenen schiefen Schraubenfläche bilden (Fig. 329—335).

Wir betrachten eine zur Achse der Schraubenfläche normale Ebene und bezeichnen in ihr mit A den Achsenspurpunkt, mit L den Pol der Lichtstrahlen, mit k den Grundkreis der Kehlschraubenlinie und mit r seinen Radius. Der Parameterkreis, d. h. den Grundkreis des Richtungskegels von der Höhe h_0, dürfen wir, ohne Verwechselungen befürchten zu müssen, mit demselben Buchstaben p benennen, der bereits früher (477) für seinen Radius $p = h_0 \cdot \operatorname{cotg} \varphi$ gebraucht wurde. Endlich werde $q = AL = h_0 \cdot \operatorname{cotg} \lambda$ gesetzt (φ und λ bedeuten die erste Tafelneigung der Erzeugenden und des Lichtstrahles). Das Entstehungsgesetz der zu untersuchenden Kurven ist schon in 474 angegeben und lautet jetzt:

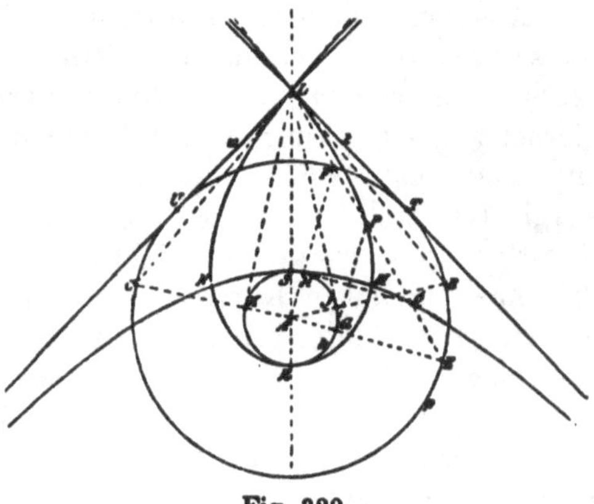

Fig. 329.

Beschreiben die Punkte E und G eines um A rotierenden Halbstrahles die Kreise p und k, so trifft die Verbindungslinie von E mit dem festen Punkte L die zu G gehörige Tangente des Kreises k in einem beweglichen Punkte P. Dieser durchläuft eine unikursale, zu AL symmetrische Kurve 4. Ordnung c.

Wir zeigen zuerst, daß die entstehende Kurve c in L einen reellen Doppelpunkt hat. Nimmt man vorerst an, L liege außerhalb k, so überschreitet die Tangente des Kreises k bei einem vollen Umlauf um k zweimal den Punkt L, nämlich in den Lagen LJ

und LK (Fig. 329); dabei fällt jedesmal der Punkt P mit L zusammen, es verläuft also auch die Kurve c zweimal durch L. Freilich werden, wenn L innerhalb k liegt, die Tangenten LJ und LK konjugiert imaginär (75 Bd. III) und folglich auch die durch J und K verlaufenden Radien AB und AC des Kreises p samt den Strahlen LB und LC. Es schneiden sich dann in L nicht mehr zwei reelle Äste der Kurve c, und man hat L als einen isolierten Doppelpunkt zu betrachten (vergl. 284).

Wir zeigen zweitens, daß ein beliebig durch den Doppelpunkt L gezogener Strahl noch zwei weitere Kurvenpunkte trägt, die reell getrennt, vereinigt oder konjugiert imaginär sein können. Hieraus folgt dann, daß die Kurve c von der 4. Ordnung ist, wie oben behauptet wurde.[1] In der Tat, schneidet der gedachte Strahl den Kreis p in den Punkten E und F und treffen die Radien AE und AF den Kreis k in G, bzw. H, so bestimmen die zu G und H gehörigen Tangenten auf unserem Strahle die beiden Kurvenpunkte P und Q, die von dem doppeltzählenden Punkte L im allgemeinen verschieden sind.

Aus ihrer Entstehungsweise ist unmittelbar klar, daß die Kurve c unikursal ist, d. h. daß sie stetig in einem geschlossenen Zuge beschrieben werden kann. Von isolierten Punkten wird natürlich hierbei abgesehen, und man hat sich die Kurve, falls sie sich nicht im Endlichen schließt, im Unendlichen geschlossen zu denken (vergl. 160 und 266). Die allgemeine Theorie der algebraischen Kurven zeigt — worauf hier nicht näher eingegangen werden kann —, daß eine unikursale Kurve 4. Ordnung stets drei Doppelpunkte besitzt. Einer derselben ist in unserem Falle L, er ist stets reell; die beiden anderen, M und N, können reell und getrennt sein oder sich in einem besonderen Punkte der Kurve miteinander vereinen, oder sie sind konjugiert imaginär. Überdies können sie auch unendlich fern liegen.

Wir werden gewöhnliche Doppelpunkte der Kurve, in denen sich zwei reelle Äste schneiden, kurz als Knotenpunkte bezeichnen. Als Berührungsknoten dagegen bezeichnen wir einen Doppelpunkt, in dem sich zwei Kurvenäste in der 1. Ordnung berühren. Man kann sich diese Singularität durch Vereinigung zweier Knotenpunkte entstanden denken.

---

[1] Eine einfache analytische Untersuchung bestätigt dieses Resultat, indem sie zeigt, daß unsere Kurve durch eine algebraische Gleichung 4. Grades zwischen den rechtwinkligen Koordinaten x, y ihrer Punkte dargestellt wird. Macht man A zum Koordinatenanfang und legt die y-Achse durch L, so lautet diese Gleichung:

$$p^2(x^2 + y^2 - qy)^2 - x^2(qy - pr)^2 - (qx^2 + pry - pqr)^2 = 0.$$

504. Die Linie AL bildet offenbar stets eine Symmetrieachse unserer Kurve c. Falls L außerhalb des Kreises p liegt, lassen sich aus L die Tangenten LT und LU an p ziehen; sie bilden Asymptoten der Kurve c. Es fallen nämlich die auf LT und LU nach der obigen Konstruktion zu bestimmenden, von L verschiedenen Kurvenpunkte jedesmal im unendlich fernen Punkte des betreffenden Strahles zusammen, weil die sie ausschneidenden Tangenten des Kreises k in eine zu diesem Strahle parallele Tangente zusammenfallen. Sind ferner die vom Punkte L aus an den Kreis k gezogenen Tangenten LJ und LK reell und schneiden die Radien AJ und AK ihrer Berührungspunkte den Parameterkreis p in B und C, so sind LB und LC die Tangenten im Doppelpunkte L der Kurve c; denn von den beiden auf LB und LC noch zu bestimmenden Kurvenpunkten fällt jedesmal einer mit L zusammen. Fallen insbesondere die Tangenten LB und LC im Doppelpunkte L zusammen,

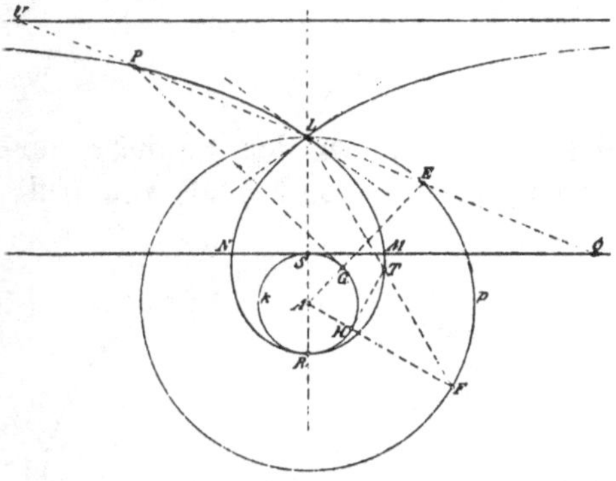

Fig. 330.

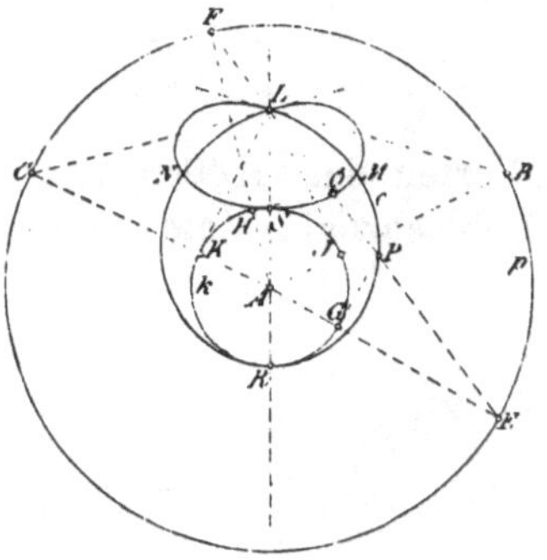

Fig. 331.

was für $q^2 = pr$ eintritt, so wird L ein sog. Oskulationsknoten, d. h. ein Doppelpunkt, in dem sich zwei Kurvenäste oskulieren (in der 2. Ordnung berühren). Es fallen in ihm die drei Doppelpunkte L, M, N zusammen. Die Endpunkte S und R des auf AL liegenden Durchmessers des Kreises k gehören der Kurve c an und bilden wegen der Symmetrie gegen AL Scheitelpunkte derselben. Fällt insbesondere L mit einem dieser Punkte S zusammen, so wird er zur Spitze, weil alsdann die aus L an k gezogenen Tangenten und folglich auch die Tangenten an c im Doppelpunkte L koinzidieren. Fällt der Pol L des Lichtstrahles auf den Grundkreis p des Richtungskegels der Fläche, so gibt es eine Erzeugende derselben, die die Richtung des Lichtstrahles besitzt und folglich in ihrer ganzen Ausdehnung zur Lichtgrenze gehört. Der Grundriß dieser Erzeugenden bildet daher einen Bestandteil der Kurve *c*, und diese zerfällt in eine Gerade (Tangente des Kreises *k*) und eine Kurve 3. Ordnung.

Wir geben im folgenden eine allgemeine Übersicht der verschiedenen Formen der Kurve *c*. Die Einteilung erfolgt nach den

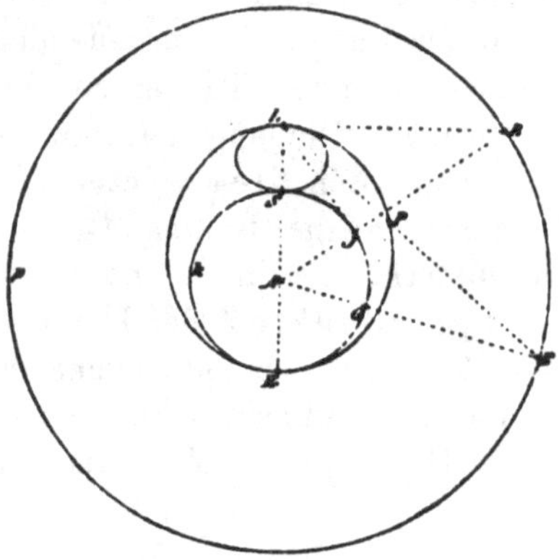

Fig. 332.

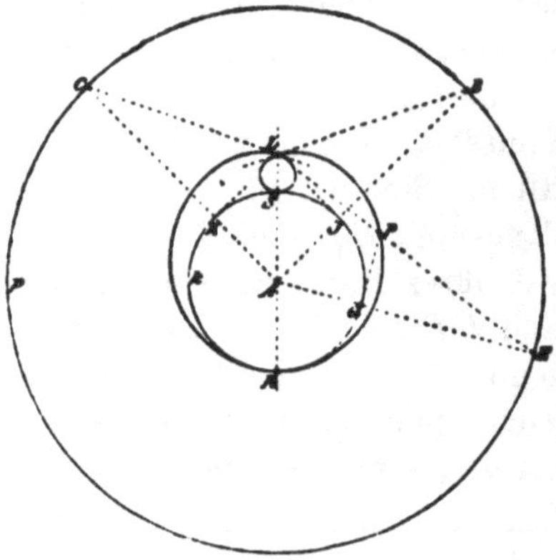

Fig. 333.

Werten der Größen p, q, r und zwar dürfen wir den Radius r der Kehlschraubenlinie stets als endlich, sowie p und q als von Null

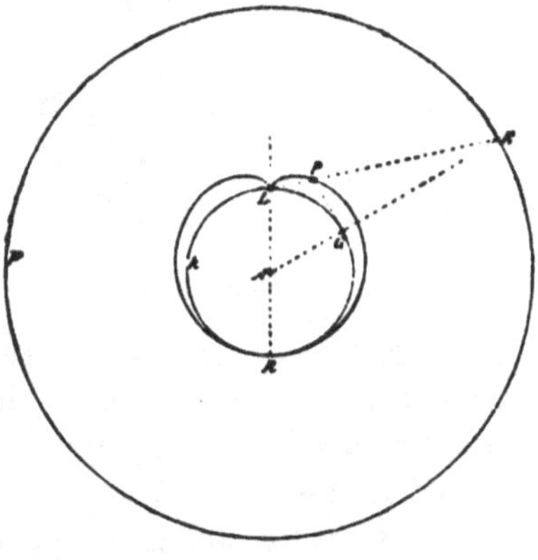

Fig. 334.

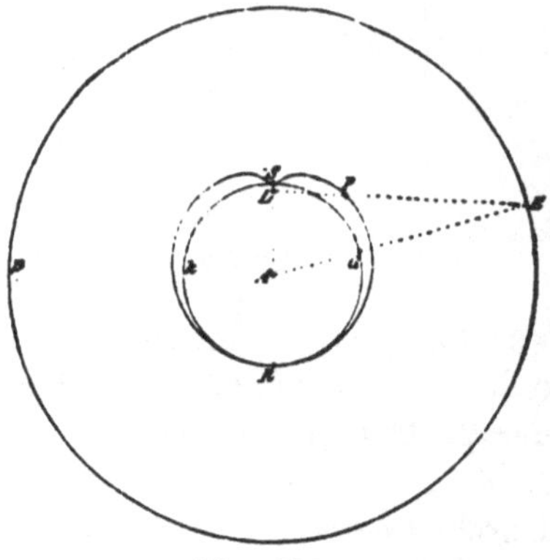

Fig. 335.

verschieden betrachten. Letzteres sagt aus, daß die Erzeugenden der Regelschraubenfläche und die Lichtstrahlen zur Schraubenachse geneigt liegen. Als Hauptfälle trennen wir: I. der Lichtstrahl bildet mit der Achse einen spitzen Winkel, oder die Lichtgrenze ist der wahre Umriß einer schiefen Parallelprojektion; II. der Lichtstrahl liegt senkrecht zur Achse, und die Lichtgrenze ist mit dem wahren Umrisse der zweiten orthogonalen Projektion identisch.

505. Gestalten der unikursalen symmetrischen Kurve 4. Ordnung *c*, die bei Parallelbeleuchtung als Grundriß der Lichtgrenze einer Regelschraubenfläche auftritt.

I. Schiefe Projektion (q = endlich).

1. Geschlossene gerade Schraubenfläche:

$r = 0$, $p = \infty$. Doppeltzählender Kreis über dem Durchmesser AL (Fig. 316).

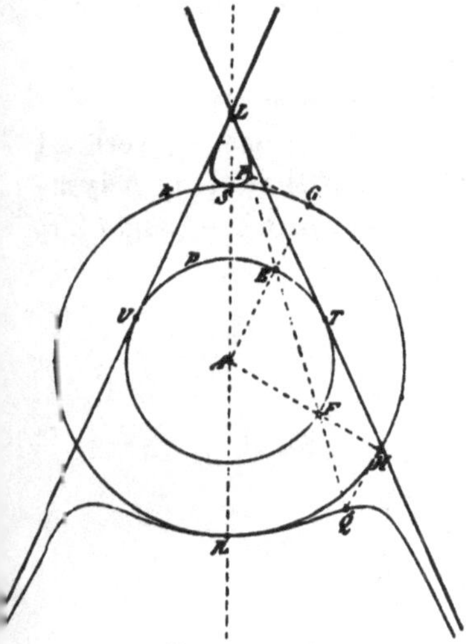

Fig. 336.

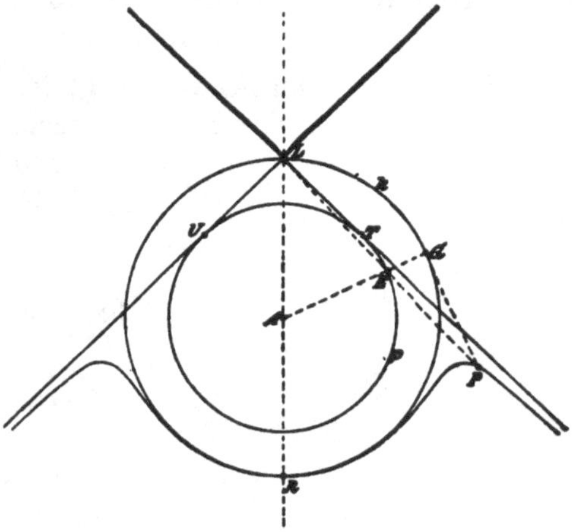

Fig. 337.

2. Offene gerade Schraubenfläche:

$r > 0$, $p = \infty$. Konchoiden. M und N imaginäre Doppelpunkte; *c* schließt sich im Endlichen.

α) $q > r$. L Knotenpunkt (Verschlungene Konchoide, Fig. 317).

β) $q = r$. L Spitze (Kardioide).

γ) $q < r$. L isolierter Doppelpunkt (Gestreckte Konchoide).

3. Geschlossene schiefe Schraubenfläche:

$r = 0$, p endlich. L Knotenpunkt, M und N erzeugen durch Koinzidenz einen Berührungsknoten A.

α) $q > p$. *c* verläuft durch das Unendliche mit zwei reellen Asymptoten (Fig. 325).

β) $q = p$. c zerfällt in eine Kurve 3. Ordnung (Strophoide) mit L als Knotenpunkt und eine sie in A berührende Gerade (Fig. 324).

γ) $q < p$. c schließt sich im Endlichen (Fig. 323).

4. Abwickelbare Schraubenfläche:

$r > 0$, $p = r$. c zerfällt in den Kreis k und die an ihn aus L gelegten beiden Tangenten (Fig. 315).

5. Offene schiefe Schraubenfläche mit verschlungener Meridiankurve:

$r > 0$, $p > r$. Der Kreis k liegt innerhalb des Kreises p.

α) $q > p$. L liegt außerhalb beider Kreise. c verläuft durch das Unendliche mit zwei reellen Asymptoten; L, M, N Knotenpunkte (Fig. 329).

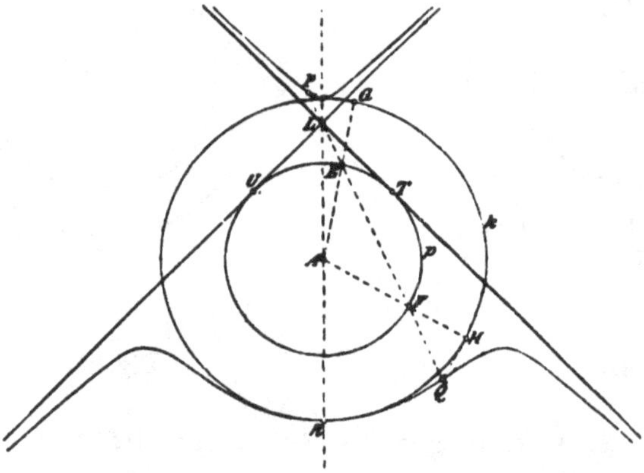

Fig. 338.

β) $q = p$. L liegt auf dem Kreise p. c zerfällt in eine Kurve 3. Ordnung mit L als Knotenpunkt und eine sie in M und N schneidende Gerade (Fig. 330).

γ) $p > q > r$. L liegt zwischen beiden Kreisen. c schließt sich im Endlichen.

$q > \sqrt{pr}$. L, M, N Knotenpunkte (Fig. 331).

$q = \sqrt{pr}$. M und N fallen mit L zusammen und erzeugen einen Oskulationsknoten (Fig. 332).

$q < \sqrt{pr}$. M und N imaginäre Doppelpunkte, L Knotenpunkt (Fig. 333).

δ) $q = r$. L liegt auf dem Kreise k und bildet eine Spitze (Fig. 334).

ε) $q < r$. L liegt innerhalb des Kreises k und bildet einen isolierten Doppelpunkt (Fig. 335).

6. Offene schiefe Schraubenfläche mit gestreckter Meridiankurve:

$r > 0$, $p < r$. Der Kreis p liegt innerhalb des Kreises k.

α) $q > r$. L liegt außerhalb beider Kreise. c verläuft durch das Unendliche mit zwei reellen Asymptoten. L Knotenpunkt, M und N imaginäre Doppelpunkte (Fig. 336).

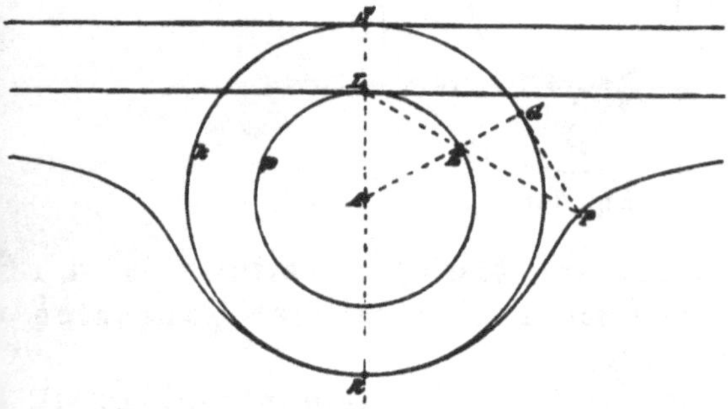

Fig. 339.

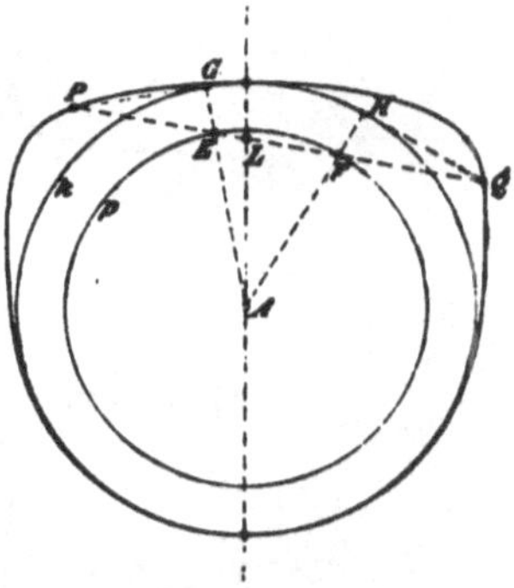

Fig. 340.

β) $q = r$. L liegt auf dem Kreise k und bildet eine Spitze. c verläuft durch das Unendliche mit zwei Asymptoten (Fig. 337).

γ) $p < q < r$. L liegt zwischen beiden Kreisen und bildet einen isolierten Doppelpunkt. c verläuft durch das Unendliche mit zwei Asymptoten (Fig. 338).

δ) $q = p$. L liegt auf dem Kreise p. c zerfällt in eine Kurve 3. Ordnung mit L als isoliertem Doppelpunkt und eine Gerade (Fig. 339).

ε) $q < p$. L liegt innerhalb des Kreises p und bildet einen isolierten Doppelpunkt. c schließt sich im Endlichen (Fig. 340).

II. Orthogonale Projektion ($q = \infty$).

Der unendlich ferne Punkt L ist ein Knotenpunkt, c hat zwei parallele Asymptoten.

1. Geschlossene schiefe Schraubenfläche ($r = 0$): Die Punkte M und N fallen in einem Berührungsknoten A zusammen (Fig. 320).

2. Offene schiefe Schraubenfläche ($r > 0$):

α) $p > r$. M und N Knotenpunkte (Fig. 327).

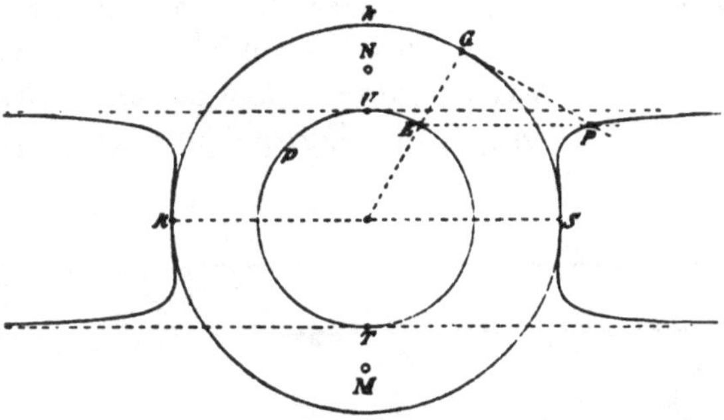

Fig. 341.

β) $p = r$. (Abwickelbare Fläche) c zerfällt in den Kreis k mit zwei parallelen Tangenten (Fig. 312).

γ) $p < r$. M und N isolierte Doppelpunkte (Fig. 341).

Zyklische Schraubenflächen.

506. Die Schraubenfläche von kreisförmigem Normalschnitt (Fig. 342). Die Fläche entstehe durch rechtsgängige Verschraubung des anfänglich in Π_1 gelegenen Kreises n vom Radius r um eine vertikale Achse a. Auf letzterer sei A der Spurpunkt in Π_1 und $AS = h_0$ die reduzierte Ganghöhe. Die vom Mittelpunkte N des erzeugenden Kreises n beschriebene Schraubenlinie sei s. Die Punkte J und K seiner Peripherie, die von A bzw. den größten und kleinsten Abstand haben, beschreiben die Schraubenlinien i und k, die den wahren Umriß für die erste Projektion zusammensetzen; letztere ist die Kehlschraubenlinie der Fläche. Die erste Projektion der Fläche besteht daher aus den konzentrischen Kreisen i' und k'. Den wahren Umriß für die zweite Projektion bestimmen wir nach 473 als geometrischen Ort der Endpunkte derjenigen Durchmesser des verschraubten Kreises n, die zur x-Achse parallel liegen. Er besteht demnach aus zwei mit s kongruenten

Schraubenlinien f und g, die aus s hervorgehen, wenn man diese Linie parallel zur x-Achse nach links oder rechts um die Strecke r

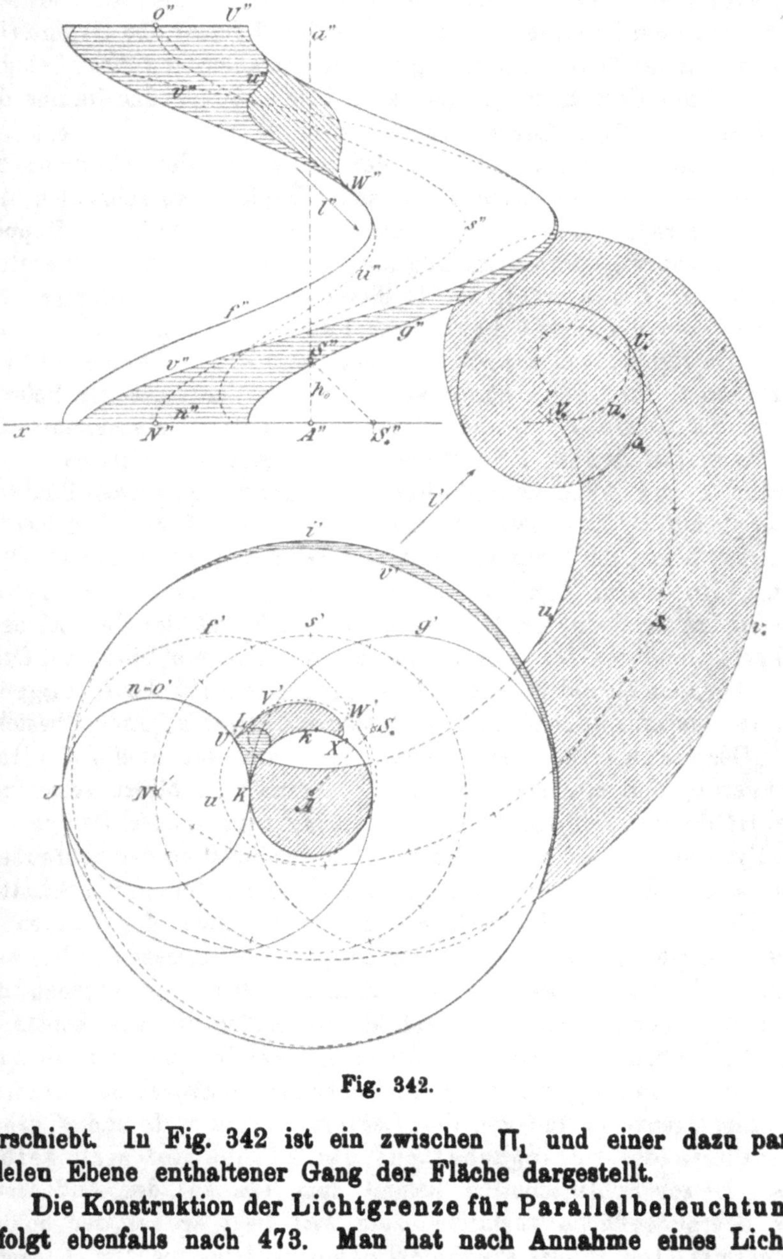

Fig. 342.

verschiebt. In Fig. 342 ist ein zwischen Π_1 und einer dazu parallelen Ebene enthaltener Gang der Fläche dargestellt.

Die Konstruktion der **Lichtgrenze** für **Parallelbeleuchtung** erfolgt ebenfalls nach 473. Man hat nach Annahme eines Lichtstrahles l ($\angle l'x = \angle l''x = 45^0$) den **Pol** L desselben in Π_1 zu suchen. Die durch ihn gezogene Vertikale bildet die Polachse, und die Endpunkte der durch diese gezogenen Durchmesser des verschraubten Kreises n erzeugen die Lichtgrenze. Letztere besteht aus zwei Zweigen u und v. Man findet zuerst den Grundriß, indem man auf allen durch L gezogenen Strahlen von ihren Schnittpunkten mit dem Kreise s' aus nach beiden Seiten den Radius des Kreises n abträgt. Diese Grundrißkurve der Lichtgrenze hat den Pol L zum Doppelpunkt. Trifft der um L mit dem Radius r beschriebene Kreis den Kreis s' in reellen Punkten, so schneiden sich in L zwei reelle Kurvenzweige. Da ferner jeder durch den Doppelpunkt L gezogene Strahl im allgemeinen und höchstens vier weitere Punkte der Kurve trägt, so ist dieselbe von der 6. Ordnung. Sie wird — wie die in 294 betrachtete Pascalsche Linie, mit der sie ihrer Entstehungsweise nach verwandt ist — als eine Konchoide bezeichnet. Ihre Form hängt wesentlich von der Lage des Poles L gegen die Kreise s', i' und k' ab. Jedenfalls ist sie symmetrisch in bezug auf den zu l' normalen Durchmesser des Kreises s' und berührt i' bzw. k' in den auf diesem Durchmesser gelegenen Punkten. Fällt L auf s', so zerfällt die Kurve in den um L mit dem Radius $= r$ beschriebenen Kreis und in eine Pascalsche Konchoide (4. Ordnung). In unserer Figur besteht die Kurve aus den Zweigen u' und v'; der innere Zweig u' zeigt den gestaltlichen Typus der Pascalschen Schnecke und hat L zum Knotenpunkt; der äußere v' bildet ein Oval.

Aus dem Grundriß leitet man leicht den Aufriß der Lichtgrenze ab, der aus zwei wellenförmig verlaufenden Zweigen u'' und v'' besteht.

Der Grundrißschatten der Fläche wird von zwei Parallelkurven u_* und v_* einer Zykloide s_* begrenzt; sie bilden zusammen die Hüllkurve aller Lagen des Kreises n, wenn dessen Zentrum N die Zykloide s_* beschreibt. Letztere ist der Schatten der Schraubenlinie s, und die sukzessiven Lagen des Kreises n bilden die Schatten der Normalschnitte der Fläche. Einzelne Punkte der Kurven u_* und v_* werden mittels der Schatten solcher Durchmesser der Normalschnitte bestimmt, welche die Polachse treffen; sie ergeben die Normalen der Zykloide s_*, auf denen beiderseits die konstante Strecke r abzutragen ist. Die Kurve u_* zeigt in jedem Gange zwei Spitzen U_* und V_*; die durch sie gehenden Lichtstrahlen berühren die Lichtgrenze u, und von den Berührungspunkten U und V gehen Grenzlinien des Schlagschattens der Fläche auf sich selbst aus. Dieser Schlagschatten kommt zum Teil auf der Außenseite der Schraubenfläche zustande, zum Teil liegt er auf der hohlen Innenseite. Der zuletzt erwähnte Teil kommt daher nicht in Betracht, wenn der von der Fläche umschlossene Raum von einem Schraubenkörper erfüllt ist, wie hier angenommen werden mag. In der Figur bildet die Spitze U_* den Schatten eines Punktes U, der dem obersten Normalschnitt o angehört. Die von U ausgehende Grenzlinie UW des außen sichtbaren Schlagschattens rührt von dem Kreise o her und wird aus den Überschneidungen von o_* mit den Grundrißschatten tieferliegender Normalschnittkreise mittels rückwärts gezogener Lichtstrahlen konstruiert. Die Linie UW überschreitet die Kehlschraubenlinie k in einem Punkte X, dem im Grundrisse ein Berührungspunkt X' mit dem Kreise k' entspricht; sie endigt auf u mit einer zum Lichtstrahl parallelen Tangente; ihr Grundriß bildet überdies eine Schleife.

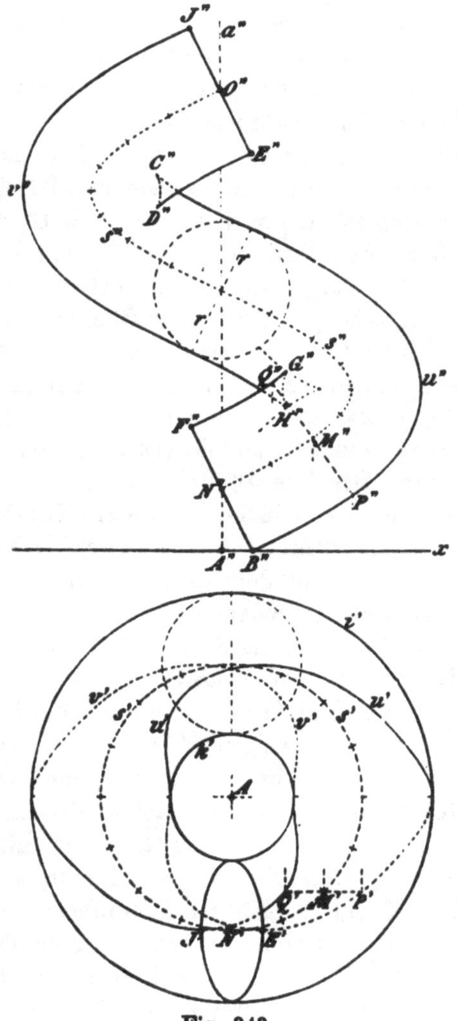

Fig. 343.

507. Die Schlangenrohrfläche (Serpentine) entsteht als Hüllfläche einer verschraubten Kugel. Der Radius dieser Kugel K sei r, der Abstand ihres Zentrums M von der vertikal gestellten Schraubenachse a sei $d > r$. Die Verschraubung sei rechtsgängig und h_0 die reduzierte Ganghöhe. Die vom Punkte M beschriebene Schraubenlinie wird durch s bezeichnet (Fig. 343); ihre Projektionen sind in Π_1 ein um den Achsenspurpunkt A mit dem Radius d beschriebener Kreis s' und in Π_2 eine Sinuslinie s''. Eine Normalebene der Schraubenlinie s, durch den Punkt M gelegt, schneidet auf der um M beschriebenen Kugel $\mathfrak{K}$ ihren Berührungskreis c mit der Schraubenfläche aus. Dieser bildet die **Charakteristik** der Hüllfläche (468) und kann als erzeugende Kurve derselben dienen. Wir stellen einen Gang der Fläche dar, der zwischen den parallelen Ebenen zweier erzeugender Kreise enthalten sein mag, und legen die Aufrißebene Π_2 senkrecht zu diesen beiden Ebenen, die Grundrißebene Π_1 aber durch den tiefsten Punkt B des unteren Kreises. Die beiden Endkreise der Fläche projizieren sich in Π_2 als die Geraden $B''F''$ und $E''J''$, die in den Endpunkten N'' und O'' der Sinuslinie s'' auf dieser normal stehen. Die Grundrisse fallen in eine Ellipse zusammen, deren Zentrum $N' = O'$ dem Kreise s' angehört; ihre kleine Achse ist $B'F' = E'J'$, ihre große Achse geht durch A und hat die Länge $2r$. Die Grundrisse aller erzeugenden Kreise sind kongruente Ellipsen, weil ihre Ebenen gegen Π_1 einerlei Neigung haben.

Der **Umriß der ersten Projektion** unserer Fläche wird von den beiden Kreisen i' und k' gebildet, die um A mit den Radien $d + r$ bzw. $d - r$ beschrieben sind. Die zugehörigen **wahren Umrisse**, i und k, sind **Schraubenlinien** und speziell ist k die **Kehllinie**. Der **Umriß der zweiten Projektion** umhüllt die Aufrisse der von der Fläche umhüllten Kugeln und besteht daher aus zwei Parallelkurven u'' und v'' der Sinuslinie s'', die erhalten werden, wenn man auf den Normalen von s'' nach beiden Seiten die Strecke r abträgt. In jedem Gange zeigen die beiden (kongruenten) Kurven u'' und v'' je zwei Spitzen (C'', D'' und G'', H''), in denen sie auf die Evolute der Sinuslinie s'' auftreffen. Die erste Projektion der **wahren Umrisse** u und v besteht aus zwei herzförmigen, geschlossenen Zweigen u' und v', die sich gegenseitig auf der Linie AA'' kreuzen und beide den zur x-Achse parallelen Durchmesser des Kreises s' zur Symmetrieachse haben. Sie berühren die Kreise i' und k' in ihren Schnittpunkten mit dieser Geraden. Man findet beliebig viele Punkte der Kurven u' und v' auf folgendem Wege. Sei M ein Punkt der Schraubenlinie s und PQ der zum Aufriß parallele Durchmesser des um M beschriebenen erzeugenden Kreises, so liegen P'' und Q'' auf dem Umriß der zweiten Projektion, und $P''Q''$ ist eine Normale von s''. Die erste Projektion $P'Q'$ desselben Durchmessers ist parallel zur x-Achse durch den Punkt M' von s' zu ziehen und endigt bzw. auf den Kurven u' und v'.

508. Ist eine **Schlangenrohrfläche** nach dem Vorausgeschickten in Grund- und Aufriß dargestellt, so soll jetzt die Konstruktion der **Lichtgrenze** auf ihr, des **Schlagschattens** auf der **Grundrißebene** und auf der **Fläche** selbst hinzugefügt werden (Fig. 344).

Sucht man auf jeder der Fläche einbeschriebenen Kugel den Lichtgrenzkreis w und den erzeugenden Kreis c (die Charakteristik), so

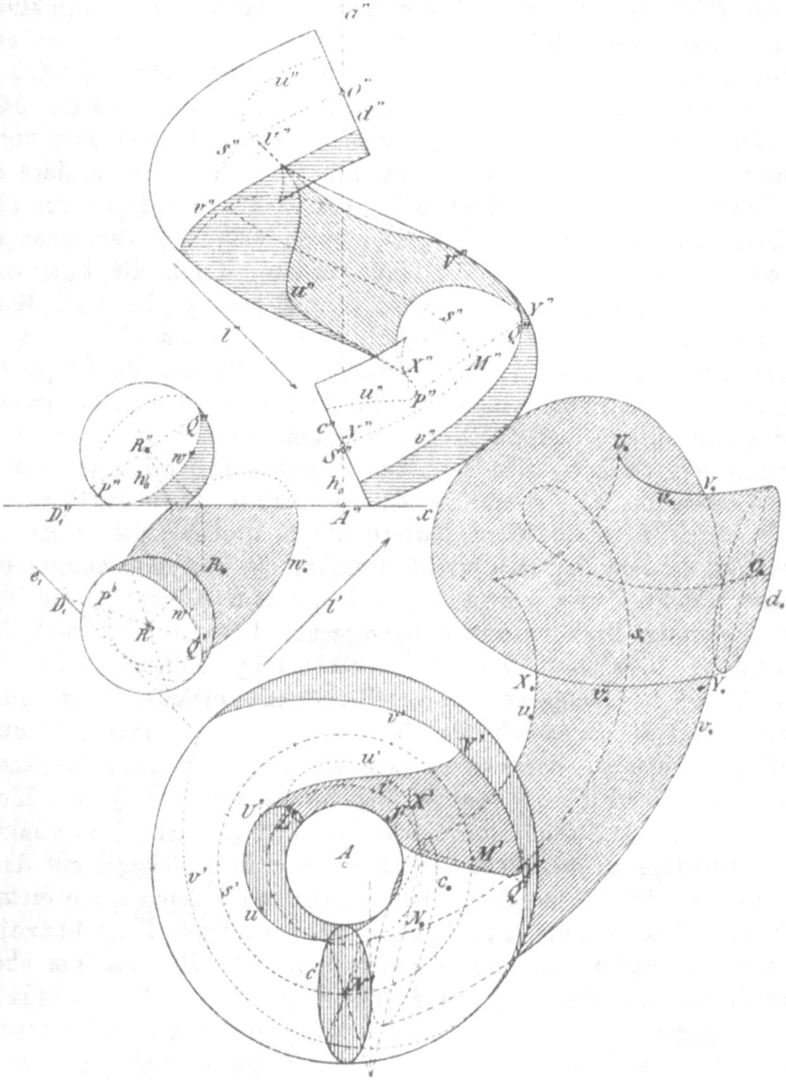

Fig. 344.

schneiden sich diese in Gegenpunkten P und Q der Kugel, die zugleich der Lichtgrenze auf der Schraubenfläche angehören. Die Ebene von c steht senkrecht zur Tangente der Schraubenlinie s, die vom Kugelzentrum M beschrieben wird, die Ebene von w normal zum Lichtstrahl l. Hieraus kann ihre Schnittlinie, d. i. der Durchmesser PQ in Grund- und Aufriß gefunden werden. Die Konstruktion nimmt man zweckmäßig an einer Hilfskugel vor, die mit dem gegebenen Radius r um irgend einen Punkt R des Raumes beschrieben ist, und überträgt dann die Resultate in die Hauptfigur (in Fig. 344 ist $RR' = h_0$ angenommen). Die Konstruktion läßt sich aber noch bedeutend vereinfachen, indem man den Pol L des Lichtstrahles in Π_1 benützt (471). Sind nämlich P' und Q' die Grundrisse der gesuchten Lichtgrenzpunkte, so gehen (nach 472) ihre Verbindungslinien $P'L$ und $Q'L$ mit dem Pole L bzw. durch die Pole der Tangenten des erzeugenden Kreises c in P und Q. Da aber diese parallel sind, haben sie einerlei Pol, und die Linien $P'L$ und $Q'L$ fallen zusammen in den durch L gezogenen Durchmesser der Ellipse c', die den Grundriß von c bildet. Alle diese Ellipsen sind kongruent und gehen auseinander durch Drehung um den Achsenspurpunkt A hervor. Wir zeichnen eine derselben c' mit dem Zentrum N' auf s' und denken uns eine zweite um M' beschrieben, deren Durchmesser $P'Q'$ durch L geht. Wird letztere durch Drehung um A mit c' vereinigt, so geht der mitgedrehte Durchmesser nunmehr durch denjenigen Punkt J des um A durch L gelegten Kreises i, der bei der erwähnten Drehung aus L hervorgeht. Hierdurch ist auch die Länge $P'Q'$ bestimmt. Man teilt zweckmäßig die Kreise i und s', von L und N' anfangend, in dieselbe Anzahl gleicher Teile; sind dann J und M' entsprechende Teilpunkte, so ziehe man JN' und LM' und trage auf der zweiten Linie den auf der ersten gefundenen Halbmesser der Ellipse c' von M' aus bis nach P' und Q' ab. Man erhält so Punkte des Grundrisses der Lichtgrenze. Um Punkte ihres Aufrisses zu bestimmen, benützen wir die Hilfskugel mit dem Zentrum R. Die Ebene ihres Lichtgrenzkreises w habe e_1 zur ersten Spurlinie; liegt parallel zu PQ der gleichbezeichnete Kugeldurchmesser, so findet man seinen ersten Spurpunkt D_1, aus ihm aber nach Größe und Richtung den Aufriß $P''Q''$, der in die Hauptfigur zu übertragen ist. Das Ergebnis dieser Konstruktionen ist folgendes. Die Lichtgrenze auf der Schlangenrohrfläche besteht aus zwei Kurvenzweigen u und v. Die Grundrisse u' und v' sind geschlossen; der innere Zweig u' berührt den inneren Umrißkreis der Fläche in den Endpunkten des zu l' normalen Durchmessers, hat den Pol L zum Knotenpunkt und zeigt den gestaltlichen Typus der Pascalschen Schnecke; der äußere Zweig v' bildet ein Oval und berührt den äußeren Umrißkreis in den Endpunkten des zu l' normalen

Durchmessers, der für beide Zweige Symmetrieachse ist. Im Aufriß berühren die beiden Zweige u'' und v'' der Lichtgrenze in jedem Gange die Umrißkurven je zweimal in Punkten, die den Durchschnitten von u' und v' mit den ersten Projektionen jener Umrisse entsprechen.

Der Grundrißschatten der Schraubenlinie s ist eine verschlungene Zykloide s_*, von der ein im Punkte N_* beginnender, in O_* endigender Gang gezeichnet ist. Der Grundrißschatten der Schraubenfläche wird einesteils begrenzt durch die Schatten c_* und d_* der beiden als Berandung eines Ganges auftretenden erzeugenden Kreise c und d mit den Mittelpunkten N und O, andernteils durch zwei Kurven u_* und v_*, die zusammen die Hüllkurve der Schatten der verschraubten Kugel bilden. Die Ellipsen c_* und d_* sind kongruent und ihre Achsen parallel; man bestimmt sie als affine Kurven zu c' aus konjugierten Durchmessern. Hat man ferner für die Hilfskugel mit dem Zentrum R den Grundrißschatten als die Ellipse w_* konstruiert (330) und denkt man sich eine mit w_* kongruente Ellipse so bewegt, daß ihr Zentrum die Zykloide s_* beschreibt, während ihre große Achse beständig die Richtung von l' behält, so bilden u_* und v_* zusammen die Hüllkurve aller ihrer Lagen. Einzelne Punkte findet man als Schatten der vorher bestimmten Lichtgrenzpunkte, wie P und Q. Die Schatten s_*, u_*, v_* sind affin zu den Schatten der Kurven s, u, v auf einer zum Lichtstrahl normalen Ebene; in dieser ist aber der Schatten von s eine Zykloide, während u und v zu ihr äquidistante Kurven liefern. Diese Affinität kann man ebenfalls zur Konstruktion von u_* und v_* benutzen. Die Kurve u_* hat in jedem Gange zwei Spitzen, die Kurve v_* ist verschlungen. Durch die Spitzen von u_* führen Lichtstrahlen, welche die Lichtgrenze u berühren, und in jedem solchen Berührungspunkte beginnt die Grenzlinie eines Schlagschattens der Fläche auf sich selbst. In unserer Figur wird nur ein solcher Schatten sichtbar, während ein zweiter, im Inneren der Fläche gelegen, nicht zur Erscheinung kommt. Der äußere Schatten wird einerseits durch die Linie UV begrenzt, die in dem der Spitze U_* entsprechenden Punkte U tangential von u ausgeht und auf v in dem Punkte V endigt, der dem Schnittpunkte V_* von u_* und v_* entspricht. Andererseits bildet die Grenze die Linie XY, deren Endpunkte auf u und v aus den Kreuzungspunkten X_* und Y_* von v_* mit u_* und v_* ermittelt werden. Um die Kurven UV und XY mit genügender Sicherheit zeichnen zu können, müssen noch einige Zwischenpunkte derselben konstruiert werden. Zu diesem Ende hat man von geeigneten erzeugenden Kreisen der Fläche Grund- und Aufriß, sowie den Grundrißschatten zu suchen, was am leichtesten mit Benutzung konjugierter Durchmesserpaare der betreffenden Ellipsen geschieht. Da die gesuchten Kurven Schatten der Linien u und v bilden, so hat man aus den Schnittpunkten von v_* und v_* mit den Grundrißschatten der erzeugenden Kreise Lichtstrahlen rückwärts bis zu diesen selbst zu verfolgen.

Schrauben.

509. Eine allseitig begrenzte ebene Fläche erzeugt bei einer Verschraubung um eine zu ihr senkrechte Achse einen Körper, der Schraube heißt. Wir nehmen an, daß der erzeugende Querschnitt der Schraube von einer geschlossenen, sich selbst nicht schneidenden Linie umgrenzt sei. Zu jeder Schraube gehört eine Schraubenmutter; es ist dies ein Körper mit einem schraubenförmigen Hohlraume, den die zugehörige Schraube ausfüllt, so daß Schraubenmutter und Schraube von der nämlichen Schraubenfläche begrenzt werden. Die Schraube kann in der Schraubenmutter eine Schraubenbewegung ausführen, indem die Oberflächen beider Körper aufeinander gleiten. Die Einteilung der Schrauben erfolgt nach den geometrischen Eigenschaften dieser Gleitflächen. Der Schraubenkörper selbst wird im Gegensatz zur Schraubenmutter öfters als Schraubenspindel bezeichnet.

Die technisch verwendeten Schrauben besitzen meist einen massiven Kern, der von einem um ihre Achse beschriebenen Rotationszylinder begrenzt wird. Der außerhalb des Kernes befindliche Teil des Schraubenkörpers heißt das Gewinde. Zur Charakterisierung der Schraube genügt die Angabe eines Meridianschnittes, dessen Höhe in der Achsenrichtung der Ganghöhe h gleich ist; er werde begrenzt auf einer Seite von der Achse a, unten und oben von zwei Radien des Kernzylinders und auf der anderen Seite von dem sog. Schraubenprofil. Die gebräuchlichsten Profile sind geradlinig und werden von gleichschenkligen Dreiecken oder von Rechtecken gebildet, deren Grundlinien auf der Kernmantellinie liegend sich in gleichen Abständen folgen (bei Dreiecken können die Grundlinien unmittelbar aneinander stoßen). Schrauben mit dreieckigem Gewindeschnitt heißen scharfgängig, mit rechteckigem flachgängig. Enthält das Profil auf eine Ganghöhe h mehrere Dreiecke oder Rechtecke, so sagt man, die Schraube habe mehrfaches Gewinde.

510. Darstellung einer flachgängigen Schraube mit Eigen- und Schlagschattengrenzen (Fig. 345). Die Schraubenspindel habe einen quadratischen Gewindeschnitt, die Entfernung der Gewindegänge voneinander sei der Quadratseite gleich; ferner sei der Spindel ein sechsseitiger prismatischer Schraubenkopf aufgesetzt. Wir legen die Grundrißebene normal zur Schraubenachse. Das Gewinde wird von dem Kernzylinder, von einem koaxialen Rotationszylinder und zwei geschlossenen geraden Regelschraubenflächen begrenzt, deren Durchschnitte mit den Zylinderflächen die Gewindekanten bilden. Letztere werden im Grundriß durch die Kreise *i* und *k*, im Aufriß durch Sinuslinien dargestellt; in der zweiten Projektion sind die Umrißlinien der Zylinder hinzuzufügen, soweit sie auf dem Gewinde liegen bzw. sichtbar sind; endlich

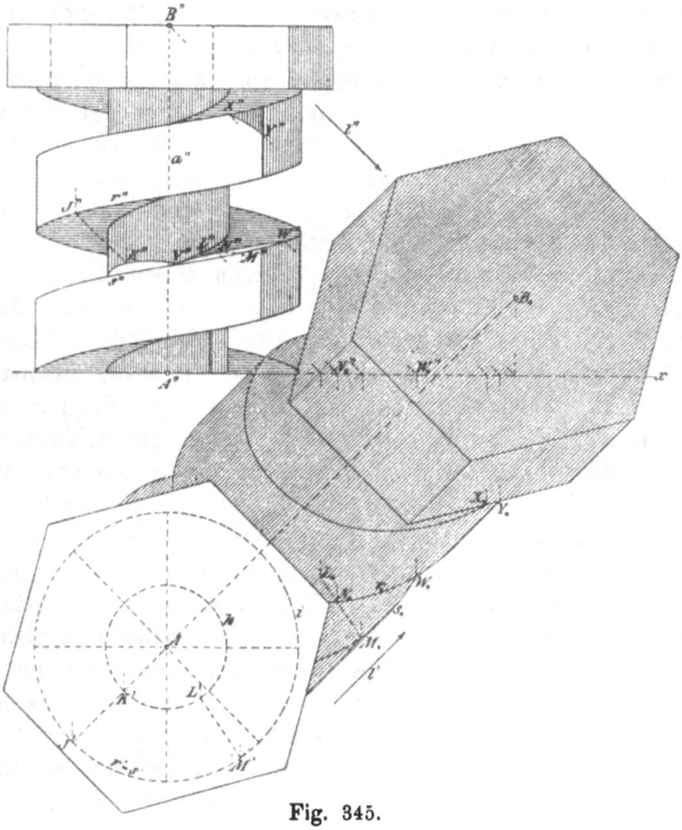

Fig. 345.

zeichne man noch die Kanten des Schraubenkopfes und konstruiere von allen den genannten Linien die Grundrißschatten unter der Annahme paralleler Lichtstrahlen (l', l''). Der Grundrißschatten ist über die x-Achse fortgesetzt. Allenthalben sind nur die in der betreffenden Projektionsrichtung sichtbar werdenden Elemente verzeichnet. Diese Konstruktionen bedürfen nach dem Vorausgegangenen keiner Erläuterung mehr.

Die Lichtgrenze auf der Schraube setzt sich zusammen aus je zwei Mantellinien der beiden Zylinder über den Kreisen *i* und *k* und der Lichtgrenze auf den geraden Regelschraubenflächen, die das Gewinde begrenzen. Letztere kommt für unsere Figur nicht in Betracht; es würde von jedem Gewindegang, wenn man ihn für sich allein betrachtet, die Oberseite ganz im Lichte, die Unterseite ganz im Schatten liegen. Von den Lichtgrenzlinien auf dem äußeren und auf dem Kernzylinder liegen die ersten Spurpunkte auf *i* und *k* in dem zu l' senkrechten Durchmesser. Der Schlagschatten auf der Schraube wird begrenzt von den Schatten der äußeren Randlinien des Gewindes auf dem Kern und auf dem folgenden (tieferen) Gewindegang, ferner von den Schatten der Kanten des Schraubenkopfes auf der Oberseite des Gewindes bzw. auf dem äußeren Zylinder. Es können ferner der Schraubenkopf auf den Kernzylinder und dieser auf das Gewinde Schlagschatten werfen; diese Schatten kommen indes in unserer Figur nicht zustande.

Um von einem Punkte J des äußeren Gewinderandes r den Schatten K auf dem Kernzylinder zu finden, beachte man, daß der Schatten der durch J gezogenen Mantellinie des äußeren Zylinders auf den inneren eine Mantellinie des letzteren wird, die man aus dem Grundriß sofort bestimmt. Auf ihrer zweiten Projektion liegt K'' so, daß $J''K'' \parallel l''$ wird. Durch Wiederholung dieser Konstruktion findet man Kurvenzüge, wie UV, deren Endpunkte auf dem inneren Gewinderand liegen (U ist in der Figur nicht sichtbar). An diese schließen sich Schlagschattengrenzen auf der Oberseite des Gewindes an, z. B. VW, die auf dem Außenrande endigen. Man bestimmt zuerst diese Endpunkte, z. B. W, aus den Überschneidungen (W_*) der Grundrißschatten r_* und s_* zweier Randschraubenlinien. Um auf einer Erzeugenden LM der Regelschraubenfläche den Punkt N der Kurve VW zu finden, geht man von $N_* = r_* \times L_*M_*$ aus. Analog sind die Schlagschatten der Kanten des Schraubenkopfes ermittelt; in der Figur ist die Linie XY auf dem äußeren Zylinder ein solcher.

511. Darstellung einer scharfgängigen Schraube mit Eigen- und Schlagschattengrenzen (Fig. 346). Die Dreiecke des Gewindeschnittes mögen mit ihren Grundlinien aneinander stoßen; die Ganghöhe sei der Grundlinie gleich, das Gewinde also einfach. Auf der Spindel mag wieder ein sechsseitiger prismatischer Kopf sitzen. Das Gewinde wird von zwei schiefen, geschlossenen Regelschraubenflächen begrenzt, die sich in zwei Schraubenlinien, der äußeren und inneren Gewindekante r und s treffen; letztere liegt auf dem Kernzylinder.

Stellen wir wie vorher die Grundrißebene normal zur Schraubenachse a, so werden die beiden Gewindekanten in Π_1 durch konzentrische Kreise um A, in Π_2 durch Sinuslinien in bekannter Weise dargestellt. Der Umriß der zweiten Projektion ist für die oben genannten beiden Regelschraubenflächen nach 493 genau bestimmbar

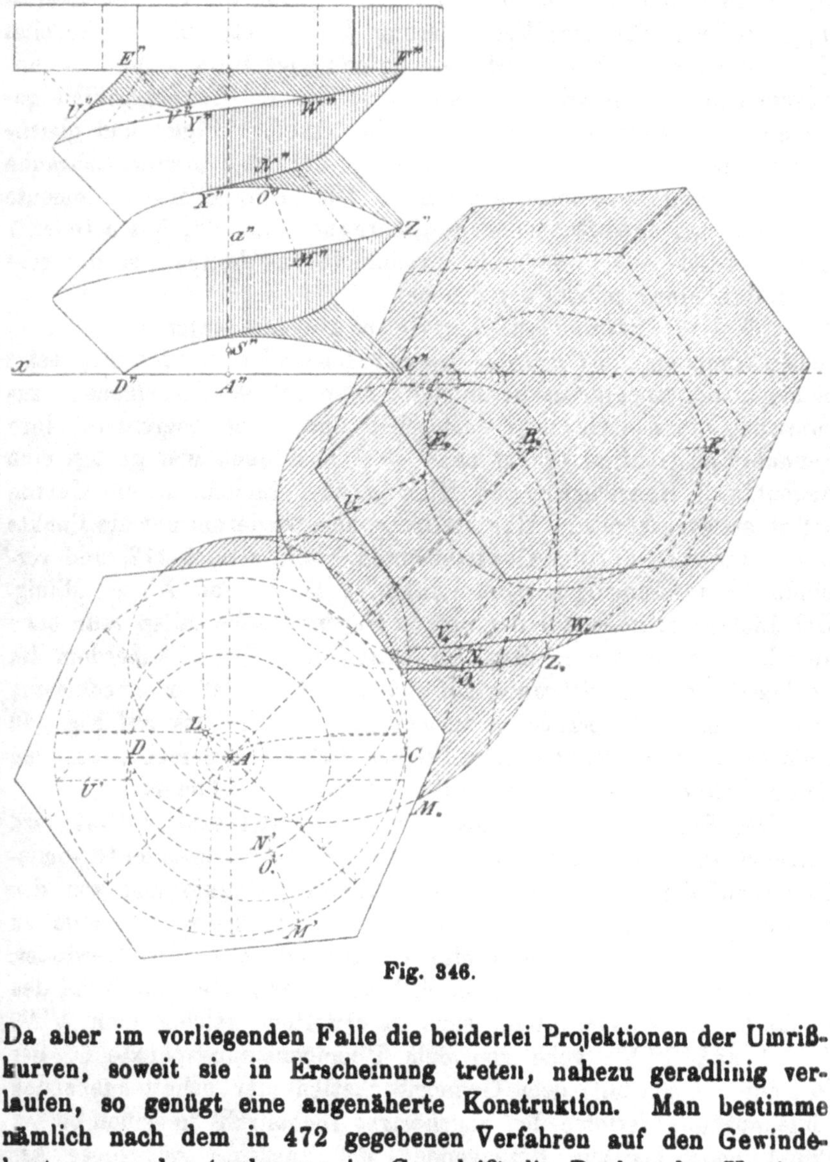

Fig. 346.

Da aber im vorliegenden Falle die beiderlei Projektionen der Umrißkurven, soweit sie in Erscheinung treten, nahezu geradlinig verlaufen, so genügt eine angenäherte Konstruktion. Man bestimme nämlich nach dem in 472 gegebenen Verfahren auf den Gewindekanten r und s (und zwar im Grundriß) die Punkte des Umrisses für die zweite Projektion, übertrage sie in den Aufriß und verbinde je zwei zusammengehörige Punkte durch gerade Linien. Im Aufriß fallen diese geraden Linien annähernd mit den gemeinsamen Tangenten der beiden Sinuslinien r'' und s'' zusammen, die die Gewindekanten repräsentieren. Zu besserer Verdeutlichung der Lage und der Sichtbarkeit der Umrißlinien ist in Fig. 348 ein Teil der Aufrißfigur in beträchtlicher Vergrößerung gezeichnet; für die Scheitel der Linien r'' und s'' sind die Krümmungszentra J und K angegeben; durch gestrichelte Linien ist der im Hauptmeridian gedachte Gewindeschnitt dargestellt. In derselben Figur sind gleichzeitig die Einzelheiten des Aufrisses der zu unserer Schraube gehörigen Schraubenmutter gezeichnet. Die zu ihr gehörigen Elemente sind von den entsprechenden der Schraube selbst durch den Index 1 unterschieden und, um beide auseinander zu halten, ist die eine Figur ein Stück seitwärts geschoben.

Die Lichtgrenze auf der Schraube (die unter der gewöhnlichen Annahme: $\angle l'x = \angle l''x = 45^0$ konstruiert werden mag) setzt sich aus den Lichtgrenzkurven der beiden schiefen Regelflächen zusammen, die das Gewinde nach oben und unten begrenzen. Ihre genaue Konstruktion erfolgt nach 494; aber auch hier genügt eine angenäherte Konstruktion mit Hilfe gerader Linien, die die Kurven selbst ersetzen können. Man bestimme also wiederum nur die Punkte der Lichtgrenze auf den Gewindekanten r und s nach 472, und verbinde die zusammengehörigen Punkte, z. B. X'' und Y'', geradlinig. Die Lichtgrenzlinien auf der oberen Gewindefläche fallen sehr nahe an den Umriß der zweiten Projektion und liegen außerdem im Schlagschatten der Schraube auf sich selbst, so daß es zweckmäßig erschien, sie nicht besonders anzugeben. Im Hinblick auf Fig. 346 bedarf es nach dem Gesagten keiner Erläuterung mehr, um den Grundrißschatten der Schraube entwerfen zu können.

Der Schlagschatten der Schraube auf sich selbst wird begrenzt von den Schatten der Lichtgrenzlinien der unteren Gewindefläche auf die obere des folgenden (tieferen) Ganges und von den Schatten der äußeren Gewindekante r. Dazu treten die Schatten der Kanten des Schraubenkopfes auf die Oberseite des Gewindes.

Um auf einer Erzeugenden MN der oberen Gewindefläche den Punkt O der Schlagschattengrenze zu ermitteln, zeichne man $M'N'$, $M''N''$ und M_*N_*, gehe von dem Überschneidungspunkte O_* der Geraden M_*N_* mit dem Grundrißschatten der schattengebenden Linie aus und verfolge den zugehörigen Lichtstrahl in seinen beiden Projektionen bis zur Erzeugenden MN zurück. Auf diese Art findet man alle Kurvenzüge, wie XZ und UVW, die zur Begrenzung des Schlagschattens gehören. Man hat sein Augenmerk vornehmlich auf die Anfangs- und Endpunkte dieser Linien zu richten. Die Linie XZ rührt als Schatten von der Lichtgrenze XY und einem Teile der äußeren Gewindekante her; die gebrochene Linie UVW

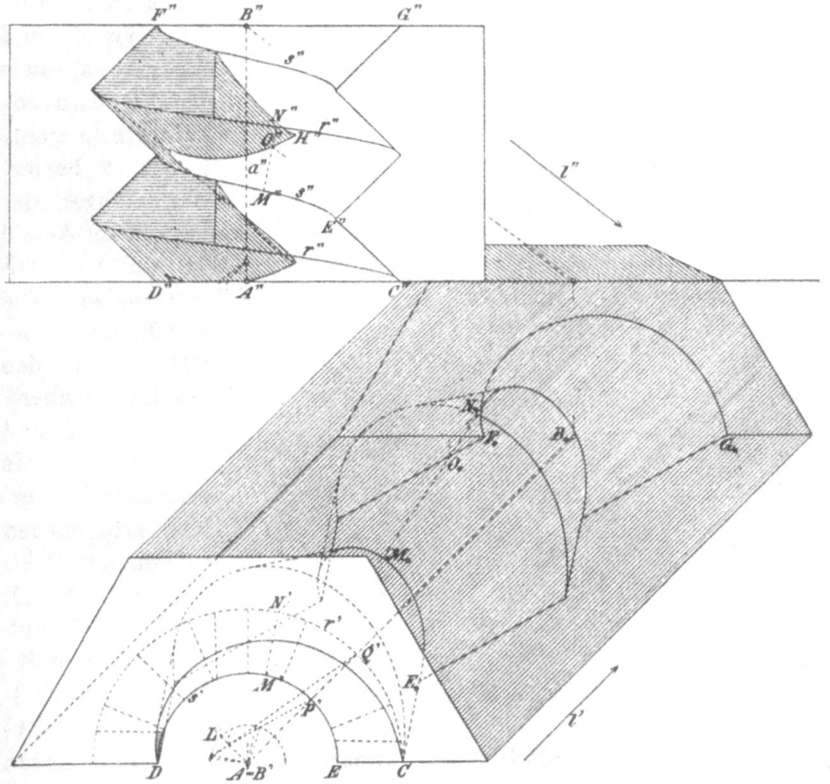

Fig. 347.

bildet den Schatten zweier Unterkanten des Schraubenkopfes, speziell V den einer Ecke desselben.

512. Darstellung der Schraubenmutter einer scharfgängigen Schraube mit Eigen- und Schlagschatten (Fig. 347). Für die Schraube und ihre Lage gegen die Projektionsebenen mögen ebenso wie für die Lichtstrahlen dieselben Annahmen gelten wie vorhin. Die Schraubenmutter aber denken wir uns durch die Hauptmeridianebene ($\| \Pi_2$) gehälftet und zeichnen nur ihre hintere, nach dem Beschauer zu geöffnete Hälfte mit zwei Gängen; den Körper, aus dem sie ausgehöhlt ist, denken wir uns durch die Ebene Π_1 und eine parallele Ebene, sowie durch ein regelmäßiges sechsseitiges Prisma begrenzt, dessen eine Seitenfläche $\parallel \Pi_2$ liegen mag.

Da das darzustellende Gebilde in seinen wesentlichen Teilen mit dem vorhin betrachteten übereinstimmt, so ist in bezug auf die Konstruktion des Grund- und Aufrisses, sowie des Grundrißschattens nichts Neues zu bemerken. Wegen der Details im Aufriß ist auf Fig. 348 zu verweisen. Die Randlinien bestehen aus den archimedischen Spiralen *CD* und *FG* und den sie verbindenden vierfach gebrochenen Linien von *C* bis *G* und *D* bis *F*, die den Hauptmeridianschnitt des Gewindes bilden. Die Lichtgrenze auf der Gewindefläche im Inneren besteht aus den beiden Teilkurven, die der oberen und unteren Gewindefläche entsprechen und wird wie vorher bestimmt; sie wird nur auf der unteren Seite sichtbar. Auch die Verzeichnung der Schlagschattengrenzen auf der Innenfläche erfolgt ganz analog dem früheren. Diese Grenzkurven sind teils Schatten der inneren Gewindekante *s*, teils Schatten der Kanten des Gewindeschnittes im Hauptmeridian. Ihre Punkte werden auf Erzeugenden (z. B. *MN*) der betreffenden Schraubenflächen gefunden, indem man ihre Grundrißschatten mit denen der schattenwerfenden Kurven schneidet (z. B. in O_*) und den zugehörigen Lichtstrahl zurückverfolgt.

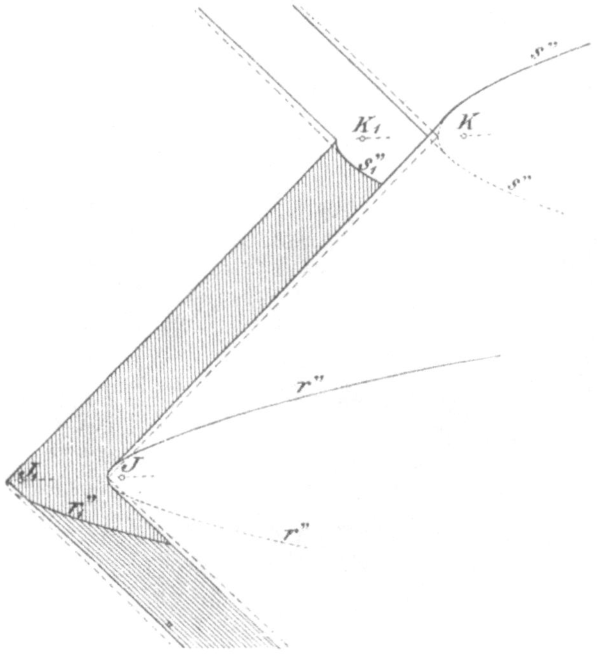

Fig. 348.

Anwendungsbeispiel.

513. Zerlegbare eiserne Wendeltreppe. Eiserne Wendeltreppen, wie sie als Nebentreppen häufig in Gebäuden vorkommen, werden aus einzelnen Bauteilen zusammengesetzt, die zumeist aus Gußeisen hergestellt sind. Wenn die Stufen nicht aus dem Ganzen gegossen sind, werden sie selbst wieder aus je drei Teilen zusammen-

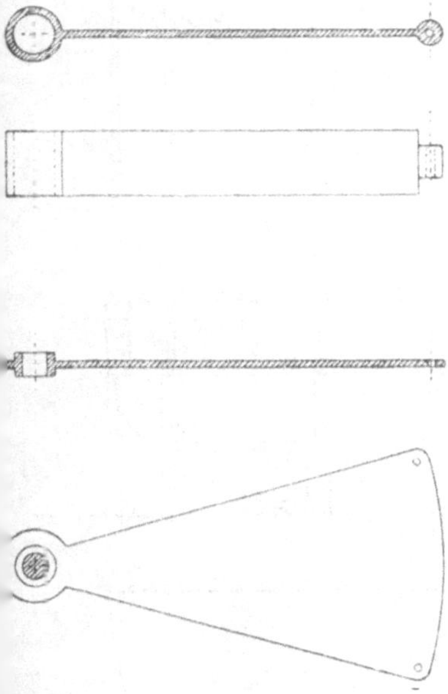

Fig. 349.

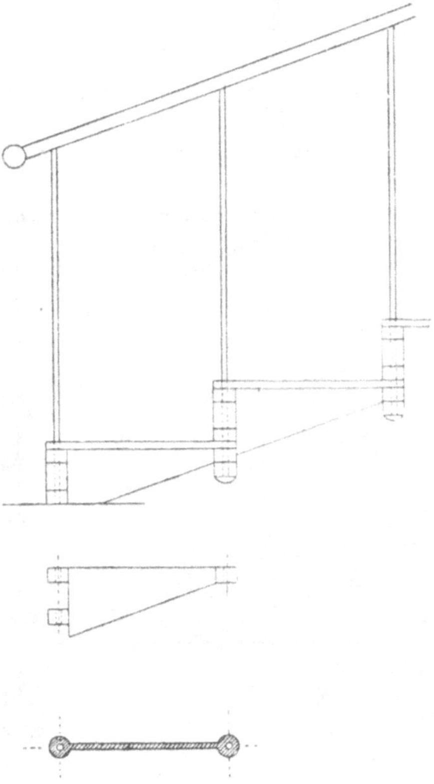

Fig. 350.

gesetzt. Wir nehmen den letzteren Fall an. Die drei Teile heißen: die Trittstufe, die Setzstufe und die Stufenwange. Um sie möglichst leicht und zierlich zu machen, werden sie meist nach einem siebartigen Muster durchbrochen geformt, worauf aber hier keine Rücksicht genommen werden kann. Die einzelnen Teile werden durch Verschraubungen miteinander fest verbunden. Durch alle Stufen hindurch geht in der Achsenrichtung von unten bis oben

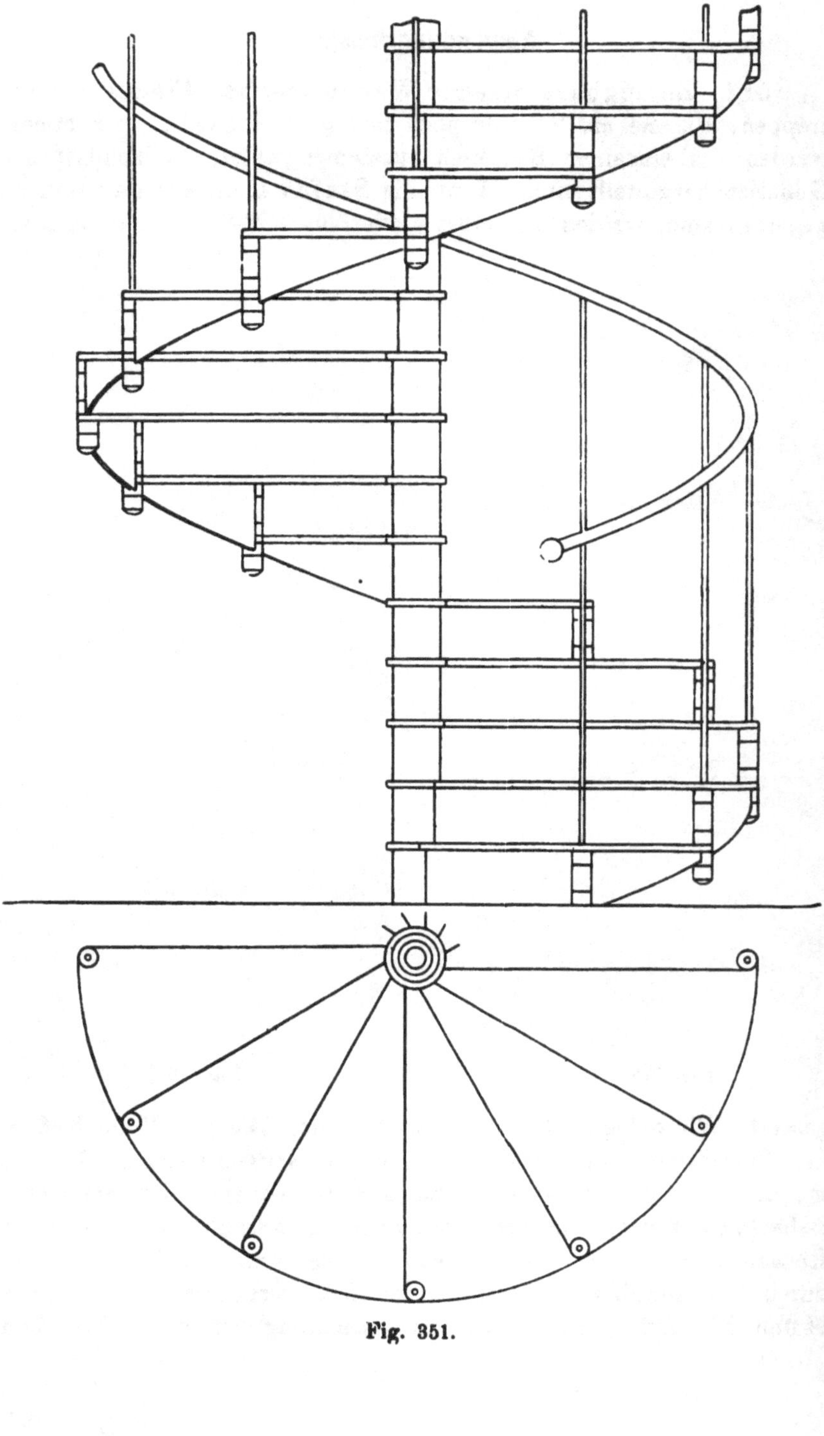

Fig. 351.

eine an beiden Enden festverlagerte Spindel aus zylindrisch geformtem Rundeisen. Außerdem sind durch die zusammengefügten Teile jeder Stufe die Geländerstäbe (ebenfalls Rundeisen) hindurchgesteckt, unten aber zur Befestigung des Verbandes mit Schraubengewinde und Schraubenmutter versehen. Oben tragen diese Stäbe die aus Rundeisen oder Rundholz nach der Form der Schraubenlinie gebogene Griffstange. Alle drei Teile einer Stufe sind beiderseits mit angegossenen Büchsen versehen bzw. durchbohrt, damit durch die zylindrischen Öffnungen die Spindel bzw. die Geländerstäbe gesteckt werden können.

Fig. 349 zeigt den horizontalen Querschnitt und den Aufriß einer Setzstufe, sowie den vertikalen Querschnitt und den Grundriß einer Trittstufe. Die Stufenwangen sind zylindrisch gebogen, aber in eben ausgerichteter Form dargestellt. Fig. 350 zeigt (unten) den Aufriß und horizontalen Querschnitt der ausgerichteten Wange und (oben) den Aufriß eines Teiles der ausgerichteten Treppenstirnseite. Fig. 351 gibt die Zeichnung der Wendeltreppe (mit 14 Stufen) im Grund- und Aufriß. Die oberen und unteren Stufenkanten liegen auf je einer geschlossenen geraden Schraubenfläche oder Wendelfläche (vgl. 484). Die unteren Kanten der Stufenwangen bilden zwei dicht nebeneinander laufende Schraubenlinien. Die Oberfläche der Griffstange stellt eine Schlangenrohrfläche (vgl. 507) dar, aber die charakteristischen Merkmale ihrer Umrißformen treten wegen der Kleinheit des Querschnittes im Verhältnis zum Radius nicht deutlich hervor.

Die Durchführung einer Schattenkonstruktion für Parallelbeleuchtung würde an sich keine Schwierigkeiten bieten; sie ergibt aber eine Menge von Einzelteilen der Eigen- und Schlagschattengrenzen, die sich bei unserem Maßstabe (in der Figur 1 : 22,5) wegen ihrer Kleinheit kaum deutlich zeichnen lassen würden. Die Schattenkonstruktion ist daher weggelassen worden.

ANHANG.

Einfachheit und Genauigkeit graphischer Konstruktionen.[23])

514. Die darstellende Geometrie führt die im Raume unausführbaren Konstruktionen auf die in der Ebene ausführbaren zurück. Insofern also die konstruktive Lösbarkeit der geometrischen Aufgaben von der Erfüllung gewisser Bedingungen abhängt, die man als Postulate der Konstruktion formulieren kann, braucht man diese Postulate nur für die graphischen Konstruktionen in der Ebene auszusprechen. Den schon in der Einleitung (S. 4) aufgezählten Elementaroperationen, die als ausführbar gelten und von denen — rein theoretisch genommen — einige als mittels der übrigen durchführbar weggelassen werden können, sind andererseits solche Operationen hinzuzufügen, die in der Auffindung der Resultate bestehen, die aus der Kombination der einfachsten Operationen hervorgehen. Hiernach genügt es in der Ebene die folgenden Aufgaben lösen zu können:

1. Zwei gegebene Punkte durch eine Gerade zu verbinden.
2. Den Schnittpunkt zweier Geraden zu finden.
3. Einen Kreis mit gegebenem Mittelpunkt und Radius zu beschreiben.
4. Die Schnittpunkte einer Geraden und eines Kreises oder zweier Kreise zu finden.

Als Werkzeuge des Geometers kommen hierbei nur der Zirkel und das Lineal in Betracht, welch letzteres allerdings praktisch meist in der Form des Zeichendreiecks (Winkelscheits) benützt wird. Eine Konstruktion heißt homogen und zwar linear oder zirkular, wenn sie sich nur eines Instrumentes, nämlich entweder des Lineals oder des Zirkels bedient. Der bei nichthomogenen Konstruktionen auftretende Wechsel der Instrumente kann, wenn es sich um die Beurteilung ihrer Einfachheit handelt, nicht als belanglos angesehen werden, sondern ist den notwendigen Operationen zuzuzählen.

515. Man hat versucht, die von J. Steiner aufgeworfene Frage zu beantworten: „Auf welche Weise jede geometrische Aufgabe, theoretisch oder praktisch, am einfachsten, genauesten oder sichersten konstruiert werden könne.“ Das erste Ziel ist hiernach die Aufstellung einer einwandfreien Methode, die es gestattet, verschiedene Konstruktionen derselben Aufgabe untereinander zu vergleichen und einen Maßstab für ihre Einfachheit zu gewinnen. Dies kann auf dem Wege einer systematischen Zergliederung der Konstruktionen und einer Bewertung der graphischen Einzeloperationen geschehen, den zuerst E. Lemoine in seiner Geometrographie eingeschlagen hat. Bei dem Aufbau einer Formel für den Grad der Einfachheit aus den Symbolen, welche die elementaren Operationen bezeichnen, und ebenso bei ihrer Bewertung läßt sich eine gewisse Willkür nicht vermeiden. Es müssen Hypothesen eingeführt werden. Wesentlich verschieden von der Frage nach der Einfachheit einer Konstruktion ist die nach ihrer Genauigkeit. Für eine Methode zur Abschätzung der Genauigkeit kann die Grundlage nur in einer rationellen Theorie der graphischen Konstruktionsfehler und in den Prinzipien der Wahrscheinlichkeitsrechnung gesucht werden.

516. Das geometrographische System Lemoines und seiner Mitarbeiter bedarf zweifellos der Verbesserung. Es handelt sich darum, zuerst die unentbehrlichen deskriptiven Elementaroperationen vollständig und systematisch geordnet aufzuzählen. Diese Elementaroperationen dienen dazu: Punkte, Gerade und Kreise durch graphische Zeichen zu bestimmen, die wir ihre Charaktere nennen wollen. Es geschieht dies entweder a) willkürlich oder b) unter gegebenen Bedingungen, d. h. aus bereits vorhandenen Charakteren. Die Operationen sind nach der Zahl der zu erfüllenden graphischen Bedingungen abzustufen. Die Abzählung der Bedingungen muß in Einklang stehen mit ihrer analytischen Formulierung, mit dem Prinzip der Dualität, mit der Zahl der für die Lösung der Aufgabe verfügbaren Konstanten und der zu erwartenden Fehlerkomponenten. Nach diesen Gesichtspunkten ist die folgende Übersicht entworfen. Die darin gebrauchten Symbole sind die Anfangsbuchstaben der griechischen Wörter für die Begriffe Punkt (*σημεῖον*), Gerade (*εὐθεῖα*) und Kreis (*κύκλος*). Als Index wird die Stufenzahl, d. h. die Anzahl der zu erfüllenden Bedingungen, benützt. Der Wechsel (*μεταβολή*) der Instrumente soll durch das Symbol μ bezeichnet werden.

Graphische Elementaroperationen.

A. 0. Stufe:

σ willkürlich einen Punkt zeichnen;
ε willkürlich eine Gerade zeichnen;
$\varkappa$ willkürlich einen Kreis zeichnen.

B. 1. Stufe:

σ_1 willkürlich einen Punkt auf eine gegebene Linie setzen;
ε_1 willkürlich eine Gerade durch einen gegebenen Punkt oder in einer gegebenen Richtung ziehen;
$\varkappa_1$ willkürlich einen Kreis um einen Punkt einer gegebenen Linie oder durch einen gegebenen Punkt beschreiben.

C. 2. Stufe:

σ_2 den Schnittpunkt zweier gegebenen Linien finden;
ε_2 die Gerade ziehen, die durch zwei gegebene Punkte oder durch einen gegebenen Punkt in einer gegebenen Richtung geht;
$\varkappa_2$ einen Kreis um einen gegebenen Punkt mit beliebigem Radius oder um einen beliebigen Punkt einer gegebenen Linie mit gegebenem Radius beschreiben.

D. 3. Stufe:

$\varkappa_3$ den Kreis um einen gegebenen Punkt und durch einen gegebenen Punkt (oder mit gegebenem Radius) beschreiben.

517. Zur Vereinfachung erscheint es zweckmäßig noch einige Hypothesen über die Gleichwertigkeit (Äquivalenz) verschiedener graphischer Operationen hinzuzufügen, wobei man darauf zu achten hat, daß die für sie vorgeschriebenen Bedingungen auch unabhängig voneinander erfüllbar sind. Wir machen folgende Hypothesen:

a) Graphische Operationen gleicher Stufe sind gleichwertig.
b) Eine Operation $n$ter Stufe ist mit der n-fachen Operation 1. Stufe gleichwertig.
c) Jeder Instrumentenwechsel gilt als mit einer Operation 1. Stufe gleichwertig.

Um die Einfachheit einer Konstruktion zu beurteilen, schreiben wir jetzt die Symbole aller zu ihr notwendigen Operationen (einschließlich der Instrumentenwechsel) der Reihe nach auf, nehmen jede Operation 1. Stufe als eine Einheit, multiplizieren jedes Symbol mit seiner Stufenzahl (Index) und addieren die Produkte, so erhalten wir eine ganze Zahl:

$$n = a.\sigma_1 + b.\varepsilon_1 + c.\varkappa_1 + d.\mu = a + b + c + d$$

als Stufenzahl der Konstruktion und die Zahl $\frac{1}{n}$ gibt ein Maß ihrer Einfachheit. Addiert man die gleichnamigen Symbole (als Einheiten genommen) ohne Rücksicht auf die Stufenzahl, so erhält man die Anzahl der zu einer Konstruktion erforderlichen Punkte, Geraden, Kreise; die Instrumentenwechsel können hierbei unbeachtet bleiben.

518. Über die Theorie der graphischen Konstruktionsfehler liegen zahlreiche Untersuchungen vor. Ohne näher auf die Begründung im einzelnen einzugehen, bezüglich deren auf die Literatur (Anm. 23) zu verweisen ist, sollen hier die grundlegenden Gesichtspunkte, Schlußweisen und Ergebnisse dieser Theorie dargelegt werden, wie sie dem derzeitigen Stande der Entwicklung entsprechen. Das Ziel ist, die Frage nach der Genauigkeit ohne umständliche Rechnung zu beantworten. Die grundlegenden Hypothesen über die Entstehung und Fortpflanzung der Fehler müssen einerseits der zeichnerischen Erfahrung, andererseits den Grundsätzen der Wahrscheinlichkeitsrechnung entsprechen und überdies möglichst einfach sein. Die nachträgliche Ausgleichung der Fehler auf Grund von Überbestimmungen oder wiederholter Bestimmungen einzelner Elemente gehört in die Ausgleichungsrechnung und kommt für die darstellende Geometrie nur sehr wenig in Betracht.

519. Den natürlichen Ausgangspunkt für die Fehlertheorie bildet die wirkliche Beschaffenheit der graphischen Charaktere. Man faßt sie allgemein als Flächen auf, die auf dem Zeichenblatt durch einen Überzug mit schwarzer oder farbiger Tusche kenntlich gemacht werden. Wenn dies nun auch der Zeichner mit Hilfe seiner Instrumente so exakt wie möglich ausführt, so bleiben doch stets Unvollkommenheiten zurück, die die Begrenzungsformen und die Dimensionen der Charaktere betreffen. Man kann sich leicht hiervon überzeugen, indem man eine gute Zeichnung durch ein Vergrößerungsglas betrachtet. Von diesen Unregelmäßigkeiten stammen die unvermeidlichen Fehler in der graphischen Bestimmung einer Größe oder einer Lagebeziehung her; die letztere erfolgt übrigens auch durch Größenangaben. Die Fehlerquellen liegen sowohl in der Beschaffenheit der Charaktere, wie auch in der Art ihrer

Entstehung und weiteren Benutzung. Man kann technische (objektive) und persönliche (subjektive) Fehler unterscheiden; erstere rühren von den Instrumenten, letztere von den Gewohnheiten des Zeichners her. Wie sie aber zusammenwirken, läßt sich schwerlich feststellen. Jeder Fehler bezieht sich auf die Bestimmung einer einzelnen Größe. Der wahre Fehler läßt sich niemals ermitteln, sondern nur eine Grenze, die sein absoluter Betrag wahrscheinlich nicht übersteigt. Demgemäß empfiehlt es sich nach dem Gaußschen Fehlergesetze einen mittleren Fehler zu definieren und zu berechnen.

520. Die Charaktere teilen wir ebenso ein, wie die Operationen, aus denen sie sich ergeben. Bei den Operationen 0. Stufe kann man nicht von einem Fehler sprechen; man darf vielmehr annehmen, daß die aus ihnen hervorgehenden primitiven Charaktere die idealen Elemente tatsächlich bestimmen. Werden aber aus gegebenen Charakteren neue abgeleitet, so stellen sich die Fehler ein und vererben sich fort.

Keine im Laufe einer Konstruktion auftretende Bedingung ist graphisch genau erfüllbar; jede unabhängige Bedingung bringt also eine Fehlerkomponente mit sich. Die Fehler zerfallen in zwei Arten: Strecken- oder Abstandsfehler und Winkel- oder Richtungsfehler. Ihre mittlere Größe läßt sich schrittweise ermitteln.

521. Die Operationen 0ter Stufe sind willkürlich, folglich fehlerfrei. Als primitive Charaktere für den Punkt, die Gerade und den Kreis sehen wir eine kleine Kreisfläche, einen schmalen von zwei parallelen Geraden oder einen von zwei konzentrischen Kreisen begrenzten Flächenstreifen an und nennen diese Realgebilde einen Punktkreis, Geradenstreifen oder Kreisstreifen. Die idealen Elemente gelten uns als durch den Mittelpunkt oder die Mittellinie des realen Gebildes genau bestimmt. Die Breite eines primitiven Charakters, also der Punktdurchmesser oder die Strichbreite ist eine willkürliche Konstante. Wir erteilen ihr für alle primitiven Charaktere, die im Laufe derselben Konstruktion vorkommen, den gleichen Wert $2b$. Ferner mag ein sehr kurzer Kreisbogen durch seine Tangente, also der ihm entsprechende Kreisstreifen durch einen Geradenstreifen ersetzt werden. Wir haben es dann nur mit Lagebeziehungen von Punkten und Geraden, oder ihrer Charaktere zu tun, die durch Abstände und Winkel bestimmt werden.

522. Die Operationen 1ter Stufe stellen die vereinigte Lage der Elemente her. Der mittlere Abstandsfehler $\pm m$, der sich einstellt, wenn ein Punkt mit einem Punkte, oder ein Punkt mit einer Linie, oder eine Linie mit einem Punkte vereinigt werden soll, darf bei primitiven Charakteren als konstant angesehen werden. Seine Größe ist zwar für die Operationen σ_1, ε_1, $\varkappa_1$ experimentell ein wenig verschieden gefunden worden; er ändert sich aber, wie es scheint, nur mit der Breite der Charaktere. Solange diese konstant ist, ist er es auch. Überdies entspricht unsere Annahme dem Gesetze der Dualität. Nimmt man (was den Gepflogenheiten guter Zeichner entspricht) etwa $b = 0{,}05$ mm, so ist der mittlere Abstandsfehler $\pm m$ annähernd ebenso groß; er wächst aber langsamer als die Breite selbst. Statt der faktischen Breite $2b$ führen wir nun $2m$ als virtuelle Breite ein und denken uns die realen Charaktere durch virtuelle Charaktere (mittlerer Fehlerkreis oder Fehlerstreifen) ersetzt. Der mittlere Richtungsfehler $\pm \theta$ einer Geraden hängt außer von der virtuellen Breite auch von der Länge o des Geradenstreifens ab; er ist o umgekehrt proportional.

523. Die Operationen 2ter Stufe betreffen die Schnitt- und Verbindungselemente. Hier haben wir es mit abgeleiteten Charakteren zu tun, für welche die seitherigen Annahmen teilweise nicht mehr aufrecht erhalten werden können. Die mittleren Abstandsfehler werden bei ihnen veränderlich, die mittleren Richtungsfehler werden es in höherem Grade. Die Art der Erzeugung und der Benützung der Charaktere macht ihren Einfluß geltend. Wenn auch die realen Gebilde, deren man sich nach wie vor bedient, ihre Formen und Abmessungen nicht ändern, so werden doch die Fehler nun auch von den Lagebeziehungen der bestimmenden und der gesuchten Elemente abhängig. Dem kann man Rechnung tragen, indem man sich an die Stelle der Realgebilde virtuelle Charaktere von anderer Begrenzungsform und wechselnder Breite gesetzt denkt. Der ideale Schnittpunkt zweier Geraden z. B. ist nach einer geläufigen Auffassung innerhalb des Parallelogramms zu suchen, das den beiden Geradenstreifen gemeinsam ist. Betrachten wir nun sogleich den allgemeinen Fall, wo die virtuellen Breiten $2m_1$ und $2m_2$ der Streifen voneinander verschieden sind, so hat man jenes Parallelogramm die Spielfläche des Schnittpunktes genannt. Andererseits folgert man aber aus dem Fehlergesetz, daß alle mit gleicher mittlerer Wahrscheinlichkeit zu erwartenden Treffpunkte auf einer mittleren Fehlerellipse liegen, von welcher die Mittellinien des Parallelogramms konjugierte Durch-

messer sind. Damit nun der Begriff der Spielfläche eines Elementes dem Fehlergesetz und der Wahrscheinlichkeit entspricht, definiert man besser: Die Spielfläche eines Elementes oder sein virtueller Charakter ist die Fläche der mittleren Fehlerkurve. Für den Schnittpunkt zweier Linien ergibt sich dann eine Punktellipse; für die Verbindungslinie zweier Punkte findet man eine Strahlhyperbel.

Eine Punktellipse hängt von den virtuellen Breiten $2m_1$ und $2m_2$ der sich schneidenden Linien und von ihrem Winkel ω ab. Ist sie gegeben, so kommt für ihre weitere Benutzung ihre virtuelle Breite $2m_\psi$ in einer bestimmten Richtung in Betracht, die durch den Winkel ψ mit der ersten der beiden Linien bestimmt sein mag. Dies ist ein Durchmesser ihrer Fußpunktkurve oder der Abstand der beiden zu der gegebenen Richtung parallelen Tangenten. Der mittlere Abstandsfehler in dieser Richtung ist m_ψ. Jetzt ist es zweckmäßig, sich die Ellipse wieder durch einen Kreis mit dem Radius m_ψ ersetzt zu denken (virtueller Punktkreis).

Eine Strahlhyperbel wird von allen gleich wahrscheinlichen Lagen der idealen Verbindungslinie zweier Punkte umhüllt. Die Strahlhyperbel (mittlerer Wahrscheinlichkeit) hängt ab von den virtuellen Breiten der gegebenen Punktellipsen normal zur Verbindungslinie der Mittelpunkte und von ihrer Entfernung o. Für ihre weitere Benutzung ist ihre virtuelle Breite $2m_p$ an einer bestimmten Stelle maßgebend, die durch den Abstand p vom ersten Punkte gegeben sein mag.

524. Die Fehler bei den Operationen 3ter Stufe, die den Kreis betreffen, setzen sich in leicht erkennbarer Weise aus den Fehlern der Operationen niederer Stufe zusammen.

K. Nitz hat gezeigt, wie sich aus solchen einfachen Ansätzen die mittleren Abstands- und Richtungsfehler mit Hilfe dreier Grundgleichungen berechnen und dann zusammensetzen lassen. Diese Grundgleichungen lauten bei den angenommenen Bezeichnungen folgendermaßen:

$$\left\{\begin{aligned} m_\psi^2 &= \frac{m_1^2\cos^2(\psi-\omega)+m_2^2\cos^2\psi}{\sin^2\omega},\\ \sin^2\theta &= \frac{m_1^2+m_2^2}{o^2},\\ m_p^2 &= m_1^2\left(1-\frac{p}{o}\right)^2+m_2^2\left(\frac{p}{o}\right)^2. \end{aligned}\right.$$

Es bleibt nur zu wünschen, daß die hierzu nötigen, vorläufig noch etwas umständlichen Rechnungen durch numerische Hilfstabellen erleichtert werden.

525. Ein Versuch zu einem Ausdrucke für den Gesamtfehler einer ganzen Konstruktion zu gelangen, läßt sich vielleicht auf folgenden Wegen unternehmen. Entweder, man führe die verschiedenartigen Fehler auf lauter lineare zurück und füge diese zusammen, indem man das Quadrat des Gesamtfehlers der Summe der Quadrate aller linearen Fehler gleichsetzt. Oder, man gehe von den Flächen der virtuellen Charaktere, also den Spielflächen, aus und addiere diese, um eine Gesamtspielfläche für alle Konstruktionselemente zusammen zu erhalten. Beides ist aber nur denkbar, wenn man das Operationsfeld willkürlich abgrenzt. Denkt man sich etwa dieses Gebiet für jede Operation als eine Kreisfläche (Aktionskreis mit dem Halbmesser a (Aktionsradius), so kann man etwa statt eines Richtungsfehlers θ den linearen Fehler $a.\theta$ einführen und andererseits bei den Strahlhyperbeln nur die Flächen in Rechnung stellen, die durch einen um ihren Mittelpunkt mit dem Radius a beschriebenen Kreis begrenzt werden. Solchen Ansätzen haftet ein reichliches Maß von Willkür an. Sie eignen sich aber dazu, die Übereinstimmung der graphischen Fehlertheorie mit der zeichnerischen Erfahrung in einfacher Weise und für einzelne Operationen klar zu machen.

Literaturnachweise und historische Anmerkungen.

Im allgemeinen mag auf das Kapitel: Darstellende Geometrie in der Enzyklopädie der mathematischen Wissenschaften (III A B 6, Papperitz, 1910) verwiesen werden.

I. Kapitel.

[1]) Die Verwandtschaft der Ähnlichkeit zwischen ebenen Figuren ist schon von den Geometern des Altertums in Betracht gezogen worden und ebenso ihre ähnliche Lage, z. B. von Euklides (ca. 300 v. Chr., Elemente, Ausg. v. Heiberg, Leipzig 1883/88. VI, 18; XI, 27). Die Bezeichnung Ähnlichkeitszentrum (centrum similitudinis) tritt bei L. Euler auf (Nov. Act. Petrop. IX, p. 154). M. Chasles nennt ähnlichliegende Figuren homothetisch (Ann. de math. p. Gergonne, XVIII, p. 280). Wegen der auf solche Figuren anwendbaren allgemeinen Begriffe: kollinear, homographisch, homologisch, perspektiv vergleiche man die späteren Noten.

Wie M. Chasles berichtet (Aperçu historique sur l'origine et le développement des méthodes en géometrie. Paris 1837, 2. Aufl. 1875, p. 553), hat A. C. Clairault (Mém. de l'Acad. des Sc., Paris 1731) die durch Parallelprojektion herstellbare Verwandtschaft ebener Figuren schon vor L. Euler untersucht, von dem sie den Namen Affinität erhalten hat („de similitudine et affinitate linearum curvarum", Introd. in anal. infin., Lausanne 1748, II, 18, p. 239ff.). J. V. Poncelet bespricht die affinen Figuren als spezielle Fälle seiner „figures homologiques" (Traité des propriétés projectives des figures, Paris 1822, p. 174ff.). In allgemeinerem Sinne wurde die Affinität aus analytischem Gesichtspunkte von A. F. Möbius betrachtet (Der baryzentrische Calcul, Leipzig 1827, II, 3, p. 191ff.). — Für die Zwecke der Darstellung legte J. H. Lambert die Gesetze der Parallelprojektion dar (Von der perspektivischen Entwerfung aus einem unendlich entfernten Gesichtspunkte. Freie Perspektive, Zürich 1774, VII, p. 156ff.). Aus diesen Prinzipien folgerte K. Pohlke den Hauptsatz der Axonometrie (nach H. A. Schwarz, Crelles Journ. Bd. 63, im J. 1853 gefunden, aber erst veröffentlicht in der Darstell. Geom., Berlin 1860, 4. Aufl. 1876, p. 109).

II. Kapitel.

²) Die Keime zum Grund- und Aufrißverfahren zeigen sich bereits in der „Ichnographie“ und „Orthographie“ der Alten, von denen M. Vitruvius Pollio spricht (De architectura libri decem, I, 2; Ausg. v. V. Rose, Leipzig 1899, p. 10). Ihre einfachen Regeln wurden in der mittelalterlichen Rißkunst fortentwickelt und z. B. von A. Dürer (Unterweisung der Messung mit dem Zirkel und Richtscheit, Nürnberg 1525) zusammengestellt. Der Steinschnitt bildete das wichtigste Anwendungsgebiet; seine Aufgaben finden sich geometrisch behandelt bei G. Desargues (Coupe des pierres, 1640; Oeuvres p. Poudra, Paris 1876, p. 304 ff.) und bei M. Frezier (La théorie et la pratique de la coupe des pierres et des bois, ou traité de stéréotomie, Straßburg 1737—39).

Indessen entbehrte bis dahin das Darstellungsverfahren noch einer einheitlichen theoretischen Grundlage, die ihm erst von G. Monge gegeben wurde (Géométrie descriptive, Paris 1798; 6. Aufl. v. M. Brisson mit Zusätzen: théorie des ombres et de la perspective, Paris 1838; deutsch v. R. Haussner, Leipzig 1900). Monge gab den beiden Projektionstafeln eine bestimmte Verbindung untereinander, indem er ihre Schnittlinie (oder Achse) fixierte und um sie die eine Tafel in die andere umlegte; er bestimmte die Punkte, Geraden, Ebenen eindeutig durch ihre Projektionen, bzw. Spuren, stellte ebenso krumme Linien und Flächen dar (letztere mit Hilfe ihrer Erzeugenden) und löste zahlreiche Aufgaben, die zuvor nur analytisch behandelt worden waren, durch die Konstruktion. Insofern Monge nicht nur die Ziele und Aufgaben der darstellenden Geometrie klar zu definieren vermochte, sondern auch ihre Hauptmethode systematisch und vollständig entwickelte, gilt er mit Recht als ihr wissenschaftlicher Begründer. Das von ihm benutzte Grund- und Aufrißverfahren war aber schon lange vor ihm bekannt. Vgl. A. Dürer (Unterweisung).

Die Lehren der deskriptiven Geometrie verbreiteten sich rasch, wozu ihre vielseitige Anwendbarkeit in den technischen Wissenschaften nicht wenig beitrug, und wurden durch die Untersuchungen zahlreicher neuerer Autoren erweitert und vertieft. Es mögen hier nur einige umfassendere Werke genannt werden:[1]

C. F. A. Leroy, Traité de géom. descr., Paris 1836; Traité de stéréotomie, Paris 1844; deutsch v. Kauffmann, Stuttgart 1838 u. 1844.

G. Bellavitis, Lezioni di geometria descrittiva, Padua 1851, 2. Aufl. 1868.

J. de la Gournerie, Traité de géom. descr., Paris 1860, 2. Aufl. 1873.

K. Pohlke, Darstell. Geom., I. Berlin 1860, 4. Aufl. 1876; II. 1876.

W. Fiedler, Die darstell. Geom,, Leipzig 1871; 3. Aufl. u. d. T. Die darstell. Geom. in organ. Verbindung mit d. Geom. d. Lage, 3 Tle., Leipzig 1883—88.

¹ Die älteren Schriften von S. F. Lacroix, M. Hachette, G. Schreiber, B. Gugler, Th. Olivier u. a. sind hier nicht mit aufgeführt. Ebenso wurde von Monographien abgesehen, die zum Teil weiterhin noch zu zitieren sein werden.

A. Mannheim, Cours de géom. descr., Paris 1880.
G. A. V. Peschka, Darstell. u. proj. Geom., 4 Tle., Wien 1883—85.
Chr. Wiener, Lehrb. d. darstell. Geom., Leipzig, I, 1884, II. 1887.

Die neue Disziplin übte alsbald nach ihrem Auftauchen einen befruchtenden Einfluß in anderen Zweigen der geometrischen Wissenschaft aus; so namentlich in der neueren synthetischen Geometrie. Indem diese das gesetzmäßige Aneinanderreihen der Elemente, das Projizieren und Schneiden als Erzeugungs- und Transformationsprinzip aufnahm, erstand in der (reinen) Geometrie der Lage und in der (die Mittel der Analysis nicht ausschließenden) projektiven Geometrie die synthetische Raumlehre der Mathematiker des Altertums in vollkommenerer Form zu frischem Leben. Wir nennen einige Hauptwerke dieser Richtung:

L. N. M. Carnot, Géom. de position, Paris 1801; deutsch v. Schuhmacher, Altona 1808—10.
Ch. J. Brianchon, Mém. sur les lignes du 2ième ordre, Paris 1817.
J. V. Poncelet, Traité des propriétés projectives des figures, Paris 1822.
A. F. Möbius, Der barycentr. Calcul, Leipzig 1827.
J. Steiner, Systemat. Entwickelung d. Abhängigkeit geometrischer Gestalten, Berlin 1832; Die geom. Konstruktionen ausgeführt mittels der geraden Linie u. eines festen Kreises, Berlin 1833; Ges. Werke, herausg. v. Weierstraß, Berlin 1882.
M. Chasles, Mém. de géom. sur deux principes généraux, la dualité et l'homographie, Paris 1837; Traité de géom. supérieure, Paris 1852.
G. K. Chr. v. Staudt, Geom. d. Lage, Nürnberg 1847; Beiträge z. Geom. d. Lage, Nürnberg 1856.
Th. Reye, Die Geom. d. Lage, Leipzig 1866—67; 3. Aufl. 1886—92.
L. Cremona, Elementi di geometria projettiva, Turin 1873; deutsch v. Trautvetter, Stuttgart 1882.

Die von den neueren Autoren hergestellte enge Verbindung zwischen der darstellenden und projektiven Geometrie brachte es naturgemäß mit sich, daß die Zentralprojektion als allgemeinstes Verfahren zum Ausgangspunkt für die Entwickelung der deskriptiven Methoden erhoben wurde. Dies betont namentlich W. Fiedler (Darst. Geom. 3. Aufl. I, p. 357). Wenn wir im vorliegenden Lehrbuche uns mehr dem ursprünglichen Gedankengange Monges angeschlossen und die Parallelprojektion (speziell das Grund- und Aufrißverfahren) in den Vordergrund gestellt haben, so erklärt sich dies aus den damit verbundenen didaktischen Vorteilen und aus der überwiegenden Bedeutung, welche die Methode Monges vor anderen in den technischen Anwendungen erlangt hat.

III. Kapitel.

[3]) Die Aufgaben über die körperliche Ecke wurden von Monge nur gestreift (Géom. descr. 1798, p. 28); ihre konstruktive Lösung findet sich aber vollständig — und zwar auch unter Verwendung des supplemen-

tären oder Polardreikantes — bei M. Hachette (Traité de géom. descr., Paris 1822, p. 122ff.). G. Bellavitis verband mit der Konstruktion die Ableitung der Grundformeln der sphärischen Trigonometrie (Lez. d. geom, descr. Padua 1851, p. 43ff.). Man vergleiche über diesen Gegenstand: F. Hemming (Zeitschr. f. Math. u. Phys. XVII. 1872, p. 159).

[4]) Die Relation zwischen den Anzahlen der Ecken, Flächen und Kanten eines (einfach zusammenhängenden) Polyëders wurde von L. Euler 1752 (Nov. Comm. Petrop. IV, p. 109 und 156) gegeben.

[5]) L. Poinsot (Mém. sur les polygones et les polyèdres, Journ. de l'école polyt. 1810, cah. X, p. 16) untersuchte eingehend die Polyëder zweiter Art. Vergl. V. Eberhard (Zur Morphologie der Polyëder, Leipzig 1891).

IV. Kapitel.

[1]) Die im Altertum nur zu einem kleinen Teile bekannten Regeln der Zentralprojektion (Perspektive) wurden im Zeitalter der Renaissance Gegenstand lebhaften Interesses. Mathemathisch wurden sie zuerst von G. Ubaldo (Perspectivae libri sex, Pisauri 1600) und S. Stevin (Oeuvres math. 1605—1608, V, 1. Ausg. v. Girard, Leyden 1634, p. 521 ff.) behandelt.

Die „perspektive" Raumauffassung, nach der man einer Geraden nur einen unendlich fernen Punkt, einer Ebene eine unendlich ferne Gerade zuschreibt, hat schon G. Desargues (Oeuvres p. Poudra, I, p. 103 ff.). Der Satz von der perspektiven Lage zweier Dreiecke, deren homologe Seiten sich auf einer Geraden schneiden (woraus der Satz in 162 folgt) rührt ebenfalls von Desargues her (a. a. O. p. 413).

Weitere Fortschritte in der Darstellung durch Zentralprojektion verdankt man W. J. van s'Gravesande (Essai de perspective, Haag 1711), Brook Taylor (New principles of linear perspective, London 1719), F. H. Lambert (Freie Persp., Zürich I. 1759, II. 1774) und später B. E. Cousinery (Géom. persp. ou principes de proj. polaire etc., Paris 1828). Die Untersuchungen dieser Autoren richteten sich auf die Entwickelung der graphischen Methoden, beschränkten sich indessen nicht auf die Abbildung der ebenen Figuren, sondern behandelten auch körperliche Gebilde.

Aber auch von den Gesichtspunkten der reinen synthetischen und der analytischen Geometrie aus betrachtet gewannen die aus der Zentralprojektion entspringenden Beziehungen zwischen den Raumformen ein allgemeineres Interesse und forderten zu ihrer Untersuchung heraus. Wir erwähnen J. V. Poncelet, der auf sie die Ausdrücke: „figures homologiques, centre, axe d'homologie" anwandte (Propr. proj. 297, p. 159). A. F. Möbius definiert seine „kollinearverwandten" Figuren durch die Bedingung, daß den Punkten einer geraden Linie in der ersten stets die Punkte einer geraden Linie in der andern Figur entsprechen (Baryc. Calcul, VII, p. 301); er hebt hervor, daß die Projektionen ebener Figuren auf eine zweite Ebene zur Kollinearverwandtschaft führen (p. 321, Anm.), und beweist, daß sich je zwei kollineare ebene Figuren auf unendlich viele Arten in zentrale Lage bringen lassen, wenn man zwei entsprechende Vierecke derselben kennt (p. 327). Von L. J. Magnus (Aufg. u. Lehrsätze a. d. analyt. Geom., Berlin 1833) rühren die heute gebräuchlichen kürzeren Namen: „Kollineation, kollinear, Kollineationsachse, usw." her (a. a O. p. 31, 43, 44). Bei M. Chasles tritt die Kollineation in dem „principe d'homographie" (Aperçu histor., p. 261) als wichtigstes Mittel zur Generalisierung der Eigenschaften der Raumformen auf.

Die Abschnitte: Perspektive Grundgebilde (p. 144ff.), Harmonische Grundgebilde, Vierseit und Viereck (p. 156ff.) behandeln in der für unsere Zwecke geeigneten Form die Grundbegriffe der Geometrie der Lage. Näheres hierüber findet man in den obengenannten Werken von Steiner, von Staudt u. a.

[7]) Präzise Festsetzungen, nach denen die Messung von Strecken und Winkeln eindeutig ausgeführt werden kann, verdankt man im wesentlichen Möbius, ebenso die Einführung des Begriffes: Doppelverhältnis („Doppelschnittsverhältnis", Baryc. Calcul, p. 244ff.). Vergl. Chasles (Ap. hist., Note IX, p. 302). — Der Begriff der harmonischen Teilung ist alt; vergl. Pappus (Collect. Math. VII, 145). Harmonische Strahlen kommen als „harmonicales" bei Ph. de La Hire (Sect. con., Paris 1685), als „faisceau harmonique" bei Brianchon (Mém. s. l. lignes du 2e ordre, Paris 1817) vor.

[8]) Der Name „Involution" führt auf Desargues zurück (Traité des coniques, Oeuvres p. Poudra, I, p. 171). Vergl. Chasles (Ap. hist., Note X, p. 308, v. Staudt (Geom. d. Lage, p. 118).

V. Kapitel.

[9]) Die Kegelschnitte sind von den Geometern des Altertums zunächst als Schnitte des geraden Kreiskegels definiert und untersucht worden. Appollonius von Pergae (ca. 220 v. Chr.) erkannte diese Kurven als ebene Schnitte eines beliebigen schiefen Kreiskegels (Conicorum l. I). Die Theorie der Kegelschnitte hat eine so ausgebreitete literarische Bearbeitung erfahren, daß wir es uns hier versagen müssen, näher darauf einzugehen. Zum Studium sind J. Steiners Vorlesungen über synthetische Geometrie zu empfehlen (I. Die Theorie der Kegelschnitte in elementarer Darstellung, bearb. v. C. F. Geiser; II. Die Theorie der Kegelschnitte, gestützt auf projektivische Eigenschaften, bearb. v. H. Schröter, Leipzig 1867); ferner: M. Chasles (Traité des sections coniques, Paris 1865), u. s. f. — Wegen der Literatur und der historischen Entwickelung der Theorie lese man: Fr. Dingeldey (Kegelschnitte und Kegelschnittsysteme. Encyklopädie der Math. Wiss., III C. 1, 1903).

VI. Kapitel.

[10]) Die einfachen Singularitäten der ebenen Kurven wurden zuerst von Euler analytisch untersucht (Introd. in anal. inf., 1748, II.), synthetisch findet man sie bei von Staudt (Geom. d. Lage, 1847, p. 110ff.) behandelt.

[11]) Diese Tangentenkonstruktionen bei ebenen Kurven beruhen auf einer Idee von G. Persone gen. Roberval (1602—1673), die sich in einer nachgelassenen Abhandlung dargelegt findet (Sur la composition des mouvements etc., Anc. Mém. de l'Ac. d. Sc. VI, Paris 1730).

[12]) Zur Theorie der Krümmung der ebenen Kurven machte Chr. Huygens in der Untersuchung: De evolutione et dimensione linearum curvarum (Horologium oscillatorium, Paris 1673, III. Kap.) den Anfang. Die beiden Begründer der Infinitesimalrechnung G. W. Leibniz (s. Acta Erudit, Leipzig 1686 u. 1692) und J. Newton (s. Principia phil. nat. math., 1687, The Method of Fluxions etc., London 1736, probl. V., VI., p. 59ff.) fügten weitere wesentliche Sätze hinzu.

[13]) Die Relation zwischen dem Krümmungsradius einer Kurve und dem ihres Bildes leitete für Zentralprojektionen zuerst L. Geisenheimer ab (Zeitschr. f. Math. u. Phys. XXV, 1880); für Orthogonalprojektion gab schon G. Bellavitis (Geom. descritt., 1851. 338, p. 188) das Verhältnis an.

[14]) Chr. Wiener, Über die möglichst genaue Rektifikation eines verzeichneten Kurvenbogens, bestimmt auf Grundlage der Wahrscheinlichkeitsrechnung (Zeitschr. f. Math. u. Phys. XVI, 1871).

[15]) Die Entstehung der gewöhnlichen Singularitäten der Raumkurven ist von Chr. Wiener (Zeitschr. f. Math. u. Phys. XXV, 1880) besprochen und durch Modelle (1879) erläutert worden. Man vergl. von Staudt (Geom. d. Lage, 1847, p. 110ff.).

VII. Kapitel.

Über die Literatur zu den ersten Teilen dieses Kapitels lese man in den Anmerkungen zum III. Band nach.

[16]) Die stereographische Projektion ist von Hipparch (ca. 160 v. Chr.) erfunden und von Ptolemaeus (ca. 140 n. Chr.) zur Abbildung der scheinbaren Himmelskugel im „Planisphaerium" benutzt worden; ihren Namen hat sie von Fr. Aguillon (Opticorum lib. VI, Antwerpen 1613, p. 498) erhalten. Näheres über dieses Abbildungsverfahren findet man bei E. Reusch (Die stereographische Projektion, Leipzig 1881) und über seine Verwendung in der Kartographie bei H. Gretschel (Lehrbuch d. Kartenprojektion, Weimar 1873).

VIII. Kapitel.

[17]) Rotationsflächen einfacher Art (mit elliptischem, parabolischem oder hyperbolischem Meridianschnitt) wurden schon von Archimedes in seinem Buche von den Konoiden und Sphäroiden (Ausg. v. Heiberg, 1880 bis 81, I) betrachtet. Bei den alten Geometern standen aber die metrischen Aufgaben, wie die Bestimmung des Körperinhaltes usw., im Vordergrund. In bezug auf die deskriptiven Probleme wurden die Umdrehungsflächen erst viel später Gegenstand des Interesses. So bei dem Vorläufer Monges, M. Frezier (Traité de stéréometrie, 1737—39), bei G. Monge selbst (Géom. descr. 1798) und bei vielen seiner Nachfolger. Von den

neueren Autoren sind G. A. V. Peschka und E. Koutny hervorzuheben. — Für die Schattenkonstruktionen an Ringflächen bei Parallelbeleuchtung gab Dunesme (Comptes Rendus, Bd. 38 u. 45, 1854 u. 1857) ein elegantes Verfahren an. Über die Schnittpropleme vergl. A. Mannheim (Cours de géom. descr., 1880), über direkte Konstruktionen der Umrisse lese man R. Niemtschik (Sitz.-Ber. d. Wien. Ak., 52. Bd., 1866).

IX. Kapitel.

[18]) Die der Beobachtung zunächst sich darbietende Rolllinie oder Radlinie, die gemeine Zykloide, hat Galilei (1590) gefunden; er soll ihr auch den Namen gegeben haben. Sie hat später die Gelehrten lange Zeit vorzugsweise beschäftigt, aber wiederum zumeist in Rücksicht auf ihre Ausmessung und das durch die Differentialrechnung in Aufnahme kommende Tangentenproblem. Viele Namen sind hier zu nennen, z. B. R. Descartes (Oeuvres, Ausg. v. Cousin, VII, p. 113f.), Fermat, Roberval, Wallis, Mersenne, Toricelli, die Bernouilli u. a. G. P. de Roberval (Mém. de l'Ac. d. Sc. VI, 1634) gilt als Entdecker der Sinuslinie, die er „trochoidis comes, socia" (compagne de la cycloide) nennt. Sie tritt aber bereits bei A. Dürer (Unterweisung) auf. — Über den Begriff des Momentanzentrums oder Poles einer ebenen Bewegung, der von L. Euler herrührt, lese man F. Reuleaux (Theoret. Kinematik, 1875, p. 64), Chr. Wiener (Zeitschr. f. Math. u. Phys. 26. Bd., 1881, und 27. Bd., 1882) sowie L. Burmester (Lehrb. d. Kinematik, 1888).

[19]) Mit den Epizykloiden, die schon seit den Zeiten des Ptolemaeus Bürgerrecht in der Mathematik gewonnen hatten, beschäftigte sich eingehend Ph. de la Hire (Mém. de l'Ac. d. Sc. IX, 1694). Aber eine umfassende Theorie der zyklischen Linien fehlte noch lange Zeit. Die allgemeine Auffassung der in ihr zu behandelnden Bewegungsgesetze kommt erst in neuerer Zeit zur Geltung. Man lese: L. Burmester (Lehrb. d. Kinematik, 1888), G. Loria (Spezielle algebraische und transzendente ebene Kurven, 1902), sowie Fr. Schilling (Über neue kinematische Modelle, sowie eine neue Einführung in die Theorie der zyklischen Kurven, Zeitschr. f. Math. u. Phys., 44. Bd., 1899).

[20]) Die Schraubenlinie ist ebenfalls schon aus dem Altertum bekannt. Ein Schüler des Pythagoras, Proklus Diadochus, legte in seinem Kommentar zum I. Buche der Elemente des Euklides (Ausg. v. Friedlein, 1873) dar, daß gleiche Teile der Schraubenlinie kongruent seien. Alte Schriftsteller bezeichnen diese Kurve oft als Schneckenlinie (Helix) oder Spirale, mit welchen Ausdrücken man aber heutzutage einen anderen Sinn verbindet. — Nachdem Desçartes (Géométrie, 1637) seine Methode der Behandlung geometrischer Fragen erfunden hatte, untersuchte A. Parent (Essais et recherches de mathématique et de physique, 1702, II) die Schraubenlinie analytisch. H. Pitot (Hist. de l'Ac. d. Sc., 1724) stellte fest, daß die Projektion der Schraubenlinie auf eine zur Achse parallele Ebene eine Sinuslinie ist. Bemerkenswert ist, daß Pitot auf die Schraubenlinie zuerst den Ausdruck: „Kurve doppelter Krümmung" (courbe à double courbure)

angewendet hat. — Die Schraubenbewegung ist durch Einführung des Begriffes der Momentanachse zur Grundlage einer genauen Untersuchung der räumlichen Bewegungen geworden. Hierzu lese man: R. Ball (A treatise on the theorie of screws, 1900) und F. Klein (Zur Schraubentheorie von Sir Robert Ball, Zeitschr. f. Math. u. Phys., 47. Bd., 1902).

[21]) Die Erfindung der Zahnräder liegt weit zurück. Die Geometrie der Zahnräder findet man mit Rücksicht auf ihre praktische Verwendung behandelt bei F. Redtenbacher (Der Maschinenbau, I. Bd., 1862) u. F. Reuleaux (Der Konstrukteur, 3. Aufl. 1869). Reuleaux charakterisiert die Methoden der Hilfspolbahnen und sekundären Polbahnen (Theoret. Kinematik, 1875, u. Die praktischen Beziehungen der Kinematik zu Geometrie u. Mechanik, 1900). Man vergleiche in bezug auf die praktischen Anwendungen C. Bach (Die Maschinenelemente usw., 1901) und in bezug auf die theoretischen Entwickelungen Fr. Schilling (Über neue kinematische Modelle zur Verzahnungstheorie nebst einer geometrischen Einführung in dieses Gebiet, Zeitschr. f. Math. u. Phys., 51. Bd., 1904).

X. Kapitel.

[22]) Schrauben soll schon Archimedes gekannt und angewandt haben (vergl. Diodor, I. 35 und V. 37). Pappus von Alexandria (Ausg. v. Hultsch, 1876—78), benutzte eine axial-normale Schraubenfläche, um aus ihr durch einen geeigneten ebenen Schnitt seine „Quadratrix" abzuleiten. — Von den Schülern Monges beschäftigte sich M. Hachette (Traité de géom. descr., 1822) eingehend mit Schraubenflächen. — Man lese: L. Burmester (Kinematisch-geometrische Konstruktionen der Parallelprojektion der Schrauben u. insbes. des Schattens derselben, Zeitschr. f. Math. u. Phys., 18. Bd., 1873) und J. Tesař (Sitz.-Ber. d. Ak. d. Wiss., Wien, Bd. 86, II, 1882 u. Bd. 94, II, 1806).

Anhang.

[23]) Seit 1888 widmete sich E. Lemoine der Untersuchung der Einfachheit und Genauigkeit der graphischen Konstruktionen (Géométrographie, ou l'art des constructions géométriques, Paris, Scientia 18, 1902) und fand dabei die Unterstützung von E. Bernès und G. Tarry. Man vergleiche hierzu: R. Mehmke (Bemerkungen zur Geometrographie von E. Lemoine, Jahresber. d. deutsch. Math.-Ver. 12, 1903, p. 113) und R. Güntsche (Zu Herrn R. Mehmkes Bemerkungen usw., ebenda p. 289).

Mit der graphischen Fehlertheorie beschäftigten sich die folgenden Autoren: R. Cotes (Aestimatio errorum in mixta mathesi etc., 1709). Chr. v. Wolf (Elementa Matheseos, 1713, und Elementa Geometriae, II.. Elementa Trigonometriae planae, 58 f.). — J. H. Lambert (Beyträge zum Gebrauche der Mathematik und deren Anwendung, Berlin 1765, 1. I., Anmerkungen und Zusätze zur praktischen Geometrie). Mit Regeln über genaues Konstruieren befassen sich Chr. Wiener (Über die möglichst genaue mechanische Rektifikation eines verzeichneten Kurvenbogens, Zeitschr.

f. Math. u. Phys. 16, 1871; Lehrb. d. darst. Geom. I, 1884, p. 184) und G. Müller (Lehrb. d. zeichnenden Geom. 6. Aufl. Stuttgart 1901) sowie A. Witting (Geometr. Konstruktionen, insbesondere in begrenzter Ebene, Progr. Dresden 1899). Auf die Notwendigkeit einer rationellen graphischen Fehlertheorie hat besonders F. Klein wiederholt nachdrücklich hingewiesen. Unter den Gesichtspunkten der Wahrscheinlichkeitsrechnung haben F. Geuer (Die Genauigkeit geometrischer Zeichnungen behandelt nach dem Gaußschen Ausgleichungsverfahren, Diss. Freiburg (Progr. Durlach) 1902) und K. Nitz, (Anwendungen der Theorie der Fehler in der Ebene auf Konstruktionen mit Zirkel und Lineal, Diss. Königsberg 1905; Beiträge zu einer Fehlertheorie der geometrischen Konstruktionen, Zeitschr. f. Math. u. Phys. 53, 1, 1906) diese Fragen untersucht, von mehr elementaren Gesichtspunkten aus dagegen P. Böhmer (Über geometrische Approximationen, Diss. Göttingen 1904). — J. H. Lambert, Chr. Wiener, R. Mehmke, P. Böhmer, K. Nitz u. a. haben Versuchsreihen zur Ermittelung der wahrscheinlichen Größe von Konstruktionsfehlern angestellt. — Die im Text vorgetragene Auffassung steht der von K. Nitz vertretenen am nächsten. Bezüglich der praktischen Anwendung des Fehlerfortpflanzungsgesetzes werden neue, vereinfachende Vorschläge gemacht.

MATHEMATIK

Herbst 1931

VERLAG WALTER DE GRUYTER & CO. / BERLIN W 10 UND LEIPZIG

Journal für die reine und angewandte Mathematik. Gegründet von A. L. CRELLE 1826. Herausgegeben von K. HENSEL, H. HASSE, L. SCHLESINGER. Wissenschaftlicher Beirat: H. Brandt, M. Dehn, G. Doetsch, A. Fraenkel, O. Haupt, F. Hausdorff, E. Hellinger, G. Kowalewski, H. Rademacher, K. Reidemeister, A. Rosenthal, C. Schaefer, W. Schmeidler, F. Schottky, O. Toeplitz. Band 1—140 Preise auf Anfrage, Band 141—144 je 16.—, Band 145—147 je 12.—, Band 148—151 je 10.—, Band 152 12.—, Band 153 17.50, Band 154 30.—, Band 155—156 je 36.—, Band 157 u. 158 (Jubiläumsband I/II), Band 159—165 je 36.—

Das von A. L. Crelle gegründete „Journal für die reine und angewandte Mathematik" darf auf eine über hundertjährige ruhmvolle Vergangenheit zurückblicken. Seit seiner Gründung im Jahre 1826 wurde es der Sammelplatz für die Arbeiten der großen Männer, welche seit dieser Zeit der Mathematik einen neuen Aufschwung gaben.

Jahrbuch über die Fortschritte der Mathematik. Gegründet von CARL OHRTMANN und FELIX MÜLLER, fortgeführt von EMIL LAMPE, ARTHUR KORN, LEON LICHTENSTEIN. Herausgegeben ab Band 51 von der Preußischen Akademie der Wissenschaften. Schriftleiter: Georg Feigl. Band 1—50: Jahrgang 1868—1924. Band 1—44 Preise auf Anfrage, Band 45 75.—, Band 46: 92.—, Band 47: 74.—, Band 48: 121.—, Band 49: 77.—, Band 50: 78.—, Band 53 (1927): 177.—. Im Druck: Band 51 (1925), Band 54 (1928) und Band 55 (1929), In Bearbeitung: Band 52 (1926), Band 56 (1930), Band 57 (1931).

Das „Jahrbuch über die Fortschritte der Mathematik" bringt eingehende Besprechungen sämtlicher periodischen und nichtperiodischen Neuerscheinungen auf dem Gebiete der reinen Mathematik, Mechanik, Relativitätstheorie, Astronomie und mathematischen Physik. Auch die Geschichte und Philosophie der Mathematik wie die Fragen der Didaktik finden sorgfältige Berücksichtigung.

Das Jahrbuch kann für die Folge nicht nur als Ganzes, sondern auch in einzelnen Sonderheften bezogen werden. Jedes Sonderheft umfaßt einen oder zwei der Hauptabschnitte des Jahrbuchs. Es erscheinen folgende Sonderhefte:

I. Geschichte, Philosophie, Pädagogik; Mengenlehre. II. Arithmetik und Algebra. III. Analysis. IV. Geometrie. V. Angewandte Mathematik. — Preise auf Anfrage.

Geschichte der Mathematik. Von Oberstud.-Dir. Dr. H. WIELEITNER. 2 Bde. I: Von den ältesten Zeiten bis zur Wende des 17. Jahrhunderts. 136 Seiten. 1922. II: Von 1700 bis zur Mitte des 19. Jahrhunderts. 154 Seiten. 1923. (Samml. Göschen Bd. 226, 875.) Geb. je 1.80

„Zum erstenmal ist hier in deutscher Sprache eine zusammenhängende Darstellung der Geschichte der Mathematik versucht worden. Trotz des engen Raumes ist sie durchaus lesbar und keineswegs eine bloße Aufzählung." *Deutsches Philologen-Blatt.*

Geschichte der Mathematik. I. Teil: Von den ältesten Zeiten bis Cartesius. Von Professor Dr. S. GÜNTHER in München. Mit 56 Figuren. VIII, 428 Seiten. Neudruck 1927. (Sammlung Schubert Bd. 18.) Geb. 17.40

II. Teil: Von Cartesius bis zur Wende des 18. Jahrhunderts. Von Oberstudiendirektor Dr. H. WIELEITNER in München. 1. Hälfte: Arithmetik, Algebra, Analysis. Mit 6 Figuren. VIII, 251 Seiten. 1911. (Sammlung Schubert Bd. 63.) Geb. 8.40. 2. Hälfte: Geometrie und Trigonometrie. Mit 13 Fig. VI, 222 Seiten. 1921. (Sammlung Schubert Bd. 64.) Geb. 3.50

„Es zeigt sich auch in diesem Buche wieder die große Meisterschaft des Verfassers in der zielbewußten Auswahl und klaren, anregenden Darstellung eines großen Stoffes, die auch seine anderen größeren Kompendien auszeichnet." *Monatshefte für Mathematik und Physik.*

Vierstellige Logarithmentafeln. Von Dr. MAX ZACHARIAS, Studienrat am Vereinigten Friedrichs- und Humboldt-Gymnasium in Berlin, und Dr. PAUL METH, Studienrat a. d. Herderschule in Charlottenburg. Groß-Oktav. 44 Seiten. 1927. Geb. 1.50

„Diese Logarithmentafel zeichnet sich durch übersichtliche Anordnung und Reichtum des Gebotenen aus." Deutsche Schulzeitung in Polen.

Logarithmische Rechentafeln für Chemiker, Pharmazeuten, Mediziner und Physiker. Gegründet von Professor Dr. F. W. KÜSTER †. Für den Gebrauch im Unterrichtslaboratorium und in der Praxis berechnet sowie mit Erläuterungen versehen. Nach dem gegenwärtigen Stande der Forschung bearbeitet von Dr. A. THIEL, o. ö. Professor der physikalischen Chemie, Direktor des Physik.-Chem. Instituts der Universität Marburg. Fünfunddreißigste bis vierzigste, verbesserte und vermehrte Auflage. Oktav. 188 Seiten und eine Tafel. 1929. Geb. 7.50

„Die wohl allseitig bekannten Küsterschen Rechentafeln sind dem Chemiker, der sich ihrer einmal bedient hat, zum ungern entbehrten Werkzeug geworden, das sich in seiner bewährten Anordnung des Stoffes zu einem wirklich nützlichen und fast notwendigen Hilfsbuch entwickelt hat. Die Neuauflage erscheint wie üblich nach dem neuesten Stande der Forschung." Zeitschrift für angewandte Chemie.

Fünfstellige Tafeln der Kreis- und Hyperbelfunktionen sowie der Funktionen e^x und e^{-x} mit den natürlichen Zahlen als Argument. Von Dr.-Ing. KEIICHI HAYASHI, Professor an der Kaiserlichen Kyushu-Universität Fukuoka-Hakosaki, Japan. Oktav. IV, 182 Seiten. Neudruck 1931. 9.—

„Der bekannte japanische Verfasser hat aus der Notwendigkeit, die Werte beider Funktionsarten gleichzeitig zur Verfügung zu haben, Tafeln berechnet, in denen nicht nur die Hyperbelfunktionen, sondern auch die Kreisfunktionen mit verschieden großen Abstufungen, auf fünf Dezimalstellen angewendet sind. Die Anordnung dieser Tafeln ist äußerst praktisch, Druck und Papier sind ausgezeichnet, so daß die Benutzung sich bequem und einfach gestaltet. Für alle, die zahlenmäßige Rechnungen mit den genannten Funktionen häufiger auszuführen haben, ist der Gebrauch der Tafeln als praktisch und zeitsparend zu empfehlen." Zeitschrift des Vereins Deutscher Ingenieure.

Hauptsätze der Elementar-Mathematik zum Gebrauch an höheren Lehranstalten. Von Dr. F. G. MEHLER. Neu bearbeitet von Oberstudiendirektor A. SCHULTE-TIGGES. Oktav.

Ausgabe A. 31. Auflage des Stammbuches. Mit 107 Figuren im Text und auf 1 Tafel. XII, 280 Seiten. 1921. 2.80

Ausgabe B mit Übungen. Unterstufe. 13. Auflage. Mit 6 Tafeln. IX, 223 Seiten. 1927. 2.80

Ausgabe B ohne Übungen. 12. Auflage. (Sonst wie die vorige.)
Unterstufe. Mit 3 Tafeln. 166 Seiten. 1923. 1.80
Oberstufe. 8. Auflage. Mit 6 Tafeln. VII, 254 Seiten. 1925. 4.—

Geometrische Aufgaben und Übungen (aus der Ausgabe B).
Unterstufe. Mit 2 Tafeln. 58 Seiten. 1923. 0.60
Oberstufe. 89 Seiten. 1925. 1.50

Hierzu sind erschienen:

Rechentafeln für höhere Lehranstalten. 2. Auflage. 18 Seiten. 1929. 0.30

Arithmetische Aufgabensammlung (aus der Ausgabe B).
Unterstufe. Mit 4 Tafeln. V, 100 Seiten. 1927. 2.50
Oberstufe. 106 Seiten. 1929. 3.—
Ergebnisse zur Unterstufe. 42 Seiten. 1928. 3.—
Auflösungen zur Oberstufe. IV, 92 Seiten. 1929. 4.—

Ferner folgende Einzelteile der Oberstufe mit Übungen:

Grundzüge und Anwendungen der Differential- und Integralrechnung mit zahlreichen Übungsaufgaben für höhere Schulen. Mit 1 Tafel. 63 Seiten. 1925. 1.—
Grundzüge der darstellenden Geometrie mit zahlreichen Übungsaufgaben für höhere Schulen. Mit 4 Tafeln. 63 Seiten. 1925. 1.50

Mathematische Formelsammlung. Von Professor O. TH. BÜRKLEN †. Vollständig umgearbeitete Neuausgabe von Dr. F. RINGLEB. Mit 38 Figuren. Zweite, verbesserte Auflage. 256 Seiten. 1931. (Sammlung Göschen Bd. 51.) Geb. 1.80

Die neue Auflage ist um die Abschnitte über Zahlentheorie und Differentialgleichungen wesentlich erweitert.

Mathematische Mußestunden. Eine Sammlung von Geduldspielen, Kunststücken u. Unterhaltungsaufgaben mathematischer Natur. Von Professor Dr. HERMANN SCHUBERT. Vierte Auflage, neubearbeitet von Professor Dr. F. FITTING, München-Gladbach. Oktav. 245 Seiten. 1924. Geb. 6.—

„Das kleine, auch äußerlich hübsch ausgestattete Buch wird allen Lesern Freude machen, und insbesondere der Lehrer wird in ihm eine Fülle von Anregungen für den Unterricht vorfinden. Wir empfehlen die ‚Mußestunden' allgemeiner Beachtung." Zeitschrift für das Realschulwesen.

Arithmetik nebst Gleichungen 1. und 2. Grades. Von Professor Dr. HERMANN SCHUBERT. Dritte Auflage, neubearbeitet von Professor P. B. FISCHER, Studienrat am Gymnasium zu Berlin-Steglitz. Mit 5 Figuren. 132 Seiten. 1923. (Sammlung Göschen Bd. 47.) Geb. 1.80

Die neue Bearbeitung des vorliegenden Bandes ist durch einen Abschnitt über Kombinatorik bereichert.

Elementare Algebra. Von Professor P. B. FISCHER, Studienrat am Gymnasium in Berlin-Steglitz. Mit 20 Figuren. 149 Seiten. 1926. (Samml. Göschen Bd. 930.) Geb. 1.80

„Der erste Teil des Bandes behandelt die allgemeine Theorie der algebraischen Gleichungen, der zweite besondere Gleichungen und Lösungsverfahren. Dem Text sind gut gewählte Zahlenbeispiele beigegeben." Allgem. Vermessungs-Nachrichten

Einführung in die Axiomatik der Algebra. Von Dr. H. BECK, o. Professor an der Universität Bonn. 1926. X, 198 Seiten. (Göschens Lehrbücherei Bd. 6.) 9.—, geb. 10.50

Das vorliegende Buch enthält im wesentlichen den Stoff einer an der Bonner Universität gehaltenen Anfängervorlesung; es erschöpft sich nicht in axiomatischen Dingen, sondern bringt darüber hinaus eine Reihe anderer Gebiete, die der Studierende braucht.

Lehrbuch der Algebra. Von Dr. ALFRED LOEWY, o. Professor an der Universität in Freiburg i. Br. I. Teil: Grundlagen der Arithmetik. Groß-Oktav. VI, 398 Seiten. 1915. 12.—, geb. 13.2

Algebra I: Die Grundlagen. Von Dr. OSKAR PERRON, o. ö. Professor an der Universität München. Mit 4 Figuren. 1927. VIII, 307 Seiten. (Göschens Lehrbücherei Bd. 8.) 10.—, geb. 11.5

Algebra II: Theorie der algebraischen Gleichungen. Von Dr. OSKAR PERRON, o. ö. Professor an der Universität München. Mit 5 Figuren. 1927. VIII, 243 Seiten. (Göschens Lehrbücherei Bd. 9.) 8.—, geb. 9.5

Band I enthält die Grundbegriffe, es folgt ein Kapitel über den polynomischen und den Taylorschen Satz und der für den Ingenieur wichtige Abschnitt über Determinanten. Anschließend folgen Kapitel über symmetrische Funktionen, Teilbarkeit und über die Existenz von Wurzeln. Band II ist der Gleichungstheorie gewidmet.

Höhere Algebra. Von Dr. HELMUT HASSE, o. ö. Professor der Mathematik an der Universität Marburg.

I: Lineare Gleichungen. 160 Seiten. 1926. (Samml. Göschen Bd. 931.) Geb. 1.8

II: Gleichungen höheren Grades. 160 Seiten. 1927. (Samml. Göschen Bd. 932) Geb. 1.8

„Es ist dem Verfasser gelungen, in engstem Rahmen das Gebäude der „allgemeinen" Algebra vor den Augen des Lesers aufzurichten, einer Algebra, die auf dem Fundament der Definitionen der Ring, Körper und Integritätsbereiche aufgebaut ist." Zeitschrift für mathem. und naturw. Unter

Algebraische Theorie der Körper. Von Professor Dr. ERNST STEINITZ. Neu herausgegeben, mit Erläuterungen und einem Anhang: Abriß der Galoisschen Theorie versehen von Dr. REINHOLD BAER und Professor Dr. HELMUT HASSE. Oktav. 134 Seiten und 27 Seiten Erläuterungsheft. 1930. 9.—, geb. 10.2

Praxis der Gleichungen. Von Dr. C. RUNGE, Professor an der Universität Göttingen. Zweite, verbesserte Auflage. Mit 8 Figuren. 1921. V, 172 Seiten. (Göschens Lehrbücherei Bd. 2.) 6.—, geb. 7.-

Eine erschöpfende Darstellung der Verfahren zur numerischen Auswertung der linearen und nichtlinearen Gleichungen mit einer und mehreren Unbekannten. Dient das Werk auch in erster Linie den Bedürfnissen des praktischen Rechnens, so findet doch auch der Lehrer viele wertvolle Anregungen dar

Beispielsammlung zur Arithmetik und Algebra. Von Professor Dr. HERMANN SCHUBERT. Vierte, neubearbeitete und erweiterte Auflage von Professor P. B. FISCHER, Studienrat am Gymnasium zu Berlin-Steglitz. Mit 8 Figuren. 139 Seiten. Neudruck. 1931. (Samml. Göschen Bd. 48.) Geb. 1.80

Die bekannte Beispielsammlung zur Arithmetik und Algebra von H. Schubert erscheint hiermit in einer neuen Bearbeitung. Änderungen gegen die alten Auflagen sind neben unerheblichen Kürzungen und mehrfachen Verbesserungen insofern eingetreten, als die Aufgaben zur Algebra ganz erheblich erweitert wurden.

Gruppentheorie. Von Dr. LUDWIG BAUMGARTNER in München. Mit 8 Figuren. 120 Seiten. 1921. (Samml. Göschen Bd. 837.) Geb. 1.80

Einführung in die Determinantentheorie einschließlich der Fredholmschen Determinanten. Von Dr. GERHARD KOWALEWSKI, o. Prof. an der Techn. Hochsch. in Dresden. Zweite, verk. Aufl. Gr.-Okt. IV, 304 S. 1925. 14.—, geb. 15.50

„Die Kowalewskische Darstellung des umfangreichen Gebietes zeichnet sich durch die anschauliche Kraft und Klarheit der Sprache vor anderen aus. Die Beschäftigung mit diesem Buche gewährt neben dem wissenschaftlichen Gewinn einen reichen ästhetischen Genuß." Schulwart.

Determinanten. Von Professor Studienrat PAUL B. FISCHER. Zweite, verbesserte Auflage. Durchgesehener Neudruck. 136 Seiten. 1928. (Samml. Göschen Bd. 402.) Geb. 1.80

Der in einer wesentlich umgearbeiteten Auflage vorliegende Band soll die Studierenden der Mathematik, Physik und technischen Wissenschaften in die Grundzüge der Determinanten einführen.

Zahlentheorie. Von Dr. KURT HENSEL, o. ö. Professor an der Universität Marburg. Groß-Oktav. XII, 356 Seiten. 1913. 10.—, geb. 12.—

Grundlehren der neueren Zahlentheorie. Von Professor Dr. PAUL BACHMANN. Dritte, neudurchgesehene Auflage. Herausgegeben von Dr. ROBERT HAUSSNER, ord. Professor an der Universität Jena. Mit 10 Figuren. 1921. XV, 246 Seiten. (Göschens Lehrbücherei Bd. 3.) 9.50, geb. 10.50

Der erste Abschnitt umfaßt die klassische Theorie der rationalen Zahlen, der zweite eine Einführung in die Theorie der algebraischen Zahlen, deren verschiedene Methoden am Beispiel des quadratischen Körpers zu einem harmonischen, in sich geschlossenen Bau zusammengefügt werden.

Synthetische Zahlentheorie. Von Dr. RUDOLF FUETER, o. Professor an der Universität Zürich. Zweite, verbesserte Auflage. 1925. VIII, 277 Seiten. (Göschens Lehrbücherei Bd. 4.) 10.—, geb. 12.—

Die vorliegende zweite Auflage des bewährten Lehrbuches weist gegen die erste zahlreiche Änderungen und Ergänzungen auf.

Das Fermatproblem in seiner bisherigen Entwicklung. Von Professor Dr. PAUL BACHMANN. Oktav. VIII, 160 Seiten. 1919. 2.50

In der vorliegenden Abhandlung gibt der Verfasser eine Übersicht von den Beweisverfahren und den Theorien, welche Euler, Legendre, Gauß, Dirichlet, Kummer und andere Forscher in ihren Studien über das allgemeine Fermatproblem angewandt und entwickelt haben.

Irrationalzahlen. Von Dr. OSKAR PERRON, o. ö. Professor an der Universität München. 1921. VIII, 186 Seiten. (Göschens Lehrbücherei Bd. 1.) 6.—, geb. 7.—

Inhalt: Die Grundlagen — Der Begriff der Grenze — Potenzen und Logarithmen — Verschiedene Darstellungsformen irrationaler Zahlen — Approximation irrationaler Zahlen durch rationale — Algebraische und transzendente Zahlen.

Lehrbuch der Mathematik für Studierende der Naturwissenschaften und der Technik. Eine Einführung in die Differential- und Integralrechnung und in die analytische Geometrie. Von Dr. GEORG SCHEFFERS, Geh. Regierungsrat, Prof. a. d. Techn. Hochschule Charlottenburg. Mit 438 Figuren. Sechste, verbesserte Auflage. Lexikon-Oktav. VIII, 743 Seiten. 1925. 30.—, geb. 33.—

Dieses vor allem für Studierende der Naturwissenschaften und der Technik geschriebene Lehrbuch ist in erster Linie für den Selbstunterricht bestimmt und geht daher von dem denkbar geringsten Maß von Vorkenntnissen aus: der Leser braucht nur im Buchstabenrechnen, in der Auflösung von Gleichungen ersten Grades mit einer Unbekannten und in der niederen Geometrie bewandert zu sein.

Elementare Reihenlehre. Von Dr. HANS FALCKENBERG, Professor an der Universität Gießen. Mit 4 Figuren im Text. 136 Seiten. 1926. (Samml. Göschen Bd. 943.) Geb. 1.80

Das Bändchen will mehr bieten als das, was in jedem Lehrbuch der Infinitesimalrechnung über unendliche Reihen enthalten ist, und fügt deshalb z. B. der Erörterung über das Cauchysche Divergenz- und Konvergenzkriterium auch solche über das Raabesche, das logarithmische und das Gaußsche an.

Komplexe Reihen nebst Aufgaben über reelle und komplexe Reihen. Von Dr. HANS FALCKENBERG, Professor an der Universität Gießen. Mit 3 Figuren im Text. 140 Seiten. 1931. (Samml. Göschen Bd. 1027.) Geb. 1.80

Fouriersche Reihen. Von Dr. W. ROGOSINSKI, a. o. Professor an der Universität Königsberg i. Pr. Mit 4 Figuren. 135 Seiten. 1930. (Samml. Göschen Bd. 1022.) Geb. 1.80

Lebesguesche Integrale und Fouriersche Reihen. Von Dr. L. SCHLESINGER, o. Professor an der Universität Gießen, und Dr. A. PLESSNER. Groß-Oktav. VIII, 229 Seiten. 1926. 14.—, geb. 16.—

„Das System ist so durchgeführt, daß fast keine Vorkenntnisse gefordert und trotzdem das volle Beherrschen des Materials erzielt werden kann." Allgemeine Österr. Chemiker- u. Techniker-Zeitung.

Niedere Analysis. Von Professor Dr. BENEDIKT SPORER. Mit 5 Figuren. Zweite, verbesserte Auflage. Sechster Abdruck. 179 Seiten. 1919. (Samml. Göschen Bd. 53.) Geb. 1.80

Ohne den wissenschaftlichen Boden zu verlassen, war es das Bestreben des Verfassers, alle Ableitungen in den verschiedenen Kapiteln dieses umfangreichen Gebietes so einfach und verständlich wie möglich darzustellen und durch Beispiele klarer zu machen.

Differentialrechnung. Von Professor Dr. A. WITTING in Dresden. Mit 94 Figuren und 185 Beispielen. 191 Seiten. 1931. (Samml. Göschen Bd. 87.) Geb. 1.80

Integralrechnung. Von Rektor Dr. FR. JUNKER. Mit 50 Figuren. Vierte Auflage. Neudruck. 132 Seiten. 1929. (Samml. Göschen Bd. 88.) Geb. 1.80

„Die Bändchen sind eine wahre Hochschule des abstrakten Denkens, und das Werk genießt in Fachkreisen mit Recht das höchste Ansehen." Magazin für Pädagogik.

Repetitorium und Aufgabensammlung zur Differentialrechnung. Von Rektor Dr. FR. JUNKER. Vierte, verbesserte Auflage von Oberstudienrat Professor Dr. A. WITTING. Mit 47 Figuren im Text. 130 Seiten. 1928. (Samml. Göschen Bd. 146.) Geb. 1.80

Der Band, der sich als vorzügliches Mittel zur Einübung der elementaren Sätze und Formeln der Differentialrechnung bewährt hat, erfuhr bei seiner Neuauflage eine bedeutende Verbesserung und Erweiterung.

Repetitorium und Aufgabensammlung zur Intregalrechnung. Von Rektor Dr. FR. JUNKER. Mit 52 Figuren im Text. Dritte, verbesserte Auflage Neudruck. 135 Seiten. 1929. (Samml. Göschen Bd. 147.) Geb. 1.80

„Die reichhaltige Aufgabensammlung ist für den Selbstunterricht sehr geeignet. Das nützliche Büchlein wird weiterhin die verdiente große Verwendung finden." Schweizer Pädagogische Zeitschrift.

Lehrbuch der Differentialgleichungen. Von Dr. HEINRICH LIEBMANN, o. Professor an der Universität Heidelberg. Groß-Oktav. VI, 226 Seiten. Mit 31 Figuren. 1901. 6.—, geb. 7.20

Einführung in die Theorie der gewöhnlichen Differentialgleichungen auf funktionentheoretischer Grundlage. Von Dr. LUDW. SCHLESINGER, o. Professor an der Universität Gießen. Dritte, neubearbeitete Auflage. Groß-Oktav. VIII, 326 Seiten. 1922. 10.—, geb. 11.—

Es war das Bestreben des Verfassers, durch die hier gegebene Darstellung die Theorie der Differentialgleichungen auch denjenigen leichter zugänglich zu machen, die es mit den Anwendungen der Analysis zu tun haben.

Gewöhnliche Differentialgleichungen. Von Professor Dr. G. HOHEISEL. Zweite, verbesserte Auflage. 159 Seiten. 1930. (Samml. Göschen Bd. 920.) Geb. 1.80

Der Band beginnt mit einer elementar gehaltenen Einführung in die Theorie der gewöhnlichen Differentialgleichungen, geht aber in den späteren Teilen über die Anfangsgründe hinaus. Bei der Auswahl des Stoffes wurden Gegenstände, welche Anwendungen zulassen, bevorzugt.

Gewöhnliche Differentialgleichungen. Von Dr. J. HORN, o. Professor an der Technischen Hochschule Darmstadt. Zweite, völlig umgearb. Auflage. Mit 4 Fig. 1927. VIII, 197 Seit. (Göschens Lehrbücherei Bd. 10.) 9.—, geb. 10.50

Inhalt: Elementare Integrationsmethoden, Existenzbeweise, Methode der schrittweisen Annäherung, numerische und graphische Näherungsmethoden, lineare Differentialgleichungen, elementare Integrationsmethoden und weitere Untersuchungen im reellen Gebiet, Existenzbeweise im komplexen Gebiet, Abhängigkeit der Lösungen von Parametern und Anfangswerten, Singularitäten nichtlinearer Differentialgleichungen.

Partielle Differentialgleichungen. Von Professor Dr. G. HOHEISEL. 159 Seiten. 1928. (Samml. Göschen Bd. 1003.) Geb. 1.80

Das Buch enthält alle wichtigen Lehrsätze und Methoden für die Integration der partiellen Differentialgleichungen. Trotz der Kürze sind alle wesentlichen Ideen und Wege aufgezeigt.

Partielle Differentialgleichungen. Von Dr. J. HORN, o. Professor an der Technischen Hochschule Darmstadt. Zweite, umgearbeitete Auflage. Mit 8 Figuren. VIII, 228 Seiten. 1929. (Göschens Lehrbücherei Bd. 14.) 11.—, geb. 12.—

In diesem einführenden Lehrbuch, das seine Eigenart ganz aus dem bewährten Programm von „Göschens Lehrbücherei" herleitet, werden sowohl lineare partielle Differentialgleichungen zweiter Ordnung, wie sie in der mathematischen Physik vorkommen als auch nichtlineare partielle Differentialgleichungen erster und zweiter Ordnung behandelt, sowohl Randwert- als auch Anfangswertprobleme, durchweg unter Beschränkung auf zwei unabhängige Veränderliche; es wird auch eine Einführung in die häufig benutzte Theorie der Integralgleichungen gegeben.

Integralgleichungen. Von Dr. GERHARD KOWALEWSKI, o. Professor an der Technischen Hochschule Dresden. Mit 11 Figuren. Groß-Oktav. 302 Seiten. 1930. (Göschens Lehrbücherei Bd. 18.) 15.—, geb. 16.50

Mengenlehre. Von Professor Dr. E. KAMKE. Mit 6 Figuren. 160 Seiten. 1928. (Samml. Göschen Bd. 999.) Geb. 1.80

Der Band behandelt die grundlegenden Tatsachen der Mengenlehre, die für alle Zweige der Mathematik so große Bedeutung gewonnen hat. Die Definition der Menge erfolgt im Anschluß an Cantor. Besondere Vorkenntnisse werden nicht vorausgesetzt.

Mengenlehre. Von Dr. F. HAUSDORFF, o. Professor an der Universität Bonn. Zweite, neubearbeitete Auflage. Mit 12 Figuren. 1927. 285 Seiten. (Göschens Lehrbücherei Bd. 7.) 12.—, geb. 13.50

Das Lehrbuch setzt beim Lesen keine höheren mathematischen Kenntnisse als die Anfangsgründe der Differential- und Integralrechnung, allerdings aber eine gewisse Schärfe des abstrakten Denkens voraus und wird von Studierenden in mittleren Semestern mit Erfolg gelesen werden können.

Funktionentheoretische Vorlesungen. Von HEINRICH BURKHARDT. Neu herausgegeb. von Dr. GEORG FABER, o. Prof. a. d. Techn. Hochsch. in München.
I. Band 1. Heft. Dritte, umgearbeitete Auflage. Groß-Oktav. X, 182 Seiten. 1920. 6.—, geb. 7.20
I. Band 2. Heft. Fünfte, umgearbeitete Auflage. Groß-Oktav. X, 286 Seiten. 1921. 9.—, geb. 10.50
II. Band. Dritte, vollständig umgearbeitete Auflage. Groß-Oktav. VI, 444 Seiten. 1920. 14.—, geb. 15.50

Das Buch will in einer für Studierende geeigneten Form den Zugang zu den Funktionentheorien von Weierstraß und von Riemann zugleich erschließen.

Funktionentheorie. Von Dr. KONRAD KNOPP, o. Professor an der Universität Tübingen.
Erster Teil: Grundlagen der allgemeinen Theorie der analytischen Funktionen. Mit 8 Figuren. Vierte, verbesserte Auflage. 140 Seiten. 1930. (Sammlung Göschen Bd. 668.) Geb. 1.80
Zweiter Teil: Anwendungen und Weiterführung der allgemeinen Theorie. Mit 7 Figuren. Vierte, verbesserte Auflage. 138 Seiten. 1931. (Samml. Göschen Bd. 703.) Geb. 1.80

„Die beiden vollständig neubearbeiteten Bände seien allen Studierenden der Mathematik als Muster klarer und strenger Darstellung aufs wärmste empfohlen." Monatsschrift für Mathematik und Physik.

Aufgabensammlung zur Funktionentheorie. Von Dr. KONRAD KNOPP, o. Professor an der Universität Tübingen.
Erster Teil: Aufgaben zur elementaren Funktionentheorie. 136 Seiten. Zweite, verbesserte Auflage. 1931. (Samml. Göschen Bd. 877.) Geb. 1.80
Zweiter Teil: Aufgaben zur höheren Funktionentheorie. 143 Seiten. 1928. (Samml. Göschen Bd. 878.) Geb. 1.80
Die Mehrzahl der in den beiden Bänden enthaltenen Aufgaben beziehen sich auf Knopps „Funktionentheorie" (Samml. Göschen Bd. 668 und 703). Sämtlichen Aufgaben sind die Lösungen beigegeben.

Graphische Integration. Von Professor Dr. FR. A. WILLERS. Mit 53 Figuren. 142 Seiten. 1920. (Samml. Göschen Bd. 801.) Geb. 1.80

Der Verfasser versucht, einem weiteren Kreise die immer noch zu wenig benutzten zeichnerischen Methoden bekanntzumachen. Er setzt dabei so wenig Vorkenntnisse wie möglich voraus.

Taschenbuch für praktische Geometrie. Von Dr. H. LÖSCHNER, o. ö. Professor an der Deutschen Technischen Hochschule in Brünn. Mit 10 Figuren im Text. Klein-Oktav. X, 147 Seiten. 1922. Geb. 2.—

Der vorliegende Band enthält die wichtigsten Formeln der praktischen Geometrie, die Konstanten und Genauigkeitsangaben, Leitsätze für die Beobachtungen und Merkregeln fur die Behandlung, Beförderung und Aufbewahrung geodätischer Instrumente und Geräte.

Grundzüge der ebenen Geometrie. Von Professor Dr. FR. BOHNERT in Hamburg. Mit 220 Fig. VIII, 223 Seiten. 1915. (Samml. Schubert Bd. 2.) Geb. 3.90

Ebene Geometrie. Von G. MAHLER, Professor der Mathematik am Gymnasium in Ulm. Mit 110 zweifarbigen Figuren. Vierte, verbesserte Auflage. Neudruck. 166 Seiten. 1922. (Samml. Göschen Bd. 41.) Geb. 1.80

Ebene und sphärische Trigonometrie. Von Prof. Dr. F. BOHNERT in Hamburg. Zweite Auflage. Dritter Neudruck. Mit 63 Figuren. VIII, 167 Seiten. 1919. (Samml. Schubert Bd. 3.) Geb. 4.40

Das Buch enthält die Grundbegriffe der Trigonometrie. Die beigegebenen Beispiele sollen den unentbehrlichen Übungsstoff liefern und gleichzeitig einen Überblick über die vielfache Verwendbarkeit und Bedeutsamkeit der Trigonometrie gewähren. Das letzte Kapitel bietet die wichtigsten Anwendungen der Sphärik auf die mathematische Geographie.

Ebene und sphärische Trigonometrie. Von Dr. GERHARD HESSENBERG, o. Professor an der Technischen Hochschule Berlin. Mit 59 Figuren. Dritte, neubearbeitete Auflage. Durchgesehener Neudruck. 171 Seiten. 1926. (Samml. Göschen Bd. 99.) Geb. 1.80

„Der Verfasser hat seine Aufgabe, in dem engen Rahmen nicht bloß alle wichtigen Formeln mitzuteilen, sondern auch die Grundgedanken, auf welchen dieselben beruhen, klar darzustellen und den Zusammenhang derselben, ihre Bedeutung und Anwendbarkeit hervorzuheben, vortrefflich gelöst."
Archiv der Mathematik und Physik.

Sammlung von Aufgaben aus der ebenen und sphärischen Trigonometrie. Von Dr. FRITZ HEILAND, Studienrat am Gymnasium in Jena. Mit 26 Figuren. 152 Seiten. 1922. (Samml. Göschen Bd. 848.) Geb. 1.80

Die Sammlung schließt sich nach Anordnung und Bezeichnung dem Lehrbuch Hessenbergs (Samml. Göschen Bd. 99) an. Wichtigere Formeln sind vorangestellt, zum Teil mit Ableitung. Zu sämtlichen Aufgaben sind die Lösungen angegeben.

Stereometrie. Von Professor Dr. ROBERT GLASER. Dritte, verbesserte Auflage. Neudruck. Mit 81 Figuren. 139 Seiten. 1920. (Samml. Göschen Bd. 97.) Geb. 1.80

Sammlung von Aufgaben aus der Stereometrie. Von Professor Dr. ROBERT GLASER. Mit 54 Figuren. 168 Seiten. 1917. (Samml. Göschen Bd. 779.) Geb. 1.80

Aufgaben über Prisma und Zylinder — Projektionszeichnen — Pyramiden und Kegel — Kugel und Kugelteile — konoidartige Körper — Prismatoide — schief abgeschnittene Prismen und Zylinder — Guldinsche Regel.

Grundlagen der Geometrie. Von Professor Dr. GERHARD HESSENBERG. Herausgegeben von Dr. W. SCHWAN, Studienrat in Meseritz. Mit 77 Figuren. Groß-Oktav. 143 Seiten. 1930. (Göschens Lehrbücherei Bd. 17.) 6.50, geb. 7.80

Elementargeometrie der Ebene und des Raumes. Von Professor Dr. MAX ZACHARIAS in Berlin. Mit 196 Figuren im Text. 252 Seiten. 1929. (Göschens Lehrbücherei Bd. 16.) 13.—, geb. 14.50

Die Elementargeometrie wird nicht vom Standpunkte des Schulunterrichts, sondern von dem der Wissenschaft aus behandelt. Ausgangspunkt ist das (etwas modifizierte) Hilbertsche Axiomensystem. In der Darstellung treten zwei Momente in den Vordergrund: die geschichtliche Entwicklung und die prinzipielle Begründung der einzelnen Gebiete.

Nichteuklidische Geometrie. Von Prof. Dr. H. LIEBMANN in Heidelberg. Mit 40 Figuren. Dritte Auflage. 150 Seiten. 1923. 6.—, geb. 7.—

Das vorliegende Buch will, möglichst wenig an mathematischen Kenntnissen voraussetzend, in die nichteuklidische Geometrie einführen, und zwar nur auf einem Gebiete — dem der Ebene —, auf diesem aber gründlich dargestellt.

Nichteuklidische Geometrie. Von Professor Dr. RICHARD BALDUS. Mit 71 Figuren. 152 Seiten. 1927. (Sammlung Göschen Bd. 970.) Geb. 1.80

Wenn auch der Band durch möglichste Klarheit und zahlreiche Figuren, auf die besondere Sorgfalt verwendet wurde, zunächst auf den Neuling auf diesem Gebiet Rücksicht nimmt, so dürfte doch auch der Fachmann manches Neue darin finden. Daß bis zu den Übergängen aus dem mathematischen in das rein philosophische Gebiet vorgedrungen wird, dürfte philosophisch interessierten Lesern willkommen sein.

Vorlesungen über Allgemeine natürliche Geometrie und Liesche Transformationsgruppen. Von Dr. GERHARD KOWALEWSKI, o. ö. Professor an der Technischen Hochschule zu Dresden. Mit 16 Figuren. Groß-Oktav. 280 Seiten. 1931. (Göschens Lehrbücherei Bd. 19.) 15.50, geb. 17.—

Der Verfasser bietet hiermit eine ganz neuartige Einführung in die Liesche Gruppentheorie: er geht von dem Grundsatz aus, daß man mit einer Theorie am besten und eindrucksvollsten in ihren Anwendungen vertraut wird. Dementsprechend macht er den Leser mit einem ihrer Hauptanwendungsgebiete, der natürlichen Geometrie, eingehend bekannt, wobei sich dieser die Lieschen Grundbegriffe nach und nach aneignet. Im Schlußkapitel werden die unterwegs erworbenen gruppentheoretischen Kenntnisse zum Grundgerüst der Theorie der Transformationsgruppen zusammengefaßt.

Einführung in die analytische Geometrie. Von Professor Dr. GERHARD KOWALEWSKI. Mit 112 Figuren. Dritte, unveränderte Auflage. Lexikon-Oktav. VIII, 360 Seiten. 1929. Geb. 11.20

Das aus Vorlesungen entstandene Buch ist namentlich zum Gebrauch für Studierende bestimmt.

Lehrbuch der analytischen Geometrie. Von Dr. FRIEDRICH SCHUR, o. Professor an der Universität Breslau. Zweite, verbesserte und vermehrte Auflage. Mit 81 Figuren. Groß-Oktav. XII, 248 Seiten. 1912. 6.50, geb. 7.70

Analytische Geometrie der Ebene. Von Dr. R. HAUSSNER, o. ö. Professor an der Universität Jena. Mit 60 Figuren. 164 Seiten. 1928. (Samml. Göschen Nr. 65.) Geb. 1.80

Die Darstellung beginnt elementar und setzt nur die nötigsten planimetrischen und algebraischen Schulkenntnisse voraus. Es ist nicht nur die allgemeine Theorie der analytischen Gebilde ersten und zweiten Grades vollständig gegeben, sondern auch eine größere Zahl von speziellen Sätzen, vornehmlich über die Kegelschnitte.

Sammlung von Aufgaben und Beispielen zur analytischen Geometrie der Ebene mit den vollständigen Lösungen. Von Dr. R. HAUSSNER, o. ö. Professor an der Universität Jena. Mit 22 Figuren im Text. 139 Seiten. 1930 (Samml. Göschen Bd. 256.) Geb. 1.80

Analytische Geometrie des Raumes. Von Professor Dr. MAX SIMON, Straßburg i. E. Mit 28 Abbildungen. Dritte, verbesserte Auflage. Neudruck 208 Seiten. 1922. (Samml. Göschen Bd. 89.) Geb. 1.80

Das Werk besitzt den Charakter eines ausführlichen Lehrbuches; es gibt eine übersichtliche und abgeschlossene Darstellung der analytischen Geometrie des Raumes nach dem gegenwärtigen Stande der wissenschaftlichen Forschung und bietet zuverlässige Belehrung über die analytisch-geometrischen Theorien

Aufgaben zur analytischen Geometrie des Raumes. Von O. TH. BÜRKLEN Professor am Realgymnasium in Schwäb.-Gmünd. Mit 8 Figuren. Zweite verbesserte und vermehrte Auflage. Neudruck. 109 Seiten. 1923. (Samml Göschen Bd. 309.) Geb. 1.80

Die vorliegende Sammlung ist für die erste Einführung bestimmt. Sie soll dem Schüler oder Studierenden Gelegenheit geben, die analytischen Methoden anzuwenden, die Gebilde in ihren verschiedenen Lagen und ihren besonderen Fällen, sowie ihre Beziehungen zueinander zu erfassen und zugleich sein Raumanschauung zu bilden.

Kreis und Kugel. Von Dr. WILHELM BLASCHKE, o. Prof. an der Universität Hamburg. Mit 27 Fig. im Text. Groß-Oktav. X, 169 Seiten. 1916. 4.40, geb. 5.50

Anwendung der Differential- und Integralrechnung auf Geometrie. Von Dr. GEORG SCHEFFERS, Geh. Reg.-Rat, Professor an der Technischen Hochschule Charlottenburg. I. Mit 107 Figuren. Dritte, verbesserte Auflage XII, 482 Seiten. 1923. 13.—, geb. 14.50
II. Mit 110 Fig. Dritte, verbesserte Aufl. XI, 582 Seiten. 1922. 15.—, geb. 16.50

Die besprochenen Probleme werden alle mit großer Ausführlichkeit behandelt. Die am Schluß beigefügten Formeltafeln und Register erhöhen den Wert des Werkes, das nicht nur einführen, sondern auch zu selbständigen Forschungen anregen soll.

Theorie der Raumkurven und krummen Flächen. Von Dr. V. KOMMERELL, Oberstudiendirektor, Honorarprofessor an der Universität Tübingen, und Dr. K. KOMMERELL, o. ö. Professor an der Universität Tübingen. Groß-Oktav. Vierte Auflage. (Göschens Lehrbücherei Bd. 20 und 21.) I: Krümmungen der Raumkurven und Flächen. Mit 38 Figuren. 205 Seiten. 1931. Geb. 10.—
II: Kurven auf Flächen. Spezielle Flächen. Theorie der Strahlensysteme. Mit 22 Figuren. 194 Seiten. 1931. Geb. 10.—

Die vierte Auflage des früher in der Sammlung Schubert erschienenen Werkes wurde unter Verwertung der neueren Literatur vollständig umgearbeitet und erheblich erweitert. Von den Ergänzungen der Neuauflage seien die Ausgestaltung der Theorie der Differentialparameter, die Gauß-Bonnetsche Integralformel, besonders aber die Parallelverschiebung von Levi-Civitá mit einem Ausblick auf die Relativitätstheorie erwähnt. Eine reichhaltige, ebenfalls wesentlich vermehrte Sammlung von Aufgaben und sonstigem Übungsmaterial schließt das Werk ab.

Liniengeometrie mit Anwendungen. Von Professor Dr. KONRAD ZINDLER in Innsbruck. I. Teil. Mit 87 Figuren. Neudruck. VIII, 380 Seiten. 1928. (Samml. Schubert Bd. 34.) Geb. 18.—
II. Teil. Mit 24 Figuren. VII, 252 Seiten. 1906. (Samml. Schubert Bd. 51.) Geb. 9.50

Ein besonderer Vorzug dieses vorliegenden Lehr- und Einführungsbuches sind die jedem Bande beigegebenen Übungsaufgaben, zu deren Lösung sich am Schluß eine Anleitung befindet.

Projektive Geometrie in synthetischer Behandlung. Von Dr. KARL DOEHLEMANN, weil. Professor an der Technischen Hochschule München. Fünfte Auflage.
Erster Teil. Mit 59 Figuren. 132 Seiten. 1922. (Samml. Göschen Bd. 72.) Geb. 1.80
Zweiter Teil. Mit 55 Figuren. 138 Seiten. 1924. (Samml. Göschen Bd. 876.) Geb. 1.80

„Die Darstellung ist musterhaft klar und leichtverständlich und wird durch übersichtliche Zeichnungen und zahlreiche Aufgaben aufs trefflichste illustriert" *Bayerische Blätter für das Gymnasialschulwesen.*

Geometrische Transformationen. Von Dr. KARL DOEHLEMANN, weil. Professor an der Technischen Hochschule München. Zweite Auflage, herausgeg. von Dr. WILHELM OLBRICH, Prof. an der Hochschule für Bodenkultur in Wien. Mit 89 Figuren im Text und 4 Abbildungen. 254 Seiten. 1930. (Göschens Lehrbücherei Bd. 15.) 13.—, geb. 14.50

Lehrbuch der darstellenden Geometrie. Von Dr. KARL ROHN, Geh. Rat, weiland Professor an der Universität Leipzig, und Dr. ERWIN PAPPERITZ, Geh. Rat, Professor an der Bergakademie in Freiberg i. Sa. Drei Bände. Groß-Oktav. I. Orthogonalprojektion. Vielflache, Perspektivität ebener Figuren, Kurven, Zylinder Kugel, Kegel, Rotations- und Schraubenflächen. Vierte, erweiterte Auflage. XX, 502 Seiten. Mit 351 Figuren. 1913. Anastatischer Nachdruck. 1921. 16.50, geb. 18.—

II. Axonometrie, Perspektive, Beleuchtung. Vierte, umgearbeitete Auflage. VI, 194 Seiten mit 118 Figuren. 1916. 6.20, geb. 7.20

III. Kegelschnitte, Flächen zweiten Grades, Regel-, abwickelbare und andere Flächen. Flächenkrümmung. Vierte, unveränderte Auflage. X, 334 Seiten. Mit 157 Figuren. 1923. 10.80, geb. 12.—

Darstellende Geometrie. Von THEODOR SCHMID, o. ö. Professor an der Technischen Hochschule in Wien. I. Teil: Eckige Körper, Kugel, Zylinder, Kegel, Plankurven und Raumkurven mit den zugehörigen Torsen im Normalrißverfahren und in orthogonaler Axonometrie. Dritte Auflage. Mit 170 Figuren. 283 Seiten. 1922. (Samml. Schubert Bd. 65.) Geb. 6.—
II. Teil: Schiefe und zentrale Projektion. Dreh-, Rohr-, Schrauben- und Regelflächen. Geländedarstellung, Kartenprojektion, Nomographie. Zweite Auflage. Mit 163 Figuren. 340 Seiten. 1923. (Samml. Schubert Bd. 66.) Geb. 7.50

„Unter den zahlreichen guten Lehrbüchern der darstellenden Geometrie steht das vorliegende mit in erster Reihe. Ausgezeichnete Figuren, klare Darstellung, reicher Inhalt sind seine besonderen Kennzeichen." *Unterrichtsblätter f. Mathem. u. Naturw.*

Darstellende Geometrie. Von Dr. ROBERT HAUSSNER, o. ö. Professor der Mathematik an der Universität Jena. Erster Teil: Elemente; Ebenflächige Gebilde. Vierte, verbesserte Auflage. Mit 110 Figuren im Text. 207 Seiten. 1929. (Samml. Göschen Bd. 142.) Geb. 1.80
Zweiter Teil: Perspektive ebener Gebilde; Kegelschnitte. Dritte, verbesserte und vermehrte Auflage. Mit 88 Figuren im Text. 168 Seiten. 1929. (Samml. Göschen Bd. 143.) Geb. 1.80

Darstellende Geometrie. Dritter Teil: Zylinder, Kegel, Kugel, Rotations- und Schraubenflächen, Schattenkonstruktionen, Axonometrie. Von Dr. ROBERT HAUSSNER, o. ö. Professor der Mathematik an der Universität Jena, und Dr. Wolfgang Haack, Privatdozent für Mathematik an der Technischen Hochschule Danzig-Langfuhr. Mit vielen Figuren im Text. 1931. (Samml. Göschen Bd. 144.) Geb. 1.80

Koordinatensysteme. Von Professor PAUL B. FISCHER, Studienrat am Gymnasium zu Berlin-Steglitz. Mit 8 Figuren. Zweite, verbesserte Auflage. 128 Seiten. 1919. (Samml. Göschen Bd. 507.) Geb. 1.80
Der Verfasser versucht den Koordinatenbegriff von einem allgemeinen Standpunkt aus darzustellen. Durch sorgfältig ausgewählte, zahlreiche Literaturangaben wird der Wert des Bandes erhöht.

Algebraische Kurven. Neue Bearbeitung von Dr. H. WIELEITNER, Oberstudiendirektor in München.
Erster Teil: Gestaltliche Verhältnisse. Mit 97 Figuren. Durchgesehener Neudruck. 146 Seiten. 1930. (Samml. Göschen Bd. 435.) Geb. 1.80
Zweiter Teil: Allgemeine Eigenschaften. Mit 35 Figuren. Neudruck. 123 Seiten. 1919. (Samml. Göschen Bd. 436.) Geb. 1.80

Praktisches Zahlenrechnen. Von Professor Dr.-Ing. P. WERKMEISTER in Dresden. Mit 60 Figuren. Zweite, verbesserte Auflage. 136 Seiten. 1929. (Samml. Göschen Bd. 405.) Geb. 1.80
Das Buch gibt eine übersichtliche Auskunft über die in der Praxis angewendeten Arten des Rechnens. Es wird daher in allen Kreisen der Technik und Naturwissenschaft ein willkommener Führer und Ratgeber sein.

Mathematische Instrumente. Von Professor Dr. FR. A. WILLERS. Mit 68 Figuren. 144 Seiten. 1926. (Samml. Göschen Bd. 922.) Geb. 1.80
Der Band bringt nicht nur eine Beschreibung der mathematischen Instrumente, sondern auch eine genaue Theorie, aus der die Anwendungsmöglichkeiten, die beste Art des Gebrauchs, sowie die Größe der auftretenden Ungenauigkeiten abgeleitet werden.

Vermessungskunde. Von Dr.-Ing. P. WERKMEISTER, o. Professor an der Technischen Hochschule Dresden.
I: Stückmessung und Nivellieren. Mit 140 Figuren. Fünfte Auflage. 156 Seiten. 1931. (Samml. Göschen Bd. 468.) Geb. 1.80
II: Messung von Horizontalwinkeln, Festlegung von Punkten im Koordinatensystem. Absteckungen. Mit 93 Figuren. Dritte Auflage. 148 Seiten. 1930. (Samml. Göschen Bd. 469.) Geb. 1.80
III: Trigonometrische und barometrische Höhenmessung, Tachymetrie und Topographie. Mit 61 Figuren. Zweite Auflage. 136 Seiten. 1923. (Samml. Göschen Bd. 862.) Geb. 1.80

Graphische Darstellung in Wissenschaft und Technik. Von Dr. MARCELLO PIRANI, Professor an der Technischen Hochschule in Charlottenburg. Zweite, verbesserte Auflage, besorgt durch Dr. J. RUNGE. Mit 71 Abbildungen. 149 Seiten. 1931. (Samml. Göschen Bd. 728.) Geb. 1.80
Von der einfachen Darstellung von Größen mit unbekanntem Zusammenhang in Form von Kurven oder Skalen ausgehend, geht der Verfasser zur Darstellung von Größen bekannter Abhängigkeit (Funktionsskalen, insbesondere logarithmische projektive Teilung) über und bespricht dann die Aufstellung von Rechentafeln namentlich mit der Methode der fluchtrechten Punkte oder mit Hilfe mehrerer gekreuzter Linien.

Wahrscheinlichkeitsrechnung. Von Dr. OTTO KNOPF, o. Professor der Astronomie an der Universität Jena. I. 112 Seiten. 1923. II. Mit 10 Figuren. 112 Seiten. 1923. (Samml. Göschen Bd. 508 und 871.) Geb. je 1.80
Eine knappe, klare Darstellung der Wahrscheinlichkeitsrechnung, deren Wert für die mathematischen Grundlagen des Versicherungswesens, für die statistische Mechanik und neuerdings auch für das Fernsprechwesen auf der Hand liegt.

Ausgleichungsrechnung nach der Methode der kleinsten Quadrate. Von WILHELM WEITBRECHT, Professor der Geodäsie in Stuttgart. Zweite, veränderte Auflage.
I. Teil: Ableitung der grundlegenden Sätze und Formeln. Mit 8 Figuren. Neudruck. 127 Seiten. 1919. (Samml. Göschen Bd. 302.) Geb. 1.80
II. Teil: Zahlenbeispiele. Mit 8 Figuren. Neudruck. 141 Seiten. 1920. (Samml. Göschen Bd. 641.) Geb. 1.80
Jeder der beiden Teile bildet ein das ganze Gebiet umfassendes, für sich geschlossenes Ganzes. Der erste enthält die Ableitung der grundlegenden Sätze und Formeln, während im zweiten die fertigen Ergebnisse dieser Ableitungen zusammengestellt und auf hauptsächlich dem Gebiet der Geodäsie entnommene Zahlenbeispiele angewendet werden.

Versicherungsmathematik. Von Dr. FRIEDRICH BOEHM, Professor an der Universität München.
I: Elemente der Versicherungsrechnung. 144 Seiten. 1925. (Samml. Göschen Bd. 180.) Geb. 1.80
II: Lebensversicherungsmathematik. Einführung in die technischen Grundlagen der Sozialversicherung. 171 Seiten. 1926. (Samml. Göschen Bd. 917.) Geb. 1.80
Der erste Band behandelt den Zins als erste, die Sterbetafel als zweite Rechnungsgrundlage, die Prämienreserve und die Versicherung verbundener Leben. Der zweite Band enthält außer einer eingehenden Behandlung der Lebensversicherungsmathematik eine Einführung in die technischen Grundlagen der Sozialversicherung.

Politische Arithmetik. (Zinseszinsen-, Renten- und Anleiherechnung.) Von Dr. EMIL FOERSTER, Honorardozent an der Technischen Hochschule in Wien. Mit 7 Figuren. 155 Seiten. 1924. (Samml. Göschen Bd. 879.) Geb. 1.80
In 6 Kapiteln wird der Reihe nach die einfache Zinsenrechnung, die Zinseszinsenrechnung für Einzelkapitalien und Renten, das Rechnen mit vorschüssigen Zinsen, die Schuldentilgung sowie die Kurs- und Rentabilitätsrechnung behandelt.

Vektoranalysis in ihren Grundzügen und wichtigsten physikalischen Anwendungen. Von Dr. ARTHUR HAAS, a. o. Professor an der Universität Wien. Zweite, verbesserte Auflage. Mit 37 Abbildungen im Text. Groß-Oktav. VI, 147 Seiten. 1929. 5.—, geb. 6.—
Das Buch stellt die Grundzüge der Vektoranalyse in engstem Zusammenhange mit ihrer Anwendung auf Mechanik, Hydrodynamik, Elektrizitätslehre und Relativitätstheorie dar.

Vektoranalysis. Von Dr. SIEGFRIED VALENTINER, Professor für Physik an der Bergakademie Clausthal. Mit 16 Figuren. Vierte, umgearbeitete Auflage. 136 Seiten. 1929. (Samml. Göschen Bd. 354.) Geb. 1.80

Statik. I. Teil: Die Grundlagen der Statik starrer Körper. Von Privatdozent Dr. Ing. FERD. SCHLEICHER in Karlsruhe. Mit 47 Abbild. 143 Seiten. 1930. (Samml. Göschen Bd. 178.) Geb. 1.80
II. Teil: Angewandte (techn.) Statik. Von Professor Dipl.-Ing. W. HAUBER in Stuttgart. Mit 61 Figuren. Sechster Neudruck. 149 Seiten. 1922. (Samml. Göschen Bd. 179.) Geb. 1.80
Mit dem ersten Teile ist beabsichtigt, eine kurze Darstellung der wichtigsten der technischen Statik zugrunde liegenden allgemeinen statischen Gesetze zu geben. Der zweite Teil umfaßt die statische Berechnung starrer Stabverbindungen, der statisch bestimmten Fachwerksträger für Dächer und Brücken, der Spreng- und Hängwerke, enthält die Lehre über die Standfestigkeit der Mauern und Tonnengewölbe und gibt das Wichtigste aus der Theorie des Erddrucks und dem Gebiet des Gleichgewichts der seilartigen Körper.

Graphische Statik mit besonderer Berücksichtigung der Einflußlinien. Von Dipl.-Ing. OTTO HENKEL, Bauingenieur und Studienrat an der Baugewerkschule in Erfurt.
I. Teil: Zusammensetzung und Zerlegung der Kräfte in der Ebene. Schwerpunkte. Trägheitsmomente. Spannungen in geraden Stäben. Der einfache Vollwand- und Fachwerkträger. Der Dreigelenkbogen. Gewölbe. Erddruck und Wasserdruck. Mit 127 Figuren. Zweite Auflage. 150 Seiten. 1929. (Samml. Göschen Bd. 603.) Geb. 1.80
II. Teil: Durchgehende Gelenkträger. Dreigelenkbogen. Formänderungen gerader Träger. Durchlaufende (kontinuierliche) Träger. Formänderungen gebogener Träger. Zweigelenkbogen und Zweigelenkrahmen. Eingespannter Bogen und Steifrahmen. Mit 91 Figuren. Zweite Auflage. 176 Seiten. 1928. (Samml. Göschen Bd. 695.) Geb. 1.80

Analysis der ebenen Bewegung. Von Dr. MARTIN KRAUSE, Professor an der Technischen Hochschule Dresden. Unter Mitwirkung von Dr. phil. et rer. techn. Alexander Carl in Leisnig. Oktav. VII, 216 Seiten. 1920. 3.—

Das Buch beschäftigt sich mit den analytischen Beziehungen zwischen den Punkten zweier, in der gleichen Ebene gelegener Koordinatensysteme, von denen das eine fest, das andere bewegt ist, ausgehend von den Transformationsgleichungen.

Geschichte der Physik. Von Prof. A. KISTNER in Karlsruhe. 2 Bände.
I: Die Physik bis Newton. Zweite, verbesserte Auflage. Mit 13 Figuren. 126 Seiten. 1919. (Samml. Göschen Bd. 293.) Geb. 1.80
II: Die Physik von Newton bis zur Gegenwart. Zweite, erweiterte Auflage. Mit 3 Figuren. 149 Seiten. 1919. (Samml. Göschen Bd. 294.) Geb. 1.80

Kristallographie. Von Dr. W. BRUHNS, Prof. an der Bergakademie Clausthal. Zweite Auflage, neubearb. von Dr. P. RAMDOHR, o. Prof. an der Technischen Hochschule Aachen. Mit 184 Figuren. 114 Seiten. 1926. (Samml. Göschen Bd. 210.) Geb. 1.80

Einführung in die Kristalloptik. Von Dr. EBERHARD BUCHWALD, Professor an der Technischen Hochschule Danzig. Mit 124 Figuren. Neudruck. 124 Seiten. 1920. (Samml. Göschen Bd. 619.) Geb. 1.80

Einführung in die geometrische Optik. Von Dr. W. HINRICHS, Berlin-Wilmersdorf. Mit 56 Figuren. Zweite, verbesserte Auflage. 143 Seiten. 1924. (Samml. Göschen Bd. 532.) Geb. 1.80

Nach der Einleitung über die Grundgesetze der geometrischen Optik folgen die Abschnitte über die Reflexion an ebenen Flächen und sphärischen Flächen. Dann wird die Brechung an ebenen Flächen, an einer Kugelfläche und durch ein zentriertes System von Kugelflächen behandelt. In Kapitel VI finden die Linsen und Linsensysteme Beachtung.

Theoretische Physik. Von Dr. GUSTAV JÄGER, Professor der Physik an der Universität Wien. 5 Bände.
I. Band: Mechanik. Mit 25 Figuren. Sechste, verbesserte Auflage. 150 Seiten. 1930. (Samml. Göschen Bd. 76.) Geb. 1.80
II. Band: Schall und Wärme. Mit 7 Figuren. Sechste, umgearbeitete und vermehrte Auflage. 133 Seiten. 1930. (Samml. Göschen Bd. 77.) Geb. 1.80
III. Band: Elektrizität und Magnetismus. Mit 35 Figuren. Sechste, verbesserte Auflage. 151 Seiten. 1930. (Samml. Göschen Bd. 78.) Geb. 1.80
IV. Band: Optik. Mit 44 Figuren. Sechste, umgearbeitete und vermehrte Auflage. 148 Seiten. 1930. (Samml. Göschen Bd. 374.) Geb. 1.80
V. Band: Wärmestrahlung, Elektronik und Atomphysik. Mit 16 Figuren. Sechste, umgearbeitete und vermehrte Auflage. 128 Seiten. 1930. (Samml. Göschen Bd. 1017.) Geb. 1.80

Allen, welche sich ein Kompendium der theoretischen Physik anschaffen wollen, seien diese Bändchen empfohlen. Der Verfasser hat den Stoff aus dem Gesamtgebiet sorgfältig ausgewählt und dabei die neuesten Resultate der Forschung berücksichtigt.

Einführung in die theoretische Physik. Von Dr. CLEMENS SCHAEFER, Professor an der Universität Breslau. 3 Bände.
I. Band: Mechanik materieller Punkte, Mechanik starrer Körper, Mechanik der Kontinua (Elastizität und Hydromechanik). Mit 272 Figuren im Text. Dritte, verbesserte und vermehrte Auflage. Groß-Oktav. XII, 991 Seiten. 1929. 45.—, geb. 48.—
II. Band: Theorie der Wärme, Molekular-kinetische Theorie der Materie. Mit 88 Figuren im Text. Zweite, verbesserte und vermehrte Auflage. Groß-Oktav. X, 660 Seiten. 1929. 28.—, geb. 30.—
III. Band. Erscheint Mitte 1932.

„Das vorliegende Werk füllt eine merkbare Lücke in der bisher vorliegenden Literatur über theoretische Physik aus. Was es von seinen Vorgängern unterscheidet, ist einmal die Verwendung aller modernen Methoden und zum zweiten die klare und ausführliche Darstellungsweise, welche auch das Studium schwieriger Kapitel zu einem Genuß macht.“ *Annalen der Physik.*

Einführung in die theoretische Physik mit besonderer Berücksichtigung ihrer modernen Probleme. Von Dr. ARTHUR HAAS, a. o. Professor an der Universität Wien.

I. Band. Fünfte und sechste, abermals völlig umgearbeitete und wesentlich vermehrte Auflage. Mit 67 Abbildungen im Text. Groß-Oktav. X, 396 Seiten. 1930. 15.—, geb. 16.50

II. Band. Fünfte und sechste, abermals völlig umgearbeitete und wesentlich vermehrte Auflage. Mit 85 Abbildungen im Text und auf sechs Tafeln. Groß-Oktav. VIII, 448 Seiten. 1930. 17.—, geb. 18.50

Die vorliegende neue (5. und 6.) Auflage bringt die Kapitel „Atomtheorie" und „Statistische Physik" in fast völlig neuer Behandlung, der Teil „Relativitätstheorie" ist vermehrt und zum Teil umgearbeitet. Die „Deutsche Literatur-Zeitung" schreibt am 10. Mai 1930: „Das Buch erfüllt seinen Zweck, eine Einführung in die theoretische Physik zu geben, auf das vollkommenste. Es ist überaus klar und bündig geschrieben und für den Anfänger zum Selbststudium trefflich geeignet. Die wenigen etwas schwierigeren Paragraphen sind so eingefügt, daß sie beim ersten Angriff auch beiseite gelassen werden können. Schließlich bildet die kurze Zusammenfassung des Inhalts am Ende des Buches eine nicht geringe Lernhilfe für den Studierenden."

Atomphysik. Von Dr. HANS LESSHEIM in Breslau. I. Band. Mit 36 Abbildungen. 134 Seiten. 1929. (Samml. Göschen Bd. 1009.) Geb. 1.80

Zur einheitlichen Feldtheorie. Von Professor Dr. ALBERT EINSTEIN. 8 Seiten. 1.—

Neue Begründung der Relativitätstheorie.

Physikalische Formelsammlung. Von Prof. G. MAHLER †. Fünfte, völlig umgearbeitete Auflage, besorgt von Prof. K. MAHLER in Aalen. Mit 71 Figuren. 162 Seiten. 1927. (Samml. Göschen Bd. 136.) Geb. 1.80

Physikalische Aufgabensammlung. Von Prof. G. MAHLER †. Mit den Resultaten. Neubearbeitet von Prof. K. MAHLER in Aalen. Vierte, verbesserte Auflage. 136 Seiten. 1930. (Samml. Göschen Bd. 243.) Geb. 1.80

Physikalische Messungsmethoden. Von Prof. Dr. WILHELM BAHRDT in Berlin-Lichterfelde. Mit 54 Figuren. Zweite, verbesserte Auflage. Durchgesehener Neudruck. 147 Seiten. 1921. (Samml. Göschen Bd. 301.) Geb. 1.80

Physikalische Tabellen. Von Dr. A. LEICK. Zweite Auflage, neubearbeitet von Prof. Dr. W. LEICK in Berlin-Lichterfelde. 96 Seiten. 1920. (Samml. Göschen Bd. 650.) Geb. 1.80

Luftelektrizität. Von Dr. KARL KÄHLER, Privatdozent für Meteorologie an der Universität Berlin. Zweite Auflage. Mit 19 Figuren. 134 Seiten. 1921. (Samml. Göschen Bd. 649.) Geb. 1.80

Röntgenstrahlen (Physik, Technik und Anwendungen). Von Dr. phil. nat. RICHARD HERZ in Frankfurt a. M. Mit 48 Figuren im Text und 36 Abbildungen auf 16 Tafeln. 136 Seiten und 16 Tafeln. 1927. (Samml. Göschen Bd. 950.) Geb. 1.80

Kinematik. Von Dr.-Ing. HANS POLSTER, Betriebsingenieur der Badischen Anilin- und Sodafabrik Merseburg-Leuna. Mit 76 Abbildungen. Zweite Auflage. 151 Seiten. 1920. (Samml. Göschen Bd. 584.) Geb. 1.80

Der Band bietet dem Studierenden eine Einführung, will aber darüber hinaus den in der Praxis stehenden Ingenieuren, die sich in die schwierigen Bewegungsverhältnisse von Nocken-, Schwingdaumen- und Wälzhebelsteuerungen oder von anderen Gebieten tieferen Einblick verschaffen wollen, ein bequemer Führer sein.

Ballistik. Von Dr. THEODOR VAHLEN, o. ö. Professor der reinen und angewandten Mathematik an der Universität Greifswald. Mit 53 Abbildungen. Groß-Oktav. XII, 231 Seiten. 1922. 9.—, geb. 10.—

Im Gegensatz zu anderen Werken über Ballistik bringt dieses neue Buch gerade den mathematischen Gehalt der Ballistik zur Darstellung. Es gewinnt dadurch noch erhöhte Bedeutung, daß es seine Entstehung den praktischen Erfahrungen verdankt, die der Verfasser im Kriege machte. U. a. weist es als neu die zwischen innerer und äußerer Ballistik einzuschaltende Übergangsballistik und als Ballistik in großen Höhen die kosmische Ballistik auf.

Festigkeitslehre. Von Professor Dipl.-Ing. W. HAUBER in Stuttgart. Mit 56 Figuren und 1 Tafel. Achter Neudruck. 127 Seiten u. 1 Tafel. 1923. (Samml. Göschen Bd. 288.) Geb. 1.80

In dem Band gibt der Verfasser eine kurze Übersicht über die Fundamentalsätze der elastischen Kräfte in ihrer Anwendung auf die einfacheren Fälle der Festigkeit, soweit sie für die gewöhnlichen Aufgaben des praktischen Lebens in Frage kommen.

Aufgabensammlung zur Festigkeitslehre mit Lösungen. Von R. HAREN. Dritte, vollständig neubearbeitete Auflage von JOSEF FURTMAYR, Dipl.-Ing. in Stuttgart. Mit 43 Figuren. 116 Seiten. 1923. (Samml. Göschen Bd. 491.) Geb. 1.80

Der Band bietet in 8 Abschnitten 66 Aufgaben nebst Lösungen über Zug, Druck, Biegung, Schub, Verdrehung, Knickung, Festigkeit plattenförmiger Körper und zusammengesetzte Festigkeit; in einem Anhang sind die benötigten Zahlenwerte kurz zusammengestellt.

Hydraulik. Von Professor Dipl.-Ing. W. HAUBER in Stuttgart. Zweite, verbesserte und vermehrte Auflage. Neudruck. Mit 45 Figuren. 156 Seiten. 1925. (Samml. Göschen Bd. 397.) Geb. 1.80

Das Buch enthält eine Darstellung der Hydrostatik und bringt aus der Hydrodynamik: Ausfluß des Wassers aus Gefäßen; Überfall des Wassers über Wehre; Die Bewegung des Wassers in Flüssen und Kanälen; Die Bewegung des Wassers in Röhren mit konstantem Querschnitt; Stoß eines zylindrischen oder prismatischen Wasserstrahls auf eine Zylinderfläche.

Elastizitätslehre für Ingenieure. Von Professor Dr.-Ing. MAX ENSSLIN an der Höheren Maschinenbauschule Eßlingen.
I. Grundlagen und Allgemeines über Spannungszustände, Zylinder, ebene Platten, Torsion, gekrümmte Träger. Mit 65 Figuren. Zweite, verbesserte Auflage. 147 Seiten. 1921. (Samml. Göschen Bd. 519.) Geb. 1.80
II. Statisch unbestimmte Konstruktionen, Sätze von Castigliano und Maxwell, Dreimomentensatz, Vorspannungen, Temperaturspannungen, Fachwerke mit überzähligen Stützpunkten und überzähligen Stäben, Prinzip der virtuellen Verrückungen, Verschiebungsplan. Mit 44 Figuren. 120 Seiten. 1927. (Samml. Göschen Bd. 957.) Geb. 1.80

Band I bespricht die Grundlagen der Elastizitätslehre sowie Allgemeines über Spannungszustände, Zylinder, ebene Platten, Torsion und gekrümmte Träger. Band II gibt eine Einführung in die Methoden zur Berechnung der statisch unbestimmten Konstruktion des Bau- und Maschineningenieurs

Vorlesungen über Thermodynamik. Von Dr. MAX PLANCK, Professor der theoretischen Physik an der Universität Berlin. Mit 5 Figuren im Text. Neunte Auflage. Groß-Oktav. XI, 288 Seiten. 1930. Geb. 11.5

Das vorliegende Buch geht von einigen allgemeinen Erfahrungstatsachen aus, namentlich von den beiden Hauptsätzen der Wärmelehre, und entwickelt hieraus die wichtigsten physikalischen und chemischen Sätze. Zunächst werden die Grundtatsachen und Begriffserklärungen für Temperatur Molgewicht und Wärmemenge erläutert, dann die beiden Hauptsätze der Wärmetheorie aufgestellt und bewiesen, endlich die Anwendungen auf die besonderen Gleichgewichtszustände ausführlich besprochen

Astronomie. Größe, Bewegung und Entfernung der Himmelskörper. Von A. F. MÖBIUS. Bearbeitet von Dr. HERM. KOBOLD, o. Hon.-Professor a der Universität Kiel.
I. Das Planetensystem. Mit 33 Figuren. Elfte Auflage. Durchgesehener Neudruck. 136 Seiten. 1925. (Samml. Göschen Bd. 11.) Geb. 1.8
II. Kometen, Meteore und das Sternsystem. Mit 15 Figuren und 2 Sternkarten Dreizehnte Auflage. 128 Seiten. 1923. (Samml. Göschen Bd. 529.) Geb. 1.8

Der erste Teil beschränkt sich auf die Darstellung der Bewegungserscheinungen und der Größenverhältnisse der Planeten und ihrer Trabanten. Im zweiten Teil leitet die zunächst gegebene Behandlung der dem Sonnensysteme weniger innig verbundenen Glieder, der Kometen und Meteore, zu dem Hauptgegenstande der Betrachtung, dem Fixsternsystem, über. Im letzten Kapitel wird der Leser mit de Theorien über die Entwicklungsvorgänge im Universum bekanntgemacht.

Astrophysik. Die Beschaffenheit der Himmelskörper. Von Professor Dr W. F. WISLICENUS. Neubearbeitet von Professor Dr. H. LUDENDORFF Vierte Auflage. Mit 14 Abbildung. 136 Seiten. 1920. (Samml. Göschen Bd. 91. Geb. 1.8

In dem Band werden Sonne, Mond, Planeten und ihre Trabanten behandelt. Die Physik der Fixsterne, der veränderlichen Sterne, Nebel und Sternhaufen ist vollständig neubearbeitet. Neben de reinen Beobachtungstatsachen werden auch die Hypothesen über die Energiequellen der Sonne, die En stehung der Mondgebirge usw. besprochen.

C. G. Röder A.-G., Leipz

Kolibri 360 GmbH
Ferdinand-Jühlke-Straße 7
99095 Erfurt, Deutschland
produktsicherheit@kolibri360.de